电子工程师自学成才手册

精通篇

蔡杏山 主编

电子工业出版社
Publishing House of Electronics Industry
北京·BEIJING

内容简介

《电子工程师自学成才手册》分为基础篇、提高篇、精通篇三册。本书为精通篇，主要包括单片机快速入门、51单片机的硬件系统、STC89C5x系列单片机介绍、51单片机编程软件的使用、单片机驱动LED的电路及编程、单片机驱动LED数码管的电路及编程、中断与中断编程、定时器/计数器的使用及编程、按键电路及编程、点阵和液晶显示屏的使用及编程、步进电动机的使用及编程、串行通信的使用及编程、I^2C总线通信的使用及编程、A/D与D/A转换电路及编程、电路绘图设计软件入门、设计电路原理图、制作新元件、手工设计PCB图、自动设计PCB图、制作新元件封装等内容。

本书具有基础起点低、内容由浅入深、语言通俗易懂、结构安排符合学习认知规律的特点，适合作为电子工程师入门的自学图书，也适合作为职业学校和社会培训机构的电子技术入门教材。

未经许可，不得以任何方式复制或抄袭本书之部分或全部内容。
版权所有，侵权必究。

图书在版编目（CIP）数据

电子工程师自学成才手册. 精通篇/蔡杏山主编. —北京：电子工业出版社，2019.6
ISBN 978-7-121-35873-9

Ⅰ. ①电… Ⅱ. ①蔡… Ⅲ. ①电子技术—技术手册 Ⅳ. ①TN-62

中国版本图书馆 CIP 数据核字（2019）第 001762 号

责任编辑：张　楠
印　　刷：北京盛通数码印刷有限公司
装　　订：北京盛通数码印刷有限公司
出版发行：电子工业出版社
　　　　　北京市海淀区万寿路173信箱　邮编：100036
开　　本：787×1092　1/16　印张：25.5　字数：636千字
版　　次：2019年6月第1版
印　　次：2025年7月第7次印刷
定　　价：99.00元

凡所购买电子工业出版社图书有缺损问题，请向购买书店调换。若书店售缺，请与本社发行部联系，联系及邮购电话：（010）88254888，88258888。
质量投诉请发邮件至 zlts@phei.com.cn，盗版侵权举报请发邮件至 dbqq@phei.com.cn。
本书咨询联系方式：（010）88254579。

前 言

随着科学技术的发展，社会各领域电气化的程度越来越高，使得电气相关行业需要越来越多的电子技术人才。对于一些对电子技术一无所知或略有一点基础的读者来说，要想成为一名电子工程师或达到相同的技术程度，既可以在培训机构培训，又可以在职业学校系统学习，还可以自学成才。不管是哪种情况，都需要一些合适的图书。选择合适的图书，不但可以让读者轻松迈入电子技术大门，而且能让读者的技术水平迅速提高，快速成为电子技术领域的行家里手。

《电子工程师自学成才手册》是零基础起步、由浅入深、知识技能系统全面的电子技术图书。读者只要具有初中文化水平，通过系统阅读，就能很快达到电子工程师的技术水平。

《电子工程师自学成才手册》分为基础篇、提高篇、精通篇三册。

《电子工程师自学成才手册（基础篇）》主要包括电子技术基础，万用表的使用，电阻器，电容器，电感器与变压器，二极管，三极管，晶闸管，场效应管与IGBT，继电器与干簧管，过流、过压保护器件，光电器件，电声器件，压电器件，显示器件，常用传感器，贴片元器件，基础电子电路，无线电广播与收音机电路，电子技能实践，集成电路的识别、检测与拆焊，信号发生器，毫伏表，示波器，频率计，扫频仪，Q表与晶体管图示仪等内容。

《电子工程师自学成才手册（提高篇）》主要包括电路分析基础，放大电路，集成运算放大器，选频电路，正弦波振荡器，调制与解调电路，频率变换与反馈控制电路，电源电路，数字电路基础与门电路，数制、编码与逻辑代数，组合逻辑电路，时序逻辑电路，脉冲电路，D/A转换器和A/D转换器，半导体存储器，电力电子电路，常用芯片（集成电路）及其应用电路等内容。

《电子工程师自学成才手册（精通篇）》主要包括单片机快速入门，51单片机的硬件系统，STC89C5x系列单片机介绍，51单片机编程软件的使用，单片机驱动LED的电路及编程，单片机驱动LED数码管的电路及编程，中断与中断编程，定时器/计数器的使用及编程，按键电路及编程，点阵和液晶显示屏的使用及编程，步进电动机的使用及编程，串行通信的使用及编程，I^2C总线通信的使用及编程，A/D与D/A转换电路及编程，电路绘图设计软件入门，设计电路原理图，制作新元件，手工设计PCB图，自动设计PCB图，制作新元件封装等内容。

《电子工程师自学成才手册》主要有以下特点：

◆**基础起点低**。读者只要具有初中文化水平即可阅读。

◆**语言通俗易懂**。书中少用专业化的术语，较难理解的内容采用形象比喻说明，尽量避免复杂的理论分析和公式推导，阅读起来十分顺畅。

◆**内容解说详细**。考虑到读者在自学时一般无人指导，因此在编写过程中对书中的知识技能进行详细解说，让读者能轻松理解所学内容。

◆**采用图文并茂的表现方式**。书中大量采用读者喜欢的图表方式表现内容，使阅读变得非常轻松，不易产生阅读疲劳。

◆**内容安排符合认知规律**。书中按照循序渐进、由浅入深的原则确定各章节内容的先后顺序，读者只要从前往后阅读，便可水到渠成。

◆**突出显示知识要点**。为了帮助读者掌握书中的学习重点，书中用文字加粗的方法突出显示知识要点。

◆**网络免费辅导**。若读者在阅读时遇到难理解的问题，不仅可登录 www.xxitee.com 易天电学网，获取相关辅导材料或向老师提问进行学习，而且可在该网站了解新书信息。

参加本书编写的人员还有蔡玉山、詹春华、黄勇、何慧、黄晓玲、蔡春霞、刘凌云、刘海峰、刘元能、邵永亮、朱球辉、蔡华山、蔡理峰、万四香、蔡理刚、何丽、梁云、唐颖、王娟、戴艳花、邓艳姣、何彬、何宗昌、蔡理忠、黄芳、谢佳宏、李清荣、蔡任英和邵永明等。由于编者水平有限，书中错误和疏漏之处在所难免，望广大读者和同仁予以批评指正。

编　者

目 录

第1章 单片机快速入门 ······1
1.1 单片机简介 ······1
1.1.1 什么是单片机 ······1
1.1.2 单片机应用系统的组成及工作过程 ······2
1.1.3 单片机的分类 ······3
1.1.4 单片机的应用领域 ······4
1.2 单片机应用系统的开发过程 ······5
1.2.1 明确控制要求并选择合适型号的单片机 ······5
1.2.2 设计单片机电路原理图 ······5
1.2.3 制作单片机电路 ······6
1.2.4 用 Keil 软件编写单片机控制程序 ······7
1.2.5 计算机、下载（烧录）器和单片机的连接 ······10
1.2.6 用烧录软件将程序写入单片机 ······13
1.2.7 单片机电路的供电与测试 ······15
1.3 C51 语言基础 ······17
1.3.1 常量 ······17
1.3.2 变量 ······19
1.3.3 运算符 ······19
1.3.4 关键字 ······22
1.3.5 数组 ······23
1.3.6 循环语句 ······24
1.3.7 选择语句 ······26

第2章 51 单片机的硬件系统 ······28
2.1 8051 单片机的引脚功能与内部结构 ······28
2.1.1 引脚功能说明 ······28
2.1.2 单片机与片外存储器的连接与控制 ······31
2.1.3 内部结构说明 ······32
2.2 8051 单片机 I/O 端口的结构与工作原理 ······35
2.2.1 P0 端口 ······35
2.2.2 P1 端口 ······37

  2.2.3 P2 端口 ·············· 38
  2.2.4 P3 端口 ·············· 38
 2.3 8051 单片机的存储器 ·············· 40
  2.3.1 存储器的存储单位与编址 ·············· 40
  2.3.2 片内、片外程序存储器的使用与编址 ·············· 41
  2.3.3 片内、片外数据存储器的使用与编址 ·············· 41
  2.3.4 数据存储器的分区 ·············· 42
  2.3.5 特殊功能寄存器（SFR） ·············· 44

第 3 章 STC89C5x 系列单片机介绍 ·············· 49

 3.1 概述 ·············· 49
  3.1.1 两种版本与封装形式 ·············· 49
  3.1.2 引脚功能说明 ·············· 50
  3.1.3 STC89C5x 系列单片机的型号命名规则 ·············· 52
  3.1.4 STC89C5x 系列单片机常用型号的主要参数 ·············· 52
 3.2 STC89C5x 系列单片机的 I/O 端口 ·············· 53
  3.2.1 I/O 端口上电复位状态与灌电流、拉电流 ·············· 53
  3.2.2 P4 端口的使用 ·············· 54
  3.2.3 I/O 端口与外部电路的连接 ·············· 55
 3.3 STC89C5x 系列单片机的存储器 ·············· 57
  3.3.1 程序存储器 ·············· 57
  3.3.2 数据存储器 ·············· 57
  3.3.3 特殊功能寄存器 ·············· 58

第 4 章 51 单片机编程软件的使用 ·············· 61

 4.1 Keil C51 软件的基本操作 ·············· 61
  4.1.1 Keil C51 软件的版本及获取 ·············· 61
  4.1.2 Keil C51 软件的安装 ·············· 61
 4.2 程序的编写与编译 ·············· 63
  4.2.1 启动 Keil C51 软件并新建工程文件 ·············· 63
  4.2.2 新建源程序文件 ·············· 65
  4.2.3 编写程序 ·············· 66
  4.2.4 编译程序 ·············· 67
 4.3 程序的仿真与调试 ·············· 69
  4.3.1 软件仿真设置 ·············· 70
  4.3.2 编译程序 ·············· 71
  4.3.3 仿真、调试程序 ·············· 71

第5章 单片机驱动LED的电路及编程 ··············· 75

5.1 LED（发光二极管）介绍 ··············· 75
- 5.1.1 外形与符号 ··············· 75
- 5.1.2 性质 ··············· 75
- 5.1.3 检测 ··············· 76
- 5.1.4 限流电阻 ··············· 76

5.2 点亮单个LED的电路与程序详解 ··············· 77
- 5.2.1 点亮单个LED的电路 ··············· 77
- 5.2.2 采用位操作方式点亮单个LED的程序详解 ··············· 77
- 5.2.3 采用字节操作方式点亮单个LED的程序详解 ··············· 79
- 5.2.4 单个LED以固定频率闪烁发光的程序详解 ··············· 80
- 5.2.5 单个LED以不同频率闪烁发光的程序详解 ··············· 81

5.3 点亮多个LED的电路与程序详解 ··············· 82
- 5.3.1 点亮多个LED的电路 ··············· 82
- 5.3.2 采用位操作方式点亮多个LED的程序详解 ··············· 83
- 5.3.3 采用字节操作方式点亮多个LED的程序详解 ··············· 83
- 5.3.4 多个LED以不同频率闪烁发光的程序详解 ··············· 84
- 5.3.5 多个LED左移和右移的程序详解 ··············· 85
- 5.3.6 LED循环左移和右移的程序详解 ··············· 86
- 5.3.7 LED左右移动并闪烁发光的程序详解 ··············· 88
- 5.3.8 采用查表方式控制LED多种形式发光的程序详解 ··············· 89
- 5.3.9 LED花样发光的程序详解 ··············· 90

5.4 采用PWM方式调节LED亮度的原理与程序详解 ··············· 91
- 5.4.1 采用PWM方式调节LED亮度的原理 ··············· 91
- 5.4.2 采用PWM方式调节LED亮度的程序详解 ··············· 91

第6章 单片机驱动LED数码管的电路及编程 ··············· 94

6.1 单片机驱动1位LED数码管的电路与程序详解 ··············· 94
- 6.1.1 1位LED数码管的结构与检测 ··············· 94
- 6.1.2 单片机驱动1位LED数码管的电路 ··············· 96
- 6.1.3 单个数码管静态显示1个字符的程序详解 ··············· 96
- 6.1.4 单个数码管动态显示多个字符的程序详解 ··············· 97
- 6.1.5 单个数码管环形转圈显示的程序详解 ··············· 98
- 6.1.6 单个数码管显示逻辑电平的程序详解 ··············· 98

6.2 单片机驱动8位LED数码管的电路与程序详解 ··············· 99
- 6.2.1 多位LED数码管的结构与检测 ··············· 99
- 6.2.2 单片机连接8位共阴极数码管的电路 ··············· 100

6.2.3 8位数码管显示1个字符的程序详解	102
6.2.4 8位数码管逐位显示8个字符的程序详解	103
6.2.5 8位数码管同时显示8个字符的程序及详解	104
6.2.6 8位数码管动态显示8个以上字符的程序及详解	104

第7章 中断与中断编程 ... 106

7.1 中断的基本概念与处理过程	106
7.1.1 中断的基本概念	106
7.1.2 中断的处理过程	106
7.2 中断的系统结构与控制寄存器	107
7.2.1 中断的系统结构	107
7.2.2 中断源寄存器	108
7.2.3 中断允许寄存器IE	109
7.2.4 中断优先级控制寄存器IP	110
7.3 中断编程	111
7.3.1 外部中断0以低电平方式触发中断的程序详解	111
7.3.2 外部中断1以下降沿方式触发中断的程序详解	112

第8章 定时器/计数器的使用及编程 ... 115

8.1 定时器/计数器的定时与计数功能	115
8.1.1 定时器/计数器的定时功能	115
8.1.2 定时器/计数器的计数功能	116
8.2 定时器/计数器的结构和工作原理	116
8.2.1 定时器/计数器的结构	116
8.2.2 定时器/计数器的工作原理	117
8.3 与定时器/计数器相关的控制寄存器	118
8.3.1 TCON寄存器	118
8.3.2 TMOD寄存器	119
8.4 定时器/计数器的工作方式	120
8.5 定时器/计数器的应用及编程	124
8.5.1 产生1kHz方波信号的程序详解	124
8.5.2 产生50kHz方波信号的程序详解	125
8.5.3 产生周期为1s方波信号的程序详解	126

第9章 按键电路及编程 ... 128

9.1 独立按键输入电路与程序详解	128
9.1.1 开关输入抖动及解决方法	128

    9.1.2　连接 8 个独立按键和 8 个 LED 的单片机电路 ……………………………… 129
    9.1.3　一个按键点动控制一个 LED 亮灭的程序详解 ……………………………… 130
    9.1.4　一个按键锁定控制一个 LED 亮灭的程序详解 ……………………………… 130
    9.1.5　4 路抢答器的程序详解 ……………………………………………………… 131
    9.1.6　独立按键控制 LED 和 LED 数码管的单片机电路 ………………………… 132
    9.1.7　两个按键控制 1 位数字增、减并用 8 位数码管显示的程序详解 ………… 133
    9.1.8　两个按键控制多位数字增、减并用 8 位数码管显示的程序详解 ………… 135
    9.1.9　按键长按与短按产生不同控制效果的程序详解 …………………………… 137
    9.1.10　8 个独立按键控制 LED 和 LED 数码管显示的程序详解 ………………… 139
  9.2　矩阵键盘输入电路与程序详解 …………………………………………………… 141
    9.2.1　单片机 16 键矩阵键盘和 8 位数码管的电路 ……………………………… 141
    9.2.2　矩阵键盘行列扫描方式输入及显示的程序详解 …………………………… 143
    9.2.3　采用中断方式的矩阵键盘行列扫描输入的电路及程序详解 ……………… 146
    9.2.4　矩阵键盘密码锁的程序详解 ………………………………………………… 150

第 10 章　点阵和液晶显示屏的使用及编程 ………………………………………………… 155

  10.1　双色 LED 点阵的使用及编程 …………………………………………………… 155
    10.1.1　双色 LED 点阵的基础知识 ………………………………………………… 155
    10.1.2　单片机配合 74HC595 芯片驱动双色 LED 点阵的电路 …………………… 162
    10.1.3　双色点阵显示一种颜色字符的程序详解 …………………………………… 163
    10.1.4　双色点阵交替显示两种颜色字符的程序详解 ……………………………… 166
    10.1.5　字符"0"～"9"移入和移出双色点阵的程序详解 ……………………… 168
  10.2　1602 字符型液晶显示屏的使用及编程 ………………………………………… 171
    10.2.1　1602 字符型液晶显示屏的基础介绍 ……………………………………… 171
    10.2.2　单片机驱动 1602 字符型液晶显示屏的电路 ……………………………… 176
    10.2.3　1602 字符型液晶显示屏静态显示字符的程序详解 ……………………… 177
    10.2.4　1602 字符型液晶显示屏逐个显示字符的程序详解 ……………………… 179
    10.2.5　1602 字符型液晶显示屏字符滚动显示的程序详解 ……………………… 180
    10.2.6　矩阵键盘输入与 1602 字符型液晶显示屏显示的电路及程序详解 ……… 181

第 11 章　步进电动机的使用及编程 ………………………………………………………… 186

  11.1　步进电动机与驱动芯片介绍 ……………………………………………………… 186
    11.1.1　步进电动机 …………………………………………………………………… 186
    11.1.2　驱动芯片 ……………………………………………………………………… 189
    11.1.3　五线四相步进电动机 ………………………………………………………… 191
  11.2　单片机驱动步进电动机的电路及编程 …………………………………………… 192
    11.2.1　单片机驱动步进电动机的电路 ……………………………………………… 192

11.2.2 用单四拍方式驱动步进电动机正转的程序详解 ·········193
11.2.3 用双四拍方式驱动步进电动机自动正反转的程序详解 ·········194
11.2.4 用外部中断控制步进电动机正反转的程序详解 ·········195
11.2.5 用按键控制步进电动机启动、加速、减速、停止的程序详解 ·········197

第12章 串行通信的使用及编程 ·········202

12.1 串行通信的基础知识 ·········202
12.1.1 并行通信和串行通信 ·········202
12.1.2 串行通信的两种方式 ·········202
12.1.3 串行通信的数据传送方向 ·········204

12.2 串行通信口的结构与原理 ·········205
12.2.1 串行通信口的结构 ·········205
12.2.2 串行通信口的工作原理 ·········206

12.3 串行通信口的控制寄存器 ·········206
12.3.1 串行控制寄存器 ·········206
12.3.2 电源控制寄存器 ·········207

12.4 4种工作方式与波特率 ·········208
12.4.1 方式0 ·········208
12.4.2 方式1 ·········209
12.4.3 方式2 ·········210
12.4.4 方式3 ·········210
12.4.5 波特率 ·········210

12.5 串行通信的应用编程 ·········212
12.5.1 利用方式0实现产品计数显示的电路及编程 ·········212
12.5.2 利用方式1实现双机通信的电路及编程 ·········214

第13章 I^2C总线通信的使用及编程 ·········217

13.1 I^2C总线的基础知识 ·········217
13.1.1 I^2C总线的通信协议 ·········217
13.1.2 I^2C总线的数据传送格式 ·········218

13.2 I^2C总线存储器24C02 ·········219
13.2.1 外形与引脚功能 ·········219
13.2.2 器件地址 ·········220
13.2.3 读/写操作 ·········220

13.3 单片机与24C02的I^2C总线通信电路及编程 ·········223
13.3.1 模拟I^2C总线通信的程序详解 ·········223
13.3.2 利用I^2C总线从24C02读写一个数据的电路及程序详解 ·········226

13.3.3 利用 I²C 总线从 24C02 读写多个数据的电路及程序详解 ··· 228
13.3.4 利用 24C02 存储按键操作信息的电路及程序详解 ··· 229

第 14 章 A/D（模/数）与 D/A（数/模）转换电路及编程 ··· 233

14.1 A/D 与 D/A 转换 ··· 233
14.1.1 A/D 转换 ··· 233
14.1.2 D/A 转换 ··· 235

14.2 A/D 与 D/A 转换芯片 ··· 235
14.2.1 外形与引脚功能说明 ··· 236
14.2.2 器件地址和器件功能设置 ··· 236
14.2.3 单端输入与差分输入 ··· 237

14.3 A/D 和 D/A 转换电路及编程 ··· 238
14.3.1 单片机、PCF8591 芯片与 8 位数码管构成的 A/D 和 D/A 转换及显示电路 ··· 238
14.3.2 A/D 转换输出显示的程序详解 ··· 239
14.3.3 4 路电压测量显示的程序详解 ··· 241
14.3.4 D/A 转换输出显示的程序详解 ··· 244

第 15 章 电路绘图设计软件入门 ··· 247

15.1 概述 ··· 247

15.2 Protel 99 SE 基础知识 ··· 247
15.2.1 Protel 99 SE 的组成 ··· 247
15.2.2 Protel 99 SE 的设计电路流程 ··· 248

15.3 Protel 99 SE 使用入门 ··· 248
15.3.1 数据库文件的创建、关闭与打开 ··· 248
15.3.2 Protel 99 SE 的设计界面 ··· 251
15.3.3 文件的管理 ··· 251
15.3.4 系统参数的设置 ··· 256

第 16 章 设计电路原理图 ··· 258

16.1 电路原理图编辑器概述 ··· 258
16.1.1 电路原理图编辑器的界面介绍 ··· 258
16.1.2 设置图纸大小 ··· 262
16.1.3 设置图纸方向、标题栏、边框和颜色 ··· 263
16.1.4 设置图纸网格 ··· 265
16.1.5 设置图纸文件信息 ··· 265
16.1.6 设置光标与网格形状 ··· 265
16.1.7 设置系统字体 ··· 266

- 16.2 电路原理图的设计 267
  - 16.2.1 操作元件库 268
  - 16.2.2 查找元件 269
  - 16.2.3 放置元件 270
  - 16.2.4 编辑元件 272
  - 16.2.5 绘制导线、节点和总线 281
  - 16.2.6 放置电源符号 288
  - 16.2.7 放置输入/输出端口 289
  - 16.2.8 查找、替换与重排元件标号 291
- 16.3 图形的绘制 294
  - 16.3.1 绘制直线 294
  - 16.3.2 绘制矩形 294
  - 16.3.3 绘制多边形 295
  - 16.3.4 绘制椭圆弧线 296
  - 16.3.5 绘制椭圆 297
  - 16.3.6 绘制扇形 298
  - 16.3.7 绘制曲线 299
- 16.4 文本、图片的应用 300
  - 16.4.1 插入与设置文本 300
  - 16.4.2 插入与设置图片 301
- 16.5 层次原理图的设计 302
  - 16.5.1 层次原理图的设计思路 303
  - 16.5.2 由上向下设计层次原理图 305
  - 16.5.3 由下向上设计层次原理图 310

第17章 制作新元件 311

- 17.1 元件库编辑器概述 311
- 17.2 新元件的制作与使用 313
  - 17.2.1 绘制新元件 313
  - 17.2.2 修改已有元件 316
  - 17.2.3 绘制复式元件 319
  - 17.2.4 使用新元件 321
- 17.3 报表的生成与元件库的管理 322
  - 17.3.1 生成报表 322
  - 17.3.2 管理元件库 324

第18章 手工设计PCB图 327

- 18.1 PCB设计基础 327

18.1.1	PCB 的基础知识	327
18.1.2	PCB 的设计过程	330
18.1.3	PCB 设计编辑器的操作	330
18.1.4	PCB 的工作层设置	332
18.1.5	PCB 设计编辑器的参数设置	336

18.2 开始手工设计 PCB 图 341
 18.2.1 放置对象 341
 18.2.2 手工布局 354
 18.2.3 手工布线 361

第 19 章 自动设计 PCB 图 363

19.1 基础知识 363
 19.1.1 PCB 图的自动设计流程 363
 19.1.2 利用电路原理图生成网络表 364

19.2 开始自动设计 PCB 图 364
 19.2.1 自动规划 PCB 图 364
 19.2.2 装载元件封装库和网络表 368
 19.2.3 自动布局元件 372
 19.2.4 手工调整元件布局 373
 19.2.5 自动布线 374
 19.2.6 手工调整布线 379

19.3 显示 PCB 图 384
 19.3.1 单层显示模式 384
 19.3.2 三维显示模式 385

第 20 章 制作新元件封装 387

20.1 启动元件封装库编辑器 387
20.2 制作元件封装 388
 20.2.1 利用手工制作元件封装 388
 20.2.2 利用向导制作元件封装 391
20.3 管理元件封装 393

第1章 单片机快速入门

1.1 单片机简介

1.1.1 什么是单片机

单片机是单片微型计算机（Single Chip Microcomputer）的简称。由于单片机主要用于控制领域，所以又称微型控制器（Micro-Controller Unit，MCU）。**单片机与微型计算机都是由CPU、存储器和输入/输出接口电路（I/O接口电路）等组成的**，但两者又有所不同。微型计算机（PC）和单片机（MCU）的基本结构如图1-1所示。

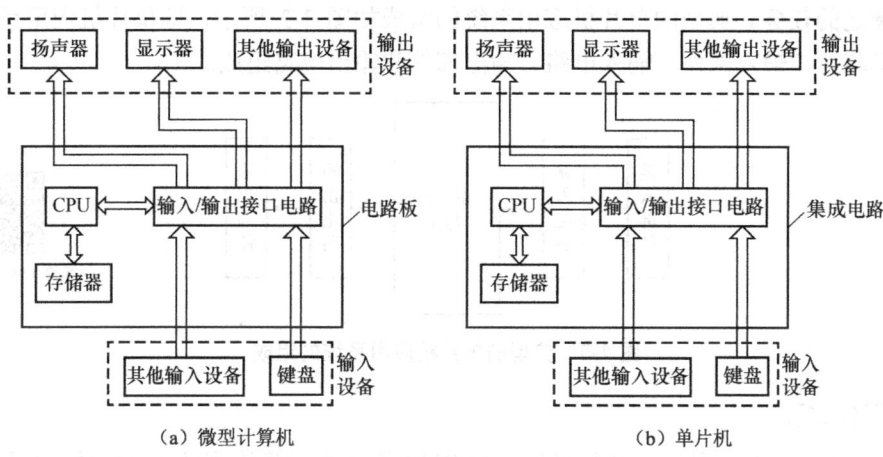

图1-1 微型计算机与单片机的结构

从图1-1可以看出，微型计算机将CPU、存储器和输入/输出接口电路等安装在电路板（又称电脑主板）上，外部的输入/输出设备（I/O设备）通过接插件与电路板上的输入/输出接口电路相连。单片机则将CPU、存储器和输入/输出接口电路等固定在半导体硅片上，再接出引脚并封装起来构成集成电路，外部的输入/输出设备通过单片机的外部引脚与内部的输入/输出接口电路相连。

单片机是一种内部集成了很多电路的IC芯片（又称集成电路、集成块），图1-2列出了几种常见单片机的外形。有的单片机引脚较多，有的引脚较少。同种型号的单片机可以采用直插式引脚封装，也可以采用贴片式引脚封装。

与单片机相比，微型计算机具有性能高、功能强的特点，但其价格昂贵，并且体积大，所以在一些不是很复杂的控制设备中，如电动玩具、缤纷闪烁的霓虹灯和家用电器等，完全可以采用价格低廉的单片机进行控制。

(a) 直插式引脚封装　　　　　　(b) 贴片式引脚封装

图 1-2　几种常见单片机的外形

1.1.2　单片机应用系统的组成及工作过程

1. 组成

单片机是一块内部包含 CPU、存储器和输入/输出接口等电路的 IC 芯片，但单独一块单片机芯片是无法工作的，必须给它增加一些相关的外围电路来组成单片机应用系统，才能完成指定的任务。典型的单片机应用系统的组成如图 1-3 所示，即单片机应用系统主要由单片机芯片、输入部件、输入电路、输出部件和输出电路组成。

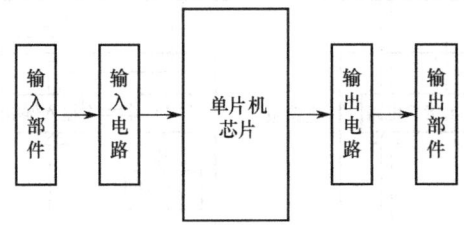

视频教程，扫描即看

图 1-3　典型的单片机应用系统的组成

2. 工作过程

如图 1-4 所示是一种采用单片机控制的 DVD 影碟机托盘检测及驱动电路。下面以该电路为例说明单片机应用系统的一般工作过程。

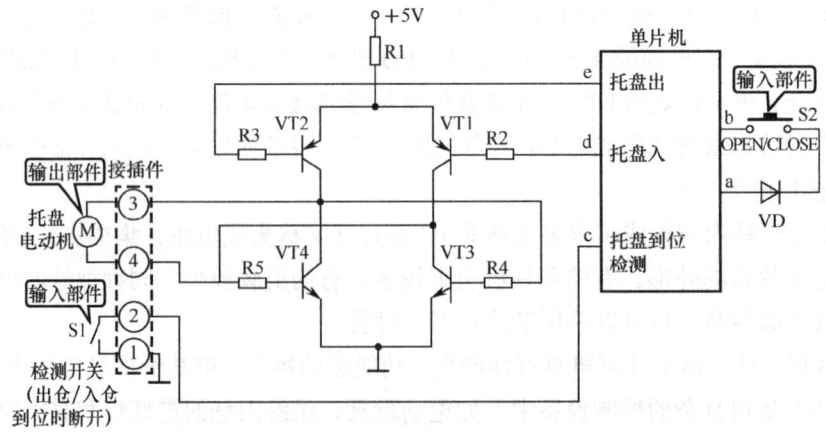

图 1-4　一种采用单片机控制的 DVD 影碟机托盘检测及驱动电路

当按下 OPEN/CLOSE 键时，单片机 a 脚的高电平（一般为 3V 以上的电压，常用 1 或 H 表示）经二极管 VD 和闭合的按键 S2 送入 b 脚，触发单片机内部相应的程序运行。在程序运行后从 e 脚输出低电平（一般为 0.3V 以下的电压，常用 0 或 L 表示）。低电平经电阻 R3 送到 PNP 型三极管 VT2 的基极，VT2 导通。+5V 电压经 R1、导通的 VT2 和 R4 送到 NPN 型三极管 VT3 的基极，VT3 导通。于是有电流流过托盘电动机（电流通过路径：+5V→R1→VT2 的发射极→VT2 的集电极→接插件的 3 脚→托盘电动机→接插件的 4 脚→VT3 的集电极→VT3 的发射极→地），托盘电动机运转，并通过传动机构将托盘推出机器。当托盘出仓到位后，托盘检测开关 S1 断开，单片机的 c 脚变为高电平（在出仓过程中 S1 一直是闭合的，c 脚为低电平）。运行内部程序，使单片机的 e 脚变为高电平，三极管 VT2、VT3 均由导通转为截止。这时无电流流过托盘电动机，电动机停转，托盘出仓完成。

在托盘上放好碟片后，再按压一次 OPEN/CLOSE 键，单片机的 b 脚再一次接收到 a 脚送来的高电平，于是触发单片机内部相应的程序运行。在程序运行后从 d 脚输出低电平，低电平经电阻 R2 送到 PNP 型三极管 VT1 的基极，VT1 导通。+5V 电压经 R1、VT1 和 R5 送到 NPN 型三极管 VT4 的基极，VT4 导通。于是有电流流过托盘电动机（电流通过路径：+5V→R1→VT1 的发射极→VT1 的集电极→接插件的 4 脚→托盘电动机→接插件的 3 脚→VT4 的集电极→VT4 的发射极→地）。由于流过托盘电动机的电流反向，故电动机反向运转，通过传动机构将托盘收回机器。当托盘入仓到位后，托盘检测开关 S1 断开，单片机的 c 脚变为高电平（在入仓过程中 S1 一直是闭合的，c 脚为低电平）。运行内部程序，使单片机的 d 脚变为高电平，三极管 VT1、VT4 均由导通转为截止。这时无电流流过托盘电动机，电动机停转，托盘入仓完成。

在图 1-4 中，检测开关 S1 和按键 S2 均为输入部件，与之连接的电路称为输入电路；托盘电动机为输出部件，与之连接的电路称为输出电路。

1.1.3 单片机的分类

设计、生产单片机的公司很多，较常见的产品有 Intel 公司生产的 MCS-51 系列单片机、Atmel 公司生产的 AVR 系列单片机、MicroChip 公司生产的 PIC 系列单片机和美国德州仪器（TI）公司生产的 MSP430 系列单片机等。

视频教程，扫描即看

8051 单片机是 Intel 公司推出的较为成功的单片机产品。后来由于 Intel 公司将重点放在 PC 芯片（如 8086、80286、80486 和奔腾 CPU 等）开发上，故将 8051 单片机内核使用权以专利出让或互换的形式转给许多世界著名的 IC 制造厂商，如 Philips、NEC、Atmel、AMD、Dallas、Siemens、Fujitsu、OKI、华邦和 LG 等。这些公司在保持与 8051 单片机兼容的基础上改善和扩展了许多功能，设计生产出与 8051 单片机兼容的一系列单片机。这种具有 8051 硬件内核且兼容 8051 指令的单片机称为 MCS-51 系列单片机，简称 51 单片机。新型 51 单片机可以运行 8051 单片机的程序，而 8051 单片机可能无法正常运行新型 51 单片机为新增功能编写的程序。

51 单片机是目前应用最为广泛的单片机。由于生产 51 单片机的公司很多，故其型号众多，但不同公司各型号的 51 单片机之间也有一定的对应关系。如表 1-1 所示是部分公司的 51 单片机常见型号及对应表，对应型号的单片机功能基本相似。

表 1-1　部分公司的 51 单片机常见型号及对应表

STC 公司的 51 单片机	Atmel 公司的 51 单片机	Philips 公司的 51 单片机	Winbond 公司的 51 单片机
STC89C516RD	AT89C51RD2/RD+/RD	P89C51RD2/RD+, 89C61/60X2	W78E516
STC89LV516RD	AT89LV51RD2/RD+/RD	P89LV51RD2/RD+/RD	W78LE516
STC89LV58RD	AT89LV51RC2/RC+/RC	P89LV51RC2/RC+/RC	W78LE58, W77LE58
STC89C54RC2	AT89C55, AT89S8252	P89C54	W78E54
STC89LV54RC2	AT89LV55	P87C54	W78LE54
STC89C52RC2	AT89C52, AT89S52	P89C52, P87C52	W78E52
STC89LV52RC2	AT89LV52, AT89LS52	P87C52	W78LE52
STC89C51RC2	AT89C51, AT89S51	P87C51, P87C51	W78E51

1.1.4　单片机的应用领域

单片机的应用非常广泛，已深入到工业、农业、商业、教育、国防及日常生活等多个领域。下面简单介绍一下单片机在一些领域中的应用。

1. 单片机在家电方面的应用

单片机在家电方面的应用：彩色电视机、影碟机内部的控制系统；数码相机、数码摄像机中的控制系统；中高档电冰箱、空调器、电风扇、洗衣机、加湿器和消毒柜中的控制系统；中高档微波炉、电磁炉和电饭煲中的控制系统等。

2. 单片机在通信方面的应用

单片机在通信方面的应用：移动电话、传真机、调制解调器和程控交换机中的控制系统；智能电缆监控系统；智能线路运行控制系统；智能电缆故障检测仪的控制系统等。

3. 单片机在商业方面的应用

单片机在商业方面的应用：自动售货机的控制系统、无人值守系统、防盗报警系统、灯光和音响设备的控制系统、IC 卡系统等。

4. 单片机在工业方面的应用

单片机在工业方面的应用：数控机床、数控加工中心、无人操作、机械手操作、工业过程控制、生产自动化、远程监控、设备管理、智能控制和智能仪表的控制系统等。

5. 单片机在航空、航天和军事方面的应用

单片机在航空、航天和军事方面的应用：航天测控系统、航天制导系统、卫星遥控遥测系统、载人航天系统、导弹制导系统和电子对抗系统等。

6. 单片机在汽车方面的应用

单片机在汽车方面的应用：汽车娱乐系统、汽车防盗报警系统、汽车信息系统、汽车智能驾驶系统、汽车全球卫星定位导航系统、汽车智能化检测系统、汽车自动诊断系统和交通信息接收系统等。

1.2 单片机应用系统的开发过程

1.2.1 明确控制要求并选择合适型号的单片机

视频教程,扫描即看

1. 明确控制要求

在开发单片机应用系统时,先要明确需要实现的控制功能,之后再围绕要实现的控制功能进行单片机硬件和软件开发。若要实现的控制功能不多,则可一条一条列出来;若要实现的控制功能比较多,则需要分析控制功能及控制过程,并明确表述出来(如控制的先后顺序、同时进行几项控制等),这样在进行单片机软件和硬件开发时才会目标明确。

本节以开发一个用按键控制一只发光二极管(LED)亮灭的项目为例介绍单片机应用系统的软件和硬件开发过程。其控制要求是当按下按键时,LED 亮;当松开按键时,LED 灭。

2. 选择合适型号的单片机

在明确单片机应用系统要实现的控制功能后,再选择单片机的种类和型号。单片机的种类很多,不同种类、型号的单片机结构和功能有所不同,软件、硬件的开发也有区别。

在选择单片机型号时,一般应注意以下几点:

- 选择自己熟悉的单片机。不同系列的单片机内部硬件结构和软件指令或多或少有些不同,而选择自己熟悉的单片机可以提高开发效率,缩短开发时间。
- 在功能够用的情况下考虑性价比。有些型号的单片机功能强大,但相应的价格也较高。在选择单片机型号时功能足够即可,不要盲目选择功能强大的单片机。

在目前市面上使用广泛的 51 单片机中,STC 公司的 51 系列单片机最为常用。其优点是编写的程序可以在线写入单片机,无须专门的编程器;可反复擦写单片机的内部程序;价格较低且容易买到。

1.2.2 设计单片机电路原理图

视频教程,扫描即看

在明确控制要求并选择合适型号的单片机后,接下来就是设计单片机电路,即给单片机添加工作条件电路、输入电路、输出电路等。如图 1-5 所示是设计好的用一个按键控制一只发光二极管亮灭的单片机电路原理图。该电路采用了 STC 公司设计的具有 8051 内核的 89C51 型单片机。

单片机是一种集成电路。普通的集成电路只提供电源即可使其内部电路开始工作,而要让单片机的内部电路正常工作,除需要提供电源外,还需要提供时钟信号和复位信号。提供这三者的电路称为单片机的工作条件电路。

STC89C51 单片机的工作电源为 5V,电压允许范围为 3.8~5.5V。5V 电源的正极接到单片机的正电源脚(40 脚),负极接到单片机的负电源脚(20 脚)。由晶振 X、电容 C1、电容 C2 与单片机时钟脚（18 脚、19 脚）的内部电路组成时钟振荡电路，并将产生的 12MHz 时钟信号提供给单片机的内部电路，从而让内部电路有条不紊地按节拍工作。C1、R1 构成单片机复位电路。在接通电源的瞬间，C1 还未充电，C1 两端电压为 0V，R1 两端电压为 5V。5V 电压为高电平，它作为复位信号经复位脚（9 脚）送入单片机，对内部电路进行复位，使内部电路全部进入初始状态。随着电源对 C1 充电，C1 上的电压迅速上升，R1 两端电压则迅速下降。当 C1 上的电压达到 5V 时充电结束，R1 两端电压为 0V（低电平），单片机的 RST 脚变为低电平。这时结束对单片机内部电路的复位，内部电路开始工作。如果单片机的 RST 脚始终为高电平，则内部电路一直处于初始状态，无法工作。

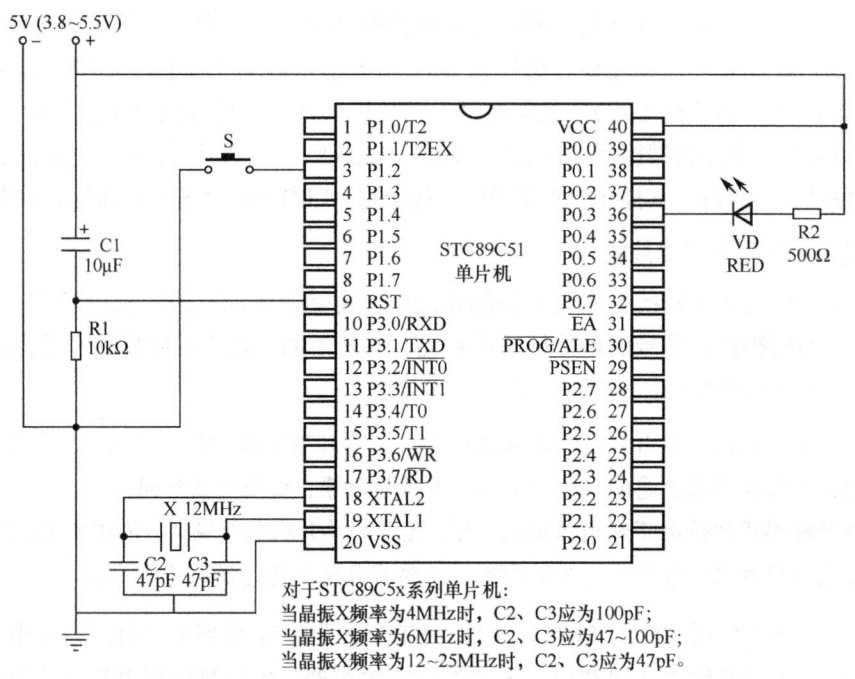

图 1-5 用一个按键控制一只发光二极管亮灭的单片机电路原理图

在按键 S 闭合时，单片机的 P1.2 脚（3 脚）通过 S 接地（电源负极），P1.2 脚输入为低电平。在内部电路检测到该脚电平后再执行程序：让 P0.3 脚（36 脚）输出低电平（0V）；发光二极管 VD 导通，有电流流过 VD（电流通过路径：5V 电源正极→R2→VD→单片机的 P0.3 脚→内部电路→单片机的 VSS 脚→电源负极），VD 点亮。在按键 S 松开时，单片机的 P1.2 脚（3 脚）变为高电平（5V）。在内部电路检测到该脚电平后再执行程序：让 P0.3 脚（36 脚）输出高电平；发光二极管 VD 截止（即 VD 不导通），VD 熄灭。

1.2.3 制作单片机电路

按控制要求设计好单片机电路原理图后，还要依据电路原理图将实际的单片机电路制作出来。制作单片机电路有两种方法：一种是先用电路板设计软件（如 Protel 99 SE 软件）设计出与电路原理图相对应的 PCB 图，再交给厂家生产出相应的 PCB，并将单片机及有关元件焊接在电路板上；

视频教程，扫描即看

另一种是使用万能电路板,即先将单片机及有关元件焊接在电路板上,再按电路原理图的连接关系用导线或焊锡将单片机及元件连接起来。前一种方法适合大批量生产,后一种方法适合少量制作实验。这里使用万能电路板制作单片机电路。

如图1-6所示是一个按键控制一只发光二极管亮灭的单片机电路元件和万能电路板(又称洞洞板)。在安装单片机电路时,从正面将元件引脚插入电路板的圆孔,在背面将引脚焊接好。由于万能电路板各圆孔间是断开的,故还需要按电路原理图的连接关系,用焊锡或导线将有关元件引脚连接起来。为了便于将单片机各引脚与其他电路连接起来,可在单片机两列引脚旁安装两排20脚的单排针。在安装时将单片机各引脚与各自对应的排针脚焊接在一起,暂时不用的单片机引脚可不焊接。制作完成的单片机电路如图1-7所示。

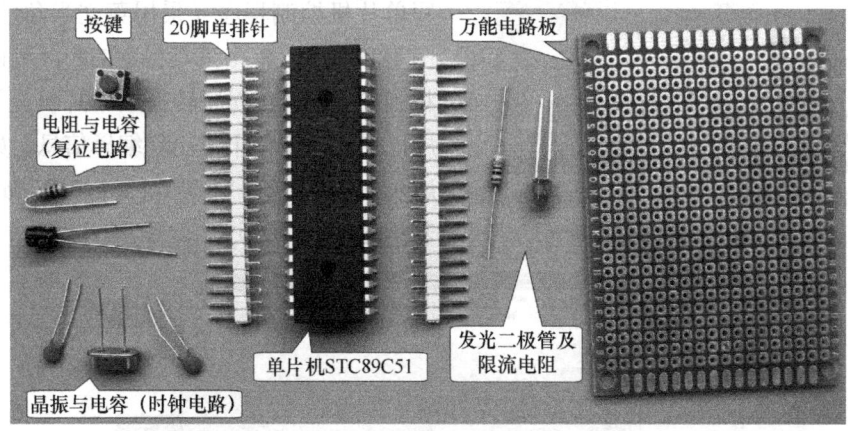

图1-6 一个按键控制一只发光二极管亮灭的单片机电路元件和万能电路板

图1-7 制作完成的单片机电路

1.2.4 用 Keil 软件编写单片机控制程序

单片机是一种软件驱动的芯片。若要让它进行某些控

视频教程,扫描即看　　视频教程,扫描即看

制就必须为其编写相应的控制程序。Keil μVision2 是一款常用的 51 单片机编程软件,在该软件中可以使用汇编语言或 C 语言编写单片机程序。Keil μVision2 的安装和使用会在后面章节详细说明,下面只对该软件编程进行简要介绍。

1. 编写程序

执行"开始"→"程序"→Keil μVision2,如图 1-8 所示,打开 Keil μVision2 软件,如图 1-9 所示。在该软件中新建一个项目"一个按键控制一只 LED 亮灭.Uv2",再在该项目中新建一个"一个按键控制一只 LED 亮灭.c"文件,如图 1-10 所示。在该文件中用 C 语言编写单片机控制程序(采用英文半角输入),如图 1-11 所示。单击工具栏上的 ▦(编译)按钮,将当前 C 语言程序转换成单片机能识别的程序,在软件窗口下方出现编译信息,如图 1-12 所示。如果出现"0 Error(s), 0 Warning(s)",表示程序编译通过。

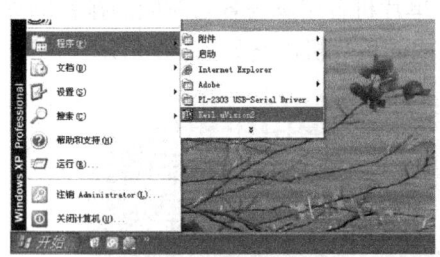

图 1-8　执行"开始"→"程序"→Keil μVision2

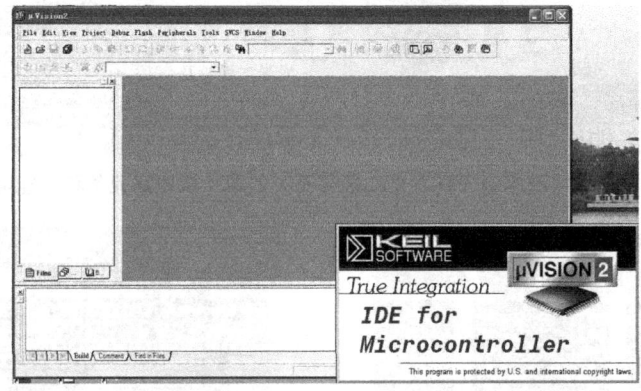

图 1-9　打开 Keil μVision2 软件

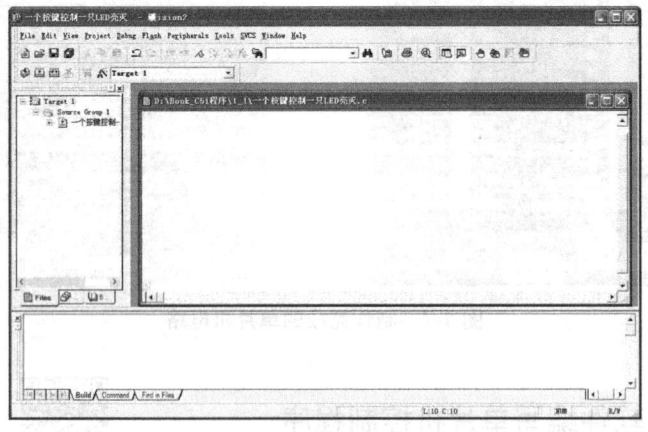

图 1-10　新建"一个按键控制一只 LED 亮灭.c"文件

第 1 章　单片机快速入门

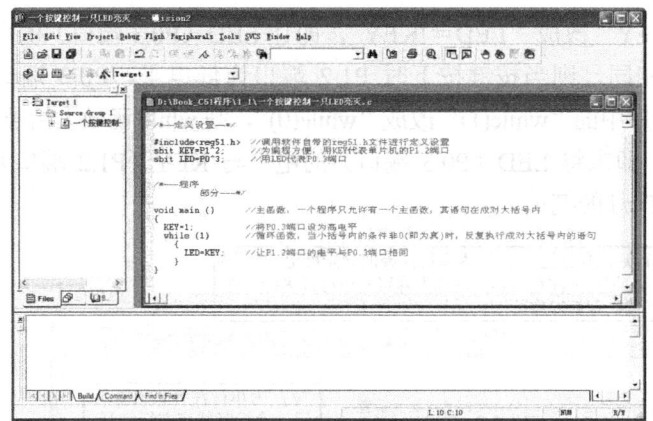

图 1-11　用 C 语言编写单片机程序

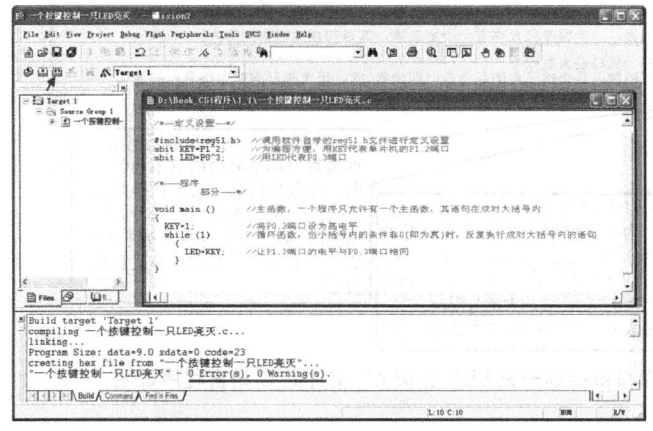

图 1-12　单击编译按钮将 C 语言程序转换成单片机可识别的程序

C 语言程序文件（.c）在编译后会得到一个十六进制程序文件（.hex），如图 1-13 所示。利用专门的下载软件将该十六进制程序文件写入单片机即可让单片机工作并产生相应的控制功能。

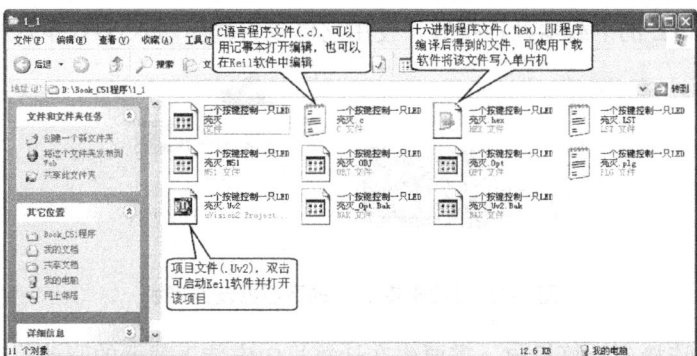

图 1-13　C 语言程序文件被编译后可得到一个能写入单片机的十六进制程序文件

2. 程序说明

对"一个按键控制一只 LED 亮灭.c"文件的 C 语言程序说明如图 1-14 所示。在程序中，如果将"LED=KEY"改成"LED=!KEY",即让 LED(P0.3 端口)的电平与 KEY(P1.2 端口)的反电平相同,则当按键按下时 P1.2 端口为低电平,P0.3 端口为高电平,LED 灯不亮。如果将程序中的"while(1)"改成"while(0)",则 while 函数大括号内的语句"LED=KEY"不会执行,即未将 LED(P0.3 端口)的电平与 KEY(P1.2 端口)对应起来,操作按键无法控制 LED 灯的亮灭。

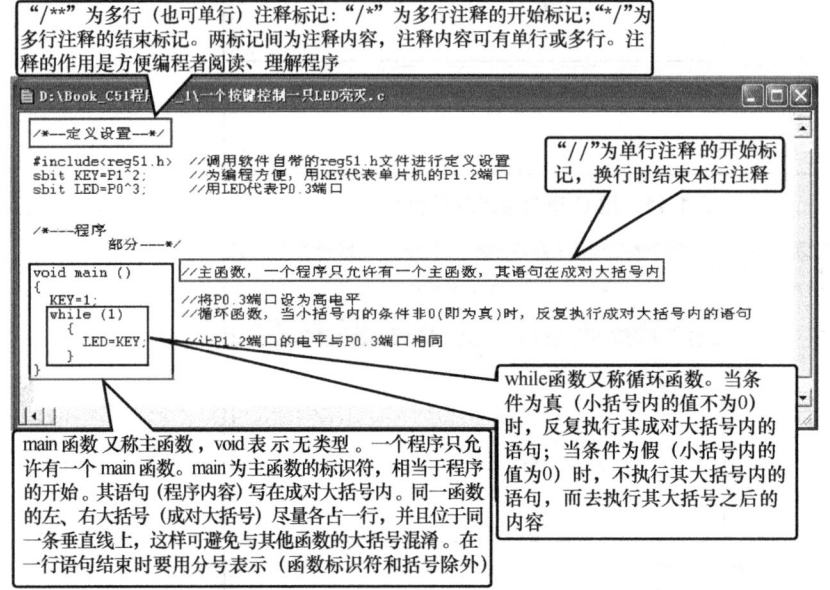

视频教程,扫描即看

图 1-14 "一个按键控制一只 LED 亮灭.c"文件的 C 语言程序说明

1.2.5 计算机、下载(烧录)器和单片机的连接

1. 计算机与下载(烧录)器的连接与驱动

计算机需要通过下载器(又称烧录器)才能将程序写入单片机。如图 1-15 所示是一种常用的 USB 转 TTL 的下载器及连接线,使用它可以将程序写入 STC 单片机。

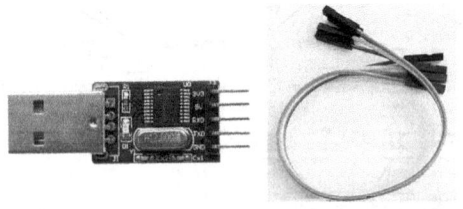

视频教程,扫描即看

图 1-15 USB 转 TTL 的下载器及连接线

在将下载器连接到计算机前,需要先在计算机中安装下载器的驱动程序,再将下载器插入计算机的 USB 接口,计算机才能识别并与下载器建立联系。下载器驱动程序的安装如图 1-16 所示。由于笔者的计算机操作系统为 Windows XP,故选择与 Windows XP 对应的驱动程序文件。双击该文件即可开始安装。

第 1 章 单片机快速入门

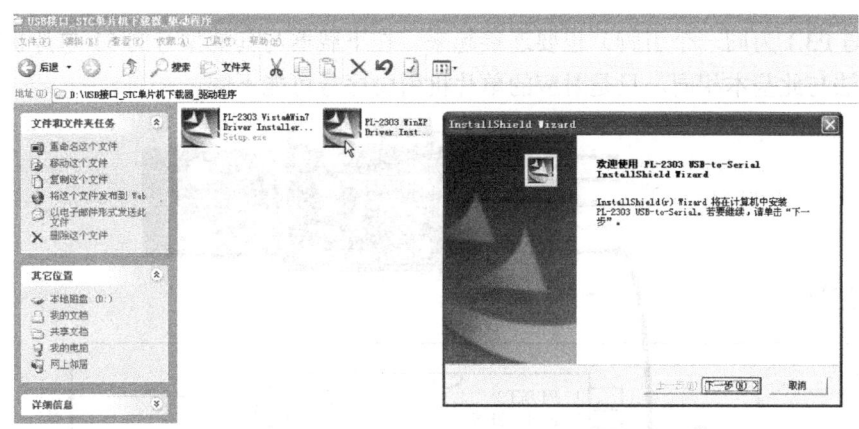

图 1-16 安装 USB 转 TTL 的下载器的驱动程序

在驱动程序安装完成后,将下载器的 USB 插口插入计算机的 USB 接口,计算机即可识别出下载器。在计算机的"设备管理器"中查看下载器与计算机的连接情况:在计算机屏幕桌面上右击"我的电脑"图标,在弹出的快捷菜单中选择"设备管理器",如图 1-17 所示。弹出"设备管理器"窗口,展开其中的"端口(COM 和 LPT)"项,可以看出下载器的连接端口为 COM3,下载器实际连接的是计算机的 USB 端口。COM3 端口是一个模拟端口,应记住该端口序号以便在下载程序时选用。

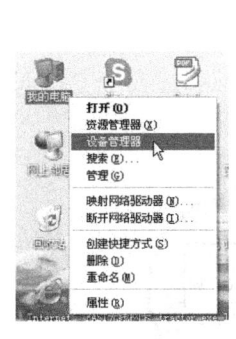 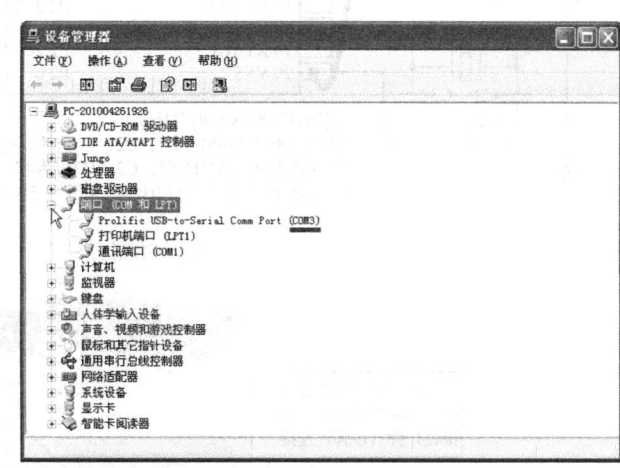

(a) 弹出快捷菜单　　　　　　　　　　(b) "设备管理器"窗口

图 1-17 查看下载器与计算机的连接端口序号

2. 下载器与单片机的连接

USB 转 TTL 的下载器一般有 5 个引脚,分别是 3.3V 电源脚、5V 电源脚、TXD(发送数据)脚、RXD(接收数据)脚和 GND(接地)脚。

下载器与 STC89C51 单片机的连接如图 1-18 所示。从图中可以看出,除两者的电源正、负脚要连接起来外,下载器的 TXD(数据发送)脚与 STC89C51 单片机的 RXD(数据接收)脚(10 脚,与 P3.0 为同一个引脚)、下载器的 RXD 脚与 STC89C51 单片机的 TXD 脚

11

（11 脚，与 P3.1 为同一个引脚）也要连接起来。在下载器与其他型号的 51 单片机连接时，其连接方法与此基本相同，只是对应的单片机引脚序号可能不同。

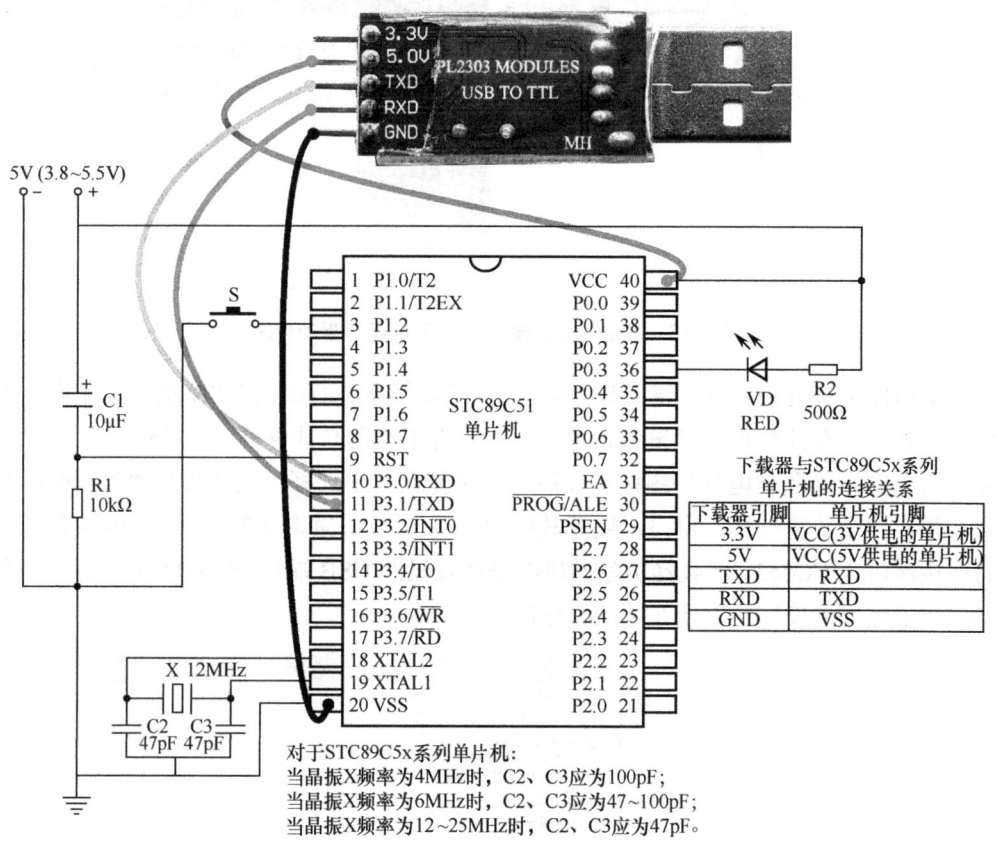

（a）连接说明

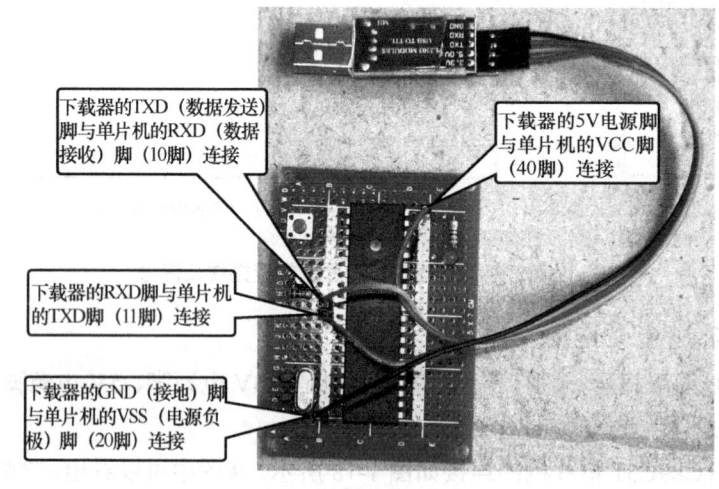

（b）实际连接

图 1-18　下载器与 STC89C51 单片机的连接

1.2.6 用烧录软件将程序写入单片机

若要将编写并编译好的计算机程序下载到单片机中,必须先将下载器与计算机、单片机电路连接起来,如图 1-19 所示。然后在计算机中打开 STC-ISP 烧录软件,用该软件将程序写入单片机。

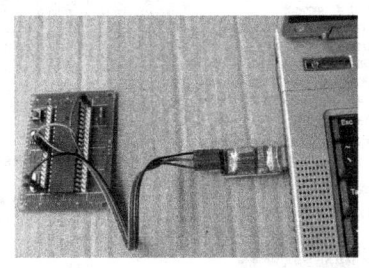

视频教程,扫描即看

图 1-19　计算机、下载器与单片机电路的连接

STC-ISP 烧录软件只能烧写 STC 系列单片机,它分为安装版本和非安装版本,其中非安装版本使用更为方便。如图 1-20 所示是 STC-ISP 烧录软件非安装中文版。双击 STC_ISP_V483.exe 文件,打开 STC-ISP 烧录软件。用 STC-ISP 烧录软件将程序写入单片机的操作如图 1-21 所示。需要注意的是,单击软件中的"Download/下载"按钮后,计算机会反复向单片机发送数据,但单片机不会接收该数据。这时需要切断单片机的电源,几秒后再接通电源,待单片机重新上电后才能检测到计算机发送过来的数据,并将该数据接收下来,存到内部的程序存储器中,从而完成程序的写入。

(a)双击 STC_ISP_V483.exe 文件

图 1-20　打开非安装版本的 STC-ISP 烧录软件

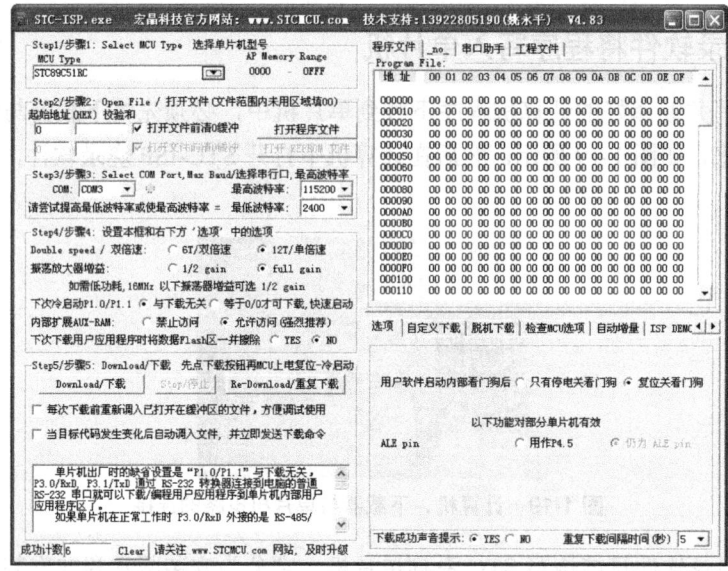

(b) 打开的 STC-ISP 烧录软件

图 1-20 打开非安装版本的 STC-ISP 烧录软件（续）

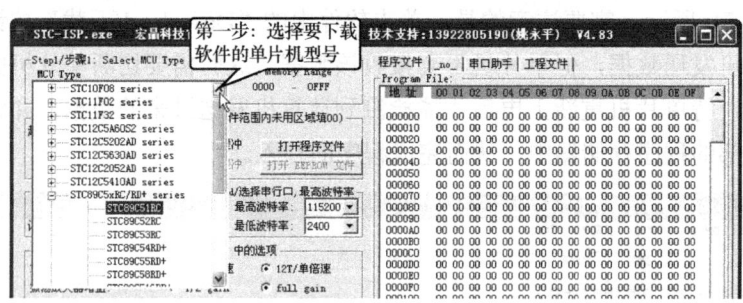

(a) 选择单片机型号

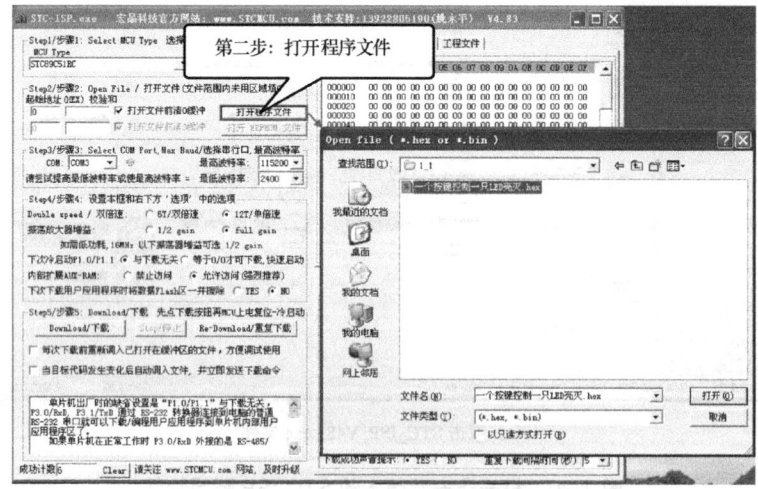

(b) 打开要写入单片机的程序文件

图 1-21 用 STC-ISP 烧录软件将程序写入单片机的操作

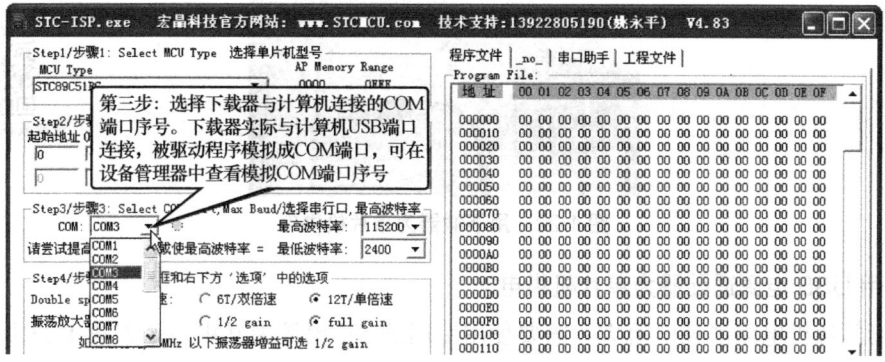

（c）选择计算机与下载器连接的 COM 端口序号

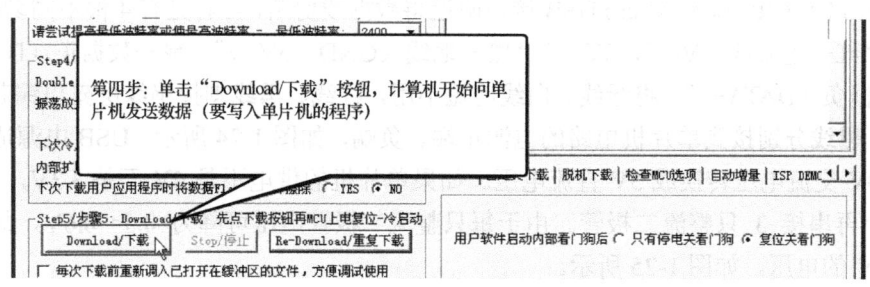

（d）开始往单片机写入程序

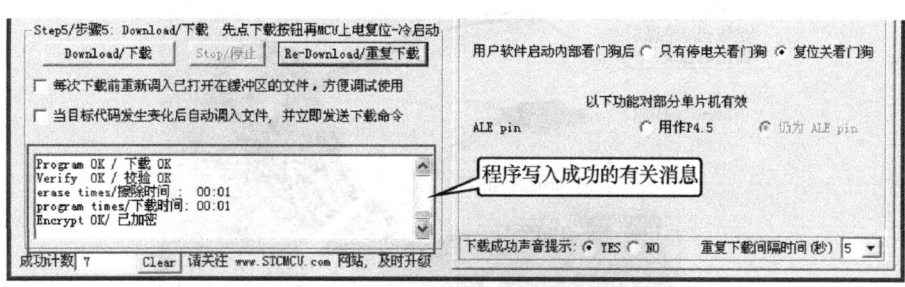

（e）程序写入完成

图 1-21　用 STC-ISP 烧录软件将程序写入单片机的操作（续）

1.2.7　单片机电路的供电与测试

在程序写入单片机后，需要再给单片机电路通电，并测试其能否实现控制要求。如若不能，需要检查是单片机硬件电路有问题还是程序有问题，并解决这些问题。

1. 用下载器为单片机供电

在给单片机供电时，如果单片机电路简单、消耗电流少，可让下载器（需要与计算机的 USB 接口连接）为单片机提供 5V 或 3.3V 电源。该电压实际来自计算机的 USB 接口。在单片机通电后再次进行测试，如图 1-22 所示。

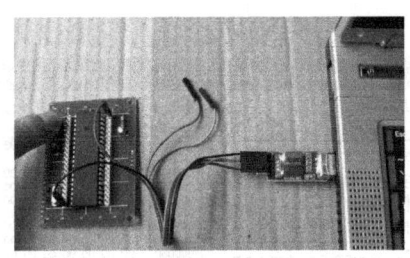

图 1-22 用下载器为单片机供电

2. 用 USB 电源适配器为单片机供电

如果单片机电路消耗电流大,需要使用专门的 5V 电源为其供电。如图 1-23 所示是一种在手机充电时常见的 5V 电源适配器及数据线。该数据线的一端为标准 USB 接口,另一端为 Micro USB 接口。在 Micro USB 接口附近将数据线剪断,可看见有 4 根不同颜色的线,分别是"红—电源线(VCC,5V+)""黑—地线(GND,5V-)""绿—数据正(DATA+)""白—数据负(DATA-)"。将绿线、白线剪短不用,红线、黑线剥掉绝缘层露出铜芯线,再将红线、黑线分别接到单片机电路的电源正端、负端,如图 1-24 所示。USB 电源适配器可以将 220V 交流电压转换成 5V 直流电压。如果单片机的供电不是 5V 而是 3.3V,可在 5V 电源线上再串接 3 只整流二极管。由于每只整流二极管电压可降为 0.5~0.6V,故可得到 3.2~3.5V 的电压,如图 1-25 所示。

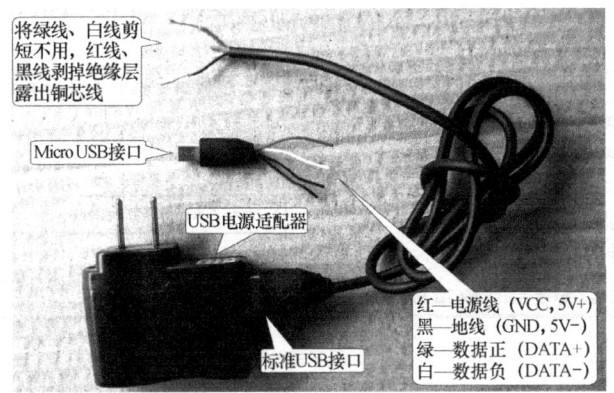

图 1-23 USB 电源适配器与电源线制作

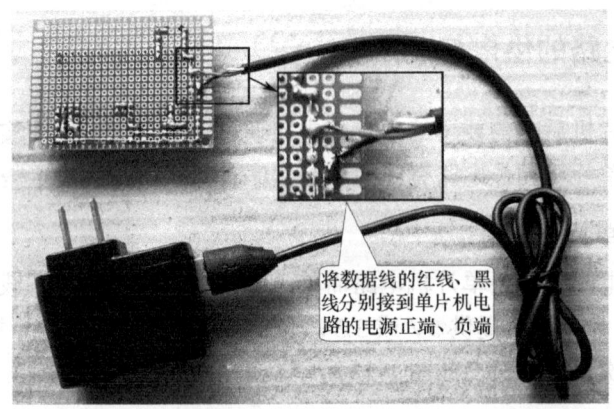

图 1-24 将数据线的红线、黑线分别接到单片机电路的电源正端、负端

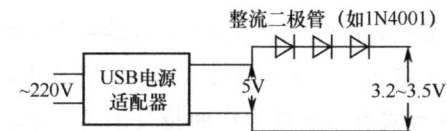

图 1-25　利用 3 只整流二极管可将 5V 电压降成 3.3V 左右的电压

用 USB 电源适配器给单片机电路供电并进行测试，如图 1-26 所示。

图 1-26　用 USB 电源适配器给单片机电路供电并进行测试

1.3　C51 语言基础

C51 语言是 51 单片机在编程时使用的 C 语言。它与计算机的 C 语言的编程规则大部分相同，但由于编程对象不同，故两者在个别处略有区别。本节主要介绍 C51 语言的基础知识。若学习时无法理解一些知识也没关系，在后续章节中会有大量的 C51 编程实例，在学习这些实例时再到本节查看、理解有关内容即可。

1.3.1　常量

常量是在程序运行时其值不会变化的量。常量类型有整型常量、浮点型常量、字符型常量和符号型常量。

1. 整型常量

❶ 十进制数：编程时直接写出，如 0、18、–6。

❷ 八进制数：编程时在数值前加 0 表示八进制数，如 012 为八进制数，相当于十进制数的 10。

❸ 十六进制数：编程时在数值前加 0x 表示十六进制数，如 0x0b 为十六进制数，相当于十进制数的 11。

2. 浮点型常量

浮点型常量又称实数或浮点数。在 C 语言中可以用小数形式或指数形式表示浮点型常量。

❶ 小数形式表示：小数形式是由数字和小数点组成的一种实数表示形式，如 0.123、.123、123.、0.0 等都是合法的浮点型常量。利用小数形式表示的浮点型常量必须要有小数点。

❷ 指数形式表示：这种形式类似于数学中的指数形式。在数学中，浮点型常量可以用幂的形式表示，如 2.3026 可以表示为 $0.23026×10^1$、$2.3026×10^0$、$23.026×10^{-1}$ 等形式。在 C 语言中，则以在 e 或 E 后跟一个整数的形式表示以 10 为底的幂数。2.3026 可以表示为 0.23026E1、2.3026e0、23.026e-1。C 语言规定，在字母 e 或 E 之前必须要有数字，且 e 或 E 后面的指数必须为整数，如 e3、5e3.6、.e、e 等都是非法的指数形式；在字母 e 或 E 的前后及数字之间不得插入空格。

3. 字符型常量

字符型常量是用单引号括起来的单个普通字符或转义字符。

❶ 普通字符常量：用单引号括起来的普通字符，如'b'、'xyz'、'?'等。字符型常量在计算机中是以其代码（一般采用 ASCII 码）存储的。

❷ 转义字符常量：用单引号括起来的前面带反斜杠的字符，如'\n'、'\xhh'等，其含义是将反斜杠后面的字符转换成其他的含义。表 1-2 列出了一些常用转义字符的含义及其 ASCII 码。

表 1-2 常用转义字符的含义及其 ASCII 代码

转义字符	转义字符的含义	ASCII 码
\n	回车换行	10
\t	横向跳到下一制表位置	9
\b	退格	8
\r	回车	13
\f	走纸换页	12
\\	反斜杠	92
\'	单引号	39
\"	双引号	34
\a	鸣铃	7
\ddd	1～3 位八进制数所代表的字符	
\xhh	1～2 位十六进制数所代表的字符	

4. 符号型常量

在 C 语言中，可以用一个标识符表示一个常量，称为符号型常量。 符号型常量在程序开头定义后，可以在程序中直接调用，且在程序中其值不会更改。符号型常量在使用之前必须先定义，其一般形式为：

#define 标识符 常量

例如，在程序开头编写"#define PRICE 25"，即可将 PRICE 定义为符号型常量，在程序中，PRICE 就代表 25。

1.3.2 变量

变量是在程序运行时其值可以改变的量。 每个变量都有一个变量名，变量名必须以字母或下画线"_"开头。在使用变量前需要先声明，以便程序在存储区域为该变量留出一定的空间。例如，在程序中编写"unsigned char num=123"，就声明了一个无符号字符型变量num，程序会在存储区域留出 1 字节的存储空间，并将该空间命名（变量名）为 num，且在该空间存储的数据（变量值）为 123。

变量的类型有位变量、字符型变量、整型变量和浮点型变量（也称实型变量）。

❶ 位变量（bit）：占用的存储空间为 1 位，位变量的值为 0 或 1。

❷ 字符型变量（char）：占用的存储空间为 1 字节（8 位）。无符号字符型变量的数值范围为 0~255，有符号字符型变量的数值范围为−128~+127。

❸ 整型变量：可分为短整型变量（int 或 short）和长整型变量（long）。短整型变量的长度（即占用的存储空间）为 2 字节，长整型变量的长度为 4 字节。

❹ 浮点型变量：可分为单精度浮点型变量（float）和双精度浮点型变量（double）。单精度浮点型变量的长度（即占用的存储空间）为 4 字节，双精度浮点型变量的长度为 8 字节。由于浮点型变量会占用较多的空间，故在单片机编程时尽量少用浮点型变量。

C51 变量的类型、长度和取值范围如表 1-3 所示。

表 1-3 C51 变量的类型、长度和取值范围

变量类型	长度/bit	长度/Byte	取 值 范 围
unsigned char	8	1	0~255
signed char	8	1	−128~127
unsigned int	16	2	0~65 535
signed int	16	2	−32 768~32 767
unsigned long	32	4	0~4 294 967 295
signed long	32	4	−2 147 483 648~2 147 483 647
float	32	4	±1.176E−38~±3.40E+38

1.3.3 运算符

C51 的运算符可分为算术运算符、关系运算符、逻辑运算符、位运算符和复合赋值运算符。

1. 算术运算符

C51 的算术运算符如表 1-4 所示。在进行算术运算时，按"先乘除模，后加减，括号最优先"的原则进行，即乘、除、模的运算优先级相同，加、减的优先级相同且最低，括号的优先级最高，优先级相同的运算按先后顺序进行。

表 1-4 C51 的算术运算符

算术运算符	含 义	算术运算符	含 义
+	加法或正值符号	/	除法
−	减法或负值符号	%	模（相除求余）运算
*	乘法	^	乘幂
− −	减 1	++	加 1

在 C51 语言编程时，经常会用到加 1 符号"++"和减 1 符号"− −"。这两个符号的使用比较灵活，常见的用法如下：y=x++（先将 x 赋给 y，再将 x 加 1）；y=x− −（先将 x 赋给 y，再将 x 减 1）；y=++x（先将 x 加 1，再将 x 赋给 y）；y=− −x（先将 x 减 1，再将 x 赋给 y）；x=x+1（可写成 x++或++x）；x=x−1（可写成 x− −或− −x）。"%"为模运算，即相除求余运算，如"9%5"结果为 4。"^"为乘幂运算，如"2^3"表示 2 的 3 次方（2^3），"2^"表示 2 的平方（2^2）。

2. 关系运算符

C51 的关系运算符如表 1-5 所示。"<"">""<="和">="运算符的优先级高且相同，"=="、"!="运算符的优先级低且相同，如"a>b!=c"相当于"(a>b)!=c"。

表 1-5 C51 的关系运算符

关系运算符	含 义	关系运算符	含 义
<	小于	>=	大于等于
>	大于	==	等于
<=	小于等于	!=	不等于

用关系运算符将两个表达式（可以是算术表达式、关系表达式、逻辑表达式或字符表达式）连接起来的式子称为关系表达式。关系表达式的运算结果为一个逻辑值，即真（1）或假（0）。

例如，a=4、b=3、c=1，则"a>b"的结果为真，表达式的值为 1；"b+c<a"的结果为假，表达式的值为 0；"(a>b)==c"的结果为真，表达式的值为 1，（因为"a>b"的值为 1，c 值也为 1）；"d=a>b"的结果为真，d 的值为 1。

3. 逻辑运算符

C51 的逻辑运算符如表 1-6 所示。"&&""||"为双目运算符，要求有两个运算对象。"!"为单目运算符，只需要有一个运算对象。"&&""||"运算符的优先级低且相同，"!"运算符的优先级高。

表 1-6 C51 的逻辑运算符

逻辑运算符	含 义
&&	与（AND）
||	或（OR）
!	非（NOT）

与关系表达式一样，逻辑表达式的运算结果也为一个逻辑值，即真（1）或假（0）。

例如，a=4、b=5，则"!a"的结果为假（0），因为 a 值非 0 即为真，所以"!a"为假；"a||b"的结果为真（1）；"!a&&b"的结果为假（0），因为"!"的优先级高于"&&"，所以先运算"!a"，其结果为 0，而"0&&b"的结果也为 0。

在进行算术、关系、逻辑和赋值混合运算时，其优先级从高到低依次为："!"（非）→算术运算符→关系运算符→"&&"和"||"→赋值运算符（=）。

4. 位运算符

C51 的位运算符如表 1-7 所示。位运算的对象类型必须是位型、整型或字符型，不能为浮点型。

表 1-7 C51 的位运算符

位运算符	含 义	位运算符	含 义
&	位与	^	位异或（各位相异或，相同为 0，相异为 1）
|	位或	<<	位左移（各位都左移，高位丢弃，低位补 0）
~	位非	>>	位右移（各位都右移，低位丢弃，高位补 0）

对位运算的举例如表 1-8 所示。

表 1-8 位运算举例

运算类型	运 算	结 果
位与运算	00011001 & 01001101	00001001
位或运算	00011001 | 01001101	01011101
位非运算	~00011001	11100110
位异或运算	00011001 ^ 01001101	01010100
位左移	00011001<<1	00110010（所有位均左移 1 位，高位丢弃，低位补 0）
位右移	00011001>>2	00000110（所有位均右移 2 位，低位丢弃，高位补 0）

5. 复合赋值运算符

复合赋值运算符就是在赋值运算符"="前面加上其他运算符。C51 常用的复合赋值运算符如表 1-9 所示。

表 1-9 C51 常用的复合赋值运算符

运 算 符	含 义	运 算 符	含 义
+=	加法赋值	<<=	左移位赋值
-=	减法赋值	>>=	右移位赋值
*=	乘法赋值	&=	逻辑与赋值
/=	除法赋值	|=	逻辑或赋值
%=	取模赋值	^=	逻辑异或赋值

复合运算就是变量与表达式先按运算符运算，再将运算结果赋给参与运算的变量。凡是双目运算（两个对象运算）都可以用复合赋值运算符去简化表达。

复合运算的一般形式为：

变量 复合赋值运算符 表达式

例如，"a+=28"相当于"a=a+28"。

1.3.4 关键字

在 C51 语言中，会使用一些具有特定含义的字符串，称为关键字。 这些关键字已被软件使用，编程时不能将其定义为常量、变量和函数的名称。C51 将关键字分为两大类：由 ANSI（美国国家标准学会）标准定义的关键字和由 Keil C51 编译器扩充的关键字。

1. 由 ANSI 标准定义的关键字

由 ANSI 标准定义的关键字有 char、double、enum、float、int、long、short、signed、struct、union、unsigned、void、break、case、continue、default、do、else、for、goto、if、return、switch、while、auto、extern、register、static、const、sizeof、typedef、volatile 等。这些关键字可分为以下几类：

❶ 数据类型关键字，用来定义变量、函数或其他数据结构的类型，如 unsigned char、int 等。

❷ 控制语句关键字，在程序中起控制作用的语句，如 while、for、if、case 等。

❸ 预处理关键字，表示预处理命令的关键字，如 define、include 等。

❹ 存储类型关键字，表示存储类型的关键字，如 static、auto、extern 等。

❺ 其他关键字，如 const、sizeof 等。

2. 由 Keil C51 编译器扩充的关键字

由 Keil C51 编译器扩充的关键字可分为以下两类：

❶ 用于定义 51 单片机内部寄存器的关键字，如 sfr、sbit。sfr 用于定义特殊功能寄存器，如"sfr P1=0x90;"将地址为 0x90 的特殊功能寄存器名称定义为 P1；sbit 用于定义特殊功能寄存器中的某一位，如"sbit LED1=P1^1;"将特殊功能寄存器 P1 的第 1 位名称定义为 LED1。

❷ 用于定义 51 单片机变量存储类型的关键字。这些关键字有 6 个，如表 1-10 所示。

表 1-10 用于定义 51 单片机变量存储类型的关键字

存 储 类 型	与存储空间的对应关系
data	直接寻址片内数据存储区，访问速度快（128B）
bdata	可位寻址片内数据存储区，允许位与字节混合访问（16B）
idata	间接寻址片内数据存储区，可访问片内全部 RAM 地址空间（256B）
pdata	分页寻址片外数据存储区（256B）
xdata	片外数据存储区（64KB）
code	代码存储区（64KB）

1.3.5 数组

数组也称表格，是具有相同数据类型的数据集合。 在定义数组时，程序会将一段连续的存储单元分配给数组，存储单元的最低地址存放数组的第一个元素，最高地址存放数组的最后一个元素。

根据维数不同，数组可分为一维数组、二维数组和多维数组；根据数据类型不同，数组可分为字符型数组、整型数组、浮点型数组和指针型数组。下面仅对一维数组、二维数组、字符型数组进行简要介绍。

1. 一维数组

（1）数组定义

一维数组的一般定义形式如下：

类型说明符 数组名[下标]

下标也称常量表达式，表示数组中的元素个数。例如，"unsigned int a[5];"定义了一个无符号整型数组，数组名为 a，数组中存放 5 个元素，元素类型均为整型。由于每个整型数据占 2 字节，故该数组占用了 10 字节的存储空间。该数组中的第 1~5 个元素分别用 a[0]~a[4]表示。

（2）数组赋值

在定义数组时，也可同时指定数组中的各个元素（即数组赋值），比如：

```
unsigned int a[5]={2,16,8,0,512};
unsigned int b[8]={2,16,8,0,512};
```

在数组 a 中，a[0]=2，a[4]=512；在数组 b 中，b[0]=2，b[4]=512，b[5]~b[7]均未赋值，全部自动填 0。

在定义数组时，要注意以下几点：

❶ 数组名应与变量名一样，必须遵循标识符命名规则。在同一个程序中，数组名不能与变量名相同。

❷ 数组中的每个元素的数据类型必须相同，并且与数组类型一致。

❸ 数组名后面的下标表示数组的元素个数（又称数组长度），必须用方括号括起来。下标是一个整型值，可以是常数或符号型常量，不能包含变量。

2. 二维数组

（1）数组定义

二维数组的一般定义形式如下：

类型说明符 数组名[下标1][下标2]

下标 1 表示行数，下标 2 表示列数。例如，"unsigned int a[2] [3];"定义了一个无符号整型二维数组，数组名为 a，数组为 2 行 3 列，共 6 个元素。这 6 个元素依次用 a[0] [0]、a[0] [1]、a[0] [2]、a[1] [0]、a[1] [1]、a[1] [2]表示。

（2）数组赋值

对二维数组赋值有两种方法：

❶ 按存储顺序赋值。例如，"unsigned int a[2] [3]={1,16,3,0,28,255};"。

❷ 按行分段赋值。例如，"unsigned int a[2] [3]={{1,16,3},{0,28,255}};"。

3. 字符型数组

字符型数组用来存储字符型数据。字符型数组可以在定义时进行初始化赋值，例如，"char c[4]={ 'A', 'B', 'C', 'D'};"定义了一个字符型数组，数组名为 c，数组中存放 4 个字符型元素（占用了 4 字节的存储空间），分别是 A、B、C、D（实际上存放的是这 4 个字母的 ASCII 码，即 0x65、0x66、0x67、0x68）。在对全体元素赋值时，数组的长度（下标）也可省略，即上述数组定义也可写成 "char c[]={ 'A', 'B', 'C', 'D'};"。如果要在字符型数组中存放一个字符串 "good"，可采用以下三种方法：

❶ char c[]={ 'g', 'o', 'o', 'd', '\0'};   //'\0'为字符串的结束符

❷ char c[]={"good"};   /*使用双引号时，编译器会自动在后面加结束符'\0'，故数组长度应较字符数多一个*/

❸ char c[]="good";

在定义用于存放多个字符串的二维字符型数组时，二维字符型数组的下标 1 为字符串的个数，下标 2 为每个字符串的长度。下标 1 可以不写，但下标 2 必须写，并且其值应比最长字符串的字符数（空格也算一个字符）至少多出一个。例如：

char c[][20]={{"How old are you?",\n}, {"I am 18 years old.",\n}, {"and you?" }};

上例中的 "\n" 是一种转义符号，其含义是换行，即将当前位置移到下一行开头。

1.3.6 循环语句

在编程时，如果需要反复执行某段程序，可使用循环语句。C51 的循环语句有三种：while 语句、do while 语句和 for 语句。

1. while 语句

while 语句的格式为 "while(表达式){语句组;}"。在编程时为了书写、阅读方便，一般按以下方式编写：

while(表达式)

```
{
   语句组;
}
```

在执行 while 语句时，先判断表达式是否为真（非 0 即为真）或表达式是否成立。若为真或表达式成立则执行大括号（也称花括号）内的语句组（也称循环体），否则不执行大括号内的语句组，直接跳出 while 语句，执行大括号之后的内容。

在使用 while 语句时，要注意以下几点：

❶ 当 while 语句的大括号内只有一条语句时，可以省略大括号，但使用大括号可使程序更安全、可靠。

❷ 当 while 语句的大括号内无任何语句（空语句）时，应在大括号内写上分号";"，即"while(表达式){;}"，也可简写为"while(表达式);"。

❸ 如果 while 语句的表达式是递增或递减表达式，则 while 语句每执行一次，表达式的值就增 1 或减 1，如"while(i++){语句组;}"。

❹ 如果希望某语句组无限次循环执行，可使用"while(1){语句组;}"；如果希望程序停在某处等待，待条件（即表达式）满足时往下执行，可使用"while(表达式);"；如果希望程序始终停在某处不往下执行，可使用"while(1);"，即让 while 语句无限次执行一条空语句。

2. do while 语句

do while 语句的格式如下：

```
do
{
   语句组;
}
while(表达式)
```

在执行 do while 语句时，先执行大括号内的语句组（也称循环体），然后用 while 判断表达式是否为真（非 0 即为真）或表达式是否成立。若为真或表达式成立则执行大括号内的语句组，直到 while 表达式为 0 或不成立，直接跳出 do while 语句，执行之后的内容。

do while 语句先执行一次循环体语句组，再判断表达式的真假以确定是否再次执行循环体；而 while 语句先判断表达式的真假，以确定是否执行循环体语句组。

3. for 语句

for 语句的格式如下：

```
for(初始化表达式; 条件表达式; 增量表达式)
{
   语句组;
}
```

for 语句执行过程：先用初始化表达式（如 i=0）给变量赋初值，然后判断条件表达式（如 i<8）是否成立，若不成立则跳出 for 语句，若成立则执行大括号内的语句组。执行完语句组后再执行增量表达式（如 i++），接着再次判断条件表达式是否成立，以确定是否再次执行大括号内的语句组，直到条件表达式不成立才跳出 for 语句。

1.3.7 选择语句

C51 常用的选择语句有 if 语句和 switch…case 语句。

1. if 语句

if 语句有三种形式：基本 if 语句、if…else…语句和 if…else if…语句。

（1）基本 if 语句

基本 if 语句的格式如下：

```
if(表达式)
{
    语句组；
}
```

在执行 if 语句时，首先判断表达式是否为真（非 0 即为真）或表达式是否成立。若为真或表达式成立则执行大括号内的语句组（执行完后跳出 if 语句），否则不执行大括号内的语句组，直接跳出 if 语句，执行大括号之后的内容。

（2）if…else…语句

if…else…语句的格式如下：

```
if(表达式)
{
    语句组 1；
}
else
{
    语句组 2；
}
```

在执行 if…else…语句时，需要判断表达式是否为真（非 0 即为真）或表达式是否成立。若为真或表达式成立则执行语句组 1，否则执行语句组 2。执行完语句组 1 或语句组 2 后跳出 if…else…语句。

（3）if…else if…语句（多条件分支语句）

if…else if…语句的格式如下：

```
if(表达式 1)
```

```
{
   语句组 1;
}
else if(表达式 2)
{
   语句组 2;
}
…
else if(表达式 n)
{
   语句组 n;
}
```

在执行 if…else if…语句时,首先判断表达式 1 是否为真(非 0 即为真)或表达式是否成立。若为真或表达式成立则执行语句组 1,否则判断表达式 2 是否为真或表达式是否成立。若为真或表达式 2 成立则执行语句组 2……最后判断表达式 n 是否为真或表达式是否成立,若为真或表达式 n 成立则执行语句组 n。如果所有的表达式都不成立或为假时,跳出 if…else if…语句。

2. switch…case 语句

switch…case 语句的格式如下:

```
switch (表达式)
{
  case 常量表达式 1; 语句组 1; break;
  case 常量表达式 2; 语句组 2; break;
  …
  case 常量表达式 n; 语句组 n; break;
  default:语句组 n+1;
}
```

在执行 switch…case 语句时,首先计算表达式的值,然后按顺序逐个与各 case 后面的常量表达式的值进行比较。当与某个常量表达式的值相等时,则执行该常量表达式后面的语句组,再执行 break 语句从而跳出 switch…case 语句。如果表达式与所有 case 后面的常量表达式的值都不相等,则执行 default 后面的语句组,并跳出 switch…case 语句。

第 2 章 51 单片机的硬件系统

51 系列（又称 MCS-51 系列）单片机是目前使用最为广泛的一种单片机。虽然其型号很多，但它们都是在 8051 单片机的基础上通过改善和新增功能的方式生产出来的。8051 单片机是 51 系列单片机的基础，读者可在其基础上了解一些改善和新增的功能，就能掌握各种新型号的 51 单片机功能。目前市面上最常用的 51 单片机是 STC 公司生产的 STC89C5x 系列单片机。

2.1 8051 单片机的引脚功能与内部结构

2.1.1 引脚功能说明

视频教程，扫描即看

8051 单片机有 40 个引脚，各引脚功能标识如图 2-1 所示。**8051 单片机的引脚可分为三类，分别是基本工作条件引脚、I/O（输入/输出）引脚和控制引脚。**

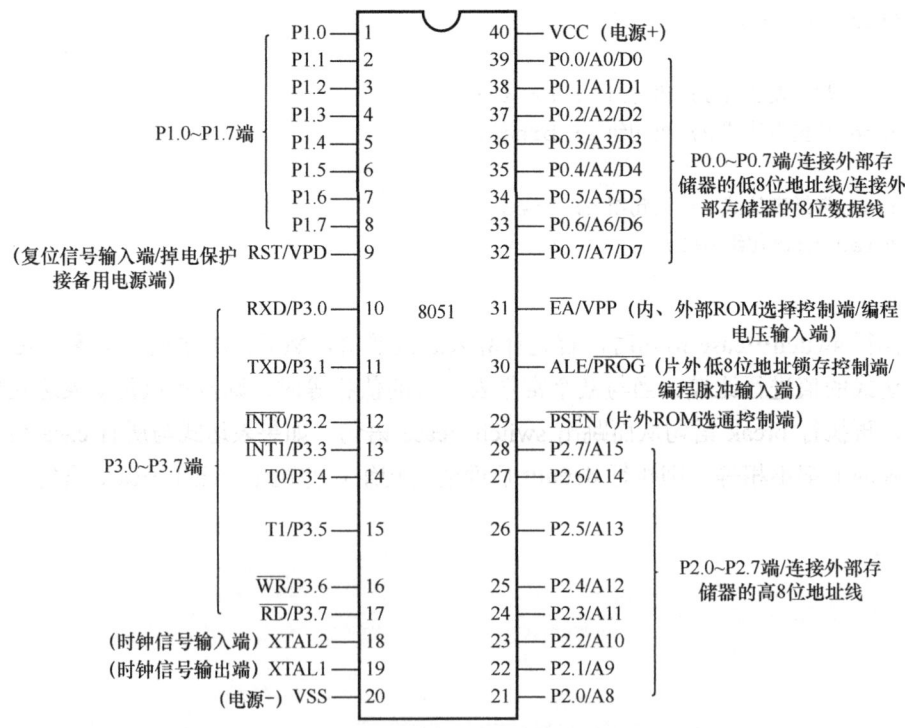

图 2-1 8051 单片机的引脚功能标识

1. 基本工作条件引脚

单片机的基本工作条件引脚有电源引脚、复位引脚和时钟引脚。 只有具备了基本工作条件，单片机才能开始工作。

（1）电源引脚

40 脚（VCC）为电源正极引脚，20 脚（VSS 或 GND）为电源负极引脚。VCC 引脚接 5V 电源的正极，VSS 或 GND 引脚接 5V 电源的负极（即接地）。

（2）复位引脚

9 脚（RST/VPD）为复位引脚。在单片机接通电源后，内部很多电路状态混乱，需要复位电路为它们提供复位信号，从而使这些电路进入初始状态，并开始工作。8051 单片机采用高电平复位，当 RST 引脚输入高电平（持续时间需要超过 24 个时钟周期）时，即可完成内部电路的复位。

9 脚还具有掉电保护功能，为了防止因掉电使单片机内部 RAM 的数据丢失，可在该脚再接一个备用电源。掉电时，由备用电源为该脚提供 4.5~5.5V 电压，这样就可保证 RAM 的数据不会丢失。

（3）时钟引脚

18 脚、19 脚（XTAL2、XTAL1）为时钟引脚。在单片机内部有大量的数字电路，这些数字电路需要由时钟信号进行控制，才能有次序、有节拍地工作。由 XTAL2、XTAL1 引脚外接的晶振及电容，以及内部的振荡器构成时钟电路，并产生时钟信号供给内部电路使用。另外，也可以由外部其他的电路提供时钟信号。外部时钟信号通过 XTAL2 引脚送入单片机，此时 XTAL1 引脚悬空。

2. I/O（输入/输出）引脚

8051 单片机有 P0、P1、P2 和 P3 共 4 组 I/O 端口，每组端口有 8 个引脚：P0 端口的 8 个引脚编号为 P0.0~P0.7；P1 端口的 8 个引脚编号为 P1.0~P1.7；P2 端口的 8 个引脚编号为 P2.0~P2.7；P3 端口的 8 个引脚编号为 P3.0~P3.7。

（1）P0 端口

P0 端口（P0.0~P0.7）的引脚号为 39~32，其功能如下：

❶ 用作 I/O 端口，既可以作为 8 个输入端，又可以作为 8 个输出端。

❷ 用作 16 位地址总线中的低 8 位地址总线。当单片机外接存储器时，会从这些引脚输出地址（16 位地址中的低 8 位），选择外部存储器的某些存储单元。

❸ 用作 8 位数据总线。当单片机外接存储器并需要读写数据时，可从这些引脚输出低 8 位地址，并与 P2.0~P2.7 引脚同时输出的高 8 位地址组成 16 位地址。在选中外部存储器中的某个存储单元后，单片机会让这些引脚转换成 8 位数据总线。通过这 8 个引脚往存储单元写入 8 位数据或从这个存储单元将 8 位数据读入单片机。

（2）P1 端口

P1 端口（P1.0~P1.7）的引脚号为 1~8，它只能用作 I/O 端口，可以作为 8 个输入端，也可以作为 8 个输出端。

（3）P2 端口

P2 端口（P2.0~P2.7）的引脚号为 21~28，其功能如下：

❶ 用作 I/O 端口，可以作为 8 个输入端，也可以作为 8 个输出端。

❷ 用作 16 位地址总线中的高 8 位地址总线。当单片机外接存储器时，会从这些引脚输出高 8 位地址，并与 P0.0~P0.7 引脚同时输出的低 8 位地址组成 16 位地址。首先选中外部存储器中的某个存储单元，然后单片机通过 P0.0~P0.7 引脚往选中的存储单元读写数据。

（4）P3 端口

P3 端口（P3.0~P3.7）的引脚号为 10~17，除可以用作 I/O 端口外，各个引脚还具有其他功能，具体说明如下。

❶ P3.0（RXD）：串行数据接收端。外部的串行数据可由此脚进入单片机。

❷ P3.1（TXD）：串行数据发送端。单片机内部的串行数据可由此脚输出，发送给外部电路或设备。

❸ P3.2（$\overline{INT0}$）：外部中断信号 0 输入端。

❹ P3.3（$\overline{INT1}$）：外部中断信号 1 输入端。

❺ P3.4（T0）：定时器/计数器 T0 的外部信号输入端。

❻ P3.5（T1）：定时器/计数器 T1 的外部信号输入端。

❼ P3.6（$\overline{WR}$）：写片外 RAM 的控制信号输出端。

❽ P3.7（$\overline{RD}$）：读片外 RAM 的控制信号输出端。

P0、P1、P2、P3 端口具有多种功能，具体应用哪种功能，由单片机根据内部程序自动确定。

3. 控制引脚

控制引脚的功能：当单片机外接存储器（RAM 或 ROM）时，可通过控制引脚控制外接存储器，从而使单片机能像使用内部存储器一样使用外接存储器；在向单片机编程（即向单片机内部写入编好的程序）时，编程器可通过有关控制引脚使单片机进入编程状态，然后将程序写入单片机。

对 8051 单片机的控制引脚的功能说明如下。

❶ $\overline{EA}$/VPP（31 脚）：内、外部 ROM（程序存储器）选择控制端/编程电压输入端。当 $\overline{EA}$=1（高电平）时，单片机使用内、外部 ROM（先使用内部 ROM，超出范围时再使用外部 ROM）；当 $\overline{EA}$=0（低电平）时，单片机只使用外部 ROM，不会使用内部 ROM。在用编程器往单片机写入程序时，要在该脚加 12~25V 的编程电压，才能将程序写入单片机内部 ROM。

❷ $\overline{PSEN}$（29 脚）：片外 ROM 选通控制端。当单片机需要从外部 ROM 读取程序时，会从该脚输出低电平到外部 ROM，外部 ROM 才允许单片机从中读取程序。

❸ ALE/$\overline{PROG}$（30 脚）：片外低 8 位地址锁存控制端/编程脉冲输入端。单片机在读写

片外 RAM 或读片外 ROM 时，该引脚会先送出 ALE 脉冲信号，将 P0.0～P0.7 引脚输出的低 8 位地址锁存在外部的锁存器中，然后让 P0.0～P0.7 引脚输出 8 位数据，即让 P0.0～P0.7 引脚先作为地址输出端，再作为数据输出端。在通过编程器将程序写入单片机时，编程器会通过该脚往单片机输入编程脉冲。

2.1.2 单片机与片外存储器的连接与控制

视频教程，扫描即看

8051 单片机内部 RAM（可读写存储器，也称数据存储器）的容量为 256B（含特殊功能寄存器），内部 ROM（只读存储器，也称程序存储器）的容量为 4KB。如果单片机内部的 RAM 或 ROM 容量不够用，可以外接 RAM 或 ROM。在 8051 单片机与片外 RAM 或片外 ROM 连接，且使用 P0.0～P0.7 和 P2.0～P2.7 引脚输出 16 位地址时，可以最大寻址 2^{16}=65536=64KB 个存储单元，每个存储单元可以存储 1 字节（1Byte），也就是 8 位二进制数（8bit），故 8051 单片机外接 RAM 或 ROM 的容量最大不要超过 64KB，超出范围的存储单元将无法识别、使用。

8051 单片机与片外 RAM 的连接如图 2-2 所示。

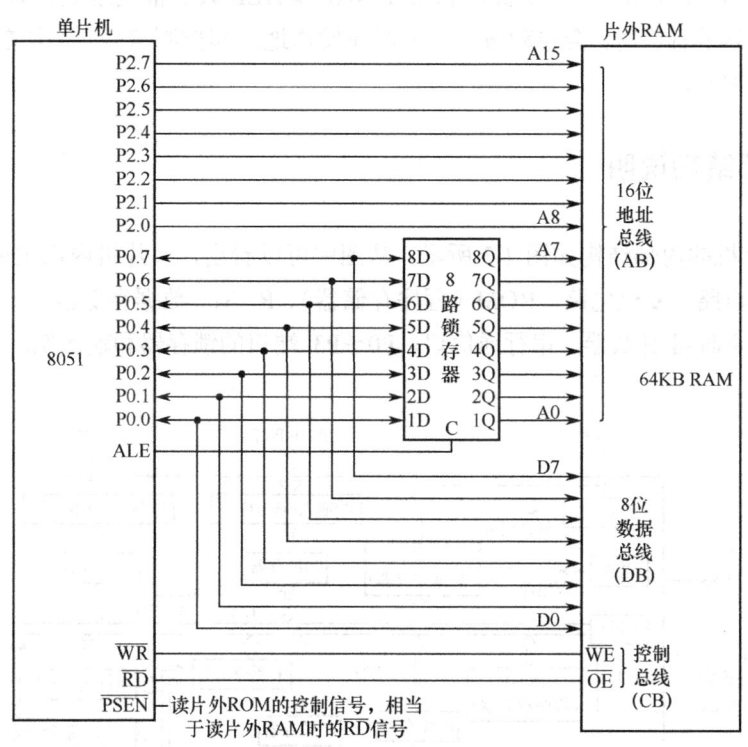

图 2-2　8051 单片机与片外 RAM 的连接

当单片机需要从片外 RAM 读写数据时，会先从 P0.0～P0.7 引脚输出低 8 位地址（如 00000011），再通过 8 路锁存器送到片外 RAM 的 A0～A7 引脚，它与 P2.0～P2.7 引脚输出并送到片外 RAM 的 A8～A15 引脚的高 8 位地址一起组成 16 位地址。从 64KB 个（即 2^{16} 个）存储单元中选中某个存储单元，如果单片机要往片外 RAM 写入数据，会从 $\overline{\text{WR}}$ 引脚送出低电平到片外 RAM 的 $\overline{\text{WE}}$ 脚,在片外 RAM 中被选中的单元准备接收数据。与此同时,单片机的 ALE 端送出 ALE 脉冲信号去锁存器的 C 端,将 1Q～8Q 端与 1D～8D 端隔离开,并将 1Q～8Q 端的地址锁存起来(保持输出不变)。单片机从 P0.0～P0.7 引脚输出 8 位数据,送到片外 RAM 的 D0～D7 引脚,存入内部选中的存储单元。

如果单片机要从片外 RAM 读取数据,同样需要先发出地址选中的片外 RAM 的某个存储单元,并让 $\overline{\text{RD}}$ 端输出低电平去片外 RAM 的 $\overline{\text{OE}}$ 端,再将 P0.0～P0.7 引脚输出的低 8 位地址锁存起来,然后让 P0.0～P0.7 引脚接收片外 RAM 的 D0～D7 引脚送来的 8 位数据。

如果外部存储器是 ROM(只读存储器),则单片机不会使用 $\overline{\text{WR}}$ 端和 $\overline{\text{RD}}$ 端,但会用到 $\overline{\text{PSEN}}$ 端,并将 $\overline{\text{PSEN}}$ 引脚与片外 ROM 的 $\overline{\text{OE}}$ 引脚连接起来。在单片机从片外 ROM 读数据时,会从 $\overline{\text{PSEN}}$ 引脚送出低电平到片外 ROM 的 $\overline{\text{OE}}$ 引脚。除此之外,单片机读片外 ROM 的过程与读片外 RAM 的过程基本相同。

如图 2-2 所示的 8051 单片机与片外存储器的连接线有地址总线(AB)、数据总线(DB)和控制总线(CB):地址总线由 A0～A15 共 16 根线组成,最大可寻址 2^{16}=65536=64KB 个存储单元;数据总线由 D0～D7 共 8 根线组成(与低 8 位地址总线分时使用),一次可存取 8 位二进制数(即 1 字节);控制总线由 $\overline{\text{RD}}$、$\overline{\text{WR}}$ 和 ALE 共 3 根线组成。单片机在执行到读写片外存储器的程序时,会自动按一定的时序发送地址和控制信号,并且在读写数据时,无须人工编程参与。

2.1.3 内部结构说明

8051 单片机的内部结构如图 2-3 所示。从图中可以看出,单片机内部主要由 CPU、电源电路、时钟电路、复位电路、ROM(程序存储器)、RAM(数据存储器)、中断控制器、定时器/计数器、串行通信口、P0～P3 端口的锁存器和输入/输出电路组成。

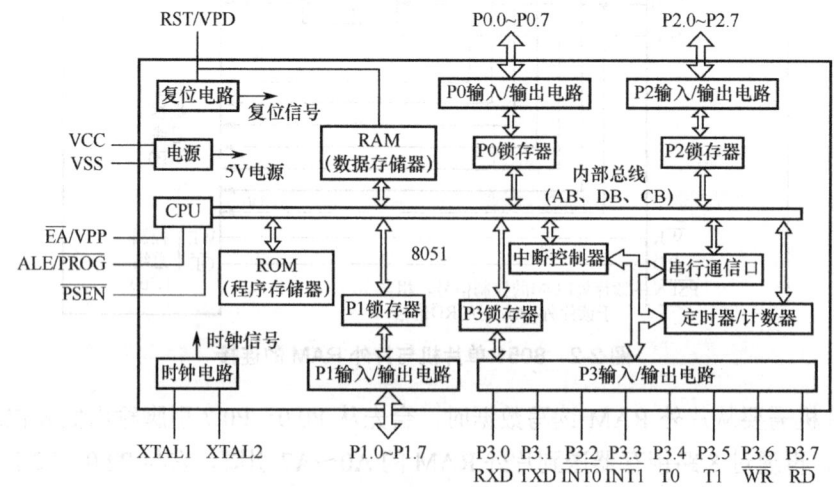

图 2-3 8051 单片机内部结构

1. CPU

CPU 又称中央处理器（Central Processing Unit），主要由算术/逻辑运算器（ALU）和控制器组成。单片机在工作时，CPU 会按先后顺序从 ROM（程序存储器）的第一个存储单元（0000H 单元）开始读取程序指令和数据，然后按指令要求对数据进行算术（如加运算）或逻辑运算（如与运算），并将运算结果存入 RAM（数据存储器）。在此过程中，CPU 的控制器会输出相应的控制信号，以完成指定的操作。

2. 时钟电路

时钟电路的功能是将产生的时钟信号传送给单片机内部各电路，控制这些电路使之有节拍地工作。时钟信号的频率越高，内部电路的工作速度越快。

时钟信号的周期称为时钟周期（也称振荡周期）。两个时钟周期组成一个状态周期（S），它分为 P1、P2 两个节拍：P1 节拍完成算术、逻辑运算；P2 节拍传送数据。6 个状态周期组成一个机器周期（12 个时钟周期），而执行一条指令一般需要 1~4 个机器周期（12~48 个时钟周期）。如果单片机的时钟信号频率为 12MHz，那么时钟周期为 1/12μs，状态周期为 1/6μs，机器周期为 1μs，指令周期为 1~4μs。

3. ROM（程序存储器）

ROM 又称只读存储器，是一种具有存储功能的电路，断电后存储的信息不会消失。ROM 主要用来存储程序和常数，用编程软件编写好的程序经编译后可写入 ROM。

ROM 主要有下面几种。

（1）Mask ROM（掩膜只读存储器）

Mask ROM 中的内容由厂家生产时一次性写入，以后不能改变。这种 ROM 成本低，适用于大批量生产。

（2）PROM（可编程只读存储器）

新的 PROM 没有内容，可将程序写入内部，但只能写一次，以后不能更改。如果 PROM 在单片机内部，PROM 中的程序写错了，那么整个单片机便不能使用。

（3）EPROM（紫外线可擦写只读存储器）

EPROM 是一种可擦写的 PROM，采用 EPROM 的单片机上面有一块透明的石英窗口，平时该窗口被不透明的标签贴封。当需要擦除 EPROM 内部的内容时，可撕开标签，先用紫外线照射透明窗口 15~30min，即可将内部的信息全部擦除，然后重新写入新的信息。

（4）EEPROM（电可擦写只读存储器）

EEPROM 也称 E2PROM 或 E^{2}PROM，是一种可反复擦写的只读存储器，但它不像 EPROM 一样需要用紫外线来擦除信息。这种 ROM 只要加适当的擦除电压，就可以轻松、快速地擦除其中的信息，并重新写入信息。EEPROM 可反复擦写达 1000 次以上。

（5）Flash Memory（快闪存储器）

Flash Memory 简称闪存，是一种长寿命的非易失性（在断电情况下仍能保持所存储的数据信息）的存储器。在数据删除时不是以单个字节为单位，而是以固定的区块（扇区）为单位，区块大小一般为 256KB～20MB。

Flash Memory 是 EEPROM 的变体，两者的区别主要在于：EEPROM 能按字节删除和重写；大多数 Flash Memory 需要按区块擦除或重写。由于 Flash Memory 在断电时仍能保存数据，且数据擦写方便，故使用非常广泛（如手机、数码相机使用的存储卡）。STC89C5x 系列 51 单片机就采用 Flash Memory 作为程序存储器。

4. RAM（数据存储器）

RAM 又称随机存取存储器，也称可读写存储器。RAM 的特点是可以存入信息（称为写），也可以将信息取出（称为读），断电后存储的信息会全部消失。RAM 可分为 DRAM（动态存储器）和 SRAM（静态存储器）。

DRAM 的存储单元采用了 MOS 管，因此它利用 MOS 管的栅极电容存储信息。由于栅极电容的容量小且漏电，故栅极电容保存的信息容易消失。为了避免存储的信息丢失，必须定时给栅极电容重写信息，这种操作称为"刷新"，故 DRAM 内部要有刷新电路。尽管如此，因其存储单元具有结构简单、使用元件少、功耗低、集成度高、单位容量价格低等特点，所以在需要大容量 RAM 的电路或电子产品（如计算机的内存条）时一般仍采用 DRAM 作为 RAM。

SRAM 的存储单元由具有记忆功能的触发器构成，它具有存取速度快、使用简单、不需要刷新和静态功耗极低等优点，但也具有元件数量多、集成度低、运行时功耗大、单位容量价格高等缺点。在需要小容量 RAM 的电路或电子产品（如单片机的 RAM）中一般采用 SRAM 作为 RAM。

5. 中断控制器

当 CPU 正在按顺序执行 ROM 中的程序时，若 $\overline{INT0}$（P3.2）或 $\overline{INT1}$（P3.3）端送入一个中断信号（一般为低电平信号），且在编程时又将中断设为允许，那么中断控制器会马上发出控制信号让 CPU 停止正在执行的程序，转而去执行 ROM 中已编写好的某段程序（中断程序）。在中断程序执行完成后，CPU 再返回执行先前中断的程序。

8051 单片机中断控制器可以接收 5 个中断请求：$\overline{INT0}$ 和 $\overline{INT1}$ 端发出的两个外部中断请求、T0 和 T1 定时器/计数器发出的两个中断请求及串行通信口发出的中断请求。

若要让中断控制器响应中断请求，先要设置允许总中断数，再设置允许某个或某些中断请求有效。若允许多个中断请求有效，还要设置优先级别（优先级别高的中断请求先响应）。这些都是通过编程设置的。另外，还需要为每个允许的中断编写相应的中断程序。例如，允许 $\overline{INT0}$ 和 $\overline{INT1}$ 的中断请求，就需要编写 $\overline{INT0}$ 和 $\overline{INT1}$ 的中断程序，以便 CPU 在响应 $\overline{INT0}$ 请求时马上执行 $\overline{INT0}$ 中断程序，在响应 $\overline{INT1}$ 请求时马上执行 $\overline{INT1}$ 中断程序。

6. 定时器/计数器

定时器/计数器是单片机内部具有计数功能的电路，可以根据需要将它设为定时器或计数器。如果要求 CPU 在一段时间（如 5ms）后执行某段程序，可让定时器/计数器工作在定时状态。在定时器/计数器开始计时且计到 5ms 后马上产生一个请求信号送到中断控制器，中断控制器则输出信号让 CPU 停止正在执行的程序，转而去执行 ROM 中特定的某段程序。

如果想让定时器/计数器工作在计数状态，可以从单片机的 T0 或 T1 引脚输入脉冲信号，定时器/计数器开始对输入的脉冲进行计数。当计数到某个数值（如 1000）时，马上输出一个信号送到中断控制器，让中断控制器控制 CPU 去执行 ROM 中特定的某段程序（如让 P0.0 引脚输出低电平并点亮外接 LED 灯的程序）。

7. 串行通信口

串行通信口是单片机与外部设备进行串行通信的接口。当单片机要将数据传送给外部设备时，可以通过串行通信口将数据由 TXD 端输出；外部设备送来的数据可以从 RXD 端输入，通过串行通信口将数据送入单片机。串行是数据传递的一种方式。采用串行方式传递数据时，数据是一位一位地传送的。

8. P0~P3 的锁存器和输入/输出电路

8051 单片机有 P0~P3 共 4 组端口，每组端口有 8 个输入/输出引脚，每个引脚内部都有一个输入电路、一个输出电路和一个锁存器。以 P0.0 引脚为例，当 CPU 根据程序需要读取 P0.0 引脚的输入信号时，会往 P0.0 端口发出读控制信号，P0.0 端口的输入电路开始工作。P0.0 引脚的输入信号经输入电路后分为两路：一路进入 P0.0 锁存器保存下来；另一路送给 CPU。当 CPU 根据程序需要从 P0.0 引脚输出信号时，会往 P0.0 端口发出写控制信号，同时往 P0.0 锁存器写入信号。P0.0 锁存器在保存信号的同时，会将信号送给 P0.0 输出电路（其输入电路被禁止工作），P0.0 输出电路再将信号从 P0.0 引脚送出。

P0~P3 端口的每个引脚都有两个或两个以上的功能，在同一时刻一个引脚只能用作一个功能，用作何种功能由程序决定。例如，当 CPU 执行到程序的某条指令时，若指令想读取某端口引脚的输入信号，则在 CPU 执行该指令时会发出读控制信号，先让该端口电路切换到信号输入模式（输入电路允许工作，输出电路被禁止），再读取该端口引脚输入的信号。

2.2 8051 单片机 I/O 端口的结构与工作原理

单片机的 I/O 端口是输入信号和输出信号的通道。 8051 单片机有 P0、P1、P2、P3 共 4 组 I/O 端口，每组端口有 8 个引脚。若想学好单片机技术，应了解这些端口内部电路结构与工作原理。

视频教程，扫描即看

2.2.1 P0 端口

P0 端口有 P0.0~P0.7 共 8 个引脚。这些引脚除可用作输入端口和输出端口外，在外接存储器时，还可用作地址/数据总线。P0 端口的内部电路结构如图 2-4 所示。

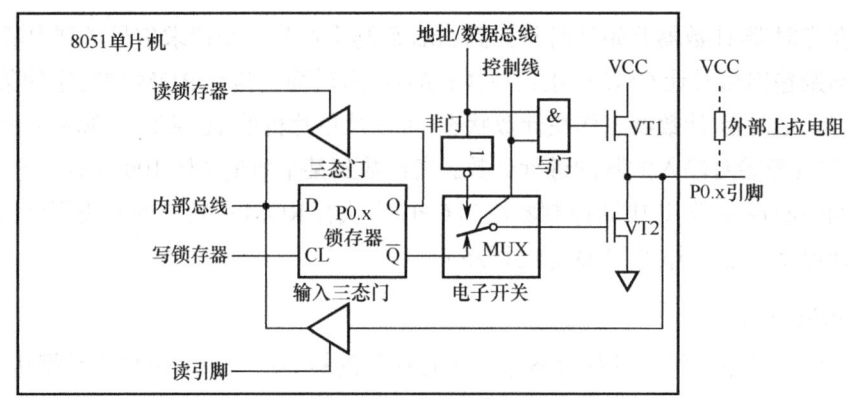

图 2-4　P0 端口的内部电路结构

1. P0 端口用作输出端口的工作原理

下面以单片机需要从 P0.x 引脚输出高电平"1"为例进行介绍。单片机内部相关电路通过控制线送出"0（低电平）"到与门的一个输入端和电子开关的控制端。控制线上的"0"一方面可使与门关闭（即与门的一端为"0"时，不管另一端输入何种信号，输出都为"0"），晶体管 VT1 栅极为"0"处于截止状态，地址/数据总线送来的信号无法通过与门和晶体管 VT1；另一方面可控制电子开关，让电子开关与锁存器的 $\overline{Q}$ 端连接。CPU 再从内部总线送高电平"1"到锁存器的 D 端，同时往锁存器的 CL 端送写锁存器信号，D 端的"1"马上存入锁存器并从 Q 和 $\overline{Q}$ 端输出，D 端输入"1"，Q 端输出"1"，$\overline{Q}$ 端输出"0"。$\overline{Q}$ 端的输出"0"经电子开关送到晶体管 VT2 的栅极，VT2 截止。由于 VT1 也处于截止状态，P0.x 引脚处于悬浮状态，因此需要在 P0.x 引脚上接上拉电阻，在 VT2 截止时，P0.x 引脚输出高电平。

也就是说，当单片机需要将 P0 端口用作输出端口时，内部 CPU 会先送控制信号"0"到与门和电子开关，与门关闭（晶体管 VT1 截止，将地址/数据总线与输出电路隔开），电子开关将锁存器与输出电路连接，然后 CPU 通过内部总线往 P0 端口锁存器送数据和写锁存器信号，数据通过锁存器、电子开关和输出电路后从 P0 端口的引脚输出。

在 P0 端口用作输出端口时，内部输出电路的晶体管 VT1 处于截止状态（开路），晶体管 VT2 的漏极处于开路状态（称为晶体管开漏），因此需要在 P0 端口引脚接外部上拉电阻，否则无法可靠输出"1"或"0"。

2. P0 端口用作输入端口的工作原理

当单片机需要将 P0 端口用作输入端口时，内部 CPU 会先往 P0 端口锁存器写入"1"（往锁存器 D 端送"1"，同时给 CL 端送写锁存器信号），让 $\overline{Q}$=0，VT2 截止，关闭输出电路，然后将 P0 端口引脚输入的信号送到输入三态门的输入端。此时 CPU 再给三态门的控制端送读引脚控制信号，输入三态门打开，P0 端口引脚输入的信号就可以通过三态门送到内部总线。

如果单片机的 CPU 需要读取 P0 端口锁存器的值（或称读取锁存器存储的数据），那么会送读锁存器控制信号到三态门（上方的三态门），三态门打开，P0 锁存器的值（Q 值）经三态门送到内部总线。

3. P0 端口用作地址/数据总线的工作原理

如果要将 P0 端口用作地址/数据总线，那么单片机内部相关电路会通过控制线送出高电平"1"，让与门打开，并让电子开关和非门输出端连接。当内部地址/数据总线为"1"时，一方面"1"通过与门被送到 VT1 的栅极，使 VT1 导通，另一方面"1"被送到非门，反相后变为"0"，经电子开关被送到 VT2 的栅极，使 VT2 截止、VT1 导通，P0 端口引脚输出"1"；当内部地址/数据总线为"0"时，VT1 截止，VT2 导通，P0 端口引脚输出"0"。

也就是说，当单片机需要将 P0 端口用作地址/数据总线时，CPU 会给与门和电子开关的控制端送"1"，与门打开，将内部地址/数据总线与输出电路的晶体管 VT1 接通，电子开关切断输出电路与锁存器的连接，同时将内部地址/数据总线经非门反相后与输出电路的晶体管 VT2 接通，这样 VT1、VT2 状态相反，从而让 P0 端口引脚能稳定输出数据或地址信号（1 或 0）。

2.2.2 P1 端口

P1 端口有 P1.0～P1.7 共 8 个引脚，这些引脚可用作输入端口和输出端口。P1 端口的内部电路结构如图 2-5 所示。P1 端口的结构较 P0 端口简单很多，其输出电路采用了一个晶体管，在晶体管的漏极接了一个内部上拉电阻，所以在 P1 端口引脚外部可以不接上拉电阻。

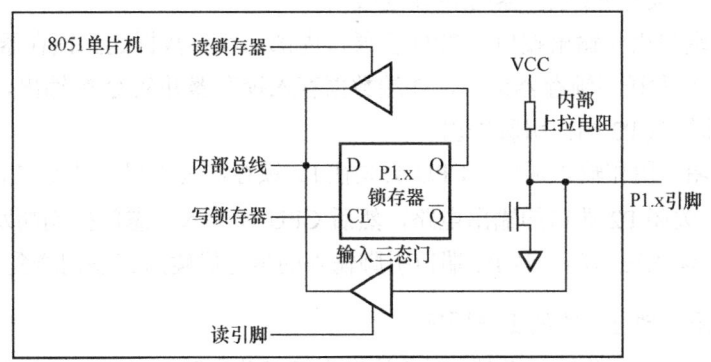

图 2-5 P1 端口内部电路结构

1. P1 端口用作输出端口的工作原理

当需要将 P1 端口用作输出端口时，单片机内部相关电路除会往锁存器的 D 端送数据外，还会往锁存器的 CL 端送写锁存器信号。内部总线送来的数据通过 D 端进入锁存器并从 Q 和 $\overline{Q}$ 端输出，如 D 端输入"1"，则 $\overline{Q}$ 端输出"0"（Q 端输出"1"）。$\overline{Q}$ 端的"0"被送到晶体管的栅极，使晶体管截止，从 P1 端口引脚输出"1"。

2. P1 端口用作输入端口的工作原理

当需要将 P1 端口用作输入端口时，单片机内部相关电路会先往 P1 锁存器写"1"，令 Q=1、$\overline{Q}$=0，$\overline{Q}$=0，使晶体管截止，关闭 P1 端口的输出电路。然后 CPU 往输入三态门控制端送一个读引脚控制信号，打开输入三态门，从 P1 端口引脚输入的信号经输入三态门送到内部总线。

2.2.3 P2端口

P2端口有P2.0～P2.7共8个引脚。这些引脚除可用作输入端口和输出端口外，在外接存储器时，还可用作地址总线（高8位）。P2端口的内部电路结构，如图2-6所示。

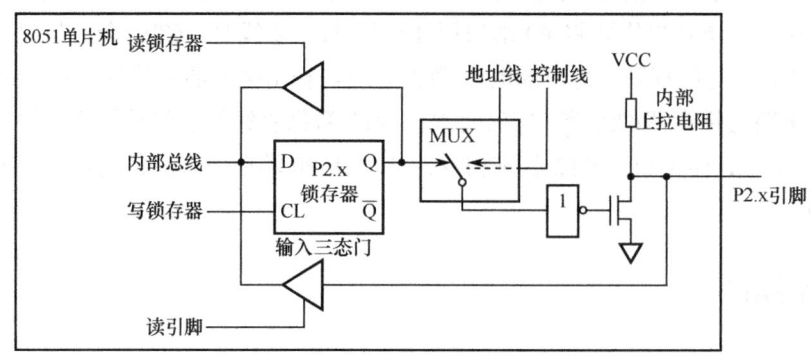

图2-6 P2端口的内部电路结构

1. P2端口用作输入/输出（I/O）端口的工作原理

当需要将P2端口用作I/O端口时，单片机内部相关电路会发送控制信号到电子开关的控制端，让电子开关与P2锁存器的Q端连接。

若要将P2端口用作输出端口，CPU会通过内部总线将数据送到锁存器的D端，同时给锁存器的CL端发送写锁存器信号，D端数据存入锁存器并从Q端输出，再通过电子开关、非门和晶体管从P2端口引脚输出。

若要将P2端口用作输入端口，CPU会先往P2锁存器写"1"，让Q=1，$\bar{Q}$=0，Q=1，使晶体管截止，关闭P2端口的输出电路，然后CPU往输入三态门控制端发送一个读引脚控制信号，打开输入三态门，从P2端口引脚输入的信号经输入三态门送到内部总线。

2. P2端口用作地址总线的工作原理

如果要将P2端口用作地址总线，则单片机内部相关电路会发出一个控制信号到电子开关的控制端，让电子开关与内部地址线接通，地址总线上的信号就可以在通过电子开关、非门和晶体管后从P2端口输出。

2.2.4 P3端口

P3端口有P3.0～P3.7共8个引脚，P3端口除可用作输入端口和输出端口外，还具有第二功能。P3端口的内部电路结构如图2-7所示。

1. P3端口用作I/O端口的工作原理

当需要将P3端口用作I/O端口时，单片机内部相关电路会送出"1"到与非门的一个输入端（第二功能输出端），打开与非门（与非门的特点是当一个输入端为"1"时，输出端与另一个输入端的状态始终相反)。

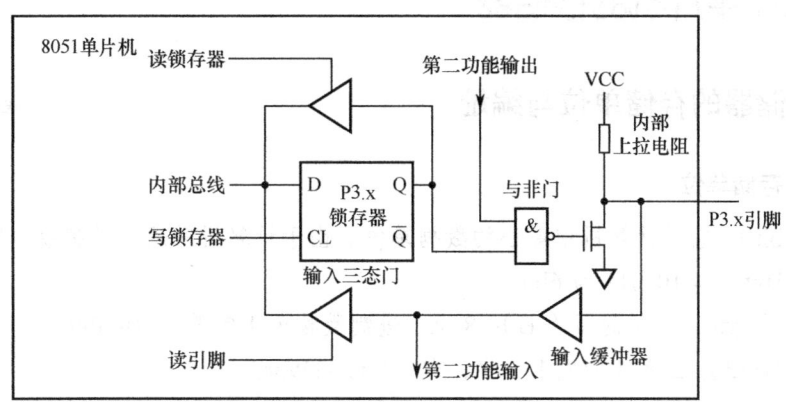

图 2-7 P3 端口的内部电路结构

若要将 P3 端口用作输出端口,则 CPU 会先给锁存器的 CL 端发送写锁存器信号;然后内部总线送来的数据通过 D 端进入锁存器并从 Q 端输出,通过与非门和晶体管两次反相后从 P3 端口输出。

若要将 P3 端口用作输入端口,则 CPU 会先往 P3 锁存器写"1",让 Q=1,与非门输出"0",晶体管截止,关闭 P3 端口的输出电路;然后 CPU 往输入三态门控制端发送一个读引脚控制信号,打开输入三态门;最后从 P3 端口引脚输入的信号经过输入缓冲器和输入三态门送到内部总线。

2. 当 P3 端口用作第二功能时

P3 端口的每个引脚都有第二功能,具体说明如表 2-1 所示。在 P3 端口用作第二功能(又称复用功能)时,实际上也是在该端口输入或输出信号,只不过输入、输出的是一些特殊功能信号。

表 2-1 P3 端口各引脚的第二功能

端口引脚	第二功能名称及说明	端口引脚	第二功能名称及说明
P3.0	RXD:串行数据接收	P3.4	T0:定时器/计数器 0 输入
P3.1	TXD:串行数据发送	P3.5	T1:定时器/计数器 1 输入
P3.2	$\overline{INT0}$:外部中断 0 申请	P3.6	$\overline{WR}$:外部 RAM 写选通
P3.3	$\overline{INT1}$:外部中断 1 申请	P3.7	$\overline{RD}$:外部 RAM 读选通

当单片机需要将 P3 端口用作第二功能输出信号(如 $\overline{RD}$、$\overline{WR}$ 信号)时,CPU 会往 P3 锁存器写"1",令 Q=1,并将其送到与非门的一个输入端,打开与非门。内部的第二功能输出信号被送到与非门的另一个输入端,反相后输出到晶体管的栅极,经晶体管再次反相后从 P3 端口引脚输出。

当单片机需要将 P3 端口用作第二功能输入信号(如 T0、T1 信号)时,CPU 也会往 P3 锁存器写"1",令 Q=1,同时第二功能输出端也为"1",与非门输出为"0",晶体管截止,输出电路关闭。P3 端口引脚输入的第二功能信号经输入缓冲器被送往特定的电路(如 T0、T1 计数器)。

2.3 8051 单片机的存储器

2.3.1 存储器的存储单位与编址

1. 常用存储单位

❶ 位（bit）：它是计算机中最小的数据单位。由于计算机采用二进制数，所以 1 位二进制数称为 1bit，如 101011 为 6bit。

❷ 字节（Byte，单位简写为 B）：8 位二进制数称为 1 字节，1B=8bit。

❸ 字（Word）：2 字节构成 1 个字，即 2Byte =1Word。

在单片机中还有一个常用术语：字长。所谓字长是单片机一次能处理的二进制数的位数。51 单片机一次能处理 8 位二进制数，所以 51 单片机的字长为 8 位。

2. 存储器的编址与数据的读写说明

如图 2-8 所示是一个容量为 256B 的存储器，内部有 256 个存储单元，每个存储单元可以存放 8 位二进制数。为了存取数据方便，需要对每个存储单元进行编号，即对存储单元采用二进制数编址。若对 256 个存储单元全部编址，则至少要用到 8 位二进制数，第 1 个存储单元的编址为 00000000，在编写程序时为了方便，一般用十六进制数表示，即 00H，H 表示十六制数；第二个存储单元编址为 01H……第 256 个存储单元编址为 FFH（也可以写成 0FFH）。

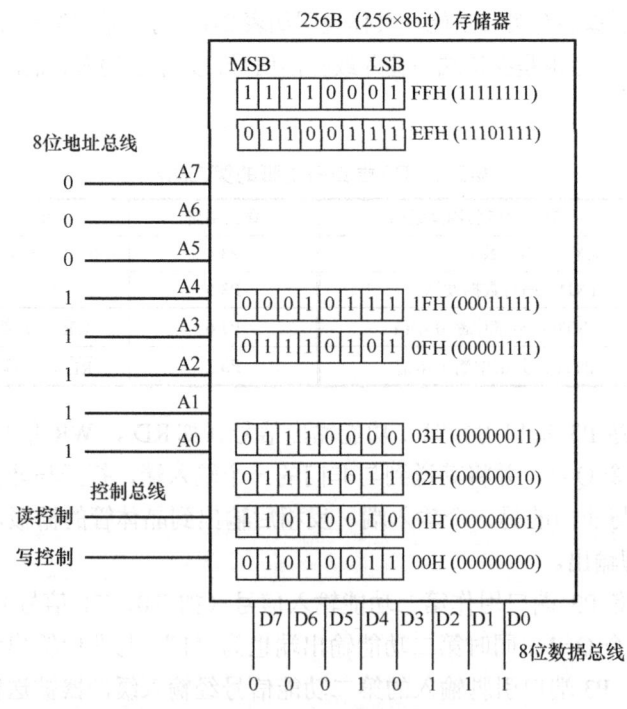

图 2-8　256B 存储器

若要对 256B 存储器的每个存储单元进行读写，则需要使用 8 根地址线和 8 根数据线，即先让 8 位地址选中某个存储单元，再根据读控制或写控制将选中的存储单元的 8 位数据从 8 根数据线送出，或通过 8 根数据线将 8 位数据存入选中的存储单元。以图 2-8 为例，当地址总线 A7～A0 将 8 位地址 00001111（1FH）送入存储器时，会先选中内部编址为 1FH 的存储单元，然后从读控制线送入一个读控制信号，1FH 存储单元中的数据 00010111 从 8 根数据总线 D7～D0 送出。

2.3.2　片内、片外程序存储器的使用与编址

单片机的程序存储器主要用来存储程序、常数和表格数据。 8051 单片机内部有容量为 4KB 的程序存储器（8052 单片机内部有容量为 8KB 的程序存储器，8031 单片机内部没有程序存储器，需要外接程序存储器）。如果内部程序存储器不够用（或无内部程序存储器），则可以外接程序存储器。

8051 单片机最大可以外接容量为 64KB 的程序存储器（ROM）。它与片内容量为 4KB 的程序存储器统一编址：当单片机的 $\overline{EA}$ 端接高电平（接电源正极）时，片内、片外程序存储器都可以使用，片内 4KB 程序存储器的编址为 0000H～0FFFH，片外 64KB 程序存储器的编址为 1000H～FFFFH，片外程序存储器的低 4KB 存储空间无法使用，如图 2-9（a）所示；当单片机的 $\overline{EA}$ 端接低电平（接地）时，只能使用片外程序存储器，其编址为 0000H～FFFFH，片内 4KB 程序存储器无法使用，如图 2-9（b）所示。

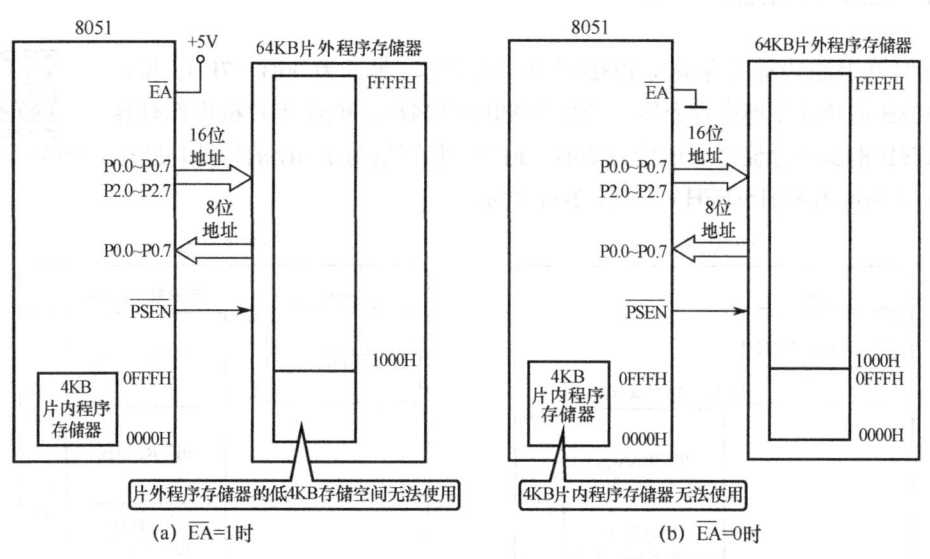

图 2-9　8051 单片机片内、片外程序存储器的使用与编址

2.3.3　片内、片外数据存储器的使用与编址

单片机的数据存储器主要用来存储运算的中间结果、暂存数据、控制位和标志位。 8051 单片机内部有容量为 256B 的数据存储器。如果内部数据存储器不够用，则可以外接数据存储器。

8051 单片机最大可以外接容量为 64KB 的数据存储器（RAM），它与片内容量为 256B 的数据存储器分开编址，如图 2-10 所示。当 8051 单片机连接片外数据存储器时，片内数据存储器的 00H～FFH 存储单元地址与片外数据存储器的 0000H～00FFH 存储单元地址相同。为了区分两者，在用汇编语言编程时，读写片外数据存储器时要用 MOVX 指令（读写片内数据存储器时要用 MOV 指令）。在用 C 语言编程时，读写数据存储器时必须先声明数据类型（内部数据或外部数据）：若读写的数据存放在片内数据存储器中，则应声明数据类型为内部数据类型（如用 data 声明）；若读写的数据存放在片外数据存储器中，则应声明数据类型为外部数据类型（如用 xdata 声明）。单片机会根据声明的数据类型自动选择读写片内或片外数据存储器。

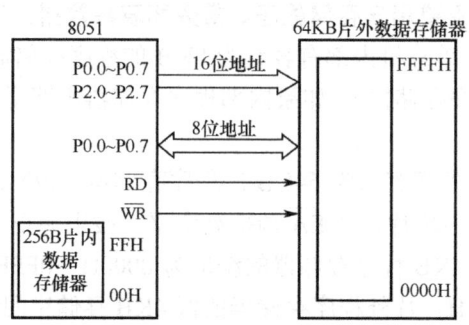

图 2-10 8051 单片机片内、片外数据存储器的使用与编址

2.3.4 数据存储器的分区

8051 单片机内部有容量为 128B 的数据存储器（地址为 00H～7FH）和容量为 128B 的特殊功能寄存器区（地址为 80H～FFH）。8052 单片机内部有容量为 256B 的数据存储器（地址为 00H～FFH）和容量为 126B 的特殊功能寄存器区（地址为 80H～FFH），如图 2-11 所示。

视频教程，扫描即看

图 2-11 8051、8052 单片机的数据存储器分区

根据功能不同，8051、8052 单片机的数据存储器可分为工作寄存器区（0～3 组）、位寻址区和用户 RAM 区。从图 2-11 可以看出，8052 单片机的用户 RAM 区空间较 8051 单片机多出 128B。该 128B 存储区地址与特殊功能寄存器区（SFR）的地址相同，但两者是两个不同的区域：特殊功能寄存器区的每个寄存器都有一个符号名称，如 P0（即 P0 锁存器）、SCON（串行通信控制寄存器）等，且只能利用直接寻址的方式访问；8052 单片机新增的容量为 128B 的用户 RAM 区只能用间接方式访问。

1. 工作寄存器区

单片机在工作时需要处理很多数据，有些数据用来运算，有些要反复调用，有些用来比较、校验等。在处理这些数据时需要地方暂时存放这些数据。单片机提供暂存数据的地方就是工作寄存器。

视频教程，扫描即看

8051 单片机的工作寄存器区的总存储空间为 32B，由 0～3 组工作寄存器组成，每组有 8 个工作寄存器（R0～R7），共 32 个工作寄存器（存储单元），地址编号为 00H～1FH。每个工作寄存器可存储 1 字节数据（8 位）。4 组工作寄存器的各个寄存器地址编号如表 2-2 所示。

表 2-2　各个寄存器地址编号

组号	R0	R1	R2	R3	R4	R5	R6	R7
0	00H	01H	02H	03H	04H	05H	06H	07H
1	08H	09H	0AH	0BH	0CH	0DH	0EH	0FH
2	10H	11H	12H	13H	14H	15H	16H	17H
3	18H	19H	1AH	1BH	1CH	1DH	1EH	1FH

在单片机上电复位后，默认使用第 0 组工作寄存器。可以通过编程将 PSW（程序状态字寄存器）的 RS1、RS0 位的值换成其他组工作寄存器。当 PSW 的 RS1 位为 0、RS0 位为 0 时，使用第 0 组工作寄存器；当 RS1 位为 0、RS0 位为 1 时，使用第 1 组工作寄存器；当 RS1 位为 1、RS0 位为 0 时，使用第 2 组工作寄存器；当 RS1 位为 1、RS0 位为 1 时，使用第 3 组工作寄存器，如图 2-12 所示。不使用的工作寄存器可当作一般的数据存储器使用。

图 2-12　PSW 的 RS1、RS0 位决定使用的工作寄存器组号

2. 位寻址区

位寻址区位于工作寄存器区之后，总存储空间为 16B，即有 16 字节的存储单元，字节地址为 20H～2FH。每字节的存储单元有 8 个存储位，一共有 16×8=128 个存储位。每个存储位都有地址，称为位地址。利用位地址可以直接对位进行读写。

视频教程，扫描即看

位寻址区的 16 个字节地址与 128 个位地址的编号如图 2-13 所示。从图中可以看出，字节地址和位地址有部分相同的地址编号。单片机是以指令类型区分访问地址为字节单元还是位单元的。例如，在用字节指令访问地址 20H 时，访问的为 20H 字节单元，可以同时操作该字节单元的 8 位数；在用位指令访问地址 20H 时，访问的为 24H 字节单元的 D0 位，且只能操作该位的数据。

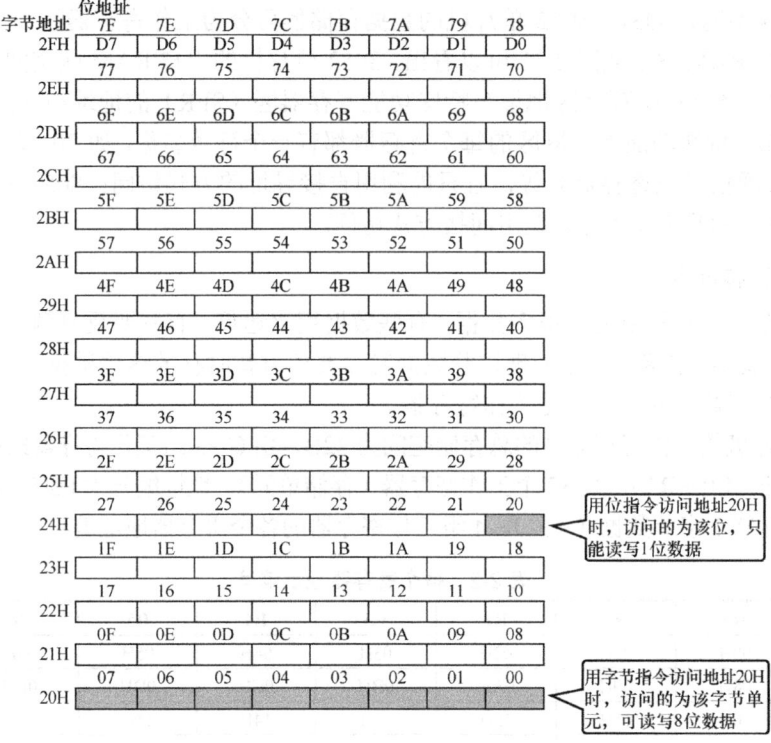

图 2-13 位寻址区的 16 个字节地址与 128 个位地址的编号

3. 用户 RAM 区

用户 RAM 区又称数据缓存区。8051 单片机的用户 RAM 区有 80 个存储单元（字节），地址编号为 30H~7FH。8052 单片机的用户 RAM 区有 208 个存储单元（字节），地址编号为 30H~FFH。**用户 RAM 区一般用来存储随机数据和运算中间结果等。**

2.3.5 特殊功能寄存器（SFR）

特殊功能寄存器简称 SFR（Special Function Register），主要用于管理单片机内部的各功能部件（如定时器/计数器、I/O 端口、中断控制器和串行通信口等）。通过编程设定一些特殊功能寄存器的值，可以让相对应的功能部件进入设定的工作状态。

视频教程，扫描即看

1. 特殊功能寄存器的符号、字节地址、位地址和复位值

8051 单片机有 21 个特殊功能寄存器（SFR），如表 2-3 所示。每个特殊功能寄存器都占用 1 字节单元（有 8 位），它们的地址离散分布在 80H~FFH 范围内。这个地址范围与数据存储器中用户 RAM 区（对于 8052 单片机而言）的 80H~FFH 地址重叠。为了避免寻址产生混乱，51 单片机规定特殊功能寄存器只能用直接寻址（直接写出 SFR 的地址或符号）的方式访问；8052 单片机新增的容量为 128B 的用户 RAM 区的 80H~FFH 单元只能用间接寻址的方式访问。

21 个特殊功能寄存器都能以字节为单位进行访问，其中有一些特殊功能寄存器还可以进行位访问（能访问的位都有符号和位地址，位地址为特殊功能寄存器的字节地址加位号）。以特殊功能寄存器 P0 为例，其字节地址为 80H（字节地址值可以被 8 整除），其 P0.0～P0.7 位的位地址为 80H～87H，在访问字节地址 80H 时可读写 8 位（P0.0～P0.7 位），在访问位地址 82H 时仅可读写 P0.2 位。

具有位地址的特殊功能寄存器既可以用字节地址访问整个寄存器（8位），也可以用位地址（或位符号）访问寄存器的某个位。不具有位地址的特殊功能寄存器只能用字节地址访问整个寄存器。当位地址和字节地址相同时，单片机会根据指令类型确定该地址的类型。单片机在上电复位后，各特殊功能寄存器都有一个复位初始值，具体如表 2-3 所示，x 表示数值不定（1 或 0）。

表 2-3　8051 单片机的 21 个特殊功能寄存器（SFR）

符号	名称	字节地址	位符号与位地址								复位值
P0	P0 锁存器	80H	87H							80H	1111 1111B
			P0.7	P0.6	P0.5	P0.4	P0.3	P0.2	P0.1	P0.0	
SP	堆栈指针	81H									0000 0111B
DPTR $\frac{DPL}{DPH}$	数据指针（低）	82H									0000 0000B
	数据指针（高）	83H									0000 0000B
PCON	电源控制寄存器	87H	SMOD	SMOD0	—	POF	GF1	GF0	PD	IDL	00x1 0000B
TCON	定时器控制寄存器	88H	8FH							88H	0000 0000B
			TF1	TR1	TF0	TR0	IE1	IT1	IE0	IT0	
TMOD	定时器工作方式寄存器	89H	GATE	C/$\overline{T}$	M1	M0	GATE	C/$\overline{T}$	M1	M0	0000 0000B
TL0	定时器 0 低 8 位寄存器	8AH									0000 0000B
TL1	定时器 1 低 8 位寄存器	8BH									0000 0000B
TH0	定时器 0 高 8 位寄存器	8CH									0000 0000B
TH1	定时器 1 高 8 位寄存器	8DH									0000 0000B
P1	P1 锁存器	90H	97H							90H	1111 1111B
			P1.7	P1.6	P1.5	P1.4	P1.3	P1.2	P1.1	P1.0	
SCON	串口控制寄存器	98H	9FH							98H	0000 0000B
			SM0	SM1	SM2	REN	TB8	RB8	T1	R1	
SBUF	串口数据缓冲器	99H									xxxx xxxxB
P2	P2 锁存器	A0H	A7H							A0H	1111 1111B
			P2.7	P2.6	P2.5	P2.4	P2.3	P2.2	P2.1	P2.0	
IE	中断允许寄存器	A8H	AFH							A8H	0x00 0000B
			EA	—	ET2	ES	ET1	EX1	ET0	EX0	
P3	P3 锁存器	B0H	B7H							B0H	1111 1111B
			P3.7	P3.6	P3.5	P3.4	P3.3	P3.2	P3.1	P3.0	
IP	中断优先级寄存器	B8H	BFH							B8H	xx00 0000B
			—	—	PT2	PS	PT1	PX1	PT0	PX0	
PSW	程序状态字寄存器	D0H	D7H							D0H	0000 0000B
			CY	AC	F0	RS1	RS0	OV	F1	P	
ACC	累加器	E0H									0000 0000B
B	B 寄存器	F0H									0000 0000B

2. 部分特殊功能寄存器介绍

单片机的特殊功能寄存器很多，可以分为特定功能型和通用型。对于特定功能型的特殊功能寄存器而言，当往某些位写入不同的值时，可以将其控制的功能部件设为不同工作方式，通过读取某些位的值可以了解相应功能部件的工作状态；通用型特殊功能寄存器主要用于运算、寻址和反映运算结果的状态。

特定功能型特殊功能寄存器将在后面介绍功能部件的章节中说明，下面仅对一些通用型特殊功能寄存器进行介绍。

（1）累加器（ACC）

累加器又称 ACC，简称 A，是一个 8 位寄存器，字节地址为 E0H。**累加器是单片机中使用最频繁的寄存器。** 在进行算术或逻辑运算时，大部分数据会先进入 ACC，在运算完成后，结果也被送入 ACC。

（2）寄存器 B

寄存器 B 主要用于乘、除运算，字节地址是 F0H。 在进行乘法运算时，一个数存放在 A（累加器）中，另一个数存放在 B 中，通过运算得到的积（16 位）的高字节存放在 B 中，低字节存放在 A 中；在进行除法运算时，被除数取自 A，除数取自 B，运算结果得到的商（8 位）存放在 A 中，余数（8 位）存放在 B 中。

（3）数据指针寄存器（DPTR）

数据指针寄存器（DPTR）简称数据指针，是一个 16 位寄存器，由 DPH 和 DPL 两个 8 位寄存器组成，地址分别为 83H、82H。 DPTR 主要在单片机访问片外 RAM 时，用于存放片外 RAM 的 16 位地址：DPH 保存高 8 位地址；DPL 保存低 8 位地址。

（4）堆栈指针寄存器（SP）

人们在洗碗碟时，通常将洗完的碗碟一只一只由下往上堆起来，使用时则将碗碟从上往下一只一只取走。这个过程有两个要点：一是这些碗碟的堆放是连续的；二是先堆放的后取走，后堆放的先取走。单片机的堆栈与上述情况类似。堆栈是在单片机数据存储器中划分出的一个连续的存储空间，这个存储空间在存取数据时具有"先进后出，后进先出"的特点。

在存储器存取数据时，首先根据地址选中某个单元，再将数据存入或取出。如果有一批数据要连续存入存储器，比如，将 5 个数据（每个数据为 8 位）依次存入地址为 30H~34H 的 5 个存储单元中，一般的操作方法是先选中地址为 30H 的存储单元，再将第 1 个数据存入该单元，然后选中地址为 31H 的存储单元，将第 2 个数据存入该单元……显然这样存取数据比较麻烦，采用堆栈可以很好地解决这个问题。

在数据存储器中划分堆栈的方法：通过编程的方法设置堆栈指针寄存器（SP）的值，如让 SP=2FH，SP 就将存储器地址为 2FH 的存储单元设为堆栈的栈顶地址，2FH 单元后面的连续存储单元就构成了堆栈，如图 2-14 所示。在堆栈设置好后，就可以将数据按顺序依次存入堆栈或从堆栈中取出。**在堆栈中存取数据时按照"先进后出，后进先出"的规则进行。**

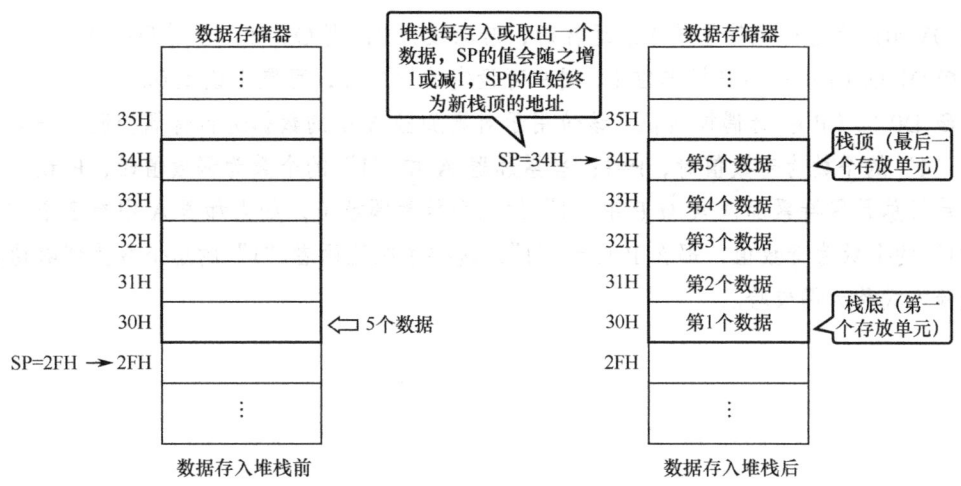

图 2-14 堆栈的使用

需要注意的是，堆栈指针寄存器（SP）中的值并不是堆栈的第 1 个存储单元的地址，而是前一个单元的地址。例如，SP=2FH，那么堆栈的第 1 个存储单元的地址是 30H，第 1 个数据存入 30H 单元。由于 08H～1FH 地址已划分给第 1～3 组工作寄存器，因此在需要用到堆栈时，通常在编程中设 SP=2FH，便可将堆栈设置在数据存储器的用户 RAM 区（30H～7FH）。

（5）程序状态字寄存器（PSW）

程序状态字寄存器（PSW）的地址是 D0H。它是一个状态指示寄存器（又称标志寄存器），用来指示系统的工作状态。PSW 是一个 8 位寄存器，可以存储 8 位数。程序状态字寄存器（PSW）的字节地址、位地址和功能说明如图 2-15 所示。

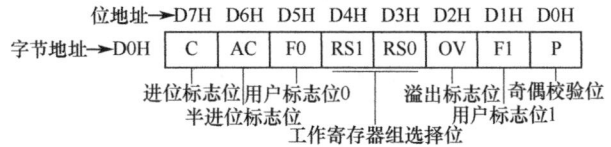

图 2-15 程序状态字寄存器（PSW）的字节地址、位地址和功能说明

❶ D7 位（C）：进位标志位。当单片机进行加、减运算时，若运算结果的最高位有进位或借位，则 C 位置 1；若无进位或借位，则 C 位置 0。在进行位操作时，C 位用于位操作累加器。

❷ D6 位（AC）：半进位标志位。单片机在进行加、减运算时，若低半字节的 D3 位向高半字节的 D4 位有进位或借位，则 AC 位置 1，否则 AC 位置 0。

❸ D5 位（F0）：用户标志位 0。用户可设定的标志位，可置 1 或置 0。

❹ D4 位（RS1）、D3 位（RS0）：工作寄存器组选择位。这两位有 4 种组合状态，用来控制工作寄存器区（00H～1FH）4 组中的某一组寄存器进入工作状态，具体参见图 2-12。

❺ D2 位（OV）：溢出标志位。在进行有符号数运算时，若运算结果超出-128～+127 范围，则 OV=1，否则 OV=0；当进行无符号数乘法运算时，若运算结果超出 255，则 OV=1，

否则 OV=0；当进行无符号数除法运算时，若除数为 0，则 OV=1，否则 OV=0。

❻ D1 位（F1）：用户标志位 1。用户可设定的标志位，可置 1 或置 0。

❼ D0 位（P）：奇偶校验位。该位用于对累加器 A 中的数据进行奇偶校验，当累加器 A 中"1"的个数为奇数值时，P=1；当累加器 A 中"1"的个数为偶数值时，P=0。51 系列单片机总是保持累加器 A 与 P 中"1"的总个数为偶数值，如累加器 A 中有 3 个"1"，即"1"的个数为奇数值，那么 P 应为"1"，这样才能让两者"1"的总个数为偶数值，这种校验方式称为偶校验。

第 3 章　STC89C5x 系列单片机介绍

3.1　概　述

STC 公司以 8051 单片机为内核，通过对其功能进行改进、增加或缩减，生产出多个系列的 51 单片机（89 系列、90 系列、10 系列、11 系列、12 系列和 15 系列等）：89 系列是最基础的 51 单片机，可以完全兼容 Atmel 公司的 AT89 系列单片机，属于 12T 单片机（1 个机器周期占用 12 个时钟周期）；90 系列是基于 89 系列的改进型产品；10 系列和 11 系列是 1T 单片机（1 个机器周期为 1 个时钟周期），运算速度快；12 系列是增强型功能的 1T 单片机，在型号中标有 AD 的单片机具有 A/D（模/数）转换功能；15 系列最大的特点是内部集成了高精度的 R/C 时钟，无须外接晶振和外接复位电路即可代替 89 系列。

3.1.1　两种版本与封装形式

STC89C5x 系列单片机分为 HD 和 90C 两种版本。两种版本的区分方法是查看单片机表面文字最后一行的最后几个文字：若为 90C 则表示该单片机为 90C 版本；若为 HD 则表示该单片机为 HD 版本，如图 3-1 所示。

图 3-1　STC89C5x 系列单片机的版本识别方法

HD 版为早期版本，其引脚功能与 8051 单片机更为接近，有 $\overline{EA}$、$\overline{PSEN}$ 引脚；90C 版为改进版本，它将不常用的 $\overline{EA}$、$\overline{PSEN}$ 引脚分别改成了 P4.6、P4.4，并将 ALE 引脚改成了 ALE/P4.5 复用功能引脚。STC89C5x 系列单片机的 HD 版和 90C 版的常用封装形式及引脚区别如图 3-2 所示。

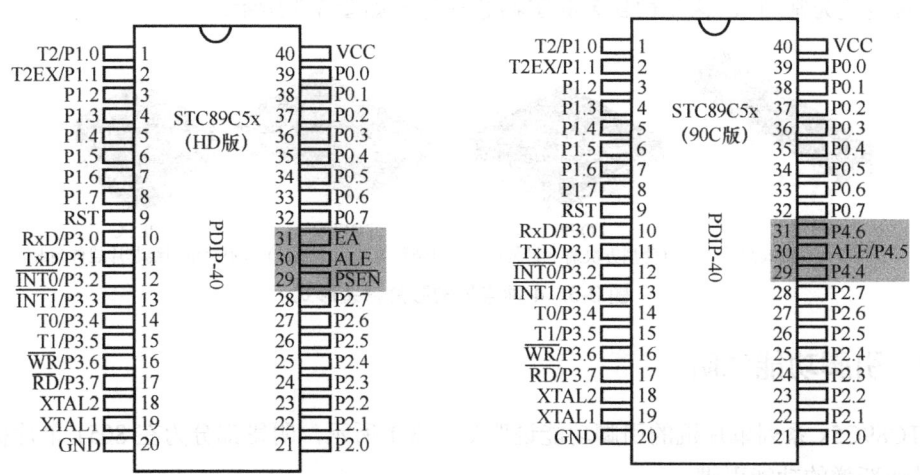

图 3-2　STC89C5x 系列单片机的 HD 版和 90C 版的常用封装形式及引脚区别

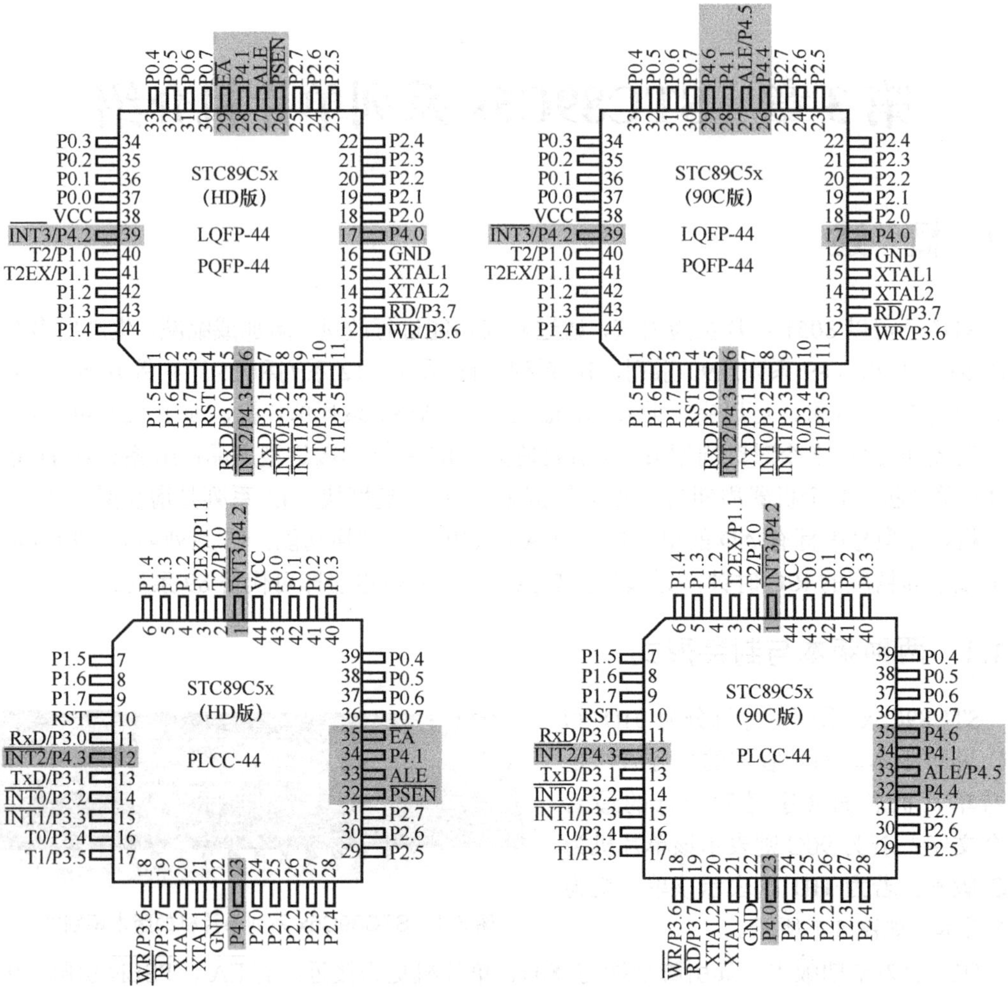

图 3-2 STC89C5x 系列单片机的 HD 版和 90C 版的常用封装形式及引脚区别（续）

STC89C5x 系列单片机采用的封装形式主要有 PDIP、LQFP、PQFP 和 PLCC（PDIP、LQFP 封装更为常用），这几种封装的实物芯片外形如图 3-3 所示。

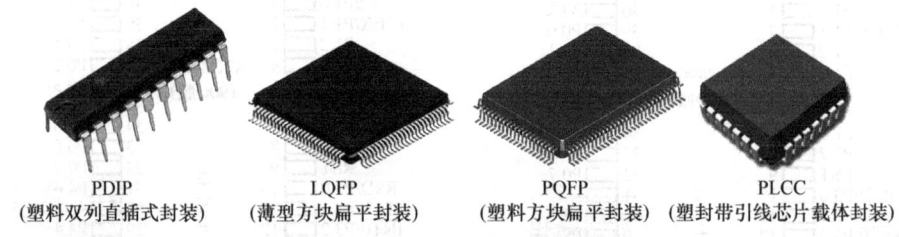

图 3-3 4 种常见的芯片封装形式

3.1.2 引脚功能说明

STC89C5x 系列单片机的引脚功能说明如表 3-1 所示，阴影部分为在 8051 单片机基础上改进或新增的功能引脚。

表 3-1　STC89C5x 系列单片机的引脚功能说明

引　　脚	引　脚　编　号			说　　　　明
	LQFP-44 PQFP-44	PDIP-40	PLCC-44	
P0.7～P0.0	30～37	32～39	36～43	P0 端口既可作为输入/输出端口,也可作为地址/数据总线。当 P0 端口作为输入/输出端口时,P0 是一个 8 位准双向口,在上电复位后处于开漏模式。P0 端口内部无上拉电阻,所以用于输入/输出端口时必须外接 4.7kΩ～10kΩ 的上拉电阻。当 P0 作为地址/数据总线使用时,是地址线或数据线的低 8 位,此时无须外接上拉电阻
T2/P1.0	40	1	2	P1.0　　　　标准 I/O 端口 T2　　　　定时器/计数器 2 的外部输入
T2EX/P1.1	41	2	3	P1.1　　　　标准 I/O 端口 T2EX　　　定时器/计数器 2 捕捉/重装方式的触发控制
P1.2	42	3	4	标准 I/O 端口
P1.3	43	4	5	标准 I/O 端口
P1.4	44	5	6	标准 I/O 端口
P1.5	1	6	7	标准 I/O 端口
P1.6	2	7	8	标准 I/O 端口
P1.7	3	8	9	标准 I/O 端口
P2.0～P2.7	18～25	21～28	24～31	P2 端口内部有上拉电阻,既可作为输入/输出端口,也可作为高 8 位地址总线使用(A8～A15)。当 P2 端口作为输入/输出端口时,P2 是一个 8 位准双向口
RxD/P3.0	5	10	11	P3.0　　　　标准 I/O 端口 RxD　　　　串口 1 数据接收端
TxD/P3.1	7	11	13	P3.1　　　　标准 I/O 端口 TxD　　　　串口 1 数据发送端
$\overline{INT0}$/P3.2	8	12	14	P3.2　　　　标准 I/O 端口 $\overline{INT0}$　　　外部中断 0,下降沿中断或低电平中断
$\overline{INT1}$/P3.3	9	13	15	P3.3　　　　标准 I/O 端口 $\overline{INT1}$　　　外部中断 1,下降沿中断或低电平中断
T0/P3.4	10	14	16	P3.4　　　　标准 I/O 端口 T0　　　　定时器/计数器 0 的外部输入
T1/P3.5	11	15	17	P3.5　　　　标准 I/O 端口 T1　　　　定时器/计数器 1 的外部输入
$\overline{WR}$/P3.6	12	16	18	P3.6　　　　标准 I/O 端口 $\overline{WR}$　　　外部数据存储器写脉冲
$\overline{RD}$/P3.7	13	17	19	P3.7　　　　标准 I/O 端口 $\overline{RD}$　　　外部数据存储器读脉冲
P4.0	17		23	P4.0　　　　标准 I/O 端口
P4.1	28		34	P4.1　　　　标准 I/O 端口
$\overline{INT3}$/P4.2	39		1	P4.2　　　　标准 I/O 端口 $\overline{INT3}$　　　外部中断 3,下降沿中断或低电平中断
$\overline{INT2}$/P4.3	6		12	P4.3　　　　标准 I/O 端口 $\overline{INT2}$　　　外部中断 2,下降沿中断或低电平中断

(续表)

引　　脚	引脚编号			说　　明	
	LQFP-44 PQFP-44	PDIP-40	PLCC-44		
P4.4/$\overline{PSEN}$	26	29	32	P4.4	标准 I/O 端口
				$\overline{PSEN}$	外部程序存储器选通信号输出引脚
ALE/P4.5	27	30	33	P4.5	标准 I/O 端口
				ALE	地址锁存允许信号输出引脚/编程脉冲输入引脚
$\overline{EA}$/P4.6	29	31	35	P4.6	标准 I/O 端口
				$\overline{EA}$	内外存储器选择引脚
RST	4	9	10	RST	复位脚
XTAL1	15	19	21	内部时钟电路反相放大器的输入端,接外部晶振的一个引脚。当直接使用外部时钟源时,此引脚是外部时钟源的输入端	
XTAL2	14	18	20	内部时钟电路反相放大器的输出端,接外部晶振的另一端。当直接使用外部时钟源时,此引脚可浮空,此时 XTAL2 将 XTAL1 输入的时钟进行输出	
VCC	38	40	44	电源正极	
GND	16	20	22	电源负极,接地	

3.1.3　STC89C5x 系列单片机的型号命名规则

STC89C5x 系列单片机的型号命名规则如下:

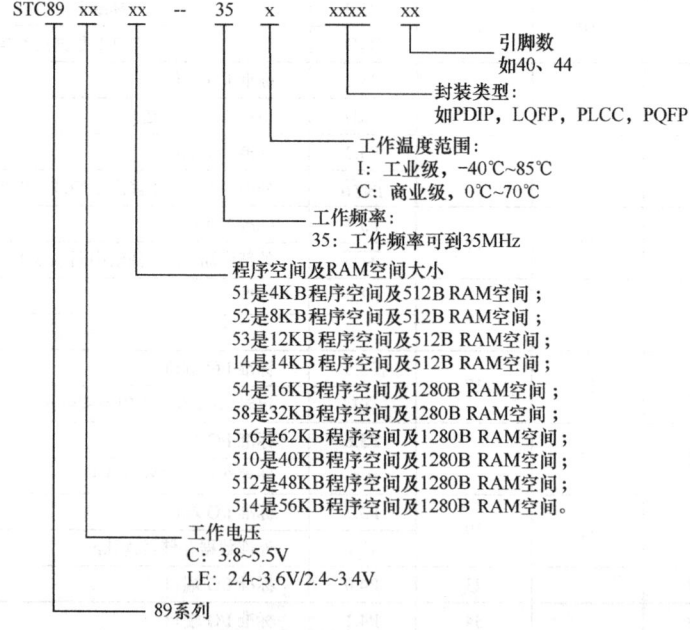

3.1.4　STC89C5x 系列单片机常用型号的主要参数

STC89C5x 系列单片机常用型号的主要参数如表 3-2 所示。为便于比较,表中也列出了部分 15 系列单片机的主要参数。

表 3-2 STC89C5x 系列单片机常用型号的主要参数

型号	工作电压/V	Flash 程序存储器/B	SRAM/B	EEPROM/B	定时器/个	降低EMI	双倍速	I/O端口的最大个数/个	支持掉电唤醒外部中断/个	内置复位	看门狗	ISP	IAP	功能更强，无须外部时钟、外部复位的替代型号（需要修改硬件电路）
STC89C51	3.8~5.5	4K	512	9K	3	√	√	39	4	有	有	√	√	STC15W404S
STC89LE51	2.4~3.6	4K	512	9K	3	√	√	39	4	有	有	√	√	STC15W404S
STC15W404S	2.5~5.5	4K	512	9K	3	√		42	5	强	强	√	√	
STC89C52	3.8~5.5	8K	512	5K	3	√	√	39	4	有	有	√	√	STC15W408S
STC89LE52	2.4~3.6	8K	512	5K	3	√	√	39	4	有	有	√	√	STC15W408S
STC15W408S	2.5~5.5	8K	512	5K	3	√		42	5	强	强	√	√	
STC89C53	3.8~5.5	12K	512	2K	3	√	√	39	4	有	有	√	√	IAP15W413S
STC89LE53	2.4~3.6	12K	512	2K	3	√	√	39	4	有	有	√	√	IAP15W413S
STC89C14	3.8~5.5	14K	512	—	3	√	√	39	4	有	有	√	√	IAP15W413S
STC89LE14	2.4~3.6	14K	512	—	3	√	√	39	4	有	有	√	√	IAP15W413S
IAP15W413S	2.5~5.5	13K	512	IAP	3	√		42	5	强	强	√	√	
STC89C54	3.8~5.5	16K	1280	45K	3	√	√	39	4	有	有	√	√	STC15W1K16S
STC89LE54	2.4~3.4	16K	1280	45K	3	√	√	39	4	有	有	√	√	STC15W1K16S
STC15W1K16S	2.6~5.5	16K	1024	13K	3	√		42	5	强	强	√	√	
STC89C58	3.8~5.5	32K	1280	29K	3	√	√	39	4	有	有	√	√	IAP15W1K29S
STC89LE58	2.4~3.4	32K	1280	29K	3	√	√	39	4	有	有	√	√	IAP15W1K29S
IAP15W1K29S	2.6~5.5	29K	1024	IAP	3	√		42	5	强	强	√	√	
STC89C516	3.8~5.5	62K	1280		3	√	√	39	4	有	有	√	√	IAP15F2K61S
IAP15F2K61S	3.8~5.5	61K	2048	IAP	3	√		42	5	强	强	√	√	
STC89LE516	2.4~3.4	62K	1280		3	√	√	39	4	有	有	√	√	IAP15L2K61S
IAP15L2K61S	2.4~3.6	61K	2048	IAP	3	√		42	5	强	强	√	√	
STC89C510	3.8~5.5	40K	1280	22K	3	√	√	39	4	有	有	√	√	
STC89LE510	2.4~3.4	40K	1280	22K	3	√	√	39	4	有	有	√	√	
STC89C512	3.8~5.5	48K	1280	14K	3	√	√	39	4	有	有	√	√	
STC89LE512	2.4~3.4	48K	1280	14K	3	√	√	39	4	有	有	√	√	
STC89C514	3.8~5.5	56K	1280	6K	3	√	√	39	4	有	有	√	√	
STC89LE514	2.4~3.4	56K	1280	6K	3	√	√	39	4	有	有	√	√	

3.2 STC89C5x 系列单片机的 I/O 端口

3.2.1 I/O 端口上电复位状态与灌电流、拉电流

STC89C5x 系列单片机有 P0、P1、P2、P3 和 P4 端口，P4 端口为新增端口。在单片机上电复位后，P1、P2、P3、P4 端口的锁存器均为"1"，各端口引脚内部的晶体管截止，晶体管漏极有上拉电阻（阻值很大，称为弱上拉）；P0 端口的锁存器也为"1"，端口引脚内

部的晶体管截止，晶体管漏极无上拉电阻（称为晶体管开漏）。

在 P0 端口上电复位后内部晶体管无上拉电阻，处于开漏状态：如果该端口用作输入/输出端口，则需要外接 4.7～10kΩ 的上拉电阻；如果 P0 端口用作外部存储器的地址/数据总线，则可不用外接上拉电阻。

单片机端口引脚可以流入电流，也可以流出电流：从外部流入引脚的电流称为灌电流；从引脚内部流出的电流称为拉电流，如图 3-4 所示。STC89C5x 系列单片机 P0 端口的灌电流最大为 12mA，其他端口的灌电流最大为 6mA。各端口的拉电流很小，一般在 0.23mA 以下。

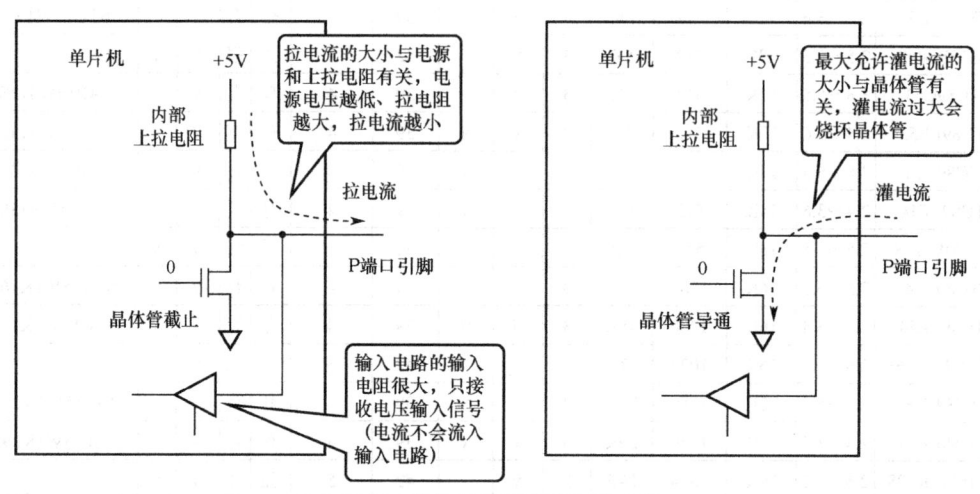

图 3-4　单片机的拉电流和灌电流

3.2.2　P4 端口的使用

STC89C5x 系列单片机在 8051 单片机的基础上增加了 P4 端口。P4 端口锁存器与 P0～P3 锁存器一样，属于特殊功能寄存器。

1. P4 锁存器的字节地址、位地址

P4 锁存器的字节地址和位地址如图 3-5 所示。

位地址→	EFH	EEH	EDH	ECH	EBH	EAH	E9H	E8H
字节地址→E8H	—	P4.6	P4.5	P4.4	P4.3	P4.2	P4.1	P4.0

图 3-5　P4 锁存器的字节地址和位地址

在 8051 单片机中没有 P4 端口，故 C 语言编程时调用的头文件 reg51.h 中也没有 P4 锁存器的地址定义。若要使用 P4 端口，可以在编程时定义 P4 锁存器的地址，也可以把 P4 锁存器的地址定义写进 reg51.h。在 Keil C51 软件中定义 P4 锁存器的字节地址和位地址如图 3-6 所示。

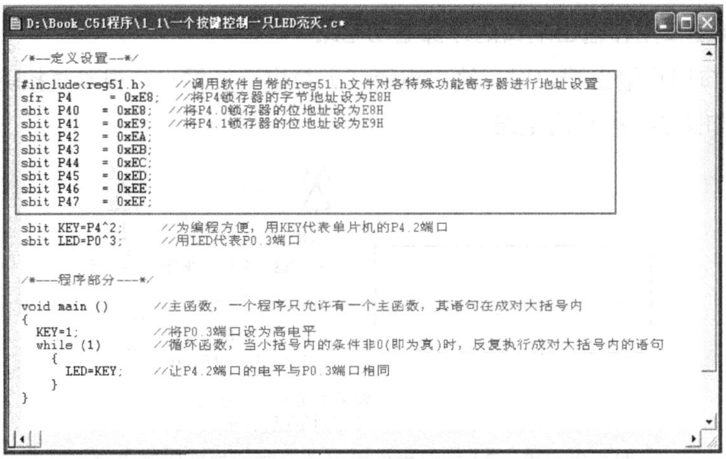

图 3-6 在 Keil C51 软件中定义 P4 锁存器的字节地址和位地址

2. ALE/P4.5 引脚的使用

90C 版的 STC89C5x 系列单片机的 ALE 引脚具有 ALE 和 P4.5 两种功能。该脚用作何种功能可在烧录软件中设置，如图 3-7 所示。旧版的烧录软件无该设置项。

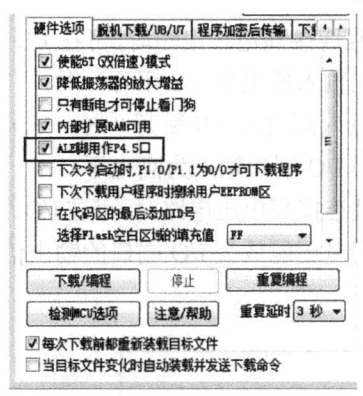

图 3-7 在烧录软件中设置

3.2.3 I/O 端口与外部电路的连接

1. P0 端口与外部电路的连接

P0 端口用作输入或输出端口时，在内部晶体管漏极与电源之间无上拉电阻，即内部晶体管开漏，需要在引脚外部连接 4.7～10kΩ 的上拉电阻，如图 3-8 所示。P0 端口用作地址/数据总线端口时，可以不外接上拉电阻。

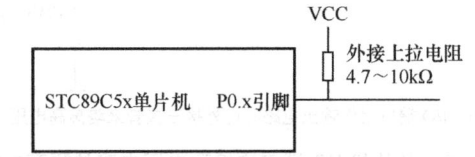

图 3-8 P0 端口用作输入或输出端口时要外接上拉电阻

2. P0～P4 端口用作输出端口的外部驱动电路

P0～P4 端口用作输出端口时,输出电流(上拉电流)很小,很难直接驱动负载,可在引脚外部连接如图 3-9 所示的电路。

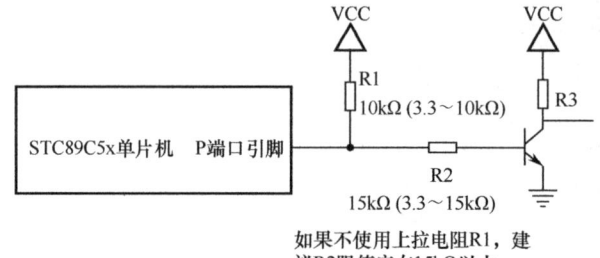

图 3-9 P0～P4 端口用作输出端口时的外部驱动电路

3. I/O 端口连接高电压的电路

STC89C5x 单片机的电源为 5V,其内部电路也是按 5V 供电的标准设计的。当 I/O 端口与外部高于 5V 的电路连接时,为避免高电压进入 I/O 端口损坏单片机内部电路,需要给 I/O 端口连接一些隔离保护电路。

当 I/O 端口用作输入电路且连接高电压电路时,可在 I/O 端口连接一只二极管来隔离高电压,如图 3-10(a)所示:在输入低电平(S 闭合)时,二极管 VD 导通,I/O 端口电压被拉低到 0.7V(低电平);在输入高电压(S 断开)时,VD 负极电压高于 5V,VD 截止,I/O 端口电压在内部被拉高,即 I/O 端口输入为高电平。

当 I/O 端口用作输出电路且连接高电压电路时,可在 I/O 端口连接三极管来隔离高电压,如图 3-10(b)所示。该电路同时还能放大 I/O 端口的输出信号。

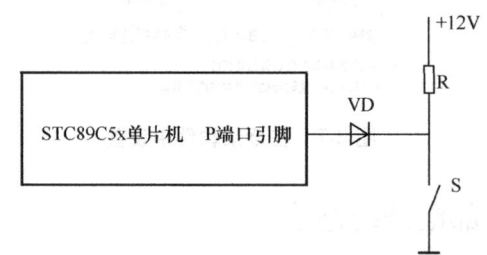

(a)I/O 端口用作输入电路时可外接一只二极管来隔离高电压

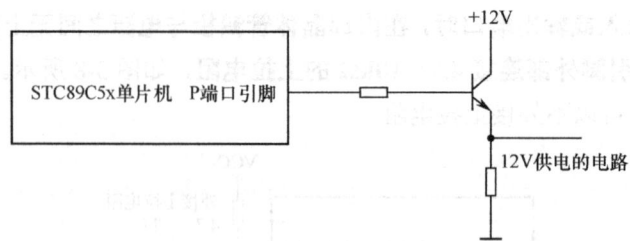

(b)I/O 端口用作输出电路时可外接三极管来隔离高电压

图 3-10 单片机 I/O 端口连接高电压电路的隔离电路

3.3 STC89C5x 系列单片机的存储器

3.3.1 程序存储器

程序存储器用于存放用户程序、表格数据和常数等信息。STC89C5x 系列单片机内部集成了 4～62KB 的 Flash 程序存储器。各型号单片机的程序存储器容量大小可参见表 3-2。

STC89C5x 系列单片机分为 HD 版和 90C 版：90C 版无 $\overline{\text{EA}}$ 引脚和 $\overline{\text{PSEN}}$ 引脚，只能使用片内程序存储器；HD 版有 $\overline{\text{EA}}$ 引脚和 $\overline{\text{PSEN}}$ 引脚，除可使用片内程序存储器外，还可使用片外程序存储器。以 HD 版的 STC89C54 型单片机为例，当 $\overline{\text{EA}}$=1 时，单片机先使用片内 16KB 的程序存储器（地址范围为 0000H～3FFFH），在片内程序存储器用完后再自动使用片外程序存储器（地址范围为 4000H～FFFFH）。

当用户编写的程序很大时，建议直接选用大容量程序存储器的单片机，尽量不采用小容量单片机加片外程序存储器的方式。

3.3.2 数据存储器

数据存储器用于存放程序执行的中间结果和过程数据。STC89C5x 系列单片机的内部数据存储器由内部 RAM 和内部扩展 RAM 组成。在小容量单片机（如 STC89C51、STC89C14 等）内部集成了 512B 的数据存储器（256B 内部 RAM+256B 内部扩展 RAM）。在大容量单片机（如 STC89C54、STC89C516 等）内部集成了 1280B 的数据存储器（256B 内部 RAM+1024B 内部扩展 RAM）。

1. 256B 内部 RAM 的地址

STC89C5x 系列单片机的 256B 内部 RAM 由低 128B 的 RAM（地址为 00H～7FH，与 8051 单片机一样）和高 128B 的 RAM（地址为 80H～FFH）组成。

2. 256B 或 1024B 内部扩展 RAM 的地址

虽然 STC89C5x 系列单片机的内部扩展 RAM 位于单片机内部，但单片机将它当作片外 RAM 使用，像 8051 单片机使用片外 RAM 一样访问。只不过 P0、P2 端口不会输出地址和数据信号，$\overline{\text{RD}}$、$\overline{\text{WR}}$ 端也不会输出读、写控制信号。小容量单片机的 256B 内部扩展 RAM 的地址为 00H～FFH。大容量单片机的 1024B 内部扩展 RAM 的地址为 00H～3FFH。

内部扩展 RAM 有一部分地址（00H～FFH）与内部 RAM 地址相同。在访问两者都有的地址时，单片机会根据指令的类型（汇编语言编程时）或数据存储类型（C 语言编程时）区分该地址是指向内部 RAM 还是内部扩展 RAM。

3. 内部扩展 RAM 的使用

若要访问内部扩展 RAM，在用汇编语言编程时，需要用到访问外部 RAM 的 MOVX 指令，如 "MOVX @DPTA A" 和 "MOVX   A @R1"；在用 C 语言编程时，可使用 xdata 声明存储类型，如 "unsigned char xdata i=0;"。

另外，在访问内部扩展 RAM 时还要设置 AUXR（辅助寄存器，属于特殊功能寄存器）。辅助寄存器 AUXR 的字节地址为 8EH。其字节地址位定义及复位值如图 3-11 所示。

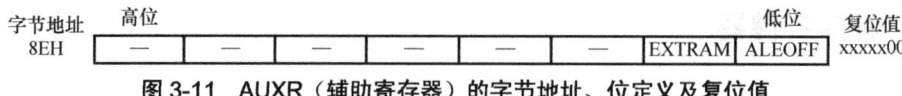

图 3-11　AUXR（辅助寄存器）的字节地址、位定义及复位值

（1）EXTRAM：内部/外部扩展 RAM 存取控制位

当 EXTRAM=0 时，可存取内部扩展 RAM。对于 STC89C5x 系列小容量单片机而言，可访问 256B 内部扩展 RAM（地址范围为 00H～FFH）。一旦访问地址超过了 FFH，单片机就会访问片外 RAM。对于 STC89C5x 系列大容量单片机而言，可访问 1024B 内部扩展 RAM（地址范围为 00H～3FFH）。一旦访问地址超过了 3FFH，单片机就会访问片外 RAM。

当 EXTRAM=1 时，将禁止访问内部扩展 RAM，允许存取片外 RAM。访问片外 RAM 的方法与 8051 单片机一样。

（2）ALEOFF：ALE 引脚功能关闭

当 ALEOFF=0 时，在 12 时钟模式（一个机器周期为 12 个时钟周期，又称 12T 模式）下，ALE 引脚固定输出 1/6 晶振频率的信号；在 6 时钟模式（6T）下，ALE 引脚固定输出 1/3 晶振频率的信号。

当 ALEOFF=1 时，ALE 引脚仅在访问片外存储器时才输出信号，其他情况无输出，从而减少对外部电路的干扰。

此外，在访问内部扩展 RAM 之前，还要在烧录软件中选中"内部扩展 RAM 可用"复选框，如图 3-12 所示。

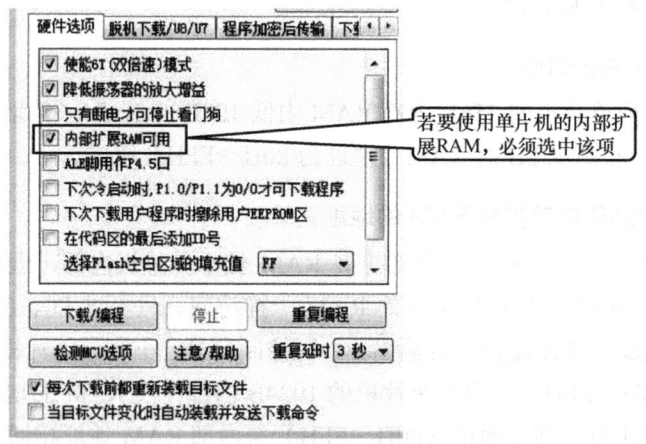

图 3-12　选中"内部扩展 RAM 可用"复选框

3.3.3　特殊功能寄存器

特殊功能寄存器（SFR）区是单片机内部一个特殊功能的 RAM 区。该区域内的特殊功能寄存器主要用来管理、控制和监视各功能模块。SFR 区的地址范围为 80H～FFH。它与单片机内部高 128 字节 RAM 的地址相同，但前者只能使用直接地址访问。

STC89C5x 系列单片机的特殊功能寄存器如表 3-3 所示。它在 8051 单片机的基础上增加了很多特殊功能寄存器（阴影部分为增加的特殊功能寄存器）。字节地址最低位为 0 或 8（如 80H、98H、D0H 等）的特殊功能寄存器可位寻址，即这些寄存器可直接访问某位。各特殊功能寄存器的用法将在后面介绍单片机的各功能模块时详细说明。

表 3-3 STC89C5x 系列单片机的特殊功能寄存器

符号	名称	字节地址	位符号与位地址（字节地址低位为 0 或 8 的寄存器可位寻址）									复位值
P0	P0 锁存器	80H	87H							80H	1111 1111B
			P0.7	P0.6	P0.5	P0.4	P0.3	P0.2	P0.1	P0.0	
SP	堆栈指针	81H									0000 0111B
DPTR DPL	数据指针（低）	82H									0000 0000B
DPTR DPH	数据指针（高）	83H									0000 0000B
PCON	电源控制寄存器	87H	SMOD	SMOD0	—	POF	GF1	GF0	PD	IDL	00x1 0000B
TCON	定时器控制寄存器	88H	8FH							88H	0000 0000B
			TF1	TR1	TF0	TR0	IE1	IT1	IE0	IT0	
TMOD	定时器工作方式寄存器	89H	GATE	C/$\overline{T}$	M1	M0	GATE	C/$\overline{T}$	M1	M0	0000 0000B
TL0	定时器 0 低 8 位寄存器	8AH									0000 0000B
TL1	定时器 1 低 8 位寄存器	8BH									0000 0000B
TH0	定时器 0 高 8 位寄存器	8CH									0000 0000B
TH1	定时器 1 高 8 位寄存器	8DH									0000 0000B
AUXR	辅助寄存器	8EH	—	—	—	—	—	—	EXTRAM	ALEOFF	xxxx xx00B
P1	P1 锁存器	90H	97H							90H	1111 1111B
			P1.7	P1.6	P1.5	P1.4	P1.3	P1.2	P1.1	P1.0	
SCON	串口控制寄存器	98H	9FH							98H	0000 0000B
			SM0	SM1	SM2	REN	TB8	RB8	TI	RI	
SBUF	串口数据缓冲器	99H									xxxx xxxxB
P2	P2 锁存器	A0H	A7H							A0H	1111 1111B
			P2.7	P2.6	P2.5	P2.4	P2.3	P2.2	P2.1	P2.0	
AUXR1	辅助寄存器 1	A2H	—	—	—	—	GF2	—	—	DPS	xxxx 0xx0B
IE	中断允许寄存器	A8H	AFH							A8H	0x00 0000B
			EA	—	ET2	ES	ET1	EX1	ET0	EX0	
SADDR	从机地址控制寄存器	A9H									0000 0000B
P3	P3 锁存器	B0H	B7H							B0H	1111 1111B
			P3.7	P3.6	P3.5	P3.4	P3.3	P3.2	P3.1	P3.0	
IPH	中断优先级寄存器（高）	B7H	PX3H	PX2H	PT2H	PSH	PT1H	PX1H	PT0H	PX0H	0000 0000B
IP	中断优先级寄存器	B8H	BFH							B8H	xx00 0000B
			—	—	PT2	PS	PT1	PX1	PT0	PX0	
SADEN	从机地址掩模寄存器	B9H									0000 0000B
XICON	辅助中断控制寄存器	C0H	C7H							C0H	0000 0000B
			PX3	EX3	IE3	IT3	PX2	EX2	IE2	IT2	

(续表)

符号	名称	字节地址	位符号与位地址（字节地址低位为0或8的寄存器可位寻址）								复位值
T2CON	定时器2控制寄存器	C8H	CFH TF2	EXF2	RCLK	TCLK	EXEN2	TR2	C/$\overline{T2}$	C8H CP/$\overline{RL2}$	0000 0000B
T2MOD	定时器2工作模式寄存器	C9H	—	—	—	—	—	—	T2OE	DCEN	xxxx xx00B
RCAP2L	定时器2重装/捕捉低8位寄存器	CAH									0000 0000B
RCAP2H	定时器2重装/捕捉高8位寄存器	CBH									0000 0000B
TL2	定时器2低8位寄存器	CCH									0000 0000B
TH2	定时器2高8位寄存器	CDH									0000 0000B
PSW	程序状态字寄存器	D0H	D7H CY	AC	F0	RS1	RS0	OV	F1	D0H P	0000 0000B
ACC	累加器	E0H									0000 0000B
WDT_CONTR	看门狗控制寄存器	E1H	—	EN_WDT	CLR_WDT	IDLE_WDT	PS2	PS1	PS0		xx00 0000B
ISP_DATA	ISP/IAP 数据寄存器	E2H									1111 1111B
ISP_ADDRH	ISP/IAP 高8位地址寄存器	E3H									0000 0000B
ISP_ADDRL	ISP/IAP 低8位地址寄存器	E4H									0000 0000B
ISP_CMD	ISP/IAP 命令寄存器	E5H	—	—	—	—	—	MS2	MS1	MS0	xxxx x000B
ISP_TRIG	ISP/IAP 命令触发寄存器	E6H									xxxx xxxxB
ISP_CONTR	ISP/IAP 控制寄存器	E7H	ISPEN	SWBS	SWRST	—	—	WT2	WT1	WT0	000x x000B
P4	P4 锁存器	E8H	EFH —	—	—	—	P4.3	P4.2	P4.1	E8H P4.0	xxxx 1111B
B	B 寄存器	F0H									0000 0000B

第4章 51单片机编程软件的使用

单片机软件开发的一般过程：先根据控制要求用汇编语言或C语言编写程序，然后对程序进行编译；在转换成二进制或十六进制形式的程序后，再对编译的程序进行仿真调试；在程序满足要求后用烧录软件将程序写入单片机。Keil C51软件是一款常用的51系列单片机编程软件。它由Keil公司（已被ARM公司收购）推出，使用该软件不但可以编写和编译程序，还可以仿真和调试程序。在编写程序时既可以选择使用汇编语言，也可以选择使用C语言。

4.1 Keil C51软件的基本操作

4.1.1 Keil C51软件的版本及获取

视频教程，扫描即看

Keil C51软件的版本很多，主要有Keil μVision2、Keil μVision3、Keil μVision4和Keil μVision5等。Keil μVision3是在Keil公司被ARM公司收购后推出的，故该版本及之后版本除支持51系列单片机外，还增加了对ARM处理器的支持。如果仅对51系列单片机进行编程，可选用Keil μVision2版本，本章也以该版本为例进行介绍。

如果读者需要获得Keil C51软件，可到Keil公司网站http://www.Keil.com下载Eval（评估）版本，也可登录易天电学网（www.xxitee.com）下载。

4.1.2 Keil C51软件的安装

Keil C51软件在下载后是一个压缩包，将压缩包解压打开后，可看到一个setup文件夹，如图4-1（a）所示。双击打开setup文件夹，文件夹中有一个Setup.exe文件，如图4-1（b）所示。双击该文件开始安装软件，此时将弹出一个如图4-1（c）所示的对话框：若单击Eval Version（评估版本）按钮，则无须序列号即可安装软件，但软件只能编写不大于2KB的程序，初级用户基本够用；若单击Full Version（完整版本）按钮，则在后续安装时需要输入软件序列号，软件使用不受限制，这里单击Full Version（完整版本）按钮，软件开始安装。在安装过程中会弹出如图4-1（d）所示的对话框，要求选择Keil软件的安装位置，单击Browse（浏览）按钮可更改软件的安装位置，这里保持默认位置（C:\Keil）。单击Next（下一步）按钮，会出现如图4-1（e）所示的对话框。在Serial Number项中输入软件的序列号（在"安装说明"文档中可找到序列号），其他各项可随意填写。在填写完成后单击Next按钮，软件安装过程继续执行，如图4-1的（f）所示。在后续安装对话框中出现选择项时均保持默认选择，最后出现如图 4-1（g）所示的对话框，单击 Finish（完成）按钮则完成软件的安装。

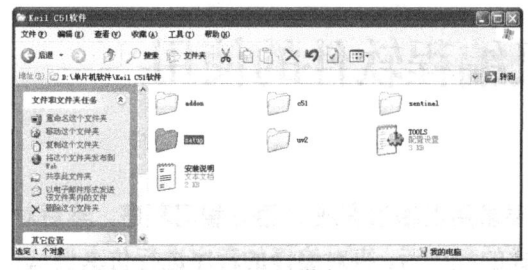
（a）setup 文件夹

（b）双击 Setup.exe 文件开始安装 Keil C51 软件

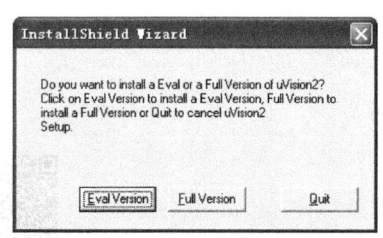
（c）选择安装版本对话框

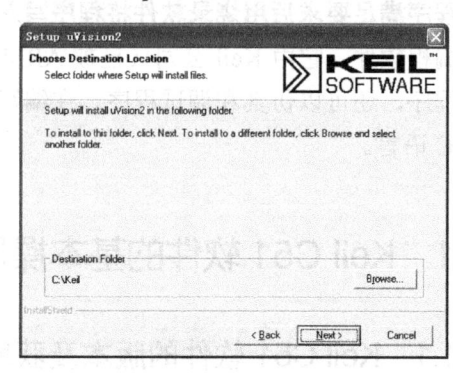
（d）选择软件的安装位置（安装路径）

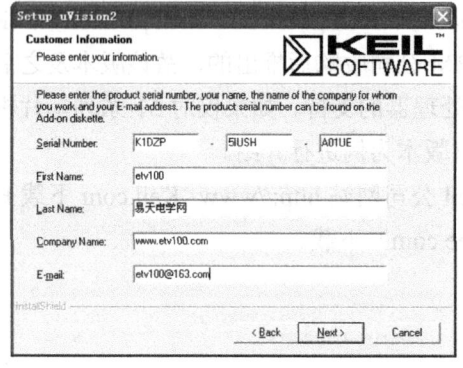
（e）在对话框内输入软件序列号及有关信息

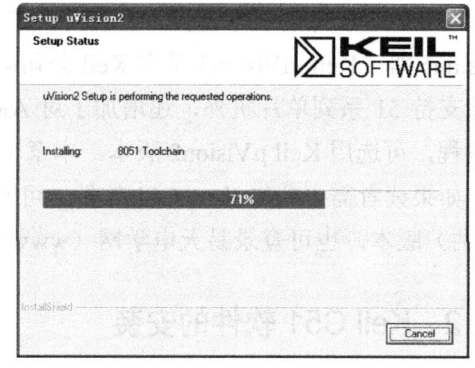
（f）软件安装进度条

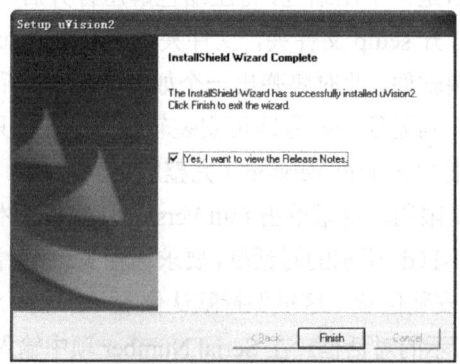
（g）单击 Finish 按钮完成 Keil C51 软件的安装

图 4-1　Keil C51 软件的安装

4.2 程序的编写与编译

4.2.1 启动 Keil C51 软件并新建工程文件

1. 启动 Keil C51 软件

在 Keil C51 软件安装完成后,双击电脑桌面上的 Keil μVision2 图标,如图 4-2(a)所示,或单击电脑桌面左下角的"开始"按钮,在弹出的菜单中执行命令"程序"→Keil μVision2,如图 4-2(b)所示,就可以启动 Keil μVision2 程序。启动后的软件窗口如图 4-3 所示。

(a) 利用电脑桌面上的图标启动软件　　(b) 利用"开始"按钮启动软件

图 4-2　Keil C51 软件的两种启动方法

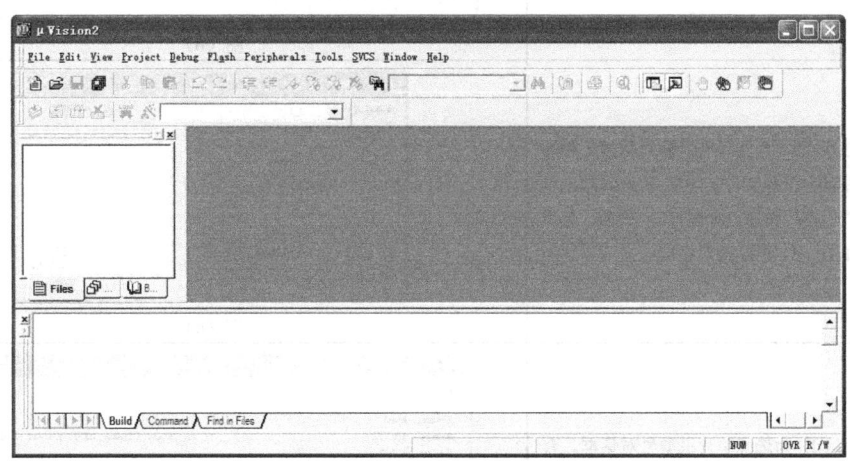

图 4-3　启动后的软件窗口

2. 新建工程文件

在用 Keil C51 软件进行单片机程序开发时,为了便于管理,需要先建立一个项目文件,用于管理本项目中的所有文件。

利用 Keil C51 软件新建工程文件的操作过程如表 4-1 所示。

表 4-1 利用 Keil C51 软件新建工程文件的操作说明

序号	操作说明	操作图
1	执行菜单命令 Project→New Project，如图（a）所示，会弹出如图（b）所示的对话框	图（a）
2	在如图（b）所示的 Create New Project 对话框中选择新工程文件的保存位置。这里先打开 D 盘的 "Book_C51 程序" 文件夹，然后在该文件夹中新建一个名为 "3_1" 的文件夹	图（b）
3	打开 "3_1" 文件夹，输入新建工程的文件名，工程文件扩展名为 ".uv2"，单击 "保存" 按钮，如图（c）所示，会弹出如图（d）所示的对话框	图（c）
4	图（d）为选择单片机型号对话框。有很多公司的 51 系列单片机可供选择，但无 STC 公司的 51 系列单片机。由于 51 单片机的基本内核是相同的，所以这里选择 Atmel 公司的 AT89S52 型单片机。选中后单击 "确定" 按钮，会弹出如图（e）所示的询问对话框	图（d）

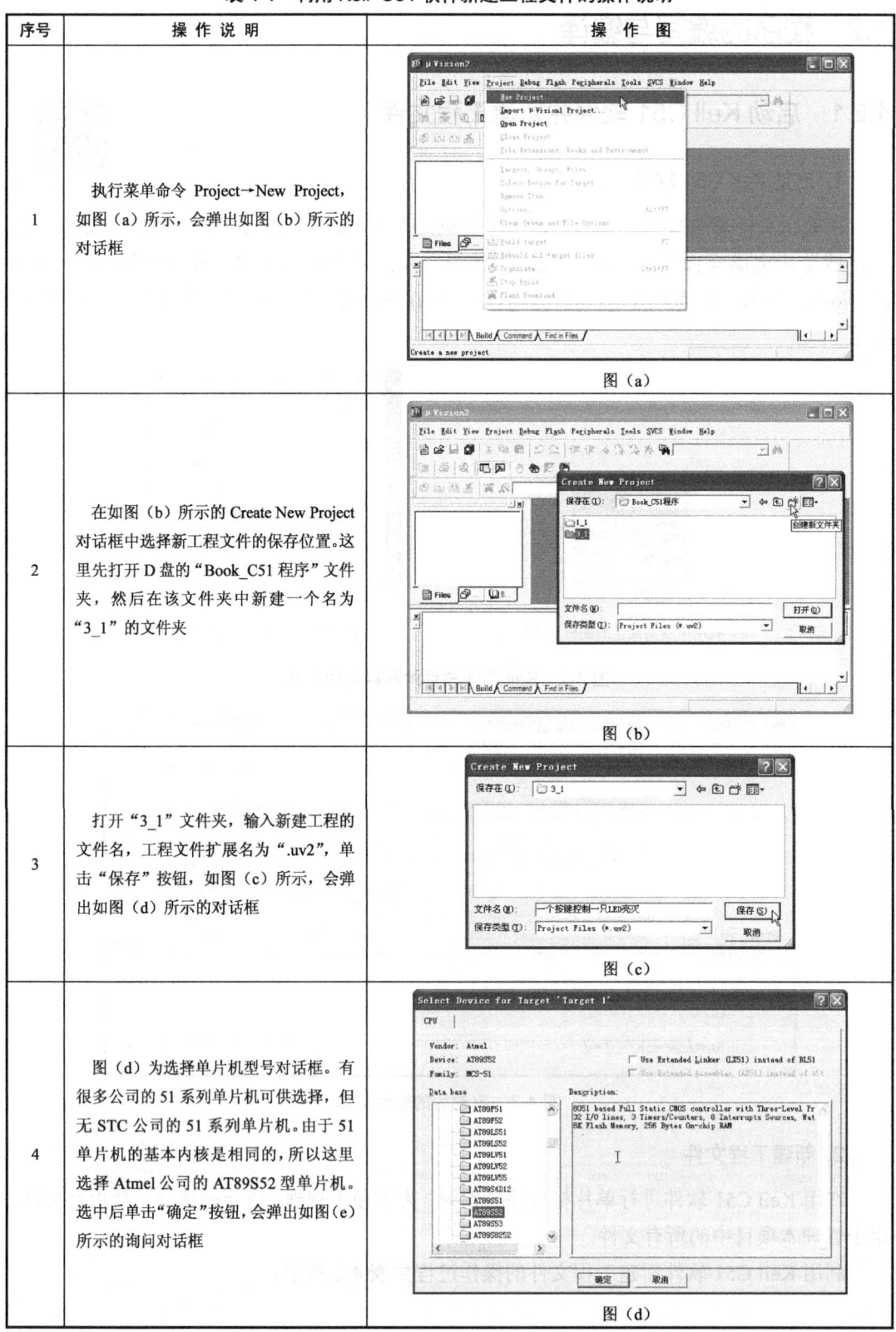

(续表)

序号	操作说明	操作图
5	图（e）用于询问是否复制 8051 标准启动代码到当前工程文件所在文件夹中。初学者可单击"否"按钮，如果用到了某些增强功能需要初始化配置，则可以单击"是"按钮	图（e）
6	在软件左边的工程管理器中新增了一个 Target 1 文件夹，该文件夹中还有一个 Source Group 1 文件夹，如图（f）所示。此时完成新建工程文件的操作	图（f）

4.2.2 新建源程序文件

在新建工程文件后，还要在工程文件中建立源程序文件，并将源程序文件与工程文件关联到一起。

新建源程序文件并与工程文件关联起来的操作过程如下。

❶ 新建源程序文件。在 Keil C51 软件窗口中执行菜单命令 File→New，即可新建一个默认名称为 Text 1 的空白文件，同时该文件在软件窗口中打开，如图 4-4 所示。

❷ 保存源程序文件。单击工具栏上的 🔳 图标，或执行菜单命令 File→Save As，弹出如图 4-5 所示的 Save As 对话框。在对话框中打开之前建立的工程文件所在的文件夹，并将文件命名为"一个按键控制一只 LED 亮灭.c"（扩展名".c"表示为 C 语言程序，不能省略），单击"保存"按钮。

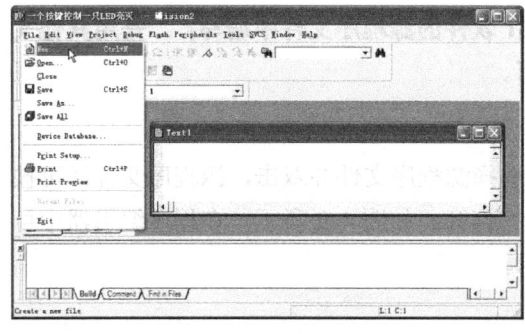

图 4-4　新建源程序文件

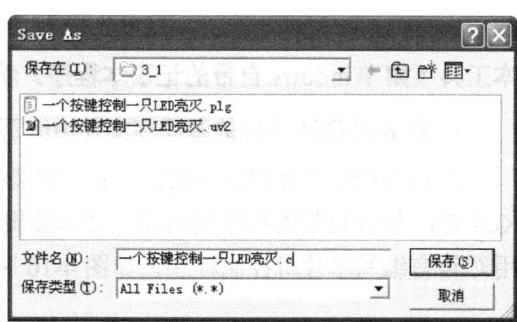

图 4-5　保存源程序文件

❸ 将源程序文件与工程文件关联起来。新建的源程序文件与新建的工程文件没有什么关联,需要将它加入工程文件中。展开工程管理器中的 Target 1 文件夹,在其中的 Source Group 1 文件夹上右击,弹出如图4-6所示的快捷菜单。选择其中的 Add Files to Group 'Source Group1' 项,会出现如图 4-7 所示的加载文件对话框。在该对话框中选择文件类型为 C Source file(*.c),找到刚刚新建的"一个按键控制一只 LED 亮灭.c"文件,单击 Add 按钮。此时对话框并不会消失,可以继续加载其他文件,单击 Close 按钮可关闭对话框。此时在 Source Group1 文件夹中就可以看到新加载的"一个按键控制一只 LED 亮灭.c"文件,如图 4-8 所示。

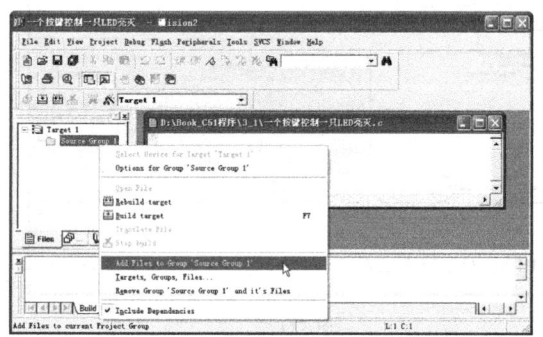

图 4-6　快捷菜单　　　　　　　图 4-7　在对话框中选择要加载的文件

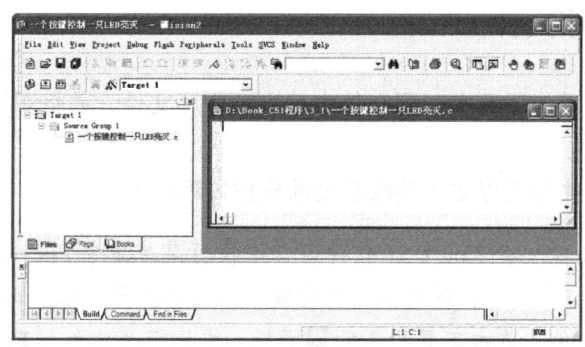

图 4-8　程序文件被加载到工程中

4.2.3　编写程序

编写程序有两种方式:一是直接在 Keil C51 软件的源程序文件中编写;二是用其他文本工具(如 Windows 自带的记事本程序)编写。

1. 在 Keil C51 软件的源程序文件中编写

在 Keil C51 软件窗口左边的工程管理器中选择源程序文件并双击,源程序文件即可被 Keil C51 软件自带的程序编辑器(文本编辑器)打开,如图 4-9 所示。在程序编辑器中可用 C 语言编写单片机控制程序,如图 4-10 所示。

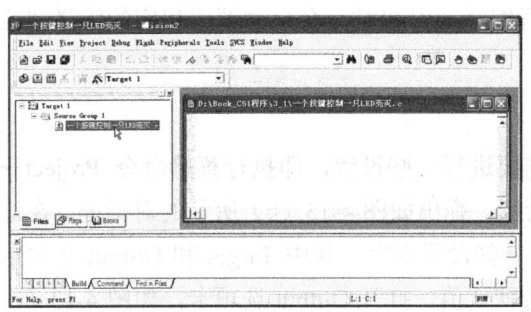
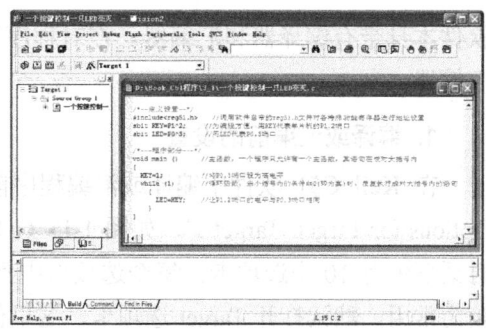

图 4-9　打开源程序文件　　　　　　　图 4-10　用 C 语言编写程序

2. 用其他文本工具编写

实际上 Keil C51 软件的程序编辑器是一种文本编辑器。它对中文的支持不是很好，在输入中文时，有时会出现文字残缺现象，因此在编程时可以使用其他文本工具编写程序。

用其他文本工具编写程序的操作如下：

❶ 打开 Windows 自带的记事本，在其中用 C 语言（或汇编语言）编写程序，如图 4-11 所示。在编写完后将该文件保存下来，文件的扩展名为".c"（或".asm"）。这里将文件保存为 1KEY_1LED.c。

❷ 打开 Keil 软件并新建一个工程文件（如已建工程文件，则可忽略本步骤），将 1KEY_1LED.c 文件加载进 Keil 软件且与工程文件关联起来。加载程序文件的过程可参见图 4-6～图 4-8。在程序加载完成后，可在 Source Group 1 文件夹中看到加载进来的 1KEY_1LED.c 文件，如图 4-12 所示，双击可以打开该文件。

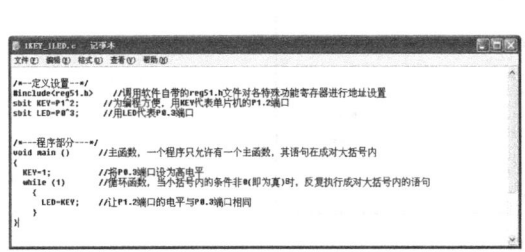
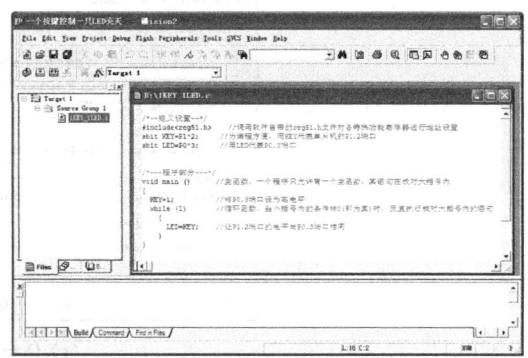

图 4-11　用记事本编写程序　　　　　　图 4-12　用记事本编写的程序被载入 Keil 软件

4.2.4　编译程序

在用 C 语言（或汇编语言）编写好程序后，程序还不能直接写入单片机，因为单片机只接收二进制数，所以要将 C 语言程序转换成二进制或十六进制代码。将 C 语言程序（或汇编语言程序）转换成二进制或十六进制代码的过程称为编译（或汇编）。

C 语言程序在编译时要用到编译器，汇编语言程序在汇编时要用到汇编器。Keil C51

软件本身带有编译器和汇编器。在对程序进行编译或汇编时，会自动调用相应的编译器或汇编器。

1. 编译或汇编前的设置

在 Keil C51 软件中编译或汇编程序前需要进行一些设置，即执行菜单命令 Project→Options for Target 'Target 1'，如图 4-13（a）所示。弹出如图 4-13（b）所示的对话框。在该对话框中有 10 个选项卡，每个选项卡中都有一些设置内容，其中 Target 和 Output 选项卡较为常用，默认打开 Target 选项卡，这里保持默认值。打开 Output 选项卡，如图 4-13（c）所示。选中 Create HEX File 复选框后单击"确定"按钮关闭对话框。选中 Create HEX File 复选框的目的是在编译或汇编后生成扩展名为".hex"的十六进制文件。

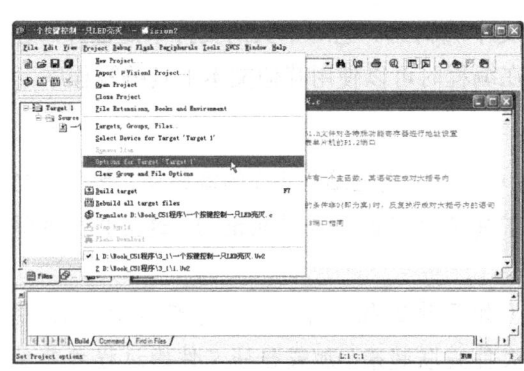

（a）执行菜单命令

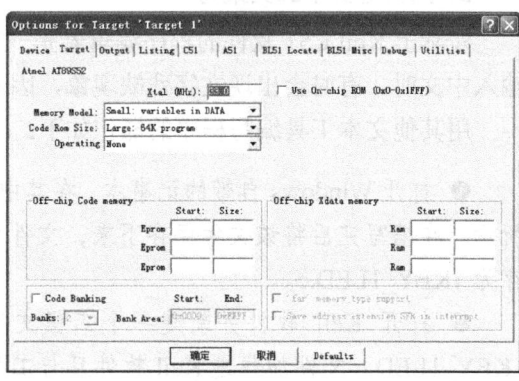

（b）Target 选项卡

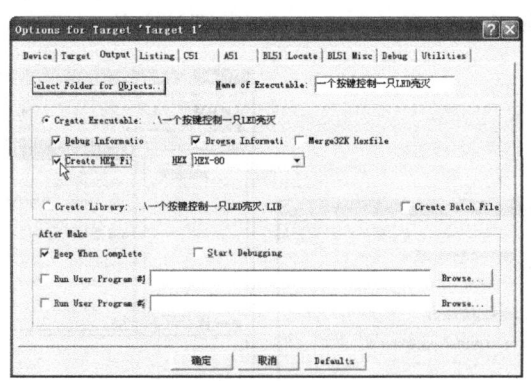

（c）Output 选项卡

图 4-13　编译或汇编程序前进行的设置

2. 编译或汇编程序

下面以编译 C 语言程序为例进行说明。在编译设置结束后，执行菜单命令 Project→Rebuild all target files（重新编译所有的目标文件），如图 4-14（a）所示。也可以直接单击工具栏上的 图标，Keil 软件将自动调用 C51 编译器将"一个按键控制一只 LED 亮灭.c"文件中的程序进行编译。编译完成后，在软件窗口下方的输出窗口中可看到有关的编译信息：如果出现"0 Error(s), 0 Warning(s)"，如图 4-14（b）所示，则表示程序编译没有问题

（至少在语法上不存在问题）；如果存在错误或警告信息，就要认真检查程序，修改后再编译，直到通过为止。

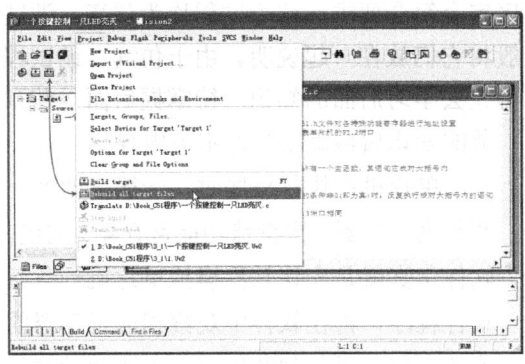
（a）执行编译命令

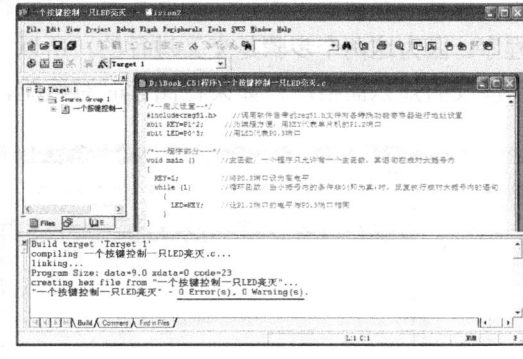
（b）编译完成

图 4-14 编译程序

在程序编译完成后，打开工程文件所在的文件夹，会发现生成了一个"一个按键控制一只 LED 亮灭.hex"文件，如图 4-15 所示。该文件是由 C 语言程序"一个按键控制一只 LED 亮灭.c"编译成的十六进制文件。双击该文件，系统会调用记事本程序打开它，并可以看见该文件的具体内容，如图 4-16 所示。在单片机烧录程序时，可用烧录软件载入该文件并转换成二进制代码写入单片机。

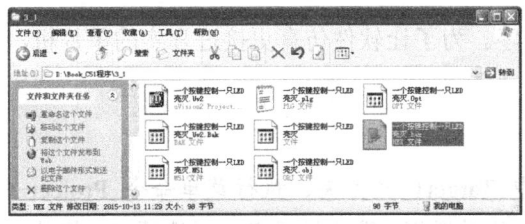

图 4-15 生成扩展名为".hex"的十六进制文件

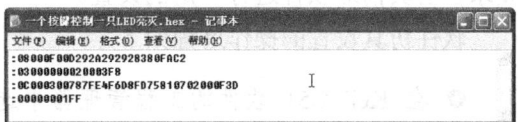

图 4-16 文件内容

4.3 程序的仿真与调试

即便编写的程序能顺利编译成功，也只能说明程序在语法上没有问题，但却不能保证该程序写入单片机后一定能达到预定的效果。 为了让程序写入单片机后能达到预定的效果，可以对程序进行仿真和调试。当然，如果认为编写的程序没有问题，也可以不进行仿真、调试，而直接用编程器将程序写入单片机。

单片机中的仿真有软件仿真和硬件仿真两种：软件仿真是在软件中运行编写的程序，并观察程序运行的情况，从而分析、判断程序是否正常；硬件仿真是将实验板（取下单片机芯片）、仿真器（代替单片机芯片）和计算机连接起来，在软件中将程序写入仿真器，并让程序在仿真器中运行，同时观察程序在软件中的运行情况和在实验板上是否实现了预定的效果。由于软件仿真直接在软件中操作，不需要硬件仿真器，因而被广大单片机开发者使用。本节将主要介绍软件仿真与调试。

在仿真的过程中，如果发现程序出现了问题，就要先找出问题并改正过来，然后再编译、仿真，有问题再改正，如此反复，直到程序完全符合要求。这个过程称为仿真、调试程序。因为这两个步骤是交叉进行的，所以一般将它们放在一起说明。由于仿真、调试程序涉及的知识面很广，如果在阅读时有困难，可先去学习后面的知识，待掌握后面一些章节的知识后再重新学习本节内容。

单片机在执行程序时，一般会改变一些数据存储器（含特殊功能寄存器）的值。软件仿真就是先让软件模拟单片机一条条执行程序，再在软件中观察相应寄存器的值的变化，以此判断程序能否达到预定的效果。如果在 Keil C51 软件中已编写好了程序（如图 4-17 所示为已编写好的待仿真的 Test1.c 程序），要对该程序进行软件仿真，则应先进行软件仿真设置，再编译程序，最后对程序进行仿真、调试。

图 4-17　已编写好待仿真的文件

4.3.1　软件仿真设置

软件仿真是用软件模拟单片机逐条执行程序。为了让软件仿真更接近真实的单片机，要求在仿真前对软件进行一定的设置。

软件仿真设置的操作过程如下：

❶ 在 Keil C51 软件的工程管理器中选中 Target1 文件夹，执行菜单命令 Project→Options for Target'Target 1'，弹出如图 4-18 所示的对话框。默认显示 Target 选项卡，将其中的 Xtal(MHz)（单片机时钟频率）设为 12.0MHz。单击 Output 选项卡，切换到如图 4-19 所示的对话框。

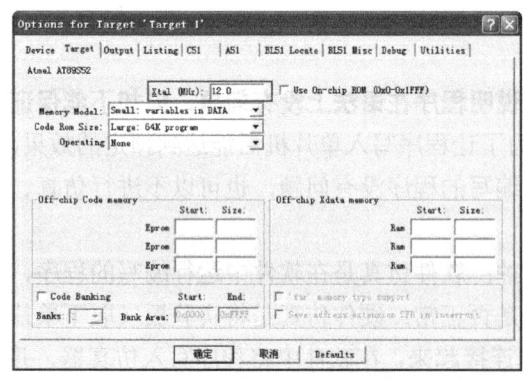

图 4-18　Target 选项卡

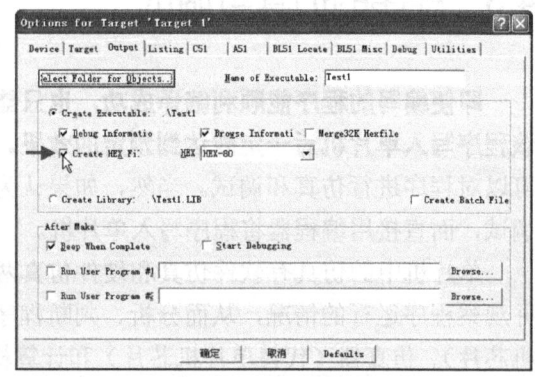

图 4-19　Output 选项卡

❷ 选中 Create HEX File（建立 HEX 文件）复选框，这样在编译时可以生成扩展名为".hex"的十六进制文件。单击 Debug 选项卡，切换到如图 4-20 所示的对话框。

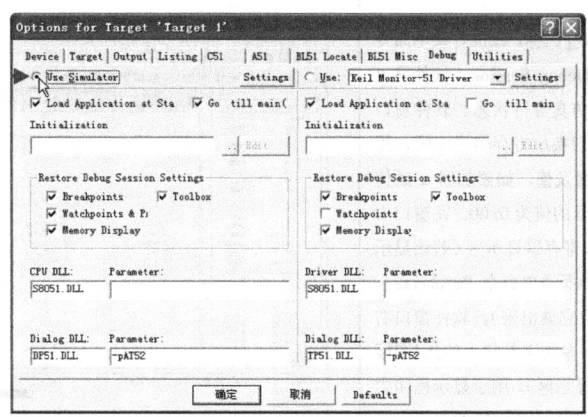

图 4-20　Debug 选项卡

❸ 选中 Use Simulator（使用仿真）单选按钮，单击"确定"按钮，退出设置对话框。

4.3.2　编译程序

在软件设置好后，还要将程序文件（".c"格式）编译成十六进制（".hex"格式）的文件，因为仿真器只能识别这种机器语言文件。

在如图 4-21 所示的软件窗口中单击图标，系统开始对 Test1.c 文件进行编译。在编译完成后，如果在窗口下方的区域显示"0 Error(s), 0 Warning(s)"，则表明程序编译没有错误。编译生成的 Test.hex 文件会自动放置在工程文件所在的文件夹中。虽然在软件窗口无法看到，但在仿真、调试时，软件会自动加载该文件。

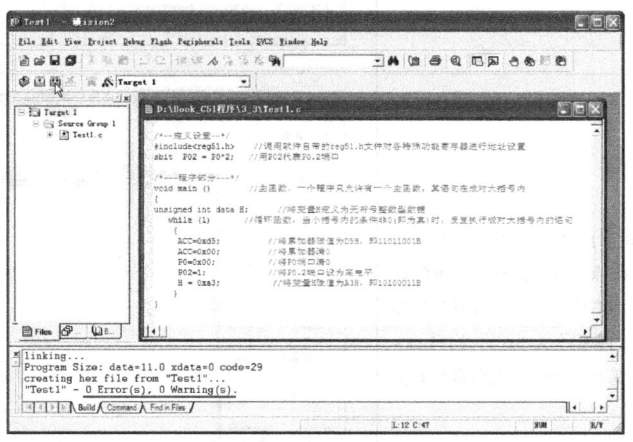

图 4-21　编译程序

4.3.3　仿真、调试程序

在程序编译完成后，就可以开始进行仿真、调试了。程序的仿真、调试操作如表 4-2 所示。

表 4-2 程序的仿真、调试操作

序号	操作说明	操作图
1	单击工具栏上的 图标，或执行菜单命令 Debug→Start/Stop Debug Session，软件马上进入如右图所示的仿真等待状态。软件窗口左侧的工程管理器切换成寄存器显示区，用于显示常用寄存器名及值，如累加器 a 的值为 0x00；psw 寄存器的值为 0x00。在窗口中间还悬浮着 P0 端口寄存器显示区（若该显示区没有出现，可以执行菜单命令 Peripherals→I/O Ports→Port 0，将它调出来）。软件窗口右下角为变量显示区（单击工具栏上的 图标可以显示或关闭该显示区），用于显示程序中出现的变量名及变量值。在中间的程序区，有一个黄色箭头指向第一个待执行的命令	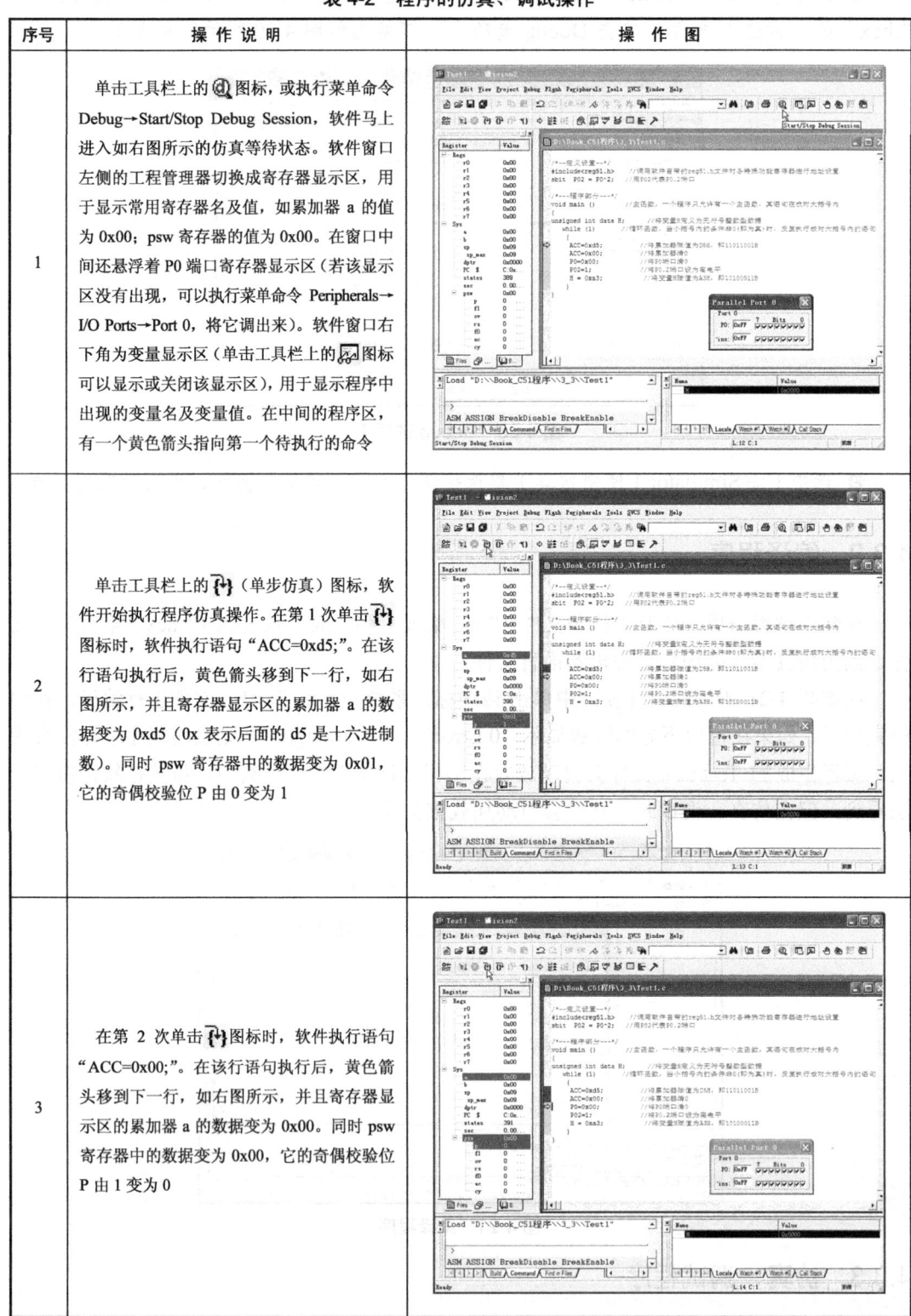
2	单击工具栏上的 （单步仿真）图标，软件开始执行程序仿真操作。在第 1 次单击 图标时，软件执行语句 "ACC=0xd5;"。在该行语句执行后，黄色箭头移到下一行，如右图所示，并且寄存器显示区的累加器 a 的数据变为 0xd5（0x 表示后面的 d5 是十六进制数）。同时 psw 寄存器中的数据变为 0x01，它的奇偶校验位 P 由 0 变为 1	
3	在第 2 次单击 图标时，软件执行语句 "ACC=0x00;"。在该行语句执行后，黄色箭头移到下一行，如右图所示，并且寄存器显示区的累加器 a 的数据变为 0x00。同时 psw 寄存器中的数据变为 0x00，它的奇偶校验位 P 由 1 变为 0	

（续表）

序号	操作说明	操作图
4	在第3次单击图标时，软件执行语句"P0=0x00;"。在该行语句执行后，黄色箭头移到下一行，如右图所示，并且P0端口显示区的8个端口全部由1变为0（P0端口显示区有上下两组：上组用于显示端口的值；下组用于手动给端口输入值，若选中则表示输入为1）	
5	在第4次单击图标时，软件执行语句"P02=1;"。在该语句执行后，黄色箭头移到下一行，如右图所示，并且P0端口显示区的P0.2端口由0变为1	
6	在第5次单击图标时，软件执行语句"H=0xa3;"。在该语句执行后，黄色箭头移到下一行，如右图所示，并且变量显示区的变量H的值由0x00变为0xa3	

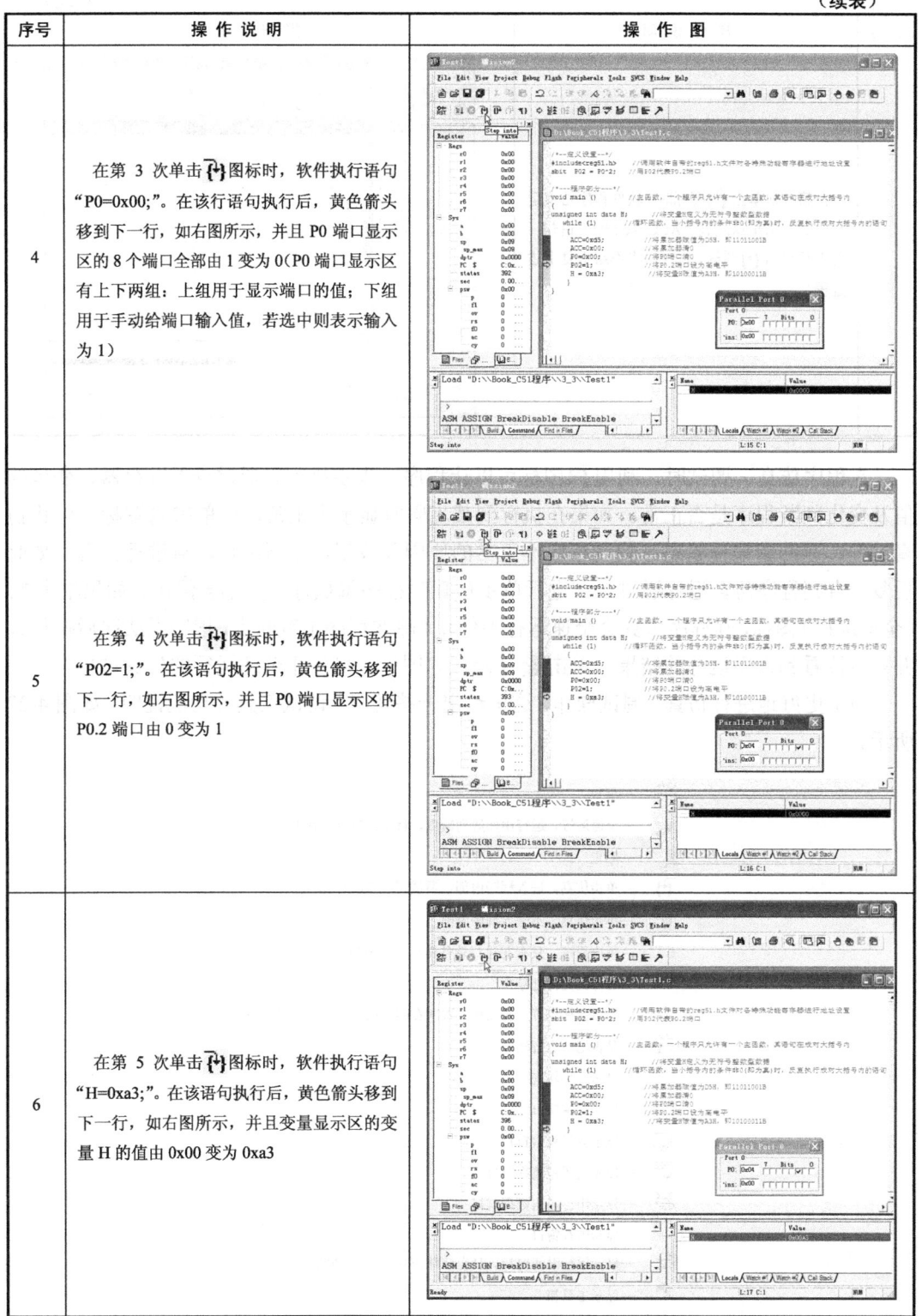

（续表）

序号	操作说明	操作图
7	在第6次单击 图标时，软件程序结束运行，黄色箭头返回到"ACC=0xd5;"语句。若不断单击 图标，则软件将不断重复上述过程	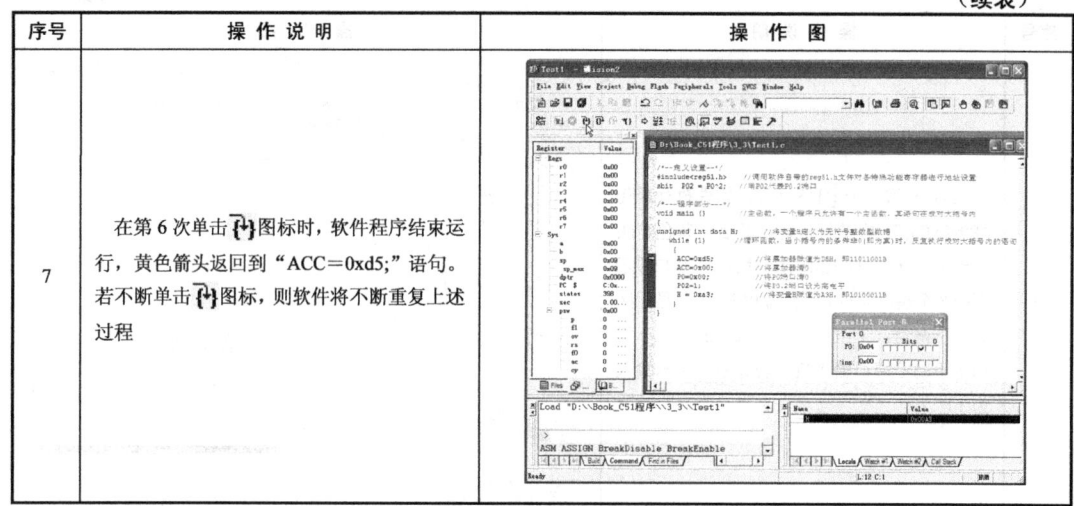

在程序仿真、调试时，利用 图标可以让程序一步步执行。通过查看寄存器、变量的值及变化判断程序是否正常。如果在执行到某步骤时显示不正常，可单击 图标，停止仿真过程，返回到编程状态。找到程序不正常的原因并改正，重新编译，再进行仿真，如此反复，直到程序仿真运行通过。在进行单步仿真时程序每执行一步都会停止。如果单击 （全速运行）图标，则程序仿真会全速运行不停止（除非程序中有断点，程序无法往后执行），并可直接看到程序运行的结果。单击 （停止）图标，可停止全速运行的仿真过程。

为了更好地进行仿真、调试操作，这里给出一些仿真、调试工具的功能说明，如图4-22所示。

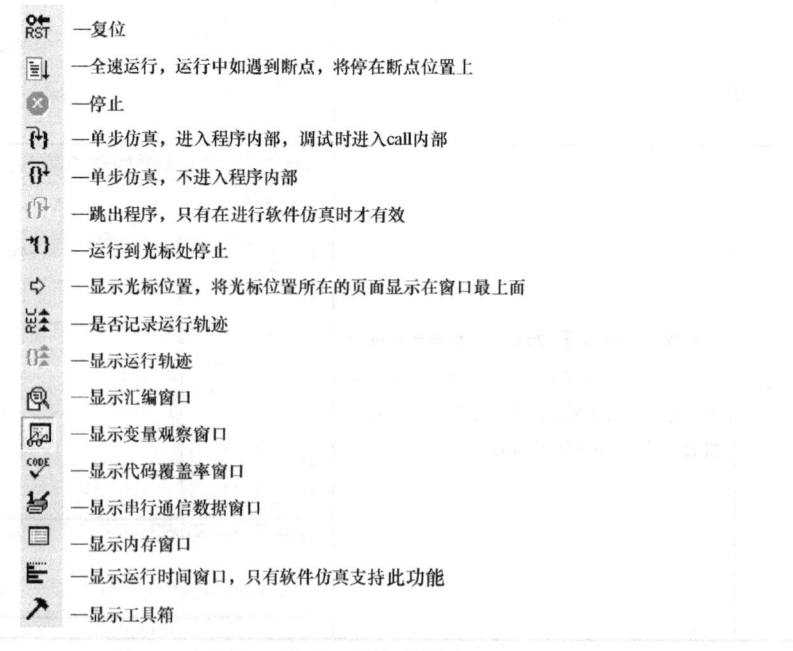

图4-22 仿真、调试工具的功能说明

第 5 章 单片机驱动 LED 的电路及编程

5.1 LED（发光二极管）介绍

5.1.1 外形与符号

发光二极管简称 LED（Light Emitting Diode），是一种电-光转换器件，能将电信号转换成光信号。如图 5-1（a）所示是一些常见的 LED 的实物外形，如图 5-1（b）所示为 LED 的电路符号。

（a）实物外形　　　　　（b）电路符号

图 5-1　LED 的实物外形与电路符号

5.1.2 性质

LED 在电路中需要正接才能工作。下面以如图 5-2 所示的电路为例说明 LED 的性质。在图 5-2 中，可调电源 E 通过电阻 R 将电压加到发光二极管 VD 两端，电源正极对应 VD 的正极，负极对应 VD 的负极。将电源 E 的电压由 0 开始慢慢调高，VD 两端电压 U_{VD} 也随之升高。在电压较低时 VD 并不导通，只有 U_{VD} 达到一定值时，VD 才导通。

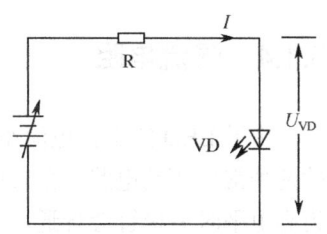

图 5-2　LED 应用电路

此时 U_{VD} 的值称为 LED 的导通电压。LED 导通后有电流流过，并且开始发光，流过的电流越大，发出的光越强。

不同颜色的 LED，其导通电压有所不同：红外线 LED 的导通电压最低，略高于 1V；红光 LED 的导通电压为 1.5～2V；黄光 LED 的导通电压约为 2V；绿光 LED 的导通电压为 2.5～2.9V；高亮度蓝光、白光 LED 的导通电压一般为 3V 以上。

在正常工作时 LED 的电流较小，小功率的 LED 的工作电流一般为 3～20mA，若电流过大，则容易将 LED 烧坏。LED 的反向耐压也较低，一般在 10V 以下。在焊接 LED 时，应选用功率在 25W 以下的电烙铁，焊接点应离管帽 4mm 以上，焊接时间不要超过 4s，最好用镊子夹住引脚散热。

5.1.3 检测

LED 的检测包括极性判别和好坏检测。

1. 极性判别

对于未使用过的 LED，引脚长的为正极，引脚短的为负极。也可以通过观察 LED 的内电极判别引脚极性，内电极较大的为负极，如图 5-3 所示。

LED 与普通二极管一样具有单向导电性，即正向电阻小，反向电阻大。 根据这一性质可以用万用表检测 LED 的极性。

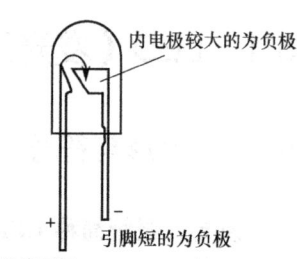

图 5-3 判别引脚极性

由于大多数 LED 的导通电压在 1.5V 以上，而万用表在选择 R×1Ω～R×1kΩ 挡时，内部使用 1.5V 电池，其提供的电压无法使 LED 正向导通，因此在检测 LED 极性时，万用表应选择 R×10kΩ 挡（内部使用 9V 电池），红、黑表笔分别接 LED 的两个电极，正、反各测一次。两次测量的阻值会出现一大一小的结果，以阻值小的那次为准，此时黑表笔接的电极为正极，红表笔接的电极为负极。

2. 好坏检测

在检测 LED 好坏时，可利用万用表的 R×10kΩ 挡测量两引脚之间的正、反向电阻：若 LED 正常，则正向电阻小，反向电阻大（接近∞）；若正、反向电阻均为∞，则 LED 开路；若正、反向电阻均为 0，则 LED 短路；若反向电阻偏小，则 LED 反向漏电。

5.1.4 限流电阻

由于 LED 的工作电流小、耐压低，故使用时需要连接限流电阻。如图 5-4 所示是 LED 的两种常用驱动电路。在采用晶体管驱动时，晶体管相当于一个开关（电子开关），当基极为高电平时三极管会导通，相当于开关闭合，LED 因有电流通过而发光。

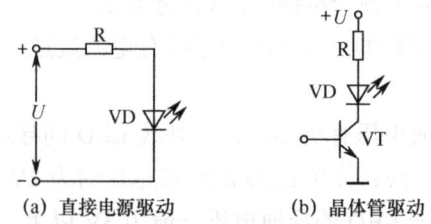

(a) 直接电源驱动　　(b) 晶体管驱动

图 5-4 LED 的两种常用驱动电路

LED 的限流电阻的阻值可按 $R=(U-U_F)/I_F$ 计算。其中，U 为加到 LED 和限流电阻两端的电压；U_F 为 LED 的正向导通电压（1.5～3.5V，可用数字万用表连接二极管测量获得）；I_F 为 LED 的正向工作电流（3～20mA，一般取 10mA）。

5.2 点亮单个 LED 的电路与程序详解

5.2.1 点亮单个 LED 的电路

如图 5-5 所示是单片机（STC89C51）点亮单个 LED 的电路。当单片机的 P1.7 端为低电平时，VD8 导通，有电流流过 LED，LED 点亮。此时 LED 的工作电流 $I_F=(U-U_F)/R=(5-1.5)/510≈0.007A=7mA$。

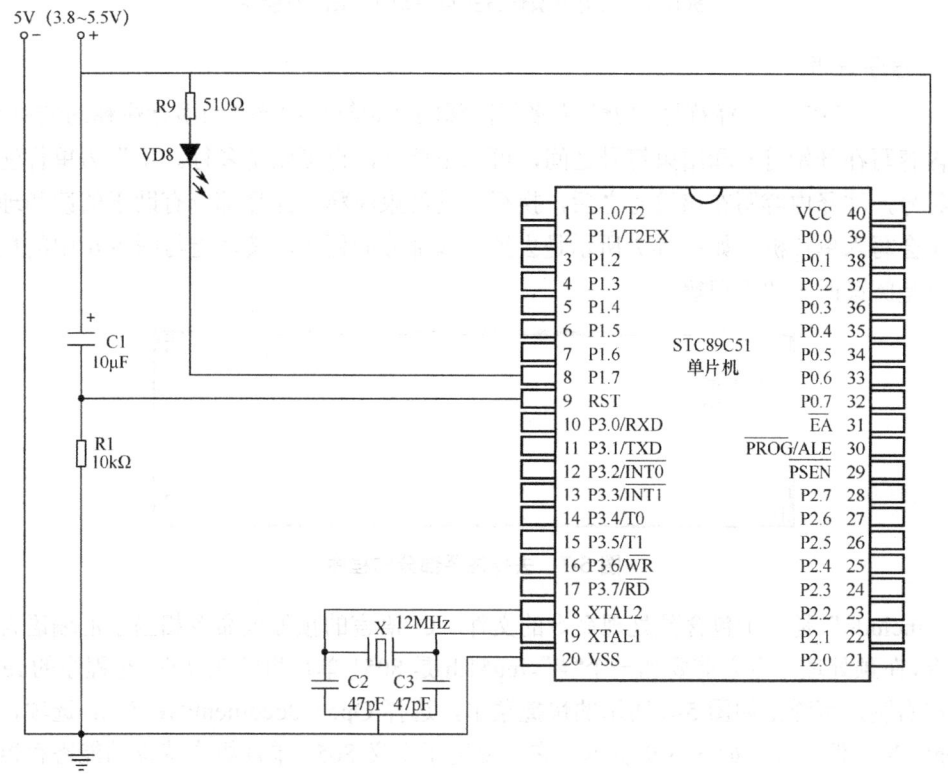

图 5-5 点亮单个 LED 的电路

5.2.2 采用位操作方式点亮单个 LED 的程序详解

若要点亮 P1.7 引脚外接的 LED，则让 P1.7 引脚为低电平即可。点亮单个 LED 的程序可采用位操作方式或字节操作方式编写：如果选择位操作方式，则可在编程时直接让 P1.7=0，即让 P1.7 引脚为低电平；如果选择字节操作方式，则可在编程时让 P1=7FH=01111111B，也可以让 P1.7 引脚为低电平。通过 Keil C51 软件编写的采用位操作方式点亮单个 LED 的程序如图 5-6 所示。

1. 现象

在接通电源后，单片机 P1.7 引脚连接的 LED 将被点亮。

```
/*点亮单个 LED 的程序，采用直接
将某位置 0 或置 1 的位操作方式编程*/
#include<reg51.h>    //调用 reg51.h 文件对单片机各特殊功能寄存器进行地址定义
sbit LED7=P1^7;      //用位定义关键字 sbit 将 LED7 代表 P1.7 端口，
                     //LED7 是自己任意定义且容易记忆的符号

/*以下为主程序部分*/
void main (void)     //main 为主函数，main 前面的 void 表示函数无返回值(输出参数)，
                     //后面小括号内的 void(也可不写)表示函数无输入参数，一个程序
                     //只允许有一个主函数，其语句要写在 main 首尾大括号内，不管程序
                     //多复杂，单片机都会从 main 函数开始执行程序
{                    //main 函数首大括号
    LED7=1;          //将 P1.7 端口赋值 1，让 P1.7 引脚输出高电平
    while (1)        //while 为循环控制语句，当小括号内的条件非 0(为真)时，
                     //反复执行 while 首尾大括号内的语句
    {                //while 语句首大括号
        LED7=0;      //将 P1.7 端口赋值 0，让 P1.7 引脚输出低电平
    }                //while 语句尾大括号
}                    //main 函数尾大括号
```

图 5-6 采用位操作方式点亮单个 LED 的程序

2. 程序说明

"/* */"为多行注释符号："/*"为多行注释的开始符号；"*/"为多行注释的结束符号；注释内容写在开始符号和结束符号之间，可以是单行，也可以是多行。"//"为单行注释的开始符号，注释内容写在该符号之后，换行自动结束注释。注释部分有助于阅读和理解程序，不会写入单片机。如图 5-7 所示是去掉注释部分的程序，其功能与图 5-6 中的程序一样，只是阅读时不便于理解。

```
#include<reg51.h>
sbit LED7=P1^7;
void main ()
{
    LED7=1;
    while (1)
    {
        LED7=0;
    }
}
```

图 5-7 去掉注释部分的程序

"#include"是一个包含预处理命令的文件。C 语言的预处理命令相当于汇编语言中的伪指令，在预处理命令之前要加一个"#"。reg51.h 是 8051 单片机的头文件，在程序的 reg51.h 上单击右键，可弹出如图 5-8 所示的快捷菜单，选择 Open document<veg51.h>选项，即可将 reg51.h 文件打开，如图 5-9 所示。它主要用于定义 8051 单片机中特殊功能寄存器的字节地址或位地址，如定义 P0 端口（P0 锁存器）的字节地址为 0x80（即 80H）、PSW 寄存器的 CY 位的位地址为 0xD7（即 D7H）。reg51.h 文件位于 C\Keil\C51\INC 中。若要在程序中应用该文件，可利用"#include<reg51.h>"语句实现，也可不写"#include<reg51.h>"，但需要将 reg51.h 文件中的所有内容复制到程序中。

图 5-8 快捷菜单

图 5-9 reg51.h 文件的内容

5.2.3 采用字节操作方式点亮单个 LED 的程序详解

采用字节操作方式点亮单个 LED 的程序如图 5-10 所示。

图 5-10 采用字节操作方式点亮单个 LED 的程序

1. 现象

在接通电源后，单片机的 P1.7 引脚连接的 LED 将被点亮。

2. 程序说明

程序采用一次 8 位赋值（以字节为单位）的方式执行：先让 P1=0xFF=FFH=11111111B，即让 P1 锁存器的 8 位全部为高电平，P1 端口的 8 个引脚全部输出高电平；然后让 P1=0x7F=FFH=01111111B，即让 P1 锁存器的第 7 位为低电平，P1.7 引脚输出低电平，P1.7 引脚外接的 LED 导通发光。

5.2.4 单个 LED 以固定频率闪烁发光的程序详解

单个 LED 以固定频率闪烁发光的程序如图 5-11 所示。

```
/*单个 LED 以固定频率闪烁发光的程序*/
#include<reg51.h>        //调用 reg51.h 文件对单片机各特殊功能寄存器进行地址定义
sbit LED7=P1^7;          //用位定义关键字 sbit 将 LED7 代表 P1.7 端口,
                         //LED7 是自己任意定义且容易记忆的符号
void Delay(unsigned int t);  //声明一个 Delay（延时）函数，Delay 之前的 void 表示
                         //函数无返回值（即无输出参数），Delay 的输入参数
                         //为 unsigned int t（无符号的整数型变量 t）

/*以下为主程序部分*/
void main ( void )       //main 为主函数，函数之前的 void 表示函数无返回值，后面括号
                         //内的 void 表示无输入参数，也可省去不写，一个程序只允许有
                         //一个主函数，其语句要写在 main 首尾大括号内，不管程序多复杂，
                         //单片机都会从 main 函数开始执行程序
{                        //main 函数首大括号
    while (1)            //while 为循环函数，当小括号内的条件非 0（即为真）时，反复
                         //执行 while 首尾大括号内的语句
    {                    //while 函数首大括号
    LED7=0;              //将 P1.7 端口赋值 0，让 P1.7 引脚输出低电平
    Delay(30000);        //执行 Delay 函数，同时将 30000 赋给 Delay 函数的输入参数 t，
                         //更改输入参数值可以改变延时时间
    LED7=1;              //将 P1.7 端口赋值 1，让 P1.7 引脚输出高电平
    Delay(30000);        //执行 Delay 函数，同时将 30000 赋给 Delay 函数的输入参数 t，
                         //更改输入参数值可以改变延时时间
    }                    //while 函数尾大括号
}                        //mai 函数尾大括号

/*以下为延时函数*/
void Delay (unsigned int t)  //Delay 为延时函数，函数之前的 void 表示函数无返回值，后面括号
                         //内的 unsigned int t 表示输入参数为变量 t，t 的数据类型为无符号整数型
{                        //Delay 函数首大括号
 while(--t);             // while 为循环函数，--t 表示减 1，即每执行一次 while 函数，t 值就减 1，
                         //t 值非 0（即为真）时，反复 while 函数，直到 t 值为 0（即为假）时，执行
                         //while 函数之后的语句。由于每执行一次 while 函数都需要一定的时间，
                         //while 函数执行次数越多，执行该行程序花费时间越长，即可起延时作用
}                        //Delay 函数尾大括号
```

图 5-11 单个 LED 以固定频率闪烁发光的程序

1. 现象

单片机的 P1.7 引脚连接的 LED 以固定频率闪烁发光。

2. 程序说明

LED 闪烁是指 LED 亮、灭交替进行。在编写程序时，可以先让连接 LED 负极的单片机引脚为低电平，即点亮 LED，然后在该引脚的低电平维持一定的时间后让该引脚输出高电平，即熄灭 LED，并让该引脚的高电平维持一定的时间。这个过程反复进行，LED 就会闪烁发光。

为了让单片机某引脚的高、低电平能持续一定的时间，可使用 Delay（延时）函数实现。函数可以看作具有一定功能的程序段。函数有标准库函数和用户自定义函数：标准库函数是 Keil 软件自带的函数；用户自定义函数是由用户根据需要自己编写的。不管是标准库函数还是用户自定义函数，都可以在 main 函数中调用执行。在调用函数时，可以赋给函数输入值（输入参数），在函数执行后可能会输出结果（返回值）。图 5-11 中的程序用到了 Delay 函数。它是一个自定义函数，只有输入参数 t，无返回值。因执行 Delay 函数需要一些时间，所以该函数可以起到延时作用。

主函数 main 是程序执行的起点，若将被调用的函数写在主函数 main 后面，则该函数必须要在 main 函数之前声明；若将被调用函数写在主函数 main 之前，则可以省略函数声明，但在执行函数多重调用时，编写顺序是有先后的。例如，在主函数中调用函数 A，而函数 A 又去调用函数 B，如果函数 B 编写在函数 A 的前面，就不会出错，相反就会出错。也就是说，在使用函数之前，必须告诉程序有这个函数，否则程序就会报错。因此，建议所有的函数都写在主函数后面，再在主函数前面加上函数声明，这样可以避免出错且方便调试，直观性也很强，很容易看出程序使用了哪些函数。在图 5-11 中，因 Delay 函数的内容写在 main 函数后面，故在 main 函数之前对 Delay 函数进行了声明。

5.2.5 单个 LED 以不同频率闪烁发光的程序详解

单个 LED 以不同频率闪烁发光的程序如图 5-12 所示。

```
/*单个 LED 以不同频率闪烁的程序*/
#include<reg51.h>              //调用 reg51.h 文件对单片机各特殊功能寄存器进行地址定义
sbit LED7=P1^7;                //用位定义关键字 sbit 将 LED7 代表 P1.7 端口，
                               //LED7 是自己任意定义且容易记忆的符号
void Delay(unsigned int t);    //声明一个 Delay（延时）函数，Delay 之前的 void 表示函数
                               //无返回值（即无输出参数），Delay 的输入参数为无符号(unsigned)
                               //整数型 (int) 变量 t，t 值为 16 位，取值范围 0~65535

/*以下为主程序部分*/
void main (void)               //main 为主函数，main 前面的 void 表示函数无返回值(输出参数)，
                               //后面小括号内的 void 表示函数无输入参数，可省去不写，一个程序
                               //只允许有一个主函数，其语句要写在 main 首尾大括号内，不管程序
                               //多复杂，单片机都会从 main 函数开始执行程序
{                              //main 函数首大括号
  unsigned char i;             //定义一个无符号(unsigned)字符型(char)变量 i，i 的取值范围 0~255
  while (1)                    //while 为循环控制语句，当小括号内的条件非 0(即为真)时，
                               //反复执行 while 首尾大括号内的语句
  {                            //while 语句首大括号
    for(i=0; i<10; i++)        // for 也是循环语句，执行时先用表达式一 i=0 对 i 赋初值 0，然后
                               //判断表达式二 i<1 是否成立，若成立则执行 for 语句
                               //首尾大括号的内容，再执行表达式三 i++将 i 值加 1，接着又判断
                               //表达式二 i<1 是否成立，如此反复进行，直到表达式二不成立时，
                               //才跳出 for 语句，去执行 for 语句尾大括号之后的内容，这里的
                               //for 语句大括号内容会循环执行 10 次
    {                          //for 语句首大括号
      LED7=0;                  //将 P1.7 端口赋值 0，让 P1.7 引脚输出低电平
      Delay(6000);             //执行 Delay 函数，同时将 6000 赋给 Delay 函数的输入参数 t，
                               //更改输入参数值可以改变延时时间
      LED7=1;                  //将 P1.7 端口赋值 1，让 P1.7 引脚输出高电平
      Delay(6000);             //执行 Delay 函数，同时将 6000 赋给 Delay 函数的输入参数 t，
                               //更改输入参数值可以改变延时时间
    }                          //for 语句尾大括号
    for(i=0; i<10; i++)
    {                          //第二个 for 语句首大括号
      LED7=0;
      Delay(50000);
      LED7=1;
      Delay(50000);
    }                          //第二个 for 语句尾大括号
  }                            //while 语句尾大括号
}                              //main 函数尾大括号

/*以下为延时函数*/
void Delay(unsigned int t)     //Delay 为延时函数，函数之前的 void 表示函数无返回值，后面括号
                               //内的 unsigned int t 表示输入参数为变量 t，t 的数据类型为无符号整数型
{                              //Delay 函数首大括号
  while(--t);                  //while 为循环控制语句，--t 表示减 1，即每执行一次 while 语句，t 值就减 1，
                               //t 值非 0(即为真)时，反复执行 while 语句，直到 t 值为 0(即为假)时，执行 while
                               //首尾大括号（本例无）之后的语句。由于每执行一次 while 语句都需要一定
                               //的时间，while 语句执行次数越多，花费时间越长，即可起延时作用
}                              //Delay 函数尾大括号
```

图 5-12 单个 LED 以不同频率闪烁发光的程序

1. 现象

单个 LED 先以高频率快速闪烁 10 次，再以低频率慢速闪烁 10 次。该过程将不断重复进行。

2. 程序说明

该程序的第一个 for 循环语句使 LED 以高频率快速闪烁 10 次。第二个 for 循环语句使 LED 以低频率慢速闪烁 10 次。while 循环语句使其首尾大括号内的两个 for 语句不断重复执行，即让 LED 快闪 10 次和慢闪 10 次，并不断重复进行。

5.3 点亮多个 LED 的电路与程序详解

5.3.1 点亮多个 LED 的电路

单片机（STC89C51）点亮多个 LED 的电路如图 5-13 所示。当单片机 P1 端的某个引脚为低电平时，LED 可导通，即当电流流过 LED 时，LED 将被点亮。此时 LED 的工作电流 $I_F=(U-U_F)/R=(5-1.5)/510≈0.007A=7mA$。

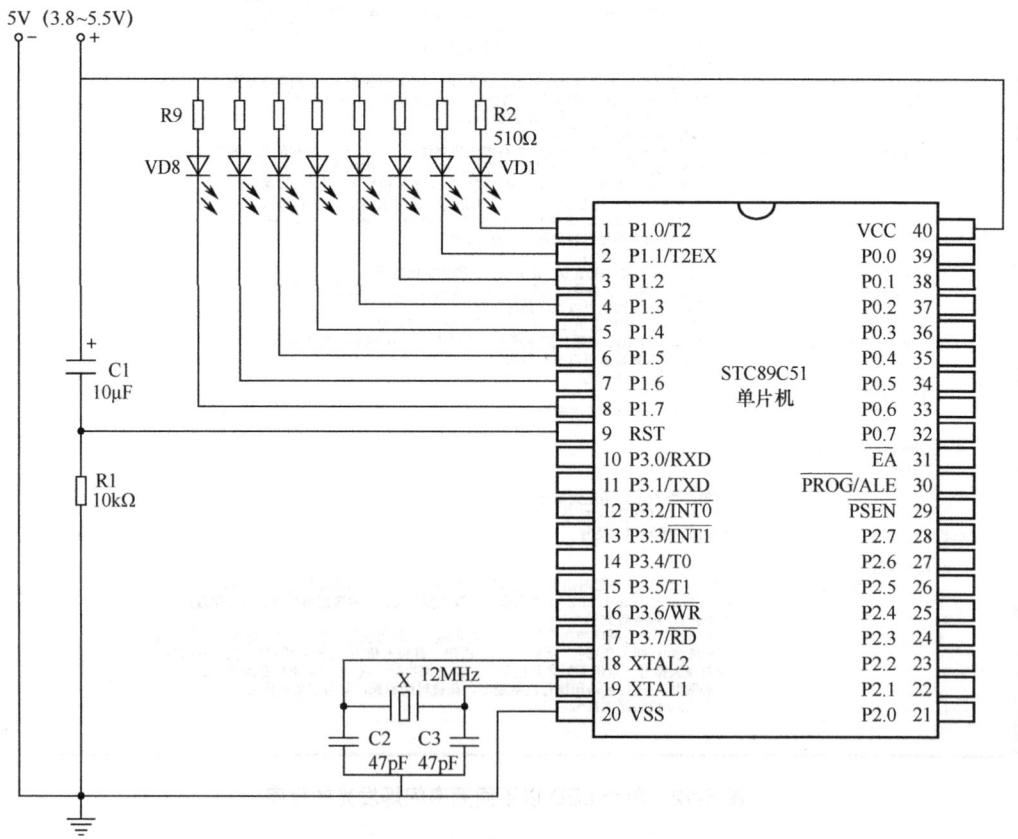

图 5-13　点亮多个 LED 的电路

5.3.2　采用位操作方式点亮多个 LED 的程序详解

采用位操作方式点亮多个 LED 的程序如图 5-14 所示。

```
/*采用位操作方式编程点亮多个 LED 的程序 */
#include<reg51.h>    //调用 reg51.h 文件对单片机各特殊功能寄存器进行地址定义
sbit LED0=P1^0;      //用位定义关键字 sbit 将容易记忆的符号 LED0 代表 P1.0 端口
sbit LED1=P1^1;      //用位定义关键字 sbit 将容易记忆的符号 LED1 代表 P1.1 端口
sbit LED2=P1^2;
sbit LED3=P1^3;
sbit LED4=P1^4;
sbit LED5=P1^5;
sbit LED6=P1^6;
sbit LED7=P1^7;

/*以下为主程序部分*/
void main (void)     //main 为主函数，main 前面的 void 表示函数无返回值(输出参数)，
                     //后面小括号内的 void(也可不写)表示函数无输入参数，一个程序
                     //只允许有一个主函数，其语句要写在 main 首尾大括号内，不管
                     //程序多复杂，单片机都会从 main 函数开始执行程序
{                    //main 函数首大括号
  LED0=0;            //将 LED0(P1.0)端口赋值 0，让 P1.0 引脚输出低电平
  LED1=1;            //将 LED1(P1.1)端口赋值 1，让 P1.0 引脚输出高电平
  LED2=0;
  LED3=0;
  LED4=0;
  LED5=1;
  LED6=1;
  LED7=1;
  while (1)          //while 为循环控制语句，当小括号内的条件非 0(即为真)时，
                     //反复执行 while 首尾大括号内的语句

  {                  //while 语句首大括号
                     //可在 while 首尾大括号内写需要反复执行的语句，如果
                     //首尾大括号内的内容为空，可用分号取代首尾大括号
  }                  //while 语句尾大括号
}                    //main 函数尾大括号
```

图 5-14　采用位操作方式点亮多个 LED 的程序

1. 现象

在接通电源后，P1.0、P1.2、P1.3、P1.4 引脚外接的 LED 会被点亮。

2. 程序说明

程序说明见图 5-14 中的注释部分。

5.3.3　采用字节操作方式点亮多个 LED 的程序详解

采用字节操作方式点亮多个 LED 的程序如图 5-15 所示。

```
/*采用字节操作方式编程点亮多个 LED 的程序 */
#include<reg51.h>    //调用 reg51.h 文件对单片机各特殊功能寄存器进行地址定义

/*以下为主程序部分*/
void main (void)     //main 为主函数，main 前面的 void 表示函数无返回值(输出参数)，
                     //后面小括号内的 void(也可不写)表示函数无输入参数，一个程序
                     //只允许有一个主函数，其语句要写在 main 首尾大括号内，不管
                     //程序多复杂，单片机都会从 main 函数开始执行程序
{                    //main 函数首大括号
  P1=0xFF;           //让 P1=FFH=11111111B，即让 P1 所有引脚都输出高电平
  while (1)          //while 为循环控制语句，当小括号内的条件非 0(即为真)时，
                     //反复执行 while 首尾大括号内的语句
  {                  //while 语句首大括号
    P1=0x69;         //让 P1=69H=01101001B，即 P1.7、P1.4、P1.2、P1.1 引脚输出低电平
  }                  //while 语句尾大括号
}                    //main 函数尾大括号
```

图 5-15　采用字节操作方式点亮多个 LED 的程序

1. 现象

在接通电源后，P1.1、P1.2、P1.4、P1.7 引脚外接的 LED 会被点亮。

2. 程序说明

程序说明见图 5-15 中的注释部分。

5.3.4　多个 LED 以不同频率闪烁发光的程序详解

多个 LED 以不同频率闪烁发光的程序如图 5-16 所示。

```
/*多个LED以不同频率闪烁的程序*/
#include<reg51.h>            //调用reg51.h文件对单片机各特殊功能寄存器进行地址定义
void Delay(unsigned int t);  //声明一个Delay(延时)函数,Delay之前的void表示函数
                             //无返回值(即无输出参数),Delay的输入参数为无符号(unsigned)
                             //整数型(int)变量t,t值为16位,取值范围0~65535
/*以下为主程序部分*/
void main (void)             //main为主函数,一个程序只允许有一个主函数不管程序
                             //多复杂,单片机都会从main函数开始执行程序
{                            //main函数首大括号
 unsigned char i;            //定义一个无符号(unsigned)字符型(char)变量i,i的取值范围0~255
 while (1)                   //while为循环控制语句,当小括号内的条件非0(即为真)时,反复
                             //执行while首大括号内的语句
 {                           //while语句首大括号
   for(i=0; i<10; i++)       // for也是循环语句,执行时先用表达式一i=0对i赋初值0,然后
                             //判断表达式二i<1是否成立,若表达式二成立,则执行for语句
                             //首尾大括号的内容,再执行表达式三i++将i值加1,接着又判断
                             //表达式二i<1是否成立,如此反复进行,直到表达式二不成立时,
                             //才跳出for语句,去执行for语句尾大括号之后的内容,这里的
                             //for语句大括号内容会循环执行10次
   {                         //for语句首大括号
    P1=0x55;                 //让P1=55H=01010101B,即P1.7、P1.5、P1.3、P1.1引脚输出低电平
    Delay(6000);             //执行Delay函数,同时将6000赋给Delay函数的输入参数t,
                             //更改输入参数值可以改变延时时间
    P1=0xFF;                 //让P1=FFH=11111111B,即P1.7、P1.5、P1.3、P1.1引脚输出高电平
    Delay(6000);             //执行Delay函数,同时将6000赋给Delay函数的输入参数t,
                             //更改输入参数值可以改变延时时间
   }                         //for语句尾大括号
   for(i=0; i<10; i++)
   {                         //第二个for语句首大括号
    P1=0x55;                 //让P1=55H=01010101B,即P1.7、P1.5、P1.3、P1.1引脚输出低电平
    Delay(50000);
    P1=0xFF;                 //让P1=FFH=11111111B,即P1.7、P1.5、P1.3、P1.1引脚输出高电平
    Delay(50000);
   }                         //第二个for语句尾大括号
 }                           //while语句尾大括号
}                            //main函数尾大括号
/*以下为延时函数*/
void Delay(unsigned int t)   //Delay为延时函数,函数之前的void表示函数无返回值,后面括号
                             //内的unsigned int t表示输入参数为变量t,t的数据类型为无符号整数型
{                            //Delay函数首大括号
  while(--t);                // while为循环控制语句,--t表示t减1,即每执行一次while语句,t值就减1,
                             //t值非0(即为真)时,反复while语句,直到t值为0(即为假)时,执行while
                             //首尾大括号(本例无)之后的语句。由于每执行一次while语句都需要一定
                             //的时间,while语句执行次数越多,花费时间越长,即可起延时作用
}                            //Delay函数尾大括号
```

图 5-16　多个 LED 以不同频率闪烁发光的程序

1. 现象

单片机的 P1.7、P1.5、P1.3、P1.1 引脚外接的 4 个 LED 灯，先以高频率快速闪烁 10 次，然后再以低频率慢速闪烁 10 次，该过程会不断重复进行。

2. 程序说明

该程序的第一个 for 循环语句使单片机 P1.7、P1.5、P1.3、P1.1 引脚连接的 4 个 LED 以高频率快速闪烁 10 次。第二个 for 循环语句使这些 LED 以低频率慢速闪烁 10 次。主程

序中的 while 循环语句使其首尾大括号内的两个 for 语句不断重复执行，即让 LED 快闪 10 次和慢闪 10 次不断重复进行。该程序是以字节操作方式编写的，也可以通过位操作方式（对 P1.7、P1.5、P1.3、P1.1 赋值）编写，具体编写方法可参见图 5-14。

5.3.5 多个 LED 左移和右移的程序详解

1. 多个 LED 左移的程序

多个 LED 左移的程序如图 5-17 所示。

```
/*多个LED左移的程序*/
#include<reg51.h>              //调用reg51.h文件对单片机各特殊功能寄存器进行地址定义
void Delay(unsigned int t);    //声明一个Delay（延时）函数，Delay之前的void表示函数
                               //无返回值（即无输出参数），Delay的输入参数为无符号（unsigned）
                               //整数型（int）变量t，t值为16位，取值范围 0~65535
/*以下为主程序部分*/
void main (void)               //main为主函数，一个程序只允许有一个主函数不管程序，
                               //多复杂，单片机都会从main函数开始执行程序
{                              //main函数首大括号
   unsigned char i;            //定义一个无符号(unsigned)字符型(char)变量i，i的取值范围 0~255
   P1=0xfe;                    //给P1端口赋初值，让P1=FEH=11111110B
   for(i=0;i<8;i++)            // for是循环语句，执行时先用表达式一i=0对i赋初值0，然后
                               //判断表达式二i<8是否成立，若表达式二成立，则执行for语句
                               //首尾大括号内的内容，再执行表达式三i++将i值加1，接着又判断
                               //表达式二i<8是否成立，如此反复进行，直到表达式二不成立时，
                               //才跳出for语句，去执行for语句尾大括号之后的内容，这里的
                               //for语句大括号内的内容会循环执行8次
   {                           //for语句首大括号
       Delay(60000);           //执行Delay函数，同时将6000赋给Delay函数的输入参数t，
                               //更改输入参数值可以改变延时时间
       P1=P1<<1;               //将P1端口数值（8位）左移一位，"<<"表示左移，"1"为移动的位数
                               //P1=P1<<1 也可写作 P1<<=1
   }                           //for语句尾大括号
   while (1)                   //while为循环控制语句，当小括号内的条件非0（即为真）时，反复
                               //执行while首尾大括号内的语句
   {                           //while语句首大括号
                               //可在while首尾大括号内写需要反复执行的语句，如果首尾大括号
                               //内的内容为空，也可用分号取代首尾大括号
   }                           //while语句尾大括号
}                              //main函数尾大括号
/*以下为延时函数*/
void Delay(unsigned int t)     //Delay为延时函数，函数之前的void表示函数无返回值，后面括号
                               //内的unsigned int t表示输入参数为变量t，t的数据类型为无符号整数型
{                              //Delay函数首大括号
   while(--t);                 // while为循环控制语句，--t表示t减1，即每执行一次while语句，t值就减1，
                               //t值非0（即为真）时，反复while语句，直到t值为0（即为假）时，执行while
                               //首尾大括号（本例无）之后的语句。由于每执行一次while语句都需要一定
                               //的时间，while语句执行次数越多，花费时间越长，即可起延时作用
}                              //Delay函数尾大括号
```

图 5-17 多个 LED 左移的程序

（1）现象

在接通电源后，单片机 P1.0 引脚连接的 LED 先亮，然后 P1.1~P1.7 引脚连接的 LED 按顺序被逐一点亮，直至 P1.0~P1.7 引脚连接的所有 LED 都被点亮。

（2）程序说明

程序首先给 P1 赋初值，让 P1=FEH=11111110B，即 P1.0 引脚输出低电平，P1.0 引脚连接的 LED 被点亮；然后执行 for 循环语句，在 for 语句中，用位左移运算符"<<1"将 P1 端口的数据（8位）左移一位，右边空出的位用 0 补充。for 语句会执行 8 次：第 1 次执行后，P1=11111100，P1.0、P1.1 引脚连接的 LED 被点亮；第 2 次执行后，P1=11111000，P1.0、P1.1、P1.2 引脚连接的 LED 被点亮……第 8 次执行后，P1=00000000，P1 所有引脚连接的

LED 都会被点亮。

单片机程序执行到最后又会从头开始执行。如果希望程序运行到某处时停止，可使用"while(1){}"语句，或使用"while(1);"语句。如果"while(1) {}"之后还有其他语句，则"{}"可省掉，否则不能省。在图 5-17 中的主程序最后用"while(1){}"语句停止主程序，使之不会从头重复执行，因此 P1 引脚连接的 8 个 LED 在全亮后不会熄灭。如果删掉最后的"while(1){}"语句，那么 LED 被逐个点亮（左移）到全亮这个过程会不断重复。

2. 多个 LED 右移的程序

多个 LED 右移的程序如图 5-18 所示。

```
/*多个 LED 右移的程序*/
#include<reg51.h>
void Delay(unsigned int t);
/*以下为主程序部分*/
void main (void)
{
   unsigned char i;
   P1=0x7f;              //给 P1 端口赋初值，让 P1=7FH=01111111B
  for(i=0;i<8;i++)
   {
   Delay(60000);
   P1=P1>>1;             //将 P1 端口数值(8 位)左移一位,">>"表示右移,"1"为移动
                         //的位数,P1=P1>>1 也可写作 P1>>=1
   }
   while (1);
}
/*以下为延时函数*/
void Delay(unsigned int t)
{
   while(--t);
}
```

图 5-18 多个 LED 右移的程序

（1）现象

在接通电源后，单片机 P1.7 引脚连接的 LED 先亮，然后 P1.6～P1.0 引脚连接的 LED 按顺序被逐一点亮，直至 P1.7～P1.0 引脚连接的所有 LED 都被点亮。

（2）程序说明

该程序结构与左移程序相同，右移采用了位右移运算符">>1"。程序首先给 P1 赋初值 P1=7FH=01111111，点亮 P1.7 引脚连接的 LED；然后让 for 语句执行 8 次：在第 1 次执行后，P1=00111111，点亮 P1.7、P1.6 引脚连接的 LED；在第 2 次执行后，P1=0001111，点亮 P1.7、P1.6、P1.5 引脚连接的 LED……在第 8 次执行后，P1=00000000，P1 所有引脚连接的 LED 都会被点亮。由于主程序最后有"while(1);"语句，故 8 个 LED 始终处于点亮状态。若删掉"while(1);"语句，则多个 LED 右移过程会不断重复。

5.3.6 LED 循环左移和右移的程序详解

1. LED 循环左移的程序

LED 循环左移的程序如图 5-19 所示。

（1）现象

单片机 P1.7～P1.0 引脚连接的 8 个 LED 从最右端（P1.0 端）开始，逐个往左（往 P1.7

端方向）点亮（始终只有一个LED亮）。在最左端（P1.7 端）的LED点亮再熄灭后，最右端LED又点亮，如此周而复始。

```
/*LED 循环左移的程序*/
#include<reg51.h>          //调用 reg51.h 文件对单片机各特殊功能寄存器进行地址定义
void Delay(unsigned int t);  //声明一个 Delay（延时）函数
/*以下为主程序部分*/
void main (void)            //main 为主函数，一个程序只允许有一个主函数，不管程序
                            //多复杂，单片机都会从 main 函数开始执行程序
{                           //main 函数首大括号
  unsigned char i;          //定义一个无符号(unsigned)字符型(char)变量 i，i 的取值范围 0~255
  P1=0xfe;                  //给 P1 端口赋初值，让 P1＝FEH＝11111110B
  while (1)                 //while 为循环控制语句，当小括号内的条件非 0（即为真）时，反复
                            //执行 while 首尾大括号内的语句
  {                         //while 语句首大括号
    for(i=0;i<8;i++)        //for 是循环语句，for 语句首尾大括号内的内容会循环执行 8 次
    {                       //for 语句首大括号
      Delay(60000);         //执行 Delay 函数进行延时
      P1=P1<<1;             //将 P1 端口数值(8 位)左移一位，"<<"表示左移，"1"为移动的位数，
      P1=P1|0x01;           //将 P1 端口数值(8 位)与 00000001 进行或运算，即给 P1 端口最低位补 1
    }                       //for 语句尾大括号
    P1=0xfe;                //P1 端口赋初值，让 P1＝FEH＝11111110B
  }                         //while 语句尾大括号
}                           //main 函数尾大括号
/*以下为延时函数*/
void Delay(unsigned int t)  //Delay 为延时函数，unsigned int t 表示输入参数为无符号整数型变量 t
{                           //Delay 函数首大括号
  while(--t){};             // while 为循环语句，每执行一次 while 语句，t 值就减 1，直到 t 值为 0 时
                            //才执行{之后的语句，在主程序中可以为 t 赋值，t 值越大，while 语句
                            //执行次数越多，延时时间越长
```

图 5-19 LED 循环左移的程序

（2）程序说明

LED 循环左移是指 LED 先往左移，移到最左边后又返回最右边重新开始往左移，反复循环进行。在 LED 循环左移的程序中先用"P1=P1<<1;"语句让 LED 左移一位，然后用"P1=P1 | 0x01;"语句将左移后的 P1 端口的 8 位数与 00000001 进行位或运算，目的是将左移后最右边空出的位用 1 填充。在左移 8 次后，最右端（最低位）的 0 从最左端（最高位）移出，程序马上用"P1=0xfe;"赋初值，让最右端的值又为 0。执行 while 语句使上述过程反复进行。

2. LED 循环右移的程序

LED 循环右移的程序如图 5-20 所示。

（1）现象

单片机P1.7~P1.0 引脚连接的 8 个LED从最左端（P1.7 端）开始，逐个往右（往P1.0端方向）点亮（始终只有一个LED亮）。在最右端（P1.0 端）的LED点亮再熄灭后，最左端LED又点亮，如此周而复始。

（2）程序说明

在右移（从高位往低位移动）前，先用"P1=0x7f;"语句将最高位的 LED 点亮，然后用"P1=P1>>1;"语句将 P1 的 8 位数右移一位，且执行 8 次，每次执行后用"P1=P1|0x80;"语句给 P1 的最高位补 1。在执行完 8 次后，又用"P1=0x7f;"语句将最高位的 LED 点亮，接着又执行 for 语句，如此循环反复。

```
/*LED 循环右移的程序*/
#include<reg51.h>
void Delay(unsigned int t);
/*以下为主程序部分*/
void main (void)
{
  unsigned char i;
  P1=0x7f;              //给 P1 端口赋初值,让 P1=7FH=01111111B,最高位的 LED 点亮
  while (1)             //while 为循环语句,当小括号内的值不是 0 时,反复执行首尾大括号内的语句
  {
    for(i=0;i<8;i++)    //for 为循环语句,其首尾大括号内的语句会执行 8 次
    {
      Delay(60000);     //执行 Delay 延时函数延时
      P1=P1>>1;         //将 P1 端口数值(8 位)右移一位,">>"表示右移,"1"是移动的位数
      P1=P1|0x80;       //将 P1 端口数值(8 位)与 10000000 进行或运算,即给 P1 最高位补 1
    }
    P1=0x7f;            //给 P1 端口赋初值,让 P1=7FH=01111111B,最高位的 LED 点亮
  }
}
/*以下为延时函数*/
void Delay(unsigned int t)
{
  while(--t){};
}
```

图 5-20 LED 循环右移的程序

5.3.7 LED 左右移动并闪烁发光的程序详解

LED 左右移动并闪烁发光的程序如图 5-21 所示。

```
/*LED 左右移动再闪烁的程序*/
#include<reg51.h>              //调用 reg51.h 文件对单片机各特殊功能寄存器进行地址定义
void Delay(unsigned int t);    //声明一个 Delay(延时)函数,其输入参数为无符号(unsigned)
                               //整数型(int)变量 t,t 值为 16 位,取值范围 0~65535

/*以下为主程序部分*/
void main (void)               //main 为主函数,一个程序只允许有一个主函数,不管程序
                               //多复杂,单片机都会从 main 函数开始执行程序
{                              //main 函数首大括号
  unsigned char i;             //定义一个无符号(unsigned)字符型(char)变量 i,i 的取值范围 0~255
  unsigned char temp;          //定义一个无符号字符型变量 temp,temp 的取值范围 0~255
  while (1)                    //while 为循环语句,当小括号内的值不是 0 时,反复执行首尾大括号内的语句
  {                            //while 语句首大括号
    temp=0xfc;                 //让变量 temp=FCH=11111100
    P1=temp;                   //将变量 temp 的值(11111100)赋给 P1,让 P1.0、P1.1 引脚的两个 LED 亮
    for(i=0;i<7;i++)           //第一个 for 语句,其首尾大括号内的语句会执行 7 次,双 LED 从右端亮到左端
    {                          //第一个 for 语句首大括号
      Delay(60000);            //执行 Delay 延时函数延时,同时将 60000 赋给 Delay 的输入参数 t
      temp=temp<<1;            //也可写作 temp<<=1,让变量 temp 的值(8 位数)左移一位
      temp=temp|0x01;          //也可写作 temp|=0x01,将变量 temp 的值与 00000001 进行位或运算,
                               //即给 temp 最低位补 1
      P1=temp;                 //将 temp 的值赋给 P1,采用 temp 作为中间变量,可避免直接操作
                               //P1 端口导致端口外接的 LED 短暂闪烁
    }                          //第一个 for 语句尾大括号
    temp=0x3f;                 //让变量 temp=3FH=00111111
    P1=temp;                   //将变量 temp 的值(00111111)赋给 P1,即让 P1.7、P1.6 引脚的 LED 亮
    for(i=0;i<7;i++)           //第二个 for 语句,其首尾大括号内的语句会执行 7 次,双 LED 从左端亮到右端
    {                          //第二个 for 语句首大括号
      Delay(60000);            //执行 Delay 延时函数延时,同时将 60000 赋给 Delay 的输入参数 t
      temp=temp>>1;            //也可写作 temp>>=1,让变量 temp 的值(8 位数)右移一位
      temp=temp|0x80;          //也可写作 temp|=0x01,将变量 temp 的值与 10000000 进行位或运算,
                               //即给 temp 最高位补 1
      P1=temp;                 //将 temp 的值赋给 P1,采用 temp 作为中间变量,可避免直接操作
                               //P1 端口导致端口外接的 LED 短暂闪烁
    }                          //第二个 for 语句尾大括号
    for(i=0;i<3;i++)           //第三个 for 语句,使首尾大括号内的语句会执行 3 次,使 8 个 LED 同时闪烁 3 次
    {                          //第三个 for 语句首大括号
      P1=0xff;                 //让 P1=FFH=11111111B,让 P1 端口所有 LED 熄灭
      Delay(60000);            //执行 Delay 延时函数延时,同时将 60000 赋给 Delay 的输入参数 t
      P1=0x00;                 //让 P1=00H=00000000B,即让 P1 端口所有 LED 变亮
      Delay(60000);            //执行 Delay 延时函数延时,同时将 60000 赋给 Delay 的输入参数 t
    }                          //第三个 for 语句尾大括号
  }                            //while 语句尾大括号
}                              //main 语句尾大括号

/*以下为延时函数*/
void Delay(unsigned int t)     //Delay 为延时函数,unsigned int t 表示输入参数为无符号整数型变量 t
{                              //Delay 函数首大括号
  while(--t);                  // while 为循环语句,每执行一次 while 语句,t 值就减 1,直到 t 值为 0 时
                               //才执行 while 尾大括号之后的语句,在主程序中可以为 t 赋值,t 值越大,
                               // while 语句执行次数越多,延时时间越长
}                              //Delay 函数尾大括号
```

图 5-21 LED 左右移动并闪烁的程序

1. 现象

在接通电源后，两个LED先左移（即单片机P1.0、P1.1 引脚连接的两个LED先被点亮），接着P1.1、P1.2 引脚连接的LED被点亮（此时熄灭P1.0 引脚连接的LED）……之后P1.6、P1.7 引脚连接的LED被点亮（此时熄灭P1.0～P1.5 引脚连接的LED），并且两个LED开始右移（即从P1.6、P1.7 引脚连接的LED被点亮变化到P1.0、P1.1 引脚连接的LED被点亮）。最后P1.0～P1.7 引脚连接的 8 个LED同时亮、灭，且闪烁 3 次，以上过程反复进行。

2. 程序说明

在程序中，第一个 for 语句是使两个 LED 从右端移到左端；第二个 for 语句使两个 LED 从左端移到右端；第三个 for 语句使 8 个 LED 亮、灭闪烁三次。因三个 for 语句都处于while(1) 语句的首尾大括号内，故三个 for 语句反复循环执行。

5.3.8 采用查表方式控制 LED 多种形式发光的程序详解

采用查表方式控制 LED 多种形式发光的程序如图 5-22 所示。

```c
#include<reg51.h>              //调用 reg51.h 文件对单片机各特殊功能寄存器进行地址定义
void Delay(unsigned int t);    //声明一个 Delay（延时）函数
unsigned char code table[]={0x1f,0x45,0x3e,0x68,  //定义一个无符号(unsigned)字符型(char)表格(table)，
                            0xa7,0xf3,0x46,0x33,  //code 表示表格数据存在单片机的代码区(ROM 中)，
                            0xff,0xaa,0x08,0x60,  //表格按顺序存放 16 个代码，每个代码 8 位，第 0 个
                            0x88,0x11,0xa5,0xda}; //代码为为 1FH，即 00011111B
/*以下为主程序部分*/
void main (void)
{
 unsigned char i;       //定义一个无符号(unsigned)字符型(char)变量 i，i 的取值范围 0~255
 while (1)              //while 为循环语句，当小括号内的值不是 0 时，反复执行首尾大括号内的语句
 {
  for(i=0;i<16;i++)     //for 是循环语句，for 语句首尾大括号内的内容会循环执行 16 次，每执行一次，
  // i 加 1，这样可将 table 表格中的 16 个代码按顺序依次赋给 P1 端口
  {
    P1=table[i];        //将 table 表格中的第 i 个代码（8 位）赋给 P1
    Delay(60000);       //执行 Delay 延时函数延时，同时将 60000 赋给 Delay 的输入参数 t
  }
 }
}
/*以下为延时函数*/
void Delay(unsigned int t)  //Delay 为延时函数，unsigned int t 表示输入参数为无符号整数型变量 t
{
 while(--t);                //while 为循环语句，每执行一次 while 语句，t 值就减 1，直到 t 值为 0 时
                            //才执行 while 尾大括号之后的语句
}
```

图 5-22 采用查表方式控制 LED 多种形式发光的程序

1. 现象

单片机P1.0～P1.7 引脚连接的 8 个LED以 16 种形式变化发光。

2. 程序说明

程序首先用关键字 code 定义一个无符号字符型表格 table（数组），在表格中按顺序存放 16 个数据（编号为 0～15），然后让 for 语句循环执行 16 次。每执行一次将 table 数据的序号 i 值加 1，并将选中序号的数据赋值给 P1 端口。P1 端口外接的 LED 按表格数值发光。例如，在第 1 次执行 for 语句时，i=0，将表格中第 1 个位置（序号为 0）的数据 1FH（即

00011111）赋给 P1 端口，P1.7、P1.6、P1.5 引脚外接的 LED 发光；在第 2 次执行 for 语句时，i=1，将表格中第 2 个位置（序号为 1）的数据 45H（即 01000101）赋给 P1 端口，P1.7、P1.5、P1.4、P1.3 和 P1.1 引脚外接的 LED 发光。

利用关键字 code 定义的表格数据存放在单片机的 ROM 中。这些数据主要是一些常量或固定不变的参数。table[]表格实际上是一种一维数组，table[n]表示表格中第 $n+1$ 个位置的元素（数据）。例如，table[0]表示表格中第 1 个位置的元素；table[15]表示表格中第 16 个位置的元素。只要 ROM 空间允许，表格的元素数量可自由增加。在使用 for 语句查表时，要求循环次数与表格元素的个数相等。若循环次数超出元素个数，查到的将是随机数。

5.3.9　LED 花样发光的程序详解

LED 花样发光的程序如图 5-23 所示。

```
#include<reg51.h>          //调用 reg51.h 文件对单片机各特殊功能寄存器进行地址定义
void Delay(unsigned int t);  //声明一个 Delay（延时）函数
unsigned char code table[]={0x1f,0x45,0x3e,0x68,  //定义一个无符号(unsigned)字符型(char) 表格(table)，
                0xa7,0xf3,0x46,0x33,    //code 表示表格数据存在单片机的代码区(ROM 中)，
                0xff,0xaa,0x08,0x60,    //表格按顺序存放 16 个代码，每个代码 8 位，第 0 个
                0x88,0x11,0xa5,0xda};   //代码为为 1FH，即 00011111B
/*以下为主程序部分*/
void main (void)
{
  unsigned char i;          //定义一个无符号(unsigned)字符型(char)变量 i，i 的取值范围 0~255
  while(1)
   {
     P1=0xfe;               //让 P1=FEH=11111110B，点亮 P1.0 端口的 LED
     for(i=0;i<8;i++)       //第一个 for 语句执行 8 次，LED 往左点亮，最后 8 个 LED 全亮
      {
        Delay(60000);
        P1 <<=1;
      }
     P1=0x7f;               //让 P1=7FH=01111111B，熄灭 7 个 LED，仅点亮 P1.7 端口的 LED
     for(i=0;i<8;i++)       //第二个 for 语句执行 8 次，LED 往右点亮，最后 8 个 LED 全亮
      {
        Delay(60000);
        P1 >>=1;
      }
     P1=0xfe;               //让 P1=FEH=11111110B，点亮 P1.0 端口的 LED
     for(i=0;i<8;i++)       //第三个 for 语句执行 8 次，LED 逐个往左点亮（始终只有一个 LED 亮）
      {
        Delay(60000);
        P1 <<=1;
        P1 |=0x01;
      }
     P1=0x7f;               //让 P1=7FH=01111111B，点亮 P1.7 端口的 LED
     for(i=0;i<8;i++)       //第四个 for 语句执行 8 次，LED 逐个往右点亮（始终只有一个 LED 亮
      {
        Delay(60000);
        P1 >>=1;
        P1 |=0x80;
      }
     for(i=0;i<16;i++)      //第五个 for 语句执行 16 次，依次将表格 table 中的 16 个数据赋给 P1 端口
      {                     //让外接 LED 按数据显示
        Delay(20000);
        P1= table [i];
      }
   }
}
/*以下为延时函数*/
void Delay(unsigned int t)  //Delay 为延时函数，unsigned int t 表示输入参数为无符号整数型变量 t
{
  while(--t);               // while 为循环语句，每执行一次 while 语句，t 值就减 1，直到 t 值为 0 时
                            //才执行 while 尾大括号之后的语句
}
```

图 5-23　LED 花样发光的程序

1. 现象

单片机P1.7~P1.0 引脚连接的 8 个LED先往左（往P1.7 端方向）逐个点亮，直到全部LED都被点亮后再熄灭右边的 7 个LED；接着 8 个LED往右（往P1.0 端方向）逐个点亮，当全部LED都被点亮后再熄灭左边的 7 个LED；然后单个LED先左移点亮再右移点亮（始终只有 1 个LED亮）；最后 8 个LED按 16 种形式变化发光。

2. 程序说明

程序的第 1 个 for 语句将 LED 左移点亮（最后全部 LED 都亮）；第 2 个 for 语句将 LED 右移点亮（最后全部 LED 都亮）；第 3 个、第 4 个 for 语句先将一个 LED 左移点亮再右移点亮（左、右移时始终只有一个 LED 亮）；第 5 个 for 语句以查表方式点亮 P1 端口连接的 LED。本例综合应用了 LED 的左移、右移、循环左右移和查表操作的相关知识点。

5.4 采用 PWM 方式调节 LED 亮度的原理与程序详解

5.4.1 采用 PWM 方式调节 LED 亮度的原理

调节 LED 亮度可采取两种方式：一是通过改变流过 LED 的电流大小调节亮度，即流过 LED 的电流越大，LED 亮度越高；二是通过改变 LED 通电时间的长短调节亮度，即 LED 通电时间越长，亮度越高。 由于单片机的 P 端口只能输出 5V 和 0V 两种电压，因此无法采用改变 LED 电流大小的方法调节亮度，只能采用改变 LED 通电时间长短的方式调节亮度。

如果让单片机的 P1.7 引脚（LED7 端）输出如图 5-24（a）所示的脉冲信号，则在脉冲信号的第 1 个周期内，LED7=0 使 LED 亮，但持续时间很短，故亮度暗，LED7=1 使 LED 无电流通过，但余光会使 LED 具有一定的亮度，并且持续时间越长，LED 亮度越暗；在脉冲信号的第 2 个周期内，LED7=0 的持续时间略有变长，LED7=1 的持续时间略有变短，LED 稍微变亮……当脉冲信号的第 499 个周期到来时，LED7=0 的持续时间最长，LED7=1 的持续时间最短，LED 最亮。也就是说，如果单片机要输出如图 5-24（a）所示的脉冲宽度逐渐变窄的脉冲信号（又称 PWM 脉冲），则 LED 会逐渐变亮。

如果让单片机输出如图 5-24（b）所示的脉冲宽度逐渐变宽的脉冲信号（又称 PWM 脉冲），则脉冲信号在第 1 个周期内 LED7=0 的持续时间最长，LED7=1 的持续时间最短，LED 最亮；在后面的周期内，LED7=0 的持续时间越来越短，LED7=1 的持续时间越来越长，LED 越来越暗；在脉冲信号的第 499 个周期到来时，LED7=0 的持续时间最短，LED7=1 的持续时间最长，LED 最暗。如果脉冲信号的宽度不变，则 LED 的亮度也不变。

5.4.2 采用 PWM 方式调节 LED 亮度的程序详解

采用 PWM 方式调节 LED 亮度的程序如图 5-25 所示。

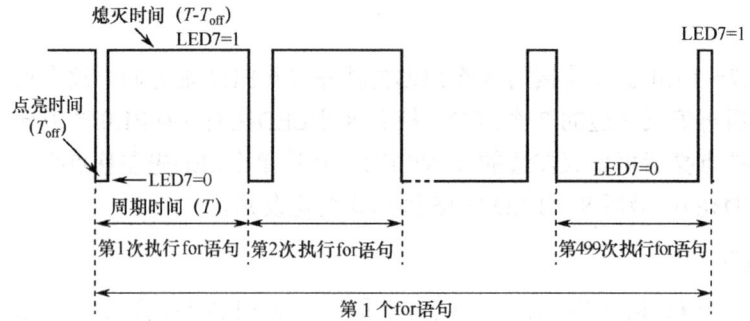

图 5-24 调节 LED 亮度的原理说明

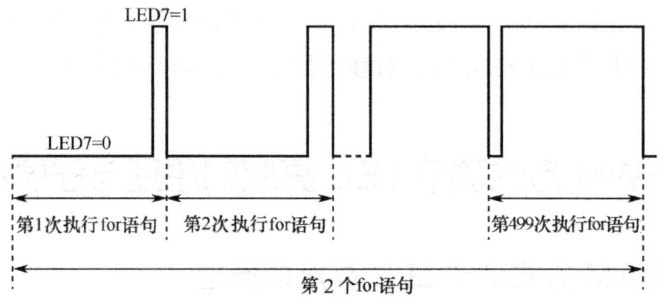

图 5-25 采用 PWM 方式调节 LED 亮度的程序

1. 现象

单片机P1.7引脚外接的LED会慢慢变亮,之后再慢慢变暗。

2. 程序说明

程序中的第 1 个 for 语句会执行 499 次,每执行一次,P1.7 引脚输出的 PWM 脉冲变窄一些,即 LED7=0 的持续时间越来越长,LED7=1 的持续时间越来越短,LED 越来越亮。在第 499 次执行 for 语句时,LED7=0 的持续时间最长,LED7=1 的持续时间最短,LED 最亮。程序中的第 2 个 for 语句也会执行 499 次,每执行一次,P1.7 引脚输出的 PWM 脉冲变宽一些,即 LED7=0 的持续时间越来越短,LED7=1 的持续时间越来越长,LED 越来越暗。在第 499 次执行 for 语句时,LED7=0 的持续时间最短,LED7=1 的持续时间最长,LED 最暗。

第6章 单片机驱动 LED 数码管的电路及编程

6.1 单片机驱动 1 位 LED 数码管的电路与程序详解

6.1.1 1 位 LED 数码管的结构与检测

LED 数码管将 LED 做成段状，通过让不同段发光来组成各种数字。

1. 结构

1 位 LED 数码管如图 6-1 所示。它将 a、b、c、d、e、f、g、dp 共 8 个发光二极管排成图示的"日."字形，通过让 a、b、c、d、e、f、g 不同段发光显示 0~9。

由于 8 个发光二极管共有 16 个引脚，为了减少数码管的引脚数，可在数码管内部将 8 个发光二极管的正极或负极引脚连接成一个公共端（com 端）。根据公共端是发光二极管的正极还是负极，可分为共阳极接法（正极相连）和共阴极接法（负极相连），如图 6-2 所示。

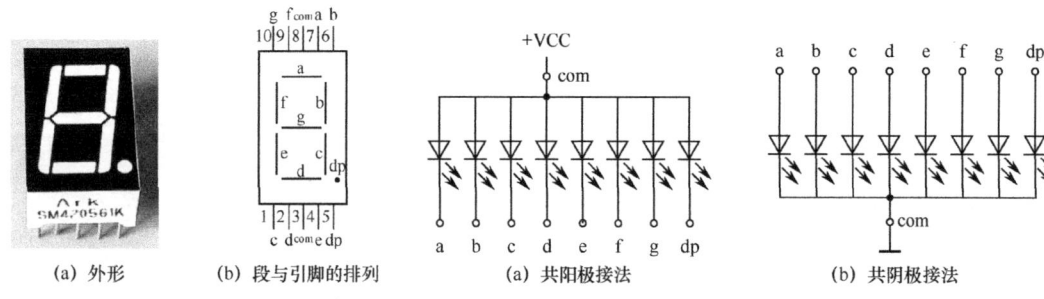

(a) 外形　　(b) 段与引脚的排列　　　　(a) 共阳极接法　　　　　(b) 共阴极接法

图 6-1　1 位 LED 数码管　　　　　　　图 6-2　发光二极管的连接方式

对于共阳极接法的数码管，需要给发光二极管加低电平才能发光；对于共阴极接法的数码管，需要给发光二极管加高电平才能发光。如果图 6-1 是一个共阳极接法的数码管，并让它显示字符"5"，那么需要给 a、c、d、f、g 引脚加低电平，b、e 引脚加高电平，这样 a、c、d、f、g 段的发光二极管因有电流通过而发光，b、e 段的发光二极管不发光。

LED 数码管各段电平与显示字符的关系如表 6-1 所示。比如，对于共阴极数码管而言，如果 dp~a 为 00111111（十六进制表示为 3FH），则数码管显示字符"0"；对于共阳极数码管而言，如果 dp~a 为 11000000（十六进制表示为 C0H），则数码管显示字符"0"。

表 6-1 LED 数码管各段电平与显示字符的关系

显示字符	共阴极数码管各段电平值（共阳极数码管各段电平正好相反）								字符码（十六进制）	
	dp	g	f	e	d	c	b	a	共阴	共阳
0	0	0	1	1	1	1	1	1	3FH	C0H
1	0	0	0	0	0	1	1	0	06H	F9H
2	0	1	0	1	1	0	1	1	5BH	A4H
3	0	1	0	0	1	1	1	1	4FH	B0H
4	0	1	1	0	0	1	1	0	66H	99H
5	0	1	1	0	1	1	0	1	6DH	92H
6	0	1	1	1	1	1	0	1	7DH	82H
7	0	0	0	0	0	1	1	1	07H	F8H
8	0	1	1	1	1	1	1	1	7FH	80H
9	0	1	1	0	1	1	1	1	6FH	90H
A	0	1	1	1	0	1	1	1	77H	88H
B	0	1	1	1	1	1	0	0	7CH	83H
C	0	0	1	1	1	0	0	1	39H	C6H
D	0	1	0	1	1	1	1	0	5EH	A1H
E	0	1	1	1	1	0	0	1	79H	86H
F	0	1	1	1	0	0	0	1	71H	8EH
.	1	0	0	0	0	0	0	0	80H	7FH
全灭	0	0	0	0	0	0	0	0	00H	FFH

2. 检测

可使用万用表的 R×10kΩ 挡检测 LED 数码管。从图 6-2 可以看出：对于共阳极数码管，在黑表笔接公共极、红表笔依次接其他极时，会出现 8 次阻值小的情况；对于共阴极数码管，在红表笔接公共极、黑表笔依次接其他极时，也会出现 8 次阻值小的情况。

（1）类型与公共极的判别

在判别 LED 数码管的类型及公共极（com）时，将万用表拨至 R×10kΩ 挡，可测量任意两引脚之间的正反向电阻。当显示的阻值小时（如图 6-3 所示），说明黑表笔接的为发光二极管的正极，红表笔接的为负极。此时，黑表笔不动，红表笔依次接其他各引脚。若出现阻值小的次数大于两次，则黑表笔接的引脚为公共极，被测数码管为共阳极类型；若出现阻值小的次数仅有一次，则该次测量时红表笔接的引脚为公共极，被测数码管为共阴极类型。

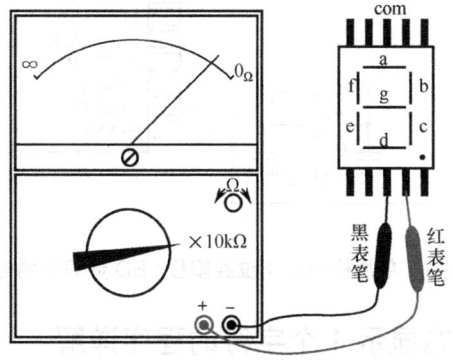

图 6-3 1 位 LED 数码管的检测

（2）各段极的判别

在检测 LED 数码管各引脚对应的段时，可将万用表拨至 R×10kΩ 挡。对于共阳极数码管而言，黑表笔接公共引脚，红表笔接其他某个引脚。这时会发现数码管某段会有微弱的亮光，如 a 段有亮光，表明红表笔接的引脚与 a 段发光二极管的负极连接。对于共阴极数码管而言，红表笔接公共引脚，黑表笔接其他某个引脚。这时会发现数码管某段会有微弱的亮光，则黑表笔接的引脚与该段发光二极管的正极连接。

如果使用数字万用表检测 LED 数码管，则应选择二极管测量挡。在测量 LED 两个引脚时，若显示超出量程符号"1"或"OL"时，表明数码管内部发光二极管未导通，红表笔接的为 LED 数码管内部发光二极管的负极，黑表笔接的为正极。若显示的数字位于 1500～3000（或 1.5～3.0），同时数码管的某段发光，则表明数码管内部发光二极管已导通，数字值为发光二极管的导通电压（单位为 mV 或 V），红表笔接的为数码管内部发光二极管的正极，黑表笔接的为负极。

6.1.2　单片机驱动 1 位 LED 数码管的电路

单片机驱动 1 位共阳极 LED 数码管的电路如图 6-4 所示。

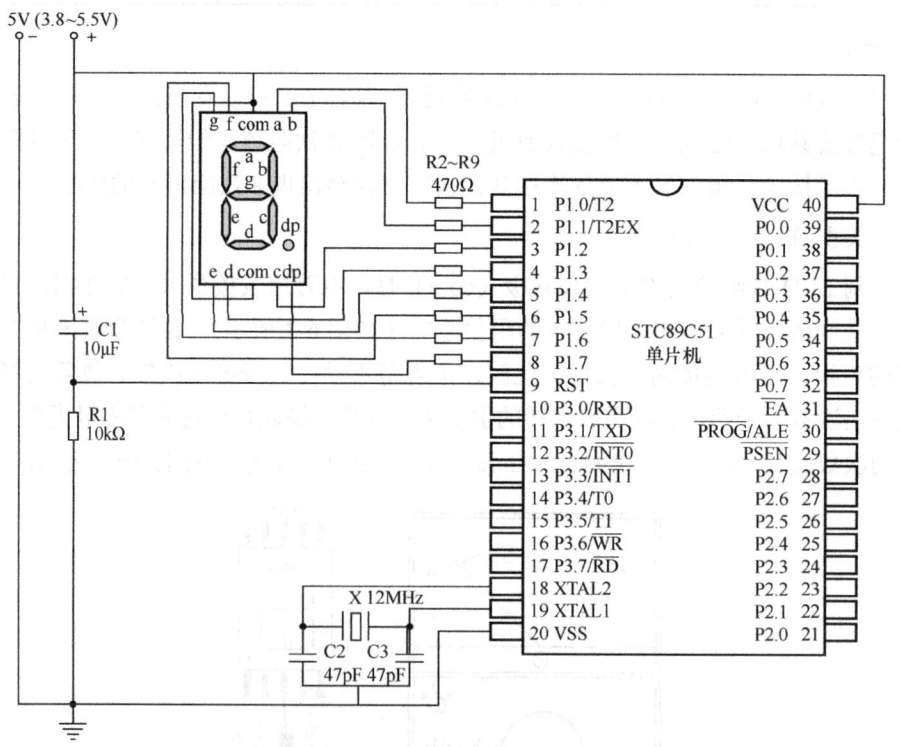

图 6-4　单片机驱动 1 位共阳极 LED 数码管的电路

6.1.3　单个数码管静态显示 1 个字符的程序详解

单个数码管静态显示 1 个字符的程序如图 6-5 所示。

```
/*单个数码管静态显示1个字符的程序*/
#include<reg51.h>      //调用reg51.h文件对单片机各特殊功能寄存器进行地址定义

/*以下为主程序部分*/
void main (void)       //main为主函数,main前面的void表示函数无返回值(输出参数),
                       //后面小括号内的void(也可不写)表示函数无输入参数,一个程序
                       //只允许有一个主函数,其语句要写在main首尾大括号内,不管程序
                       //多复杂,单片机都会从main函数开始执行程序
{                      //main函数首大括号
  P1=0xa4;             //让P1=A4H=10100100B,即让P1端口输出"2"的字符码
  while(1)             //while为循环控制语句,当小括号内的条件非0(即为真)时,反复执行
                       // while首尾大括号内的语句
  {                    //while语句首大括号
                       //可在while首尾大括号内写需要反复执行的语句,如果首尾大括号内
                       //无语句,可去掉首尾大括号,将分号放在while(1)之后
  }                    //while语句尾大括号
}                      //main函数尾大括号
```

图 6-5 单个数码管静态显示 1 个字符的程序

1. 现象

在程序运行时,数码管会显示字符"2"。

2. 程序说明

如果将程序中"P1=0xa4;"的 0xa4 换成其他字符码,如"P1=0x83;",则数码管会显示字符"b",其他字符的字符码参见表 6-1。

6.1.4 单个数码管动态显示多个字符的程序详解

单个数码管动态显示多个字符的程序如图 6-6 所示。

```
/*单个数码管动态显示多个字符的程序*/
#include<reg51.h>              //调用reg51.h文件对单片机各特殊功能寄存器进行地址定义
void Delay(unsigned int t);    //声明一个Delay(延时)函数,其输入参数为无符号(unsigned)
                               //整数型(int)变量t,t值为16位,取值范围0~65535
unsigned char code table[]={0xc0,0xf9,0xa4,0xb0,  //定义一个无符号(unsigned)字符型(char)表格(table),
            0x99,0x92,0x82,0xf8,  //code表示表格数据存在单片机的代码区(ROM中),
            0x80,0x90, 0x88,0x83, //表格按顺序存放0~F的字符码,每个字符码8位,
            0xc6,0xa1,0x86,0x8e}; //0的字符码为为C0H,即11000000B

/*以下为主程序部分*/
void main (void)
{
 unsigned char i;              //定义一个无符号(unsigned)字符型(char)变量i,i的取值范围0~255
 while (1)                     //while为循环语句,当小括号内的值不是0时,反复执行首尾大括号内的语句
 {
  for(i=0;i<16;i++)            //for是循环语句,for语句首尾大括号内的内容会循环执行16次,每执行一次,
                               // i加1,这样可将table表格中的16个代码按顺序依次赋值P1端口
  {
   P1=table[i];                //将table表格中的第i个代码(8位)赋给P1
   Delay(60000);               //执行Delay延时函数延时,同时将60000赋给Delay的输入参数t
  }
 }
}
/*以下为延时函数*/
void Delay(unsigned int t)     //Delay为延时函数,unsigned int t表示输入参数为无符号整数型变量t
{
 while(--t);                   // while为循环语句,每执行一次while语句,t值就减1,直到t值为0时
                               //才执行while尾大括号之后的语句
}
```

图 6-6 单个数码管动态显示多个字符的程序

在程序中定义一个无符号字符型表格 table,并在该表格中按顺序存放字符"0"~"F"的字符码。在执行程序时,for 语句执行 16 次,依次将 table 表格中的"0"~"F"的字符码送给 P1 端口。P1 端口驱动外接共阳极数码管,使之从 0 依次显示到 F,并且该显示过

程循环进行。

6.1.5 单个数码管环形转圈显示的程序详解

单个数码管环形转圈显示的程序如图6-7所示。

```
/*单个数码管环形转圈显示的程序*/
#include<reg51.h>            //调用reg51.h文件对单片机各特殊功能寄存器进行地址定义
void Delay(unsigned int t);  //声明一个Delay(延时)函数,其输入参数为无符号(unsigned)
                             //整数型(int)变量t,t值为16位,取值范围 0~65535
/*以下为主程序部分*/
void main (void)
{
 unsigned char i;      //定义一个无符号(unsigned)字符型(char)变量i,i的取值范围 0~255
 while (1)             //while为循环语句,当小括号内的值不是0时,反复执行首尾大括号内的语句
  {
   P1=0xfe;            //给P1端口赋初值,让P1=FEH=11111110B,即让数码管的a段亮
   for(i=0;i<6;i++)    //for是循环语句,for语句首尾大括号内的内容会循环执行6次
    {
     Delay(20000);     //执行Delay函数进行延时
     P1<<=1;           //将P1端口数值(8位)左移一位,"<<"表示左移,"1"为移动的位数,
     P1=P1|0x01;       //也可写作P1|=0x01,将P1端口数值(8位)与00000001进行或运算,
                       //即给P1端口最低位补1
    }
  }
}
/*以下为延时函数*/
void Delay(unsigned int t)   //Delay为延时函数,unsigned int t表示输入参数为无符号整数型变量t
 {
  while(--t);               // while为循环语句,每执行一次while语句,t值就减1,直到t值为0时
                            //才执行while尾大括号之后的语句
 }
```

图6-7 单个数码管环形转圈显示的程序

1. 现象

程序在运行时会使数码管的a~f段依次逐段显示,并且循环进行。

2. 程序说明

该程序与 LED 循环左移程序基本相同:用 "P1=0xfe;" 语句点亮数码管的 a 段;用 "P1<<=1;" 语句让 P1 数值左移一位,以点亮数码管的下一段;用 "P1=P1|0x01;" 语句将左移后的 P1 端口的 8 位数值与 00000001 进行位或运算,目的是将左移后右端出现的 0 用 1 取代,以便熄灭上一段数码管;在左移6次后又用 "P1=0xfe;" 语句点亮数码管的 a 段,如此反复进行。

6.1.6 单个数码管显示逻辑电平的程序详解

单个数码管显示逻辑电平的程序如图6-8所示。

该程序用于检测P3.3端口的电平,并通过P1端口外接的数码管将电平直观显示出来。若P3.3端口为高电平,则数码管显示"H";若P3.3端口为低电平,则数码管显示"L"。

在程序中使用了选择语句 "if(表达式){语句组1}else{语句组2}"。在执行该选择语句时,如果if(表达式)成立,则执行语句组1,否则(else,即表达式不成立)执行语句组2。

```
/*单个数码管显示逻辑电平的程序*/
#include<reg51.h>    //调用 reg51.h 文件对单片机各特殊功能寄存器进行地址定义
sbit TestIn=P3^3;    //用位定义关键字 sbit 将 P3.3 端口定义为 TestIn,
                     // TestIn 是自己任意定义且容易记忆的符号
/*以下为主程序部分*/
void main (void)
{
  while (1)          //while 为循环语句,当小括号内的值不是 0 时,反复执行首尾大括号内的语句
  {
    if(TestIn==1)    //如果 (if) TestIn 为高电平,即 P3.3 端口输入为高电平
    {
      P1=0x89;       //让 P1 端口输出"H"的字符码 89H (10001001)
    }
    else             //否则 (else)
    {
      P1=0xc7;       //让 P1 端口输出"L"的字符码 C7H (11000111)
    }
  }
}
```

图 6-8　单个数码管显示逻辑电平的程序

6.2　单片机驱动 8 位 LED 数码管的电路与程序详解

6.2.1　多位 LED 数码管的结构与检测

1. 结构

如图 6-9 所示是 4 位 LED 数码管,它有两排(共 12 个)引脚。其内部发光二极管有共阳极和共阴极两种连接方式,如图 6-10 所示。12、9、8、6 脚分别为各位数码管的公共极(又称位极),11、7、4、2、1、10、5、3 脚同时连接各位数码管的相应段,称为段极。

图 6-9　4 位 LED 数码管的外形

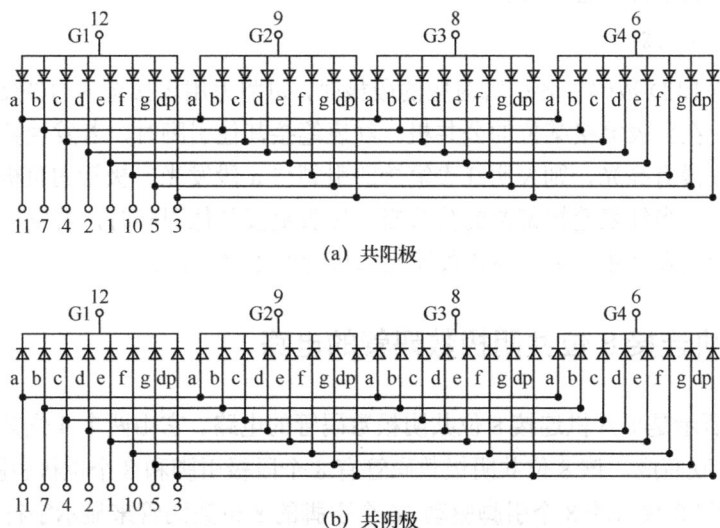

图 6-10　4 位 LED 数码管内部发光二极管的连接方式

多位 LED 数码管采用了扫描显示方式，又称动态驱动方式。为了便于理解该显示原理，这里以在 4 位 LED 数码管上显示"1278"为例进行说明（假设其内部发光二极管为共阴极连接方式）：首先给数码管的 12 脚加一个低电平（9、8、6 脚为高电平），给 7、4 脚加高电平（11、2、1、10、5 脚均为低电平），操作结果是第 1 位的 b、c 段发光二极管被点亮，第 1 位显示"1"（由于 9、8、6 脚均为高电平，故第 2、3、4 位中的所有发光二极管均因无法导通而不显示）；然后给 9 脚加一个低电平（12、8、6 脚为高电平），给 11、7、2、1、5 脚加高电平（4、10 脚为低电平），此时第 2 位的 a、b、d、e、g 段发光二极管被点亮，第 2 位显示"2"。利用同样的原理，让第 3 位和第 4 位分别显示"7""8"。

虽然多位数码管的数字是一位一位显示出来的，但除 LED 有余辉效应（断电后 LED 还能亮一定时间）外，人眼还具有视觉暂留特性（当人眼看见一个物体后，如果物体消失，人眼还会觉得物体仍在原位置，这种感觉约保留 0.04s），因此当数码管显示到最后一位数字"8"时，人眼会感觉前面 3 位数字还在显示，看起来好像是一下子显示了"1278"4 位数。

2. 检测

可使用万用表的 R×10kΩ 挡检测多位 LED 数码管。从多位数码管内部发光二极管的连接方式可以看出：对于共阳极多位数码管而言，黑表笔接某位的公共极、红表笔依次接其他极时，会出现 8 次阻值小的情况；对于共阴极多位数码管而言，红表笔接某位的公共极、黑表笔依次接其他极时，也会出现 8 次阻值小的情况。

（1）类型与某位公共极的判别

在检测多位 LED 数码管类型时，将万用表拨至 R×10kΩ 挡，可测量任意两引脚之间的正、反向电阻。当出现阻值小时，说明黑表笔接的引脚为发光二极管的正极，红表笔接的引脚为负极。此时黑表笔不动，红表笔依次接其他各引脚，若出现阻值小的次数等于 8 次，则黑表笔接的引脚为某位的公共极，被测多位数码管为共阳极；若出现阻值小的次数等于数码管的位数（4 位数码管为 4 次），则黑表笔接的引脚为段极，被测多位数码管为共阴极，红表笔接的引脚为某位的公共极。

（2）各段极的判别

在检测多位 LED 数码管各引脚对应的段极时，可将万用表拨至 R×10kΩ 挡。对于共阳极数码管而言，在黑表笔接某位的公共极，红表笔接其他引脚时，若发现数码管某段有微弱的亮光，如 a 段有亮光，则表明红表笔接的引脚与 a 段发光二极管的负极连接；对于共阴极数码管而言，当红表笔接某位的公共极，黑表笔接其他引脚时，若发现数码管某段有微弱的亮光，则黑表笔接的引脚与该段发光二极管的正极连接。

6.2.2 单片机连接 8 位共阴极数码管的电路

如图 6-11 所示是单片机连接 8 位共阴极数码管的电路。它由两个 4 位共阴极数码管的 8 个段极引脚并联而成。该 8 位共阴极数码管有 8 个段极引脚和 8 个位极引脚。

单片机采用 P0 端口的 8 个引脚驱动 16 个引脚的 8 位数码管来显示字符。P0 端口既要输出位码，又要输出段码，这就需要用到分时输出功能，即电路中采用了两个 8 路锁存器芯片 74HC573，并配合单片机的 P2.2 引脚（段锁存）和 P2.3 引脚（位锁存）分时输出 8 位数码管。

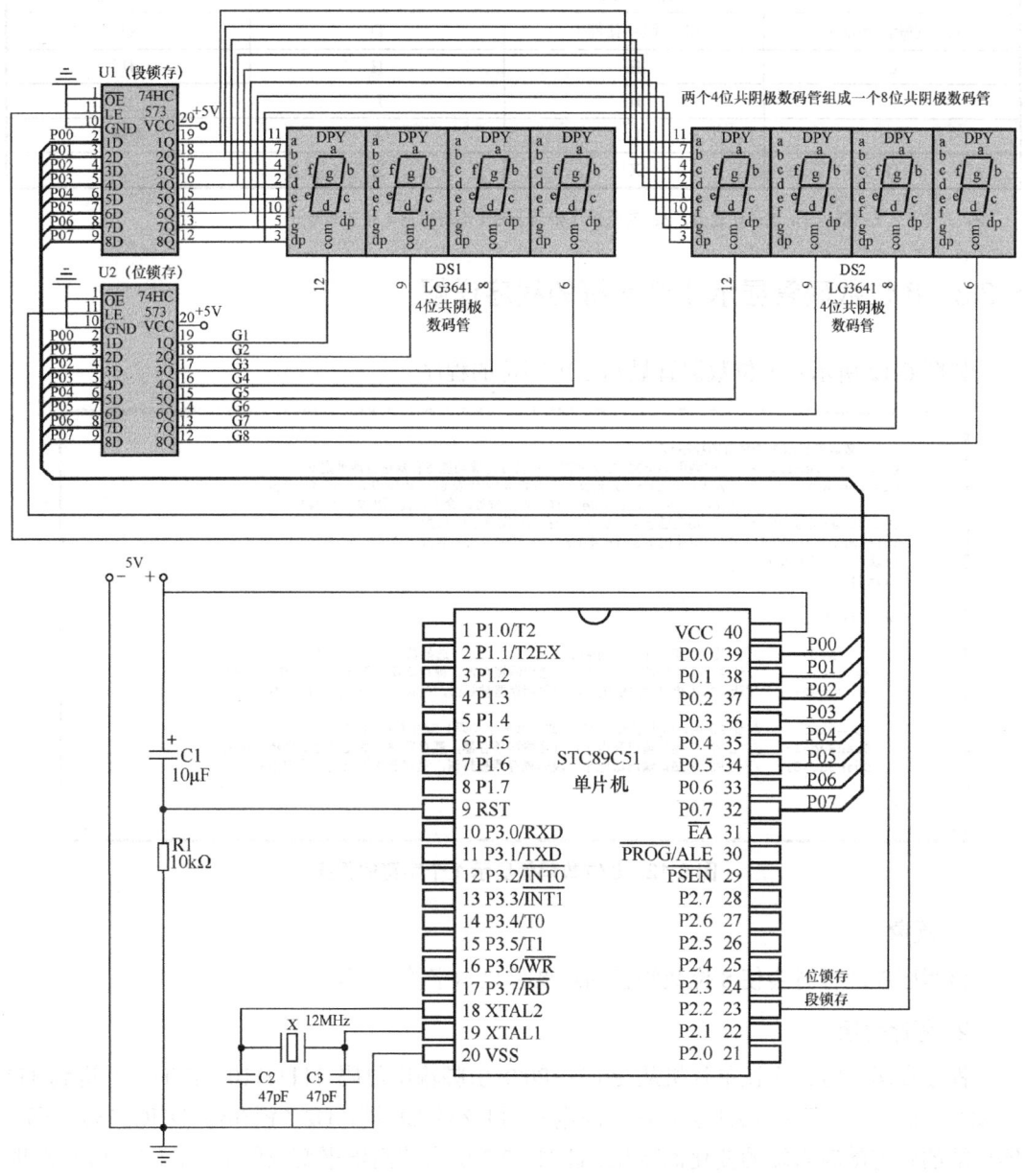

图 6-11　单片机连接 8 位共阴极数码管的电路

如表 6-2 所示为 74HC573 的功能表。从表中可以看出，当 $\overline{OE}$（输出使能）端为低电平（L）、LE（锁存使能）端为高电平（H）时，Q 端随 D 端的变化而变化；当 $\overline{OE}$、LE 端都为低电平时，Q 端的输出不变（输出状态被锁定）。在图 6-11 中，两个 74HC573 的 $\overline{OE}$ 端都接地，固定为低电平（L），当 LE 端为高电平时，Q 端的状态与 D 端保持一致（即 Q=D），一旦 LE 端为低电平，Q 端的输出状态马上被锁定，在 D 端变化时 Q 端就保持不变。

表 6-2 8 路锁存芯片 74HC573 的功能表

输 入			输 出
$\overline{OE}$（输出使能）	LE（锁存使能）	D	Q
L	H	H	H
L	H	L	L
L	L	X	不变
H	X	X	Z

H：高电平；L：低电平；X：任意值；Z：高阻抗（相当于输出端与内部电路之间断开）

6.2.3 8 位数码管显示 1 个字符的程序详解

如图 6-12 所示是 8 位数码管显示 1 个字符的程序。

```
/*8 位数码管显示 1 个字符的程序*/
#include<reg51.h>      //调用 reg51.h 文件对单片机各特殊功能寄存器进行地址定义
#define WDM P0         //用 define（宏定义）命令将 WDM 代表 P0,程序中 WDM 与 P0 等同,
                       // define 与 include 一样,都是预处理命令,前面需加一个"#"
sbit DuanSuo=P2^2;     //用关键字 sbit 将 DuanSuo 代表 P2.2 端口
sbit WeiSuo=P2^3;      //用关键字 sbit 将 WeiSuo 代表 P2.3 端口
/*以下为主程序部分*/
main()
{
 while(1)
  {
     WDM=0xfe;       //让 P0 端口输出位码 FEH（11111110）,选择数码管最低位显示
     WeiSuo=1;       //让 P2.3 端口输出高电平,开通位码锁存器,锁存器输入变化时输出会随之变化
     WeiSuo=0;       //让 P2.3 端口输出低电平,位码锁存器被封锁,锁存器的输出值被锁定不变

     WDM=0x5b;       //让 P0 端口输出字符"2"的段码（共阴字符码）5BH（01011011）
     DuanSuo=1;      //让 P2.2 端口输出高电平,开通段码锁存器,锁存器输入变化时输出会随之变化
     DuanSuo=0;      //让 P2.2 端口输出低电平,段码锁存器被封锁,锁存器的输出值被锁定不变
  }
}
```

图 6-12 8 位数码管显示 1 个字符的程序

1. 现象

该程序在运行时会使 8 位数码管的最低位显示字符"2"。

2. 程序说明

程序在运行时，先让单片机从 P0.7~P0.0 引脚输出位码 11111110（FEH）并送到 U2 的 8D~1D 端，然后从 P2.3 引脚输出高电平到 U2 的 LE 端，U2（锁存器 74HC573）开通，输出端的状态随输入端的变化而变化。此时 P2.3 引脚的高电平变成低电平，U2 的 LE 端也为低电平，U2 被封锁。8Q~1Q 端的值 11111110 被锁定不变（此时 D 端变化，Q 端不变）。11111110 被送到 8 位共阴极数码管的位极，最低位数码管的位极为低电平，等待显示。单片机从 P0.7~P0.0 引脚输出"2"的段码 01011011（5BH）并送到 U1 的 8D~1D 端，从 P2.2 引脚输出高电平到 U1（锁存器 74HC573）的 LE 端，U1 开通，输出端的状态随输入端的变化而变化。此时 P2.2 引脚的高电平变成低电平，U1 的 LE 端也为低电平，U1 被封锁，8Q~1Q 端的值 01011011 被锁定不变。01011011 被送到 8 位共阴极数码管的各个数码管的段极。由于只有最低位数码管的位极为低电平，故只有最低位数码管显示字符"2"。

6.2.4 8 位数码管逐位显示 8 个字符的程序详解

如图 6-13 所示是 8 位数码管逐位显示 8 个字符的程序。

```
/*8位数码管逐位显示8个字符的程序*/
#include<reg51.h>        //调用 reg51.h 文件对单片机各特殊功能寄存器进行地址定义
#define WDM P0           //用 define（宏定义）命令将 WDM 代表 P0，程序中 WDM 与 P0 等同，
                         // define 与 include 一样，都是预处理命令，前面需加一个"#"
sbit DuanSuo=P2^2;       //用关键字 sbit 将 DuanSuo 代表 P2.2 端口
sbit WeiSuo =P2^3;       //用关键字 sbit 将 WeiSuo 代表 P2.3 端口
void Delay(unsigned int t);   //声明一个 Delay（延时）函数，输入参数为无符号整数型变量 t
unsigned char code DMtable[]={0x3f,0x06,0x5b,0x4f,  //在 ROM 中定义一个无符号字符型表格 DMtable
             0x66,0x6d,0x7d,0x07};  //表格中存放字符 0～7 的段码
unsigned char code WMtable[]={0xfe,0xfd,0xfb,0xf7,  //在 ROM 中定义一个无符号字符型表格 WMtable
             0xef,0xdf,0xbf,0x7f};  //表格中存放与 0～7 字符段码一一对应的位码
/*以下为主程序部分*/
main()
{
 unsigned char i=0;      //定义一个无符号(unsigned)字符型(char)变量 i，i 的初值为 0
 while(1)
   {
   WDM=WMtable [i];      //从 WMtable 表格中取出第 i+1 个位码，并从 P0 端口输出
   WeiSuo=1;             //让 P2.3 端口输出高电平，开通位码锁存器，锁存器输入变化时输出会随之变化
   WeiSuo=0;             //让 P2.3 端口输出低电平，位码锁存器被封锁，锁存器的输出值被锁定不变

   WDM=DMtable [i];      //从 DMtable 表格中取出第 i+1 个段码，并从 P0 端口输出
   DuanSuo=1;            //让 P2.2 端口输出高电平，开通段码锁存器，锁存器输入变化时输出会随之变化
   DuanSuo=0;            //让 P2.2 端口输出低电平，段码锁存器被封锁，锁存器的输出值被锁定不变
   Delay(60000);         //执行 Delay 延时函数延时，同时将 60000 赋给 Delay 的输入参数 t
   i++;                  //将 i 值加 1
   if(i==8)              //如果 i 值等于 8，则执行首尾大括号内的语句，否则执行尾大括号之后的语句
     {
     i=0;                //将 0 赋给 i，这样显示最后 1 个字符返回时又能从表格中取出第 1 个字符的位、段码
     }
   }
}
/*以下为延时函数*/
void Delay(unsigned int t)   //Delay 为延时函数，unsigned int t 表示输入参数为无符号整数型变量 t
 {
 while(--t);           // while 为循环语句，每执行一次 while 语句，t 值就减 1，直到 t 值为 0
 }
```

图 6-13 8 位数码管逐位显示 8 个字符的程序

1. 现象

该程序在运行时会使 8 位数码管从最低位开始到最高位，逐位显示 0～7，并且不断循环显示。

2. 程序说明

程序在运行时，单片机从 WMtable 表格中选择第 1 个位码（i=0 时），并从 P0.7～P0.0 引脚输出位码到位码锁存器，位码从位码锁存器输出到 8 位数码管的位引脚，选中第 1 位（该位引脚为高电平）使之处于待显状态。单片机从 P2.3 引脚输出位码锁存信号到位码锁存器，锁定其输出端的位码不变。单片机从 DMtable 表格中选择第 1 个段码（i=0 时），并从 P0.7～P0.0 引脚输出段码到段码锁存器。段码从锁存器输出到 8 位数码管的引脚，已被位码选中数码管的第 1 位显示出与段码相对应的字符。单片机从 P2.2 引脚输出段码锁存信号到段码锁存器，锁定其输出端的段码不变。利用"i++;"语句将 i 值加 1，程序返回。单片机从 WMtable、DMtable 表格中选择第 2 个位码和第 2 个段码（i=1 时），并在 8 位数码管的第 2 位显示与段码对应的字符。当 i 增加到 8 时，8 位数码管显示到最后一位，程序用"i=0;"语句让 i 由 8 变为 0。此时单片机又重新开始从 WMtable、DMtable 表格中选择第 1

个位码和段码，即让 8 位数码管又从最低位开始显示。以后不断重复上述过程。于是可看到 8 位数码管从最低位到最高位逐位显示 0～7，并且不断循环反复。

6.2.5　8 位数码管同时显示 8 个字符的程序及详解

如图 6-14 所示是 8 位数码管同时显示 8 个字符的程序。

```
/*8位数码管同时显示8个字符的程序*/
#include<reg51.h>
#define WDM P0
sbit DuanSuo=P2^2;
sbit WeiSuo=P2^3;
void Delay(unsigned int t);
unsigned char code DMtable[]={0x3f,0x06,0x5b,0x4f,0x66,0x6d,0x7d,0x07};
unsigned char code WMtable[]={0xfe,0xfd,0xfb,0xf7, 0xef,0xdf,0xbf,0x7f};
/*以下为主程序部分*/
main()
{
 unsigned char i=0;
 while(1)
  {
   WDM=WMtable [i];
   WeiSuo=1;
   WeiSuo=0;

   WDM=DMtable [i];
   DuanSuo=1;
   DuanSuo=0;
   Delay(100);    //将Delay函数的输入参数t的值由60000改成100,可使每个字符显示的时间间隔
                  //大大缩短,这样多个字符实际是逐位显示的,但看起来多个字符像同时显示出来的
                  //如果t值不是很小,如t值为600,多个字符看起来也像同时显示,但字符会闪烁
   i++;
   if(i==8)
    {
     i=0;
    }
  }
}
/*以下为延时函数*/
void Delay(unsigned int t)
{
 while(--t);
}
```

图 6-14　8 位数码管同时显示 8 个字符的程序

1. 现象

程序运行时，8 位数码管会同时显示字符 "01234567"。

2. 程序说明

本程序与图 6-13 中的程序基本相同，仅将 Delay 延时函数的输入参数 t 的值由 60000 改成 100。8 位数码管是利用人眼视觉暂留特性快速逐位显示多个字符，并且在显示印象还未消失时重新显示，这样人眼就会感觉这些逐位显示的字符是同时显示出来的。

6.2.6　8 位数码管动态显示 8 个以上字符的程序及详解

如图 6-15 所示是 8 位数码管动态显示 8 个以上字符的程序。

1. 现象

程序在运行时，8 位数码管会动态依次显示 "01234567" "12345678" "23456789" ……"89AbCdEF" "01234567" 等，并且不断循环显示。

```
/*8位数码管动态显示8个以上字符的程序*/
#include<reg51.h>        //调用reg51.h文件对单片机各特殊功能寄存器进行地址定义
#define WDM P0            //用define（宏定义）命令将WDM代表P0，程序中WDM与P0等同，
                          // define与include一样，都是预处理命令，前面需加一个"#"
sbit DuanSuo=P2^2;        //用关键字sbit将DuanSuo代表P2.2端口
sbit WeiSuo =P2^3;        //用关键字sbit将WeiSuo代表P2.3端口
unsigned char code DMtable[]={0x3f,0x06,0x5b,0x4f,    //在ROM中定义（使用了关键字code）
                  0x66,0x6d,0x7d,0x07,    //一个无符号字符型表格DMtable，
                  0x7f,0x6f,0x77,0x7c,    //表格中存放着字符0～F的段码
                  0x39,0x5e,0x79,0x71};
unsigned char code WMtable[]={0xfe,0xfd,0xfb,0xf7,   //在ROM中定义一个无符号字符型表格WMtable，
                  0xef,0xdf,0xbf,0x7f};  //表格按低位到高位依次存放8位数码管各位的位码
void Delay(unsigned int t);    //声明一个Delay（延时）函数
/*以下为主程序部分*/
main()
{                           //main函数的首大括号
 unsigned char i=0,num;     //定义两个无符号字符型变量i和num，i赋初值0，num初值默认也为0
 unsigned int j;            //定义一个无符号(unsigned)整型数(nt)变量j，j初值默认也为0，
                            //无符号整数型变量和无符号字符型变量取值范围分别为0～65535和0～255
  while(1)
   {                        //while语句的首大括号
    WDM= WMtable [i];       //从WMtable表格中取出第i+1个位码，并从P0端口输出
    WeiSuo=1;               //让P2.3端口输出高电平，开通位码锁存器，锁存器输入变化时输出会随之变化
    WeiSuo=0;               //让P2.3端口输出低电平，位码锁存器被封锁，锁存器的输出值被锁定不变
    WDM = DMtable [num+i];  //从DMtable表格中取出第num+i+1个段码，并从P0端口输出
    DuanSuo=1;              //让P2.2端口输出高电平，开通段码锁存器，锁存器输入变化时输出会随之变化
    DuanSuo=0;              //让P2.2端口输出低电平，段码锁存器被封锁，锁存器的输出值被锁定不变
    Delay(100);             //执行Delay延时函数延时，同时将100赋给Delay的输入参数t
    i++;j++;                //将变量i和j的值都加1
    if(i ==8)               //如果i值等于8，执行第一个if首尾大括号内的语句，否则执行其尾大括号之后的语句
      {                     //第一个if语句的首大括号
        i=0;                //将0赋给i（让i=0）
      }                     //第一个if语句的尾大括号
    if(j==600)              //如果j值等于600，执行第二个if首尾大括号内的语句，否则执行其尾大括号之后的语句
      {                     //第二个if语句的首大括号
        j=0;                //将0赋给j（让j=0）
        num++;              //将变量num的值加1
        if(num==9)          //如果num值等于9，执行第三个if首尾大括号内的语句，否则执行其尾大括号之后的语句
          {                 //第三个if语句的首大括号
            num=0;          //将0赋给num（让num=0）
          }                 //第三个if语句的尾大括号
      }                     //第二个if语句的尾大括号
   }                        //while语句的尾大括号
}                           //main函数的尾大括号
/*以下为延时函数*/
void Delay(unsigned int t)   //Delay为延时函数，unsigned int t表示输入参数为无符号整数型变量t
{
 while(--t);                 // while为循环语句，每执行一次while语句，t值就减1，直到t值为0时
                             //才执行while尾大括号之后的语句
}
```

图 6-15　8 位数码管动态显示 8 个以上字符的程序

2. 程序说明

程序定义了两个表格：一个表格按顺序存放 0～F 的段码；另一个表格按从低位到高位的顺序存放 8 位数码管的位码。程序在运行时，显示第 1 屏字符"01234567"。在第 1 次显示完后，i=8、j=8。在执行第 1 个 if 语句后 i=0，第 2 个、第 3 个 if 语句都不会执行（因为 j 不等于 600，无法执行第 2 个 if 语句，又因为第 3 个 if 语句嵌在第 2 个 if 语句内，所以第 3 个 if 语句也不会执行）。此时程序返回执行显示"01234567"的程序段。在第 2 次显示完后，i=8、j=16，程序再返回执行显示"01234567"的程序段。这种不断重复显示相同字符的过程称为刷新。当 i=8、j=600 时，第 1 个、第 2 个 if 语句都执行：第 1 个 if 语句让 i=0；第 2 个 if 语句让 j=0、num 加 1（由 0 变为 1）。此时由于 num+i 变成了 1+i，故从段码表格取第 2 个字符"1"时，该字符与位码表格的最低位对应，故数码管显示"12345678"程序段，并不断刷新。直到第 2 次 j=600，第 2 个 if 语句又执行，让 j=0、num 加 1 变成 2，程序回到前面显示"23456789"。当 num 加 1 变成 8 时，8 位数码管显示"89AbCdEF"。当 num 加 1 变成 9 时，第 3 个 if 语句执行，即令 num=0。此时程序返回前面重新开始使数码管显示"01234567"。以上过程不断重复。

第7章 中断与中断编程

7.1 中断的基本概念与处理过程

7.1.1 中断的基本概念

在生活中经常遇到这样的情况：在书房看书时，客厅的电话突然响了，人们往往会停止看书，转而去接电话，接完电话后又回书房接着看书。这种停止当前工作，转而去做其他工作，做完后又返回执行先前工作的现象称为中断。

单片机也有类似的中断现象，即当单片机正在执行某程序时，如果突然出现意外情况，它就需要停止当前正在执行的程序，转而去执行处理意外情况的程序（又称中断子程序），执行完后又接着执行原来的程序。

1. 中断源

若要让单片机的 CPU 中断当前正在执行的程序转而去执行中断子程序，需要向 CPU 发出中断请求信号。让 CPU 产生中断的信号源称为中断源（又称中断请求源）。

2. 中断的优先级别

单片机的 CPU 在工作时，如果一个中断源向它发出中断请求信号，它就会产生中断，如果同时有两个或两个以上的中断源同时发出中断请求信号，那 CPU 会怎么办呢？CPU 会先响应优先级别高的中断源的请求，然后再响应优先级别低的中断源的请求。在 8051 单片机中 5 个中断源的优先级别顺序及中断入口地址如表 7-1 所示。

表 7-1　5 个中断源的优先级别顺序及中断入口地址

中断源编号	中　断　源	自然优先级别	中断入口地址（矢量地址）
0	$\overline{INT0}$（外部中断 0）	高	0003H
1	T0（定时器/计数器中断 0）	↓	000BH
2	$\overline{INT1}$（外部中断 1）		0013H
3	T1（定时器/计数器中断 1）	↓	001BH
4	RX 或 TX（串行通信口中断）	低	0023H

7.1.2 中断的处理过程

单片机处理中断的具体过程如下：

❶ 响应中断请求。当 CPU 正在执行主程序时，如果接收到中断源发出的中断请求信

号，就会响应中断请求，停止主程序，准备执行相应的中断子程序。

❷ 保护断点。为了在执行完中断子程序后能返回主程序，在准备执行中断子程序前，CPU 会将主程序中已执行的最后一条指令的下一条指令的地址（又称断点地址）保存到 RAM 的堆栈中。

❸ 寻找中断入口地址。在保护好断点后，CPU 开始寻找中断入口地址（又称矢量地址）。中断入口地址存放着相应的中断子程序，不同的中断源对应着不同的中断入口地址。

❹ 执行中断子程序。CPU 在寻找到中断入口地址后，就开始执行中断入口地址处的中断子程序。由于几个中断入口地址之间只有 8 个单元空间（见表 7-1，如 0003H～000BH 相隔 8 个单元），因此较小的中断子程序（程序只有一两条指令）可以写在这里，较大的中断子程序无法写入。此时通常的做法是将中断子程序写在其他位置，而在中断入口地址单元只写一条跳转指令，在执行到该指令时马上跳转到写在其他位置的中断子程序。

❺ 中断返回。在执行完中断子程序后，就会返回到主程序。返回的方法是从 RAM 的堆栈中取出之前保存的断点地址，然后执行该地址处的主程序，从而返回到主程序。

7.2 中断的系统结构与控制寄存器

7.2.1 中断的系统结构

中断的系统结构如图 7-1 所示，主要组成部分如下。

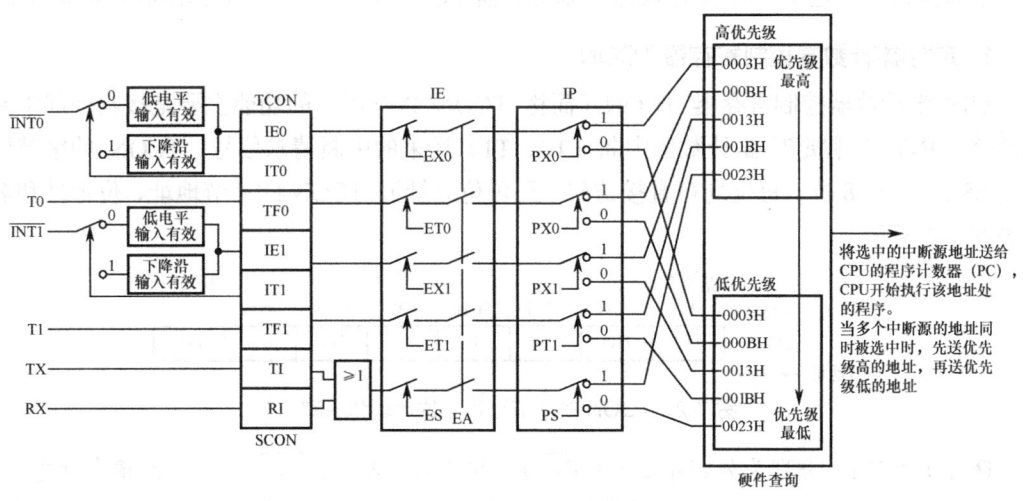

图 7-1 中断的系统结构

❶ 5 个中断源。其分别为外部中断 $\overline{INT0}$、外部中断 $\overline{INT1}$、定时器/计数器中断 T0、定时器/计数器中断 T1 和串行通信口中断（TX 和 RX）。

❷ 中断源寄存器。其分别为定时器/计数器控制寄存器 TCON 和串行通信口控制寄存器 SCON。

❸ 中断允许寄存器 IE。

❹ 中断优先级控制寄存器 IP。

在默认情况下单片机的中断系统是关闭的。如果要使用某个中断，需要先通过编程的方法设置有关控制寄存器某些位的值并将该中断打开，再为该中断编写相应的中断子程序。

以外部中断 $\overline{INT0}$ 为例，如果需要使用该中断，应进行以下设置：

❶ 将定时器/计数器控制寄存器 TCON 的 IT0 位设为 0（IT0＝0），即将中断请求信号输入方式设为低电平输入有效。

❷ 将中断允许寄存器 IE 的 EA 位设为 1（EA＝1），即允许所有的中断（总中断允许）。

❸ 将中断允许寄存器 IE 的 EX0 位设为 1（EX0＝1），即允许外部中断 0（$\overline{INT0}$）。

工作过程：当单片机的 $\overline{INT0}$ 端（P3.2 引脚）输入一个低电平信号时，由于寄存器 TCON 的 IT0＝0，输入开关选择位置 0，因此低电平信号被认为是 $\overline{INT0}$ 的中断请求信号。该信号将 TCON 的外部中断 0 的标志位 IE0 置 1（IE0＝1）。标志位 IE0 的 1 先经过 $\overline{INT0}$ 允许开关（IE 的 EX0＝1 使 $\overline{INT0}$ 开关闭合），然后经过中断总开关（IE 的 EA＝1 使中断总开关闭合），再经过优先级开关（只使用一个中断时无须设置，寄存器 IP 的 PX0 位默认为 0，开关选择位置 0）进入硬件查询。选中外部中断 0 的入口地址（0003H）并将其送给 CPU 的程序计数器 PC，CPU 开始执行该处的中断子程序。

7.2.2 中断源寄存器

中断源寄存器包括定时器/计数器控制寄存器 TCON 和串行通信口控制寄存器 SCON。

1. 定时器/计数器控制寄存器 TCON

定时器/计数器控制寄存器 TCON（简称 TCON 寄存器）的功能主要是接收外部中断（$\overline{INT0}$、$\overline{INT1}$）和定时器/计数器中断（T0、T1）送来的中断请求信号。TCON 的字节地址是 88H，它有 8 位，每位均可直接访问（即可位寻址）。TCON 的字节地址、位地址和名称如图 7-2 所示。

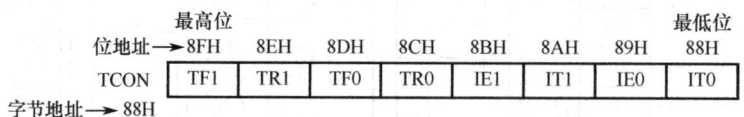

位地址 →	8FH	8EH	8DH	8CH	8BH	8AH	89H	88H
TCON	TF1	TR1	TF0	TR0	IE1	IT1	IE0	IT0

字节地址 → 88H

图 7-2 TCON 的字节地址、位地址和名称

❶ IE0 和 IE1：分别为外部中断 0（$\overline{INT0}$）和外部中断 1（$\overline{INT1}$）的中断请求标志位。当外部有中断请求信号输入单片机的 $\overline{INT0}$ 引脚（即 P3.2 引脚）或 $\overline{INT1}$ 引脚（即 P3.3 引脚）时，TCON 的 IE0 和 IE1 位会被置 1。

❷ IT0 和 IT1：分别为外部中断 0 和外部中断 1 的触发方式设定位。当 IT0＝0 时，外部中断 0 端输入低电平有效（即 $\overline{INT0}$ 端在输入低电平时表示输入了中断请求信号）；当 IT0＝1 时，外部中断 0 端输入下降沿有效。当 IT1＝0 时，外部中断 1 端输入低电平有效；当 IT1＝1 时，外部中断 1 端输入下降沿有效。

❸ TF0 和 TF1：分别是定时器/计数器 0 和定时器/计数器 1 的中断请求标志位。当定时器/计数器工作产生溢出时，会将 TF0 或 TF1 位置 1，表示定时器/计数器有中断请求。

❹ TR0 和 TR1：分别是定时器/计数器 0 和定时器/计数器 1 的启/停控制位。在编写程序时，若将 TR0 或 TR1 设为 1，则相应的定时器/计数器开始工作；若设为 0，则定时器/计数器停止工作。

注意：如果将 IT0 位设为 1，则表示把 IE0 下降沿置 1，在中断子程序执行完后，IE0 位自动变为 0（硬件置 0）；如果将 IT0 位设为 0，则表示把 IE0 低电平置 1，在中断子程序执行完后，IE0 位仍是 1。所以在退出中断子程序前，要将 $\overline{INT0}$ 端的低电平信号撤掉，再用指令将 IE0 置 0（软件置 0）。若在退出中断子程序后，IE0 位仍为 1，将会产生错误并再次产生中断。IT1、IE1 位的设置情况与 IT0、IE0 位一样。在单片机复位时，TCON 寄存器的各位应均为 0。

2. 串行通信口控制寄存器 SCON

串行通信口控制寄存器 SCON（简称 SCON 寄存器）的功能主要是接收串行通信口发送的中断请求信号。SCON 的字节地址是 98H，它有 8 位，每位均可直接访问（即可位寻址）。SCON 的字节地址、位地址和名称如图 7-3 所示。

位地址 →	最高位 9FH	9EH	9DH	9CH	9BH	9AH	99H	最低位 98H
SCON	SM0	SM1	SM2	REN	TB8	RB8	TI	RI
字节地址 → 98H								

图 7-3　SCON 的字节地址、位地址和名称

SCON 寄存器的 TI 位和 RI 位与中断有关，其他位用于串行通信控制，将在后面说明。

❶ TI：串行通信口发送中断标志位。在串行通信时，每发送完一帧数据，串行通信口会将 TI 位置 1，表明数据已发送完成，向 CPU 发送中断请求信号。

❷ RI：串行通信口接收中断标志位。在串行通信时，每接收完一帧数据，串行通信口会将 RI 位置 1，表明数据已接收完成，向 CPU 发送中断请求信号。

注意：单片机在执行中断子程序后，TI 位和 RI 位不能自动变为 0，需要在退出中断子程序时，用软件指令将它们清 0。

7.2.3　中断允许寄存器 IE

中断允许寄存器 IE（简称 IE 寄存器）用来控制各个中断请求信号能否通过。 IE 寄存器的字节地址是 A8H，它有 8 位，每位均可直接访问（即可位寻址）。IE 的字节地址、位地址和名称如图 7-4 所示。

❶ EA：总中断允许位。当 EA=1 时，总中断开关闭合；当 EA=0 时，总中断开关断开，所有的中断请求信号都不能接收。

❷ ES：串行通信口中断允许位。当 ES=1 时，允许串行通信口的中断请求信号通过；当 ES=0 时，禁止串行通信口的中断请求信号通过。

❸ ET1：定时器/计数器 1 中断允许位。当 ET1=1 时，允许定时器/计数器 1 的中断请求信号通过；当 ET1=0 时，禁止定时器/计数器 1 的中断请求信号通过。

❹ EX1：外部中断 1 允许位。当 EX1=1 时，允许外部中断 1 的中断请求信号通过；当 EX1=0 时，禁止外部中断 1 的中断请求信号通过。

❺ ET0：定时器/计数器 0 中断允许位。当 ET0=1 时，允许定时器/计数器 0 的中断请求信号通过；当 ET0=0 时，禁止定时器/计数器 0 的中断请求信号通过。

❻ EX0：外部中断 0 允许位。当 EX0=1 时，允许外部中断 0 的中断请求信号通过；当 EX0=0 时，禁止外部中断 0 的中断请求信号通过。

位地址	AFH	AEH	ADH	ACH	ABH	AAH	A9H	A8H
IE	EA	—	—	ES	ET1	EX1	ET0	EX0

字节地址 → A8H

图 7-4　IE 的字节地址、位地址和名称

7.2.4　中断优先级控制寄存器 IP

中断优先级控制寄存器 IP（简称 IP 寄存器）的功能是设置每个中断的优先级。其字节地址是 B8H，它有 8 位，每位均可进行位寻址。IP 的字节地址、位地址和名称如图 7-5 所示。

位地址	BFH	BEH	BDH	BCH	BBH	BAH	B9H	B8H
IP	—	—	—	PS	PT1	PX1	PT0	PX0

字节地址 → B8H

图 7-5　IP 的字节地址、位地址和名称

❶ PS：串行通信口优先级设定位。当 PS=1 时，串行通信口为高优先级；当 PS=0 时，串行通信口为低优先级。

❷ PT1：定时器/计数器 1 优先级设定位。当 PT1=1 时，定时器/计数器 1 为高优先级；当 PT1=0 时，定时器/计数器 1 为低优先级。

❸ PX1：外部中断 1 优先级设定位。当 PX1=1 时，外部中断 1 为高优先级；当 PX1=0 时，外部中断 1 为低优先级。

❹ PT0：定时器/计数器 0 优先级设定位。当 PT0=1 时，定时器/计数器 0 为高优先级；当 PT0=0 时，定时器/计数器 0 为低优先级。

❺ PX0：外部中断 0 优先级设定位。当 PX0=1 时，外部中断 0 为高优先级；当 PX0=0 时，外部中断 0 为低优先级。

通过设置 IP 寄存器相应位的值，可以改变 5 个中断源的优先顺序。若优先级一高一低的两个中断源同时发出请求，则 CPU 会先响应优先级高的中断请求，再响应优先级低的中

断请求;若 5 个中断源有多个高优先级或多个低优先级中断源同时发出请求,则 CPU 会先按自然优先级顺序依次响应高优先级中断源,再按自然优先级顺序依次响应低优先级中断源。

7.3 中断编程

本节将以如图 7-6 所示的电路为例说明单片机中断的使用方法。当按键 S3 或 S4 按下时,将为单片机的 P3.2 端或 P3.3 端输入外部中断请求信号。

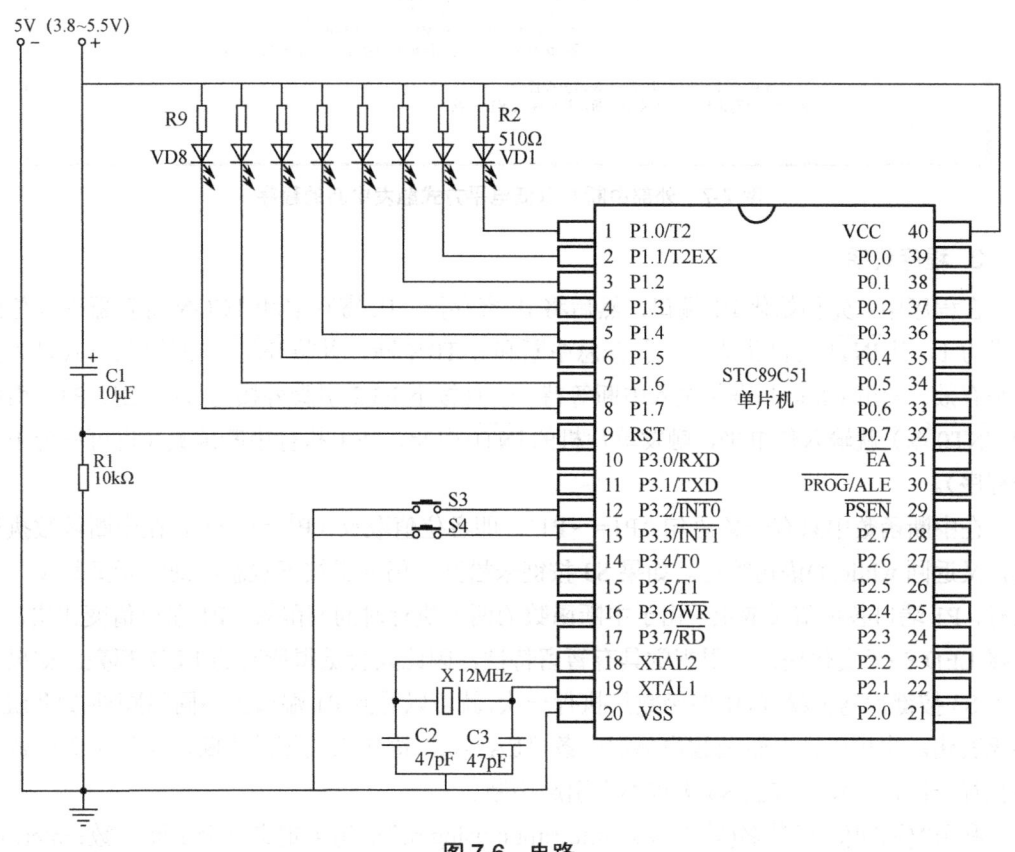

图 7-6 电路

7.3.1 外部中断 0 以低电平方式触发中断的程序详解

外部中断 0 以低电平方式触发中断的程序如图 7-7 所示。

1. 现象

在未按下 P3.2 引脚外接的 S3 按键时,P1.0、P1.1、P1.4、P1.5 引脚外接的 LED 会亮;在按下 S3 按键再松开后,这些引脚外接的 LED 将熄灭,P1.2、P1.3、P1.6、P1.7 引脚外接的 LED 则变亮;如果 S3 一直按下不放,则 P1.0~P1.7 引脚外接的 LED 均变亮。

```
/*外部中断0以低电平方式触发中断的使用举例*/
#include<reg51.h>    //调用reg51.h文件对单片机各特殊功能寄存器进行地址定义
/*以下为主程序部分*/
main()
{
    P1=0x33;         //让P1端口输出00110011,外接LED四亮四灭
    IP=0x01;         //让IP寄存器的PX0位为1,将INT0设为高优先级中断,仅使用一个中断时,
                     //本条语句可不写
    EA=1;            //让IE寄存器的EA位为1,开启总中断
    EX0=1;           //让IE寄存器的EX0位为1,开启INT0中断
    IT0=0;           //让TCON寄存器IT0位为1,设INT0中断请求为低电平有效
    while(1)         //while为循环控制语句,当小括号内的条件非0(即为真)时,反复
                     //执行while大括号内的语句
    {
                     //在此处可添加其他程序或为空
    }
}
/*以下为中断函数(中断子程序),用"(返回值) 函数名 (输入参数) interrupt n using m"
  格式定义一个函数名为INT0_L的中断函数,n为中断源编号,n=0~4,m为用作保护
  中断断点的寄存器组,可使用4组寄存器(0~3),每组有7个寄存器(R0~R7),m=0~3,
  若只有一个中断,可不写"using m",使用多个中断时,不同中断应使用不同m*/
void INT0_L(void) interrupt 0 using 1   //INT0_L为中断函数(用interrupt定义),其返回值
                                        //和输入参数均为void(空),并且中断源0的中断
                                        //函数(编号n=0),断点保护使用第1组寄存器(using 1)
{
    P1=~P1;          //将P1端口值各位取反,~表示位取反
                     //此处可写语句EA=0关闭中断,让中断只仅行一次
}
```

图 7-7 外部中断 0 以低电平方式触发中断的程序

2. 程序说明

在程序中,先初始化 P1 端口,然后将 IP 寄存器、IE 寄存器和 TCON 寄存器有关位的值设为 1,让 $\overline{INT0}$ 为高优先级。打开总中断和 $\overline{INT0}$ 中断,并将 $\overline{INT0}$ 中断输入方式设为低电平有效。利用 while(1) 语句进入中断等待。一旦按下 P3.2 引脚外接的 S3 按键,P3.2 引脚(即 $\overline{INT0}$ 端)就输入低电平,触发单片机的 $\overline{INT0}$ 中断,马上执行中断函数(也可称为中断子程序)。

在中断函数中只有一条语句"P1=〜P1",即各位值取反(P1=0xcc)。在中断函数执行后,又返回 while(1) 语句等待。如果 S3 按键未松开,仍处于按下状态,则中断函数又一次执行,P1 端口各位值又取反。由于中断函数的两次执行时间间隔短,P1 端口值变化快,其外接 LED 亮灭变化快,人眼视觉具有暂留特性,因此人会觉得所有的 LED 都亮。如果在按下 S3 按键后马上松开,中断函数只执行一次,就可以看到 P1 端口由不同引脚外接的 LED 亮灭变化。也可以在中断函数内部加一条"EA=0;"语句来关闭总中断,这样中断函数只能执行一次,即使再按压 S3 键也不会引起中断。

利用"(返回值)函数名(输入参数)interrupt n using m"语句可定义一个中断函数:interrupt 为定义中断函数的关键字;n 为中断源编号(见表 7-1),n=0~4;m 为保护中断断点的寄存器组,可使用 4 组寄存器,每组有 8 个寄存器(R0~R7),m=0~3。若程序中只使用一个中断,可不写"using m";在使用多个中断时,不同中断间应使用不同的 m。

7.3.2 外部中断 1 以下降沿方式触发中断的程序详解

外部中断 1 以下降沿方式触发中断的程序如图 7-8 所示。

```
/*外部中断 1 以下降沿方式触发中断的使用举例*/
#include<reg51.h>              //调用 reg51.h 文件对单片机各特殊功能寄存器进行地址定义
void DelayUs(unsigned char tu);  //声明一个 DelayUs(微秒级延时)函数,输入参数为 unsigned
                                //(无符号)char(字符型)变量 tu,tu 为 8 位,取值范围 0~255
void DelayMs(unsigned char tm);  //声明一个 DelayMs(毫秒级延时)函数

/*以下为主程序部分*/
main()
{
  P1=0x33;      //让 P1 端口输出 00110011,外接 LED 两亮两灭
  IP=0x04;      //让 IP 寄存器的 PX1 位为 1,将 INT1 设为高优先级中断,只使用一个中断时,
                //可不设置 IP 寄存器
  EA=1;         //让 IE 寄存器的 EA 位为 1,开启总中断
  EX1=1;        //让 IE 寄存器的 EX1 位为 1,开启 INT1 中断
  IT1=1;        //让 TCON 寄存器 IT1 位为 1,设 INT1 中断请求为下降沿有效
  while(1)      //while 为循环控制语句,当小括号内的条件非 0(即为真)时,反复
                //执行 while 大括号内的语句
  {
                //在此处可添加其他程序或为空
  }
}
/*以下为中断函数(中断子程序),用"(返回值) 函数名 (输入参数) interrupt n using m"
格式定义一个函数名为 INT1_HL 的中断函数,n 为中断源编号,n=0~4,m 为用作保护
中断点的寄存器组,可使用 4 组寄存器(0~3),每组有 7 个寄存器(R0~R7),m=0~3,
若只使用一个中断,可不写"using m",使用多个中断时,不同中断应使用不同 m*/
void INT1_HL(void) interrupt 2 using 1   // INT1_HL 为中断函数(用 interrupt 定义),其返回值
                                         //和输入参数均为 void(空),并且为中断源 1 的中断
                                         //函数(编号 n=2),断点保护使用第 1 组寄存器(using 1)
{
  if(!INT1)     // !INT1 可写成 INT1!=1,if(如果) INT1 端口反值为 1,表示 S4 键按下,
                //则执行 if 大括号内的语句,若 S4 键未按下,执行 if 尾大括号之后的语句
  {
    DelayMs(10);    //执行 DelayMs 延时函数进行按键防抖,输入参数为 10 时可延时 10ms
    while(!INT1);   //若未松开 S4 键,!INT1 为 1,反复执行 while 语句,一旦按键释放,往下执行
    P1=~P1;         //将 P1 端口各位值取反
  }
}

/*以下 DelayUs 为微秒级延时函数,其输入参数为 unsigned char tu(无符号字符型变量 tu),
tu 值为 8 位,取值范围 0~255,如果单片机的晶振频率为 12M,本函数延时时间可用
T=(tu×2+5)us 近似计算,比如 tu=248,T=501 us≈0.5ms */
void DelayUs (unsigned char tu)   //DelayUs 为微秒级延时函数,其输入参数为无符号字符型变量 tu
{
  while(--tu);                    //while 为循环语句,每执行一次 while 语句,tu 值就减 1,
                                  //直到 tu 值为 0 时才执行 while 尾大括号之后的语句
}
/*以下 DelayMs 为毫秒级延时函数,其输入参数为 unsigned char tm(无符号字符型变量 tm),
该函数内部使用了两个 DelayUs (248)函数,它们共延时 1002us(约 1ms),
由于 tm 最大为 255,故本 DelayMs 函数最大延时时间为 255ms,若将输入参数
定义为 unsigned int tm,则最长可获得 65535ms 的延时时间*/
void DelayMs(unsigned char tm)
{
  while(tm--)
  {
    DelayUs (248);
    DelayUs (248);
  }
}
```

图 7-8 外部中断 1 以下降沿方式触发中断的程序

1. 现象

在未按下 P3.3 引脚外接的 S4 按键时,P1.0、P1.1、P1.4、P1.5 引脚外接的 LED 会变亮;在按下 S4 按键再松开后,这些引脚外接的 LED 会熄灭,P1.2、P1.3、P1.6、P1.7 引脚外接的 LED 变亮;如果 S4 一直按下不放,则 P1.0~P1.7 引脚外接的 LED 保持 4 亮 4 灭不变。

2. 程序说明

在程序中,先初始化 P1 端口,然后将 IP 寄存器、IE 寄存器和 TCON 寄存器有关位的值设为 1,让 $\overline{\text{INT1}}$ 为高优先级。打开总中断和 $\overline{\text{INT1}}$ 中断,并将 $\overline{\text{INT1}}$ 中断输入方式设为下

降沿有效，利用 while(1)语句进入中断等待。一旦按下 P3.3 引脚外接的 S4 按键，就向 P3.3 引脚（即 $\overline{\text{INT1}}$ 端）输入下降沿，触发单片机的 $\overline{\text{INT1}}$ 中断，马上执行中断函数（也可称为中断子程序）。由于按键按下时的抖动可能会引起多个下降沿，从而使中断函数多次执行，故在中断函数中采用了按键防抖程序，即在 S4 按键按下产生第一个下降沿后，马上触发中断执行中断函数；在中断函数中检测到 $\overline{\text{INT1}}$ 端为低电平后，执行延时函数（延时 10ms），从而避开按键抖动时间；再次检测 $\overline{\text{INT1}}$ 端的状态，一旦发现 $\overline{\text{INT1}}$ 端变为高电平（S4 键松开），就马上执行 P1 端口值取反语句（P1＝～P1）。

第 8 章　定时器/计数器的使用及编程

8.1　定时器/计数器的定时与计数功能

在 8051 单片机内部有 T0 和 T1 两个定时器/计数器（既可以用作定时器，也可以用作计数器），可以通过编程设置其使用方法。

8.1.1　定时器/计数器的定时功能

1．定时功能的用法

如果要求单片机在一段时间后产生某种控制，可将定时器/计数器设为定时器。定时器/计数器的定时功能用法如图 8-1 所示。

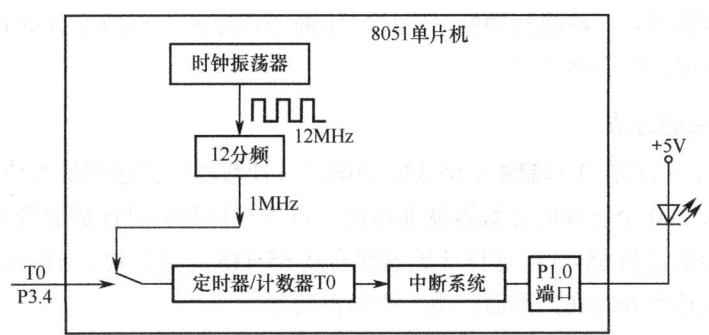

图 8-1　定时器/计数器的定时功能用法

若要将定时器/计数器 T0 设为定时器，实际上就是将定时器/计数器与外部输入断开，而与内部信号接通，通过对内部信号计数来定时。单片机的时钟振荡器可以产生 12MHz 的时钟脉冲信号，经 12 分频后得到 1MHz 的脉冲信号。每个脉冲的持续时间为 1μs。如果定时器 T0 对 1MHz 的信号进行计数，则从 0 计到 65 536 需要 65 536μs，即 65.536ms。在 65.536ms 后定时器计数达到最大值，会因溢出而输出一个中断请求信号并送到中断系统。中断系统在接收到中断请求后，将执行中断子程序。中断子程序的运行结果是将 P1.0 端口置 0，该端口外接的发光二极管被点亮。

2．任意定时的方法

在图 8-1 中，定时器只有在 65.536ms 后（计数达到最大值）才会溢出。如果想要不到 65.536ms 定时器就产生溢出，如 1ms 后产生溢出，可以对定时器预先进行置数，即将定时器的初始值设为 64 536，这样定时器就会从 64 536 开始计数。当计到 65 536 时（定时器的定时时间为 1ms）将产生一个溢出信号。

8.1.2 定时器/计数器的计数功能

1. 计数功能的用法

如果要求单片机计数达到一定值时产生某种控制，可将定时器/计数器设为计数器。定时器/计数器的计数功能用法如图 8-2 所示。

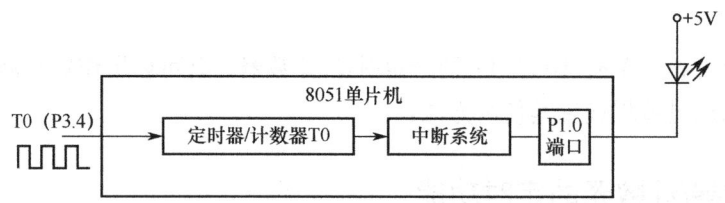

图 8-2 定时器/计数器的计数功能用法

利用编程的方法将定时器/计数器 T0 设为一个 16 位计数器。它的最大计数值为 2^{16}=65 536。T0 端（即 P3.4 引脚）用来输入脉冲信号。当脉冲信号输入时，计数器对脉冲进行计数。当计到最大值 65 536 时，计数器因溢出会输出一个中断请求信号并送到中断系统。中断系统在接收到中断请求后，将执行中断子程序。中断子程序的运行结果是将 P1.0 端口置 0，该端口外接的发光二极管被点亮。

2. 任意计数的方法

在图 8-2 中，只有在 T0 端输入 65 536 个脉冲（计数器计数达到最大值）后才会溢出。如果希望在输入 100 个脉冲时计数器就能溢出，可以在计数前对计数器预先进行置数，即将计数器的初始值设为 65 436，这样计数器就会从 65 436 开始计数。当输入 100 个脉冲时，计数器的计数值达到 65 536，因而产生一个溢出信号。

8.2 定时器/计数器的结构和工作原理

8.2.1 定时器/计数器的结构

8051 单片机内部定时器/计数器的结构如图 8-3 所示。单片机内部与定时器/计数器有关的部件主要有以下几种：

❶ 定时器/计数器。每个定时器/计数器（T0 和 T1）都是由两个 8 位计数器构成的 16 位计数器。

❷ TCON 寄存器。TCON 为控制寄存器，用来控制两个定时器/计数器的启动/停止。

❸ TMOD 寄存器。TMOD 为工作方式控制寄存器，用来设置定时器/计数器的工作方式。

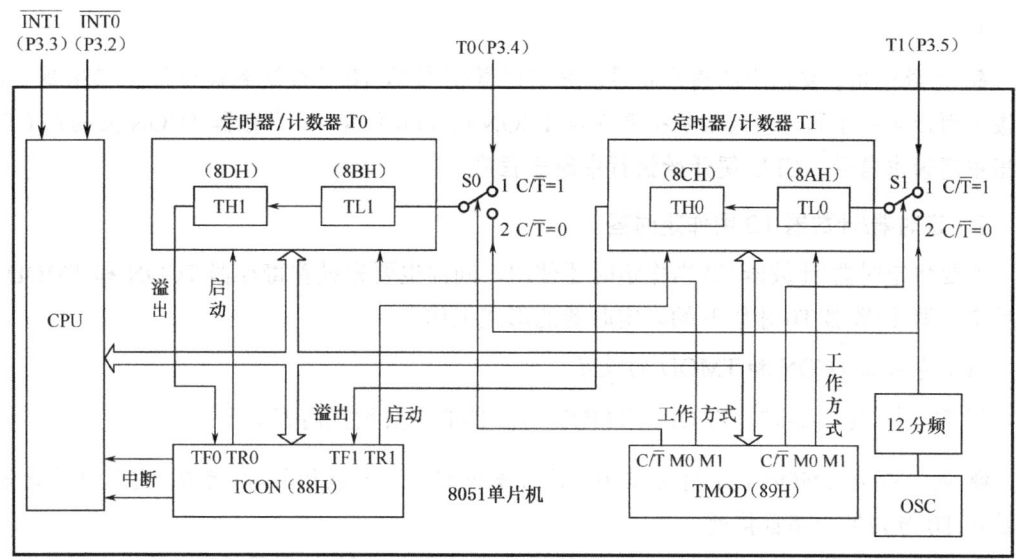

图 8-3　8051 单片机内部定时器/计数器的结构

8.2.2　定时器/计数器的工作原理

由于定时器/计数器是在寄存器 TCON 和 TMOD 的控制下工作的，因此，若要让定时器/计数器工作，必须先设置寄存器 TCON 和 TMOD（可通过编写程序设置）。单片机内部有两个定时器/计数器，它们的工作原理是一样的。这里以定时器/计数器 T0 为例进行说明。

1．定时器/计数器 T0 用作计数器

若要将定时器/计数器 T0 当作计数器使用，必须先设置寄存器 TCON 和 TMOD，让它们对定时器/计数器 T0 进行相应的控制，然后定时器/计数器 T0 才能开始以计数器的形式工作。

（1）寄存器 TCON 和 TMOD 的设置

将 T0 用作计数器时，TCON、TMOD 寄存器的主要设置内容如下：

❶ 将寄存器 TMOD 的 $C/\overline{T}$ 位置 1。该位发出控制信号让开关 S0 置 1，并且让定时器/计数器 T0 与外部输入端 T0（P3.4）接通。

❷ 设置寄存器 TMOD 的 M0、M1 位，让它控制定时器/计数器 T0 的工作方式，如让 M0=1、M1=0，可以将定时器/计数器 T0 设为 16 位计数器。

❸ 将寄存器 TCON 的 TR0 位置 1，启动定时器/计数器 T0。

（2）定时器/计数器 T0 用作计数器的工作过程

定时器/计数器 T0 用作计数器的工作过程如下：

❶ 计数。在定时器/计数器 T0 启动后，开始对外部 T0 端（P3.4 引脚）输入的脉冲进

行计数。

❷ 计数溢出，发出中断请求信号。当定时器/计数器 T0 计数达到最大值 65 536 时，会因溢出而产生一个信号。该信号将寄存器 TCON 的 TF0 位置 1，寄存器 TCON 立刻向 CPU 发出中断请求信号，CPU 便开始执行中断子程序。

2. 定时器/计数器 T0 用作定时器

若要将定时器/计数器 T0 当作定时器使用，同样也要先设置寄存器 TCON 和 TMOD，然后定时器/计数器 T0 才能开始以定时器的形式工作。

（1）寄存器 TCON 和 TMOD 的设置

将 T0 用作定时器时，TCON、TMOD 寄存器的主要设置内容如下：

❶ 将寄存器 TMOD 的 C/$\overline{\text{T}}$ 位置 0。该位发出控制信号让开关 S0 置 0，并且让定时器/计数器 T0 与内部振荡器接通。

❷ 设置寄存器 TMOD 的 M0、M1 位，让它控制定时器/计数器 T0 的工作方式，如让 M0=0、M1=0，可以将定时器/计数器 T0 设为 13 位计数器。

❸ 将寄存器 TCON 的 TR0 位置 1，启动定时器/计数器 T0。

（2）定时器/计数器 T0 用作定时器的工作过程

定时器/计数器 T0 用作定时器的工作过程如下：

❶ 计数。在定时器/计数器 T0 启动后，开始对内部振荡器（要经 12 分频）输入的脉冲进行计数。

❷ 计数溢出，发出中断请求信号。在定时器/计数器 T0 对内部脉冲进行计数后，从 0 计到最大值 8192（2^{13}）需要 8.192ms 的时间，在 8.192ms 后定时器/计数器 T0 会因溢出而产生一个信号。该信号将 TCON 寄存器的 TF0 位置 1，TCON 寄存器马上向 CPU 发出中断请求信号，CPU 便开始执行中断子程序。

8.3 与定时器/计数器相关的控制寄存器

定时器/计数器是在 TCON 寄存器和 TMOD 寄存器的控制下工作的。通过设置这两个寄存器相应位的值，可以对定时器/计数器进行各种控制。

8.3.1 TCON 寄存器

TCON 寄存器的主要功能是接收外部中断（$\overline{\text{INT0}}$、$\overline{\text{INT1}}$）和定时器/计数器中断（T0、T1）发送的中断请求信号，并对定时器/计数器进行启动/停止控制。TCON 的字节地址是 88H，它有 8 位，每位均可直接访问（即可位寻址）。TCON 寄存器的字节地址、位地址和名称如图 8-4 所示。

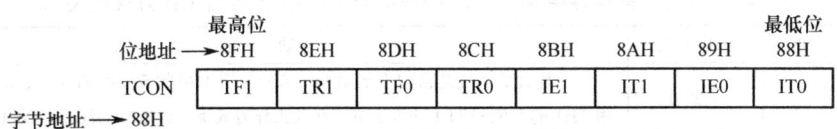

图 8-4 TCON 寄存器的字节地址、位地址和名称

TCON 寄存器的位地址功能已在前面介绍过，这里仅对与定时器/计数器有关的位进行说明。

❶ TF0 和 TF1：分别为定时器/计数器 0 和定时器/计数器 1 的中断请求标志位。当定时器/计数器工作产生溢出时，会将 TF0 或 TF1 位置 1，表示定时器/计数器 T0 或 T1 有中断请求。

❷ TR0 和 TR1：分别为定时器/计数器 0 和定时器/计数器 1 的启/停控制位。在编写程序时，若将 TR0 或 TR1 设为 1，那么定时器/计数器 T0 或 T1 会开始工作；若设为 0，那么定时器/计数器 T0 或 T1 会停止工作。

8.3.2 TMOD 寄存器

TMOD 寄存器的主要功能是控制定时器/计数器 T0、T1 的功能和工作方式。 TMOD 寄存器的字节地址是 89H，不能进行位操作。在上电（给单片机通电）复位时，TMOD 寄存器的初始值为 00H。TMOD 的字节地址和各位名称如图 8-5 所示。

TMOD	GATE	C/$\overline{\text{T}}$	M1	M0	GATE	C/$\overline{\text{T}}$	M1	M0

字节地址 → 89H

图 8-5 TMOD 的字节地址和各位名称

在 TMOD 寄存器中，高 4 位用来控制定时器/计数器 T1，低 4 位用来控制定时器/计数器 T0，两者对定时器/计数器的控制功能一样。下面以 TMOD 寄存器的高 4 位为例进行说明。

❶ GATE：门控位，用来控制定时器/计数器的启动模式。当 GATE=0 时，只要 TCON 寄存器的 TR1 位置 1，就可启动 T1 开始工作；当 GATE=1 时，除需要将 TCON 寄存器的 TR1 位置 1 外，还要使 $\overline{\text{INT1}}$ 引脚为高电平，才能启动 T1。

❷ C/$\overline{\text{T}}$：定时、计数功能设置位。当 C/$\overline{\text{T}}$=0 时，可将定时器/计数器设置为定时工作模式；当 C/$\overline{\text{T}}$=1 时，可将定时器/计数器设置为计数器工作模式。

❸ M1、M0：定时器/计数器工作方式设置位。当 M1、M0 位取不同值时，可以将定时器/计数器设置为不同的工作方式。TMOD 寄存器高 4 位中的 M1、M0 用来控制 T1 的工作方式，低 4 位中的 M1、M0 用来控制 T0 的工作方式。M1、M0 的不同取值与定时器/计数器工作方式的关系如表 8-1 所示。

表 8-1 TMOD 寄存器中 M1、M0 的取值与定时器/计数器工作方式的关系

M1	M0	工作方式	功 能
0	0	方式 0	定时器/计数器被设成 13 位计数器。T0 只使用 TH0 的 8 位和 TL0 的低 5 位，T1 只使用 TH1 的 8 位和 TL1 的低 5 位。在此工作方式下，计数器的最大计数值为 2^{13}=8192
0	1	方式 1	定时器/计数器被设成 16 位计数器。T0 由 TH0 和 TL0 构成，T1 由 TH1 和 TL1 构成。在此工作方式下，计数器的最大计数值为 2^{16}=65 536
1	0	方式 2	定时器/计数器被设成 8 位自动重装计数器。TL0 和 TL1 为 8 位计数器，TH0 和 TH1 存储自动重装的初值
1	1	方式 3	此工作方式只用于 T0，即把 T0 分为两个独立的 8 位定时器 TH0 和 TL0。TL0 占用 T0 的全部控制位，TH0 占用 T1 的部分控制位。此时 T1 用作波特率发生器

8.4 定时器/计数器的工作方式

在 TMOD 寄存器的 M1、M0 的控制下，定时器/计数器可以工作在 4 种不同的工作方式下。不同的工作方式适用于不同的场合。

1. 方式 0

当 M1=0、M0=0 时，定时器/计数器工作在方式 0 下。 它被设成 13 位计数器，定时器/计数器由 TH、TL 两个 8 位计数器组成，但只使用 TH 的 8 位和 TL 的低 5 位。

（1）定时器/计数器工作在方式 0 下的电路结构与工作原理

定时器/计数器 T0、T1 工作在方式 0 下的电路结构与工作原理相同。以 T0 为例，将 TMOD 寄存器的低 4 位中的 M1、M0 均设为 0，此时定时器/计数器 T0 的电路结构如图 8-6 所示。

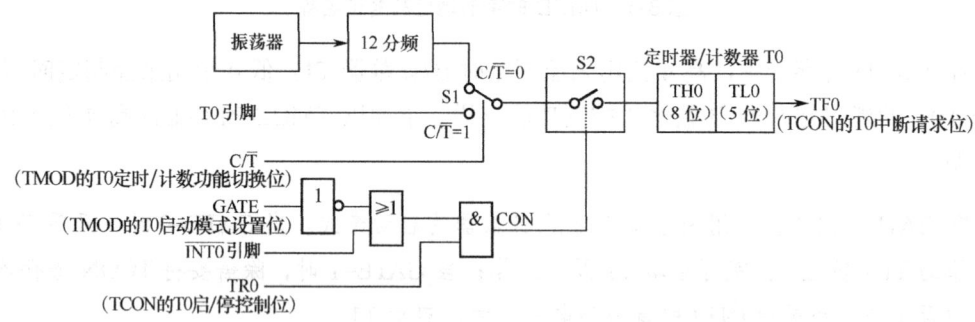

图 8-6 定时器/计数器 T0 在方式 0 下的电路结构

此时，T0 是一个 13 位计数器（TH0 的 8 位+TL0 的低 5 位）。C/$\overline{\text{T}}$ 位通过控制开关 S1 选择计数器的计数脉冲来源：当 C/$\overline{\text{T}}$=0 时，计数脉冲来自单片机的内部振荡器（经 12 分频）；当 C/$\overline{\text{T}}$=1 时，计数脉冲来自单片机的 T0 端（P3.4 引脚）。

GATE 位与 $\overline{\text{INT0}}$ 引脚、TR0 位一起经逻辑电路形成 CON 电平，再由 CON 电平控制开关 S2 的通断：当 CON=1 时，S2 闭合，T0 工作；当 CON=0 时，S2 断开，T0 停止工作（在 S2 断开后无信号送给 T0）。GATE 位、$\overline{\text{INT0}}$ 引脚和 TR0 位一起形成 CON 电平的表达式：

$$\text{CON} = \text{TR0} \cdot (\overline{\text{GATE}} + \overline{\text{INT0}}) \tag{8-1}$$

由上式可知：若 GATE=0，则 $(\overline{\text{GATE}}+\overline{\text{INT0}})=1$，CON=TR0，即当 GATE=0 时，CON 的值与 TR0 的值一致，TR0 可直接控制 T0 的启动/停止；若 GATE=1，则 CON=TR0·$\overline{\text{INT0}}$，即 CON 的值由 TR0、$\overline{\text{INT0}}$ 两个值决定，其中 TR0 的值由编程控制（软件控制），而 $\overline{\text{INT0}}$ 的值由外部 $\overline{\text{INT0}}$ 引脚的电平控制，只有当它们的值都为 1 时，CON 的值才为 1，定时器/计数器 T0 才能启动。

（2）定时器/计数器的初值计算

若定时器/计数器工作在方式 0 下，当其与外部输入端（T0 引脚）连接时，可以用作 13 位计数器；当与内部振荡器连接时，可以用作定时器。

❶ 计数初值的计算。当定时器/计数器用作 13 位计数器时，它的最大计数值为 8192（2^{13}）。如果想要不到 8192，计数器就能产生溢出，可以给计数器预先设置数值，这个预先设置的数值称为计数初值。在方式 0 下，定时器/计数器的计数初值可用下式计算：

$$\text{计数初值}=2^{13}-\text{计数值} \tag{8-2}$$

例如，希望在输入 1000 个脉冲后计数器就能产生溢出，则计数器的计数初值应设置为 7192（8192-1000）。

❷ 定时初值的计算。当定时器/计数器用作定时器时，它将对内部振荡器产生的脉冲（经 12 分频）进行计数。该脉冲的频率为 $f_{osc}/12$，脉冲周期为 $12/f_{osc}$。定时器的最大定时时间为 $2^{13} \cdot 12/f_{osc}$。若振荡器的频率 f_{osc} 为 12MHz，则定时器的最大定时时间为 8192μs。如果希望定时较短时间，定时器就能产生溢出，可以给定时器预先设置数值。这个预先设置的数值称为定时初值。在方式 0 下，定时器/计数器的定时初值可用下式计算：

$$\text{定时初值}=2^{13}-\text{定时值}=2^{13}-t \cdot f_{osc}/12 \tag{8-3}$$

例如，单片机时钟振荡器的频率为 12MHz（即 $12×10^6$Hz），现要求定时 1000μs（即 $1000×10^{-6}$s）就能产生溢出，则定时器的定时初值应用下式计算：

$$\text{定时初值}=2^{13}-t \cdot f_{osc}/12=8192-1000×10^{-6}×12×10^6/12=7192$$

2. 方式 1

当 M1=0、M0=1 时，定时器/计数器工作在方式 1 下，为 16 位计数器。 除计数位数不同外，定时器/计数器在方式 1 下的电路结构与工作原理与方式 0 完全相同。定时器/计数器工作在方式 1 下的电路结构（以定时器/计数器 T0 为例）如图 8-7 所示。

定时器/计数器工作在方式 1 下的计数初值和定时初值的计算公式如下：

$$\text{计数初值}=2^{16}-\text{计数值} \tag{8-4}$$

$$\text{定时初值}=2^{16}-\text{定时值}=2^{16}-t \cdot f_{osc}/12 \tag{8-5}$$

3. 方式 2

定时器/计数器的工作方式 0 和方式 1 只适合进行一次计数或定时操作的情况。 若要进行多次计数或定时，可让定时器/计数器工作在方式 2 下。当 M1=1、M0=0 时，定时器/计数器工作在方式 2 下，为 8 位自动重装计数器。定时器/计数器工作在方式 2 下的电路结构（以定时器/计数器 T0 为例）如图 8-8 所示。

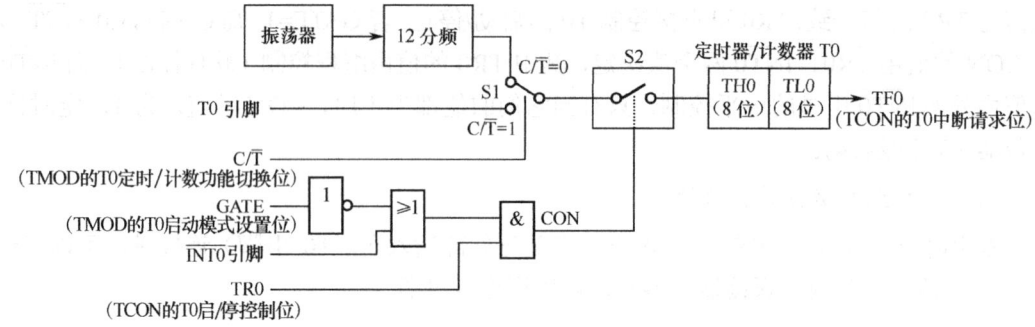

图 8-7　定时器/计数器 T0 在方式 1 下的电路结构

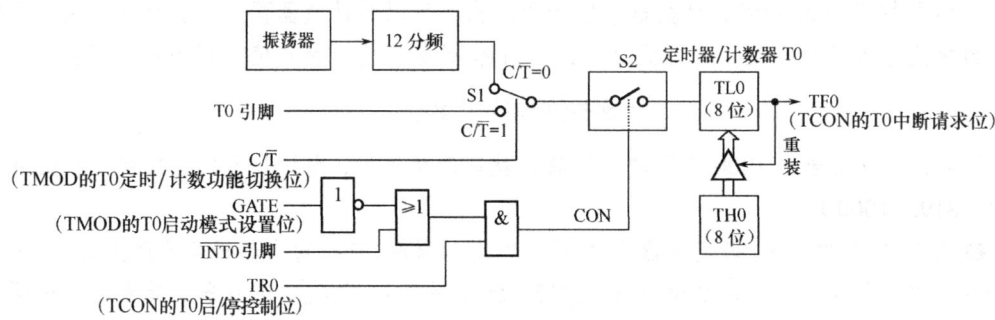

图 8-8　定时器/计数器 T0 在方式 2 下的电路结构

此时，16 位定时器/计数器 T0 分成 TH0、TL0 两个 8 位计数器：TL0 用来对脉冲计数；TH0 用来存放计数器初值。当 TL0 计数溢出时会先将 TCON 寄存器的 TF0 位置 1，同时也控制 TH0 开始重装，即将 TH0 中的初值重新装入 TL0 中，然后 TL0 重新开始在初值的基础上对输入脉冲进行计数。

定时器/计数器工作在方式 2 下的计数初值和定时初值的计算公式如下：

$$计数初值 = 2^8 - 计数值 \tag{8-6}$$

$$定时初值 = 2^8 - 定时值 = 2^8 - t \cdot f_{osc}/12 \tag{8-7}$$

4. 方式 3

定时器/计数器 T0 的工作方式有方式 3，而 T1 没有（T1 只有方式 0~2）。 当 TMOD 寄存器低 4 位中的 M1=1、M0=1 时，T0 工作在方式 3 下。此时，T0 用作计数器或定时器。

（1）T0 工作在方式 3 下的电路结构与工作原理

在该方式下 T0 的电路结构如图 8-9 所示。

此时，T0 被分成 TL0、TH0 两个独立的 8 位计数器：TL0 受 T0 的全部控制位控制（即原本控制整个 T0 的各个控制位，在该方式下全部用来控制 T0 的 TL0 计数器）；而 TH0 受 T1 的部分控制位（TCON 的 TR1 位和 TF1 位）控制。

第 8 章 定时器/计数器的使用及编程

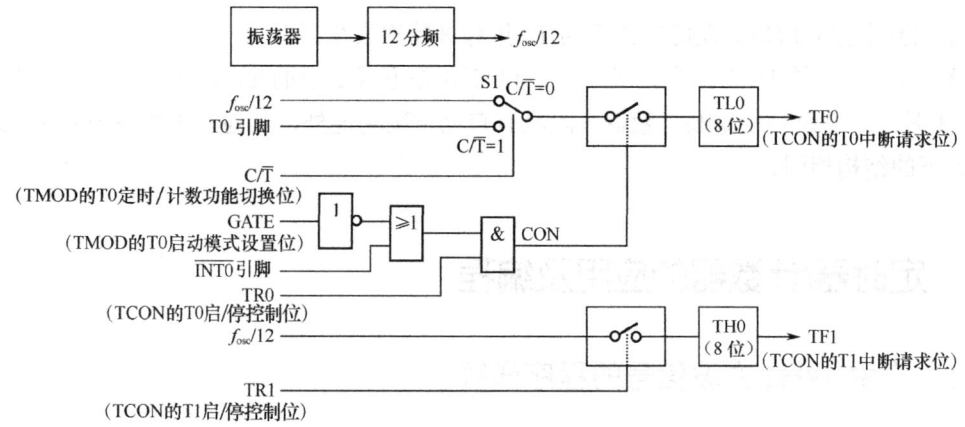

图 8-9 定时器/计数器 T0 在方式 3 下的电路结构

在方式 3 下，TL0 既可用作 8 位计数器（对外部信号计数），也可用作 8 位定时器（对内部信号计数）；TH0 只能用作 8 位定时器，它的启动受 TR1 的控制（TCON 的 TR1 位原本用来控制定时器/计数器 T1），即当 TR1=1 时，TH0 开始工作；当 TR1=0 时，TH0 停止工作。当 TH0 计数产生溢出时会向 TF1 置位。

（2）T0 工作在方式 3 下 T1 的电路结构与工作原理

当 T0 工作在方式 3 下，它将占用 T1 的一些控制位，此时 T1 还可以工作在方式 0~2 下（可通过 TMOD 寄存器高 4 位中的 M1、M0 值设置）。在这种情况下 T1 一般用作波特率发生器。当 T0 工作在方式 3 下，T1 的电路结构如图 8-10 所示。

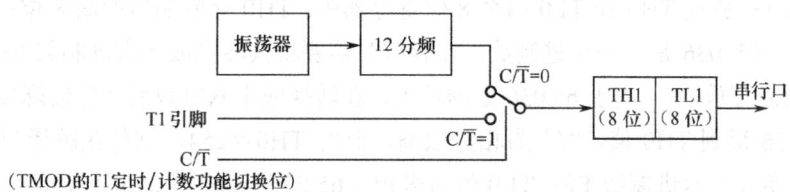

(a) T1 工作在方式1（或方式0）下的电路结构（当T0工作在方式3下）

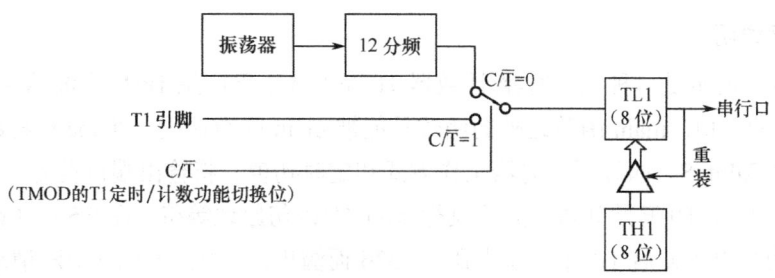

(b) T1 工作在方式2下的电路结构（当T0工作在方式3下）

图 8-10 T1 的电路结构

图 8-10（a）是 T0 工作在方式 3 下、T1 工作在方式 1（或方式 0）下的 T1 的电路结构。在该方式下，T1 是一个 16 位计数器。由于 TR1 控制位已经被借用，并用来控制 T0 的高 8 位计数器 TH0，所以 T1 在该方式下无法停止，一直处于工作状态。另外，由于 TF1 位也借给了 TH0，所以 T1 在溢出后不能对 TF1 进行置位并产生中断请求信号，T1 溢出的信号

只能输出到串行通信口。在此方式下的 T1 用作波特率发生器。

图 8-10（b）是 T0 工作在方式 3 下、T1 工作在方式 2 下的 T1 的电路结构。在该方式下，T1 是一个 8 位自动重装计数器。除具有自动重装功能外，其他与工作在方式 1（或方式 0）下的结构相同。

8.5 定时器/计数器的应用及编程

8.5.1 产生 1kHz 方波信号的程序详解

1. 确定初值

1kHz 方波信号的周期 $T=1/f=1/1000=1$ms，高、低电平各为 0.5ms（500μs）。若要产生 1kHz 方波信号，则让定时器/计数器每隔 0.5ms 产生一次计数溢出中断，在中断后改变输出端口的值，并重复执行该过程即可。当定时器/计数器 T0 的工作方式为方式 1 时，T0 为 16 位计数器，最大计数值为 65 536。T0 从 0 计到 65 536 需要耗时 65.536ms（当单片机的时钟频率为 12MHz 时）。若要 T0 每隔 0.5ms 产生一次计数溢出，则必须给 T0 设置定时初值。定时器/计数器工作在方式 1 下的定时初值的计算方法如下：

$$定时初值=2^{16}-定时值=2^{16}-t \cdot f_{osc}/12=65\,536-500\times10^{-6}\times12\times10^{6}\div12=65\,036$$

定时初值存放在 TH0 和 TL0 两个 8 位寄存器中：TH0 存放初值的高 8 位；TL0 存放初值的低 8 位。65 036 是一个十进制数，在存放时需要将其转换成十六进制数 0xFE0C：TH0 存放 FE；TL0 存放 0C。由于 65 036 数据较大，在转换成十六制数后运算较麻烦，因此可采用 65 036/256 得到 TH0 值，"/" 为相除取商，此时 TH0=254，软件在编译时自动将十进制数 254 转换成十六进制数 FE；TL0 值可采用（65 536-500）%256 计算得到，"%" 为相除取余数，此时 TL0=12，十进制数 12 可转换成十六进制数 0C。

2. 程序说明

如图 8-11 所示是一种让定时器/计数器 T0 在方式 1 下产生 1kHz 方波信号的程序。main 函数是程序的入口。main 函数之外的函数只能被 main 函数调用。在 main 函数中先执行中断设置函数 T0Int_S，即设置定时器工作方式和定时初值、将输出端口设为 1、打开总中断和 T0 中断、启动 T0 开始计数，然后执行 while(1) 语句原地等待。在 0.5ms（在此期间输出端口 P1.0 为高电平）后 T0 计数因达到 65 536 而溢出，产生一个 T0 中断请求信号，触发定时器中断函数 T0Int_Z。T0Int_Z 函数重新给 T0 定时器赋定时初值，再将输出端口 P1.0 值取反（在第一次执行 T0Int_Z 函数后，P1.0 变为低电平）。在中断函数 T0Int_Z 执行完后又返回到 main 函数的 while(1) 语句原地等待。T0 在中断函数设置的定时初值基础上重新计数，直到计数到 65 536 产生中断请求后再次执行中断函数，如此反复进行。P1.0 端口的高、低电平不断变化。在一个周期内高、低电平的持续时间都为 0.5ms，即 P1.0 端口有 1kHz 的方波信号输出。

```c
/*让定时器/计数器T0在方式1下产生1kHz方波信号的程序*/
#include<reg51.h>        //调用reg51.h文件对单片机各特殊功能寄存器进行地址定义
sbit Xout=P1^0;          //用位定义关键字sbit将Xout代表P1.0端口

/*以下为定时器及相关中断设置函数*/
void T0Int_S (void)      //函数名为T0Int_S,输入和输出参数均为void(空),
{
 TMOD=0x01;              //让TMOD寄存器控制T0的M1M0=01,设T0工作在方式1(16位计数器)
 TH0=(65536-500)/256;    //将定时初值的高8位放入TH0,"/"为除法运算符号
 TL0=(65536-500)%256;    //将定时初值的低8位放入TL0,"%"为相除取余数符号
 Xout=1;                 //赋P1.0端口初值为1
 EA=1;                   //让IE寄存器的EA=1,打开总中断
 ET0=1;                  //让IE寄存器的ET0=1,允许T0的中断请求
 TR0=1;                  //让TCON寄存器的TR0=1,启动T0在TH0、TL0初值基础上开始计数
}

/*以下为主程序部分*/
main()                   //main为主函数,一个程序只允许有一个主函数,其语句要写在main
                         //首尾大括号内,不管程序多复杂,单片机都会从main函数开始执行程序
{
 T0Int_S ();             //执行T0Int_S函数(定时器及相关中断设置函数)
 while(1);               //当while小括号内的条件非0(即为真)时,反复执行while语句,即程序在此处
                         //原地踏步,直到T0计到65536时产生中断请求才去执行T0Int_Z中断函数
}

/*以下T0Int_Z为定时器中断函数,用"(返回值) 函数名 (输入参数) interrupt n using m"格式
定义一个函数名T0Int_Z的中断函数,n为中断源编号,n=0~4,m为用作保护中断断点的
寄存器组,可使用4组寄存器(0~3),每组有7个寄存器(R0~R7),m=0~3,若只有
一个中断,可不写"using m",使用多个中断时,不同中断应使用不同m*/
void T0Int_Z (void) interrupt 1 using 1   // T0Int_Z为中断函数(用interrupt定义),其返回值
                         //和输入参数均为void(空),并且为T0的中断函数
                         //(中断源编号n=1),断点保护使用第1组寄存器(using 1)
{
 TH0=(65536-500)/256;    //将定时初值的高8位放入TH0,"/"为除法运算符号
 TL0=(65536-500)%256;    //将定时初值的低8位放入TL0,"%"为相除取余数符号
 Xout =~Xout;            //将P1.0端口值取反
}
```

图 8-11 产生 1kHz 方波信号的程序

可以利用频率计(也可以用带频率测量功能的数字万用表)在 P1.0 端口测得输出方波信号的频率,还能用示波器直观查看输出信号的波形。由于单片机的时钟频率可能会飘移,且执行程序语句需要一些时间,所以输出端口的实际输出信号频率与理论频率可能不完全一致,适当修改定时初值的大小可使输出信号频率尽量接近需要输出的频率。在输出信号频率偏低时可适当调大定时初值,从而在更短时间内就能产生溢出,并使输出频率升高。

8.5.2 产生 50kHz 方波信号的程序详解

若定时器/计数器工作在方式 1 下,则在执行程序中的重装初值语句时会需要一定的时间。若让定时器/计数器产生高频率的信号,则得到的信号频率可能会与理论频率差距很大。若定时器/计数器工作在方式 2 下,一旦计数溢出,定时初值就会自动重装,无须在程序中编写重装初值语句,故可以产生频率高且准确的信号。

如图 8-12 所示是一种让定时器/计数器 T1 工作在方式 2 下且产生 50kHz 方波信号的程序。在中断设置函数 T1Int_S 中的 TL1 和 TH1 寄存器中,分别设置了计数初值和重装初值。由于单片机会自动重装计数初值,故在定时器中断函数 T1Int_Z 中无须编写重装初值的语句。定时器/计数器从 246 计到 256 需要 10μs。执行定时器中断函数 T1Int_Z 使输出端口电平变反,即输出方波信号周期为 20μs,频率为 50kHz。

```
/*让定时器工作在方式2产生50kHz方波信号的程序*/
#include<reg51.h>      //调用reg51.h文件对单片机各特殊功能寄存器进行地址定义
sbit Xout=P1^0;         //用位定义关键字sbit将Xout代表P1.0端口

/*以下为定时器及相关中断设置函数*/
void T1Int_S (void)    //函数名为T1Int_S,输入和输出参数均为void(空)
{
    TMOD=0x20;         //让TMOD寄存器控制T1的M1M0=10,设T1工作在方式2(8位重装计数器)
    TH1=246;           //在TH1寄存器中设置计数重装值
    TL1=246;           //在TL1寄存器装入计数初值
    Xout=1;            //赋P1.0端口初值为1
    EA=1;              //让IE寄存器的EA=1,打开总中断
    ET1=1;             //让IE寄存器的ET1=1,允许T1的中断请求
    TR1=1;             //让TCON寄存器的TR1=1,启动T1开始计数
}
/*以下为主程序部分*/
main()                 //main为主函数,一个程序只允许有一个主函数,其语句要写在main
                       //首尾大括号内,不管程序多复杂,单片机都会从main函数开始执行程序
{
    T1Int_S ();        //执行T1Int_S函数(定时器及相关中断设置函数)
    while(1);          //当while小括号内的条件非0(即为真)时,反复执行while语句,即程序在此处
                       //原地踏步,直到T1计到256时产生中断请求才去执行T1Int_Z中断函数
}

/*以下T1Int_Z为定时器中断函数,用"(返回值) 函数名 (输入参数) interrupt n using m"格式
定义一个函数名T1Int_Z的中断函数,n为中断源编号,n=0~4,m为用作保护中断点的
寄存器组,可使用4组寄存器(0~3),每组有7个寄存器(R0~R7),m=0~3,若只有
一个中断,可不写"using m",使用多个中断时,不同中断应使用不同m*/
void T1Int_Z (void) interrupt 3 using 1    // T1Int_Z为中断函数(用interrupt定义),其返回值
                       //和输入参数均为void(空),并且为T1的中断函数
                       //(中断源编号n=3),断点保护使用第1组寄存器(using 1)
{
    Xout =~Xout;       //将P1.0端口值取反
}
```

图8-12 产生50kHz方波信号的程序

8.5.3 产生周期为1s方波信号的程序详解

定时器/计数器的最大计数值为65 536。当单片机的时钟频率为12MHz时,定时器/计数器从0计到65 536并产生溢出中断需要65.536ms。若采用每次计数溢出就转换一次信号电平的方法,则能产生最长周期约为131ms的方波信号。如果要产生周期更长的信号,则可以让定时器/计数器溢出多次后再转换信号电平,这样就可以产生周期为(2×65.536×n)ms的方波信号,n为计数溢出的次数。

如图8-13所示是一种让定时器/计数器T0工作在方式1下并产生周期为1s方波信号的程序。该程序与图8-11中程序的主要区别在于定时器中断函数的内容不同。本程序将定时器的定时初值设为"66 536-50 000",因此从定时初值计数到65 536产生溢出需要50ms,即每隔50ms会执行一次定时器中断函数T0Int_Z。用i值计算T0Int_Z的执行次数,当第11次执行时i值变为11。此时可执行if大括号内的语句,并将i值清0,同时将输出端口值变反。也就是说,在定时器/计数器执行第10次(每次需要50ms)时输出端口电平不变。在执行第11次时输出端口电平变反,i值变为0。此时又开始在保持电平不变的情况下进行10次计数,结果输出端口得到1s(1000ms)的方波信号。

如果在T0Int_Z函数的"Xout =~Xout;"语句之后增加一条"TR0=0;"语句,则T0Int_Z函数仅会执行一次,并且会让定时器/计数器T0停止计数,即单片机在上电后,P1.0端口输出低电平,在500ms后,P1.0端口输出高电平,此后该高电平一直保持。若需要获得较长的延时,可以增大程序中的i值(最大取值为65 535),如i=60 000,则可得到50ms×60 000=3 000s的定时;若需要获得更长的延时,可以将"unsigned int i"改成"unsigned long int i",

此时 i 由 16 位整数型变量变成 32 位整数型变量,取值范围由 0～65 535 变成 0～4 294 967 295。

```
/*让定时器/计数器 T0 工作在方式 1 下并产生周期为 1s 方波信号的程序*/
#include<reg51.h>       //调用 reg51.h 文件对单片机各特殊功能寄存器进行地址定义
sbit Xout=P1^0;         //用位定义关键字 sbit 将 Xout 代表 P1.0 端口

/*以下为定时器及相关中断设置函数*/
void T0Int_S (void)     //函数名为 T0Int_S,输入和输出参数均为 void(空)
{
  TMOD=0x01;            //让 TMOD 寄存器的 M1M0=01,设 T0 工作在方式 1(16 位计数器)
  TH0=(65536-50000)/256;  //将定时初值的高 8 位放入 TH0,"/"为除法运算符号
  TL0=(65536-50000)%256;  //将定时初值的低 8 位放入 TL0,"%"为相除取余数符号
  Xout=0;               //赋 P1.0 端口初值为 1
  EA=1;                 //让 IE 寄存器的 EA=1,打开总中断
  ET0=1;                //让 IE 寄存器的 ET0=1,允许 T0 的中断请求
  TR0=1;                //让 TCON 寄存器的 TR0=1,启动 T0 在 TH0、TL0 初值基础上开始计数
}
/*以下为主程序部分*/
main()                  //main 为主函数,一个程序只允许有一个主函数,其语句要写在 main
                        //首尾大括号内,不管程序多复杂,单片机都会从 main 函数开始执行程序
{
  T0Int_S ();           //执行 T0Int_S 函数(定时器及相关中断设置函数)
  while(1);             //当 while 小括号内的条件非 0(即为真)时,反复执行 while 语句,即程序在此处
                        //原地踏步,直到 T0 计到 65536 时产生中断请求才去执行 T0Int_Z 中断函数
}

/*以下 T0Int_Z 为定时器中断函数,用"(返回值)函数名(输入参数)interrupt n using m"格式
定义一个函数名 T0Int_Z 的中断函数,n 为中断源编号,n=0～4,m 为用作保护中断断点的
寄存器组,可使用 4 组寄存器(0～3),每组有 7 个寄存器(R0～R7),m=0～3,若只有
一个中断,可不写"using m",使用多个中断时,不同中断应使用不同 m*/
void T0Int_Z (void)  interrupt 1 using 1   // T0Int_Z 为中断函数(用 interrupt 定义),其返回值
                                           //和输入参数均为 void(空),并且为 T0 的中断函数
                                           //(中断源编号 n=1),断点保护使用第 1 组寄存器(using 1)
{
  unsigned int i;       //声明一个无符号(unsigned)整数型(int)变量 i,i=0～65535
  TH0=(65536-50000)/256;  //将定时初值的高 8 位放入 TH0,"/"为除法运算符号
  TL0=(65536-50000)%256;  //将定时初值的低 8 位放入 TL0,"%"为相除取余数符号
  i++;                  //将 i 值增 1,T0Int_Z 函数需执行 11 次才会使 i=11
  if(i==11)             //如果 i=11,执行 if 大括号内的语句,否则跳到大括号之后,
                        //T0Int_Z 函数需执行 11 次才会执行 if 大括号内的语句
  {
    i=0;                //将 i 值置 0
    Xout =~Xout;        //将 P1.0 端口值取反
  }
}
```

图 8-13 产生周期为 1s 方波信号的程序

第 9 章　按键电路及编程

9.1　独立按键输入电路与程序详解

9.1.1　开关输入抖动及解决方法

如图 9-1（a）所示是一种简单的开关输入电路。在理想状态下，当按下开关 S 时，将给单片机输入一个 0（低电平）；当 S 断开时，则给单片机输入一个 1（高电平）。但实际上，当按下开关 S 时，由于手的抖动，S 会断开、闭合几次，然后稳定闭合，所以在按下开关时，给单片机输入的低电平并不稳定，而是在高、低电平变化几次后（持续 10～20ms），再保持为低电平。同样在 S 弹起时也有这种情况。开关在通断时产生的开关输入信号如图 9-1（b）所示。在开关因抖动给单片机输入不正常的信号后，可能会使单片机产生误动作，应设法消除开关的抖动。

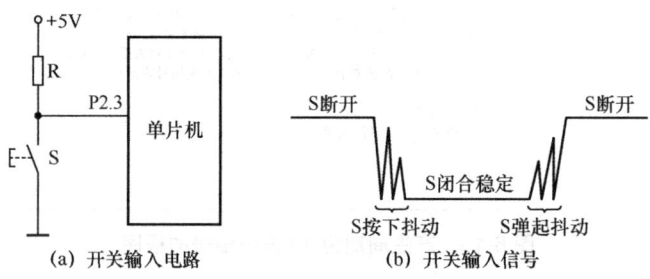

图 9-1　开关输入电路与开关输入信号

开关输入抖动的解决方法有硬件防抖法和软件防抖法两种。

1. 硬件防抖法

硬件防抖的方法很多，如图 9-2 所示是两种常见的硬件防抖电路。

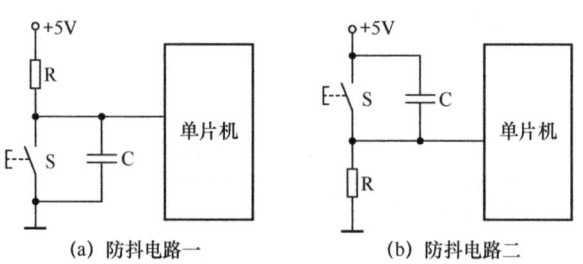

图 9-2　两种常见的硬件防抖电路

在图 9-2（a）中，当开关 S 断开时，+5V 电压经电阻 R 对电容 C 充电，在 C 上充得+5V

电压。当按下开关让 S 闭合时，由于开关电阻小，电容 C 可通过开关迅速将两端电荷放掉，两端电压迅速降低（接近 0V），单片机输入为低电平。在按下开关时，由于手的抖动导致开关短时断开，+5V 电压经 R 对 C 充电。但由于 R 阻值大，在短时间内电容 C 的充电很少，电容 C 的两端电压基本不变，故单片机的输入仍为低电平，从而保证在开关抖动时仍可给单片机输入稳定的电平信号。图 9-2（b）中的防抖电路的工作原理可自行分析。

在采用图 9-2 的防抖电路时，选择 R、C 的值比较关键。R、C 的值可以用下式计算：

$$t<0.357 \cdot R \cdot C \tag{9-1}$$

因为抖动时间一般为 10～20ms，如果 R=10kΩ，那么 C 可在 2.8～5.6μF 之间选择，通常选择 3.3μF。

2. 软件防抖法

尽管可以通过硬件消除开关输入的抖动，但会使输入电路变得复杂且提高成本。为了使硬件输入电路简单和降低成本，也可以通过软件编程的方法消除开关输入的抖动。

软件防抖的基本思路是在单片机第一次检测到开关按下或断开时，马上执行延时程序（10～20ms）。在延时期间不接收开关产生的输入信号（在此期间可能会产生抖动信号）。在开关通断稳定后，单片机再检测开关的状态。这样就可以避开开关产生的抖动信号，并检测到稳定、正确的开关输入信号。

9.1.2 连接 8 个独立按键和 8 个 LED 的单片机电路

如图 9-3 所示的单片机连接了 8 个独立按键和 8 个 LED，可以选择某个按键控制 LED 的亮灭，具体由编写的程序决定。

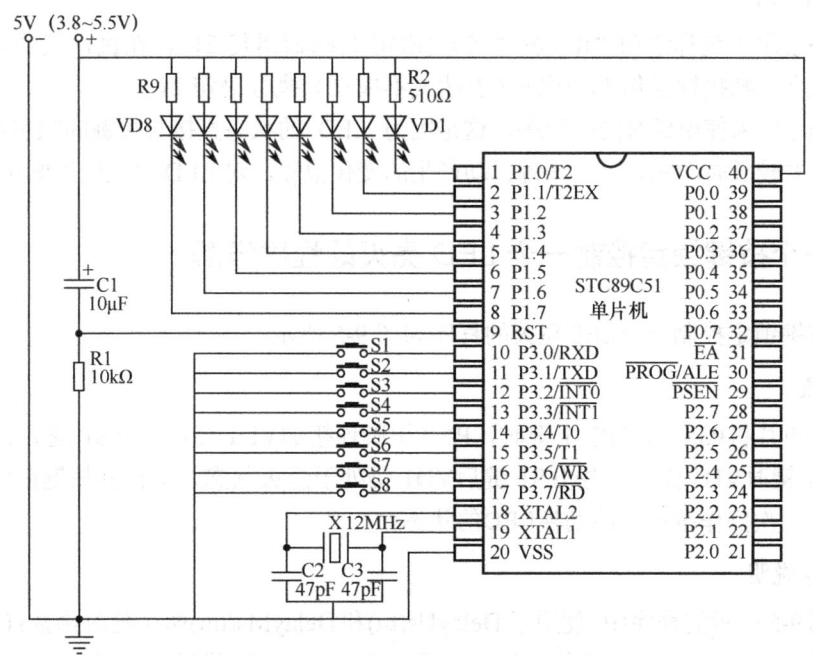

图 9-3 连接 8 个独立按键和 8 个 LED 的单片机电路

9.1.3 一个按键点动控制一个 LED 亮灭的程序详解

一个按键点动控制一个LED亮灭的程序如图 9-4 所示。

```
/*一个按键点动控制一个 LED 亮灭的程序*/
#include<reg51.h>    //调用 reg51.h 文件对单片机各特殊功能寄存器进行地址定义
sbit LED=P1^0;       //用位定义关键字 sbit 将 LED 代表 P1.0 端口,LED 是自己任意
                    //定义且容易记忆的符号
sbit S1=P3^0;        //用位定义关键字 sbit 将 S1 代表 P3.0 端口
/*以下为主程序部分*/
void main (void)     //main 为主函数,main 前面的 void 表示函数无返回值(输出参数),
                    //后面小括号内的 void(也可不写)表示函数无输入参数,一个程序
                    //只允许有一个主函数,其语句要写在 main 首尾大括号内,不管
                    //程序多复杂,单片机都会从 main 函数开始执行程序
{                    //main 函数首大括号
  LED=1;             //将 P1.0 端口赋值 1,让 P1.0 引脚输出高电平
  while (1)          //while 为循环控制语句,当小括号内的条件非 0(即为真)时,反复
                    //执行 while 首尾大括号内的语句
  {                  //while 语句首大括号
    if(S1!=1)        //if(意为如果) S1 的反值为 1,则执行 LED=0, !表示取非
      {
       LED=0;        //将 P1.0 端口赋值 0,让 P1.0 引脚输出低电平,点亮 LED
      }
    else             //else(意为否则) 执行 LED=1
      {
       LED=1;        //将 P1.0 端口赋值 1,让 P1.0 引脚输出高电平,熄灭 LED
      }
  }                  //while 语句尾大括号
}                    //main 函数尾大括号
```

图 9-4 一个按键点动控制一个 LED 亮灭的程序

1. 现象

在按下单片机P3.0 引脚的S1 键时,P1.0 引脚连接的VD1 亮;在松开S1 键时VD1 熄灭。

2. 程序说明

该程序使用了选择语句"if(表达式){语句 1}else{语句 2}"。在执行该语句时,如果if表达式成立,则执行语句 1,否则(表达式不成立)执行语句 2。

在该程序中未使用延时防抖程序,这是因为 LED 的状态直接与按键的状态对应:LED 亮灭变化需要较长时间完成,而按键抖动产生的变化很短,对 LED 亮灭的影响可忽略不计。

9.1.4 一个按键锁定控制一个 LED 亮灭的程序详解

一个按键锁定控制一个LED亮灭的程序如图 9-5 所示。

1. 现象

在按下单片机P3.0 引脚的S1 键时,P1.0 引脚连接的VD1 亮,松开S1 键后VD1 仍亮;再次按下S1 键时VD1 熄灭,松开S1 键后VD1 仍处于熄灭状态,即松开按键后LED的状态锁定,需要再次操作按键才能切换LED的状态。

2. 程序说明

在如图9-5所示的程序中,使用了DelayUs(tu)和DelayMs(tm)两个延时函数:DelayUs(tu)为微秒级延时函数,如果单片机的时钟晶振频率为 12MHz,则其延时时间可近似用"tu×2+5"计算,DelayUs(248)的延时时间约为 0.5ms;DelayMs(tm)为毫秒级延时函数,其内部使用

了两次DelayUs(248)，因此总延时时间为(tu×2+5)×2×tm，即当tu=248、tm=10时，DelayMs(tm)函数的延时时间约为10ms。在程序中使用了"while(S1!=1);"语句，可以使"LED＝！LED;"语句只有在按键释放、断开时才被执行。若去掉"while(S1!=1);"语句，在按键按下期间，"LED＝！LED;"语句可能会被执行多次，从而引起 P1.0 值的不确定以及操作结果的不确定。

```
/*一个按键锁定控制一个 LED 亮灭的程序*/
#include<reg51.h>        //调用 reg51.h 文件对单片机各特殊功能寄存器进行地址定义
sbit LED=P1^0;           //用位定义关键字 sbit 将 LED 代表 P1.0 端口，LED 是自己任意
                         //定义且容易记忆的符号
sbit S1=P3^0;            //用位定义关键字 sbit 将 S1 代表 P3.0 端口
void DelayUs(unsigned char tu);  //声明一个 DelayUs（微秒级延时）函数，输入参数为 unsigned
                         //(无符号)char(字符型)变量 tu，tu 为 8 位，取值范围 0～255
void DelayMs(unsigned char tm);  //声明一个 DelayMs（毫秒级延时）函数
/*以下为主程序部分*/
void main (void)
{
 S1=1;                   //将按键输入端口 P3.0 赋值 1
 while (1)               //while 为循环控制语句，当小括号内的条件非 0（即为真）时，反复
                         //执行 while 大括号内的语句
  {                      //第一个 while 语句首大括号
   if(S1!=1)             //if（如果）S1 的反值为 1，表示按键按下，则执行本 if 大括号内的语句
                         //如果 S1 的反值不为 1（按键未按下），则执行本 if 尾大括号之后的语句
    {                    //第一个 if 语句首大括号
     DelayMs(10);        //若按下按键，则执行 DelayMs 函数，DelayMs 的输入参数 tm 被赋值 10，
                         //延时约 10ms，在此期间内按键产生的抖动信号不影响程序
     if(S1!=1)           //再次检测按键是否按下，按下则执行本 if 大括号内的语句，未按下
                         //则执行本 if 尾大括号之后的语句
      {                  //第二个 if 语句首大括号
       while(S1!=1);     //检测按键的状态，按键处于闭合（S1!=1 成立）则反复执行 while 语句，
                         //按键一旦释放断开马上执行 while 之后的语句
       LED=!LED;         //将 P1.0 端口的值取反
      }                  //第二个 if 语句尾大括号
    }                    //第一个 if 语句尾大括号
  }                      //第一 while 语句大括号
}

/*以下 DelayUs 为微秒级延时函数，其输入参数为 unsigned char tu（无符号字符型变量 tu），
tu 值为 8 位，取值范围 0～255，如果单片机的晶振频率为 12M，本函数延时时间可用
T=（tu×2+5）us 近似计算，比如 tu=248，T=501 us≈0.5ms */
void DelayUs (unsigned char tu)   //DelayUs 为微秒级延时函数，其输入参数为无符号字符型变量 tu
{
 while(--tu);            //while 为循环语句，每执行一次 while 语句，tu 值就减 1，
                         //直到 tu 值为 0 时才执行 while 尾大括号之后的语句
}

/*以下 DelayMs 为毫秒级延时函数，其输入参数为 unsigned char tm（无符号字符型变量 tm），
该函数内部使用了两个 DelayUs (248)函数，它们共延时 1002us（约 1ms），
由于 tm 值最大为 255，故本 DelayMs 函数最大延时时间为 255ms，若将输入参数
定义为 unsigned int tm，则最长可获得 65535ms 的延时时间*/
void DelayMs(unsigned char tm)
{
 while(tm--)
 {
  DelayUs (248);
  DelayUs (248);
 }
}
```

图 9-5　一个按键锁定控制一个 LED 亮灭的程序

9.1.5　4 路抢答器的程序详解

4 路抢答器的程序如图 9-6 所示。

```
/*4路抢答器的程序*/
#include<reg51.h>    //调用 reg51.h 文件对单片机各特殊功能寄存器进行地址定义
sbit S1=P3^0;        //用关键字 sbit 将 S1 代表 P3.0 端口
sbit S2=P3^1;
sbit S3=P3^2;
sbit S4=P3^3;
sbit S5Rst=P3^4;
/*以下为主程序部分*/
main()
{
 bit Flag;           //用关键字 bit 将 Flag 定义为位变量,Flag 默认初值为 0
 while(!Flag)        //如果 Flag 的反值为 1,则反复执行 while 大括号内的语句
  {
   if(!S1)           //如果按下 S1 键,让 P1.0 端口输出低电平,并将 Flag 置 1
    {
    P1=0xFE;
    Flag=1;
    }
   else if(!S2)      //否则如果按下 S2 键,让 P1.1 端口输出低电平,并将 Flag 置 1
    {
    P1=0xFD;
    Flag=1;
    }
   else if(!S3)      //否则如果按下 S3 键,让 P1.2 端口输出低电平,并将 Flag 置 1
    {
    P1=0xFB;
    Flag=1;
    }
   else if(!S4)      //否则如果按下 S4 键,让 P1.3 端口输出低电平,并将 Flag 置 1
    {
    P1=0xF7;
    Flag=1;
    }
  }
 while(Flag)         //检测 Flag 值,为 1 时反复执行 while 大括号内的语句
  {
   Flag=S5Rst;       //将 S5Rst 值(P3.4 端口值)赋给 Flag,按下 S5 键时 Flag=0
  }
 P1=0xFF;            //将 P1 端口置高电平,熄灭 P1 端口所有的外接灯
}
```

图 9-6　4 路抢答器的程序

1. 现象

如果按下 P3.0～P3.3 引脚的 S1～S4 中的某个按键,那么 P1.0～P1.3 引脚对应的 LED 会被点亮;如果 S1～S4 按键均被按下,那么最先按下的按键操作有效;按下 S5 键可以熄灭所有的 LED,重新开始下一轮抢答。

2. 程序说明

程序说明见图 9-6。

9.1.6　独立按键控制 LED 和 LED 数码管的单片机电路

如图 9-7 所示是独立按键控制 LED 和 LED 数码管的单片机电路:S1～S8 按键分别接在 P3.0～P3.7 引脚与地之间,在按键按下时,单片机相应的引脚输入低电平;在按键松开时,相应引脚输入高电平。另外,单片机的 P0 引脚(P0.0～P0.7)和 P2.2、P2.3 引脚,还通过段、位锁存器 74HC573 与 8 位共阴极数码管连接。

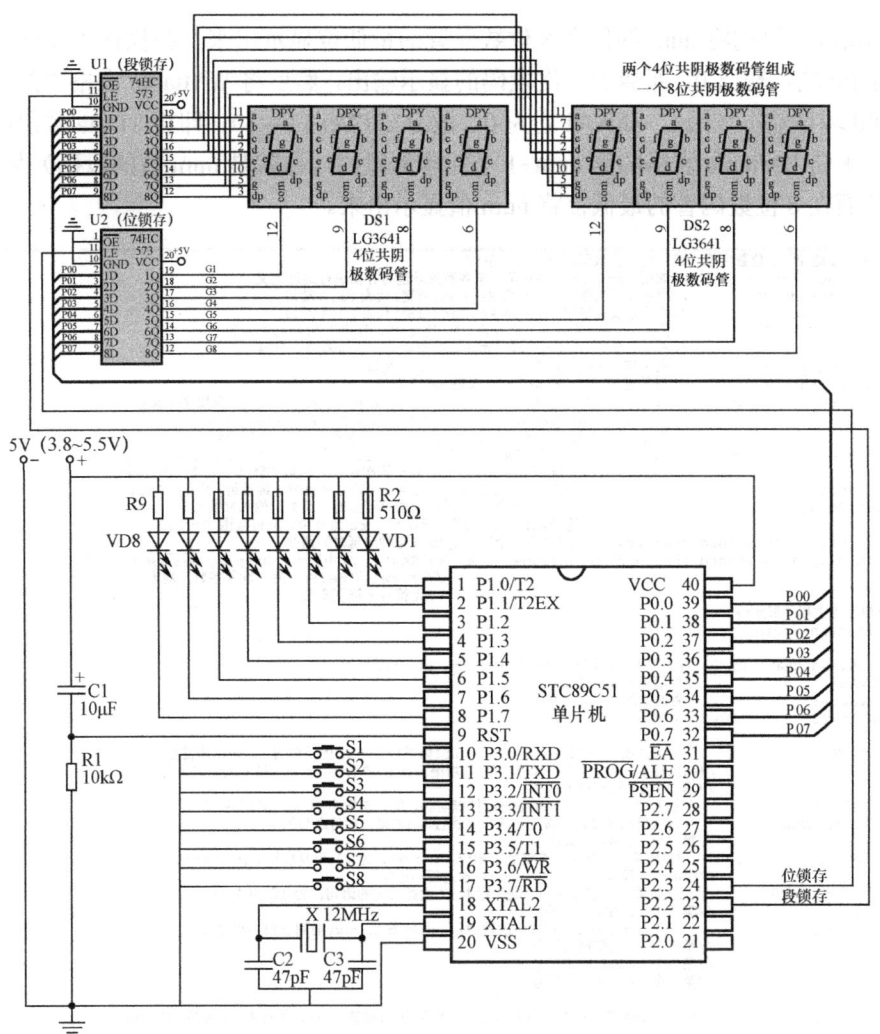

图 9-7 独立按键控制 LED 和 LED 数码管的单片机电路

9.1.7 两个按键控制 1 位数字增、减并用 8 位数码管显示的程序详解

两个按键控制 1 位数字增、减并用 8 位数码管显示的程序如图 9-8 所示。

1. 现象

在接通电源后,8 位数码管在最低位显示 1 位数字 0,每按一下增键(S1 键),数字就增大 1,增到 9 后不再增大;每按一下减键(S2 键),数字就减小 1,减到 0 后不再减小。

2. 程序说明

在如图 9-8 所示的程序中,有一段程序用于检测增键是否按下,还有一段程序用于检测减键是否按下。num 值是要显示的数字。在增、减键的检测程序执行后,先用 "TData [0]= DMtable [num%10];" 语句将 DMtable 表格中第 num+1 个数字的段码传送到 TData 数组的第一个位置(num%10 意为 num 除 10 取余数,当 num=0~9 时,num%10=num),再执行

"Display(0,1);"语句将 num 的值在 8 位数码管的最低位显示出来。在执行"Display(0,1);"时，先让 P0 端口输出 0，即清除上次段码的显示输出，然后将 WMtable 表格中的第 1 个位码送到 P0 端口输出（因 i、ShiWei 均为 0，故 i+ShiWei +1＝1），即将 TData 数组的第一个元素值（来自 DMtable 表格的第 num+1 个元素的段码，也就是 num 值的段码）从 P0 端口输出，从而在 8 位数码管的最低位将 num 值显示出来。

```c
/*两个按键控制1位数字增、减并用8位数码管显示的程序*/
#include<reg51.h>           //调用reg51.h文件对单片机各特殊功能寄存器进行地址定义
sbit KeyAdd=P3^0;           //用位定义关键字sbit将KeyAdd(增键)代表P3.0端口
sbit KeyDec=P3^1;           //用位定义关键字sbit将KeyDec(减键)代表P3.1端口
#define WDM P0               //用define(宏定义)命令将WDM代表P0，程序中WDM与P0等同，
                            // define和include一样，都是预处理命令，前面需加一个"#"
sbit DuanSuo=P2^2;          //用关键字sbit将DuanSuo代表P2.2端口
sbit WeiSuo=P2^3;           //用关键字sbit将WeiSuo代表P2.3端口
unsigned char code DMtable[]={0x3f,0x06,0x5b,       //在ROM中定义(使用了关键字code)
                              0x4f, 0x66,0x6d,     //一个无符号字符型表格DMtable,
                              0x7d,0x07, 0x7f,0x6f}; //表格中存放着字符0~9的段码
unsigned char code WMtable[]={0xfe,0xfd,0xfb,0xf7,   //定义一个无符号字符型表格WMtable,
                              0xef,0xdf,0xbf,0x7f}; //表格依次存放8位数码管低位到高位的位码
unsigned char TData[8];     //定义一个可存放8个元素的无符号字符型一维数组(表格)TData
void DelayUs(unsigned char tu);  //声明一个DelayUs(微秒级延时)函数，输入参数为unsigned
                                 //(无符号)char(字型)变量tu，tu为8位，取值范围 0~255
void DelayMs(unsigned char tm);  //声明一个DelayMs(毫秒级延时)函数
void Display(unsigned char ShiWei,unsigned char WeiShu); //声明一个Display(显示)函数，它有
                                                //ShiWei和WeiShu两个输入参数，均为
                                                //无符号字符型变量
/*以下为主程序部分*/
void main (void)
{
 unsigned char num=0;       //声明一个无符号字符型变量num, num初值赋 0
 KeyAdd=1;                  //将增键的输入端口置高电平
 KeyDec=1;                  //将减键的输入端口置高电平
 while (1)                  //主循环
 {
  if(!KeyAdd)               //!KeyAdd可写成KeyAdd!=1, if(如果)KeyAdd的反值为1,表示增键按下，
                            //则执行if大括号内的语句，否则(增键未按下)执行本if尾大括号之后的语句
  {                         //第一个if语首大括号
   DelayMs(10);             //执行DelayMs延时函数进行按键防抖，输入参数为10时可延时约10ms
   if(!KeyAdd)              //再次检测增键是否按下，未按下执行本if尾大括号之后的语句
   {                        //第二个if语首大括号
    while(!KeyAdd);         //检测增键的状态，增键处于闭合(!KeyAdd为1)反复执行while语句，
                            //增键一旦释放断开马上执行while之后的语句
    if(num<9)               //如果num值小于9,则执行本if大括号内的语句，否则跳出本if语句
    {                       //第三个if语首大括号
     num++;                 //将num值加1,每按一次增键，num值增1, num增到9时不再增大
    }                       //第三个if语尾大括号
   }                        //第二个if语尾大括号
  }                         //第一个if语尾大括号
  if(!KeyDec)               //检测减键是否按下，如果KeyDec反值为1(减键按下)，执行本if大括号内语句
  {
   DelayMs(10);             //执行DelayMs延时函数进行按键防抖，输入参数为10时可延时约10ms
   if(!KeyDec)              //再次检测减键是否按下，按下时则执行本if大括号内语句，否则跳出本if语句
   {
    while(!KeyDec);         //检测增键的状态，减键处于闭合(!KeyAdd为1)时反复执行while语句，
                            //减键一旦释放断开马上执行while之后的语句
    if(num>0)               //如果num值大于0,则执行本if大括号内的语句，否则跳出本if语句
    {
     num--;                 //将num值减1,每按一次减键，num值减1, num减到0时不再减小
    }
   }
  }
  TData [0]= DMtable [num%10];  //将DMtable表格第num+1个段码传送到TData数组的第一个位置
                                // num%10意为num除10取余数，当num=0~9时，num%10=num
  Display(0,1);                 //执行Display函数，同时将0、1分别赋给输入参数ShiWei和WeiShu
 }
}
/*以下DelayUs为微秒级延时函数，其输入参数为 unsigned char tu (无符号字符型变量tu),
tu值为8位,取值范围 0~255,如果单片机的晶振频率为12M,本函数延时时间可用
T=(tu×2+5) us 近似计算,比如tu=248, T=501 us≈0.5ms */
void DelayUs (unsigned char tu)  //DelayUs为微秒级延时函数，其输入参数为无符号字符型变量tu
{
 while(--tu);                //while为循环语句,每执行一次while语句, tu值就减1,
                             //直到tu值为0时才执行while尾大括号之后的语句
}

/*以下DelayMs为毫秒级延时函数，其输入参数为unsigned char tm (无符号字符型变量tm),
该函数内部使用了两个DelayUs (248)函数,它们共延时1002us (约1ms),
由于tm值最大为255,故本DelayMs函数最大延时时间为255ms,若将输入参数
```

图 9-8　两个按键控制 1 位数字增、减并用 8 位数码管显示的程序

```
定义为 unsigned int tm，则最长可获得 65535ms 的延时时间*/
void DelayMs(unsigned char tm)
{
  while(tm--)
  {
   DelayUs (248);
   DelayUs (248);
  }
}

/*以下为 Display 显示函数，用于驱动 8 位数码管动态扫描显示字符，输入参数 ShiWei 表示显示的开始位，
如 ShiWei 为 0 表示从第一个数码管开始显示，WeiShu 表示显示的位数，如显示 99 两位数应让 WeiShu 为 2 */
void Display(unsigned char ShiWei,unsigned char WeiShu)   // Display(显示)函数有两个输入参数，
                                                          //分别为无符号字符型变量
                                                          //ShiWei(开始位)和 WeiShu(位数)
{
 unsigned char i;          //声明一个无符号字符型变量 i
 for(i=0;i<WeiShu;i++)     //for 为循环语句，先让 i=0，再判断 i<WeiShu 是否成立，成立执行 for 首尾
                           //大括号的语句，执行完后执行 i++将 i 加 1，然后又判断 i<WeiShu 是否成立，
                           //如此反复，直到 i<WeiShu 不成立，才跳出 for 语句，若 WeiShu 被赋值 1，
                           //for 语句大括号内的语句只执行 1 次
 {
// WDM=0;              //在输出段、位码前将 P0 端口复位清 0
//DuanSuo=1;           //让 P2.2 端口输出高电平，开通段码锁存器，锁存器输入变化时输出会随之变化
//DuanSuo=0;           //让 P2.2 端口输出低电平，段码锁存器被封锁，锁存器的输出值被锁定不变

WDM=WMtable[i+ShiWei];  //将 WMtable 表格中的第 i+ShiWei +1 个位码送给 P0 端口输出
WeiSuo=1;               //让 P2.3 端口输出高电平，开通位码锁存器，锁存器输入变化时输出会随之变化
WeiSuo=0;               //让 P2.3 端口输出低电平，位码锁存器被封锁，锁存器的输出值被锁定不变

WDM= TData [i];         //将 TData 表格中的第 i+1 个段码送给 P0 端口输出
DuanSuo=1;              //让 P2.2 端口输出高电平，开通段码锁存器，锁存器输入变化时输出会随之变化
DuanSuo=0;              //让 P2.2 端口输出低电平，段码锁存器被封锁，锁存器的输出值被锁定不变

DelayMs(2);             //执行 DelayMs 延时函数延时约 2ms，时间太长会闪烁，太短会造成重影
 }
}
```

图 9-8　两个按键控制 1 位数字增、减并用 8 位数码管显示的程序（续）

9.1.8　两个按键控制多位数字增、减并用 8 位数码管显示的程序详解

两个按键控制多位数字增、减并用 8 位数码管显示的程序如图 9-9 所示。

1. 现象

在接通电源后，8 位数码管的最低 2 位显示数字 00，每按一下增键（S1 键），数字就增大 1，增到 99 后不再增大；每按一下减键（S2 键），数字就减小 1，减到 00 后不再减小。

2. 程序说明

该程序与控制 1 位数字增、减的大部分程序相同，图中标有下横线的语句为不同部分。当数码管采用静态方式显示 1 位数字，在操作增键或减键时，即使在很长时间内执行不到显示函数 Display，位码锁存器、段码锁存器仍会输出先前的位码和段码，故显示的数字并不会消失。但当数码管显示多位数字时采用的是动态扫描方式，在操作增键或减键时，如果在较长时间内执行不到显示函数 Display，动态显示的数字就因不能及时刷新而消失。为了在操作增键或减键时数码管显示的数字不会消失，图 9-9 中的程序在检测到按键有操作时就会执行 Display 显示函数。该函数在执行时会消耗一定的时间，这样做一方面可以在按键操作时延时防抖，还可以刷新数码管的显示，使得在操作按键时数码管显示的数字不会消失。

```c
/*两个按键控制多位数字增、减并用8位数码管显示的程序*/
#include<reg51.h>
sbit KeyAdd=P3^0;
sbit KeyDec=P3^1;
#define WDM P0
sbit DuanSuo=P2^2;
sbit WeiSuo =P2^3;
unsigned char code DMtable[]={0x3f,0x06,0x5b, 0x4f, 0x66,0x6d, 0x7d,0x07, 0x7f,0x6f};
unsigned char code WMtable[]={0xfe,0xfd,0xfb,0xf7, 0xef,0xdf,0xbf,0x7f};
unsigned char TData[8];
void DelayUs(unsigned char tu);
void DelayMs(unsigned char tm);
void Display(unsigned char ShiWei,unsigned char WeiShu);
/*以下为主程序部分*/
void main (void)
{
 unsigned char num=0;
 KeyAdd=1;
 KeyDec=1;
 while (1)
  {
   if(!KeyAdd)         //检测增键是否按下
   {
    Display(0,8);      //若增键按下后执行Display函数驱动8位数码管动态显示8位（刷新），执行该函数
                       //耗时约16ms，既可以延时防抖，还能在按下增键时数码管多位仍显示，不至于因
                       //显示间断而闪烁，显示1位时此处用DelayMs(10)延时防抖
    if(!KeyAdd)        //再次检测增键是否按下
    {
     while(!KeyAdd)    //增键按下后反复执行大括号内的Display(0,8)
      {
       Display(0,8);   //执行Display(0,8)来防抖并刷新显示8位，显示1位时此处用DelayMs(10)
       }
       if(num<99)      //两位数增、减时用num<99，一位时用num<9
        {
         num++;
        }
     }
    }
   }

   if(!KeyDec)         //检测减键是否按下
   {
    Display(0,8);      //若减键按下后执行Display函数驱动8位数码管动态显示8位（刷新），执行该函数
                       //耗时约16ms，既可以延时防抖，还能在按下减键时数码管多位仍显示，不至于因
                       //显示间断而闪烁，显示1位时此处用DelayMs(10)延时防抖
    if(!KeyDec)        //再次检测减键是否按下，按下则执行本if大括号内语句，否则跳出本if语句
    {
     while(!KeyDec)    //减键按下后反复执行大括号内的Display(0,8)
      {
       Display(0,8);   //执行Display(0,8)来防抖并显示8位，显示1位时此处用DelayMs(10)
       if(num>0)
        {
         num--;
        }
      }
    }
   }
  TData[0]= DMtable [num/10];    //分解显示的多位数字，显示2位数字，如89，则89/10=8  89%10=9
  TData[1]=DMtable [num%10];     //将2位数字的高、低位数字的段码分别送到TData表格的第一、第二个位置
  Display(0,8);                  //执行Display(0,8)显示操作增键或减键之后的8位数字
  }
}
/*以下DelayUs为微秒级延时函数 */
void DelayUs (unsigned char tu)
 {
  while(--tu);
 }
/*以下DelayMs为毫秒级延时函数 */
void DelayMs(unsigned char tm)
{
  while(tm--)
   {
    DelayUs (248);
    DelayUs (248);
   }
}
/*以下为Display显示函数 */
void Display(unsigned char ShiWei,unsigned char WeiShu)
{
 unsigned char i;
 for(i=0;i<WeiShu;i++)
 {
  //WDM=0;
  //DuanSuo=1;
  //DuanSuo=0;

  WDM=WMtable[i+ShiWei];
  WeiSuo=1;
  WeiSuo=0;

  WDM= TData [i];
  DuanSuo=1;
  DuanSuo=0;
  DelayMs(2);
 }
}
```

图9-9　两个按键控制多位数字增、减并用8位数码管显示的程序

在显示一位数字 num 时，只要采用 num%10（除 10 取余数）方法即可将 num 计算出来。若要显示多位数字，就需要对多位数进行分解。以显示两位数 89 为例，先用 89/10=8 取得十位数 8，用 89%10=9 取得个位数 9，再把这两个数字的段码存到表格的不同位置。在执行显示函数时会从表格中读取这两个数字的段码并显示在数码管的不同位置上。在操作增键或减键时，num 值发生变化，数码管显示的数字也会随之发生变化。

9.1.9 按键长按与短按产生不同控制效果的程序详解

单片机的端口有限且为了简化按键电路，可以对按键的长按与短按赋予不同的控制功能。如图 9-10 所示是按键长按与短按产生不同控制效果的程序。

```
/*按键长按与短按产生不同控制效果的程序*/
#include<reg51.h>        //调用 reg51.h 文件对单片机各特殊功能寄存器进行地址定义
sbit KeyAdd=P3^0;        //用位定义关键字 sbit 将 KeyAdd(增键)代表 P3.0 端口
sbit KeyDec=P3^1;
#define WDM P0            //用 define(宏定义)命令将 WDM 代表 P0，程序中 WDM 与 P0 等同
sbit DuanSuo=P2^2;
sbit WeiSuo =P2^3;

unsigned char code DMtable[10]={0x3f,0x06,0x5b,0x4f,0x66,0x6d,0x7d,0x07,0x7f,0x6f}; //定义一个 DMtable 表格，
                                                                                    //存放数字 0~9 的段码
unsigned char code WMtable[]={0xfe,0xfd,0xfb,0xf7,0xef,0xdf,0xbf,0x7f};  //定义一个 WMtable 表格，
                                                                         //存放 8 位数码管低位到高位的位码
unsigned char TData[8];  //定义一个可存放 8 个元素的一维数组(表格)TData

void DelayUs(unsigned char tu);    //声明一个 DelayUs(微秒级延时)函数，输入参数 tu 取值范围 0~255
void DelayMs(unsigned char tm);    //声明一个 DelayMs(毫秒级延时)函数，输入参数 tm 取值范围 0~255
void Display(unsigned char ShiWei,unsigned char WeiShu);  //声明一个 Display(显示)函数，两个输入参数
                                            //ShiWei 和 WeiShu 分别为显示的起始位和显示的位数
void T0Int_S(void);     //声明一个 T0Int_S 函数，用来设置定时器及相关中断

/*以下为主程序部分*/
void main (void)
 {
  unsigned char num=0,keytime;  //定义两个变量 num(显示的数字)和 keytime(按键按压计时)
  KeyAdd=1;                     //将增键的输入端口置高电平
  KeyDec=1;                     //将减键的输入端口置高电平
  T0Int_S();                    //执行 T0Int_S 函数，对定时器 T0 及相关中断进行设置，启动 T0 开始计时
  while (1)                     //while 小括号为 1(真)时，反复执行 while 首尾大括号内的语句
   {
   /*以下为增键长按和短按检测部分*/
   if(KeyAdd==0)     //检测增键是否按下，KeyAdd==0 表示按下，执行本 if 大括号内的语句，否则执行本 if 尾大括号之后的语句
    {
     DelayMs(10);    //延时 10ms 以避过按键抖动
     if(KeyAdd==0)   //再次检测增键是否按下，按下则往下执行，否则执行本 if 尾大括号之后的语句
      {
       while(KeyAdd==0)  //当增键仍处于按下(KeyAdd==0 成立)时反复执行本 while 大括号内的语句，每执行一次约需 10ms
        {
         keytime++;       //将变量 keytime 值增 1
         DelayMs(10);     //延时 10ms
         if(keytime==200) //如果 keytime=200(keytime++执行了 200 次，用时 2s)，执行本 if 大括号内的语句(长按执行的语句)
          {
           keytime=0;     //将 keytime 清 0
           while(KeyAdd==0)  //若增键处于还处于按下(KeyAdd==0 成立)，反复执行本 while 大括号内的语句
            {
             if(num<99)   //如果 num<99，执行本 if 大括号内的语句
              {
               num++;     //将 num 值增 1
               TData[0]=DMtable [num/10];  //分解显示的多位数字,/表示相除，%表示相除取余，比如 num=89，则 num/10=8,
               TData[1]=DMtable[num%10];   //num%10=9,将 num 高、低位数字的段码分别送到 TData 表格的第一、第二个位置
               DelayMs(50);  //长按时 num 值变化的间隔时间为 50ms，长按后 5s 可让 num 值从 00 变到 99
              }
            }
          }
        }
       keytime=0;    //若未达到长按时间(keytime 未到 200)则认为是短按，将 keytime 值清 0，防止多次短按累加计时
       if(num<99)    //如果 num<99，执行本 if 大括号内的语句
        {
         num++;      //将 num 值增 1
        }
      }
    }
   /*以下为减键长按和短按检测部分*/
   if(KeyDec==0)    //检测减键是否按下，KeyDec==0 表示按下，执行本 if 大括号内的语句，否则执行本 if 尾大括号之后的语句
    {
     DelayMs(10);   //延时 10ms 以避过按键抖动
     if(KeyDec==0)  //再次检测减键是否按下，按下则往下执行，否则执行本 if 尾大括号之后的语句
      {
       while(KeyDec==0)  //当减键仍处于按下时反复执行本 while 大括号内的语句，每执行一次约需 10ms
```

图 9-10 按键长按与短按产生不同控制效果的程序

```c
            {
              keytime++;           //将变量keytime值增1
         DelayMs(10);              //延时10ms
              if(keytime==200)     //如果keytime=200（keytime++执行了200次，用时2s），执行本if大括号内的语句（长按执行的语句）
              {
                keytime=0;         //将keytime清0
                while(KeyDec==0)   //若减键处于仍处于按下（KeyDec=0成立），反复执行本while大括号内的语句
                {
                  if(num>0)        //如果num>0，执行本if大括号内的语句
                  {
                    num--;         //将num值减1
                    TData[0]=DMtable[num/10];    //分解显示的多位数字，/表示相除，%表示相除取余，比如num=89，则num/10=8，
                    TData[1]=DMtable[num%10];    //num%10=9，将num高、低位数字的段码分别送到TData表格的第一、第二个位置
                    DelayMs(50);                 //长按时num值变化的间隔时间为50ms，长按后5s可让num值从99变到00
                  }
                }
              }
            }
            keytime=0;   //若未到长按时间则认为是短按，将keytime值清0，防止多次短按累加计时
            if(num>0)    //如果num>0，执行本if大括号内的语句
            {
              num--;     //将num值减1
            }
          }
        }
        /*以下语句将数字num分解，并从DMtable将分解的数字对应段码送给TData，Display函数从TData读取段码将数字显示出来*/
        TData[0]=DMtable[num/10];    //分解显示的多位数字，/表示相除，%表示相除取余，比如num=89，则num/10=8，num%10=9
        TData[1]=DMtable[num%10];    //将num高、低位数字的段码分别送到TData表格(数组)的第一、第二个位置
                                     //在此处可添加主循环中其他需要一直工作的程序
      }
    }
    /*以下DelayUs为微秒级延时函数，其输入参数为unsigned char tu（无符号字符型变量tu），tu值为8位，取值范围0~255，
    如果单片机的晶振频率为12M，本函数延时时间可用T=(tu×2+5)us近似计算，比如tu=248，T=501 us≈0.5ms */
    void DelayUs (unsigned char tu)    //DelayUs为微秒级延时函数，其输入参数为无符号字符型变量tu
    {
      while(--tu);   //while为循环语句，每执行一次while语句，tu值就减1，直到tu值为0时才执行while尾大括号之后的语句
    }
    /*以下DelayMs为毫秒级延时函数，该函数内部使用了两个DelayUs(248)函数，它们共延时1002us（约1ms），由于tm值最大为255，
    故本DelayMs函数最大延时时间为255ms，若将输入参数定义为unsigned int tm，则最长可获得65535ms的延时时间*/
    void DelayMs(unsigned char tm)
    {
      while(tm--)
      {
        DelayUs (248);
        DelayUs (248);
      }
    }
    /*以下为Display显示函数，用于驱动8位数码管动态扫描显示字符，输入参数ShiWei表示显示的开始位，如ShiWei为0表示
    从第一个数码管开始显示，WeiShu表示显示的位数，如显示99两位数则应让WeiShu为2 */
    void Display(unsigned char ShiWei,unsigned char WeiShu)   // Display(显示)函数有两个输入参数，
                                                //分别为ShiWei(开始位)和WeiShu(位数)
    {
      static unsigned char i;    //声明一个静态(static)无符号字符型变量i(表示显示位，0表示第1位)，静态变量占用的
                                 //存储单元在程序退出前不会释放给变量使用
      WDM=WMtable[i+ShiWei];     //将WMtable表格中的第i+ShiWei +1个位码送到P0端口输出
      WeiSuo=1;                  //让P2.3端口输出高电平，开通位码锁存器，锁存器输入变化时输出会随之变化
      WeiSuo=0;                  //让P2.3端口输出低电平，位码锁存器被封锁，锁存器的输出值被锁定不变
      WDM=TData[i];              //将TData表格中的第i+1个段码送给P0端口输出
      DuanSuo=1;                 //让P2.2端口输出高电平，开通段码锁存器，锁存器输入变化时输出会随之变化
      DuanSuo=0;                 //让P2.2端口输出低电平，段码锁存器被封锁，锁存器的输出值被锁定不变
      i++;                       //将i值加1，准备显示下一位数字
      if(i==WeiShu)              //如果i==WeiShu表示显示到最后一位，执行i=0
      {
        i=0;                     //将i值清0，以便从数码管的第1位开始再次显示
      }
    }
    /*以下为定时器及相关中断设置函数*/
    void T0Int_S (void)    //函数名为T0Int_S，输入和输出参数均为void（空）
    {
      TMOD=0x01;               //让TMOD寄存器的M1M0=01，设T0工作在方式1（16位计数器）
      TH0=(65536-2000)/256;    //将定时初值的高8位放入TH0，"/"为除法运算符号
      TL0=(65536-2000)%256;    //将定时初值的低8位放入TL0，"%"为相除取余数符号
      EA=1;                    //让IE寄存器的EA=1，打开总中断
      ET0=1;                   //让IE寄存器的ET0=1，允许T0的中断请求
      TR0=1;                   //让TCON寄存器的TR0=1，启动T0在TH0、TL0初值基础上开始计数
    }
    /*以下T0Int_Z为定时器中断函数，用"(返回值)函数名(输入参数) interrupt n using m"格式定义一个函数名T0Int_Z的
    中断函数，n为中断源编号，n=0~4，m为用作保护中断断点的寄存器组，可使用4组寄存器（0~3），每组有7个寄存器（R0~R7），
    m=0~3，若只有一个中断，可不写"using m"，使用多个中断时，不同中断应使用不同m*/
    void T0Int_Z (void) interrupt 1    // T0Int_Z为中断函数(用interrupt定义)，并且为T0的中断函数(中断源编号n=1)
    {
      TH0=(65536-2000)/256;    //将定时初值的高8位放入TH0，"/"为除法运算符号
      TL0=(65536-2000)%256;    //将定时初值的低8位放入TL0，"%"为相除取余数符号
      Display(0,8);            //执行Display显示函数，从第1位(0)开始显示，共显示8位(8)
    }
```

图9-10　按键长按与短按产生不同控制效果的程序（续）

1. 现象

在接通电源后，8 位数码管的最低 2 位显示数字 00，每短按一次增键（P3.0 引脚的 S1 键），数码管显示的两位数字就增大 1，增到 99 不再增大；每短按一次减键（P3.1 引脚的 S2 键），数码管显示的两位数字就减小 1，减到 00 不再减小；如果长按增键（超过 2s），那么数码管显示的两位数快速增大，从 00 增大到 99 仅需 5s（每增一次用时 0.05s）；如果长按减键，那么数码管显示的两位数快速减小。

2. 程序说明

程序在运行时首先进入 main 函数，然后在 main 函数中执行 T0Int_S()函数。在 T0Int_S()函数中对定时器 T0 及有关中断进行设置，并启动 T0 开始 2ms 计时。从 T0Int_S()函数返回到 main 函数，先检测增键：若增键长按则将 num 值（要显示的数字）快速连续增 1；若增键短按则每按一次将 num 值增 1。如果增键未按下则再检测减键：若减键长按则将 num 值快速连续减 1；若减键短按则每按一次将 num 值减 1，且将 num 值的段码送入 TData 表格。

T0 定时器每计时 2ms 就会溢出一次，触发 T0Int_Z 定时中断函数。T0Int_Z 每次执行时会执行一次 Display 函数。Display 函数每执行一次会从 TData 表格中读取 num 值的一位段码，并让数码管显示出来。在 Display 函数执行 8 次后，就完成一次数码管由低到高的 8 位数字显示（本例只显示两位）。

总之，main 主函数通过对增、减键长按和短按的检测，改变 num 值（要显示的数字），并将 num 值按位分解，从而将分解各位数的段码存入 TData 表格。与此同时，T0Int_Z 定时中断函数每隔 2ms 就会执行一次，且每次执行都会执行一次 Display 函数。Display 函数会按顺序读取 TData 表格中的段码，将 num 值从低到高显示在 8 位数码管上。

9.1.10　8 个独立按键控制 LED 和 LED 数码管显示的程序详解

8 个独立按键控制 LED 和 LED 数码管显示的程序如图 9-11 所示。

1. 现象

在按下 P3.0 引脚的按键 S1 时，数码管的第 1 位显示数字 1，以此类推；在按下 P3.5 引脚的按键 S6 时，数码管的第 6 位显示数字 6；在按下 P3.6 引脚的按键 S7 时，P1.0 引脚连接的 LED1 点亮，2s 后，P1.1 引脚连接的 LED2 点亮；在按下 P3.7 引脚的按键 S8 时，数码管显示的数字全部熄灭（清屏），LED1、LED2 也熄灭。

```c
/*8 个独立按键控制 LED 和 LED 数码管显示的程序*/
#include<reg51.h>          //调用 reg51.h 文件对单片机各特殊功能寄存器进行地址定义
sbit DuanSuo=P2^2;         //用位定义关键字 sbit 将 DuanSuo 代表 P2.2 端口
sbit WeiSuo=P2^3;
sbit LED1=P1^0;
sbit LED2=P1^1;
#define WDM P0              //用 define（宏定义）命令将 WDM 代表 P0，程序中 WDM 与 P0 等同
#define KeyP3 P3

unsigned char code DMtable[10]={0x06,0x5b,0x4f,0x66,0x6d,0x7d,0x07,0x7f,0x6f}; //定义一个 DMtable 表格，
                                                                               //存放数字 1~9 的段码
unsigned char code WMtable[]={0xfe,0xfd,0xfb,0xf7,0xef,0xdf,0xbf,0x7f}; //定义一个 WMtable 表格，
                                                                        //存放 8 位数码管低位到高位的位码
unsigned char TData[8];     //定义一个可存放 8 个元素的一维数组(表格)TData

void DelayUs(unsigned char tu);       //声明一个 DelayUs（微秒级延时）函数，输入参数 tu 取值范围 0~255
void DelayMs(unsigned char tm);       //声明一个 DelayMs（毫秒级延时）函数，输入参数 tm 取值范围 0~65535
void Display(unsigned char ShiWei,unsigned char WeiShu); //声明一个 Display（显示）函数，两个输入参数
                                                         //ShiWei 和 WeiShu 分别为显示的起始位和位数
void T0Int_S(void);         //声明一个 T0Int_S 函数，用来设置定时器及相关中断
unsigned char KeyS (void);  //声明一个 KeyS（键盘检测）函数，用来检测 8 个按键的状态，并返回相应的键值
                            //或执行相应语句
```

图 9-11　8 个独立按键控制 LED 和 LED 数码管显示的程序

```c
/*以下为主程序部分-*/
void main (void)
{
 unsigned char num,j;     //声明两个变量：num(显示的数字)和j(表格存储单元的序号)
 T0Int_S ();              //执行T0Int_S函数，对定时器T0及相关中断进行设置，启动T0计时
 while (1)                //while小括号为1（真）时，反复执行while首尾大括号内的语句
  {
   num=KeyS();            //将KeyS()函数的输出参数（返回值）赋给num
   if(num)                //如果num值不是0（为真），执行本if大括号内的语句
    {
     if(num<7)            //如果n<8成立，执行本if大括号内的语句
      {
       TData[num-1]=DMtable[num-1];  //将DMtable表格第num个数据(num数字的段码)存到TData表格的第num个位置，
      }                             //DMtable按顺序存放1～9的段码，DMtable[0]表示该表格的第1个位置
     if(num==8)           //如果num=8成立，执行本if大括号内的语句，熄灭LED和数码管清屏
      {
       LED1=1;            //将P1.0端口置高电平，熄灭LED1
       LED2=1;            //将P1.1端口置高电平，熄灭LED2
       for(j=0;j<8;j++)   //for为循环语句，大括号内的语句执行8次，依次将TData表格第1～8个位置的数据清0，
        {                 //Display显示函数无从读取数字段码，数码管显示数字全部消失
         TData[j]=0;      //将TData表格的第j+1个位置的数据清0
        }
      }
    }
                          //在此处可添加主循环中其他需要一直工作的程序
  }
}
/*以下DelayUs为微秒级延时函数，其输入参数为unsigned char tu（无符号字符型变量tu），tu值为8位，取值范围0～255，
如果单片机的晶振频率为12M，本函数延时时间可用T=(tu×2+5)us近似计算，比如tu=248,T=501 us≈0.5ms */
void DelayUs (unsigned char tu)   //DelayUs为微秒级延时函数，其输入参数为无符号字符型变量tu
{
 while(--tu);             //while为循环语句，每执行一次while语句，tu值就减1，直到tu为0时才执行while尾大括号之后的语句
}
/*以下DelayMs为毫秒级延时函数，该函数内部使用了两个DelayUs (248)函数，它们共延时1002us（约1ms），由于tm值最大
为255，故本DelayMs函数最大延时时间为255ms，若将输入参数定义为unsigned int tm，则最长可获得65535ms的延时时间*/
void DelayMs(unsigned char tm)
{
 while(tm--)
  {
   DelayUs (248);
   DelayUs (248);
  }
}

/*以下为Display显示函数，用于驱动8位数码管动态扫描显示字符，输入参数 ShiWei 表示显示的开始位，
如ShiWei 为0表示从第一个数码管开始显示，WeiShu表示显示的位数，如要显示99两位数应让WeiShu为2 */
void Display(unsigned char ShiWei,unsigned char WeiShu)   // Display(显示)函数有两个输入参数，
                          //分别为ShiWei(开始位)和WeiShu(位数)
{
 static unsigned char i;  //声明一个静态(static)无符号字符型变量i(表示显示时，0表示第1位)，
                          //静态变量占用的存储单元在程序退出前不会释放给变量使用
 WDM=WMtable[i+ShiWei];   //将WMtable表格中的第i+ShiWei +1位码送给P0端口输出
 WeiSuo=1;                //让P2.3端口输出高电平，开通位码锁存器，锁存器输入变化时输出会随之变化
 WeiSuo=0;                //让P2.3端口输出低电平，位码锁存器被封锁，锁存器的输出值被锁定不变

 WDM=TData [i];           //将TData表格中的第i+1个段码送给P0端口输出
 DuanSuo=1;               //让P2.2端口输出高电平，开通段码锁存器，锁存器输入变化时输出会随之变化
 DuanSuo=0;               //让P2.2端口输出低电平，段码锁存器被封锁，锁存器的输出值被锁定不变

 i++;                     //将i值加1，准备显示下一位数字
 if(i==WeiShu)            //如果i=WeiShu表示显示到最后一位，执行i=0
  {
   i=0;                   //将i值清0，以便从数码管的第1位开始再次显示
  }
}

/*以下为定时器及相关中断设置函数*/
void T0Int_S (void)       //函数名为T0Int_S，输入和输出参数均为void（空）
{
 TMOD=0x01;               //让TMOD寄存器的M1M0=01，设T0工作在方式1（16位计数器）
 TH0=0;                   //将TH0寄存器清0
 TL0=0;                   //将TL0寄存器清0
 EA=1;                    //让IE寄存器的EA=1，打开总中断
 ET0=1;                   //让IE寄存器的ET0=1，允许T0的中断请求
 TR0=1;                   //让TCON寄存器的TR0=1，启动T0在TH0、TL0初值基础上开始计数
}
/*以下T0Int_Z为定时器中断函数，用"(返回值) 函数名 (输入参数) interrupt n using m"格式定义一个函数名T0Int_Z的
中断函数，n=0～4，m为用作保护中断断点的寄存器组，可使用4组寄存器（0～3），每组有7个寄存器
(R0～R7)，m=0～3，若只有一个中断，可不写"using m"，使用多个中断时，不同中断应使用不同m*/
void T0Int_Z (void) interrupt 1   // T0Int_Z为中断函数(用interrupt定义)，并且为T0的中断函数(中断源编号n=1)
{
 TH0=(65536-2000)/256;    //将定时初值的高8位放入TH0，"/"为除法运算符号
 TL0=(65536-2000)%256;    //将定时初值的低8位放入TL0，"%"为相除取余数符号
 Display(0,8);            //执行Display显示函数，从第1位(0)开始显示，共显示8位(8)
}
/*以下KeyS函数用作8个按键的键盘检测*/
unsigned char KeyS(void)  //KeyS函数的输入参数类型为空（void），输出参数类型为无符号字符型
{
 unsigned char keyZ;      //声明一个无符号字符型变量keyZ（表示按键值）
 if(KeyP3!=0xff)          //如果P3≠FFH成立，表示有键按下，执行本if大括号内的语句
```

图 9-11 8个独立按键控制 LED 和 LED 数码管显示的程序（续）

```
        DelayMs(10);          //执行 DelayMs 函数,延时 10s 去抖
        if(KeyP3!=0xff)       //又一次检测 P3 端口是否有按键按下,有则 P3≠FFH 成立,执行本 if 大括号内的语句
        {
           keyZ=KeyP3;        //将 P3 端口值赋给变量 keyZ
           while(KeyP3!=0xff);//再次检测 P3 端口的按键是否处于按下,处于按下(表达式成立)反复执行本条语句,
                              //一旦按键释放松开,马上往下执行
           switch(keyZ)       //switch 为多分支选择语句,后面小括号内 keyZ 为表达式
           {
             case 0xfe:return 1;break;    //如果 keyZ 值与常量 0xfe 相等("1"键按下),将 1 送给 KeyS 函数的输出参数,
                                          //然后跳出 switch 语句,否则往下执行
             case 0xfd:return 2;break;    //如果 keyZ 值与常量 0xfd 相等("2"键按下),将 2 送给 KeyS 函数的输出参数,
                                          //然后跳出 switch 语句,否则往下执行
             case 0xfb:return 3;break;
             case 0xf7:return 4;break;
             case 0xef:return 5;break;
             case 0xdf:return 6;break;
             case 0xbf:LED1=0;
                      DelayMs(2000) ;
                      LED2=0;
                      break;              //如果 keyZ 值与常量 0xbf 相等("7"键按下),将 P1.0 端口置低电平,2s 后将 P1.1 端口
                                          //置低电平,然后跳出 switch 语句,否则往下执行
             case 0x7f:return 8;break;
             default:return 0;break;      //如果 keyZ 值与所有 case 后面的常量均不相等,执行 default 之后的语句组,将 0 送给
                                          //KeyS 函数的输出参数,然后跳出 switch 语句
           }
        }
     }
     return 0;          // 将 0 送给 KeyS 函数的输出参数
}
```

图 9-11 8 个独立按键控制 LED 和 LED 数码管显示的程序(续)

2. 程序说明

程序在运行时,首先进入 main 函数,然后在 main 函数中执行 T0Int_S()函数。在 T0Int_S()函数中对定时器 T0 及有关中断进行设置,并启动 T0 开始 2ms 计时。在从 T0Int_S()函数返回到 main 函数后,执行 KeyS 函数。在 KeyS 函数中,用 switch 多分支选择语句检测按下了哪个键:如果按下 S1 键(S2~S6 键的操作与此相似),则 P3=KeyP3=keyZ=0xfe,会将 1 送给 KeyS 函数作为输出参数;如果按下 S7 键,则将 P1.0 端口置低电平,点亮 LED1,在 2s 后将 P1.1 端口置低电平,点亮 LED2,返回 main 函数,将 KeyS 函数的输出参数赋给 num;如果按下 S8 键,则先熄灭 LED1、LED2,再按顺序依次将 TData 表格中的第 1~8 个位置的数据清 0。这样 Display 函数将无法从 TData 表格中读到数字的段码,8 位数码管显示的数字消失。

T0 定时器每计时 2ms 就会溢出一次,因此每隔 2ms 就会触发 T0Int_Z 定时中断函数。T0Int_Z 在每次执行时都会执行一次 Display 函数。Display 函数会从 TData 表格中读取 num 值的段码(来自 DMtable),并让数码管显示在对应位置上。例如,在按下 S2 键时,num 值为 2,应将 DMtable 表格中的第 2 个位置的 2 的段码送到 TData 表格的第 2 个位置:在 Display 函数第 1 次执行时,i 值为 0,此时在 TData[0](TData 的第 1 个位置)中无 1 的段码,故数码管的第 1 位不显示;在 Display 函数第 2 次执行时,i 值为 1,在 TData[1]中有 2 的段码,此时位码表格 WMtable 的[i+ShiWei]=[2+0]=[2],并发送选中数码管第 2 位的位码,故数码管的第 2 位显示 2。

9.2 矩阵键盘输入电路与程序详解

9.2.1 单片机 16 键矩阵键盘和 8 位数码管的电路

在采用独立按键输入方式时,每个按键要占用一个端口。若按键数量很多,则会占用

大量端口，因此独立按键输入方式不适合用在按键数量很多的场合。如果确实需要用到大量的按键输入，可应用扫描检测方式的矩阵键盘输入电路。如图 9-12 所示是单片机连接 16 键矩阵键盘和 8 位数码管的电路，能在占用 8 个端口的情况下实现 16 键输入。

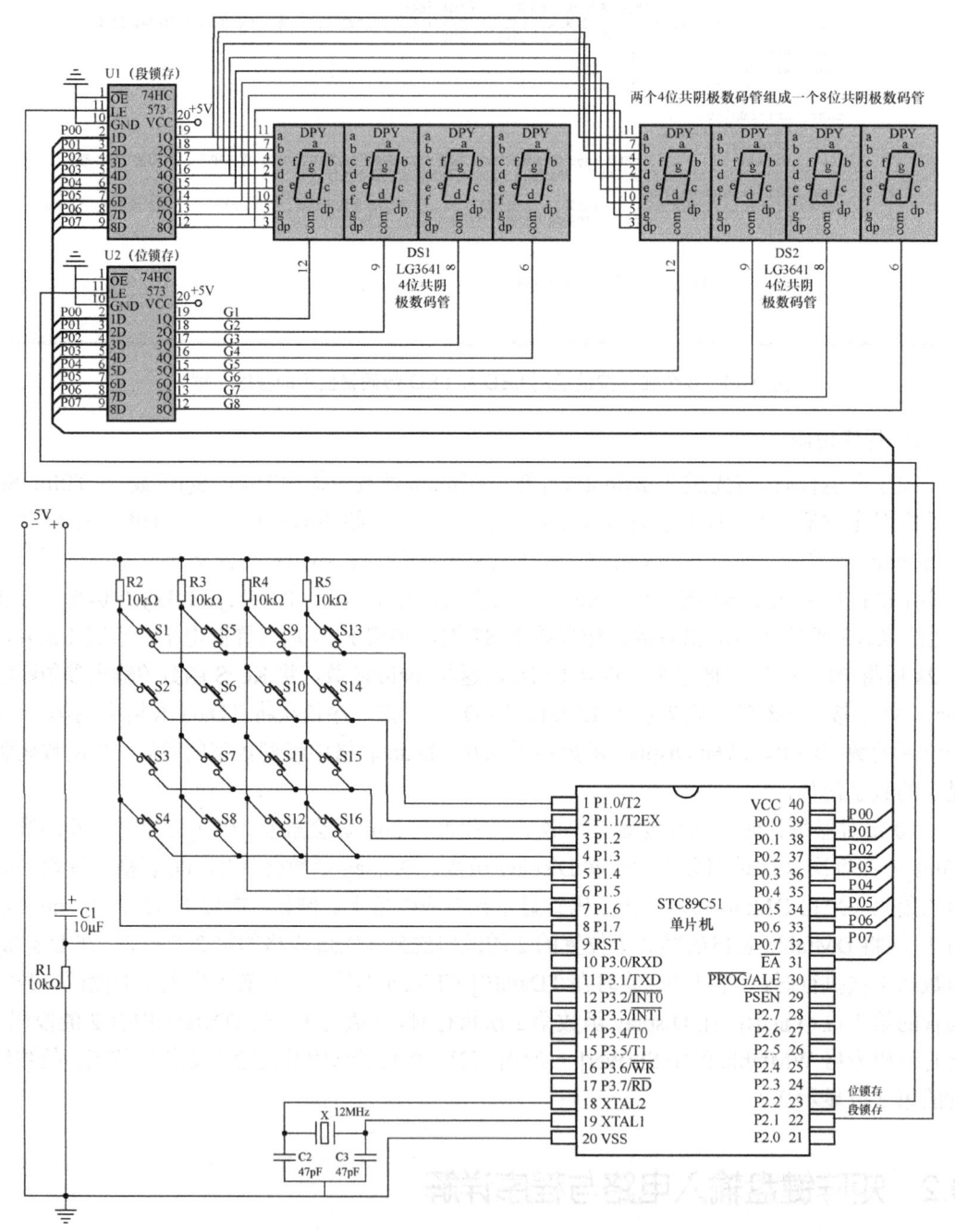

图 9-12　单片机连接 16 键矩阵键盘和 8 位数码管的电路

矩阵键盘扫描输入原理：单片机让 P1.7～P1.4 为高电平，P1.3～P1.0 为低电平，即 P1＝11110000（0xf0），一旦有键按下，就会出现 P1≠11110000，单片机开始逐行检测按键。首先检测第一行，让 P1.0 端口为低电平，其他端口为高电平，即让 P1＝11111110（0xfe）。如果 S1 键按下，那么 P1.7 端口的高电平被 P1.0 端口的低电平拉低，读取的 P1 值为 01111110（0x7e）。单片机查询该值对应数字 0（该值为 0 的键码），并让数码管显示出 0。如果第 1 行无任何键按下，读取的 P1＝11111110(0xfe)，则用同样的方法检测第 2 行(P1＝11111101)、第 3 行（P1＝11111011）和第 4 行（P1＝11111000）。

9.2.2 矩阵键盘行列扫描方式输入及显示的程序详解

16 键矩阵键盘行列扫描方式输入及显示程序如图 9-13 所示。

1. 现象

在按下某键（如按键 S1）时，8 位数码管的第 1 位显示该键的键值（0）；在按其他按键（如按键 S11）时，数码管的第 2 位显示该键的键值（A）。以此类推，在按下第 8 个按键时数码管的 8 位全部显示；在按下第 9 个任意键时，数码管显示的 8 位字符全部消失；在按下第 10 个按键时数码管又从第 1 位开始显示该键键值。

```c
/*16键矩阵键盘行列扫描的输入及显示程序*/
#include<reg51.h>      //调用reg51.h文件对单片机各特殊功能寄存器进行地址定义
sbit DuanSuo=P2^2;     //用位定义关键字sbit将DuanSuo代表P2.2端口
sbit WeiSuo=P2^3;
#define WDM P0         //用define（宏定义）命令将WDM代表P0,程序中WDM与P0等同
#define KeyP1 P1

unsigned char code DMtable[]={0x3f,0x06,0x5b,0x4f,0x66,0x6d,0x7d,0x07,  //定义一个DMtable表格,依次
                              0x7f,0x6f,0x77,0x7c,0x39,0x5e,0x79,0x71}; //存放字符0~F的段码
unsigned char code WMtable[]={0xfe,0xfd,0xfb,0xf7,0xef,0xdf,0xbf,0x7f}; //定义一个WMtable表格,依次存放
                                                                        //8位数码管低位到高位的位码
unsigned char TData[8]; //定义一个可存放8个元素的一维数组(表格)TData

void DelayUs(unsigned char tu); //声明一个DelayUs（微秒级延时）函数,输入参数tu取值范围 0~255
void DelayMs(unsigned char tm); //声明一个DelayMs（毫秒级延时）函数,输入参数tm取值范围 0~255
void Display(unsigned char ShiWei,unsigned char WeiShu); //声明一个Display（显示）函数,两个输入参数
                                                          //ShiWei和WeiShu分别为显示的起始位和显示的位数
void T0Int_S(void);    //声明一个T0Int_S函数,用来设置定时器及相关中断
unsigned char KeyS (void); //声明一个KeyS（键盘扫描）函数,用来检测矩阵键盘各按键的状态,并返回相应的键码
unsigned char KeyZ(void);  //声明一个KeyZ（键码转键值）函数,用来将键码转换成相应的键值,并返回相应的键值

/*以下为主程序部分*/
void main (void)
{
 unsigned char num,i,j;  //声明3个变量num(显示的字符)、i、j,三个变量的初值均为0
 T0Int_S();              //执行T0Int_S函数,对定时器T0及相关中断进行设置,启动T0计时
 while (1)               //主循环
  {
   num=KeyZ();           //将KeyZ()函数的输出参数（返回值）赋给num,执行该语句时会进入并执行KeyZ和KeyS函数
   if(num!=0xff)         //如果num≠0xff成立（即有键按下）,执行本if大括号内的语句
    {
     if(i<8)             //如果i<8成立,执行本if大括号内的语句,将按键字符的段码在TData表格中依次存放
      {
       TData[i]=DMtable[num];  //将DMtable表格第num+1个数据(num字符的段码)存到Temp表格的第i+1个位置
       i++;              //将i增1
       if(i==9)          //如果i=9成立,执行本if大括号内的语句,清除8位数码管所有位的显示
        {
         for(j=0;j<8;j++)  //for为循环语句,大括号内的语句执行8次,依次将TData表格第1~8个位置的数据清0,
                           //Display显示函数无从读取字符的段码,数码管显示字符全部消失
          {
           TData[j]=0;   //将TData表格的第j+1个位置的数据清0
          }
         i=0;            //将i置0
        }
      }
    }
   //在此处可添加主循环中其他需要一直工作的程序
  }
}
```

图 9-13 16 键矩阵键盘行列扫描方式输入及显示程序

```c
/*以下 DelayUs 为微秒级延时函数,其输入参数为 unsigned char tu(无符号字符型变量 tu),tu 值为 8 位,取值范围 0~255,
如果单片机的晶振频率为 12M,本函数延时时间可用 T=(tux2+5)us 近似计算,比如 tu=248,T=501 us≈0.5ms */
void DelayUs (unsigned char tu)     //DelayUs 为微秒级延时函数,其输入参数为无符号字符型变量 tu
{
  while(--tu);                      //while 为循环语句,每执行一次 while 语句,tu 值就减 1,
                                    //直到 tu 值为 0 时才执行 while 尾大括号之后的语句
}
/*以下 DelayMs 为毫秒级延时函数,其输入参数为 unsigned char tm(无符号字符型变量 tm),该函数内部使用了两个
DelayUs (248)函数,它们共延时 1002us(约 1ms),由于 tm 值最大为 255,故本 DelayMs 函数最大延时时间为 255ms,
若将输入参数定义为 unsigned int tm,则最长可获得 65535ms 的延时时间*/
void DelayMs(unsigned char tm)
{
  while(tm--)
  {
    DelayUs (248);
    DelayUs (248);
  }
}
/*以下为 Display 显示函数,用于驱动 8 位数码管动态扫描显示字符,输入参数 ShiWei 表示显示的开始位,如 ShiWei
为 0 表示从第一个数码管开始显示,WeiShu 表示显示的位数,如显示 99 两位数应让 WeiShu 为 2 */
void Display(unsigned char ShiWei,unsigned char WeiShu)  // Display(显示)函数有两个输入参数,
                                    //分别为 ShiWei(开始位)和 WeiShu(位数)
{
  static unsigned char i;           //声明一个静态(static)无符号字符型变量 i(表示显示位,0 表示第 1 位),
                                    //静态变量占用的存储单元在程序退出前不会释放给变量使用
  WDM=WMtable[i+ShiWei];            //将 WMtable 表格中的第 i+ShiWei +1 个位码送给 P0 端口输出
  WeiSuo=1;                         //让 P2.3 端口输出高电平,开通位码锁存器,锁存器输入变化时输出会随之变化
  WeiSuo=0;                         //让 P2.3 端口输出低电平,位码锁存器被封锁,锁存器的输出值被锁定不变

  WDM=TData[i];                     //将 TData 表格中的第 i+1 个段码送到 P0 端口输出
  DuanSuo=1;                        //让 P2.2 端口输出高电平,开通段码锁存器,锁存器输入变化时输出会随之变化
  DuanSuo=0;                        //让 P2.2 端口输出低电平,段码锁存器被封锁,锁存器的输出值被锁定不变

  i++;                              //将 i 值加 1,准备显示下一位数字
  if(i==WeiShu)                     //如果 i= WeiShu 表示显示到最后一位,执行 i=0
  {
    i=0;                            //将 i 值清 0,以便从数码管的第 1 位开始再次显示
  }
}
/*以下为定时器及相关中断设置函数*/
void T0Int_S (void)                 //函数名为 T0Int_S,输入和输出参数均为 void(空)
{
  TMOD=0x01;                        //让 TMOD 寄存器的 M1M0=01,设 T0 工作在方式 1(16 位计数器)
  TH0=0;                            //将 TH0 寄存器清 0
  TL0=0;                            //将 TL0 寄存器清 0
  EA=1;                             //让 IE 寄存器的 EA=1,打开总中断
  ET0=1;                            //让 IE 寄存器的 ET0=1,允许 T0 的中断请求
  TR0=1;                            //让 TCON 寄存器的 TR0=1,启动 T0 在 TH0、TL0 初值基础上开始计数
}
/*以下 T0Int_Z 为定时器中断函数,用"(返回值) 函数名 (输入参数) interrupt n using m"格式定义一个函数名为
T0Int_Z 的中断函数,n 为中断源编号,n=0~4,m 为用作保护中断点的寄存器组,可使用 4 组寄存器(0~3),每组
有 7 个寄存器(R0~R7),m=0~3,若只有一个中断,可不写"using m",使用多个中断时,不同中断应使用不同 m*/
void T0Int_Z (void)    interrupt 1    // T0Int_Z 为中断函数(用 interrupt 定义),并且为 T0 的中断函数
                                    //(中断源编号 n=1)
{
  TH0=(65536-2000)/256;             //将定时初值的高 8 位放入 TH0,"/"为除法运算符号
  TL0=(65536-2000)%256;             //将定时初值的低 8 位放入 TL0,"%"为相除取余数符号
  Display(0,8);                     //执行 Display 显示函数,从第 1 位(0)开始显示,共显示 8 位(8)
}
/*以下 KeyS 函数用来检测矩阵键盘的 16 个按键,其输出参数得到按下的按键的编码值*/
unsigned char KeyS(void)            //KeyS 函数的输入参数为空,输出参数为无符号字符型变量
{
  unsigned char KeyM;               //声明一个变量 KeyM,用于存放按键的编码值
  KeyP1=0xf0;                       //将 P1 端口的高 4 位置高电平,低 4 位低电平
  if(KeyP1!=0xf0)                   //如果 P1≠0xf0 成立,表示有按键按下,执行本 if 大括号内的语句
  {
    DelayMs(10);                    //延时 10ms 去抖
    if(KeyP1!=0xf0)                 //再次检测按键是否按下,按下则执行本 if 大括号内的语句
    {
      KeyP1=0xfe;                   //让 P1=0xfe,即让 P1.0 端口为低电平(P1 其它端口为高电平),检测第一行按键
      if(KeyP1!=0xfe)               //如果 P1≠0xfe 成立(比如 P1.7 与 P1.0 之间的按键 S1 按下时,P1.7 被 P1.0 拉低,KeyP1=0x7e)
                                    //表示第一行有按键按下,执行本 if 大括号内的语句
      {
        KeyM=KeyP1;                 //将 P1 端口值赋给变量 KeyM
        DelayMs(10);                //延时 10ms 去抖
        while(KeyP1!=0xfe);         //若 P1≠0xfe 成立则反复执行本条语句,一旦按键释放,P1=0xfe(P1≠0xfe 不成立
                                    //则往下执行
        return KeyM;                //将变量 KeyM 的值送给 KeyS 函数的输出参数,如按下 P1.6 与 P1.0 之间的按键时,
                                    //KeyM=KeyP1=0xbe
      }
      KeyP1=0xfd;                   //让 P1=0xfd,即让 P1.1 端口为低电平(P1 其他端口为高电平),检测第二行按键
      if(KeyP1!=0xfd)
      {
        KeyM=KeyP1;
        DelayMs(10);
        while(KeyP1!=0xfd);
        return KeyM;
      }
      KeyP1=0xfb;                   //让 P1=0xfb,即让 P1.2 端口为低电平(P1 其他端口为高电平),检测第三行按键
      if(KeyP1!=0xfb)
      {
```

图 9-13 16 键矩阵键盘行列扫描方式输入及显示程序(续)

```
                    KeyM=KeyP1;
                    DelayMs(10);
                    while(KeyP1!=0xfb);
                    return KeyM;
                    }
            KeyP1=0xf7;        //让 P1=0xf7,即让 P1.3 端口为低电平（P1 其他端口为高电平），检测第四行按键
            if(KeyP1!=0xf7)
                    {
                    KeyM=KeyP1; ;
                    DelayMs(10);
                    while(KeyP1!=0xf7);
                    return KeyM;
                    }
            }
    return 0xff;    //如果无任何键按下,将 0xff 送给 KeyS 函数的输出参数
    }
/* 以下 KeyZ 函数用于将键码转换成相应的键值,其输出参数得到按下的按键键值*/
unsigned char KeyZ(void)    //KeyS 函数的输入参数为空,输出参数为无符号字符型变量
{
    switch(KeyS())  // switch 为多分支选择语句,以 KeyS()函数的输出参数(按下的按键的编码值)作为选择依据
            {
            case 0x7e:return 0;break;  //如果 KeyS()函数的输出参数与常量 0x7e(0 的键码)相等,将 0 送给 KeyZ 函数的输出参数,
                                        //然后跳出 switch 语句,否则往下执行
            case 0x7d:return 1;break;  //如果 KeyS()函数的输出参数与常量 0x7d(1 的键码)相等,将 1 送给 KeyZ 函数的输出参数,
                                        //然后跳出 switch 语句,否则往下执行
            case 0x7b:return 2;break;
            case 0x77:return 3;break;
            case 0xbe:return 4;break;
            case 0xbd:return 5;break;
            case 0xbb:return 6;break;
            case 0xb7:return 7;break;
            case 0xde:return 8;break;
            case 0xdd:return 9;break;
            case 0xdb:return 10;break;
            case 0xd7:return 11;break;
            case 0xee:return 12;break;
            case 0xed:return 13;break;
            case 0xeb:return 14;break;
            case 0xe7:return 15;break;
            default:return 0xff;break;  //如果 KeyS()函数的输出参数与所有 case 后面的常量均不相等,执行 default
                                        //之后的语句组,将 0xff 送给 KeyS 函数的输出参数,然后跳出 switch 语句
            }
    }
```

图 9-13 16 键矩阵键盘行列扫描方式输入及显示程序（续）

2. 程序说明

程序在运行时首先进入 main 函数,然后在 main 函数中执行 T0Int_S()函数。在 T0Int_S()函数中对定时器 T0 及有关中断进行设置,并启动 T0 开始 2ms 计时。在从 T0Int_S()函数返回到 main 函数后,执行 while 循环语句。

在 while 循环语句中,执行 KeyZ 函数。在 KeyZ 函数（键码转键值函数）中,switch 语句以从 KeyS 函数的输出参数读取的键码作为依据,将对应的键值赋给 KeyZ 函数的输出参数。程序返回到主程序的 while 语句,将 KeyZ 函数的输出参数（按键的键值）赋给变量 num:

- 如果未按下任何键,则 num 值为 0xff,第 1 个 if 语句不会执行,其内嵌的两个 if 语句和 for 语句也不会执行。
- 若按下某键,如按下 S7 键（键值为 6）,则 num 值为 6,num≠0xff 成立,第 1 个 if 语句执行。由于 i 的初始值为 0,i<8 成立,所以第 2 个 if 语句也执行,即先将 DMtable 表格中第 7 个位置的段码（DMtable[6],该位置存放着 6 的段码）存到 TData 表格的第 1 个位置（TData[0]）,之后执行 i++,i 由 0 变成 1;以后过程与此相同。
- 若按下第 8 个按键,则将该键的段码存放到第 8 个位置（TData[7]）,再执行 i++,i

由 7 变成 8。
- 若按下第 9 个按键，则 i<8 不成立，第 2 个 if 语句不会执行，i++ 又执行一次，即 i 由 8 变成 9。于是 i=9 成立，可执行第 3 个 if 语句和内嵌的 for 语句。for 语句会执行 8 次，从低到高将 TData 表格的第 1~8 个位置的数据（按键字符的段码）清 0，数码管显示的 8 个字符也会消失（数码管清屏）。执行 i=0，将 i 值清 0。
- 若按下第 10 个按键，则又从数码管的第 1 位开始显示。

每次执行 T0Int_Z 都会执行 Display 函数：在第 1 次执行 Display 函数时，其静态变量 i=0（与主程序中的变量 i 不是同一个变量），Display 函数从 WMtable 表格读取第 1 个位码（WMtable [i+ShiWei]=WMtable[0]），从 TData 表格读取第 1 个段码（TData[i]=TData[0]），并通过 P0 端口将其先后发送到位码锁存器和段码锁存器，驱动 8 位数码管的第 1 位显示字符；在第 2 次执行 Display 函数时，其静态变量 i=1，Display 函数从 WMtable 表格读取第 2 个位码，从 TData 表格读取第 2 个段码，再通过 P0 端口将其先后发送到位码锁存器和段码锁存器，驱动 8 位数码管的第 2 位显示字符……后面 6 位的显示过程与此相同。

主程序、KeyS 键盘检测函数和 KeyZ 键码转键值函数负责检测按键、获得键值，再将按键键值（按键代表的字符）的段码送入 TData 表格。Display 函数每隔 2ms 从 TData 表格读取字符段码并显示出来。主程序与 Display 函数是并列关系，两者都独立运行。TData 表格是两者的关联点：主程序根据按键改变 TData 表格中的数据；Display 函数每隔一定时间从 TData 表格读取数据并显示出来。

9.2.3 采用中断方式的矩阵键盘行列扫描输入的电路及程序详解

对于矩阵键盘行列扫描输入方式而言，每循环一次都需要进入并执行 KeyS 键盘检测函数和 KeyZ 键码转键值函数，这样会浪费 CPU 的时间，降低其工作效率。采用中断方式的矩阵键盘行列扫描输入，可以在未按下按键时让 CPU 不执行 KeyS 和 KeyZ 函数，而是全力执行主程序的其他语句。只有按下按键触发中断，CPU 才去执行 KeyS 和 KeyZ 函数。

1. 电路

如图 9-14 所示为采用中断方式的矩阵键盘行列扫描输入的部分电路（显示电路部分与图 9-12 中的电路相同，本图略）。它在图 9-12 的基础上增加了 4 个二极管，并与单片机的 $\overline{INT0}$（外部中断 0）端连接。在工作时，单片机让 P1.7~P1.4 为高电平，P1.3~P1.0 为低电平，即 P1=11110000（0xf0）。当按下 S1~S16 中的任何一个按键时，在 VD1~VD4 中有一个二极管导通，使得 $\overline{INT0}$ 端由高电平变为低电平（下降沿），从而触发 $\overline{INT0}$ 中断函数。

2. 程序详解

采用中断方式的矩阵键盘行列扫描输入的程序如图 9-15 所示。

第9章 按键电路及编程

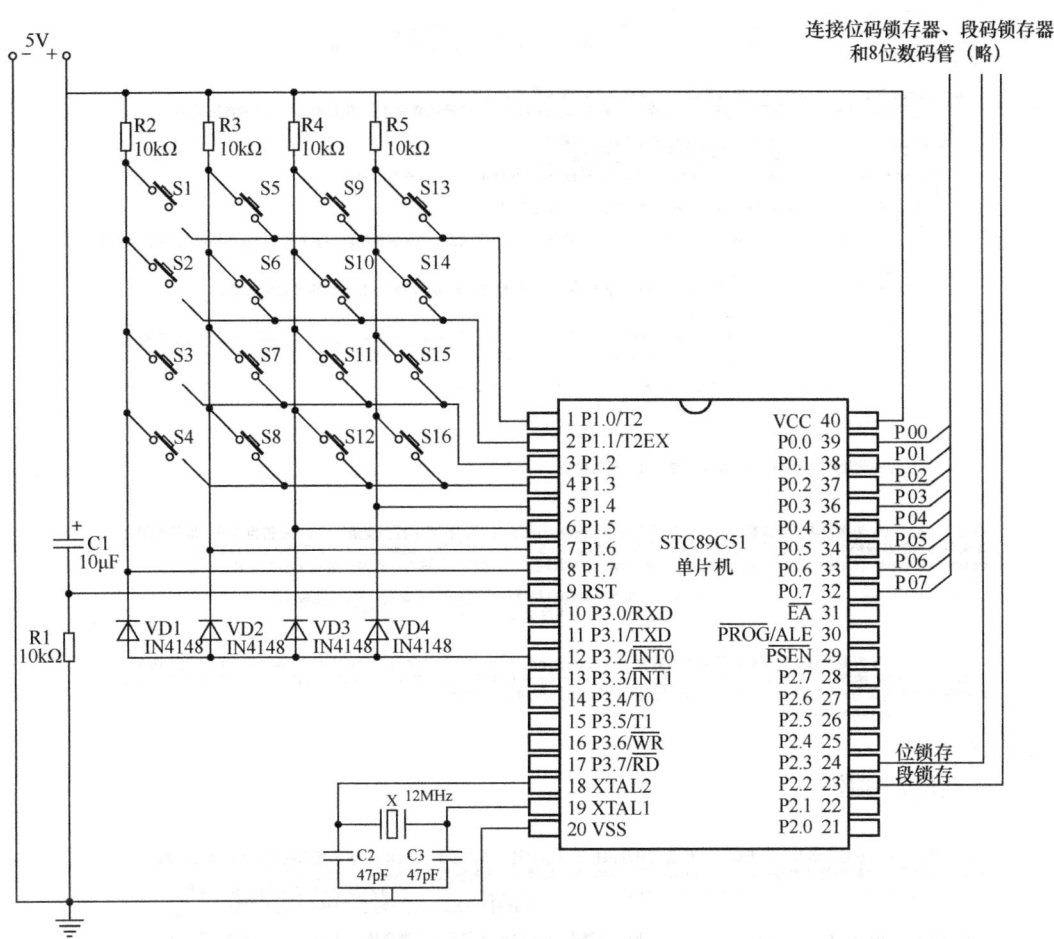

图 9-14 采用中断方式的矩阵键盘行列扫描输入的部分电路

```
/*采用中断方式的矩阵键盘行列扫描输入的程序*/
#include<reg51.h>     //调用 reg51.h 文件对单片机各特殊功能寄存器进行地址定义
sbit DuanSuo =P2^2;   //用位定义关键字 sbit 将 DuanSuo 代表 P2.2 端口
sbit WeiSuo =P2^3;
bit KeyFlag;          //用关键字 bit 将 KeyFlag 定义为位变量，KeyFlag 默认初值为 0
#define WDM P0         //用 define（宏定义）命令将 WDM 代表 P0，程序中 WDM 与 P0 等同
#define KeyP1 P1

unsigned char code DMtable[]={0x3f,0x06,0x5b,0x4f,0x66,0x6d,0x7d,0x07,   //定义一个 DMtable 表格，依次
                  0x7f,0x6f,0x77,0x7c,0x39,0x5e,0x79,0x71};  //存放字符 0～F 的段码
unsigned char code WMtable[]={0xfe,0xfd,0xfb,0xf7,0xef,0xdf,0xbf,0x7f}; //定义一个 WMtable 表格，依次存放
                                                          //8 位数码管低位到高位的位码
unsigned char TData[8]; //定义一个可存放 8 个元素的一维数组(表格)TData

void DelayUs(unsigned char tu); //声明一个 DelayUs（微秒级延时）函数，输入参数 tu 取值范围 0～255
void DelayMs(unsigned char tm); //声明一个 DelayMs（毫秒级延时）函数，输入参数 tm 取值范围 0～255
void Display(unsigned char ShiWei,unsigned char WeiShu); //声明一个 Display(显示)函数，两个输入参数
                                              //ShiWei 和 WeiShu 分别为显示的起始位和显示的位数
void T0Int_S(void);    //声明一个 T0Int_S 函数，用来设置定时器 0 及相关函数
unsigned char KeyS (void); //声明一个 KeyS（键盘扫描）函数，用来检测矩阵按键各按键的状态，并返回相应的键码
unsigned char KeyZ(void);  //声明一个 KeyZ（键码转键值）函数，用来将键码转换成相应的键值，并返回相应的键值
void INT0_S(void);     //声明一个 INT0_S 函数，用来设置外部中断 0（INT0），
```

图 9-15 采用中断方式的矩阵键盘行列扫描输入的程序

147

```c
/*以下为主程序部分*/
void main (void)
{
 unsigned char num,i,j;        //声明 3 个变量 num(显示的字符)、i、j
 T0Int_S();                    //执行 T0Int_S 函数，对定时器 T0 及相关中断进行设置，启动 T0 计时
 INT0_S();                     //执行 INT0_S 函数，设置外部中断 0 的请求方式并打开该中断
 while (1)                     //主循环
   {
    KeyP1=0xf0;                //将 P1 端口的高 4 位置高电平，低 4 位拉低电平
    if(KeyFlag==1)             //如果 KeyFlag==1 成立(KeyFlag 由 INT0_Z 中断函数置 1)，执行本 if 大括号内的语句
      {
       KeyFlag=0;              //将 KeyFlag(按键按下标志)置 0
       num=KeyZ();             //将 KeyZ 函数的输出参数值赋给 num
       if(num!=0xff)           //如果 num≠0xff 成立(即有键按下)，执行本 if 大括号内的语句
         {
          if(i<8)              //如果 i<8 成立，执行本 if 大括号内的语句
            {
             TData[i]=DMtable[num];  //将 DMtable 表格第 num+1 个数据(num 字符的段码)存到 Temp 表格的第 i+1 个位置
            }
          i++;                 //将 i 增 1
          if(i==9)             //如果 i=9 成立，执行本 if 大括号内的语句，清除 8 位数码管所有位的显示
            {
             i=0;              //将 i 置 0
             for(j=0;j<8;j++)  //for 为循环语句，大括号内的语句执行 8 次，依次将 TData 表格第 1~8 个位置的数据清 0，
                               //Display 显示函数无从读取字符的段码，数码管显示字符全部消失
               {
                TData[j]=0;    //将 TData 表格的第 j+1 个位置的数据清 0
               }
            }
         }
      }
                               //在此处可添加主循环中其他需要一直工作的程序
   }
}
/*以下 DelayUs 为微秒级延时函数，其输入参数为 unsigned char tu(无符号字符型变量 tu)，tu 值为 8 位，取值范围 0~255，
如果单片机的晶振频率为 12M，本函数延时时间可用 T=(tu×2+5)us 近似计算，比如 tu=248，T=501 us≈0.5ms */
void DelayUs (unsigned char tu)   //DelayUs 为微秒级延时函数，其输入参数为无符号字符型变量 tu
{
 while(--tu);                     //while 为循环语句，每执行一次 while 语句，tu 值就减 1，
                                  //直到 tu 值为 0 时才执行 while 尾大括号之后的语句
}
/*以下 DelayMs 为毫秒级延时函数，其输入参数为 unsigned char tm (无符号字符型变量 tm)，该函数内部使用了两个
DelayUs (248)，它们共延时 1002us (约 1ms)，由于 tm 值最大为 255，故本 DelayMs 函数最大延时时间为 255ms，
若将输入参数定义为 unsigned int tm，则最长可获得 65535ms 的延时时间*/
void DelayMs(unsigned char tm)
{
 while(tm--)
   {
    DelayUs (248);
    DelayUs (248);
   }
}
/*以下为 Display 显示函数，用于驱动 8 位数码管动态扫描显示字符，输入参数 ShiWei 表示显示的开始位，如 ShiWei
为 0 表示从第一个数码管开始显示，WeiShu 表示显示的位数，如显示 99 两位数应让 WeiShu 为 2 */
void Display(unsigned char ShiWei,unsigned char WeiShu)   //Display(显示)函数有两个输入参数，
                                                          //分别是 ShiWei(开始位)和 WeiShu(位数)
{
 static  unsigned char i;      //声明一个静态(static)无符号字符型变量 i(表示显示位，0 表示第 1 位)，
                               //静态变量占用的存储单元在程序退出前不会释放给变量使用
 WDM=WMtable[i+ShiWei];        //将 WMtable 表格中的第 i+ShiWei +1 个码送给 P0 端口输出
 WeiSuo=1;                     //让 P2.3 端口输出高电平，开通位码锁存器，锁存器输入变化时输出会随之变化
 WeiSuo=0;                     //让 P2.3 端口输出低电平，位码锁存器被封锁，锁存器的输出值被锁定不变

 WDM=TData [i];                //将 TData 表格中的第 i+1 个段码送给 P0 端口输出
 DuanSuo=1;                    //让 P2.2 端口输出高电平，开通段码锁存器，锁存器输入变化时输出会随之变化
 DuanSuo=0;                    //让 P2.2 端口输出低电平，段码锁存器被封锁，锁存器的输出值被锁定不变

 i++;                          //将 i 值加 1，准备显示下一位数字
 if(i==WeiShu)                 //如果 i= WeiShu 表示显示到最后一位，执行 i=0
   {
    i=0;                       //将 i 值清 0，以便从数码管的第 1 位开始再次显示
   }
}
/*以下 T0Int_S 为定时器及相关中断设置函数*/
void T0Int_S (void)            //函数名为 T0Int_S，输入和输出参数均为 void(空)
{
 TMOD=0x01;                    //让 TMOD 寄存器的 M1M0=01，设 T0 工作在方式 1 (16 位计数器)
 TH0=0;                        //将 TH0 寄存器清 0
 TL0=0;                        //将 TL0 寄存器清 0
 EA=1;                         //让 IE 寄存器的 EA=1，打开总中断
 ET0=1;                        //让 IE 寄存器的 ET0=1，允许 T0 的中断请求
 TR0=1;                        //让 TCON 寄存器的 TR0=1，启动 T0 在 TH0、TL0 初值基础上开始计数
}
/*以下 T0Int_Z 为定时器中断函数，用"(返回值) 函数名 (输入参数) interrupt n using m"格式定义一个函数名为
T0Int_Z 的中断函数，n 为中断编号，n=0~4，m 为用作保护中断点的寄存器组，可使用 4 组寄存器 (0~3)，每组
有 7 个寄存器 (R0~R7)，m=0~3，在中断中，若只有一个中断，可不用"using m"，使用多个中断时，不同中断应使用不同 m*/
void T0Int_Z (void)  interrupt 1    // T0Int_Z 为中断函数(用 interrupt 定义)，并且为 T0 的中断函数
                                    //(中断源编号 n=1)
{
 TH0=(65536-2000)/256;         //将定时初值的高 8 位放入 TH0，"/"为除法运算符
 TL0=(65536-2000)%256;         //将定时初值的低 8 位放入 TL0，"%"为相除取余数符号
```

图 9-15　采用中断方式的矩阵键盘行列扫描输入的程序（续）

```
      Display(0,8);              //执行Display显示函数,从第1位(0)开始显示,共显示8位(8)
    }
/*以下KeyS函数用来检测矩阵键盘的16个按键,其输出参数得到按下的按键的编码值*/
unsigned char KeyS(void)    //KeyS函数的输入参数为空,输出参数为无符号字符型变量
  {
    unsigned char KeyM;       //声明一个变量KeyM,用于存放按键的编码值
    KeyP1=0xf0;               //将P1端口的高4位置高电平,低4位拉低电平
    if(KeyP1!=0xf0)           //如果P1≠0xf0成立,表示有按键按下,执行本if大括号内的语句
      {
        DelayMs(10);          //延时10ms去抖
        if(KeyP1!=0xf0)       //再次检测按键是否按下,按下则执行本if大括号内的语句
          {
            KeyP1=0xfe;       //让P1=0xfe,即让P1.0端口为低电平(P1其它端口为高电平),检测第一行按键
            if(KeyP1!=0xfe)   //如果P1≠0xfe成立(比如P1.7与P1.0之间的按键S1按下时,P1.7被P1.0拉低,KeyP1=0x7e)
              //表示第一行有按键按下,执行本if大括号内的语句
              {
                KeyM=KeyP1;   //将P1端口值赋给变量KeyM
                DelayMs(10);  //延时10ms去抖
                while(KeyP1!=0xfe);  //若P1≠0xfe成立则反复执行本条语句,一旦按键释放,P1=0xfe(P1≠0xfe不成立)
                              //则往下执行
                return KeyM;  //将变量KeyM的值送给KeyS函数的输出参数,如按下P1.6与P1.0之间的按键时,
                              //KeyM=KeyP1=0xbe
              }
            KeyP1=0xfd;       //让P1=0xfd,即让P1.1端口为低电平(P1其它端口为高电平),检测第二行按键
            if(KeyP1!=0xfd)
              {
                KeyM=KeyP1;
                DelayMs(10);
                while(KeyP1!=0xfd);
                return KeyM;
              }
            KeyP1=0xfb;       //让P1=0xfb,即让P1.2端口为低电平(P1其它端口为高电平),检测第三行按键
            if(KeyP1!=0xfb)
              {
                KeyM=KeyP1;
                DelayMs(10);
                while(KeyP1!=0xfb);
                return KeyM;
              }
            KeyP1=0xf7;       //让P1=0xf7,即让P1.3端口为低电平(P1其它端口为高电平),检测第四行按键
            if(KeyP1!=0xf7)
              {
                KeyM=KeyP1; ;
                DelayMs(10);
                while(KeyP1!=0xf7);
                return KeyM;
              }
          }
      }
    return 0xff;              //如果无任何键按下,将0xff送给KeyS函数的输出参数
  }
/* 以下KeyZ函数用于将键码转换成相应的键值,其输出参数得到按下的按键键值*/
unsigned char KeyZ(void)    //KeyS函数的输入参数为空,输出参数为无符号字符型变量
  {
    switch(KeyS())          //switch为多分支选择语句,以KeyS()函数的输出参数(按下的按键的编码值)作为选择依据
      {
        case 0x7e:return 0;break;  //如果KeyS()函数的输出参数与常量0x7e(0的键码)相等,将0送给KeyZ函数的输出参数,
                                   //然后跳出switch语句,否则往下执行
        case 0x7d:return 1;break;  //如果KeyS()函数的输出参数与常量0x7d(1的键码)相等,将1送给KeyZ函数的输出参数,
                                   //然后跳出switch语句,否则往下执行
        case 0x7b:return 2;break;
        case 0x77:return 3;break;
        case 0xbe:return 4;break;
        case 0xbd:return 5;break;
        case 0xbb:return 6;break;
        case 0xb7:return 7;break;
        case 0xde:return 8;break;
        case 0xdd:return 9;break;
        case 0xdb:return 10;break;
        case 0xd7:return 11;break;
        case 0xee:return 12;break;
        case 0xed:return 13;break;
        case 0xeb:return 14;break;
        case 0xe7:return 15;break;
        default:return 0xff;break;  //如果KeyS()函数的输出参数与所有case后面的常量均不相等,执行default
                                    //之后的语句组,将0xff送给KeyS函数的输出参数,然后跳出switch语句
      }
  }
/* 以下INT0_S为中断设置函数,用来对外部中断0(INT0)进行设置*/
void INT0_S(void)
  {
    EA=1;       //让IE寄存器的EA位为1,开启总中断
    EX0=1;      //让IE寄存器的EX0位为1,开启INT0中断
    IT0=1;      //让TCON寄存器IT0位为1,设INT0中断请求为下降沿触发有效
  }
/* 以下INT0_Z为中断函数(中断子程序),当INT0端(P3.2脚)有下降沿输入时,触发INT0_Z中断函数执行,
将有键按下标志位KeyFlag变量置1 */
void INT0_Z(void) interrupt 0  //用关键字interrupt将INT0_Z为中断函数,并且为外部中断0的函数
                               //(中断源编号n=0)
  {
    KeyFlag=1;  //将有键按下标志位KeyFlag变量置1
```

图9-15 采用中断方式的矩阵键盘行列扫描输入的程序(续)

（1）现象

在按下某键（如按键S1）时，8位数码管的第1位显示该键的键值（0）；在按下第2个按键（如按键S11）时，数码管的第2位显示该键的键值（A）。以此类推，在按下第8个按键时数码管的8位全部显示；在按下第9个按键时，数码管显示的8位字符全部消失；在按下第10个按键时数码管又从第1位开始显示该键键值。

（2）程序说明

程序在运行时进入main函数，在main函数中执行T0Int_S()函数。在T0Int_S()函数中对定时器T0及有关中断进行设置，并启动T0开始2ms计时。在从T0Int_S()函数返回到main函数后，执行并进入INT0_S函数。在INT0_S函数中设置外部中断0（$\overline{INT0}$）的请求方式并打开$\overline{INT0}$中断。从INT0_S函数返回到main函数，执行while循环语句。在while主循环语句中，先让P1=11110000（0xf0），再执行第1个if语句，检查位变量KeyFlag是否为1。如果未按下任何键，则KeyFlag=1不成立，跳出第1个if语句。返回前面执行while语句的首条语句（KeyP1=0xf0），如此反复循环。

如果按下第1个按键，如按下S3键，则单片机的$\overline{INT0}$端（P3.2引脚）由高电平变成低电平，即$\overline{INT0}$端输入一个下降沿，触发$\overline{INT0}$中断。此时将执行INT0_Z中断函数，将KeyFlag置1。主程序中的第1个if语句的条件KeyFlag=1成立，可执行该if语句，即先将KeyFlag复位清0，再执行并进入KeyZ函数。在KeyZ函数（键码转键值函数）中，switch语句需要读取KeyS函数的输出参数并将其赋给变量num。因此处假设按下S3键（键值为2），故num值为2，num≠0xff成立，将执行第2个if语句。由于i的初始值为0，i<8成立，因此第3个if语句也执行，即将DMtable表格中第3个位置的段码（DMtable[2]）存到TData表格的第1个位置（TData[0]），再执行i++，此时i由0变成1。

如果按下第2个按键，则再次触发$\overline{INT0}$中断，并执行INT0_Z中断函数，将KeyFlag置1。执行主程序中的第1个if语句，即先后执行KeyZ函数和KeyS函数。如果第2个按下的是S11（键值为A），则num值为A，num≠0xff和i<8成立，执行第2个if语句及第3个if语句。在第3个if语句中，将DMtable表格中第11个位置的段码（DMtable[10]，该位置存放着A的段码）存到TData表格的第2个位置（TData[1]），并执行i++。此时i由1变成2，以后过程相同。当按下第8个按键时，该键的字符段码存放到第8个位置（TData[7]），再执行i++，i由7变成8。如果按下第9个按键，则i<8不成立，第3个if语句不会执行，i++又执行一次，i由8变成9。此时i=9成立，即执行第4个if语句和内嵌的for语句。for语句会执行8次，将TData表格的第1～8个位置的数据（按键字符的段码）从低到高清0，数码管显示的8个字符也会消失（数码管清屏）。执行"i=0;"语句，将i值清0，这样在按下第10个按键时，又从数码管的第1位开始显示。

9.2.4 矩阵键盘密码锁的程序详解

矩阵键盘密码锁的程序如图9-16所示。

```c
/*矩阵键盘密码锁的程序*/
#include<reg51.h>      //调用 reg51.h 文件对单片机各特殊功能寄存器进行地址定义
sbit DuanSuo=P2^2;     //用位定义关键字 sbit 将 DuanSuo 代表 P2.2 端口
sbit WeiSuo=P2^3;
#define WDM P0         //用 define（宏定义）命令将 WDM 代表 P0，程序中 WDM 与 P0 等同
#define KeyP1 P1

unsigned char code DMtable[]={0x3f,0x06,0x5b,0x4f,0x66,0x6d,0x7d,0x07,  //定义一个 DMtable 表格，依次
                             0x7f,0x6f,0x77,0x7c,0x39,0x5e,0x79,0x71}; //存放字符 0～F 的段码
unsigned char code WMtable[]={0xfe,0xfd,0xfb,0xf7,0xef,0xdf,0xbf,0x7f}; //定义一个 WMtable 表格，依次存放
                                                                        //8 位数码管低位到高位的位码
unsigned char TData[8];                    //定义一个可存放 8 个元素的一维数组（表格）TData
unsigned char code Password[8]={1,2,3,4,5,6,7,8};//定义一个存放 8 个密码字符的表格 Password，在此可更改密码

void DelayUs(unsigned char tu);  //声明一个 DelayUs（微秒级延时）函数，输入参数 tu 取值范围 0～255
void DelayMs(unsigned char tm);  //声明一个 DelayMs（毫秒级延时）函数，输入参数 tm 取值范围 0～255
void Display(unsigned char ShiWei,unsigned char WeiShu);  //声明一个 Display(显示)函数，两个输入参数
                                          //ShiWei 和 WeiShu 分别为显示的起始位和显示的位数
void T0Int_S(void);              //声明一个 T0Int_S 函数，用来设置定时器及相关中断
unsigned char KeyS (void);       //声明一个 KeyS（键盘扫描）函数，用来检测矩阵按键各按键的状态，并返回相应的键码
unsigned char KeyZ(void);        //声明一个 KeyZ（键码转键值）函数，用来将键码转换成相应的键值，并返回相应的键值

/*以下为主程序部分*/
void main (void)
{
 unsigned char num,i,j;    //声明 3 变量 num（显示的字符）、i、j
 bit Flag;                 //用关键字 bit 将 Flag g 定义为位变量，Flag 默认初值为 0
 T0Int_S();                //执行 T0Int_S 函数，对定时器 T0 及相关中断进行设置，启动 T0 计时
 while (1)                 //主循环
   {
    num=KeyZ();            //将 KeyZ 函数的输出参数值赋给 num，执行该语句时会进入并执行 KeyZ 和 KeyS 函数
    if(num!=0xff)          //如果 num≠0xff 成立（即有键按下），执行本 if 大括号内的语
     {
      if(i==0)             //如果 i=0 成立，执行本 if 大括号内的语句，对 8 位数码管清屏
       {
         for(j=0;j<8;j++)  //for 为循环语句，大括号内的语句执行 8 次，依次将 TData 表格第 1～8 个位置的数据清 0，
          {
           TData[j]=0;     //将 TData 表格第 j+1 个位置的数据清 0
          }
       }
      if(i<8)              //如果 i<8 成立，执行本 if 大括号内的语句
       {
        TData[i]=DMtable[num];  //将 DMtable 表格第 num+1 个数据（num 字符的段码）存到 TData 表格的第 i+1 个位置
        i++;                //将 i 增 1
        if(i==9)            //如果 i=9 成立，执行本 if 大括号内的语句，清除 8 位数码管所有位的显示
         {
          i=0;              //将 i 置 0
          Flag=1;           //先把比较位置 1
          for(j=0;j<8;j++)  //for 为循环语句，大括号内的语句执行 8 次，逐位比较 TData 表格中的输入值与
                            //Password 表格中的各个密码是否相同，8 个全部相同 Flag 才为 1
           {
            Flag=Flag&&(TData[j]==DMtable[Password[j]]); //将 DMtable 表格中 Password 表格第 1～8 个字符(密码)
                            //对应的段码与 TData 表格第 1～8 个字符的段码逐个进
                            //行比较，全部相同结果为 1，再将结果与 Flag 值进行
                            //相与运算，运算结果存入 Flag
           }
          for(j=0;j<8;j++)  //for 为循环语句，大括号内的语句执行 8 次，依次将 TData 表格第 1～8 个位置的数据清 0，
                            //Display 显示函数无从读取字符的段码，数码管显示字符全部消失
           {
            TData[j]=0;     //将 TData 表格的第 j+1 个位置的数据清 0
           }
          if(Flag)          //如果 Flag 为 1（输入值与密码一致），执行大括号内的语句，让数码管显示"OPEN"
            {
             TData[0]=0x3f; //将"O"的段码送到 TData 表格的第 1 个位置
             TData[1]=0x73; //将"P"的段码送到 TData 表格的第 2 个位置
             TData[2]=0x79; //将"E"的段码送到 TData 表格的第 3 个位置
             TData[3]=0x37; //将"N"的段码送到 TData 表格的第 4 个位置
            }
          else              //否则（即输入值与密码不一致，Flag 为 0），执行大括号内的语句，让数码管显示"Err"
            {
             TData[0]=0x79; //将"E"的段码送到 TData 表格的第 1 个位置
             TData[1]=0x50; //将"r"的段码送到 TData 表格的第 2 个位置
             TData[2]=0x50; //将"r"的段码送到 TData 表格的第 3 个位置
            }
         }
       }
      }
     //此处可编写一直需要执行的程序
   }
}

/*以下 DelayUs 为微秒级延时函数，其输入参数为 unsigned char tu(无符号字符型变量 tu)，tu 值为 8 位，取值范围为
0～255，若单片机的晶振频率为 12M，本函数延时时间可用 T=(tu×2+5)us 近似计算，比如 tu=248，T=501 us≈0.5ms */
void DelayUs (unsigned char tu)   //DelayUs 为微秒级延时函数，其输入参数为无符号字符型变量 tu
{
 while(--tu);                    //while 为循环语句，每执行一次 while 语句，tu 值就减 1，
                                 //直到 tu 值为 0 时才执行 while 尾大括号之后的语句
}

/*以下 DelayMs 为毫秒级延时函数，其输入参数为 unsigned char tm（无符号字符型变量 tm），该函数内部使用了两个
DelayUs (248)函数，它们共延时 1002us（约 1ms），由于 tm 值最大为 255，故本 DelayMs 函数最大延时时间为 255ms，
若将输入参数定义为 unsigned int tm，则最长可获得 65535ms 的延时时间*/
void DelayMs(unsigned char tm)
{
```

图 9-16　矩阵键盘密码锁的程序

```
    while(tm--)
     {
      DelayUs (248);
      DelayUs (248);
     }
   }
/*以下为Display显示函数,用于驱动8位数码管动态扫描显示字符,输入参数 ShiWei 表示显示的开始位,如 ShiWei
为0表示从第一个数码管开始显示,WeiShu表示显示的位数,如显示99两位数让WeiShu为2 */
void Display(unsigned char ShiWei,unsigned char WeiShu)   //Display(显示)函数有两个输入参数,
                                                          //分别为ShiWei(开始位)和WeiShu(位数)
   {
    static  unsigned char i;         //声明一个静态(static)无符号字符型变量i(表示显示位,0表示第1位),
                                     //静态变量占用的存储单元在程序退出前不会释放给变量使用
    WDM=WMtable[i+ShiWei];      //将 WMtable 表格中的第i+ShiWei +1个位码送给P0端口输出
    WeiSuo=1;                   //让P2.3端口输出高电平,开通位码锁存器,锁存器输入变化时输出会随之变化
    WeiSuo=0;                   //让P2.3端口输出低电平,位码锁存器被封锁,锁存器的输出值被锁定不变
    WDM=TData [i];              //将 TData 表格中的第i+1个段码送到 P0 端口输出
    DuanSuo=1;                  //让P2.2端口输出高电平,开通段码锁存器,锁存器输入变化时输出会随之变化
    DuanSuo=0;                  //让P2.2端口输出低电平,段码锁存器被封锁,锁存器的输出值被锁定不变
    i++;            //将i值加1,准备显示下一位数字
    if(i==WeiShu)   //如果i= WeiShu 表示显示到最后一位,执行i=0
    {
     i=0;           //将i值清0,以便从数码管的第1位开始再次显示
    }
   }
/*以下T0Int_S为定时器及相关中断设置函数*/
void T0Int_S (void)    //函数名为T0Int_S,输入和输出参数均为void(空)
   {
    TMOD=0x01;         //让 TMOD 寄存器的M1M0=01,设T0工作在方式1(16位计数器)
    TH0=0;             //将 TH0 寄存器清 0
    TL0=0;             //将 TL0 寄存器清 0
    EA=1;              //让 IE 寄存器的EA=1,打开总中断
    ET0=1;             //让 IE 寄存器的ET0=1,允许 T0 的中断请求
    TR0=1;             //让 TCON 寄存器的TR0=1,启动T0在TH0、TL0初值基础上开始计数
   }
/*以下T0Int_Z为定时器中断函数,用"(返回值)函数名 (输入参数) interrupt n using m"格式定义一个函数名为
T0Int_Z的中断函数,n为中断源编号,n=0~4,m为用作保护中断点的寄存器组,可使用4组寄存器(0~3),每组
有7个寄存器(R0~R7),m=0~3,若只有一个中断,可不写"using m",使用多个中断时,不同中断应使用不同m*/
void T0Int_Z (void)  interrupt 1   // T0Int_Z 为中断函数(用interrupt定义),并且为T0的中断函数
                                   //(中断源编号n=1)
   {
    TH0=(65536-2000)/256;        //将定时初值的高8位放入 TH0,"/"为除法运算符号
    TL0=(65536-2000)%256;        //将定时初值的低8位放入 TL0,"%"为相除取余数符号
    Display(0,8);                //执行 Display 显示函数,从第1位(0)开始显示,共显示8位(8)
   }
/*以下KeyS函数用来检测矩阵键盘的16个按键,其输出参数得到按下的按键的编码值*/
   unsigned char KeyS(void)    //KeyS函数的输入参数为空,输出参数为无符号字符型变量
   {
    unsigned char KeyM;         //声明一个变量KeyM,用于存放按键的编码值
    KeyP1=0xf0;                 //将 P1 端口的高4位置高电平,低4位拉低电平
    if(KeyP1!=0xf0)             //如果P1≠0xf0 成立,表示有按键按下,执行本 if 大括号内的语句
    {
     DelayMs(10);       //延时 10ms 去抖
     if(KeyP1!=0xf0)    //再次检测按键是否按下,按下则执行本 if 大括号内的语句
     {
      KeyP1=0xfe;       //让 P1=0xfe,即让 P1.0 端口为低电平(P1 其它端口为高电平),检测第一行按键
         if(KeyP1!=0xfe)    //如果 P1≠0xfe 成立(比如 P1.7 与 P1.0 之间的按键 S1 按下时,P1.7 被 P1.0 拉低,KeyP1=0x7e)
                            //表示第一行有按键按下,执行本 if 大括号内的语句
            {
             KeyM=KeyP1;           //将 P1 端口值赋给变量 KeyM
             DelayMs(10);          //延时 10ms 去抖
             while(KeyP1!=0xfe);   //若 P1≠0xfe 成立则反复执行本条语句,一旦按键释放,P1=0xfe(P1≠0xfe 不成立
                                   //则往下执行
             return KeyM;          //将变量 KeyM 的值送给 KeyS 函数的输出参数,如按下 P1.6 与 P1.0 之间的按键时,
                                   //KeyM=KeyP1=0xbe
            }
      KeyP1=0xfd;             //让 P1=0xfd,即让 P1.1 端口为低电平(P1 其它端口为高电平),检测第二行按键
         if(KeyP1!=0xfd)
            {
             KeyM=KeyP1;
             DelayMs(10);
             while(KeyP1!=0xfd);
             return KeyM;
            }
      KeyP1=0xfb;             //让 P1=0xfb,即让 P1.2 端口为低电平(P1 其它端口为高电平),检测第三行按键
         if(KeyP1!=0xfb)
            {
             KeyM=KeyP1;
             DelayMs(10);
             while(KeyP1!=0xfb);
             return KeyM;
            }
      KeyP1=0xf7;             //让 P1=0xf7,即让 P1.3 端口为低电平(P1 其它端口为高电平),检测第四行按键
         if(KeyP1!=0xf7)
            {
             KeyM=KeyP1; ;
```

图 9-16　矩阵键盘密码锁的程序（续）

```
                DelayMs(10);
                while(KeyP1!=0xf7);
                return KeyM;
                }
         }
    }
    return 0xff;       //如果无任何键按下,将 0xff 送给 KeyS 函数的输出参数
}
/* 以下 KeyZ 函数用于将键码转换成相应的键值,其输出参数得到按下的按键键值*/
unsigned char KeyZ(void)      //KeyS 函数的输入参数为空,输出参数为无符号字符型变量
{
    switch(KeyS())     //switch 为多分支选择语句,以 KeyS()函数的输出参数(按下的按键的编码值)作为选择依据
    {
       case 0x7e:return 0;break;    //如果 KeyS()函数的输出参数与常量 0x7e(0 的键码)相等,将 0 送给 KeyZ 函数的输出参数,
                                    //然后跳出 switch 语句,否则往下执行
       case 0x7d:return 1;break;    //如果 KeyS()函数的输出参数与常量 0x7d(1 的键码)相等,将 1 送给 KeyZ 函数的输出参数,
                                    //然后跳出 switch 语句,否则往下执行
       case 0x7b:return 2;break;
       case 0x77:return 3;break;
       case 0xbe:return 4;break;
       case 0xbd:return 5;break;
       case 0xbb:return 6;break;
       case 0xb7:return 7;break;
       case 0xde:return 8;break;
       case 0xdd:return 9;break;
       case 0xdb:return 10;break;
       case 0xd7:return 11;break;
       case 0xee:return 12;break;
       case 0xed:return 13;break;
       case 0xeb:return 14;break;
       case 0xe7:return 15;break;
       default:return 0xff;break;   //如果 KeyS()函数的输出参数与所有 case 后面的常量均不相等,执行 default
                                    //之后的语句组,将 0xff 送给 KeyS 函数的输出参数,然后跳出 switch 语句
    }
}
```

图 9-16 矩阵键盘密码锁的程序(续)

1. 现象

程序在运行时,用矩阵键盘输入 8 位密码,8 位数码管会由低到高显示 8 位密码字符,在按下第 9 个任意键时,数码管显示的密码字符消失。如果输入的 8 位密码正确(本程序的密码为 12345678,可在程序的 Password 表格中更改密码),则数码管显示"OPEN";若输入的密码错误,则数码管显示"Err"。密码可重复输入,无次数限制。

2. 程序说明

程序在运行时进入 main 函数,在 main 函数中执行 T0Int_S()函数。在 T0Int_S()函数中对定时器 T0 及有关中断进行设置,并启动 T0 开始 2ms 计时。在从 T0Int_S()函数返回到 main 函数后,执行 while 循环语句。

在 while 循环语句中,将 KeyZ 函数的输出参数(按键的键值字符)赋给变量 num。如果未按下任何键,则 num 值为 0xff,不会执行第 1 个 if 语句,其首尾大括号内的语句也不会执行。若按下 S2 键(键值为 1),输入第 1 位密码值"1",则 num 值为 1,num≠0xff 成立,将执行第 1 个 if 语句。由于 i 的初始值为 0,i=0 成立,因此第 2 个 if 语句也执行。执行第 1 个 for 语句,且执行 8 次,即将 TData 表格的第 1~8 位的数据清 0。又因为 i<8 成立,所以第 3 个 if 语句也执行,即将 DMtable 表格中第 2 个位置的段码(DMtable[1]。该位置存放着"1"的段码)存到 TData 表格的第 1 个位置(TData[0])。执行 i++,此时 i 由 0 变成 1。若按下 S3 键(键值为 2),输入第 2 位密码"2",则 num 值为 2,num≠0xff 和 i<8 成立,第 1 个、第 3 个 if 语句先后执行。在第 3 个 if 语句中,将 DMtable 表格中第 3 个位置的段码(DMtable[2],该位置存放着"2"的段码)存到 TData 表格的第 2 个位置(TData[1])。执行 i++,此时 i 由 1 变成 2……当按下第 8 个按键时,将该键的字符段码存

放到 TData 表格的第 8 个位置（TData[7]）。执行 i++，此时 i 由 7 变成 8。如果按下第 9 个按键，则 i<8 不成立，第 3 个 if 语句不会执行，但 i++会执行一次，i 由 8 变成 9。此时 i=9 成立，执行第 4 个 if 语句，即将 i 清 0，且将位变量 Flag 置 1。执行第 2 个 for 语句，且执行 8 次，即将 DMtable 表格中 Password 的第 1～8 个字符（密码）对应的段码与 TData 表格中第 1～8 个字符的段码逐个进行比较，若全部相同则结果为 1，再将结果与 Flag 值进行与运算，运算结果存入 Flag。执行第 3 个 for 语句，且执行 8 次，即将 TData 表格中第 1～8 个字符的段码逐个清 0，使数码管显示的 8 个字符消失。执行 if…else 语句，如果 Flag=1，则将"O""P""E""N"字符的段码分别送到 TData 表格的第 1～4 个位置，让数码管显示"OPEN"；否则（即 Flag=0），将"E""r""r"字符的段码分别送到 TData 表格的第 1～3 个位置，让数码管显示"Err"。

第 10 章 点阵和液晶显示屏的使用及编程

10.1 双色 LED 点阵的使用及编程

10.1.1 双色 LED 点阵的基础知识

1. 外形

LED 点阵是一种将大量 LED（发光二极管）按行列规律排列在一起的显示部件。 每个 LED 代表一个点。通过控制不同的 LED 发光就能显示各种各样的文字、图案和动画等内容。LED 点阵外形如图 10-1 所示。

图 10-1　LED 点阵外形

LED 点阵可分为单色点阵、双色点阵和全彩点阵：单色点阵的 LED 只能发出一种颜色的光；双色点阵的单个 LED 实际上由两个不同颜色的 LED 组成，可以发出两种本色光和一种混色光；全彩点阵的单个 LED 由三个不同颜色（红、绿、蓝）的 LED 组成，可以发出三种本色光和很多种的混色光。

2. 共阳型和共阴型点阵的电路结构

双色 LED 点阵有共阳型和共阴型两种电路结构。 如图 10-2 所示是 8×8 双色 LED 点阵的电路结构。图 10-2（a）为共阳型点阵，有 8 行 16 列：每行的 16 个 LED（两个 LED 组成一个发光点）的正极接在一根行公共线上，共有 8 根行公共线；每列的 8 个 LED 的负极接在一根列公共线上，共有 16 根列公共线，共阳型点阵也称为行共阳列共阴型点阵。图 10-2（b）为共阴型点阵，有 8 行 16 列：每行的 16 个 LED 的负极接在一根行公共线上，共有 8 根行公共线；每列的 8 个 LED 的正极接在一根列公共线上，共有 16 根列公共线，共阴型点阵也称为行共阴列共阳型点阵。

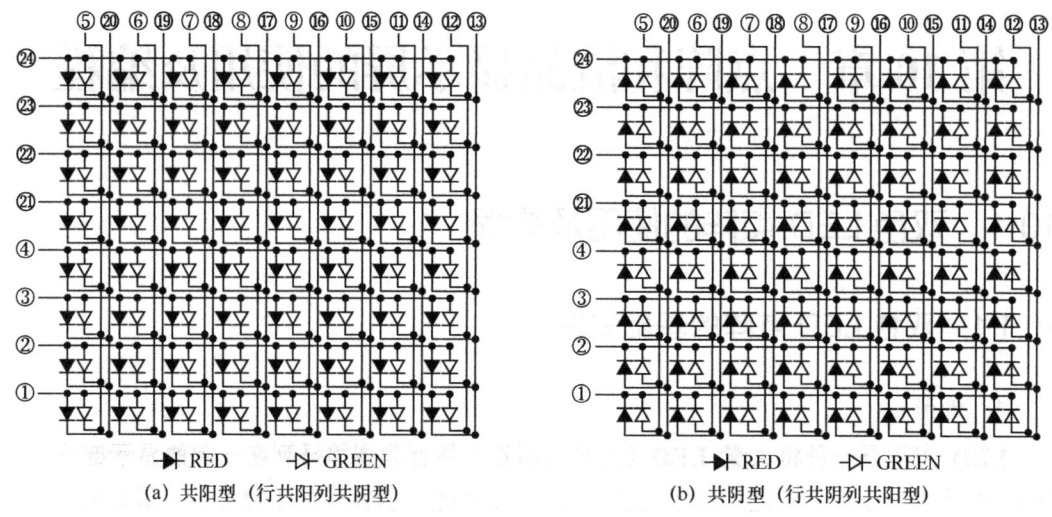

(a) 共阳型（行共阳列共阴型）　　(b) 共阴型（行共阴列共阳型）

图 10-2　8×8 双色 LED 点阵的电路结构

3. 混色规律

双色 LED 点阵可以发出三种颜色的光，以红绿点阵为例：红色 LED 点亮时发出红光；绿色 LED 点亮时发出绿光；红色和绿色 LED 都点亮时发出红光、绿光的混合光——黄光。如果是全彩点阵（红、绿、蓝三色点阵），则可以发出 7 种颜色的光。红、绿、蓝是三种最基本的颜色，故称为三基色（或称三原色）。其混色规律如图 10-3 所示，图中重叠的部分表示颜色混合。**双色点阵和全彩点阵就是利用混色规律显示多种颜色的。**

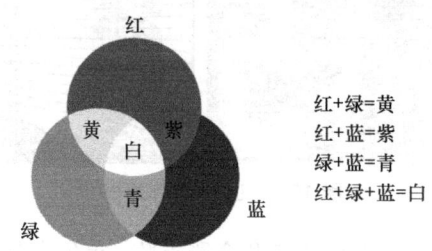

图 10-3　三基色的混色规律

4. 点阵的静态字符显示原理

LED 点阵与多位 LED 数码管一样，都由很多 LED 组成，且均采用扫描显示方式。以 8×8 LED 点阵和 8 位数码管为例，8 位数码管由 8 位字符组成，每位字符由 8 个构成段码的 LED 组成，共有 8×8 个 LED。在显示时，让第 1～8 位字符逐个显示。由于人眼具有视觉暂留特性，如果第 1 位到第 8 位的显示时间不超过 0.04s，则在显示最后一位字符时人眼会觉得第 1～7 位还在显示，故会产生 8 位字符同时显示出来的错觉。8×8 LED 点阵由 8 行 8 列共 64 个 LED 组成：如果将每行点阵看作一个字符，那么该行的 8 个 LED 则可当成 8 个段 LED；如果将每列点阵看作一个字符，那么该列的 8 个 LED 则为 8 个段 LED。

**LED 点阵的显示有逐行扫描显示（行扫描列驱动显示）和逐列扫描显示（列扫描行驱

动显示）两种方式。下面以如图 10-4 所示的 8×8 共阳型红绿双色点阵显示字符"1"为例说明这两种显示方式的工作原理。

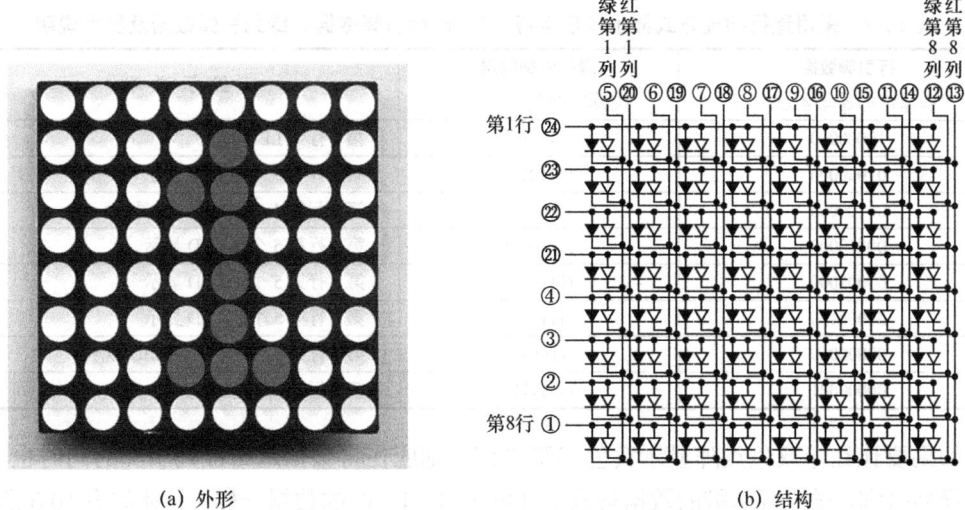

(a) 外形　　　　　　　　　　　　　　　(b) 结构

图 10-4　8×8 共阳型红绿双色点阵

（1）逐行扫描显示原理

若双色 LED 点阵采用逐行扫描显示方式显示红色字符"1"，则其工作原理如下：首先让第 1 行（24 脚）为高电平，其他行为低电平，即让第 1～8 行为 10000000，同时给红第 1～8 列送数据 11111111，第 1 行的 8 个 LED 都不显示；然后让第 2 行（23 脚）为高电平，其他行为低电平，即让第 1～8 行为 01000000，同时给红第 1～8 列送数据 11110111，第 2 行第 5 个红 LED 显示。对其他行、列数据及显示说明如表 10-1 所示。

表 10-1　采用逐行扫描方式显示红色字符"1"的行引脚数据、红列引脚数据及显示说明

行引脚数据 (㉔㉓㉒㉑④③②①)	红列引脚数据 (⑳⑲⑱⑰⑯⑮⑭⑬)	显　示　说　明
10000000	11111111	第 1 行无 LED 显示
01000000	11110111	第 2 行第 5 个红 LED 显示
00100000	11100111	第 3 行第 4、5 个红 LED 显示
00010000	11110111	第 4 行第 5 个红 LED 显示
00001000	11110111	第 5 行第 5 个红 LED 显示
00000100	11110111	第 6 行第 5 个红 LED 显示
00000010	11100011	第 7 行第 4、5、6 个红 LED 显示
00000001	11111111	第 8 行无 LED 显示

在点阵第 8 行显示后就完成了一屏内容的显示，即点阵上显示出字符"1"。为了保证点阵显示的字符看起来是完整的，要求从第 1 行显示开始到最后一行显示结束的时间不能超过 0.04s。若希望相同的字符一直显示，则在显示完一屏后需要后续反复显示相同的内容（称为刷新），并且每屏显示的间隔时间不能超过 0.04s（即相邻屏的同行显示时间间隔不超过 0.04s），否则显示的字符会闪烁。

如果要让红绿双色点阵显示绿色字符"1",只需要将送给红列引脚的数据送给绿列引脚,送给行引脚的数据与显示红色字符"1"时的数据一样即可,具体如表10-2所示。

表10-2 采用逐行扫描方式显示绿色字符"1"的行引脚数据、绿列引脚数据及显示说明

行引脚数据 (㉔㉓㉒㉑④③②①)	绿列引脚数据 (⑤⑥⑦⑧⑨⑩⑪⑫)	显 示 说 明
10000000	11111111	第1行无LED显示
01000000	11110111	第2行第5个绿LED显示
00100000	11100111	第3行第4、5个绿LED显示
00010000	11110111	第4行第5个绿LED显示
00001000	11110111	第5行第5个绿LED显示
00000100	11110111	第6行第5个绿LED显示
00000010	11100011	第7行第4、5、6个绿LED显示
00000001	11111111	第8行无LED显示

如果要让红绿双色点阵显示黄色字符"1",则应在将数据送给红列引脚的同时也将其送给绿列引脚,送给行引脚的数据与显示红色字符"1"时的数据一样,具体如表10-3所示。

表10-3 采用逐行扫描方式显示黄色字符"1"的行引脚数据、红列引脚数据、绿列引脚数据及显示说明

行引脚数据 (㉔㉓㉒㉑④③②①)	红列引脚数据 (⑳⑲⑱⑰⑯⑮⑭⑬)	绿列引脚数据 (⑤⑥⑦⑧⑨⑩⑪⑫)	显 示 说 明
10000000	11111111	11111111	第1行无LED显示
01000000	11110111	11110111	第2行第5个红绿双LED显示
00100000	11100111	11100111	第3行第4、5个红绿双LED显示
00010000	11110111	11110111	第4行第5个红绿双LED显示
00001000	11110111	11110111	第5行第5个红绿双LED显示
00000100	11110111	11110111	第6行第5个红绿双LED显示
00000010	11100011	11100011	第7行第4、5、6个红绿双LED显示
00000001	11111111	11111111	第8行无LED显示

(2)逐列扫描显示原理

如果双色点阵要采用逐列扫描显示方式显示红色字符"1",则其工作原理如下:首先,让红第1列(20脚)为低电平,其他红列为高电平,即让红第1~8列为01111111,同时给第1~8行送数据0000000,第1列的8个LED都不显示,第2、3列与第1列一样,LED也都不显示;然后,在显示第4列时,让红第4列(17脚)为低电平,其他红列为高电平,即让红第1~8列为11101111,同时给第1~8行送数据0010010,红第4列的第3、7个LED显示。对红列引脚数据、行引脚数据及显示说明如表10-4所示。

表10-4 采用逐列扫描方式显示红色字符"1"的红列引脚数据、行引脚数据及显示说明

红列引脚数据 (⑳⑲⑱⑰⑯⑮⑭⑬)	行引脚数据 (㉔㉓㉒㉑④③②①)	显 示 说 明
01111111	00000000	第1列无LED显示
10111111	00000000	第2列无LED显示

(续表)

红列引脚数据 (⑳⑲⑱⑰⑯⑮⑭⑬)	行引脚数据 (㉔㉓㉒㉑④③②①)	显示说明
11011111	00000000	第 3 列无 LED 显示
11101111	00100010	第 4 列第 3、7 个 LED 显示
11110111	01111110	第 5 列第 2、3、4、5、6、7 个 LED 显示
11111011	00000010	第 6 列第 7 个 LED 显示
11111101	00000000	第 7 列无 LED 显示
11111110	00000000	第 8 列无 LED 显示

5. 点阵的动态字符显示原理

（1）字符的闪烁

若要让点阵显示的字符闪烁，则应先显示字符，在 0.04s 之后该字符消失，再在相同位置显示该字符。这个过程反复进行，显示的字符就会闪烁。相邻显示的间隔时间越短，闪烁越快。但间隔时间小于 0.04s 时，人眼就难以察觉字符的闪烁，会觉得字符一直在亮。

如果希望字符变换颜色并闪烁，应先让双色点阵显示一种颜色的字符，在 0.04s 之后该颜色的字符消失，再在相同位置显示另一种颜色的该字符。相邻显示的间隔时间越短，颜色变换、闪烁越快。但间隔时间小于 0.04s 时，人眼就感觉不到字符的颜色变换和闪烁，而会看到静止发出的混合色光的字符。

（2）字符的移动

若点阵以逐行扫描方式显示，且让字符向右移动，应先让点阵显示一屏字符，在显示第二屏时，将所有的列数据都右移一位再送到点阵的列引脚，此时点阵第二屏显示的字符就会右移一列（一个点的距离）。如表 10-5 所示为点阵显示的红色字符"1"（采用逐行扫描方式）右移一列的行引脚数据、列引脚数据及显示说明。字符右移效果如图 10-5 所示。

表 10-5 点阵显示的红色字符"1"（采用逐行扫描方式）右移一列的行引脚数据、列引脚数据及显示说明

行引脚数据 (㉔㉓㉒㉑④③②①)	列引脚数据 (⑤⑥⑦⑧⑨⑩⑪⑫)		显示说明
	右移前	右移一列	
10000000	11111111	11111111	第 1 行无 LED 显示
01000000	11110111	11111011	第 2 行第 5 个点右移一列
00100000	11100111	11110011	第 3 行第 4、5 个点右移一列
00010000	11110111	11111011	第 4 行第 5 个点右移一列
00001000	11110111	11111011	第 5 行第 5 个点右移一列
00000100	11110111	11111011	第 6 行第 5 个点右移一列
00000010	11100011	11110001	第 7 行第 4、5、6 个点右移一列
00000001	11111111	11111111	第 8 行无 LED 显示

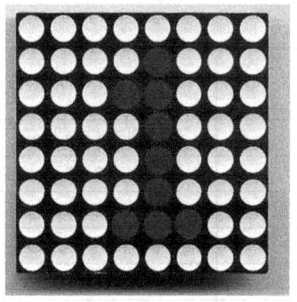 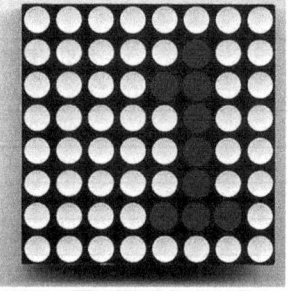

图 10-5　红色字符"1"右移一列

在点阵显示的字符右移时,如果列引脚数据最右端的位移出,则最左端的空位用 1（或 0）填补,点阵显示的字符会往右移出并消失。如果列引脚数据最右端的位移出后又移到该列的最左端（循环右移）,则点阵显示的字符会往右移,往右移出的部分又会从点阵的左端移入。

6. 双色点阵的识别与检测

（1）引脚号的识别

8×8 双色点阵有 24 个引脚:8 个行引脚、8 个红列引脚、8 个绿列引脚。24 个引脚一般分成两排,引脚号的识别与集成电路相似。若从侧面识别引脚号,则视线应正对着点阵有字符且有引脚的一侧,左边第一个引脚为 1 脚,然后按逆时针依次是 2、3……24 脚,如图 10-6（a）所示；若从反面识别引脚号,则视线应正对着点阵底面的字符,右下角的第一个引脚为 1 脚,然后按顺时针依次是 2、3……24 脚,如图 10-6（b）所示。有些点阵还会在第一个和最后一个引脚旁标识引脚号。

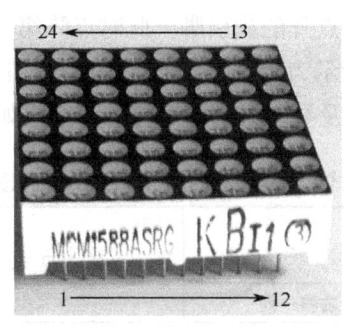 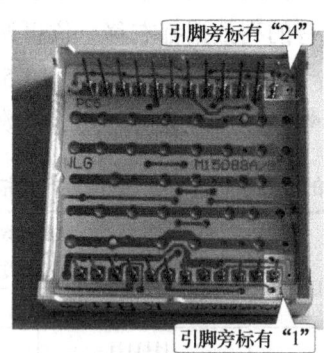

(a) 从侧面识别引脚号　　　　(b) 从反面识别引脚号

图 10-6　引脚号的识别

（2）行、列引脚的识别与检测

在购买点阵时,可以向商家了解点阵的类型和行列引脚号,最好让商家提供点阵电路结构引脚图。如果无法了解点阵的类型及行列引脚号,可以使用万用表检测（既可使用指针万用表,也可使用数字万用表）。

点阵由很多 LED 组成,这些 LED 的导通电压一般为 1.5～2.5V。若使用数字万用表测量点阵,则应选择二极管测量挡,红表笔接表内电源正极,黑表笔接表内电源负极。当用

第 10 章 点阵和液晶显示屏的使用及编程

红、黑表笔分别接 LED 的正、负极时，LED 会导通发光，万用表一般显示为 1500～2500（mV）；反之 LED 不会导通发光，万用表显示溢出符号"1"（或"OL"）。如果使用指针万用表测量点阵，则应选择 R×10kΩ 挡（其他电阻挡提供的电压只有 1.5V，无法使 LED 导通），红表笔接表内电源负极，黑表笔接表内电源正极。这一点与数字万用表正好相反。当用黑、红表笔分别接 LED 的正、负极时，LED 会导通发光，万用表指示的阻值很小；反之 LED 不会导通发光，万用表指示的阻值无穷大（或接近无穷大）。

下面以数字万用表检测红绿双色点阵为例进行介绍：数字万用表选择二极管测量挡，红表笔接点阵的 1 脚不动，黑表笔依次测量其余 23 个引脚。此时会出现以下情况。

❶ 若 23 次测量万用表均显示溢出符号"1"（或"OL"），应将红、黑表笔调换，即黑表笔接点阵的 1 脚不动，红表笔依次测量其余 23 个引脚。

❷ 若万用表 16 次显示在 1500～2500 的数字且点阵 LED 出现 16 次发光，即有 16 个 LED 导通发光，如图 10-7（a）所示，则表明点阵为共阳型，红表笔接的 1 脚为行引脚，即 1 脚就是 16 个发光 LED 所在行的行引脚。在测量时与发光 LED 连接的 16 个引脚为 16 个列引脚。根据发光 LED 所在的列和发光颜色，可区分出各个引脚是哪列的何种颜色的列引脚。在测量时万用表显示溢出符号"1"（或"OL"）的 7 个引脚均为行引脚，再将接 1 脚的红表笔接到其中一个引脚上，让黑表笔连接已识别出来的 8 个红列引脚或 8 个绿列引脚，同时查看发光的 8 个 LED 为哪行，则红表笔所接引脚即为该行的行引脚。其余 6 个行引脚的识别方法与此相同。

❸ 若万用表 8 次显示在 1500～2500 的数字且点阵 LED 出现 8 次发光（有 8 个 LED 导通发光），如图 10-7（b）所示，则表明点阵为共阴型，红表笔所接的 1 脚为列引脚，测量时黑表笔所接的 LED 会发光的 8 个引脚均为行引脚，发光 LED 所在行的相应引脚则为该行的行引脚。在识别 16 个列引脚时，让黑表笔连接某个行引脚，红表笔依次测量 16 个列引脚，根据发光 LED 所在的列和发光颜色可区分各个引脚是哪列的何种颜色的列引脚。

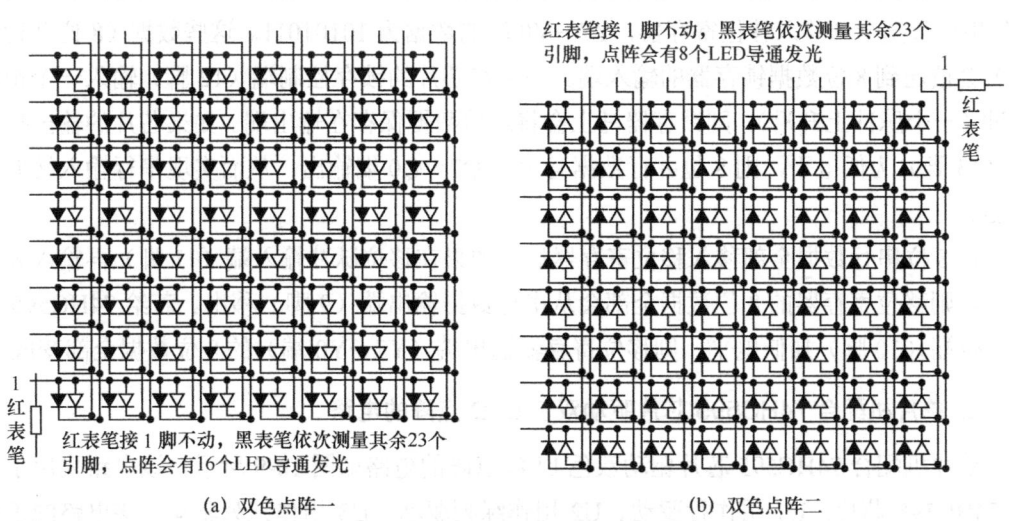

图 10-7 双色点阵行、列引脚检测说明

10.1.2 单片机配合74HC595芯片驱动双色LED点阵的电路

1. 74HC595芯片介绍

74HC595芯片是一种串入并出（串行输入转并行输出）的芯片，内部由8位移位寄存器、8位数据锁存器和8位三态门组成。其内部结构如图10-8所示。

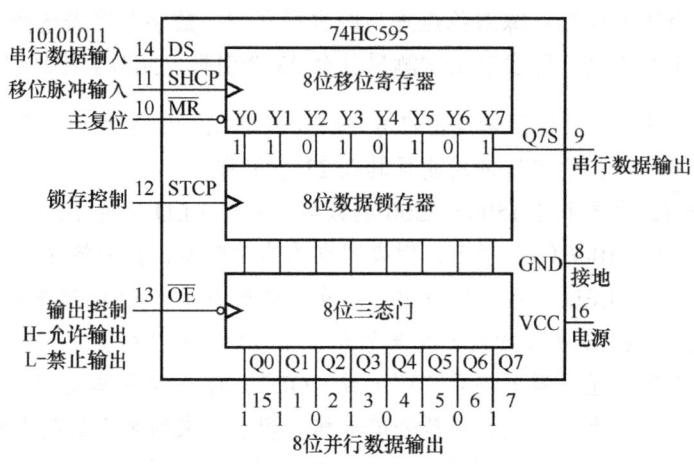

图10-8　74HC595芯片的内部结构

8位串行数据从74HC595芯片的14脚由低位到高位输入，同时从11脚输入移位脉冲。该脚每输入一个移位脉冲（脉冲上升沿有效），14脚的串行数据就移入1位：在第1个移位脉冲输入时，8位串行数据（10101011）的第1位（最低位）数据"1"被移到内部8位移位寄存器的Y0端；在第2个移位脉冲输入时，移位寄存器Y0端的"1"移到Y1端，8位串行数据的第2位数据"1"被移到移位寄存器的Y0端……在第8个移位脉冲输入时，8位串行数据全部移入移位寄存器，Y7~Y0端的数据为10101011。这些数据（8位并行数据）会被送到8位数据锁存器的输入端。如果在芯片的锁存控制端（12脚）输入一个锁存脉冲（一个脉冲上升沿），则锁存器马上会将这些数据保存在输出端。如果芯片的输出控制端（13脚）为低电平，则8位并行数据马上从Q7~Q0端输出，从而实现串行输入转并行输出。

在8位串行数据全部移入移位寄存器后，如果在移位脉冲输入端（11脚）再输入8个脉冲，则移位寄存器的8位数据全部会从串行数据输出端（9脚）移出。若给74HC595的主复位端（10脚）加低电平，则移位寄存器输出端（Y7~Y0端）的8位数据全部变成0。

2. 单片机配合74HC595芯片驱动双色LED点阵的电路

单片机配合74HC595芯片驱动双色LED点阵的电路如图10-9所示。该电路采用了三个74HC595芯片：U1用作行驱动、U2用作绿列驱动、U3用作红列驱动。该电路的工作原理将在后面的程序中说明。

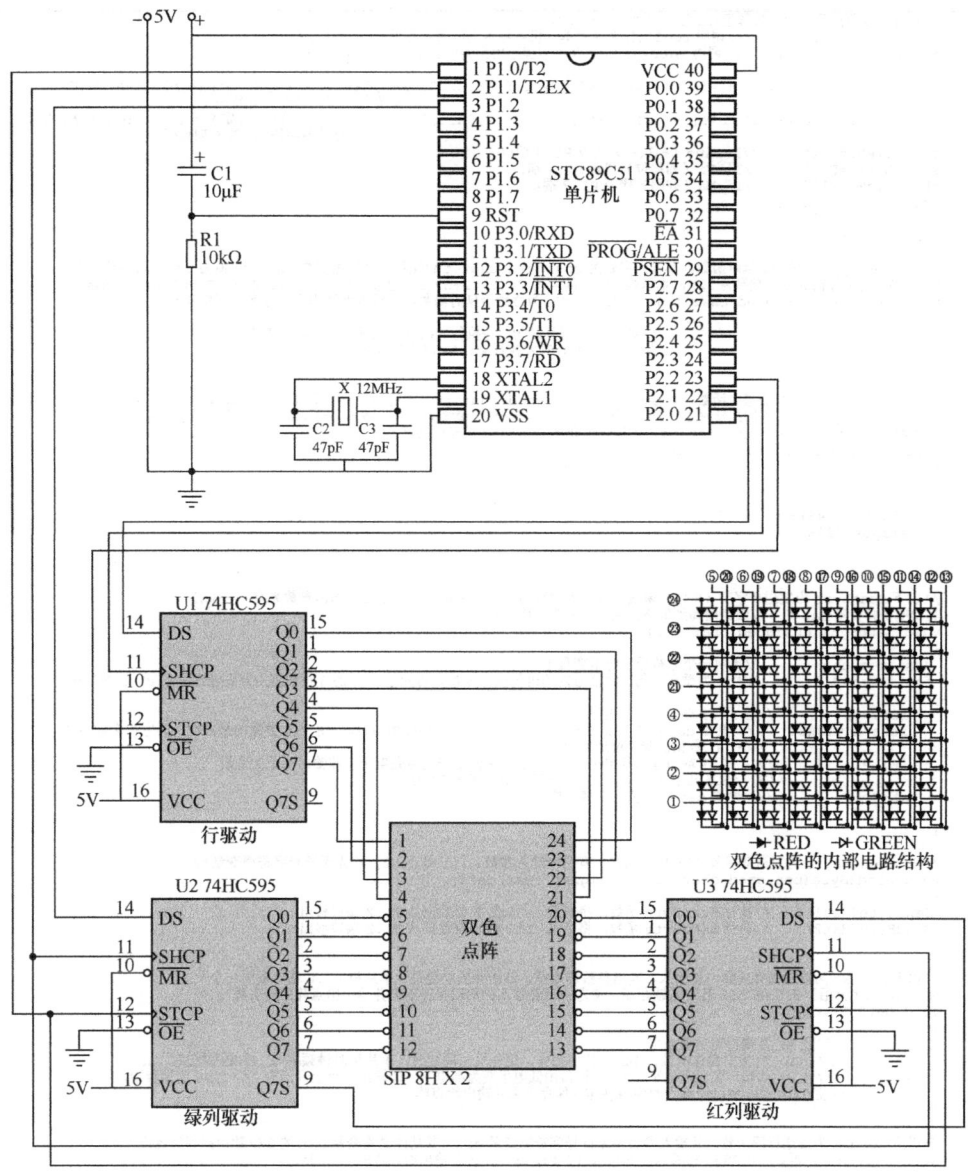

图 10-9 单片机配合 74HC595 芯片驱动双色 LED 点阵的电路

10.1.3 双色点阵显示一种颜色字符的程序详解

如图 10-10 所示是一种让双色点阵显示红色字符"1"的程序。

1. 现象

红绿双色点阵显示红色字符"1"。

2. 程序说明

本程序采用行扫描列驱动的显示方式让双色点阵显示红色字符"1",与图 10-10 中程序对应的电路见图 10-9。

```c
/*让红绿双色点阵显示一种颜色(红色)字符"1"的程序*/
#include<reg51.h>       //调用reg51.h文件对单片机各特殊功能寄存器进行地址定义
#include<intrins.h>     //调用intrins.h文件对本程序用到的"_nop_()"函数进行声明
unsigned char HMtable[8]={0x01,0x02,0x04,0x08,0x10,0x20,0x40,0x80};  //定义一个HMtable表格,依次
                                                                    //存放扫描点阵的8行行码
unsigned char code LMtable[]={0xff,0xf7,0xe7,0xf7,0xf7,0xf7,0xe3,0xff };  //定义一个LMtable表格,依次
                                                                          //存放着字符"1"的8列列码
sbit LieSuo=P1^0;       //LieSuo(列锁存)代表P1.0端口
sbit LieYi=P1^1;        //LieYi(列移位)代表P1.1端口
sbit LieMa=P1^2;        //LieMa(列码)代表P1.2端口
sbit HangSuo=P2^2;
sbit HangYi=P2^1;
sbit HangMa=P2^0;

/*以下DelayUs为微秒级延时函数,其输入参数为unsigned char tu(无符号字符型变量tu),tu值为8位,取值范围为
0~255,若单片机的晶振频率为12M,本函数延时时间可用T=(tu×2+5)us近似计算,比如tu=248,T=501 us≈0.5ms */
void DelayUs(unsigned char tu)   //DelayUs为微秒级延时函数,其输入参数为无符号字符型变量tu
{
  while(--tu);                   //while为循环语句,每执行一次while语句,tu值就减1,
                                 //直到tu值为0时才执行while尾大括号之后的语句
}

/*以下DelayMs为毫秒级延时函数,其输入参数为unsigned char tm(无符号字符型变量tm),该函数内部使用了两个
DelayUs(248)函数,它们共延时1002us(约1ms),由于tm值最大为255,故本DelayMs函数最大延时时间为255ms,
若输入参数定义为unsigned int tm,则最长可获得65535ms的延时时间*/
void DelayMs(unsigned char tm)
{
  while(tm--)
  {
    DelayUs(248);
    DelayUs(248);
  }
}

/*以下SendByte为发送单字节(8位)函数,其输入参数为无符号字符型变量dat,输出参数为空(void),
其功能是将变量dat的8位数据由高到低逐位从P1.2端口移出*/
void SendByte(unsigned char dat)
{
  unsigned char i;      //声明一个无符号字符型变量i
  for(i=0;i<8;i++)      //for为循环语句,大括号内的语句执行8次,将变量dat的8位数据由高到低逐位从P1.2端口移出
  {
    LieYi=0;            //让P1.1端口输出低电平
    LieMa=dat&0x80;     //将变量dat的8位数据和0x80(10000000)逐位相与(即保留dat数据的最高位,其它位全部清0),
                        //再将dat数据的最高位送到P1.2端口
    LieYi=1;            //让P1.1端口输出高电平,P1.1端口由低电平变为高电平,即输出一个上升沿
                        //去74HC595的移位端,P1.2端口的值被移入74HC595
    dat<<=1;            //将变量dat的8位数左移一位
  }
}

/*以下Send2Byte为发送双字节(16位)函数,有两个输入参数dat1和dat2,均为无符号字符型变量*/
void Send2Byte(unsigned char dat1,unsigned char dat2)
{
  SendByte(dat1);       //执行SendByte函数,将变量dat1的8位数据从P1.2端口移出
  SendByte(dat2);       //执行SendByte函数,将变量dat2的8位数据从P1.2端口移出
}

/*以下Out595为输出锁存函数,其输入、输出参数均为空,该函数的功能是让单片机P1.0端口发出一个
锁存脉冲(上升沿)去74HC595芯片的锁存端,使之将已经移入的列码保存下来并输出给点阵的列引脚*/
void Out595(void)
{
  LieSuo=0;    //让P1.0端口输出低电平
  _nop_();     //_nop_()为空操作函数,不进行任何操作,用作短时间延时,单片机时钟频率为12MHz时延时1us
  LieSuo=1;    //让P1.0端口输出高电平,P1.0由低电平变为高电平,即输出一个上升沿去74HC595的锁存端,
               //使74HC595将已经移入的列码(8位)保存下来并输出给点阵
}

/*以下SendHM为发送行码函数,其输入参数为无符号字符型变量dat,其功能是将变量dat的8位数由高到低逐位
从P2.0端口移出,再让74HC595将移入的8位数(行码)保存下来并输出给点阵的行引脚*/
void SendHM(unsigned char dat)
{
  unsigned char i;      //声明一个无符号字符型变量i
  for(i=0;i<8;i++)      //for为循环语句,大括号内的语句执行8次,将变量dat的8位数由高到低逐位从P2.0端口移出
  {
    HangYi=0;           //让P2.1端口输出低电平
    HangMa=dat&0x80;    //将变量dat的8位数据和0x80(10000000)逐位相与(即保留dat数据的最高位,其它位全部清0),
                        //再将dat数据的最高位送到P2.0端口
    HangYi=1;           //让P2.1端口输出高电平,P2.1端口由低电平变为高电平,即输出一个上升沿
                        //去74HC595的移位端,P2.0端口的值被移入74HC595
    dat<<=1;            //将变量dat的8位数左移一位
  }
  HangSuo=0;            //让P2.2端口输出低电平
  _nop_();              //_nop_()为空操作函数,不进行任何操作,用作短时间延时,单片机晶振频率为12MHz时延时1μs
  HangSuo=1;            //让P2.2端口输出高电平,P1.2端口由低电平变为高电平,即输出一个上升沿
                        //去74HC595的锁存端,使74HC595将已经移入的行码保存下来并送给点阵的行引脚
}

/*以下为主程序部分*/
void main()
{
  unsigned char i;      //声明一个无符号字符型变量i,i的初值为0
  while(1)              //主循环,while小括号内为1(真)时,大括号内的语句反复执行
  {
```

图 10-10 红绿双色点阵显示红色字符"1"的程序

```
    for(i=0;i<8;i++)    //for 为循环语句，大括号内的语句执行 8 次，依次将 HMtable 表格的第 1~8 个行码
                        //和 LMtable 表格的第 1~8 个列码发送给点阵
    {
      SendHM(HMtable[i]);   //执行 SendHM（发送行码）函数，将 HMtable 表格的第 i+1 个行码
                            //赋给 SendHM 函数的输入参数(dat)，使之将该行码发送出去
      Send2Byte(LMtable[i],0xff);  //执行 Send2Byte（发送双字节）函数，将 LMtable 表格的第 i+1 个列码和
                            //数据 0xff 分别赋给 SendLM 函数的两个输入参数（dat1、dat2），使之将
                            //该码和数据发送出去，发送数据 0xff 可以让点阵中的一种颜色不显示
      Out595();             //执行 Out595（输出锁存）函数，将已经分别移入两个 74HC595 的列码和数据 0xff
                            //保存下来，同时发送给点阵的双色列引脚
      DelayMs(1);           //执行 DelayMs（毫秒级延时）函数，延时 1ms，让点阵每行显示持续 1ms
      Send2Byte(0xff,0xff); //执行 Send2Byte 函数，将数据 0xff 分别赋给 SendLM 函数的两个输入参数(dat1、dat2)，
                            //使之将 0xff 当作两种颜色的列码发送出去
      Out595();             //执行 Out595（输出锁存）函数，将移入两个 74HC595 的数据 0xff 保存下来并发送给
                            //点阵的双色列引脚，以清除列码停止当前行的显示，否则在发送下一行行码（下一行
                            //列要在行码之后发送）时，未清除的上一行列码会使下一行短时显示与上一行
                            //相同的内容，从而产生重影
    }
  }
}
```

图 10-10 红绿双色点阵显示红色字符"1"的程序（续）

程序在运行时首先进入主程序的 main 函数。在 main 函数中，先执行 while 语句，再执行 while 语句中的 for 语句。在 for 语句中，先执行 SendHM 函数，同时将行码表格 HMtable 的第 1 个行码（0x01，即 00000001）赋给 SendHM 函数的 dat 变量。在 SendHM 函数中执行 for 语句中的内容，将 dat 变量的 8 位数（即 HMtable 表格的第 1 个行码 0x01）由高到低逐位从单片机 P2.0 端口输出并送入 74HC595（U1）。执行 for 语句尾括号之后的内容，让 P2.2 端口输出一个上升沿（即让 P2.2 端口先为低电平再变为高电平）并送入 74HC595 锁存控制端（12 脚），使 74HC595 将第 1 个行码（0x01）从 Q7~Q0 端输出到双色点阵的 8 个行引脚。点阵的第 1 行行引脚为高电平，该行处于待显示状态。返回主程序，执行 Send2Byte 函数。在 Send2Byte 函数中，执行两个 SendByte 函数：在执行第 1 个 SendByte 时，将 LMtable 表格的第 1 个列码从单片机的 P1.2 端口输出并送入 74HC595（U2）；在执行第 2 个 SendByte 函数时，将 0xff 从单片机的 P1.2 端口输出并送入 74HC595（U2），先前送入 U2 的列码（8 位）从 9 脚输出并进入 74HC595（U3）。返回主程序，执行 Out595 函数。在 Out595 函数中，执行语句让单片机从 P1.0 端口输出一个上升沿并送入 U2、U3 的锁存控制端（STCP）。U2 从 Q7~Q0 端输出 11111111（0xff）到双色点阵的绿列引脚，绿列 LED 不发光。U3 从 Q7~Q0 端输出列码到双色点阵的红列引脚。由于 U1 已将第 1 个行码（0x01，即 00000001）送到点阵的 8 个行引脚，因此第 1 行行引脚为高电平，该行处于待显示状态。U3 从 Q7~Q0 端输出的列码决定了该行哪些红 LED 发光，即让点阵显示第 1 行内容。返回主程序，延时 1ms 让点阵的第 1 行内容持续显示 1ms，再次执行 Send2Byte 函数，让单片机向 U2、U3 送入 0xff（11111111）。执行 Out595 函数，U2、U3 的 Q7~Q0 端都输出 11111111，点阵的第 1 行 LED 全部熄灭。这样做的目的是在发送第 2 个行码（第 2 个列码要在第 2 个行码之后发送）时，清除第 1 个列码，否则会使第 2 行与第 1 行短时显示相同的内容，从而产生重影。

在主程序的 for 语句第 1 次执行结束后，i 值由 0 变成 1。在 for 语句的内容从头开始第 2 次执行时，发送第 2 个行码和第 2 个列码，驱动点阵显示第 2 行内容。在 for 语句第 3 次执行时，发送第 3 个行码和第 3 个列码，驱动点阵显示第 3 行内容……在 for 语句第 8 次执行时，驱动点阵显示第 8 行内容。在点阵显示第 8 行时，虽然第 1~7 行的 LED 熄灭了，但人眼仍保留着这些行先前显示的印象（从第 1 行到第 8 行显示的时间不能超过 0.04s），故会感觉点阵上的字符是整体显示出来的。

10.1.4 双色点阵交替显示两种颜色字符的程序详解

如图 10-11 所示是一种让双色点阵正反交替显示红、绿颜色字符"1"的程序。

```c
/*红绿双色点阵正反交替显示红、绿字符"1"的程序*/
#include<reg51.h>        //调用 reg51.h 文件对单片机各特殊功能寄存器进行地址定义
#include <intrins.h>     //调用 intrins.h 文件对本程序用来的"_nop_()"函数进行声明
unsigned char HMtable[8]={0x01,0x02,0x04,0x08,0x10,0x20,0x40,0x80};  //定义一个 HMtable 表格,依次
                                                                    //存放扫描点阵的 8 行行码
unsigned char code LMtable[]={0xff,0xf7,0xe7,0xf7,0xf7,0xf7,0xe3,0xff};  //定义一个 LMtable 表格,依次
                                                                        //存放着字符"1"的 8 列列码
sbit LieSuo=P1^0;  //用位定义关键字 sbit 将 LieSuo (列锁存)代表 P1.0 端口
sbit LieYi=P1^1;   //用位定义关键字 sbit 将 LieYi (列移位)代表 P1.1 端口
sbit LieMa=P1^2;   //用位定义关键字 sbit 将 LieMa (列码)代表 P1.2 端口
sbit HangSuo=P2^2;
sbit HangYi=P2^1;
sbit HangMa=P2^0;
/*以下 DelayUs 为微秒级延时函数,其输入参数为 unsigned char tu(无符号字符型变量 tu),tu 是 8 位,取值范围为
0~255,若单片机的晶振频率为 12M,本函数延时时间可用 T=(tu×2+5)us 近似计算,比如 tu=248,T=501 us≈0.5ms */
void DelayUs (unsigned char tu)    //DelayUs 为微秒级延时函数,其输入参数为无符号字符型变量 tu
{
  while(--tu);                     //while 为循环语句,每执行一次 while 语句,tu 值就减 1,
                                   //直到 tu 值为 0 时才执行 while 尾大括号之后的语句
}
/*以下 DelayMs 为毫秒级延时函数,其输入参数为 unsigned char tm (无符号字符型变量 tm),该函数内部使用了两个
DelayUs (248) 函数,它们共延时 1002us(约 1ms),由于 tm 值最大为 255,故本 DelayMs 函数最大延时时间为 255ms,
若将输入参数定义为 unsigned int tm,则最长可获得 65535ms 的延时时间*/
void DelayMs(unsigned char tm)
{
 while(tm--)
  {
    DelayUs (248);
    DelayUs (248);
  }
}
/*以下 SendByte 为发送单字节(8位)函数,其输入参数为无符号字符型变量 dat,输出参数为空(void),
其功能是将变量 dat 的 8 位数据由高到低逐位从 P1.2 端口移出*/
void SendByte(unsigned char dat)
{
 unsigned char i;   //声明一个无符号字符型变量 i
 for(i=0;i<8;i++)   //for 为循环语句,大括号内的语句执行 8 次,将变量 dat 的 8 位数据由高到低逐位从 P1.2 端口移出
  {
    LieYi=0;             //让 P1.1 端口输出低电平
    LieMa=dat&0x80;      //将变量 dat 的 8 位数据和 0x80(10000000)逐位相与(即保留 dat 数据的最高位,其它位全部清 0),
                         //再将 dat 数据的最高位送到 P1.2 端口
    LieYi=1;             //让 P1.1 端口输出高电平,P1.1 端口由低电平变为高电平,即输出一个上升沿
                         //去 74HC595 的移位端,P1.2 端口的值被移入 74HC595
    dat<<=1;             //将变量 dat 的 8 位数左移一位
  }
}
/*以下 Send2Byte 为发送双字节(16 位)函数,有两个输入参数 dat1 和 dat2,均为无符号字符型变量*/
void Send2Byte(unsigned char dat1,unsigned char dat2)
{
 SendByte(dat1);    //执行 SendByte 函数,将变量 dat1 的 8 位数据从 P1.2 端口移出
 SendByte(dat2);    //执行 SendByte 函数,将变量 dat2 的 8 位数据从 P1.2 端口移出
}
/*以下 Out595 为输出锁存函数,其输入、输出参数均为空,该函数的功能是让单片机 P1.0 端口发出一个
锁存脉冲(上升沿)去 74HC595 芯片的锁存端,使之将已经移入的列码保存下来并输出给点阵的列引脚*/
void Out595(void)
{
 LieSuo=0;        //让 P1.0 端口输出低电平
 _nop_();         //_nop_()为空操作函数,不进行任何操作,用作短时间延时,单片机时钟频率为 12MHz 时延时 1μs
 LieSuo=1;        //让 P1.0 端口输出高电平,P1.0 端口由低电平变为高电平,即输出一个上升沿去 74HC595 的锁存端,
                  //使 74HC595 将已经移入的列码保存下来并输出给点阵
}
/*以下 SendHM 为发送行码函数,其输入参数为无符号字符型变量 dat,其功能是将变量 dat 的 8 位数由高到低逐位
从 P2.0 端口移出,再让 74HC595 将移入的 8 位数(行码)保存下来并输出给点阵的行引脚*/
void SendHM(unsigned char dat)
{
 unsigned char i;   //声明一个无符号字符型变量 i
 for(i=0;i<8;i++)   //for 为循环语句,大括号内的语句执行 8 次,将变量 dat 的 8 位数由高到低逐位从 P2.0 端口移出
  {
    HangYi=0;            //让 P2.1 端口输出低电平
    HangMa=dat&0x80;     //将变量 dat 的 8 位数据和 0x80(10000000)逐位相与(即保留 dat 数据的最高位,其它位全部清 0),
                         //再将 dat 数据的最高位送到 P2.0 端口
    HangYi=1;            //让 P2.1 端口输出高电平,P2.1 端口由低电平变为高电平,即输出一个上升沿
                         //去 74HC595 的移位端,P2.0 端口的值被移入 74HC595
    dat<<=1;             //将变量 dat 的 8 位数左移一位
  }
 HangSuo=0;       //让 P2.2 端口输出低电平
 _nop_();         // _nop_()为空操作函数,不进行任何操作,用作短时间延时,单片机晶振频率为 12MHz 时延时 1μs
 HangSuo=1;       //让 P2.2 端口输出高电平,P2.2 端口由低电平变为高电平,即输出一个上升沿
                  //去 74HC595 的锁存端,使 74HC595 将已经移入的行码保存下来并送给点阵的行引脚
}
/*以下为主程序部分*/
```

图 10-11 红绿双色点阵正反交替显示红、绿字符"1"的程序

```
void main()
{
 unsigned char i,j;    //声明两个无符号字符型变量 i 和 j, i、j 的初值均为 0
 while(1)              //主循环, while 大括号内的语句反复执行, 让两种颜色字符不断交替显示
 {
   for(j=0;j<60;j++)   //for 为循环语句, 大括号内的语句执行 60 次, 让一种颜色的整屏字符显示(刷新)60 次,
                       //该颜色的字符显示时间约为 0.5s (显示一次整屏字符约需 8ms)
   {
     for(i=0;i<8;i++)  //for 为循环语句, 大括号内的语句执行 8 次, 依次将 HMtable 表格的第 1~8 个行码和
                       //LMtable 表格的第 1~8 个列码发送给点阵, 使之显示出一整屏字符(约需 8ms)
     {
       SendHM(HMtable[i]);       //执行 SendHM (发送行码) 函数, 同时将 HMtable 表格的第 i+1 个行码
                                 //赋给 SendHM 函数的输入参数(dat), 使之将该行码发送出去
       Send2Byte(LMtable[i],0xff); //执行 Send2Byte (发送双字节) 函数, 同时将 LMtable 表格的第 i+1 个列码和
                                 //数据 0xff 分别赋给 SendLM 函数的两个输入参数(dat1、dat2), 使之将
                                 //该列码和数据发送出去, 发送数据 0xff 可以让双色点阵中的一种颜色不显示
       Out595();                 //执行 Out595 (输出锁存) 函数, 将已经分别移入两个 74HC595 的列码和数据 0xff
                                 //保存下来, 同时发送给点阵的双色列引脚
       DelayMs(1);               //执行 DelayMs (毫秒级延时) 函数, 延时 1ms, 让点阵每行显示持续 1ms
       Send2Byte(0xff,0xff);     //执行 Send2Byte 函数, 将数据 0xff 分别赋给 SendLM 函数的两个输入参数(dat1、dat2),
                                 //使之将 0xff 当作两种颜色的列码发送出去
       Out595();                 //执行 Out595 (输出锁存) 函数, 将移入两个 74HC595 的数据 0xff 保存下来并发送给
                                 //点阵的双色列引脚, 以清除列码停止当前行的显示, 否则在发送下一行行码(下一行
                                 //列码要在行码之后发送)时, 未清除的上一行列码会使下一行短时显示与上一行
                                 //相同的内容, 从而产生重影
     }
   }
   for(j=0;j<60;j++)   //for 为循环语句, 大括号内的语句执行 60 次, 让另一种颜色的整屏字符显示(刷新)60 次,
                       //该颜色的字符显示时间约为 0.5s (显示一次整屏字符约需 8ms)
   {
     for(i=0;i<8;i++)  //for 为循环语句, 大括号内的语句执行 8 次, 依次将 HMtable 表格的第 1~8 个行码和
                       //LMtable 表格的第 1~8 个列码发送给点阵, 使之显示出一整屏字符(约需 8ms)
     {
       SendHM(HMtable[7-i]);     //执行 SendHM (发送行码) 函数, 同时将 HMtable 表格的第(7-i+1)个行码(即先送
                                 //第 8 行行码)赋给 SendHM 函数的输入参数(dat), 使之将该行码发送出去
       Send2Byte(0xff, LMtable[i]); //执行 Send2Byte (发送双字节) 函数, 同时将数据 0xff 和 LMtable 表格的第 i+1 个
                                 //列码和分别赋给 SendLM 函数的两个输入参数(dat1、dat2), 使之将该列
                                 //和数据发送出去, 发送数据 0xff 可以让双色点阵中的一种颜色不显示
       Out595();                 //执行 Out595 (输出锁存) 函数, 将已经分别移入两个 74HC595 的列码和数据 0xff
                                 //保存下来, 同时发送给点阵的双色列引脚
       DelayMs(1);               //执行 DelayMs (毫秒级延时) 函数, 延时 1ms, 让点阵每行显示持续 1ms
       Send2Byte(0xff,0xff);     //执行 Send2Byte 函数, 将数据 0xff 分别赋给 SendLM 函数的两个输入参数(dat1、dat2),
                                 //使之将 0xff 当作两种颜色的列码发送出去
       Out595();                 //执行 Out595 (输出锁存) 函数, 将移入两个 74HC595 的数据 0xff 保存下来并发送给
                                 //点阵的双色列引脚, 以清除列码停止当前行的显示, 否则在发送下一行行码(下一行
                                 //列码要在行码之后发送)时, 未清除的上一行列码会使下一行短时显示与上一行
                                 //相同的内容, 从而产生重影
     }
   }
 }
}
```

图 10-11 红绿双色点阵正反交替显示红、绿字符 "1" 的程序（续）

1. 现象

红绿双色点阵正反交替显示红、绿字符 "1"。

2. 程序说明

程序在运行时，红绿双色点阵先正向显示红色字符 "1" 约 0.5s，然后反向显示绿色字符 "1" 约 0.5s，最后正反显示并重复交替进行。该程序与图 10-10 中的程序大部分相同，主要区别在于主程序的后半部分。

程序在运行时首先进入主程序的 main 函数。在 main 函数中有 4 个 for 语句：第 1 个 for 语句内嵌第 2 个 for 语句；第 3 个 for 语句内嵌第 4 个 for 语句。第 2 个 for 语句用于让单片机驱动双色点阵以逐行扫描的方式正向显示红色字符 "1"，显示完一屏内容用时约为 8ms。第 2 个 for 语句嵌在第 1 个 for 语句内，第 1 个 for 语句使第 2 个 for 语句执行 60 次，即让红色字符 "1" 刷新 60 次，红色字符 "1" 的显示时间约为 0.5s。在第 2 个 for 语句中，使用 "SendHM(HMtable[i]);" 语句取得 HMtable 表格中第 1 个行码选中点阵的第 1 行引脚，让点阵的第 1 行先显示。而在第 4 个 for 语句中，使用 "SendHM(HMtable[7-i]);" 语句取得 HMtable 表格中第 8 个行码选中点阵的第 8 行引脚，让点阵的第 8 行先显示。在第 8 行显

示时送给点阵列引脚的是 LMtable 表格的第 1 个列码，故字符反向显示。第 2 个 for 语句内的"Send2Byte(LMtable[i],0xff);"语句将列码发送到红列引脚，将 11111111 发送到绿列引脚，于是显示红色字符"1"。第 4 个 for 语句内的"Send2Byte(0xff, LMtable[i]);"语句将列码发送到绿列引脚，将 11111111 发送到红列引脚，于是显示绿色字符"1"。

10.1.5 字符"0"~"9"移入和移出双色点阵的程序详解

字符"0"~"9"移入和移出双色点阵的程序如图 10-12 所示。

```c
/*字符"0"~"9"按顺序从点阵移进移出的程序*/
#include<reg51.h>      //调用 reg51.h 文件对单片机各特殊功能寄存器进行地址定义
#include <intrins.h>   //调用 intrins.h 文件对本程序用来的"_nop_()"函数进行声明
unsigned char HMtable[8]={0x01,0x02,0x04,0x08,0x10,0x20,0x40,0x80};
                                                         //定义一个 HMtable 表格，依次
                                                         //存放扫描点阵的 8 行行码
unsigned char code LMtable[96]={0x00,0x00,0x3e,0x41,0x41,0x41,0x3e,0x00, //字符 0 的 8 行列码
                               0x00,0x00,0x00,0x00,0x21,0x7f,0x01,0x00, //字符 1 的 8 行列码
                               0x00,0x00,0x27,0x45,0x45,0x45,0x39,0x00, //字符 2 的 8 行列码
                               0x00,0x00,0x22,0x49,0x49,0x49,0x36,0x00, //字符 3 的 8 行列码
                               0x00,0x00,0x0c,0x14,0x24,0x7f,0x04,0x00, //字符 4 的 8 行列码
                               0x00,0x00,0x72,0x51,0x51,0x51,0x4e,0x00, //字符 5 的 8 行列码
                               0x00,0x00,0x3e,0x49,0x49,0x49,0x26,0x00, //字符 6 的 8 行列码
                               0x00,0x00,0x40,0x40,0x40,0x4f,0x70,0x00, //字符 7 的 8 行列码
                               0x00,0x00,0x36,0x49,0x49,0x49,0x36,0x00, //字符 8 的 8 行列码
                               0x00,0x00,0x32,0x49,0x49,0x49,0x3e,0x00, //字符 9 的 8 行列码
                               0x00,0x00,0x00,0x00,0x00,0x00,0x00,0x00};//空格列码(让 8 行都不显示的列码)
                               //定义一个 LMtable 表格，存放行共阴列共阳型点阵的字符 0~9 及空格的列码，
                               //若用作驱动行共阳列共阴型点阵，须将各列码取反
sbit LieSuo=P1^0;   //用位定义关键字 sbit 将 LieSuo（列锁存）代表 P1.0 端口
sbit LieYi=P1^1;    //用位定义关键字 sbit 将 LieYi（列移位）代表 P1.1 端口
sbit LieMa=P1^2;    //用位定义关键字 sbit 将 LieMa（列码）代表 P1.2 端口
sbit HangSuo=P2^2;
sbit HangYi=P2^1;
sbit HangMa=P2^0;

/*以下 DelayUs 为微秒级延时函数，其输入参数为 unsigned char tu(无符号字符型变量 tu)，tu 值为 8 位，取值范围为
0~255，若单片机的晶振频率为 12M，本函数延时时间可用 T=(tu×2+5) us 近似计算，比如 tu=248，T=501 us≈0.5ms */
void DelayUs (unsigned char tu)   //DelayUs 为微秒级延时函数，其输入参数为无符号字符型变量 tu
{
  while(--tu);    //while 为循环语句，每执行一次 while 语句，tu 值就减 1，
                  //直到 tu 值为 0 才执行 while 尾大括号之后的语句
}

/*以下 DelayMs 为毫秒级延时函数，其输入参数为 unsigned char tm (无符号字符型变量 tm)，该函数内部使用了两个
DelayUs (248)函数，它们共延时 1002us（约 1ms），由于 tm 值最大为 255，故本 DelayMs 函数最大延时时间为 255ms，
若将输入参数定义为 unsigned int tm，则最长可获得 65535ms 的延时时间*/
void DelayMs(unsigned char tm)
{
 while(tm--)
   {
     DelayUs (248);
     DelayUs (248);
   }
}

/*以下 SendByte 为带方向发送单字节（8 位）函数，有两个输入参数，一个是为无符号字符型变量 dat，另一个
为位变量 yixiang（移向），其功能是根据 yixiang 值将 dat 的 8 位数据由高到低(yixiang=0)或由低到高(yixiang=1)
逐位从 P1.2 端口移出*/
void SendByte(unsigned char dat,bit yixiang)
{
  unsigned char i,temp;   //声明两个无符号字符型变量 i 和 temp，i、temp 的初值都为 0
  if(yixiang==0)          //如果 yixiang=0，执行 if 大括号内的内容"temp=0x80"
    {
      temp=0x80;          //将 0x80(即 10000000)赋给变量 temp
    }
  else                    //否则（即 yixiang=1），执行 else 大括号内的内容"temp=0x01"
    {
      temp=0x01;          //将 0x01(即 00000001)赋给变量 temp
    }
  for(i=0;i<8;i++)        //for 为循环语句，大括号内的语句执行 8 次，将变量 dat 的 8 位数据逐位从 P1.2 端口移出
    {
      LieYi=0;            //让 P1.1 端口输出低电平
      LieMa=dat&temp;     //将变量 dat 的 8 位数据和变量 temp 的 8 位数据逐位相与，再将结果数据的最高位(temp=0x80 时)
                          //或最低位(temp=0x01 时)送到 P1.2 端口输出
      LieYi=1;            //让 P1.1 端口输出高电平，P1.1 端口由低电平变为高电平，即输出一个上升沿
                          //去 74HC595 的移位端，P1.2 端口的值被移入 74HC595
      if(yixiang==0)      //如果 yixiang=0，执行 if 大括号内的内容"dat<<=1"
        {
          dat<<=1;        //将变量 dat 的 8 位数左移一位
        }
      else                //否则（即 yixiang=1），执行 else 大括号内的内容"dat>>=1"
        {
          dat>>=1;        //将变量 dat 的 8 位数右移一位
```

图 10-12 字符"0"~"9"移入和移出双色点阵的程序

```c
    }
}
/*以下Send2Byte为带方向发送双字节（16位）函数，有两个无符号字符型变量输入参数dat1、dat2和一个
位变量输入参数yixiang */
void Send2Byte(unsigned char dat1,unsigned char dat2,bit yixiang)
{
    SendByte(dat1,yixiang);     //执行SendByte函数，根据yixiang的值将变量dat1的8位数据由高到低或由低到高逐位
                                //从P1.2端口移出
    SendByte(dat2,yixiang);     //执行SendByte函数，根据yixiang的值将变量dat2的8位数据由高到低或由低到高逐位
                                //从P1.2端口移出
}
/*以下Out595为输出锁存函数，其输入、输出参数均为空，该函数的功能是让单片机P1.0端口发出一个
锁存脉冲（上升沿）去74HC595芯片的锁存端，使之将已经移入的列码保存下来并输出给点阵的列引脚*/
void Out595(void)
{
    LieSuo=0;       //让P1.0端口输出低电平
    _nop_();        // _nop_()为空操作函数，不进行任何操作，用作短时间延时，单片机时钟频率为12MHz时延时1μs
    LieSuo=1;       //让P1.0端口输出高电平，P1.0端口由低电平变为高电平，即输出一个上升沿去74HC595的锁存端，
                    //使74HC595将已经移入的列码保存下来并输出给点阵
}
/*以下SendHM为发送行码函数，其输入参数为无符号字符型变量dat，其功能是将变量dat的8位数据（行码）
由高到低逐位从P2.0端口移出，再让74HC595将移入的8位数据保存下来并输出送到点阵的行引脚*/
void SendHM(unsigned char dat)
{
    unsigned char i;        //声明一个无符号字符型变量i
    for(i=0;i<8;i++)        //for为循环语句，大括号内的语句执行8次，将变量dat的8位数由高到低逐位从P2.0端口移出
    {
        HangYi=0;           //让P2.1端口输出低电平
        HangMa=dat&0x80;    //将变量dat的8位数据和0x80(10000000)逐位相与(即保留dat数据的最高位，其它位全部清0)，
                            //再将dat数据的最高位送到P2.0端口
        HangYi=1;           //让P2.1端口输出高电平，P2.1端口由低电平变为高电平，即输出一个上升沿
                            //去74HC595的移位端，P2.0端口的值被移入74HC595
        dat<<=1;            //将变量dat的8位数左移一位
    }
    HangSuo=0;      //让P2.2端口输出低电平
    _nop_();        // _nop_()为空操作函数，不进行任何操作，用作短时间延时，单片机晶振频率为12MHz时延时1μs
    HangSuo=1;      //让P2.2端口输出高电平，P1.2端口由低电平变为高电平，即输出一个上升沿
                    //去74HC595的锁存端，使74HC595将已经移入的行码保存下来并送给点阵的行引脚
}

/*以下为主程序部分*/
void main()
{
    unsigned char i,k,l,app;    //声明四个无符号字符型变量i、k、l、app（初值均为0）
    while(1)                    //主循环，while大括号内的语句反复执行
    {
        for(k=0;k<=87;k++)      //for为循环语句，大括号内的语句执行88次，以将LMtable表格88个列码依次发送给点阵
        {
            for(l=20;l>0;l--)   //for为循环语句，大括号内的语句执行20次，让点阵显示的每屏内容都刷新20次，刷新次数
                                //越多，字符静止时间越长，字符移动速度越慢
            {
                for(i=0;i<=7;i++)   //for为循环语句，大括号内的语句执行8次，让点阵以逐行的方式显示出整屏内容
                {
                    app=~(*(LMtable+i+k));  //将LMtable表格第i+k+1个单元的值取反后赋给变量app，*为指针运算符，~表示取反
                    SendHM(HMtable[i]);     //执行SendHM（发送行码）函数，同时将HMtable表格的第i+1个行码
                                            //赋给SendHM函数的输入参数（dat），使之将该行码发送出去
                    Send2Byte(app,0xff,0);  //执行Send2Byte（带方向发送双字节）函数，同时将app的值（列码）和
                                            //数据0xff分别赋给SendLM函数的两个输入参数（dat1、dat2），使之将该列码和
                                            //数据0xff发送出去，发送数据0xff可以让双色点阵中的一种颜色（绿色）不显示，
                                            //将0赋给yingxiang使列码按高位到低位发送
                    Out595();               //执行Out595（输出锁存）函数，将已经分别移入两个74HC595的列码和数据0xff保存下来，
                                            //同时发送给点阵的双色列引脚
                    DelayMs(1);             //执行DelayMs（毫秒级延时）函数，延时1ms，让点阵每行显示持续1ms
                    Send2Byte(0xff,0xff,0); //执行Send2Byte发送该色的dat1和dat2，将0赋给yingxiang，
                                            //使之将0xff当作两种颜色的列码发送出去，在发送0xff时按高位到低位进行
                    Out595();               //执行Out595（输出锁存）函数，将移入两个74HC595的数据0xff保存下来并发送给
                                            //点阵的双色列引脚，以清除列码停止当前行的显示，否则在发送下一行行码（下一行
                                            //列码要在行码之后发送）时，未清除的上一行列码会使下一行短时显示与上一行
                                            //相同的内容，从而产生重影
                }
            }
        }
        for(k=0;k<=87;k++)      //for为循环语句，大括号内的语句执行88次，以将LMtable表格88个列码依次发送给点阵
        {
            for(l=20;l>0;l--)   //for为循环语句，大括号内的语句执行20次，让点阵显示的每屏内容都刷新20次，刷新次数
                                //越多，字符静止时间越长，字符移动速度越慢
            {
                for(i=0;i<=7;i++)   //for为循环语句，大括号内的语句执行8次，让点阵以逐行的方式显示出整屏内容
                {
                    SendHM(HMtable[7-i]);   //执行SendHM（发送行码）函数，同时将HMtable表格的第(7-i+1)个行码（即先送
                                            //第8行行码）赋给SendHM函数的输入参数（dat），使之将该行码发送出去
                    Send2Byte(0xff,~(*(LMtable+i+k)),1);    //执行Send2Byte（带方向发送双字节）函数，同时将0xff和LMtable
                                            //表格第i+k+1个单元的列码反相分别赋给SendLM函数的dat1和
                                            //dat2，使之将两者发送出去，先发送数据0xff可以让双色点阵的
                                            //红色不显示，将1赋给yingxiang让列码按低位到高位发送
                    Out595();
                    DelayMs(1);
                    Send2Byte(0xff,0xff,0);
                    Out595();
                }
            }
        }
    }
}
```

图10-12 字符"0"～"9"移入和移出双色点阵的程序（续）

1. 现象

红色字符"0"～"9"由右往左逐个移入点阵。在后一个字符移入点阵时，前一个字符从点阵中移出，如图10-13（a）所示。在最后一个字符"9"移出后，点阵清屏（空字符）。接着翻转180°的绿色字符"0"～"9"由左往右逐个移入点阵（若掉转方向，可以看到正向的绿色字符由右往左移入、移出点阵），如图10-13（b）所示。在字符"9"移出后，点阵清屏。重复上述过程。

←── 0 | 1 | 2　　　　　2 | 1 | 0 ──→

（a）红色字符由右往左移入、移出点阵　　（b）倒转的绿色字符由左往右移入、移出点阵

图10-13　程序在运行时字符的移动情况

2. 程序说明

程序在运行时首先进入主程序的 main 函数。在 main 函数中有 6 个 for 语句：第 1～3 个 for 语句的内容用于使红色字符"0"～"9"由右往左逐个移入、移出点阵；第 4～6 个 for 语句的内容用于使倒转的绿色字符"0"～"9"由左往右逐个移入、移出点阵。

程序在首次执行时，依次执行第 1～3 个 for 语句。当执行到第 3 个 for 语句（内嵌在第 2 个 for 语句中）时，将 LMtable 表格中第 1 个（首次执行时 i、k 均为 0，故 i+k+1＝1）单元的值（0x00）取反后（变为 0xff）赋给变量 app。执行并进入 SendHM（发送行码）函数，将 HMtable 表格的第 1 个行码 0x01 发送给点阵的行引脚。执行 Send2Byte（带方向发送双字节）函数，使之将变量 app 的值作为列码（字符"0"的第 1 个列码）从高位到低位移入 74HC595。执行 Out595（输出锁存）函数，将已经移入两个 74HC595 的列码和数据 0xff 分别发送到点阵的红列引脚和绿列引脚，并显示点阵的第 1 行内容。执行"DelayMs(1);"让该行内容的显示时间持续 1ms。执行"Send2Byte(0xff,0xff,0);"和"Out595();"清除该行显示，以免在发送下一个行码时，未清除的上一个列码会使下一行短时显示与上一行相同的内容，从而产生重影。虽然第一行的显示内容已被清除，但由于人眼具有视觉暂留特性，会觉得第一行内容仍在显示。第 3 个 for 语句在第 1 次执行后其 i 值由 0 变为 1。在第 2 次执行时将 HMtable 表格的第 2 个行码（0x02）和 LMtable 表格的第 2 个单元的值（0x00）取反作为第 2 个列码发送给双色点阵，使之显示出第 2 行内容。当第 3 个 for 语句第 8 次执行时，点阵第 8 行显示，第 1～7 行的内容虽然不显示，但先前显示的内容在视觉中还未消失，故觉得点阵显示出一个完整的字符"0"。第 3 个 for 语句执行 8 次（使点阵显示一屏内容）约需 8ms，第 3 个 for 语句嵌在第 2 个 for 语句内，第 2 个 for 语句执行 20 次，让点阵一屏（相同的内容）刷新 20 次，耗时约 160ms，即让点阵每屏相同的内容显示时间持续 160ms。

第 2 个 for 语句嵌在第 1 个 for 语句内。在第 2 个 for 语句执行 20 次（第 3 个 for 语句执行 160 次）后，第 1 个 for 语句的 k 值由 0 变为 1。当第 3 个 for 语句（在退出循环后重新计次）再次第 1 次执行时，将 LMtable 表格中第 2 个（i+k+1＝2）单元的值取反并作为第 1 个列码发送给点阵……在第 8 次执行时将 LMtable 表格中第 9 个单元的值（字符"1"的第 1 个列码）取反并作为第 8 个列码发送给点阵。于是点阵显示的字符"0"少了一列，字符"1"的一列内容进入点阵显示，这样就产生了字符"0"移出、字符"1"移入的感觉。

主程序中的第 4～6 个 for 语句的功能是使倒转的绿色字符"0"～"9"由左往右逐个

移入、移出点阵。其工作原理与第 1~3 个 for 语句基本相同，这里不再说明。

10.2 1602 字符型液晶显示屏的使用及编程

10.2.1 1602 字符型液晶显示屏的基础介绍

1. 外形

1602 字符型液晶显示屏由 LCD 屏和驱动电路（常用的驱动芯片有 HD44780，该芯片内置了 CGROM、CGRAM、DDRAM 及相关控制电路）组成。**1602 字符型液晶显示屏可以显示 2 行字符（每行 16 个字符）。** 为了使用方便，1602 字符型液晶显示屏已将 LCD 屏和驱动电路制作在一块电路板上。其外形如图 10-14 所示。LCD 屏安装在电路板上，电路板背面有驱动电路，驱动芯片直接制作在电路板上并用黑胶封装起来。

正面为LCD屏　　　　　　　　背面为驱动电路

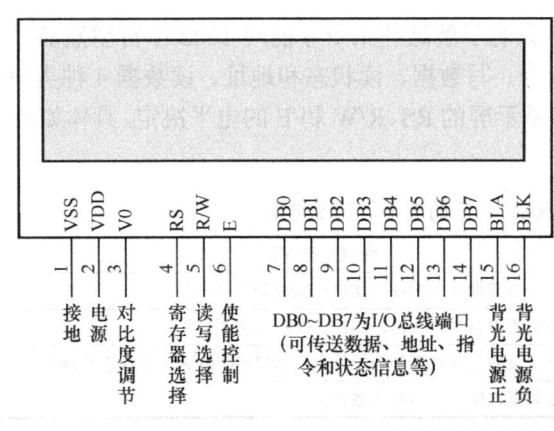

显示字符

图 10-14 1602 字符型液晶显示屏的外形

2. 引脚说明

1602 字符型液晶显示屏有 14 个引脚（不带背光电源的有 12 个引脚）。对各引脚功能的说明如图 10-15 所示。

V0端：又称LCD偏压调整端。该端直接接电源时对比度最低；接地时对比度最高。一般在该端与地之间接一个10kΩ的电位器，用来调节LCD的对比度

RS端：1-选中数据寄存器；0-选中指令寄存器
R/W端：1-从LCD读信息；0-往LCD写信息
E端：1-允许读信息；下降沿↓-允许写信息

图 10-15 1602 字符型液晶显示屏的各引脚功能说明

3. 内部字库及代码

1602 字符型液晶显示屏内部使用 CGROM（自定义字符 ROM）和 CGRAM（自定义字符 RAM）存放字符的数据（简称字模）。其中，CGROM 以固化的形式存放着 192 个常用字符的字模；CGRAM 最多写入 8 个用户自定义的新字符的字模。

字符代码可以看作字符在 CGROM 中的存储地址，当单片机往驱动电路传送字符代码时，驱动电路就会从 CGROM 中找到该代码对应的字符数据，发送到 DDRAM（显示数据寄存器）后可在 LCD 屏显示出来。

4. 各显示位与 DDRAM 的地址关系

1602 字符型液晶显示屏有 2 行（每行 16 个显示位）。各显示位与 DDRAM（显示数据寄存器）地址的对应关系如图 10-16 所示。当选中 DDRAM 中的某个地址并往该地址发送字符数据时，与该地址对应的显示位就可显示出字符。每个显示位由 5×8 个点组成，当 DDRAM 的数据为 1 时显示与之对应的点，为 0 时不显示。

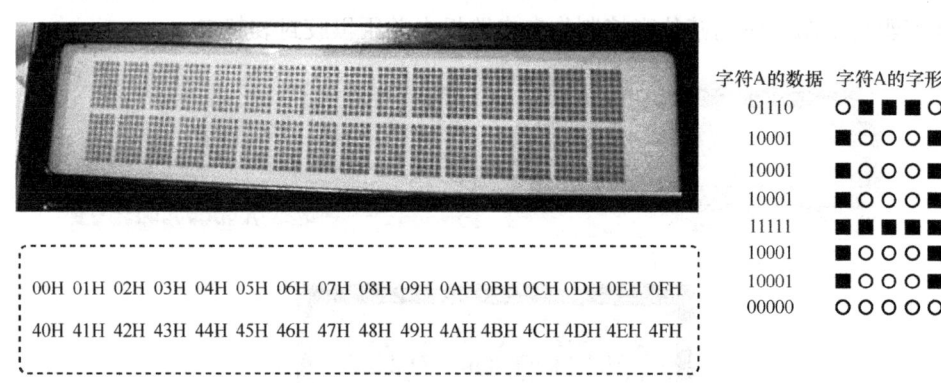

图 10-16 各显示位与 DDRAM 地址的对应关系

以在第 1 位显示字符"A"为例：首先单片机往 1602 字符型液晶显示屏传送"A"的代码 41H（与计算机"A"的 ASCII 码相同），选中 CGROM 中"A"的字符数据（字模）；然后选中 DDRAM 的 00H 地址，CGROM 中"A"的字符数据传送到 DDRAM 的 00H 地址，此时与之对应的第 1 个显示位马上显示出字符"A"的字形。

5. 指令集

在驱动电路中包含 11 条操作指令。只有了解这些指令才能对 1602 字符型液晶显示屏进行各种操作。这 11 条指令可分为写指令、写数据、读状态和地址、读数据 4 种类型。这 4 种指令的操作类型由 1602 字符型液晶显示屏的 RS、R/W 和 E 的电平决定，具体如表 10-6 所示。

表 10-6 RS、R/W 和 E 的电平与指令类型

RS	R/W	E	指令类型
0	0	下降沿	写指令（往指令寄存器写入指令，DB7~DB0 为指令码）
1	0	下降沿	写数据（往数据寄存器写入数据，DB7~DB0 为数据）
0	1	高电平	读状态和地址（读取工作状态和地址信息，DB7~DB0 为工作状态和地址信息）
1	1	高电平	读数据（读取数据，DB7~DB0 为数据）

(1) 清屏指令

清屏指令的指令码如下:

RS	R/W	DB7	DB6	DB5	DB4	DB3	DB2	DB1	DB0
0	0	0	0	0	0	0	0	0	1

清屏指令的功能如下:

❶ 清除 LCD 屏所有的显示内容(即将 DDRAM 所有地址的内容全部清除)。
❷ 光标回到原点(即光标回到 LCD 屏左上角的第 1 个显示位)。
❸ DDRAM 地址计数器 AC 的值设为 0。

(2) 光标归位指令

光标归位指令的指令码如下:

RS	R/W	DB7	DB6	DB5	DB4	DB3	DB2	DB1	DB0
0	0	0	0	0	0	0	0	1	X

注:指令码中的 X 表示任意值(0 或 1)。

光标归位指令的功能如下:

❶ 光标回到 LCD 屏左上角的第 1 个显示位。
❷ DDRAM 地址计数器 AC 的值设为 0。
❸ 不清除 DDRAM 中的内容(即不清除 LCD 屏的显示内容)。

(3) 输入模式设置指令

输入模式设置指令的指令码如下:

RS	R/W	DB7	DB6	DB5	DB4	DB3	DB2	DB1	DB0
0	0	0	0	0	0	0	1	I/D	S

输入模式设置指令的功能是设置在输入字符时光标和字符的移动方向,具体设置如下:

❶ 若 I/D=0,在输入字符时光标左移,则 AC 值自动减 1;若 I/D=1,在输入字符时光标右移,则 AC 值自动加 1。
❷ 若 S=0,在输入字符时 LCD 屏全部显示不移动;若 1S=1,在输入字符时 LCD 屏全部显示移动一位(左移、右移由 I/D 位决定)。

(4) 显示开关控制指令

显示开关控制指令的指令码如下:

RS	R/W	DB7	DB6	DB5	DB4	DB3	DB2	DB1	DB0
0	0	0	0	0	0	1	D	C	B

显示开关控制指令的功能是控制 LCD 屏是否显示、光标是否显示和光标是否闪烁,具体设置如下:

❶ 当 D=0 时,LCD 屏关显示,DDRAM 内容不变化;当 D=1 时,LCD 屏开显示。
❷ 当 C=0 时,不显示光标;当 C=1 时,显示光标。

❸ 当 B=0 时，光标不闪烁；当 B=1 时，光标闪烁。

（5）光标和显示移动指令

光标和显示移动指令的指令码如下：

RS	R/W	DB7	DB6	DB5	DB4	DB3	DB2	DB1	DB0
0	0	0	0	0	1	S/C	R/L	X	X

光标和显示移动指令的功能是在不读写 DDRAM 数据时设置光标和显示内容左移或右移，具体设置如表 10-7 所示。

表 10-7 光标和显示移动指令设定情况

S/C	R/L	设定情况
0	0	光标左移 1 格，且 AC 值减 1
0	1	光标右移 1 格，且 AC 值加 1
1	0	显示器上的字符全部左移一格，但光标不动
1	1	显示器上的字符全部右移一格，但光标不动

（6）功能设置指令

功能设置指令的指令码如下：

RS	R/W	DB7	DB6	DB5	DB4	DB3	DB2	DB1	DB0
0	0	0	0	1	DL	N	F	X	X

功能设置指令的功能是设置数据接口位数、LCD 屏的行数和点阵规格，具体设置如下：

❶ 当 DL=0 时，应用 4 位数据总线 DB7~DB4，不用 DB3~DB0；当 D=1 时，应用 8 位数据总线 DB7~DB0。

❷ 当 N=0 时，LCD 屏的显示模式为一行显示模式；当 N=1 时，LCD 屏的显示模式为两行显示模式。

❸ 当 F=0 时，点阵规格为 5×7（点阵/字符）当 F=1 时，点阵规格为 5×10（点阵/字符）。

（7）设置 CGRAM 地址指令

设置 CGRAM 地址指令的指令码如下：

RS	R/W	DB7	DB6	DB5	DB4	DB3	DB2	DB1	DB0
0	0	0	1	CGRAM 的地址（6 位）					

设置 CGRAM 地址指令的功能是设置要写入自定义字符数据的 CGRAM 地址。下面以给字符代码 01H 自定义字符"I"为例进行介绍。如图 10-17 所示，首先让 DB5~DB0 为 001000，选中 CGRAM 的 001000 单元，往该单元写入字符"I"的第 1 行数据 XXX01110（X 表示 1 或 0 均可），然后让 DB5~DB0 为 001001，选中 CGRAM 的 001001 单元，往该单元写入字符"I"的第 2 行数据 XXX00100。在往 8 个单元写完 8 行数据后，一个字符数据就写完了，即自定义了一个字符。在显示时，只要往 CGRAM 传送该字符的字符代码，该字符的 8 行数据便会传送到 DDRAM 并通过 LCD 屏显示出来。

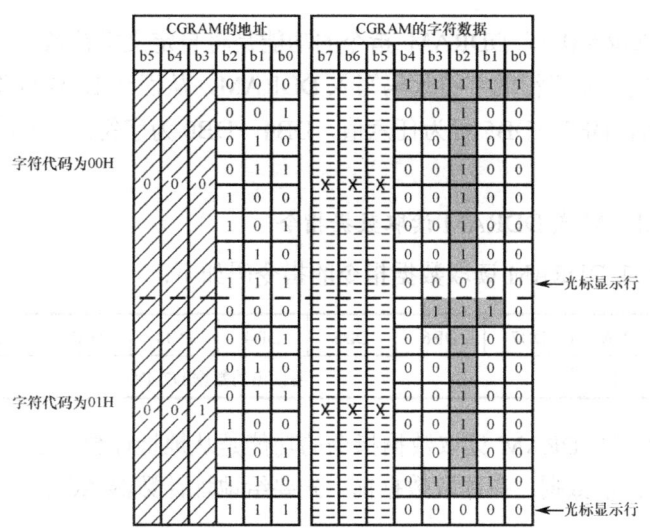

图 10-17 在 CGRAM 中自定义字符

（8）设置 DDRAM 地址指令

设置 DDRAM 地址指令的指令码如下：

RS	R/W	DB7	DB6	DB5	DB4	DB3	DB2	DB1	DB0
0	0	1	DDRAM 的地址（7 位）						

设置 DDRAM 地址指令的功能是设置要存入字符数据的 DDRAM 地址，在 LCD 屏与该地址对应的显示位将该字符显示出来。在一行显示模式下，DDRAM 的地址范围为 00H～4FH；在两行显示模式下，第 1 行 DDRAM 的地址范围为 00H～27H（1602 字符型液晶显示屏只用到了 00H～0FH），第 2 行 DDRAM 的地址范围为 40H～67H（1602 字符型液晶显示屏只用到了 40H～4FH）。

（9）读取忙标志和 AC 地址指令

读取忙标志和 AC 地址指令的指令码如下：

RS	R/W	DB7	DB6	DB5	DB4	DB3	DB2	DB1	DB0
0	1	BF	AC 地址（7 位）						

当 RS=0、R/W=1 和 E＝1 时，可从 DB7 端读取忙标志（BF），从 DB6～DB0 端读取 AC 地址。如果 BF=1，则表示内部忙，不接收任何外部指令或数据；如果 BF=0，则表示内部空闲，可接收外部数据或指令。地址计数器 AC 中的地址为 CGROM、CGRAM 和 DDRAM 共用，因此当前 AC 地址所指区域由前一条指令操作区域决定，只有当 BF=0 时，从 DB7～DB0 端读取的地址才有效。

（10）写数据到 CGRAM 或 DDRAM 指令

写数据到 CGRAM 或 DDRAM 指令的指令码如下：

RS	R/W	DB7	DB6	DB5	DB4	DB3	DB2	DB1	DB0
1	0	要写入的数据 D7～D0							

写数据到 CGRAM 或 DDRAM 指令的功能是将自定义字符数据写入已设置好地址的 CGRAM，或将要显示字符的字符代码写入 DDRAM，从而让 LCD 屏将该字符显示出来。在写 DDRAM 时，DB7～DB5 可为任意值，DB4～DB0 为字符的一行字符数据（反映一行 5 个点的数据）。

（11）从 CGRAM 或 DDRAM 读取数据指令

从 CGRAM 或 DDRAM 读取数据指令的指令码如下：

RS	R/W	DB7	DB6	DB5	DB4	DB3	DB2	DB1	DB0
1	1	要读出的数据 D7~D0							

从 CGRAM 或 DDRAM 读取数据指令的功能是从地址计数器 AC 指定的 CGRAM 或 DDRAM 地址中读取数据。在读取数据前，先要给地址计数器 AC 指定要读取数据的地址。

10.2.2 单片机驱动 1602 字符型液晶显示屏的电路

单片机驱动 1602 字符型液晶显示屏的电路如图 10-18 所示。当单片机对 1602 字符型液晶显示屏进行操作时，根据不同的操作类型，会从 P2.4、P2.5、P2.6 端发送控制信号到 RS、R/W 和 E 端。例如，单片机要对 1602 字符型液晶显示屏写入指令时，会让 P2.4＝0、P2.5＝0、P2.6 端先输出高电平再变为低电平（下降沿），同时从 P0.7～P0.0 端输出指令代码到 DB7～DB0 端，1602 字符型液晶显示屏根据指令代码进行相应的操作。

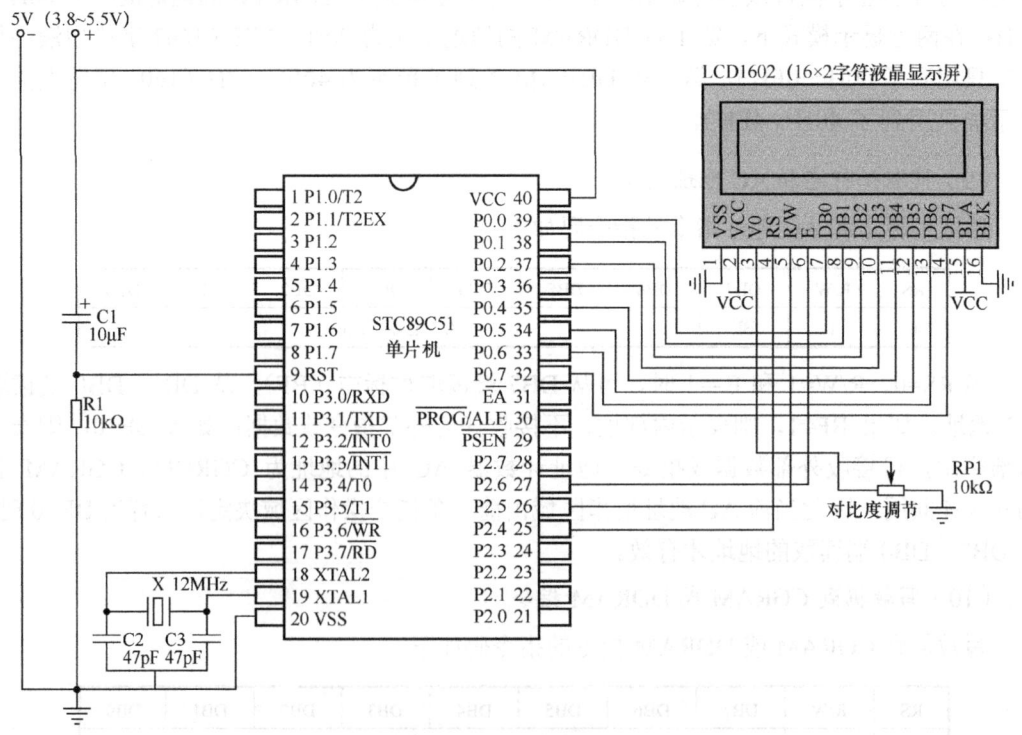

图 10-18 单片机驱动 1602 字符型液晶显示屏的电路

10.2.3　1602 字符型液晶显示屏静态显示字符的程序详解

1602 字符型液晶显示屏静态显示字符的程序如图 10-19 所示。

```c
/*1602字符型液晶显示屏静态显示字符的程序。为了方便表述，在本程序中将1602字符型液晶显示屏简写为1602*/
#include<reg51.h>      //调用reg51.h文件对单片机各特殊功能寄存器进行地址定义
#include<intrins.h>    //调用intrins.h文件对本程序用到的"_nop_()"函数进行声明
sbit RS = P2^4;        //用位定义关键字sbit将RS代表P2.4端口
sbit RW = P2^5;
sbit EN = P2^6;
#define DataP0 P0    //用define(宏定义)命令将DataP0代表P0端口，程序中DataP0与P0等同

/*以下DelayUs为微秒级延时函数，其输入参数为unsigned char tu(无符号字符型变量tu)，tu值为8位，取值范围为
0～255，若单片机的晶振频率为12M，本函数延时时间可用 T=(tu×2+5)us 近似计算，比如tu=248，T=501 us≈0.5ms */
void DelayUs (unsigned char tu)   //DelayUs为微秒级延时函数，其输入参数为无符号字符型变量tu
{
   while(--tu);                    //while为循环语句，每执行一次while语句，tu值就减1，
                                   //直到tu值为0时才执行while尾右括号之后的语句
}

/*以下DelayMs为毫秒级延时函数，其输入参数为unsigned char tm(无符号字符型变量tm)，该函数内部使用了两个
DelayUs (248)函数，它们共延时1002us(约1ms)，由于tm值最大为255，故本DelayMs函数最大延时时间为255ms，
若将输入参数定义为unsigned int tm，则最长可获得65535ms的延时时间*/
void DelayMs(unsigned char tm)
{
  while(tm--)
   {
     DelayUs (248);
     DelayUs (248);
   }
}

/*以下LCD_Check_Busy为判忙函数，用于对1602进行判忙，当1602忙时该函数的输出参数bit=1 */
bit LCD_Check_Busy(void)   //本函数的输入参数为空(void)，输出参数为位变量(bit)
{
 DataP0=0xFF;     //将P0端口全部置高电平
 RS=0;            //让P2.4端口输出低电平，选择1602的指令寄存器
 RW=1;            //让P2.5端口输出高电平，对1602进行读操作
 EN=0;            //让P2.6端口输出低电平
 _nop_();         //执行_nop_函数(空操作函数)，不进行任何操作，用作短延时，单片机晶振频率为12MHz时延时1μs
 EN=1;            //让P2.6端口输出高电平，1602的状态信息开始通过DB7~DB0传送给单片机的P0端口
 return (DataP0 & 0x80);  //先将P0端口从1602读取的值和0x80(10000000)逐位相与，保留P0端口的
                          //最高位(P0.7)，再将P0端口的最高位返回给LCD_Check_Busy函数的
                          //输出参数bit(位变量)?602忙时，DB7为1，P0.7也为1，bit=1
}

/*以下LCD_Write_Com为写指令函数，用于给1602写指令*/
void LCD_Write_Com(unsigned char command)   //本函数的输入参数为无符号字符型变量command，输出参数为空
{
 while(LCD_Check_Busy());  //执行LCD_Check_Busy判忙函数，判断1602是否忙，忙(该函数的输出参数bit为1)则
                           //反复执行本条while语句，否则执行下条语句
 RS=0;        //让P2.4端口输出低电平，选择1602的指令寄存器
 RW=0;        //让P2.5端口输出低电平，对1602进行写操作
 EN=1;        //让P2.6端口输出高电平
 DataP0=command;   //将变量command的值(指令代码)赋给P0端口
 _nop_();          //执行_nop_函数(空操作函数)，进行短时间延时
 EN=0;             //让P2.6端口由高电平变为低电平(下降沿)，P0端口的指令代码通过DB7~DB0写入1602
}

/* 以下LCD_Write_Data为写数据函数，用于给1602写数据*/
void LCD_Write_Data(unsigned char Data)   //本函数的输入参数为无符号字符型变量Data，输出参数为空
{
 while(LCD_Check_Busy());  //执行LCD_Check_Busy判忙函数，判断1602是否忙，忙(该函数的输出参数bit为1)
                           //则反复执行本条while语句，否则执行下条语句
 RS=1;        //让P2.4端口输出高电平，选择1602的数据寄存器
 RW=0;        //让P2.5端口输出低电平，对1602进行写操作
 EN=1;        //让P2.6端口输出高电平
 DataP0= Data;   //将变量Data的值(数据)赋给P0端口
 _nop_();        //执行_nop_函数(空操作函数)，进行短时间延时
 EN=0;           //让P2.6端口由高电平变为低电平(下降沿)，P0端口的数据通过DB7~DB0写入1602
}

/*以下LCD_Clear为清屏函数，用于清除LCD屏上所有的显示内容*/
void LCD_Clear(void)   //本函数的输入、输出参数均为空(void)
{
 LCD_Write_Com(0x01);  //执行LCD_Write_Com函数，同时将清屏指令代码0x01(00000001)赋给其输入参数，
                       //该函数执行后将清屏指令写入1602进行清屏
 DelayMs(5);           // 执行DelayMs函数延时5ms，使清屏操作有足够的时间完成
}

/*以下LCD_Write_String为写字符串函数，用于将字符串写入1602 */
void LCD_Write_String(unsigned char n,unsigned char m,unsigned char *s)  //本函数有3个输入参数，n为字符
                 //显示的列数(n=0表示第1列)，m为字符显示的行数(m=0表示第1行)，s为指针变量(用于存储地址值)
{
  if (m == 0)   //如果m=0，则执行LCD_Write_Com(0x80 + n)
   {
     LCD_Write_Com(0x80 +n);   //执行LCD_Write_Com函数，将列地址0x0n(取自DB6~DB0值)写入DDRAM，
                               //选择在0nH显示位显示字符(00H~0FH为第一行显示位)
   }
  else         //否则(即m≠0)，则执行LCD_Write_Com(0xC0 + n)
   {
     LCD_Write_Com(0xC0 + n);  //执行LCD_Write_Com函数，将列地址0x4n(取自DB6~DB0值)写入DDRAM，
                               //选择在4nH显示位显示字符(40H~4FH为第二行显示位)
   }
  while (*s)   //当指针变量s的地址值不为0时，反复循环执行while大括号内的语句，
               //当s的地址值为0时跳出while语句
```

图 10-19　1602 字符型液晶显示屏静态显示字符的程序

```
        {
          LCD_Write_Data( *s );   //执行 LCD_Write_Data 函数,将指针变量 s 中的地址所指的数据写入 1602
          s++;                    //将指针变量 s 中的地址值加 1
        }
    }

/*以下 LCD_Write_Char 为写字符函数,用于将字符写入 1602 */
void LCD_Write_Char(unsigned char j,unsigned char k,unsigned char Data)  //本函数有 3 个输入参数,j 为字符
                                                                         //显示的列数,k 为字符显示的行数,Data 为字符代码
{
    if (k== 0)        //如果 k=0,则执行 LCD_Write_Com(0x80 + j)
    {
        LCD_Write_Com(0x80 + j);  //执行 LCD_Write_Com 函数,将列地址 0x0j(取自 DB6~DB0 值)写入 DDRAM,
                                  //选择在 0jH 显示位显示字符(00H~0FH 为第一行显示位)
    }
    else              //否则(即 k≠0),则执行 LCD_Write_Com(0xC0 + j)
    {
        LCD_Write_Com(0xC0 + j);  //执行 LCD_Write_Com 函数,将列地址 0x4j(取自 DB6~DB0 值)写入 DDRAM,
                                  //选择在 4jH 显示位显示字符(40H~4FH 为第二行显示位)
    }
    LCD_Write_Data(Data);         //执行 LCD_Write_Data 函数,往前面选中的 DDRAM 地址中写入字符代码,
                                  //该字符即可在 LCD 相应显示位显示出来
}

/*以下 LCD_Init 为初始化函数,用于对 1602 进行初始设置*/
void LCD_Init(void)               //本函数输入、输出参数均为空(void)
{
    LCD_Write_Com(0x38);  //执行 LCD_Write_Com 函数,将指令代码 0x38(即 00111000)通过 DB7~DB0 写入 1602,
                          //将 1602 功能模式设为 8 位总线(DB4=1)、两行显示(DB3=1)、5×7 点阵/每字符(DB2=0)
    DelayMs(5);           //执行 DelayMs 函数延时 5ms,使功能设置操作有足够的时间完成
    LCD_Write_Com(0x08);  //执行 LCD_Write_Com 函数,将指令代码 0x08(即 00001000)通过 DB7~DB0 写入 1602,
                          //将 1602 设为显示屏关显示(DB2=0)、不显示光标(DB1=0)、光标闪烁(DB0=0)
    LCD_Write_Com(0x01);  //执行 LCD_Write_Com 函数,将指令代码 0x01(即 00000001)通过 DB7~DB0 写入 1602,
                          //对 1602 进行清屏
    LCD_Write_Com(0x06);  //执行 LCD_Write_Com 函数,将指令代码 0x06(即 00000110)通过 DB7~DB0 写入 1602,
                          //将 1602 设为输入字符时光标右移(DB1=1)、输入字符时显示屏的全部显示不移动(DB0=0)
    DelayMs(5);           //执行 DelayMs 函数延时 5ms,使输入模式设置操作有足够的时间完成
    LCD_Write_Com(0x0C);  //执行 LCD_Write_Com 函数,将指令代码 0x0C(即 00001100)通过 DB7~DB0 写入 1602,
                          //将 1602 设为显示屏开显示(DB2=1)、不显示光标(DB1=0)、光标闪烁(DB0=0)
}

/*以下为主程序部分*/
void main(void)
{
    LCD_Init();           //执行 LCD_Init 函数,对 1602 进行初始化设置
    LCD_Clear();          //执行 LCD_Clear 函数,对 1602 进行清屏操作
    while (1)             //主循环,while 大括号内的内容反复执行
    {
        LCD_Write_Char(7,0,'o');    //执行 LCD_Write_Char 函数,选择 DDRAM 的 07H 地址,将字符"o"的字符代码
                                    //(编译时"o"会转换成 ASCII 码,它与 1602 的"o"的字符代码相同)写入 1602,
                                    //该字符则显示在 LCD 屏的第 1 行第 8 个位置
        LCD_Write_Char(8,0, 0x6B);  //执行 LCD_Write_Char 函数,选择 DDRAM 的 08H 地址,将 0x6B("k"的字符代码)
                                    //写入 1602,该字符则显示在 LCD 屏的第 1 行第 9 个位置
        LCD_Write_String(1,1,"www.etv100.com");  //执行 LCD_Write_String 函数,选择 DDRAM 的 01H 地址,将字符串
                                    //"www.etv100.com"中的各个字符的字符代码按顺序依次写入以 41H
                                    //为首地址的各单元,结果从 LCD 屏的第 2 行第 2 个显示位开始显示
                                    //"www.etv100.com"
        while(1);         //由于条件(1)为真,while 语句一直执行,即程序停在此处
    }
}
```

图 10-19 1602 字符型液晶显示屏静态显示字符的程序(续)

1. 现象

在 1602 字符型液晶显示屏的第 1 行显示字符"ok",在第 2 行显示字符"www.etv100.com",两行字符都静止不动。

2. 程序说明

程序在运行时首先进入主程序的 main 函数,执行 LCD_Init 函数,然后进行初始化设置,执行 LCD_Clear 函数和进行清屏操作。执行两个写字符函数和一个写字符串函数:在执行 LCD_Write_Char(7,0,'o')时,选择 DDRAM 的 07H 地址,将字符"o"的字符代码写入 1602 字符型液晶显示屏,该字符显示在 LCD 屏的第 1 行第 8 个位置;在执行 LCD_Write_Char(8,0, 0x6B)时,选择 DDRAM 的 08H 地址,将 0x6B("k"的字符代码)写入 1602 字符型液晶显示屏,该字符显示在 LCD 屏的第 1 行第 9 个位置;在执行 LCD_Write_String(1,1, " www.etv100.com ")时,选择 DDRAM 的 41H 地址,将字符串"www.etv100.com"中的各个字符的字符代码按顺序依次写入以 41H 为首地址的各单元,便可从 LCD 屏的第 2

行第 2 个显示位开始显示"www.etv100.com"。最后反复执行最后一条 while 语句，且程序停止在此处。

10.2.4　1602 字符型液晶显示屏逐个显示字符的程序详解

如图 10-20 所示为 1602 字符型液晶显示屏逐个显示字符的主程序，其他程序部分与图 10-19 相同。

```
/*以下为主程序部分，为了方便表述，在本程序中将 1602 字符型液晶显示屏简写为 1602*/
void main(void)
{
  unsigned char i;      //定义一个无符号字符型变量 i
  unsigned char *p;     //定义一个无符号字符型指针变量 p,p 存储的为地址值
  LCD_Init();           //执行 LCD_Init 函数，对 1602 进行初始化设置
  while (1)             //主循环，while 大括号内的内容反复执行
  {
    i=1;                //给变量 i 赋初值 1
    p = "www.etv100.com";   //将字符串首个字符的地址存入指针变量 p
    LCD_Clear();        //执行 LCD_Clear 函数，对 1602 进行清屏操作
    LCD_Write_String(2,0,"Welcome to");  //执行 LCD_Write_String 函数，选择 DDRAM 的 02H 地址，将字符串
                        //"Welcome to"中的各个字符的字符代码按顺序依次写入以 02H
                        //为首地址的各单元，结果从 LCD 屏的第 1 行第 3 个显示位开始显示
                        //" Welcome to "
    DelayMs(250);       //执行 DelayMs 函数延时 250ms，然后往下执行，开始显示第 2 行字符
    while (*p)          //当指针变量 p 的地址值不为 0 时，反复循环执行 while 大括号内的语句，逐个显示 p 地址所指
                        //字符串中的字符，每执行一次，p 地址会增 1，当 p 指到字符串最后一个字符再增 1 时，
                        //p 的地址值为 0，跳出本 while 语句
    {
      LCD_Write_Char(i,1,*p);  //执行 LCD_Write_Char 函数，选择 DDRAM 的 0iH 地址，将字符指针变量 p 的地址
                        //所指字符串的字符的代码写入 1602，该字符则显示在 LCD 屏的第 2 行第 i+1 个位置
      i++;              //i 值自增 1
      p++;              //p 值(地址值)增 1
      DelayMs(250);     //执行 DelayMs 函数延时 250ms，再返回前面执行 LCD_Write_Char(i,1,*p)，以显示下一个字符
    }
    DelayMs(250);       //执行 DelayMs 函数延时 250ms，返回到前面的"i=1"语句，以显示第二屏相同内容（刷新）
  }
}
```

图 10-20　1602 字符型液晶显示屏逐个显示字符的主程序

1. 现象

在 LCD 屏的第 1 行显示字符"Welcome to"，显示期间这些字符静态不变。在显示第 2 行时从第 2 个显示位开始，逐个依次显示"www.etv100.com"的各个字符。每个字符显示的间隔时间为 250ms。在最后一个字符（m）显示完后第 2 行显示的字符全部消失，重新开始逐个依次显示第 2 行的各个字符。

2. 程序说明

程序在运行时首先进入主程序的 main 函数，定义两个变量 i 和 p，然后执行并进入 LCD_Init 函数，进行初始化设置，并反复执行第 1 个 while 语句中的内容。在第 1 个 while 语句中，先给变量 i 和 p 赋值，执行 LCD_Clear 函数进行清屏操作，然后执行 LCD_Write_String(2,0, " Welcome to ")，选择 DDRAM 的 02H 地址，将字符串"Welcome to"中的各个字符的字符代码按顺序依次写入以 02H 为首地址的各单元，便可从 LCD 屏的第 1 行第 3 个显示位开始显示"Welcome to"。执行第 2 个 while 语句。在第 2 个 while 语句中，先执行 LCD_Write_Char(i,1,*p)，选择 DDRAM 的 0iH 地址，将字符指针变量 p 的地址所指字符串的字符代码写入 1602 字符型液晶显示屏，该字符显示在 LCD 屏的第 2 行第 i+1 个位置，然后变量 i、p 值均自增 1，即 DDRAM 的地址加 1，p 也指向字符串的下一个字符。在延

时 250ms 后，返回并再一次执行 LCD_Write_Char(i,1,*p)，开始在下一个位置显示下一个字符。在字符串中的所有字符显示完后，p 中的地址值为 0，跳出第 2 个 while 语句。在延时 250ms 后，返回到前面重新对变量 i 和 p 赋值，开始进行第 2 屏相同内容的显示。

10.2.5　1602 字符型液晶显示屏字符滚动显示的程序详解

如图 10-21 所示为 1602 字符型液晶显示屏字符滚动显示的主程序部分，其他程序部分与图 10-19 相同。

```
/*以下为主程序部分，为了方便表述，在本程序中将 1602 字符型液晶显示屏简写为 1602*/
void main(void)
{
 LCD_Init();       //执行 LCD_Init 函数，对 1602 进行初始化设置
 LCD_Clear();      //执行 LCD_Clear 函数，对 1602 进行清屏操作
 LCD_Write_Char(7,0,'o');  //执行 LCD_Write_Char 函数，选择 DDRAM 的 07H 地址，将字符"o"的字符代码(编译时
                   //"o"会转换成 ASCII 码，它与 1602 的"o"的字符代码相同)写入 1602，该字符则显示
                   //在 LCD 屏的第 1 行第 8 个位置
 LCD_Write_Char(8,0,0x6B); //执行 LCD_Write_Char 函数，选择 DDRAM 的 08H 地址，将 0x6B ("k"的字符代码)写入
                   //1602，该字符则显示在 LCD 屏的第 1 行第 9 个位置
 LCD_Write_String(1,1,"www.etv100.com"); //执行 LCD_Write_String 函数，选择 DDRAM 的 01H 地址，将字符串
                   //"www.etv100.com"中的各个字符的字符代码按顺序依次写入以 41H
                   //为首地址的各单元，结果从 LCD 屏的第 2 行第 2 个显示位开始显示
                   //"www.etv100.com"
 while (1)         //主循环，while 大括号内的内容反复循环执行，250ms 执行一次，每执行一次，显示屏所有的字符均
                   //左移一位
 {
  DelayMs(250);    //执行 DelayMs 函数延时 250ms
  LCD_Write_Com(0x18);  //执行 LCD_Write_Com 函数，将指令代码 0x18 (即 00011000 通过 DB7~DB0 写入 1602，
                   //让 1602 显示屏所有的字符左移一位。全部字符右移的指令代码为 0x1C
 }
}
```

图 10-21　1602 字符型液晶显示屏字符滚动显示的主程序

1. 现象

在 LCD 屏的第 1 行显示字符"ok"，在第 2 行显示字符"www.etv100. com"，并且所有的字符往左滚动。在全部字符从 LCD 屏左端完全移出后并不会马上从右端移入，而是需要等待一段时间。其原因如图 10-22 所示：当字符不移动时，LCD 屏的第 1 行从左到右显示 DDRAM 中 00H~0FH 地址的内容；当字符左移 1 位时，LCD 屏的第 1 行从左到右显示 DDRAM 中 01H~10H 地址的内容，而 DDRAM 第 1 行的地址为 00H~27H，在左移时，10H~27H 地址的内容也要移到 LCD 屏显示，但由于这些地址无内容，故 LCD 屏无显示；当 27H 地址的内容移入 LCD 屏最右显示位并左移 1 位时，00H 地址的内容才从 LCD 屏最右端进入，全部字符也开始从 LCD 屏右端移入。

当字符不移动时	00H	01H	02H	...	0DH	0EH	0FH
	40H	41H	42H	...	4DH	4EH	4FH
当字符左移1位时	01H	02H	03H	...	0DH	0EH	10H
	41H	42H	43H	...	4DH	4EH	50H
当27H地址的内容移入LCD屏最右显示位并左移1位时	27H	00H	01H	...	0CH	0DH	0EH
	67H	40H	41H	...	4CH	4DH	4EH

图 10-22　DDRAM 的字符在左、右移动 1 位时 LCD 屏中的显示内容

2. 程序说明

程序在运行时，进入主程序的 main 函数，执行 LCD_Init 函数进行初始化设置，并执行 LCD_Clear 函数进行清屏操作。执行 LCD_Write_Char(7,0,'o')，选择 DDRAM 的 07H 地址，将字符"o"的字符代码写入 1602 字符型液晶显示屏，该字符将显示在 LCD 屏的第 1 行第 8 个位置。执行 LCD_Write_Char(8,0, 0x6B)，选择 DDRAM 的 08H 地址，将 0x6B（"k"的字符代码）写入 1602 字符型液晶显示屏，该字符会显示在 LCD 屏的第 1 行第 9 个位置。执行 LCD_Write_String(1,1, " www.etv100.com ")，选择 DDRAM 的 01H 地址，将字符串"www.etv100.com"中的各个字符的字符代码按顺序依次写入以 41H 为首地址的各单元，便可从 LCD 屏的第 2 行第 2 个显示位开始显示"www.etv100.com"。本程序在后面增加一个 while 语句。在 while 语句中有一个 LCD_Write_Com(0x18)函数。在执行该函数时，将指令代码 0x18（即 00011000）通过 DB7～DB0 写入 1602 字符型液晶显示屏，可令 LCD 屏中所有字符左移 1 位。由于该函数会反复执行（每隔 250ms），故全部字符每隔 250ms 便左移 1 位。若要让全部字符右移，可通过指令代码 0x1C 实现。

10.2.6　矩阵键盘输入与 1602 字符型液晶显示屏显示的电路及程序详解

1. 矩阵键盘输入与 1602 字符型液晶显示屏显示的电路

如图 10-23 所示为矩阵键盘输入与 1602 字符型液晶显示屏显示的电路，按键 S1～S10 的键值依次为 0～9，按键 S10～S16 的键值依次为 A～F。

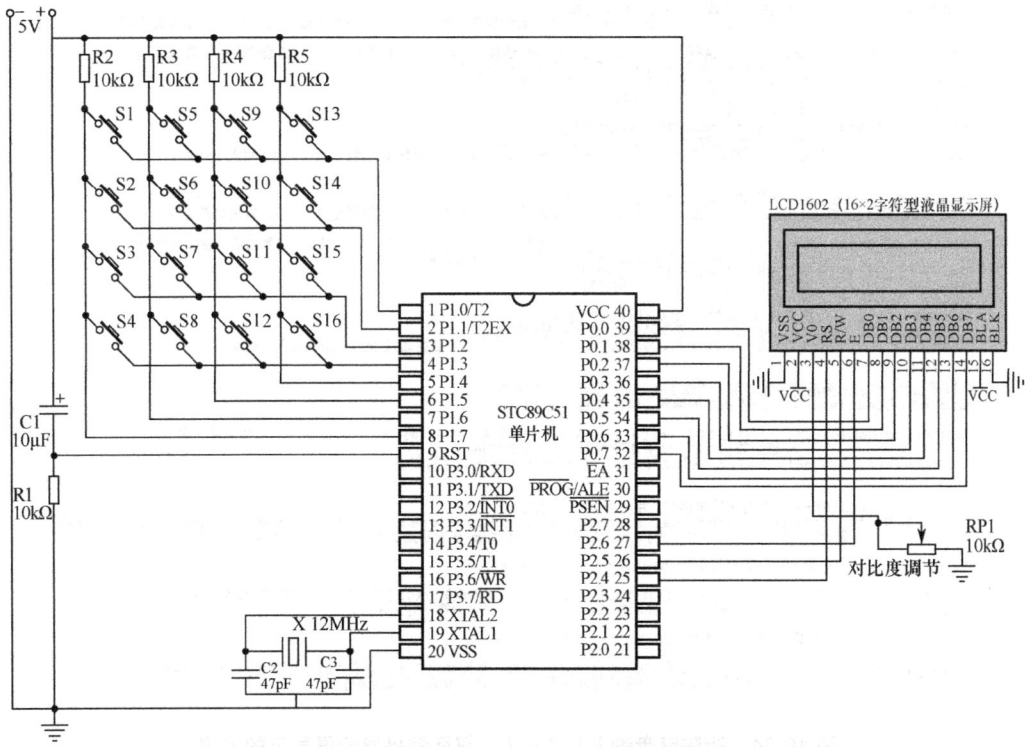

图 10-23　矩阵键盘输入与 1602 字符型液晶显示屏显示的电路

2. 矩阵键盘输入与1602字符型液晶显示屏显示的程序详解

如图10-24所示为矩阵键盘输入与1602字符型液晶显示屏显示的程序。其省略的程序部分与图10-19相同。

```c
/*1602液晶屏的矩阵键盘输入及显示字符的程序。为了方便表述，在本程序中将1602字符型液晶显示屏简写为1602*/
#include<reg51.h>            //调用reg51.h文件对单片机各特殊功能寄存器进行地址定义
#include<intrins.h>          //调用intrins.h文件对本程序用到的"nop_()"函数进行声明
sbit RS = P2^4;              //用位定义关键字sbit将RS代表P2.4端口
sbit RW = P2^5;
sbit EN = P2^6;
#define DataP0 P0            //用define(宏定义)命令将DataP0代表P0端口，程序中DataP0与P0等同
#define KeyP1 P1
unsigned char code KeyTable[]={'0','1','2','3',0x34,'5','6','7','8','9','A', 0x42,'C','D','E','F'};
                             //定义一个KeyTable表格，依次存放字符的字符代码(编译时字符会转换成字符代码)
/*以下DelayUs为微秒级延时函数，其输入参数为unsigned char tu(无符号字符型变量tu), tu值为8位，取值范围为
 0~255，若单片机的晶振频率为12M，本函数延时时间可用 T=(tu×2+5)us 近似计算，比如 tu=248, T=501 us≈0.5ms */
void DelayUs (unsigned char tu)   //DelayUs为微秒级延时函数，其输入参数为无符号字符型变量tu
{
  while(--tu);                    //while为循环语句，每执行一次while语句，tu值就减1，
                                  //直到tu值为0时才执行while尾大括号之后的语句
}
/*以下DelayMs为毫秒级延时函数，其输入参数为unsigned char tm(无符号字符型变量tm)，该函数内部使用了两个
 DelayUs(248)函数，它们共延时1002us(约1ms)，由于tm值最大为255，故本DelayMs函数最大延时时间为255ms，
 若将输入参数定义为unsigned int tm，则最长可获得65535ms的延时时间*/
void DelayMs(unsigned char tm)
{
  while(tm--)
  {
    DelayUs (248);
    DelayUs (248);
  }
}
/*以下LCD_Check_Busy为判忙函数，用于对1602进行判忙，当1602忙时该函数的输出参数bit=1 */
bit LCD_Check_Busy(void)    //本函数的输入参数为空(void)，输出参数为位变量(bit)
{
 DataP0=0xFF;   //将P0端口全部置高电平
 RS=0;          //让P2.4端口输出低电平，选择1602的指令寄存器
 RW=1;          //让P2.5端口输出高电平，对1602进行读操作
 EN=0;          //让P2.6端口输出低电平
 _nop_();       //执行_nop_函数(空操作函数)，不进行任何操作，用作短延时，单片机晶振频率为12MHz时延时1μs
 EN=1;          //让P2.6端口输出高电平，1602的状态信息开始通过DB7~DB0传送给单片机的P0端口
 return (DataP0 & 0x80);  //先将P0端口从1602读取的值和0x80(10000000)逐位相与，保留P0端口的
                          //最高位(P0.7)F奕藝蜿 壳?,再将P0端口的最高位值返回给LCD_Check_Busy函数的
                          //输出参数bit(位变量)?602忙时，DB7为1, P0.7也为1, bit=1
}
/*以下LCD_Write_Com为写指令函数，用于给1602写指令*/ //本函数的输入参数为无符号字符型变量command, 输出参数为空
void LCD_Write_Com(unsigned char command)
{
 while(LCD_Check_Busy());  //执行LCD_Check_Busy判忙函数，判断1602是否忙，忙(该函数的输出参数bit为1)则
                           //反复执行本条while语句，否则执行下条语句
 RS=0;          //让P2.4端口输出低电平，选择1602的指令寄存器
 RW=0;          //让P2.5端口输出低电平，对1602进行写操作
 EN=1;          //让P2.6端口输出高电平
 DataP0=command;  //将变量command的值(指令代码)赋给P0端口
 _nop_();       //执行_nop_函数(空操作函数)，进行短时间延时
 EN=0;          //让P2.6端口由高电平变为低电平(下降沿)，P0端口的指令代码通过DB7~DB0写入1602
}
/* 以下LCD_Write_Data为写数据函数，用于给1602写数据*/
void LCD_Write_Data(unsigned char Data)  //本函数的输入参数为无符号字符型变量Data, 输出参数为空
{
 while(LCD_Check_Busy());  //执行LCD_Check_Busy判忙函数，判断1602是否忙，忙(该函数的输出参数bit为1)
                           //则反复执行本条while语句，否则执行下条语句
 RS=1;          //让P2.4端口输出高电平，选择1602的数据寄存器
 RW=0;          //让P2.5端口输出低电平，对1602进行写操作
 EN=1;          //让P2.6端口输出高电平
 DataP0= Data;  //将变量Data的值(数据)赋给P0端口
 _nop_();       //执行_nop_函数(空操作函数)，进行短时间延时
 EN=0;          //让P2.6端口由高电平变为低电平(下降沿)，P0端口的数据通过DB7~DB0写入1602
}
/*以下LCD_Clear为清屏函数，用于清除1602显示屏所有的显示内容*/
void LCD_Clear(void)      //本函数的输入、输出参数均为空(void)
{
 LCD_Write_Com(0x01);     //执行LCD_Write_Com函数，同时将清屏指令代码0x01(00000001)赋给其输入参数，
                          //该函数执行后将清屏指令写入1602进行清屏
 DelayMs(5);              // 执行DelayMs函数延时5ms，使清屏操作有足够的时间完成
}
/*以下LCD_Write_String为写字符串函数，用于将字符串写入1602 */
void LCD_Write_String(unsigned char n,unsigned char m,unsigned char *s)  //本函数有3个输入参数，n为字符
                //显示的列数(n=0表示第1列)，m为字符的行数(m=0表示第1行)，s为指针变量(用于存储地址值)
{
 if (m == 0)  //如果m=0，则执行LCD_Write_Com(0x80 + n)
  {
    LCD_Write_Com(0x80 +n);  //执行LCD_Write_Com函数，将列地址0x0n(取自DB6~DB0值)写入DDRAM，
                             //选择在0nH显示位显示字符(00H~0FH为第一行显示位)
  }
 else          //否则(即m≠0)，则执行LCD_Write_Com(0xC0 + n)
  {
    LCD_Write_Com(0xC0 + n); //执行LCD_Write_Com函数，将列地址0x4n(取自DB6~DB0值)写入DDRAM，
                             //选择在4nH显示位显示字符(40H~4FH为第二行显示位)
```

图10-24 矩阵键盘输入与1602字符型液晶显示屏显示的程序

```
   while (*s)    //当指针变量 s 的地址值不为 0 时, 反复循环执行 while 大括号内的语句,
                 //当 s 的地址值为 0 时跳出 while 语句
     {
      LCD_Write_Data( *s);    //执行 LCD_Write_Data 函数, 将指针变量 s 中的地址所指的数据写入 1602
      s++;                    //将指针变量 s 中的地址值加 1
     }
  }
/*以下 LCD_Write_Char 为写字符函数, 用于将字符写入 1602 */
void LCD_Write_Char(unsigned char j,unsigned char k,unsigned char Data)  //本函数有 3 个输入参数, j 为字符
                                        //显示的列数, k 为字符显示的行数, Data 为字符代码
 {
  if (k== 0)    //如果 k=0, 则执行 LCD_Write_Com(0x80 + j)
    {
     LCD_Write_Com(0x80 + j);    //执行 LCD_Write_Com 函数, 将列地址 0x0j(取自 DB6~DB0 值)写入 DDRAM,
                                 //选择在 0jH 显示位显示字符(00H~0FH 为第一行显示位)
    }
  else           //否则(即 k≠0), 则执行 LCD_Write_Com(0xC0 + j)
    {
     LCD_Write_Com(0xC0 + j);    //执行 LCD_Write_Com 函数, 将列地址 0x4j(取自 DB6~DB0 值)写入 DDRAM,
                                 //选择在 4jH 显示位显示字符(40H~4FH 为第二行显示位)
    }
  LCD_Write_Data(Data);          //执行 LCD_Write_Data 函数, 往前面选中的 DDRAM 地址中写入字符代码,
                                 //该字符即可在 LCD 相应显示位显示出来
 }
/*以下 LCD_Init 为初始化函数, 用于对 1602 进行初始设置*/
void LCD_Init(void)    //本函数输入、输出参数均为空(void)
 {
  LCD_Write_Com(0x38);    //执行 LCD_Write_Com 函数, 将指令代码 0x38(即 00111000)通过 DB7~DB0 写入 1602,
                          //将 1602 功能模式设为 8 位总线(DB4=1)、两行显示(DB3=1)、5×7 点阵/每字符(DB2=0)
  DelayMs(5);    //执行 DelayMs 函数延时 5ms, 使功能设置操作有足够的时间完成
  LCD_Write_Com(0x08);    //执行 LCD_Write_Com 函数, 将指令代码 0x08(即 00001000)通过 DB7~DB0 写入 1602,
                          //将 1602 设为显示屏关显示(DB2=0)、不显示光标(DB1=0)、光标闪烁(DB0=0)
  LCD_Write_Com(0x01);    //执行 LCD_Write_Com 函数, 将指令代码 0x01(即 00000001)通过 DB7~DB0 写入 1602,
                          //对 1602 进行清屏
  LCD_Write_Com(0x06);    //执行 LCD_Write_Com 函数, 将指令代码 0x06(即 00000110)通过 DB7~DB0 写入 1602,
                          //将 1602 设为输入字符时光标右移(DB1=1)、输入字符时屏的全部显示不移动(DB0=0)
  DelayMs(5);    //执行 DelayMs 函数延时 5ms, 使输入模式设置操作有足够的时间完成
  LCD_Write_Com(0x0C);    //执行 LCD_Write_Com 函数, 将指令代码 0x0C(即 00001100)通过 DB7~DB0 写入 1602,
                          //将 1602 设为显示屏开显示(DB2=1)、不显示光标(DB1=0)、光标闪烁(DB0=0)
 }
/*以下 KeyS 函数用来检测矩阵键盘的 16 个按键, 其输出参数得到按下的按键的编码值*/
unsigned char KeyS(void)    //KeyS 函数的输入参数为空, 输出参数为无符号字符型变量
 {
  unsigned char KeyM;    //声明一个变量 KeyM, 用于存放按键的编码值
  KeyP1=0xf0;            //将 P1 端口的高 4 位置高电平, 低 4 位拉低电平
  if(KeyP1!=0xf0)        //如果 P1≠0xf0 成立, 表示有按键按下, 执行本 if 大括号内的语句
    {
     DelayMs(10);        //延时 10ms 去抖
     if(KeyP1!=0xf0)     //再次检测按键是否按下, 按下则执行本 if 大括号内的语句
      {
       KeyP1=0xfe;       //让 P1=0xfe, 即让 P1.0 端口为低电平(P1 其它端口为高电平), 检测第一行按键
         if(KeyP1!=0xfe) //如果 P1≠0xfe 成立(比如 P1.7 与 P1.0 之间的按键 S1 按下时, P1.7 被 P1.0 拉低, KeyP1=0x7e)
                        //表示第一行有按键按下, 执行本 if 大括号内的语句
          {
           KeyM=KeyP1;   //将 P1 端口值赋给变量 KeyM
           DelayMs(10);  //延时 10ms 去抖
           while(KeyP1!=0xfe);  //若 P1≠0xfe 成立则反复执行本条语句, 一旦按键释放, P1=0xfe(P1≠0xfe 不成立
                                //则往下执行
           return KeyM;  //将变量 KeyM 的值送给 KeyS 函数的输出参数, 如按下 P1.6 与 P1.0 之间的按键时,
                         //KeyM=KeyP1=0xbe
          }
       KeyP1=0xfd;       //让 P1=0xfd, 即让 P1.1 端口为低电平(P1 其它端口为高电平), 检测第二行按键
         if(KeyP1!=0xfd)
          {
           KeyM=KeyP1;
           DelayMs(10);
           while(KeyP1!=0xfd);
           return KeyM;
          }
       KeyP1=0xfb;       //让 P1=0xfb, 即让 P1.2 端口为低电平(P1 其它端口为高电平), 检测第三行按键
         if(KeyP1!=0xfb)
          {
           KeyM=KeyP1;
           DelayMs(10);
           while(KeyP1!=0xfb);
           return KeyM;
          }
       KeyP1=0xf7;       //让 P1=0xf7, 即让 P1.3 端口为低电平(P1 其它端口为高电平), 检测第四行按键
         if(KeyP1!=0xf7)
          {
           KeyM=KeyP1; ;
           DelayMs(10);
           while(KeyP1!=0xf7);
           return KeyM;
          }
      }
    }
  return 0xff;    //如果无任何键按下, 将 0xff 送给 KeyS 函数的输出参数
 }
/* 以下 KeyZ 函数用于将键码转换成相应的键值, 其输出参数得到按下的按键键值*/
unsigned char KeyZ(void)    //KeyS 函数的输入参数为空, 输出参数为无符号字符型变量
 {
```

图 10-24 矩阵键盘输入与 1602 字符型液晶显示屏显示的程序(续)

```
         switch(KeyS())    // switch 为多分支选择语句,以 KeyS()函数的输出参数(按下的按键的编码值)作为选择依据
         {
         case 0x7e:return 0;break;    //如果 KeyS()函数的输出参数与常量 0x7e(0 的键码)相等,将 0 送给 KeyZ 函数的
                                      //输出参数,然后跳出 switch 语句,否则往下执行
         case 0x7d:return 1;break;    //如果 KeyS()函数的输出参数与常量 0x7d(1 的键码)相等,将 1 送给 KeyZ 函数的
                                      //输出参数,然后跳出 switch 语句,否则往下执行
         case 0x7b:return 2;break;
         case 0x77:return 3;break;
         case 0xbe:return 4;break;
         case 0xbd:return 5;break;
         case 0xbb:return 6;break;
         case 0xb7:return 7;break;
         case 0xde:return 8;break;
         case 0xdd:return 9;break;
         case 0xdb:return 10;break;
         case 0xd7:return 11;break;
         case 0xee:return 12;break;
         case 0xed:return 13;break;
         case 0xeb:return 14;break;
         case 0xe7:return 15;break;
         default:return 0xff;break;   //如果 KeyS()函数的输出参数与所有 case 后面的常量均不相等,执行 default
                                      //之后的语句组,将 0xff 送给 KeyS 函数的输出参数,然后跳出 switch 语句
         }
       }
       /*以下为主程序部分*/
       void main(void)    //main 为主函数,其输入输出参数均为空(void),一个程序只允许有一个主函数,其语句要
                          //写在 main 首尾大括号内,不管程序多复杂,单片机都会从 main 函数开始执行程序
       {
         unsigned char i,j,num;      //定义 3 个无符号字符型变量 i(显示位)、j(行数)、num(键值)
         LCD_Init();                 //执行 LCD_Init 函数,对 1602 进行初始化设置
         LCD_Write_Com(0x0F);        //执行 LCD_Write_Com 函数,将指令代码 0x0F(即 00001111)通过 DB7~DB0 写入 1602,
                                     //即 1602 设为显示屏开显示、显示光标、光标闪烁
         LCD_Write_String(0,0,"Press the key !");   //执行 LCD_Write_String 函数,选择 DDRAM 的 00H 地址,将字符串
                                     //" Press the key !"的各个字符的字符代码顺序依次写入以 00H
                                     //为首地址的各单元,结果从 LCD 屏的第 1 行第 1 个显示位开始显示
                                     //" Press the key !"
         while (1)         //主循环,while 大括号内的内容反复循环执行
         {
           num=KeyZ();     //将 KeyZ()函数的输出参数(按键的键值)赋给变量 num
           if(num!=0xff)   //如果 num≠0xff 成立,表示有按键按下,执行本 if 大括号内的语句
           {
             if((i==0)&&(j==0))  //如果 i=0 和 j=0 同时成立(准备显示第 1 行第 1 个字符时),执行本 if 大括号内的语句进行清屏
             {
               LCD_Clear();    //执行 LCD_Clear 函数,对 1602 进行清屏操作
             }
             LCD_Write_Char(0+i,0+j,KeyTable[num]);  //执行 LCD_Write_Char 函数,选择 DDRAM 的 0iH 地址,将 KeyTable 表格的
                                                    //第 num+1 个字符代码写入 1602,该字符则显示在 LCD 屏的第 j+1 行第 i+1 个位置
             i++;            //将 i 值增 1,移到下一个显示位
             if(i==16)       //如果 i=16(一行显示已满),执行本 if 大括号内的语句
             {
               j++;          //将 j 值增 1,移到下一行显示
               i=0;          //将 i 值清 0,移到第 1 个显示位显示
               if(j==2)      //如果 j=2(第 2 行显示已满),执行本 if 大括号内的语句将 j 值清 0,将显示又移到第 1 行
               {
                 j=0;        //将 j 值清 0,显示移到第 1 行
               }
             }
           }
         }
       }
```

图 10-24 矩阵键盘输入与 1602 字符型液晶显示屏显示的程序(续)

1. 现象

在 LCD 屏的第一行显示字符"Press the key !"。按下矩阵键盘的某个按键时,字符"Press the key !"消失,在 LCD 屏的第 1 行第 1 个显示位中显示该按键的键值字符,字符后有方块状光标闪烁。每按一次按键,LCD 屏就输入一个字符,在第 1 行输入 16 个字符后,会自动从第 2 行第 1 个显示位开始显示。在第 2 行显示到最后一位,并再输入一个字符时,LCD 屏会先清屏,然后将该字符显示在第 1 行第 1 个显示位中。

2. 程序说明

程序在运行时,进入主程序的 main 函数,定义三个无符号字符型变量:i(显示位)、j(行数)、num(键值)。执行 LCD_Init 函数,进行初始化设置。执行 LCD_Write_Com(0x0F)函数,将指令代码 0x0F(即 00001111)通过 DB7~DB0 写入 1602 字符型液晶显示屏。执行 LCD_Write_String(0,0, " Press the key !"),选择 DDRAM 的 00H 地址,将字符串"Press the key !"中各个字符的字符代码按顺序依次写入以 00H 为首地址的各单元,便可从 LCD 屏的第 1 行第 1 个显示位开始显示"Press the key !"。

while 主循环为按键输入及显示输入字符的程序部分。在 while 主循环中,执行并进入

KeyZ 函数。在 KeyZ 函数（键码转键值函数）中，switch 语句需要读取 KeyS 函数的输出参数（键码）。在 KeyS 函数中，检测矩阵键盘按下的按键，得到该键的键码。返回到 KeyZ 函数。在 KeyZ 函数中，switch 语句以从 KeyS 函数的输出参数读取的键码作为依据，找到其对应的键值并赋给 KeyZ 函数的输出参数。程序返回到主程序的 while 语句。将 KeyZ 函数的输出参数（按键的键值）赋给变量 num。若未按下任何键，则 num 值为 0xff，第 1 个 if 语句不会执行，其内嵌的三个 if 语句也不会执行。若按下某键，如按下 S7 键（键值为 6），则 num 值为 6，num≠0xff 成立，第 1 个 if 语句执行。由于 i、j 的初始值都为 0，因此第 2 个 if 语句也执行，即执行内部 LCD_Clear 函数（"Press the key！"会被清除）。执行"LCD_Write_Char(0+i,0+j, KeyTable[num]);"，将 KeyTable 表格的第 num+1 个（第 7 个）字符代码（字符"6"的代码）写入 1602 字符型液晶显示屏，该字符将显示在 LCD 屏的第 j+1 行（第 1 行）第 i+1 个（第 1 个）显示位置。执行"i++;"，将 i 值增 1（变成 2），即移到下一个显示位。由于 i≠16，故第 3 个、第 4 个 if 语句都不会执行。返回执行"num=KeyZ();"读取有无按键按下。在 16 次按下按键后，即给 1602 字符型液晶显示屏输入 16 个字符后，执行"i++;"，此时 i=16。执行第 3 个 if 语句，先执行"j++;"，将 j 值增 1 变成 1，移到下一行显示，再执行"i=0;"，将 i 值清 0，移到第 1 个显示位显示。由于 j≠2，故第 4 个 if 语句不会执行。又返回执行"num=KeyZ();"，当第 2 行输入 16 个字符后，执行"i++;"，此时 i=16。又执行第 3 个 if 语句，先执行"j++;"，将 j 值增 1 变成 2，执行"i=0;"。由于 j=2，故执行第 4 个 if 语句，先执行内部的"j=0;"，将 j 值清 0，再移到第 1 行第 1 个显示位，开始第 2 屏字符的输入。

在 while 主循环中，第 2 个 if 语句在输入第 1 行第 1 个字符时会执行一次。第 4 个 if 语句在输入第 2 行最后一个字符后会执行一次。每按下一次按键，第 1 个 if 语句就会执行一次，第 3 个 if 语句在输入第 1、2 行最后一个字符时各执行一次。每按下一次按键，第 1 个 if 语句中的 LCD_Write_Char 函数和"i++;"语句都会执行一次。

第 11 章　步进电动机的使用及编程

11.1　步进电动机与驱动芯片介绍

11.1.1　步进电动机

步进电动机是一种用电脉冲控制运转的电动机。每输入一个电脉冲，电动机就会旋转一定的角度，因此步进电动机又称脉冲电动机。步进电动机的转速与脉冲频率成正比，脉冲频率越高，在单位时间内输入电动机的脉冲个数越多，其旋转角度越大，即转速越快。步进电动机广泛应用在雕刻机、激光制版机、贴标机、激光切割机、喷绘机、数控机床、机械手等各种大中型自动化设备和仪器中。

1. 外形

几种常见步进电动机的外形如图 11-1 所示。

图 11-1　几种常见步进电动机的外形

2. 结构与工作原理

在说明步进电动机的工作原理前，先来分析如图 11-2（a）所示的实验现象。在如图 11-2（a）所示的实验中，一根铁棒斜放在支架上，若将一对磁铁靠近铁棒，磁铁的 N 极产生的磁感线会通过气隙、铁棒和气隙到达磁铁的 S 极，如图 11-2（b）所示。**由于磁感线总是力图通过磁阻最小的路途，因此它对铁棒产生的作用力，会使铁棒旋转到水平位置**，如图 11-2（c）所示。此时磁感线所经磁路的磁阻最小。磁阻主要由 N 极与铁棒间的气隙、S 极与铁棒间的气隙大小决定：气隙越大，磁阻越大。当铁棒处于如图 11-2（c）所示位置时的气隙最小，因此磁阻也最小。这时若顺时针旋转磁铁，为了保持磁路的磁阻最小，磁感线会对铁棒产生作用力，使之也进行顺时针旋转，如图 11-2（d）所示。

步进电动机的种类很多，根据运转方式可分为旋转式、直线式和平面式，其中旋转式应用最为广泛。旋转式步进电动机又分为永磁式和反应式：永磁式步进电动机的转子采用永久磁铁制成；反应式步进电动机的转子采用软磁性材料制成。由于反应式步进电动机具有反应快、惯性小和速度快等优点，因此应用很广泛。下面以三相六极式步进电动机为例进行说明，其工作方式有三种：单三拍、双三拍和单双六拍。如图 11-3 所示为单三拍工作方式，其中"三相"是指定子绕组为三组；"单"是指每次只有一相绕组通电；"三拍"是指在一个通电循环周期内绕组有三次供电切换。

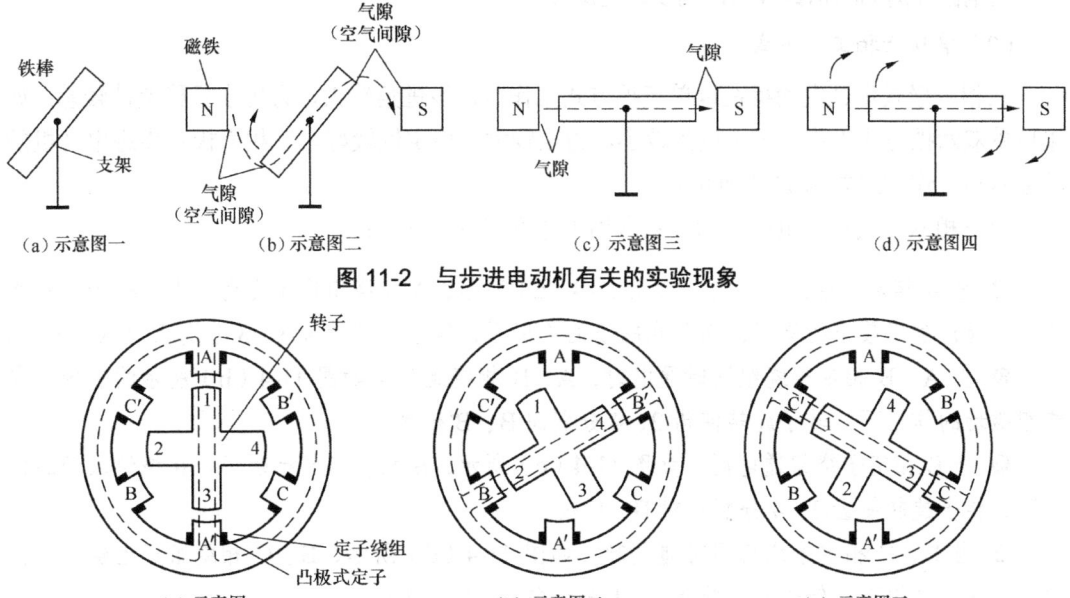

图 11-2 与步进电动机有关的实验现象

图 11-3 三相六极式步进电动机的单三拍工作方式

（1）单三拍工作方式

对三相六极式步进电动机的单三拍工作方式说明如下：

❶ 当 A 相定子绕组通电时，见图 11-3（a），A 相绕组产生磁场，由于磁场磁感线力图通过磁阻最小的路径，因此在磁场的作用下，转子旋转使齿 1、3 分别正对 A、A′极。

❷ 当 B 相定子绕组通电时，见图 11-3（b），B 相绕组产生磁场，在绕组磁场的作用下，转子旋转使齿 2、4 分别正对 B、B′极。

❸ 当 C 相定子绕组通电时，见图 11-3（c），C 相绕组产生磁场，在绕组磁场的作用下，转子旋转使齿 3、1 分别正对 C、C′极。

从图中可以看出，若 A、B、C 相按 A→B→C 的顺序依次通电，则转子逆时针旋转，并且转子齿 1 由正对 A 极运动到正对 C′极；若按 A→C→B 的顺序通电，则转子会顺时针旋转。在给某定子绕组通电时，步进电动机会旋转一个角度。若按 A→B→C→A→B→C……顺序依次给定子绕组通电，则转子就会连续不断地旋转。

步进电动机的定子绕组每切换一相电源，转子就会旋转一定的角度，该角度称为步进角。在图 11-3 中，步进电动机定子圆周上平均分布着 6 个凸极，任意两个凸极之间的角度为 60°。转子的每个齿由一个凸极移到相邻的凸极需要前进两步，因此该转子的步进角为 30°。步进电动机的步进角可用下面的公式计算：

$$\theta = \frac{360}{ZN} \tag{11-1}$$

式中，Z 为转子齿数；N 为一个通电循环周期的拍数。图 11-3 中的步进电动机的转子齿数 $Z=4$，一个通电循环周期的拍数 $N=3$，则步进角 $\theta=30°$。

（2）单双六拍工作方式

三相六极式步进电动机在以单三拍方式工作时，步进角较大，力矩小且稳定性较差；如果以单双六拍方式工作，则步进角较小，力矩较大，稳定性较好。三相六极式步进电动机的单双六拍工作方式如图 11-4 所示。

对三相六极式步进电动机的单双六拍工作方式说明如下：

❶ 当 A 相定子绕组通电时，如图 11-4（a）所示，A 相绕组产生磁场。由于磁场的磁感线力图通过磁阻最小的路径，因此在磁场的作用下，转子旋转使齿 1、3 分别正对 A、A′极。

❷ 当 A、B 相定子绕组同时通电时，A、B 相绕组产生如图 11-4（b）所示的磁场。在绕组磁场的作用下，转子旋转使齿 2、4 分别向 B、B′极靠近。

❸ 当 B 相定子绕组通电时，如图 11-4（c）所示，B 相绕组产生磁场。在绕组磁场的作用下，转子旋转使齿 2、4 分别正对 B、B′极。

❹ 当 B、C 相定子绕组同时通电时，如图 11-4（d）所示，B、C 相绕组产生磁场。在绕组磁场的作用下，转子旋转使齿 3、1 分别向 C、C′极靠近。

❺ 当 C 相定子绕组通电时，如图 11-4（e）所示，C 相绕组产生磁场。在绕组磁场的作用下，转子旋转使齿 3、1 分别正对 C、C′极。

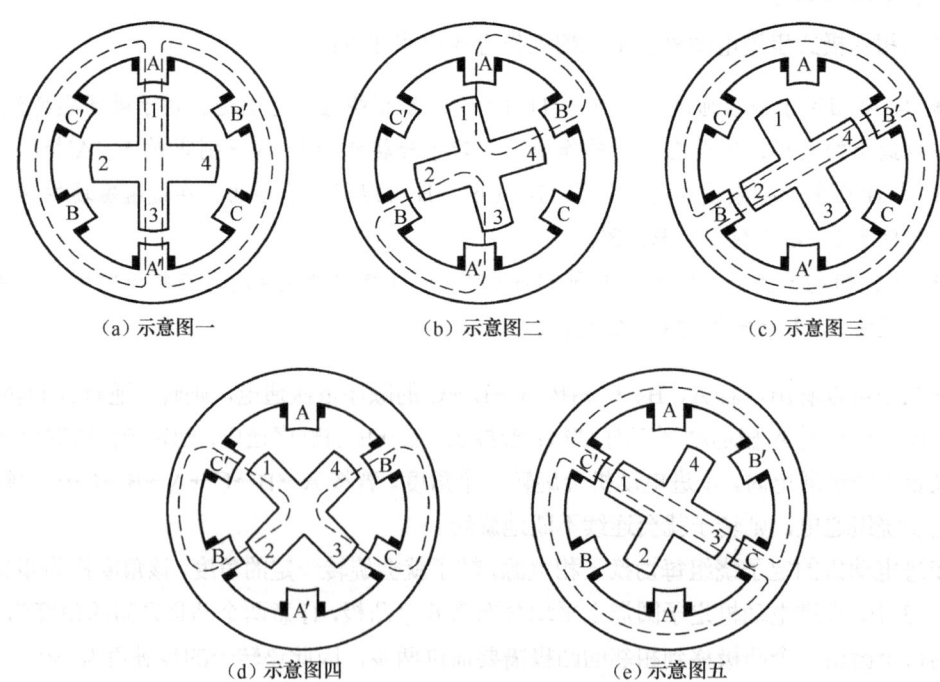

图 11-4 三相六极式步进电动机的单双六拍工作方式

从图中可以看出，当 A、B、C 相按 A→AB→B→BC→C→CA→A……顺序依次通电时，转子逆时针旋转。每一个通电循环分 6 拍，其中三个单拍通电，三个双拍通电。在单双六拍工作方式下，步进电动机的步进角为 15°。

（3）双三拍工作方式

三相六极式步进电动机的工作方式还有一种：双三拍，即每次同时有两个绕组通电，按 AB→BC→CA→AB……顺序依次通电切换，一个通电循环分三拍。

三相六极式步进电动机的步进角比较大，若用它们作为传动设备动力源，往往不能满足精度要求。**为了减小步进角，实际的步进电动机通常在定子凸极和转子上开很多小齿，这样可以大大减小步进角。**步进电动机的示意结构如图 11-5 所示，步进电动机的实际结构如图 11-6 所示。

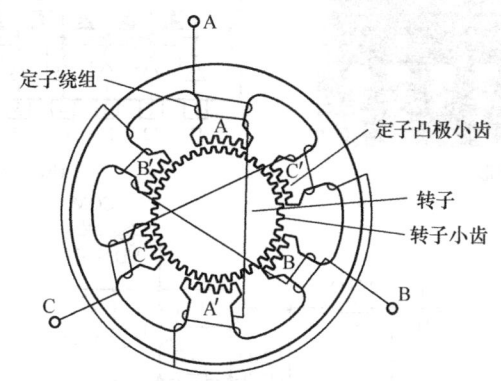

图 11-5 步进电动机的示意结构

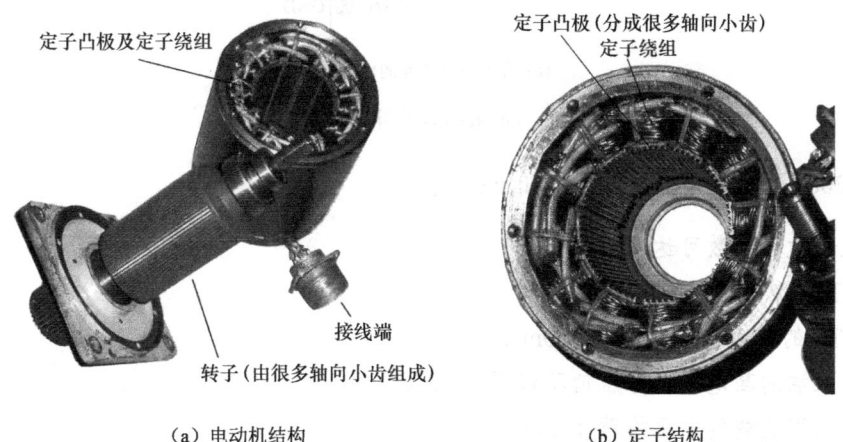

（a）电动机结构　　　　　　　　　（b）定子结构

图 11-6 步进电动机的实际结构

11.1.2 驱动芯片

单片机的输出电流很小，不能直接驱动电动机和继电器等功率较大的元件，需要应用驱动芯片进行功率放大。常用的驱动集成电路有 ULN2003、MC1413P、KA2667、KA2657、

KID65004、MC1416、ULN2803、TD62003 和 M5466P 等。它们都是 16 引脚的反相驱动集成电路，可以互换使用。下面以最常用的 ULN2003 为例进行说明。

1. 外形、内部结构和主要参数

ULN2003 的外形与内部结构如图 11-7（a）和图 11-7（b）所示：1～7 脚分别为各驱动单元的输入端；8 脚为各驱动单元的接地端；9 脚为各驱动单元保护二极管负极的公共端，可接电源正极或悬空不用；10～16 脚为各驱动单元的输出端。ULN2003 内部有 7 个驱动单元，单个驱动单元的电路结构如图 11-7（c）所示。三极管 VT1、VT2 构成达林顿三极管（又称复合三极管），3 个二极管（VD1、VD2、VD3）主要起保护作用。

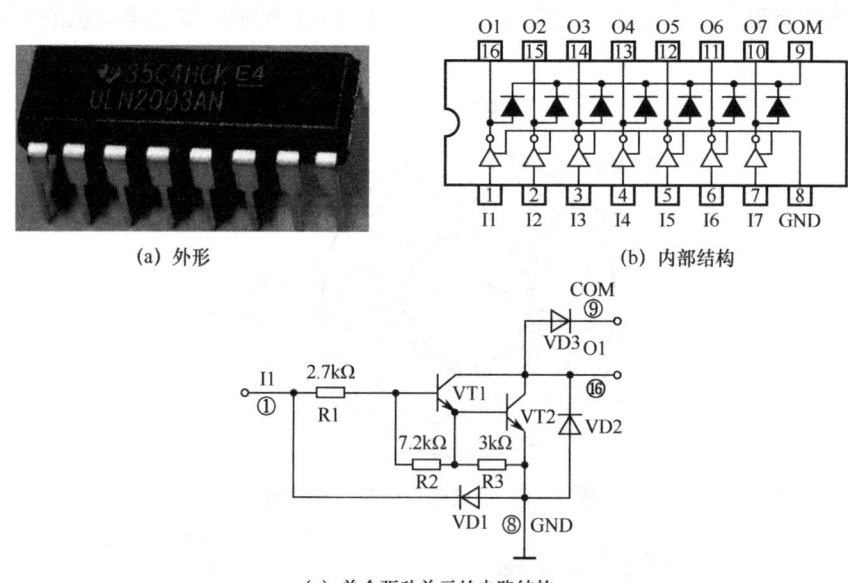

图 11-7　ULN2003 的外形和内部结构

ULN2003 驱动单元的主要参数如下：

❶ 直流放大倍数可达 1000。

❷ VT1、VT2 耐压最高为 50V。

❸ VT2 的最大输出电流为 500mA。

❹ 输入端的高电平的电压值不能低于 2.8V。

❺ 输出端负载的电源推荐在 24V 以内。

2. 检测

ULN2003 驱动单元检测包括检测输入端与接地端（8 脚）之间的正反向电阻、输出端与接地端之间的正反向电阻、输入端与输出端之间的正反向电阻、输出端与公共端（9 脚）之间的正反向电阻。

❶ 检测输入端与接地端（8 脚）之间的正反向电阻。万用表选择 R×100Ω 挡，当红表

笔接 1 脚、黑表笔接 8 脚时，测得值为二极管 VD1 的正向电阻与 R1~R3 总阻值的并联值，该阻值较小；若红表笔接 8 脚、黑表笔接 1 脚，测得为 R1 和 VT1、VT2 两个 PN 结的串联阻值，该阻值较大。

❷ 检测输出端与接地端之间的正反向电阻。当红表笔接 16 脚、黑表笔接 8 脚时，测得值为 VD2 的正向电阻值，该值很小；当黑表笔接 16 脚、红表笔接 8 脚时，VD2 反向截止，测得阻值无穷大。

❸ 检测输入端与输出端之间的正反向电阻。当黑表笔接 1 脚、红表笔接 16 脚时，测得值为 R1 与 VT1 的正向电阻值，该值较小；当红表笔接 1 脚、黑表笔接 16 脚时，VT1 截止，测得阻值无穷大。

❹ 检测输出端与公共端（9 脚）之间的正反向电阻。当黑表笔接 16 脚、红表笔接 9 脚时，VD3 正向导通，测得阻值很小；当红表笔接 16 脚、黑表笔接 9 脚时，VD3 反向截止，测得阻值无穷大。

由于 ULN2003 的 7 个驱动单元的电路结构相同，各单元的相应阻值也相同，因此在检测时，当发现某个驱动单元的某阻值与其他多个单元阻值有较大区别时，可确定该单元损坏，因为多个单元同时损坏的可能性很小。

当 ULN2003 中的某个驱动单元损坏时，如果一下子找不到新的 ULN2003 替换，可以使用 ULN2003 空闲驱动单元代替损坏的驱动单元。在替换时，应先将损坏单元的输入端、输出端分别与输入电路、输出电路断开，再分别将输入电路、输出电路与空闲驱动单元的输入端、输出端连接。

11.1.3　五线四相步进电动机

1. 外形、内部结构与接线图

如图 11-8（a）所示是一种较常见的小功率 5V 五线四相步进电动机：A、B、C、D 四相绕组，对外接出五根线（四根相线与一根接 5V 的电源线）。五线四相步进电动机的外形与内部接线如图 11-8（b）所示。

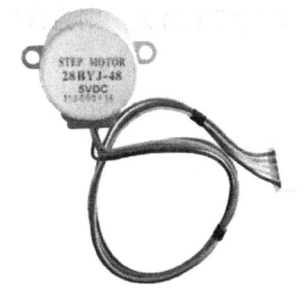

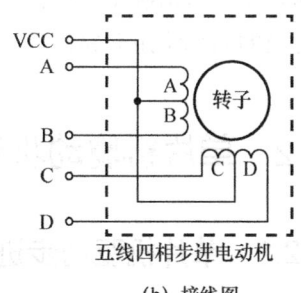

(a) 外形与内部结构　　　　　　　　　　　　　　(b) 接线图

图 11-8　五线四相步进电动机

2. 工作方式

五线四相步进电动机有 3 种工作方式，分别是单四拍方式、双四拍方式和单双八拍方式。 其通电规律如图 11-9 所示，"1"表示通电，"0"表示断电。

步	A	B	C	D
1	1	0	0	0
2	0	1	0	0
3	0	0	1	0
4	0	0	0	1
5	1	0	0	0
6	0	1	0	0
7	0	0	1	0
8	0	0	0	1

单四拍

步	A	B	C	D
1	1	1	0	0
2	0	1	1	0
3	0	0	1	1
4	1	0	0	1
5	1	1	0	0
6	0	1	1	0
7	0	0	1	1
8	1	0	0	1

双四拍

步	A	B	C	D
1	1	0	0	0
2	1	1	0	0
3	0	1	0	0
4	0	1	1	0
5	0	0	1	0
6	0	0	1	1
7	0	0	0	1
8	1	0	0	1

单双八拍

图 11-9　五线四相步进电动机的 3 种工作方式

3. 接线端的区分

五线四相步进电动机对外有 5 个接线端，分别是电源端、A 相端、B 相端、C 相端和 D 相端。 五线四相步进电动机可通过查看导线颜色区分各接线。其颜色规律如图 11-10 所示。

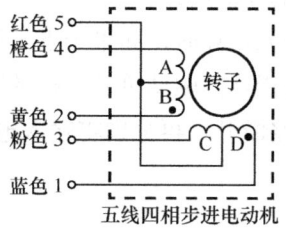

图 11-10　接线端的颜色规律

4. 检测

五线四相步进电动机有四相相同的绕组，故每相绕组的阻值基本相等。电源端与每相绕组的一端均连接，故电源端与每相绕组接线端之间的阻值基本相等。除电源端外，其他接线端中的任意两个接线端之间的电阻均相同，为每相绕组阻值的两倍。在了解这些特点后，只要用万用表测量电源端与其他各接线端之间的电阻就能判断每相绕组是否能够正常工作。在正常情况下，4 次测得的阻值应基本相等；若某次测量阻值无穷大，则为该接线端对应的内部绕组开路。

11.2　单片机驱动步进电动机的电路及编程

11.2.1　单片机驱动步进电动机的电路

这里主要讲解由按键、单片机、驱动芯片和数码管构成的步进电动机驱动电路，如图 11-11 所示。

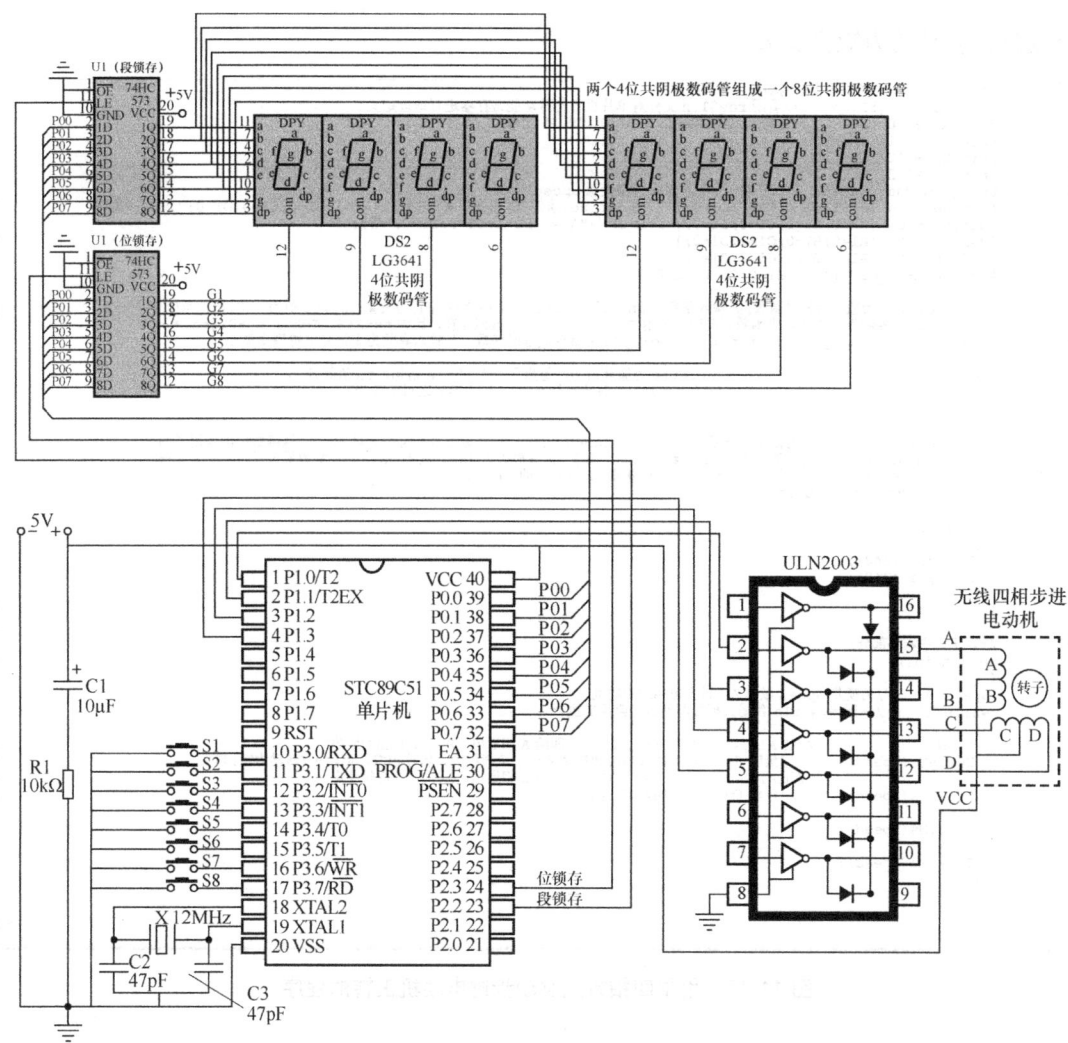

图 11-11 由按键、单片机、驱动芯片和数码管构成的步进电动机驱动电路

11.2.2 用单四拍方式驱动步进电动机正转的程序详解

如图 11-12 所示是用单四拍方式驱动步进电动机正转的程序，其电路见图 11-11。

1. 现象

步进电动机一直往一个方向运转。

2. 程序说明

程序在运行时先进入 main 函数。在 main 函数中为变量 Speed 赋值 6，并设置通电时间，执行 while 语句。在 while 语句中，先执行 A_ON（让 A1=1、B1=0、C1=0、D1=0），给 A 相通电，然后延时 6ms，再执行 B_ON（让 A1=0、B1=1、C1=0、D1=0），给 B 相通电。利用同样的方法给 C、D 相通电。由于 while 首尾大括号内的语句会反复循环执行，故电动机将持续不断地朝一个方向运转。如果将变量 Speed 的值设大一些，则电动机的转速会变慢,转动的力矩会变大。

```c
/*用单四拍方式驱动四相步进电动机正转的程序*/
#include <reg51.h>    //调用 reg51.h 文件对单片机各特殊功能寄存器进行地址定义
sbit A1=P1^0;         //用位定义关键字 sbit 将 A1 代表 P1.0 端口
sbit B1=P1^1;
sbit C1=P1^2;
sbit D1=P1^3;
unsigned char Speed;  //声明一个无符号字符型变量 Speed
#define A_ON  {A1=1;B1=0;C1=0;D1=0;} //用 define(宏定义)命令将 A_ON 代表"A1=1;B1=0;C1=0;D1=0;",可简化编程
#define B_ON  {A1=0;B1=1;C1=0;D1=0;} //B_ON 与"A1=0;B1=1;C1=0;D1=0;"等同
#define C_ON  {A1=0;B1=0;C1=1;D1=0;}
#define D_ON  {A1=0;B1=0;C1=0;D1=1;}
#define ABCD_OFF {A1=0;B1=0;C1=0;D1=0;}

/*以下 DelayUs 为微秒级延时函数,其输入参数为 unsigned char tu(无符号字符型变量 tu),tu 值是 8 位,取值范围 0~255,
如果单片机的晶振频率为 12M,本函数延时时间可用 T=(tu×2+5)us 近似计算,比如 tu=248, T=501 us≈0.5ms */
void DelayUs (unsigned char tu)  //DelayUs 为微秒级延时函数,其输入参数为无符号字符型变量 tu
{
  while(--tu);                   //while 为循环语句,每执行一次 while 语句, tu 值就减 1,
                                 //直到 tu 值为 0 时才执行 while 尾大括号之后的语句
}

/*以下 DelayMs 为毫秒级延时函数,其输入参数为 unsigned char tm(无符号字符型变量 tm),该函数内部使用了两个
DelayUs (248)函数,它们共延时 1002us(约 1ms),由于 tm 值最大为 255,故本 DelayMs 函数最大延时时间为 255ms,
若将输入参数定义为 unsigned int tm,则最长可获得 65535ms 的延时时间*/
void DelayMs(unsigned char tm)
{
 while(tm--)
  {
   DelayUs (248);
   DelayUs (248);
  }
}

/*以下为主程序部分*/
void main()
{
 Speed=6;       //给变量 Speed 赋值 6,设置每相通电时间
 while(1)       //主循环,while 首尾大括号内的语句会反复执行
  {
   A_ON         //让 A1=1、B1=0、C1=0、D1=0,即给 A 相通电,B、C、D 相均断电
   DelayMs(Speed);  //延时 6ms,让 A 相通电时间持续 6ms,值越大,转速越慢,但转矩(转动力矩)越大
   B_ON         //让 A1=0、B1=1、C1=0、D1=0,即给 B 相通电,A、C、D 均相断电
   DelayMs(Speed);  //延时 6ms,让 B 相通电时间持续 6ms
   C_ON
   DelayMs(Speed);
   D_ON
   DelayMs(Speed);
  }
}
```

图 11-12 用单四拍方式驱动步进电动机正转的程序

11.2.3 用双四拍方式驱动步进电动机自动正反转的程序详解

如图 11-13 所示是用双四拍方式驱动步进电动机自动正反转的程序。其电路见图 11-11。该程序在运行时,步进电动机正向旋转 4 周,再反向旋转 4 周,周而复始。

程序在运行时先进入 main 函数,在 main 函数中声明一个变量 i,接着给变量 Speed 赋值 6。在第 1 个 while 语句(主循环)中,先执行 ABCD_OFF(让 A1=0、B1=0、C1=0、D1=0"),让 A、B、C、D 相断电,再给 i 赋值 512。在第 2 个 while 语句中,先执行 AB_ON(让 A1=1、B1=1、C1=0、D1=0),给 A、B 相通电,在延时 8ms 后,执行 BC_ON(让 A1=0、B1=1、C1=1、D1=0),给 B、C 相通电。利用同样的方法给 C、D 相和 D、A 相通电,即按 AB→BC→CD→DA 的顺序给步进电动机通电。在第 1 次执行 i--后,i 值由 512(减 1)变成 511,然后又返回 AB_ON 开始执行第 2 次,在执行 512 次 i--后,i 值变为 0,步进电动机正向旋转了 4 周,跳出第 2 个 while 语句。执行之后的 ABCD_OFF 和"i=512"语句,让 A、B、C、D 相断电,给 i 赋值 512。在第 3 个 while 语句中,按 DA→CD→BC→AB 的顺序给步进电动机通电,在执行 512 次循环后,i 值变为 0,步进电动机反向旋转了 4 周,

跳出第 2 个 while 语句。由于第 1 个和第 2 个 while 语句处于主循环第 1 个 while 语句内部，故而步进电动机将正转 4 周、反转 4 周且反复进行。

```c
/*用双四拍方式驱动步进电动机自动正反转的程序*/
#include <reg51.h>          //调用 reg51.h 文件对单片机各特殊功能寄存器进行地址定义
sbit A1=P1^0;               //用位定义关键字 sbit 将 A1 代表 P1.0 端口
sbit B1=P1^1;
sbit C1=P1^2;
sbit D1=P1^3;
unsigned char Speed;        //声明一个无符号字符型变量 Speed

#define A_ON  {A1=1;B1=0;C1=0;D1=0;}  //用 define(宏定义)命令将 A_ON 代表"A1=1;B1=0;C1=0;D1=0; ",可简化编程
#define B_ON  {A1=0;B1=1;C1=0;D1=0;}  //B_ON 与"A1=0;B1=1;C1=0;D1=0;"等同
#define C_ON  {A1=0;B1=0;C1=1;D1=0;}
#define D_ON  {A1=0;B1=0;C1=0;D1=1;}
#define AB_ON {A1=1;B1=1;C1=0;D1=0;}
#define BC_ON {A1=0;B1=1;C1=1;D1=0;}
#define CD_ON {A1=0;B1=0;C1=1;D1=1;}
#define DA_ON {A1=1;B1=0;C1=0;D1=1;}
#define ABCD_OFF {A1=0;B1=0;C1=0;D1=0;}

/*以下 DelayUs 为微秒级延时函数,其输入参数为 unsigned char tu(无符号字符型变量 tu),tu 值为 8 位,取值范围 0～255,
  如果单片机的晶振频率为 12M,本函数延时时间可用 T=(tu×2+5) us 近似计算,比如 tu=248,T=501 us≈0.5ms */
void DelayUs (unsigned char tu)   //DelayUs 为微秒级延时函数,其输入参数为无符号字符型变量 tu
{
  while(--tu);                    //while 为循环语句,每执行一次 while 语句,tu 值就减 1,
                                  //直到 tu 值为 0 时才执行 while 尾大括号之后的语句
}

/*以下 DelayMs 为毫秒级延时函数,其输入参数为 unsigned char tm (无符号字符型变量 tm),该函数内部使用了两个
  DelayUs (248)函数,它们共延时 1002us (约 1ms),由于 tm 值最大为 255,故本 DelayMs 函数最大延时时间为 255ms,
  若将输入参数定义为 unsigned int tm,则最长可获得 65535ms 的延时时间*/
void DelayMs(unsigned char tm)
{
  while(tm--)
  {
    DelayUs (248);
    DelayUs (248);
  }
}

/*以下为主程序部分*/
void main()
{
  unsigned int i;   //声明一个无符号整数型变量 i
  Speed=8;          //给变量 Speed 赋值 8,设置单相或双相通电时间
  while(1)          //主循环,while 首尾大括号内的语句会反复执行
  {
    ABCD_OFF        //让 A1=0、B1=0、C1=0、D1=0,即让 A、B、C、D 相均断电
    i=512;          //将 i 赋值 512
    while(i--)      //while 首尾大括号内的语句每执行一次,i 值减 1,i 值由 512 减到 0 时,给步进电动机提供了
                    //512 个正向通电周期(电机正转 4 周),跳出本 while 语句
    {
      AB_ON         //让 A1=1、B1=1、C1=0、D1=0,即给 A、B 相通电,C、D 相断电
      DelayMs(Speed);   //延时 8ms,让 A 相通电时间持续 8ms,该值越大,转速越慢,但力矩越大
      BC_ON
      DelayMs(Speed);
      CD_ON
      DelayMs(Speed);
      DA_ON
      DelayMs(Speed);
    }
    ABCD_OFF        //让 A1=0、B1=0、C1=0、D1=0,即让 A、B、C、D 相均断电,电机停转
    i=512;          //将 i 赋初值 512
    while(i--)      //while 首尾大括号内的语句每执行一次,i 值减 1,i 值由 512 减到 0 时,给步进电动机提供了
                    //512 个反向通电周期(电机反转 4 周),跳出本 while 语句
    {
      DA_ON         //让 A1=1、B1=0、C1=0、D1=1,即给 A、D 相通电,B、C 相断电
      DelayMs(Speed);   //延时 8ms,让 D 相通电时间持续 8ms,该值越大,转速越慢,但力矩越大
      CD_ON
      DelayMs(Speed);
      BC_ON
      DelayMs(Speed);
      AB_ON
      DelayMs(Speed);
    }
  }
}
```

图 11-13　用双四拍方式驱动步进电动机自动正反转的程序

11.2.4　用外部中断控制步进电动机正反转的程序详解

如图 11-14 所示是用按键输入外部中断信号控制步进电动机以单双八拍方式正反转的程序,其电路见图 11-11。

```c
/*用按键输入外部中断信号触发步进电动机以单双八拍方式正反转的程序*/
#include <reg51.h>      //调用reg51.h文件对单片机各特殊功能寄存器进行地址定义
sbit A1=P1^0;           //用位定义关键字sbit将A1代表P1.0端口
sbit B1=P1^1;
sbit C1=P1^2;
sbit D1=P1^3;
unsigned char Speed;    //声明一个无符号字符型变量Speed
bit Flag;               //用关键字bit将Flag定义为位变量

#define A_ON {A1=1;B1=0;C1=0;D1=0;}   //用define(宏定义)命令将A_ON代表"A1=1;B1=0;C1=0;D1=0;",可简化编程
#define B_ON {A1=0;B1=1;C1=0;D1=0;}   //B_ON与"A1=0;B1=1;C1=0;D1=0;"等同
#define C_ON {A1=0;B1=0;C1=1;D1=0;}
#define D_ON {A1=0;B1=0;C1=0;D1=1;}
#define AB_ON {A1=1;B1=1;C1=0;D1=0;}
#define BC_ON {A1=0;B1=1;C1=1;D1=0;}
#define CD_ON {A1=0;B1=0;C1=1;D1=1;}
#define DA_ON {A1=1;B1=0;C1=0;D1=1;}
#define ABCD_OFF {A1=0;B1=0;C1=0;D1=0;}

/*以下DelayUs为微秒级延时函数,其输入参数为unsigned char tu(无符号字符型变量tu),tu值是8位,取值范围0～255,
如果单片机的晶振频率为12M,本函数延时时间可用T=(tu×2+5)us近似计算,比如tu=248,T=501 us≈0.5ms */
void DelayUs (unsigned char tu)   //DelayUs为微秒级延时函数,其输入参数为无符号字符型变量tu
{
  while(--tu);                    //while为循环语句,每执行一次while语句,tu值就减1,
                                  //直到tu值为0时才执行while尾大括号之后的语句
}

/*以下DelayMs为毫秒级延时函数,其输入参数为unsigned char tm(无符号字符型变量tm),该函数内部使用了两个
DelayUs (248)函数,它们共延时1002us(约1ms),由于tm值最大为255,故本DelayMs函数最大延时时间为255ms,
若将输入参数定义为unsigned int tm,则最长可获得65535ms的延时时间*/
void DelayMs(unsigned char tm)
{
  while(tm--)
  {
    DelayUs (248);
    DelayUs (248);
  }
}

/*以下为外部0中断函数(中断子程序),用"(返回值)函数名(输入参数) interrupt n using m"
格式定义一个函数名为INT0_L的中断函数,n为中断源编号,n=0～4,m为用作保护
中断断点的寄存器组,可使用4组寄存器(0～3),每组有8个寄存器(R0～R7),m=0～3,
若只有一个中断,可不写"using m",使用多个中断时,不同中断应使用不同m*/
void INT0_Z(void) interrupt 0 using 0  //INT0_Z为中断函数(用interrupt定义),其返回值和输入参数均为空,
                                       //并且为中断源0的中断函数(编号n=0),断点保护使用第1组寄存器(using 0)
{
  DelayMs(10);    //延时10ms,防止INT0端外接按键产生的抖动引起第二次中断
  Flag=!Flag;     //将位变量Flag值取反
}

/*以下为主程序部分*/
void main()
{
  unsigned int i;   //声明一个无符号整数型变量i
  EA=1;             //让IE寄存器的EA位为1,开启总中断
  EX0=1;            //让IE寄存器的EX0位为1,开启INT0中断
  IT0=1;            //让TCON寄存器IT0位为1,设INT0中断请求为下降沿触发有效
  Speed=10;         //给变量Speed赋值10,设置单相或双相通电时间
  while(1)          //主循环,while首尾大括号内的语句会反复执行
  {
    ABCD_OFF        //让A1=0、B1=0、C1=0、D1=0,即让A、B、C、D相均断电
    i=512;          //给变量i赋值512
    while((i--)&&Flag)  //当位变量Flag=0时,i值与Flag值相与结果为0,while首尾大括号内的语句不会执行,
                    //若Flag=1,while首尾大括号内的语句循环执行512次,每执行一次i值减1,i减到0时,
                    //i值与Flag值相与结果也为0,跳出while语句
    {
      A_ON          //让A1=1、B1=0、C1=0、D1=0,即给A相通电,B、C、D相断电
      DelayMs(Speed);  //延时10ms,让A相通电时间持续10ms,该值越大,转速越慢,但力矩越大
      AB_ON         //让A1=1、B1=1、C1=0、D1=0,即给A、B相通电,C、D相断电
      DelayMs(Speed);
      B_ON
      DelayMs(Speed);
      BC_ON
      DelayMs(Speed);
      C_ON
      DelayMs(Speed);
      CD_ON
      DelayMs(Speed);
      D_ON
      DelayMs(Speed);
      DA_ON
      DelayMs(Speed);
    }
    ABCD_OFF        //让A1=0、B1=0、C1=0、D1=0,即让A、B、C、D相均断电
    i=512;          //给变量i赋值512
    while((i--)&&(!Flag))  //当Flag=0时,Flag反值为1,i值(512)与Flag反值相与结果不为0,
                    //while首尾大括号内的语句循环执行512次,直到i值减到0时,才跳出while语句,
                    //若Flag=1时,Flag反值为0,i值与Flag反值相与结果为0,直接跳出while语句
    {
      A_ON          //让A1=1、B1=0、C1=0、D1=0,即给A相通电,B、C、D相断电
      DelayMs(Speed);  //延时10ms,让A相通电时间持续10ms,该值越大,转速越慢,但力矩越大
      DA_ON
```

图 11-14　用按键输入外部中断信号控制步进电动机以单双八拍方式正反转的程序

```
                DelayMs(Speed);
                D_ON
                DelayMs(Speed);
                CD_ON
                DelayMs(Speed);
                C_ON
                DelayMs(Speed);
                BC_ON
                DelayMs(Speed);
                B_ON
                DelayMs(Speed);
                AB_ON
                DelayMs(Speed);
            }
        }
    }
```

图 11-14 用按键输入外部中断信号控制步进电动机以单双八拍方式正反转的程序（续）

1. 现象

步进电动机一直正转，在按下 $\overline{\text{INT0}}$ 端（P3.2 脚）外接的 S3 键后，电动机转为反转并一直持续。再次按下 S3 键后，电动机又转为正转。

2. 程序说明

程序在运行时先进入 main 函数，在 main 函数中声明一个无符号整数型变量 i，再执行"EA=1;"语句开启总中断；执行"EX0=1;"开启 $\overline{\text{INT0}}$ 中断；执行"IT0=1;"将 $\overline{\text{INT0}}$ 中断请求为下降沿触发有效；执行"Speed=10;"将单相或双相通电时间设为 10。

在第 1 个 while 语句（主循环）中，先执行 ABCD_OFF（令 A1=0、B1=0、C1=0、D1=0），让 A、B、C、D 相断电，再给 i 赋值 512，并执行第 2 个 while 语句。在第 2 个 while 语句中，由于位变量 Flag 的初始值为 0，i 值与 Flag 值相与的结果为 0，因此 while 首尾大括号内的语句不会执行，跳出第 2 个 while 语句，执行之后的 ABCD_OFF 和"i=512;"，再执行第 3 个 while 语句。在第 3 个 while 语句中，i 值与 Flag 反值相与的结果为 1，while 首尾大括号内的语句循环执行 512 次，每执行一次 i 值减 1。当 i 值减到 0 时，i 值与 Flag 反值相与的结果为 0，跳出第 3 个 while 语句，返回执行第 2 个 while 语句前面的 ABCD_OFF 和"i=512;"。由于 Flag 值仍为 0，故第 2 个 while 语句仍不会执行。第 3 个 while 语句的内容又一次执行，因此步进电动机一直正转。

如果按下单片机 $\overline{\text{INT0}}$ 端（P3.2 脚）外接的 S3 键，则 $\overline{\text{INT0}}$ 端输入一个下降沿，外部中断 0 被触发，马上执行该中断对应的 INT0_Z 函数。在该函数中延时 10ms（进行按键防抖）后，将 Flag 值取反，Flag 值由 0 变为 1，因此执行主程序中的第 2 个 while 语句，第 3 个 while 语句不会执行，步进电动机变为反转。如果再次按下 S3 键，则 Flag 值由 1 变为 0，电动机又会正转。

在第 2 个 while 语句中，程序是按 A→AB→B→BC→C→CD→D→DA→A 的顺序给步进电动机通电的；而在第 3 个 while 语句中，程序是按 A→DA→D→CD→C→BC→B→AB→A 的顺序给步进电动机通电的。两者的通电顺序相反，故电动机的旋转方向相反。

11.2.5 用按键控制步进电动机启动、加速、减速、停止的程序详解

如图 11-15 所示是用 4 个按键控制步进电动机启动、加速、减速、停止并显示速度等级的程序。

```c
/*用4个按键控制步进电动机启动、加速、减速、停止并显示速度等级的程序*/
#include <reg51.h>       //调用reg51.h文件对单片机各特殊功能寄存器进行地址定义
sbit A1=P1^0;            //用位定义关键字sbit将A1代表P1.0端口
sbit B1=P1^1;
sbit C1=P1^2;
sbit D1=P1^3;

#define WDM P0            //用define(宏定义)命令将WDM代表P0,程序中WDM与P0等同
#define KeyP3 P3
sbit DuanSuo=P2^2;        //用位定义关键字sbit将DuanSuo代表P2.2端口
sbit WeiSuo=P2^3;
unsigned char Speed=1;    //声明一个无符号字符型变量Speed,并将其初值设为1
bit StopFlag=1;           //用关键字bit将StopFlag定义为位变量,并将其置1

unsigned char code DMtable[]={0x3f,0x06,0x5b,0x4f,0x66,0x6d,0x7d,0x07,  //定义一个DMtable表格,依次
             0x7f,0x6f,0x77,0x7c,0x39,0x5e,0x79,0x71};  //存放字符的段码
unsigned char code WMtable[]={0xfe,0xfd,0xfb,0xf7,0xef,0xdf,0xbf,0x7f};  //定义一个WMtable表格,依次存放
                                                        //8位数码管低位到高位的位码
unsigned char TData[8];   //定义一个可存放8个元素的一维数组(表格)TData

#define A_ON  {A1=1;B1=0;C1=0;D1=0;}  //用define(宏定义)命令将A_ON代表"A1=1;B1=0;C1=0;D1=0;",可简化程序编写
#define B_ON  {A1=0;B1=1;C1=0;D1=0;}  //"B_ON"与"A1=0;B1=1;C1=0;D1=0;"等同
#define C_ON  {A1=0;B1=0;C1=1;D1=0;}
#define D_ON  {A1=0;B1=0;C1=0;D1=1;}
#define AB_ON {A1=1;B1=1;C1=0;D1=0;}
#define BC_ON {A1=0;B1=1;C1=1;D1=0;}
#define CD_ON {A1=0;B1=0;C1=1;D1=1;}
#define DA_ON {A1=1;B1=0;C1=0;D1=1;}
#define ABCD_OFF {A1=0;B1=0;C1=0;D1=0;}

/*以下DelayUs为微秒级延时函数,其输入参数为unsigned char tu(无符号字符型变量tu),tu值为8位,取值范围0~255,
如果单片机的晶振频率为12M,本函数延时时间可用T=(tu×2+5)us近似计算,比如tu=248,T=501 us≈0.5ms */
void DelayUs (unsigned char tu)   //DelayUs为微秒级延时函数,其输入参数为无符号字符型变量tu
{
  while(--tu);        //while为循环语句,每执行一次while语句,tu值就减1,
                      //直到tu值为0时才执行while尾大括号之后的语句
}

/*以下DelayMs为毫秒级延时函数,其输入参数为unsigned char tm(无符号字符型变量tm),该函数内部使用了两个
DelayUs(248)函数,它们共延时1002us(约1ms),由于tm值最大为255,故本DelayMs函数最大延时时间为255ms,
若将输入参数定义为unsigned int tm,则最长可获得65535ms的延时时间*/
void DelayMs(unsigned char tm)
{
 while(tm--)
   {
    DelayUs (248);
    DelayUs (248);
   }
}

/*以下为Display显示函数,用于驱动8位数码管动态扫描显示字符,输入参数ShiWei表示显示的开始位,如ShiWei
为0表示从第一个数码管开始显示,WeiShu表示显示的位数,如显示99两位数应让WeiShu为2 */
void Display(unsigned char ShiWei,unsigned char WeiShu)  // Display(显示)函数有两个输入参数,
                                                        //分别为ShiWei(开始位)和WeiShu(位数)
{
  static  unsigned char i;      //声明一个静态(static)无符号字符型变量i(表示显示位,0表示第1位),
                                //静态变量占用的存储单元在程序退出前不会释放给变量使用
  WDM=WMtable[i+ShiWei];  //将WMtable表格中的第i+ShiWei +1个位码送给P0端口输出
  WeiSuo=1;               //让P2.3端口输出高电平,开通位码锁存器,锁存器输入变化时输出会随之变化
  WeiSuo=0;               //让P2.3端口输出低电平,位码锁存器被封锁,锁存器的输出值被锁定不变

  WDM=TData[i];           //将TData表格中的第i+1个段码送给P0端口输出
  DuanSuo=1;              //让P2.2端口输出高电平,开通段码锁存器,锁存器输入变化时输出会随之变化
  DuanSuo=0;              //让P2.2端口输出低电平,段码锁存器被封锁,锁存器的输出值被锁定不变

  i++;            //将i值加1,准备显示下一位数字
  if(i==WeiShu)   //如果i=WeiShu表示显示到最后一位,执行i=0
   {
    i=0;          //将i值清0,以便从数码管的第1位开始再次显示
   }
}

/*以下为定时器及相关中断设置函数*/
void T0Int_S (void)    //函数名为T0Int_S,输入和输出参数均为void(空)
{
  TMOD=0x01;      //让TMOD寄存器的M1M0=01,设T0工作在方式1(16位计数器)
  TH0=0;          //将TH0寄存器清0
  TL0=0;          //将TL0寄存器清0
  EA=1;           //让IE寄存器的EA=1,打开总中断
  ET0=1;          //让IE寄存器的ET0=1,允许T0的中断请求
  TR0=1;          //让TCON寄存器的TR0=1,启动T0在TH0、TL0初值基础上开始计数
}

/*以下T0Int_Z为定时器T0的中断函数,用"(返回值)函数名(输入参数) interrupt n using m"格式定义一个函数名为
T0Int_Z的中断函数,n为中断源编号,n=0~4,m为用作保护中断点的寄存器组,可使用4组寄存器(0~3),每组
有7个寄存器(R0~R7),m=0~3,若只有一个中断,可不写"using m",使用多个中断时,不同中断应使用不同m*/
void T0Int_Z (void) interrupt 1   //T0Int_Z为中断函数(用interrupt定义),并且为T0的中断函数(中断源编号n=1)
```

图 11-15 用按键控制步进电动机启动、加速、减速、停止的程序

```c
    {
     static unsigned char times,i;    //声明两个静态(static)无符号字符型变量times和i,两者初值均为0,
                                      //退出T0Int_Z函数后,这两个变量的值仍保持(不会自动清0)
     TH0=(65536-2000)/256;            //将定时初值的高8位放入TH0,"/"为除法运算符号
     TL0=(65536-2000)%256;            //将定时初值的低8位放入TL0,"%"为相除取余数符号
     Display(0,8);                    //执行Display显示函数,从第1位(0)开始显示,共显示8位(8),T0Int_Z函数
                                      //每隔2ms执行一次,Display函数也每隔2ms执行一次,执行一次显示1位
     if(StopFlag==0)                  //如果StopFlag=0成立(按下启动键时),执行本if首尾大括号内的语句,
      {
       if(times==(20-Speed))          //如果times=(20-Speed),执行if首尾大括号内的语句,否则执行if尾大括号之后的
                                      //times++,若Speed=1,则需要执行20次times++才能让times=(20-Speed),各相通电
                                      //切换需要很长的时间,电机转速最慢,反之若Speed=18,电机转速最快
        {
         times=0;      //将times值置0
         switch(i)     //switch为多分支选择语句,后面小括号内i为表达式
          {
           case 0:A_ON;i++;break;     //如果i值与常量0相等,让A1=1;B1=0;C1=0;D1=0,即给A相通电,并将i值加1,
                                      //然后跳出switch语句,否则往下执行
           case 1:B_ON;i++;break;     //如果i值与常量1相等,让A1=0;B1=1;C1=0;D1=0,即给B相通电,并将i值加1,
                                      //然后跳出switch语句,否则往下执行
           case 2:C_ON;i++;break;
           case 3:D_ON;i++;break;
           case 4:i=0;break;          //如果i值与常量4相等,将i值加1,然后跳出switch语句,否则往下执行
           default:break;             //如果i值与所有case后面的常量均不相等,执行default之后的语句,然后跳出switch语句
          }
        }
       times++;    //将times值加1
      }
    }
/*以下KeyS函数用作8个按键的键盘检测*/
unsigned char KeyS(void)              //KeyS函数的输入参数类型为空(void),输出参数类型为无符号字符型
 {
  unsigned char keyZ;                 //声明一个无符号字符型变量keyZ(表示按键值)
  if(KeyP3!=0xff)                     //如果P3≠FFH成立,表示有键按下,执行本if大括号内的语句
   {
    DelayMs(10);                      //执行DelayMs函数,延时10s去抖
    if(KeyP3!=0xff)                   //又一次检测P3端口是否有按键按下,有则P3≠FFH成立,执行本if大括号内的语句
     {
      keyZ=KeyP3;                     //将P3端口值赋给变量keyZ
      while(KeyP3!=0xff);             //再次检测P3端口的按键是否处于按下,处于按下(表达式成立)反复执行本条语句,
                                      //一旦按键释放松开,马上往下执行
      switch(keyZ)                    //switch为多分支选择语句,后面小括号内keyZ为表达式
       {
        case 0xfe:return 1;break;     //如果keyZ值与常量0xfe相等("1"键按下),将1送给KeyS函数的输出参数,
                                      //然后跳出switch语句,否则往下执行
        case 0xfd:return 2;break;     //如果keyZ值与常量0xfd相等("2"键按下),将2送给KeyS函数的输出参数,
                                      //然后跳出switch语句,否则往下执行
        case 0xfb:return 3;break;
        case 0xf7:return 4;break;
        case 0xef:return 5;break;
        case 0xdf:return 6;break;
        case 0xbf:return 7;break;
        case 0x7f:return 8;break;
        default:return 0;break;       //如果keyZ值与所有case后面的常量均不相等,执行default之后的语句组,
                                      //将0送给KeyS函数的输出参数,然后跳出switch语句
       }
     }
   }
  return 0;         // 将0送给KeyS函数的输出参数
 }
/*以下为主程序部分*/
void main()
 {
  unsigned char num;   //声明一个无符号字符型变量num
  T0Int_S();           //执行T0Int_S函数,对定时器T0及相关中断进行设置,启动T0计时
  ABCD_OFF;            //让A1=0、B1=0、C1=0、D1=0,即让A、B、C、D相均断电
  while(1)             //主循环,while首尾大括号内的语句会反复执行
   {
    num=KeyS();        //执行KeyS函数,并将其输出参数(返回值)赋给num
    if(num==1)         //如果num=1成立(按下加速键S1),执行本if首尾大括号内的语句,让电机加速
     {
      if(Speed<18)     //如果Speed值小于18,执行Speed++,将Speed值加1,否则往后执行
      Speed++;
     }
    else if(num==2)    //如果num=2成立(按下减速键S2),执行本else if首尾大括号内的语句,让电机减速
     {
      if(Speed>1)      //如果Speed值大于1,执行Speed--,将Speed值减1,否则往后执行
      Speed--;
     }
    else if(num==3)    //如果num=3成立(按下停止键S3),执行本else if首尾大括号内的语句,让电机停转
     {
      ABCD_OFF;        //让A1=0、B1=0、C1=0、D1=0,即让A、B、C、D相均断电
      StopFlag=1;      //将位变量StopFlag置1
     }
    else if(num==4)    //如果num=4成立(按下启动键S4),执行本else if首尾大括号内的语句,启动电机运转
     {
      StopFlag=0;      //将位变量StopFlag置0
     }
    TData[0]=DMtable[Speed/10];   //以Speed=15为例,Speed/10意为Speed除10取整,Speed/10=1,即将DMtable表格的
                                  //第2个段码(1的段码)传送到TData数组的第1个位置
    TData[1]=DMtable[Speed%10];   //Speed%10意为Speed除10取余数,Speed%10=5,即将DMtable表格的
                                  //第6个段码(5的段码)传送到TData数组的第2个位置
   }
 }
```

图 11-15 用按键控制步进电动机启动、加速、减速、停止的程序（续）

1. 现象

步进电动机在开始时处于停止状态，8 位 LED 数码管显示两位速度等级值"01"。在按下启动键（S4）后，电动机开始运转；每按一下加速键（S1），数码管显示的速度等级值增 1（速度等级范围为 01～18），电动机转速提升一个等级；每按一下减速键（S2），数码管显示的速度等级值减 1，电动机转速降低一个等级；按下停止键（S3）后，电动机停转。

2. 程序说明

程序在运行时先进入 main 函数，在 main 函数中声明一个变量 num 后，接着执行 T0Int_S 函数，并对定时器 T0 及相关中断进行设置。启动 T0 计时，执行 ABCD_OFF（令 A1=0、B1=0、C1=0、D1=0），让 A、B、C、D 相断电，并进入第 1 个 while 语句（主循环）。

在第 1 个 while 语句（主循环）中，执行 KeyS 函数，并将其输出参数（返回值）赋给 num。如果未按下任何键，则 KeyS 函数的输出参数为 0。在"num=KeyS();"之后的 4 个选择语句（if…else if）均不会执行，而去执行选择语句之后的语句，即将 Speed 值（Speed 初始值为 1）分解成 0、1，并将这两个数字的段码分别传送到 TData 数组的第 1、2 个位置。在主程序中执行 T0Int_S 函数并启动 T0 定时器计时后，每计时 2ms，T0 便会中断一次，即 T0Int_Z 中断函数每隔 2ms 执行一次。T0Int_Z 函数中的 Display 函数也随之每隔 2ms 执行一次：每次执行都从 TData 数组读取（按顺序读取）一个段码，并驱动 8 位数码管将该段码对应的数字在相应位显示出来。由于位变量 StopFlag 的初值为 1，故 T0Int_Z 函数中的两个 if 语句均不会执行。

如果按下启动键（S4），那么主程序在执行到"num=KeyS()"时，会执行 KeyS 函数并检测到该键正按下，将返回值 4 赋给变量 num。由于 num=4，故会执行主程序中最后一个 else if，将位变量 StopFlag 置 0。于是，T0Int_Z 函数在执行（每隔 2ms 执行一次）时，其内部的第 1 个 if 语句会执行。又因为变量 Speed 的初值为 1，而静态变量 times 的初值为 0，times=(20-Speed)不成立，所以第 2 个 if 语句不会执行，而去执行"times++;"，即将 times 值加 1。在执行 19 次 T0Int_Z 函数（约 38ms）后，times 值为 19，times=(20-Speed)成立，因此开始执行第 2 个 if 语句：先将 times 清 0，再执行 switch 语句。由于静态变量 i 的初值为 0，故 switch 语句的第 1 个 case 执行，即给电动机的 A 相通电并将 i 值加 1。在 i 值变为 1 后跳出 switch 语句，并执行之后的"times++;"语句，times 值由 0 变为 1，退出 T0Int_Z 函数。在 2ms 后再次执行 T0Int_Z 函数时，times=(20-Speed)又不成立。在执行 19 次"times++;"语句后，times=(20-Speed)成立，故而执行第 2 个 if 语句。此时的静态变量 i 值为 1，故而执行 switch 语句的第 2 个 case，即给电动机的 B 相通电并将 i 值加 1，i 值变为 2。如此反复执行，A、B、C、D 每相通电时间约为 38ms。因通电周期长，需要较长时间才能转动一个很小的角度，故在 Speed=1 时，步进电动机的转速很慢。

如果按下加速键（S1），则 num=1，主程序中的第 1 个 if 语句会执行，将 Speed 值加 1 后 Speed 值变为 2。在这样执行 18 次 T0Int_Z 函数（约 36ms）后，times=(20-Speed)成立，即 A、B、C、D 每相通电时间约为 36ms。因通电周期稍微变短，故而步进电动机转速略变快。不断按下加速键（S1），Speed 值不断增大。当 Speed=18 时，A、B、C、D 每相通电时间约为 4ms。这时的通电周期最短，步进电动机的转速最快。

如果按下减速键（S2），则 num＝2，会执行主程序中的第 1 个 else if 语句，即将 Speed 值减 1。随着 Speed 值不断变小，A、B、C、D 每相通电时间增加，通电周期变长，步进电动机的转速变慢。

如果按下停止键（S3），则 num＝3，会执行主程序中的第 2 个 else if 语句：先执行 ABCD_OFF 将 A、B、C、D 相断电，再执行"StopFlag=1;"语句将 StopFlag 置 1。T0Int_Z 函数中的两个 if 语句均不会执行，即不会给各相通电，步进电动机将停转。

第 12 章 串行通信的使用及编程

12.1 串行通信的基础知识

在单片机技术中，单片机与单片机之间或单片机与其他设备之间的数据传输称为通信。

12.1.1 并行通信和串行通信

根据数据传输方式的不同，可将通信分为并行通信和串行通信两种。

- 同时传输多位数据的方式称为并行通信，如图 12-1（a）所示。在并行通信方式下，单片机中的 8 位数据 10011101 通过 8 条数据线同时传送到外部设备中。并行通信的特点是数据传输速度快，但由于需要的传输线多，故成本高，只适合近距离的数据通信。
- 逐位传输数据的方式称为串行通信，如图 12-1（b）所示。在串行通信方式下，单片机中的 8 位数据 10011101 通过一条数据线逐位传送到外部设备中。串行通信的特点是数据传输速度慢，但由于只需要一条传输线，故成本低，适合远距离的数据通信。

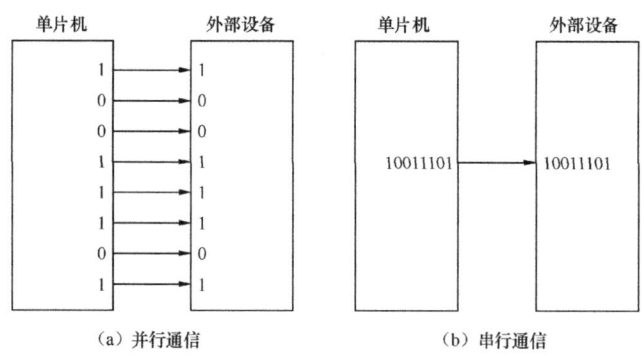

图 12-1 通信方式

12.1.2 串行通信的两种方式

串行通信又可分为异步通信和同步通信两种。 51 系列单片机采用异步通信方式。

1. 异步通信

在异步通信中，数据是一帧一帧传送的。异步通信如图 12-2 所示，这种通信以帧为单位进行数据传输：在一帧数据传送完成后，可以接着传送下一帧数据，也可以等待，等待期间为空闲位（高电平）。

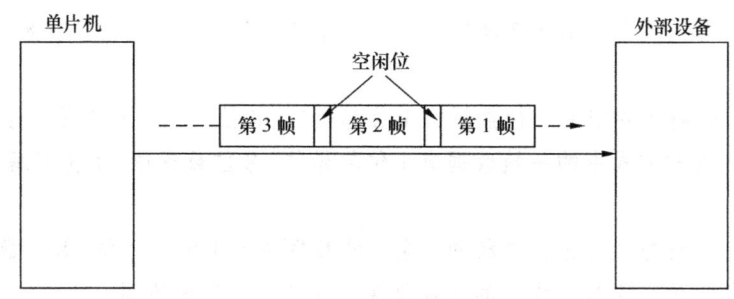

图 12-2 异步通信

异步通信的帧数据格式如图 12-3 所示。从图中可以看出，**一帧数据由起始位、数据位、奇偶校验位和停止位组成。**

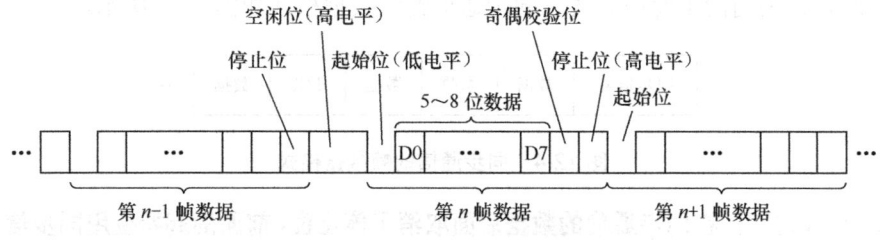

图 12-3 异步通信的帧数据格式

❶ 起始位。表示一帧数据的开始，起始位一定为低电平。在单片机要发送数据前，发送一个低电平（起始位）到外部设备，待外部设备接收到起始信号后，马上开始发送数据。

❷ 数据位。表示要传送的数据，紧跟在起始位后面。数据位可以是 5~8 位的数据，传送数据时是从低位到高位逐位进行的。

❸ 奇偶校验位。该位用于检验传送的数据有无错误。奇偶校验是检查数据传送过程中是否发生错误的一种校验方式，分为奇校验和偶校验：奇校验是指数据位和校验位中"1"的总个数为奇数；偶校验是指数据位和校验位中"1"的总个数为偶数。以奇校验为例，若单片机传送的数据位中有偶数个"1"，为保证数据位和校验位中"1"的总个数为奇数，则奇偶校验位应为"1"。如果在传送过程中有数据产生错误，其中一个"1"变为"0"，那么在传送到外部设备的数据位和校验位中"1"的总个数为偶数，外部设备就会知道传送过来的数据发生错误，将要求重新传送数据。数据传送采用奇校验或偶校验均可，但要求发送端和接收端的校验方式一致。在帧数据中，也可以不用奇偶校验位。

❹ 停止位。表示一帧数据的结束，可以是 1 位、1.5 位或 2 位，但一定为高电平。在一帧数据传送结束后，可以接着传送第二帧数据，也可以等待，等待期间数据线为高电平（空闲位）。如果要传送下一帧，只要让数据线由高电平变为低电平（下一帧从起始位开始），接收器就可开始接收下一帧数据。

51 系列单片机在串行通信时，根据设置的不同，其传送的帧数据有以下 4 种方式。

❶ 方式 0。这种方式也称为同步移位寄存器输入/输出方式。它是单片机通信中较特殊

的一种方式，通常用于并行 I/O 接口的扩展。这种方式中的一帧数据只有 8 位（无起始位、停止位）。

❷ 方式 1。这种方式中的一帧数据有 1 位起始位、8 位数据位和 1 位停止位，共 10 位。

❸ 方式 2。这种方式中的一帧数据有 1 位起始位、8 位数据位、1 位可编程位和 1 位停止位，共 11 位。

❹ 方式 3。这种方式与方式 2 相同，在一帧数据中有 1 位起始位、8 位数据位、1 位可编程位和 1 位停止位，它与方式 2 的区别仅在于波特率的设置不同。

2. 同步通信

在异步通信中，每一帧数据发送前要用起始位，结束时要用停止位，这样会占用一定的时间，导致数据传输速度较慢。为了提高数据传输速度，在计算机与一些高速设备进行数据通信时，常采用同步通信方式。同步通信的帧数据格式如图 12-4 所示。

图 12-4　同步通信的帧数据格式

从图中可以看出，**在同步通信的数据后面取消了停止位，前面的起始位用同步信号代替。在同步信号后面可以跟很多数据，所以同步通信的传输速度快。** 但由于在通信时要求发送端和接收端严格保持同步（这需要用复杂的电路来保证），所以单片机很少采用这种通信方式。

12.1.3　串行通信的数据传送方向

根据数据的传送方向，串行通信可分为三种方式：单工方式、半双工方式和全双工方式。 这三种传送方式如图 12-5 所示。

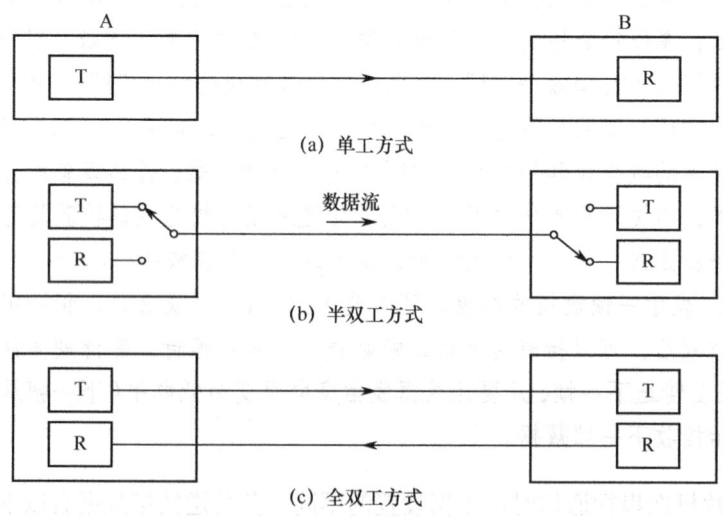

图 12-5　数据传送方式

❶ 单工方式。在这种方式下，数据只能向一个方向传送，即数据只能由发送端传输给接收端。

❷ 半双工方式。通信的双方都有发送器和接收器，一方发送时，另一方接收。由于只有一条数据线，所以双方不能在发送的同时进行接收。

❸ 全双工方式。在这种方式下，数据可以双向传送，通信的双方都有发送器和接收器，由于有两条数据线，所以双方在发送数据的同时也可以接收数据。

12.2 串行通信口的结构与原理

单片机通过串行通信口可以与其他设备进行数据通信，即将数据传送给外部设备或接收外部设备传送的数据，从而实现更强大的功能。

12.2.1 串行通信口的结构

串行通信口的结构如图 12-6 所示。

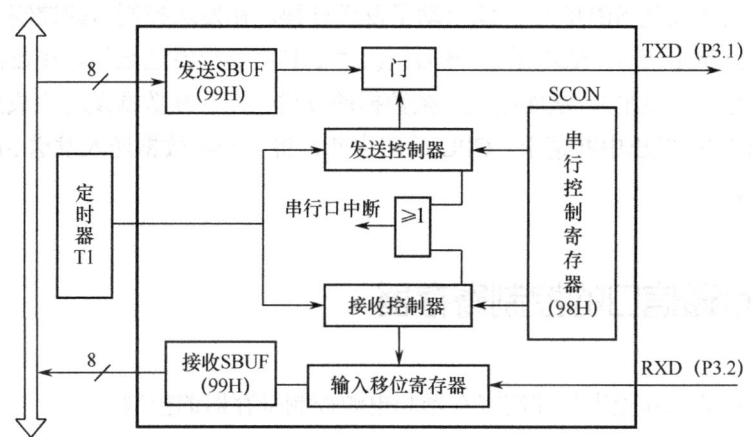

图 12-6 串行通信口的结构

对与串行通信口有关的主要部件说明如下。

❶ 两个数据缓冲器 SBUF。SBUF 是可以直接寻址的特殊功能寄存器（SFR），它包括发送 SBUF 和接收 SBUF：发送 SBUF 用来发送串行数据；接收 SBUF 用来接收数据。两者共用一个地址（99H）：在发送数据时，该地址指向发送 SBUF；在接收数据时，该地址指向接收 SBUF。

❷ 输入移位寄存器。在接收控制器的控制下，将输入的数据逐位移入接收 SBUF。

❸ 串行控制寄存器（简称 SCON 寄存器）。它的功能是控制串行通信口的工作方式，并反映串行通信口的工作状态。

❹ 定时器 T1。T1 用作波特率发生器，用来产生接收和发送数据所需的移位脉冲。移

位脉冲的频率越高,接收和传送数据的速率越快。

12.2.2 串行通信口的工作原理

串行通信口有接收数据和发送数据两个工作过程。

1. 接收数据过程

在接收数据时,若 RXD 端(与 P3.2 引脚共用)接收到一帧数据的起始信号(低电平),则 SCON 寄存器马上向接收控制器发出允许接收信号。接收控制器在定时器 T1 产生的移位脉冲信号控制下,控制输入移位寄存器,将 RXD 端输入的数据由低到高逐位移入输入移位寄存器中。在数据全部移入输入移位寄存器后,输入移位寄存器再将全部数据送入接收 SBUF 中,同时接收控制器通过或门向 CPU 发出中断请求。CPU 马上响应中断,将接收 SBUF 中的数据全部取走,从而完成一帧数据的接收。后面各帧的数据接收过程与上述相同。

2. 发送数据过程

相对于接收过程来说,串行通信口发送数据的过程较简单。当 CPU 要发送数据时,只要将数据直接写入发送 SBUF 中,就启动了发送过程。在发送控制器的控制下,发送门打开,先发送一位起始信号(低电平),然后依次由低到高逐位发送数据。在数据发送完毕后发送一位停止位(高电平),从而结束一帧数据的发送。在一帧数据发送完成后,发送控制器通过或门向 CPU 发出中断请求。CPU 响应中断,将下一帧数据送入发送 SBUF,开始发送下一帧数据。

12.3 串行通信口的控制寄存器

串行通信口的工作受串行控制寄存器和电源控制寄存器的控制。

12.3.1 串行控制寄存器

串行控制寄存器简称 SCON 寄存器,用来控制串行通信的工作方式及反映串行通信口的一些工作状态。 SCON 寄存器是一个 8 位寄存器。它的地址为 98H,其中每位都可以位寻址。SCON 寄存器的位地址和字节地址如下:

位地址→	9FH	9EH	9DH	9CH	9BH	9AH	99H	98H
字节地址→ 98H	SM0	SM1	SM2	REN	TB8	RB8	TI	RI

❶ SM0、SM1 位:串行通信口工作方式设置位。通过设置这两位的值,可以让串行通信口工作在 4 种不同的方式下,具体如表 12-1 所示。这几种工作方式将在后面进行详细介绍。

表 12-1 串行通信口工作方式设置位及其功能

SM0	SM1	工作方式	功　　　能	波　特　率
0	0	方式 0	8 位同步移位寄存器方式（用于扩展 I/O 口数量）	$f_{osc}/12$
0	1	方式 1	10 位异步收发方式	可变
1	0	方式 2	11 位异步收发方式	$f_{osc}/64$，$f_{osc}/32$
1	1	方式 3	11 位异步收发方式	可变

❷ SM2 位：用来设置主–从式多机通信。当一个单片机（主机）要与其他几个单片机（从机）通信时，就要对 SM2 位进行设置：当 SM2=1 时，允许多机通信；当 SM2=0 时，不允许多机通信。

❸ REN 位：允许/禁止数据接收的控制位。当 REN=1 时，允许串行通信口接收数据；当 REN=0 时，禁止串行通信口接收数据。

❹ TB8 位：在方式 2 和方式 3 中用作发送数据的第 9 位。该位可以用软件规定其作用，如可用作奇偶校验位，或在多机通信时，用作地址帧或数据帧的标志位。在方式 0 和方式 1 中，该位不可用。

❺ RB8 位：在方式 2 和方式 3 中用作接收数据的第 9 位。该位可以用软件规定其作用，如可用作奇偶校验位，或在多机通信时，用作地址帧或数据帧的标志位。在方式 1 中，若 SM2＝0，则 RB8 是接收到的停止位。

❻ TI 位：发送中断标志位。当串行通信口工作在方式 0 时，在发送完 8 位数据后，该位自动置"1"（即硬件置"1"），向 CPU 发出中断请求，在 CPU 响应中断后，必须用软件清 0；在其他几种工作方式中，该位在停止位发送前自动置"1"，向 CPU 发出中断请求，在 CPU 响应中断后，也必须用软件清 0。

❼ RI 位：接收中断标志位。当工作在方式 0 时，在接收完 8 位数据后，该位自动置"1"，向 CPU 发出接收中断请求，在 CPU 响应中断后，必须用软件清 0；在其他几种工作方式中，该位在接收到停止位期间自动置"1"，向 CPU 发出中断请求，在 CPU 响应中断并取走数据后，必须用软件对该位清 0，以准备开始接收下一帧数据。

在上电复位时，SCON 各位均为"0"。

12.3.2 电源控制寄存器

电源控制寄存器简称 PCON 寄存器，是一个 8 位寄存器。它的字节地址为 87H，不可位寻址，并且只有最高位 SMOD 与串行通信口的控制有关。PCON 寄存器的字节地址如下：

	D7	D6	D5	D4	D3	D2	D1	D0
字节地址→87H	SMOD	—	—	—	GF1	GF0	PD	IDL

SMOD 位，即波特率设置位。在串行通信口工作在方式 1～3 时起作用。若 SMOD=0，则波特率不变；若 SMOD=1，则波特率加倍。在上电复位时，SMOD＝0。

12.4 4种工作方式与波特率

串行通信口有 4 种工作方式，工作在何种方式受 SCON 寄存器的控制。在串行通信时，若要改变数据传送速率（波特率），可对波特率进行设置。

12.4.1 方式 0

当 SCON 寄存器中的 SM0=0、SM1=0 时，串行通信口工作在方式 0 下。

方式 0 称为同步移位寄存器输入/输出方式，常用于扩展 I/O 端口。在单片机发送或接收串行数据时，通过 RXD 端发送数据或接收数据，而通过 TXD 端输出数据传输所需的移位脉冲。

在方式 0 中，串行通信口又分为两种工作情况：发送数据和接收数据。

1. 方式 0——发送数据

当串行通信口工作在方式 0 时，若要发送数据，通常在外部接 8 位串并转换移位寄存器 74LS164，具体连接电路如图 12-7 所示。其中，RXD 端用来输出串行数据；TXD 端用来输出移位脉冲；P1.0 端用来对 74LS164 清 0。

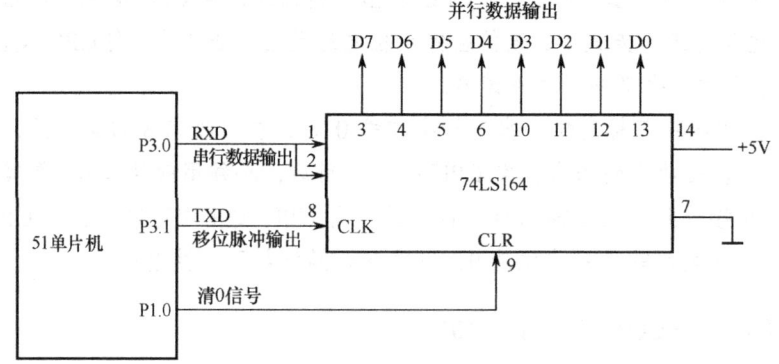

图 12-7 连接电路

在单片机发送数据前，先从 P1.0 引脚发出一个清 0 信号（低电平）到 74LS164 的 CLR 引脚，对其进行清 0，即让 D7~D0 全部为 "0"。然后单片机在内部执行写 SBUF 指令，开始从 RXD 端（P3.0 引脚）发送 8 位数据。与此同时，单片机的 TXD 端输出移位脉冲到 74LS164 的 CLK 引脚。在移位脉冲的控制下，74LS164 接收单片机 RXD 端发送的 8 位数据（先低位后高位）中。在数据发送完毕后，从 74LS164 的 D7~D0 端输出 8 位数据。另外，在数据发送结束后，SCON 寄存器的发送中断标志位 TI 自动置 "1"。

2. 方式 0——接收数据

当串行通信口工作在方式 0 时，若要接收数据，一般在外部接 8 位并串转换移位寄存器 74LS165，具体连接电路如图 12-8 所示。在这种方式下，RXD 端用来接收输入的串行数据；TXD 端用来输出移位脉冲；P1.0 端用来锁存 74LS165 的数据。

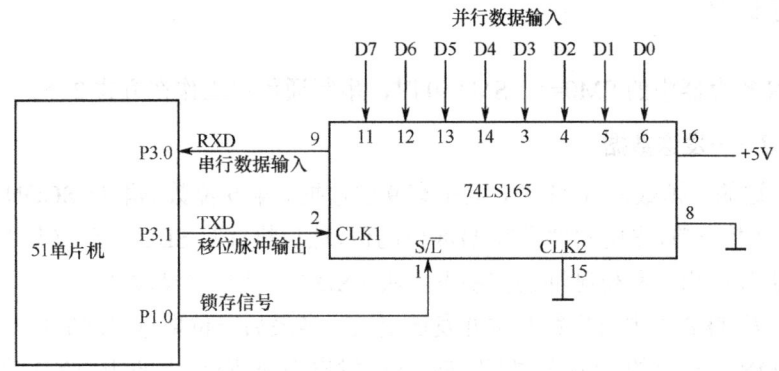

图 12-8 连接电路

在单片机接收数据前，先从 P1.0 引脚发出一个低电平信号到 74LS165 的 S/$\overline{L}$ 引脚，让 74LS165 锁存由 D7～D0 端输入的 8 位数据。然后单片机内部执行读 SBUF 指令。与此同时，单片机的 TXD 端发送移位脉冲到 74LS165 的 CLK1 引脚。在移位脉冲的控制下，74LS165 中的数据逐位从 RXD 端送入单片机。在单片机接收数据完毕后，SCON 寄存器的接收中断标志位 RI 自动置"1"。

在方式 0 中，串行通信口发送和接收数据的波特率都是 $f_{osc}/12$。

12.4.2 方式 1

当 SCON 寄存器中的 SM0=0、SM1=1 时，串行通信口工作在方式 1 下。

1. 方式 1——发送数据

在发送数据时，若执行写 SBUF 指令，则发送控制器在移位脉冲（由定时器 T1 产生的信号再经 16 或 32 分频得到）的控制下，先从 TXD 端发送一个起始位（低电平），然后逐位发送 8 位数据。当最后一位数据发送完成后，发送控制器马上将 SCON 的 TI 位置"1"，向 CPU 发出中断请求，同时从 TXD 端输出停止位（高电平）。

2. 方式 1——接收数据

在方式 1 下，只有设置 SCON 寄存器中的 REN=1，才允许串行通信口接收数据。由于不知道外部设备何时会发送数据，所以串行通信口会不断检测 RXD 端。当检测到 RXD 端有负跳变（由"1"变为"0"）时，说明外部设备发来了数据的起始位。于是启动 RXD 端接收，即将输入的 8 位数据逐位移入内部的输入移位寄存器。在 8 位数据全部进入输入移位寄存器后，如果满足 RI 位为"0"、SM2 位为"0"（若 SM2 不为"0"，但接收到的停止位为"1"也可以）的条件，则输入移位寄存器中的 8 位数据可以放入接收 SBUF，停止位的"1"可以送入 SCON 寄存器的 RB8 位中，RI 位置"1"，并向 CPU 发出中断请求，让 CPU 取走接收 SBUF 中的数据；如果条件不满足，那么输入移位寄存器中的数据因无法送入接收 SBUF 而被丢弃，重新等待接收新的数据。

12.4.3 方式 2

当 SCON 寄存器中的 SM0=1、SM1=0 时，串行通信口工作在方式 2 下。

1. 方式 2——发送数据

此时，发送的一帧数据有 11 位，其中有 9 位数据。第 9 位数据取自 SCON 寄存器中的 TB8 位。在发送数据前，先用软件设置 TB8 位的值，然后执行写 SBUF 指令（如 MOV SBUF, A）。发送控制器在内部移位脉冲的控制下，从 TXD 端发送一个起始位（低电平），逐位发送 8 位数据，从 TB8 位中取出第 9 位并发送出去。当最后一位数据发送完成后，发送控制器马上将 SCON 寄存器的 TI 位置"1"，向 CPU 发出中断请求，同时从 TXD 端输出停止位（高电平）。

2. 方式 2——接收数据

此时，同样需要设置 SCON 寄存器的 REN=1，只有这样才允许串行通信口接收数据，并不断检测 RXD 端是否有负跳变（由"1"变为"0"）。若有，则说明外部设备发来了数据的起始位，于是启动 RXD 端接收数据。当 8 位数据全部进入输入移位寄存器后，如果 RI 位为"0"、SM2 位为"0"（若 SM2 不为"0"，但接收到的第 9 位数据为"1"也可以），那么输入移位寄存器中的 8 位数据可以送入接收 SBUF，第 9 位会放进 SCON 寄存器的 RB8 位，同时 RI 位置"1"，向 CPU 发出中断请求，让 CPU 取走接收 SBUF 中的数据，否则输入移位寄存器中的数据因无法送入接收 SBUF 而被丢弃。

12.4.4 方式 3

当 SCON 中的 SM0=1、SM1=1 时，串行通信口工作在方式 3 下。

方式 3 与方式 2 一样，传送的一帧数据都为 11 位，工作原理也相同，两者的区别仅在于波特率不同。

12.4.5 波特率

在串行通信中，为了保证数据的发送和接收成功，要求发送方发送数据的速率与接收方接收数据的速率相同。通过为双方设置相同的波特率就可以达到这个要求。在串行通信的 4 种方式中，方式 0 的波特率是固定的，而方式 1～方式 3 的波特率则是可变的。波特率是数据传送的速率，它用每秒传送的二进制数的位数表示，单位是 bit/s。

1. 方式 0 的波特率

方式 0 的波特率固定为时钟频率的 1/12，即

$$方式 0 的波特率 = \frac{1}{12} \cdot f_{\text{osc}} \tag{12-1}$$

2. 方式 2 的波特率

方式 2 的波特率由 PCON 寄存器中的 SMOD 位决定。当 SMOD=0 时，方式 2 的波特率为时钟频率的 1/64；当 SMOD = 1 时，方式 2 的波特率加倍，为时钟频率的 1/32，即

$$\text{方式 2 的波特率} = \frac{2^{\text{SMOD}}}{64} \cdot f_{\text{osc}} \tag{12-2}$$

3. 方式 1 和方式 3 的波特率

方式 1 和方式 3 的波特率除与 SMOD 位有关外，还与定时器 T1 的溢出率有关。方式 1 和方式 3 的波特率可用下式计算：

$$\text{方式 1 和方式 3 的波特率} = \frac{2^{\text{SMOD}}}{32} \cdot \text{T1 的溢出率} \tag{12-3}$$

T1 的溢出率是定时器 T1 在单位时间内计数产生的溢出次数，即溢出脉冲的频率。在将定时器 T0 设为工作方式 3 时，T1 可以工作在方式 0、方式 1 或方式 2 三种方式下：当 T1 工作于方式 0 时，它对脉冲信号（由时钟信号 f_{osc} 经 12 分频得到）进行计数，当计到 2^{13} 时会产生一个溢出脉冲到串行通信口作为移位脉冲；当 T1 工作于方式 1 和 2 时，则分别要计到 2^{16} 和 2^8-X（X 为 T1 的初值，可以设定）时才产生溢出脉冲。

如果要提高串行通信口的波特率，可让 T1 工作在方式 2 下，因为该方式的计数时间短，溢出脉冲频率高，并且能通过设置 T1 的初值调节计数时间，从而改变 T1 产生的溢出脉冲的频率（又称 T1 的溢出率）。

当 T1 工作在方式 2 时，T1 两次溢出的时间间隔，即 T1 的溢出周期为

$$\text{T1 的溢出周期} = \frac{12}{f_{\text{osc}}} \cdot (2^8-X) \tag{12-4}$$

T1 的溢出率为溢出周期的倒数，即

$$\text{T1 的溢出率} = \frac{f_{\text{osc}}}{12 \cdot (2^8 - X)} \tag{12-5}$$

故当 T1 工作在方式 2 时，串行通信口在方式 1 和方式 3 的波特率为

$$\text{方式 1 和方式 3 的波特率} = \frac{2^{\text{SMOD}}}{32} \cdot \frac{f_{\text{osc}}}{12 \cdot (2^8 - X)} \tag{12-6}$$

由上式可推导出 T1 工作在方式 2 时，其初值 X 为

$$X = 2^8 - \frac{2^{\text{SMOD}} \cdot f_{\text{osc}}}{384 \cdot \text{波特率}} \tag{12-7}$$

举例：单片机的时钟频率 f_{osc}=11.0592MHz，波特率为 2400bit/s，可将串行通信口的工作方式设为 1、T1 的工作方式设为 2，请求出 T1 应设的初值。

求 T1 初值的过程：为了让波特率不倍增，应将 PCON 寄存器中的数据设为 00H，这样 SMOD 位就为"0"；设置 TMOD 寄存器中的数据为 20H，这样 T1 就工作在方式 2 下。再来计算并设置 T1 的初值：

$$X = 2^8 - \frac{2^{\text{SMOD}} \cdot f_{\text{osc}}}{384 \cdot 波特率} = 256 - \frac{2^0 \times 11.0592 \times 10^6}{384 \times 2400} = 244 \qquad (12\text{-}8)$$

将十进制数 244 转换成十六进制数 F4H，即 T1 的初值为 F4H。

由于需要计算波特率和初值，且比较麻烦，一般情况下可通过查表进行设置。常见的波特率设置如表 12-2 所示。

表 12-2　常见的波特率设置

波 特 率	时钟频率/MHz	SMOD	定时器 T1		
			C/$\overline{\text{T}}$	方　式	初　值
工作方式 0：1Mbit/s	12	×	×	×	×
工作方式 2：375kbit/s	12	1	×	×	×
工作方式 1、3：62.5kbit/s	12	1	0	2	FFH
工作方式 1、3：19.2kbit/s	11.0592	1	0	2	FDH
工作方式 1、3：9.6kbit/s	11.0592	0	0	2	FDH
工作方式 1、3：4.8kbit/s	11.0592	0	0	2	FAH
工作方式 1、3：2.4kbit/s	11.0592	0	0	2	F4H
工作方式 1、3：1.2kbit/s	11.0592	0	0	2	E8H
工作方式 1、3：137.5bit/s	11.986	0	0	2	1DH
工作方式 1、3：110bit/s	6	0	0	2	72H
工作方式 1、3：110bit/s	12	0	0	1	FEEBH

12.5　串行通信的应用编程

12.5.1　利用方式 0 实现产品计数显示的电路及编程

1. 电路

如图 12-9 所示是利用串行通信口的方式 0 实现产品计数显示的电路。按键 S1 模拟产品计数输入，每按一次 S1 键，产品数量就会增 1。单片机以串行数据的形式从 RXD 端（P3.0 口）输出产品数量的字符码（8 位），从 TXD 端（P3.1 口）输出移位脉冲。8 位字符码在逐位进入 74LS164 后，将从 Q0～Q7 端并行输出到一位数码管的 a～g、dp 引脚。在数码管中也将显示出产品数量（0～9）。

2. 程序及说明

如图 12-10 所示是利用串行通信口的方式 0 进行串并转换以实现产品计数显示的程序。

（1）现象

每按一次 S1 键，数码管显示的数字就增 1。当数字达到 9 时再按一次 S1 键，数字由 9 变为 0，如此反复。

（2）程序说明

程序在运行时进入主程序的 main 函数。在 main 函数中，声明一个变量 i 并执行

"SCON=0x00;",即往 SCON 寄存器写入 00000000,SCON 的 SM0、SM1 位均为 0,让串行通信口工作在方式 0 下。进入 while 主循环(主循环内的语句会反复执行)。在 while 主循环的第 1 个 if 语句中先检测按键 S1 的状态,一旦发现 S1 键按下(S1=0),马上执行"DelayMs(10);"(延时防抖)。在延时后执行第 2 个 if 语句,即再次检测 S1 键的状态:如果 S1≠0,说明按键未按下,则执行"SendByte(table[i]);",即将 table 表格中的第 i+1 个字符码从 RXD 端(即 P3.0 口)发送出去;如果 S1=0,说明按键完全按下,则执行"while(S1==0);"语句等待 S1 键松开,在 S1 键松开后执行"i++;",即将 i 值增 1,如果 i 值不等于 8,则执行"SendByte(table[i])",如果 i 值等于 8,则执行"i=0;",即将 i 值清 0。执行"SendByte(table[i]);",程序又返回到第 1 个 if 语句检测 S1 键的状态。

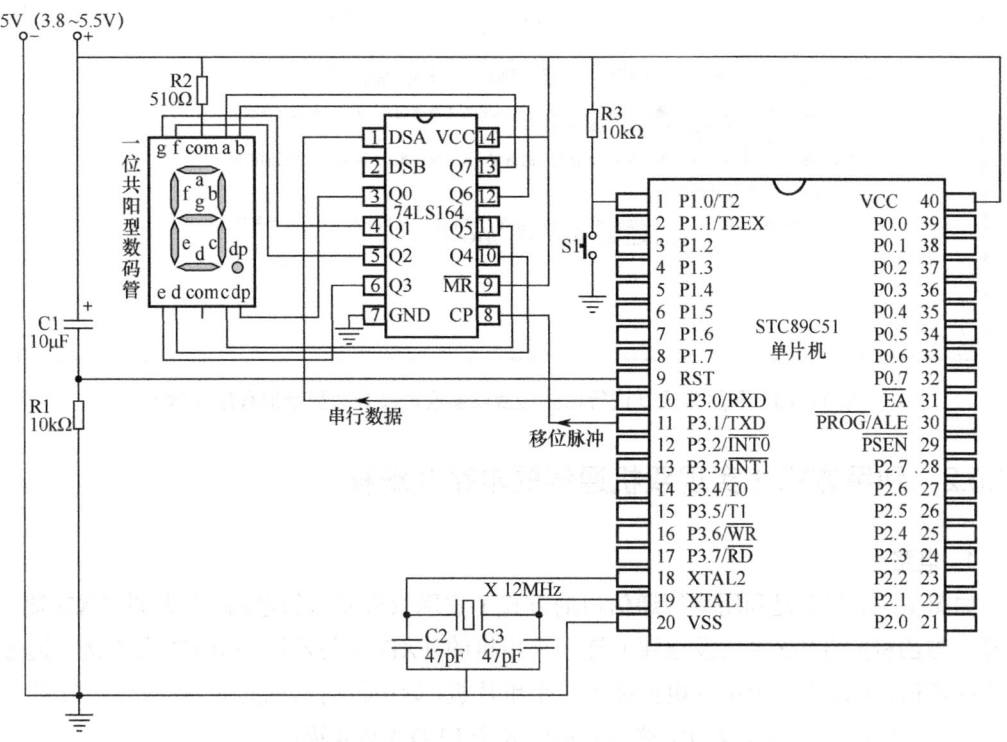

图 12-9 利用方式 0 实现产品计数显示的电路

图 12-10 利用方式 0 进行串并转换以实现产品计数显示的程序

```
      while(tm--)
      {
       DelayUs (248);
       DelayUs (248);
      }
    }

/*以下 SendByte 为发送单字节函数,其输入参数为 unsigned char dat(无符号字符型变量 dat),其功能是
将 dat 数据从 RXD 端(即 P3.0 口)发送出去*/
void SendByte(unsigned char dat)
{
 SBUF = dat;       //将变量 dat 的数据赋给串行通信口的 SBUF 寄存器,该寄存器马上将数据由低到高位
                   //从 RXD 端 (即 P3.0 口)送出
 while(TI==0);     //检测 SCON 寄存器的 TI 位,若为 0 表示数据未发送完成,反复执行本条语句检测 TI 位,
                   //一旦 TI 位为 1,表示 SBUF 中的数据已发送完成,马上执行下条语句
 TI=0;             //将 TI 位清 0
}

/*以下为主程序部分*/
void main (void)
{
 unsigned char i;  //声明一个无符号字符型变量 i
 SCON=0x00;        //往 SCON 寄存器写入 00000000,SCON 的 SM0、SM1 位均为 0,串行通信口工作在方式 0
 while (1)         //主循环,本 while 语句首尾大括号内的语句反复执行
 {
   if(S1==0)       // if(如果)S1=0,表示 S1 键按下,则执行本 if 大括号内的语句,
                   //否则(即 S1≠0)执行本 if 尾大括号之后的语句
   {
     DelayMs(10);  //执行 DelayMs 延时函数进行按键防抖,输入参数为 10 时可延时约 10ms
     if(S1==0)     //再次检测 S1 键是否按下,按下则执行本 if 尾大括号内的语句
     {
       while(S1==0);  //若 S1 键处于按下(S1=0),反复执行本条语句,一旦 S1 键松开释放,
                      //S1≠0,马上执行下条语句
       i++;           //将 i 值增 1
       if(i==8)       //如果 i=8,执行本 if 大括号内的语句,否则执行本 if 尾大括号之后的语句
       {
         i=0;         //将 i 值置 0
       }
       SendByte(table[i]);  //执行 SendByte 函数,将 table 表格中的第 i+1 个字符码
                            //从 RXD 端 (即 P3.0 口)发送出去
     }
   }
 }
}
```

图 12-10 利用方式 0 进行串并转换以实现产品计数显示的程序(续)

12.5.2 利用方式 1 实现双机通信的电路及编程

1. 电路

如图 12-11 所示是利用串行通信口的方式 1 实现双机通信的电路。甲机的 RXD 端(接收端)与乙机的 TXD 端(发送端)连接,甲机的 TXD 端与乙机的 RXD 端连接。通过双机串行通信,可以由一个单片机控制另一个单片机,如甲机向乙机的 P1 端口传送数据 0x99(即 10011001),可以使乙机 P1 端口外接的 8 个 LED 4 亮 4 灭。

2. 程序及说明

在进行双机通信时,需要为双机分别编写程序:图 12-12(a)是为甲机编写的发送数据程序,要写入甲机单片机内;图 12-12(b)是为乙机编写的接收数据程序,要写入乙机单片机内。甲机程序的功能是将数据 0x99(即 10011001)从本机的 TXD 端发送出去;乙机程序的功能是从本机的 RXD 端接收数据(0x99,即 10011001),并将数据传送给 P1 端口,P1=0x99=10011001B。在 P1 端口外接的 8 个 LED 中,VD8、VD5、VD4、VD1 灭,VD7、VD6、VD3、VD2 亮。

甲机程序在运行时首先进入主程序的 main 函数,在 main 函数中执行 InitUART 函数,对串行通信口进行初始化设置。然后执行 while 主循环,在 while 主循环中,先执行 SendByte 函数,即将数据 0x99(即 10011001)从 TXD 端发送出去,再执行两次"DelayMs(250);"

延时 0.5s，也就是说每隔 0.5s 执行一次 SendByte 函数，从 TXD 端发送一次数据 0x99。

乙机程序在运行时首先进入主程序的 main 函数，在 main 函数中执行 InitUART 函数，对串行通信口进行初始化设置。然后执行 while 主循环，在 while 主循环中，先执行 ReceiveByte 函数，即从本机的 RXD 端接收数据，再赋给 ReceiveByte 函数的输出参数，将 ReceiveByte 函数的输出参数值（0x99，即 10011001）传给 LEDP1，即传送给 P1 端口。

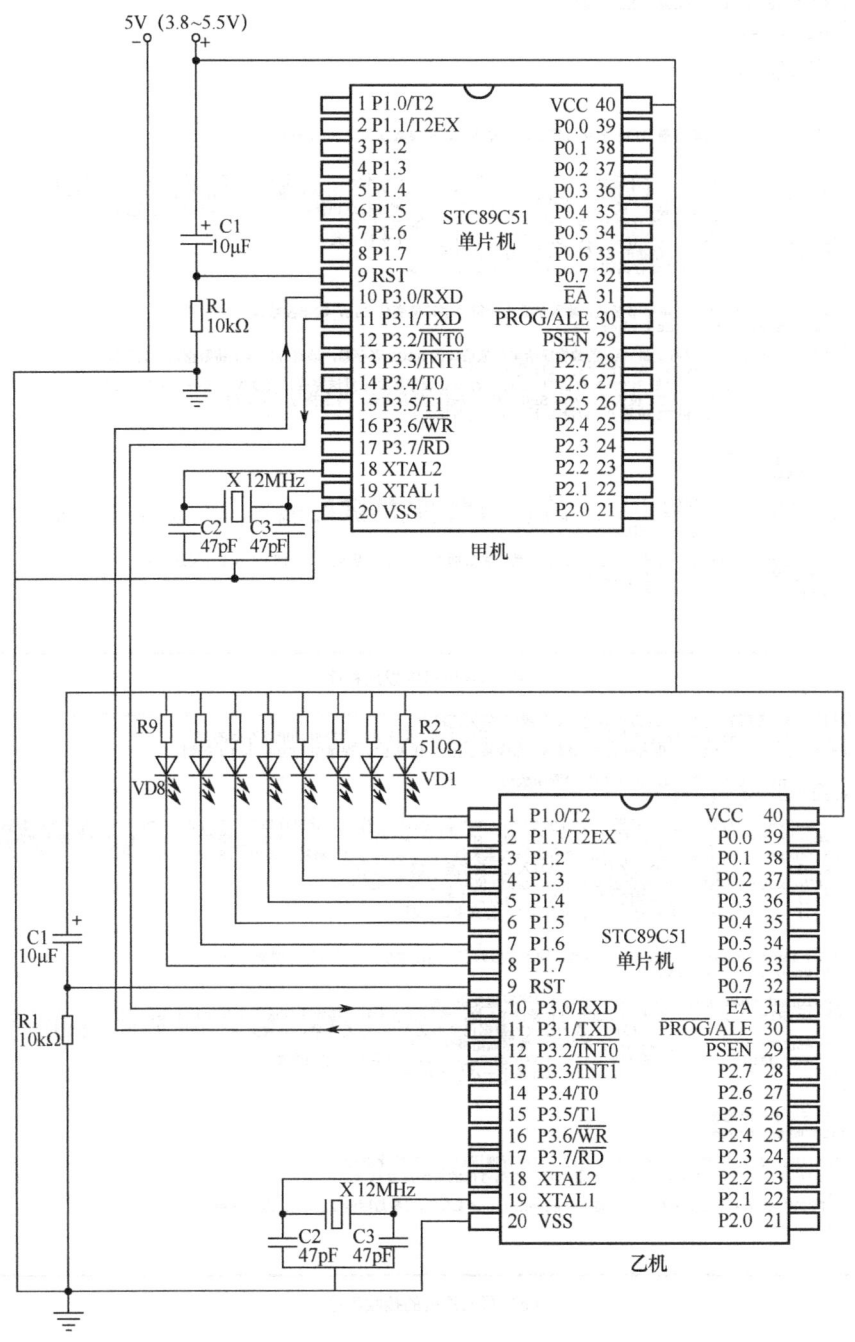

图 12-11 利用方式 1 实现双机通信的电路

```c
/*利用串行通信的方式1实现双机通信的发送程序 写入甲机*/
#include<reg51.h>  //包含头文件,一般情况不需要改动,头文件包含特殊功能寄存器的定义
/*以下DelayUs为微秒级延时函数,其输入参数为unsigned char tu(无符号字符型变量tu),
tu值为8位,取值范围0~255,如果单片机的晶振频率为12M,本函数延时时间可用
T=(tu*2+5)us 近似计算,比如tu=248,T=501 us≈0.5ms */
void DelayUs (unsigned char tu)  //DelayUs为微秒级延时函数,其输入参数为无符号字符型变量tu
{
  while(--tu);    //while为循环语句,每执行一次while语句,tu值就减1,
                  //直到tu值为0时才执行while尾大括号之后的语句
}
/*以下DelayMs为毫秒级延时函数,其输入参数为unsigned char tm(无符号字符型变量tm),该函数内部
使用了两个DelayUs(248)函数,它们共延时1002us(约1ms),由于tm值最大为255,故本DelayMs函数
最大延时时间为255ms,若将输入参数定义为unsigned int tm,则最长可获得65535ms的延时时间*/
void DelayMs(unsigned char tm)
{
  while(tm--)
  {
   DelayUs (248);
   DelayUs (248);
  }
}
/*以下InitUART为串行通讯口初始化设置函数,输入、输出参数均为空(void)*/
void InitUART (void)
{
  SCON=0x50;   //往SCON寄存器写入01010000,SM0位=0、SM1位=1,让串行口工作在方式1,REN=1,允许接收数据
  TMOD=0x20;   //往TMOD寄存器写入00100000,M1位=1、M0位=0,让定时器T1工作在方式2(8位自动重装计数器)
  TH1=0xfa;    //往定时器T1的TH1寄存器写入重装值FAH,将串行通讯波特率设为4.8kbit/s(晶振为11.0592MHz)
  TR1=1;       //往TCON寄存器的TR1位写入1,启动定时器T1工作
  PCON=0x00;   //往PCON寄存器写入00H,SMOD位=0,波特率保持不变
  EA=1;        //往IE寄存器的EA位写入1,打开总中断
  ES=1;        //往TCON寄存器的ES位写入1,打开串口中断
}
/*以下SendByte为发送单字节函数,输入参数为无符号字符型变量dat,输出参数为空 */
void SendByte(unsigned char dat)
{
  SBUF = dat;     //将变量dat的数据赋给串行通信口的SBUF寄存器,该寄存器马上将数据由低到高位
                  //从TXD端(即P3.1口)发送出去
  while(TI==0);   //检测SCON寄存器的TI位,若为0表示数据未发送完成,反复执行本条语句检测TI位,
                  //一旦TI位为1,表示SBUF中的数据已发送完成,马上执行下条语句
  TI=0;           //将TI位清0,以准备下一次发送数据
}

/*以下为主程序部分*/
void main (void)
{
  InitUART();     //执行InitUART函数,对串行通讯口进行初始化设置
  while (1)       //主循环,本while语句首尾大括号内的语句反复执行,每隔0.5s执行一次SendByte函数
                  //以发送一次数据
  {
   SendByte(0x99);   //执行SendByte函数,将数据10011001从TXD端(即P3.1口)发送出去
   DelayMs(250);     //延时250ms
   DelayMs(250);     //延时250ms
  }
}
```

(a) 写入甲机的发送程序

```c
/*利用串行通信的方式1实现双机通信的接收程序 写入乙机*/
#include<reg51.h>  //包含头文件,一般情况不需要改动,头文件包含特殊功能寄存器的定义
#define LEDP1 P1   //用define(宏定义)命令将LEDP1代表P1,程序中LEDP1与P1等同

/*以下InitUART为串行通讯口初始化设置函数*/
void InitUART (void)
{
  SCON=0x50;   //往SCON寄存器写入01010000,SM0位=0、SM1位=1,让串行口工作在方式1,REN=1,允许接收数据
  TMOD=0x20;   //往TMOD寄存器写入00100000,M1位=1、M0位=0,让定时器T1工作在方式2(8位自动重装计数器),
  TH1=0xfa;    //往定时器T1的TH1寄存器写入重装值FAH,将串行通讯波特率设为4.8kbit /s(晶振为11.0592MHz)
  TR1=1;       //往TCON寄存器的TR1位写入1,启动定时器T1工作
  PCON=0x00;   //往PCON寄存器写入00H,SMOD位=0,波特率保持不变
  EA=1;        //往IE寄存器的EA位写入1,打开总中断
  ES=1;        //往TCON寄存器的ES位写入1,打开串口中断
}
/*以下ReceiveByte为接收单字节函数,输入参数为空,输出参数为无符号字符型变量*/
unsigned char ReceiveByte ()
{
 unsigned char dat;    //声明一个无符号字符型变量dat
 while(RI==0);         //检测SCON寄存器的RI位,若为0表示数据接收未完成,反复执行本条语句检测RI位,一旦
                       //RI位为1,表示接收的数据已全部送入SBUF寄存器,即数据接收完成,马上执行下条语句
 dat=SBUF;             //将SBUF寄存器的数据赋给变量dat
 return dat;           //将变量dat数据返回给ReceiveByte函数的输出参数
 RI=0;                 //将RI位清0,以准备下一次接收数据
}
/*以下为主程序部分*/
void main (void)
{
 InitUART();    //执行InitUART函数,对串行通讯口进行初始化设置
 while(1)       //主循环,本while语句首尾大括号内的语句反复执行,
 {
   LEDP1=ReceiveByte();   //将ReceiveByte函数的输出参数赋给LEDP1,即传送给P1端口
 }
}
```

(b) 写入乙机的接收程序

图 12-12 利用方式1实现双机通信的程序

第 13 章　I²C 总线通信的使用及编程

13.1　I²C 总线的基础知识

13.1.1　I²C 总线的通信协议

I²C（Inter-Integrated Circuit）总线是 PHILIPS 公司开发的两线式串行通信总线，是微电子通信控制领域广泛采用的一种总线标准。

I²C 总线可以将单片机与其他具有 I²C 总线通信接口的外围设备连接起来，如图 13-1 所示。每个 I²C 器件都有一个唯一的识别地址（I²C 总线支持 7 位和 10 位地址），而且都可以作为一个发送器或接收器使用（由器件的功能决定，如 LCD 驱动器只能作为接收器，而存储器既可以作为接收器接收数据，也可以作为发送器发送数据）。I²C 器件在数据传输时既可用作主机，也可用作从机：主机是初始化总线数据传输并产生允许传输时钟信号的器件；此时任何被寻址的器件都被认为是从机。

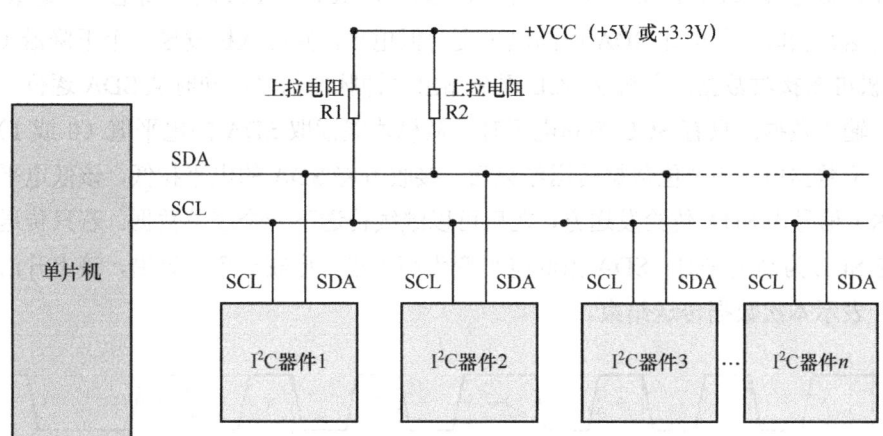

图 13-1　单片机通过 I²C 总线连接多个 I²C 器件

I²C 总线在传输时有标准（100Kbps）、快速（400Kbps）和高速（3.4Mbps）三种数据传输速度模式，支持高速模式的可以向下支持低速模式。I²C 总线连接的 I²C 器件数量仅受总线最大电容 400pF 的限制，总线连接的器件越多，连线越长，分布电容越大。

在图 13-1 中，如果单片机需要往 I²C 器件 3 中写入数据，会先从 SDA 发送 I²C 器件 3 的地址，则挂在总线上的众多器件只有 I²C 器件 3 与总线接通，然后单片机将数据从 SDA 送出，该数据只会被 I²C 器件 3 接收。这里的单片机是主机兼发送器，I²C 器件 3 及其他器件均为从机，且 I²C 器件 3 为接收器。

通信协议是通信各方必须遵守的规则，否则通信无法进行。在编写通信程序时需要了解相应的通信协议。I²C 总线通信协议的主要内容如下。

❶ 总线空闲：SCL 和 SDA 均为高电平。

❷ 开始信号：在 SCL 为高电平时，SDA 出现下降沿，该下降沿即为开始信号。

❸ 数据传送：在开始信号出现后，此时 SCL 为高电平，从 SDA 读取的电平为数据；SDA 的电平不允许变化，只有 SCL 为低电平时才可以改变 SDA 的电平。SDA 在传送数据时，从高到低逐位进行，1 个 SCL 脉冲高电平对应 1 位数据。

❹ 停止信号：当 SCL 为高电平时，SDA 出现上升沿，该上升沿为停止信号。停止信号过后，总线空闲（SCL、SDA 均为高电平）。

13.1.2　I²C 总线的数据传送格式

I²C 总线可以一次传送单字节数据，也可以一次传送多字节数据。 不管是传送单字节还是多字节数据，都要在满足格式要求的前提下进行。

1. 单字节数据传送格式

传送单字节数据的格式为"开始信号→传送的数据（从高位到低位）→应答（ACK）信号→停止信号"， 如图 13-2 所示。在传送数据前，SCL、SDA 均为高电平（总线空闲）。在需要传送数据时，主机让 SDA 由高电平变为低电平，并给从机发送一个下降沿（开始信号），从机准备接收数据。主机从 SCL 逐个输出时钟脉冲信号，同时从 SDA 逐位（从高位到低位）输出数据。只有 SCL 为高电平时，从机才能读取 SDA 的电平值（0 或 1），并将其作为一位数据值。在 8 位数据传送结束后，接收方将 SDA 的电平拉低，该低电平作为应答（ACK）信号由 SDA 传给发送方，之后可以继续传送下一个字节数据。若只传送单字节数据，在 SCL 为高电平时，SDA 由低电平变为高电平，形成一个上升沿，该上升沿即为停止信号，表示本次数据传送结束。

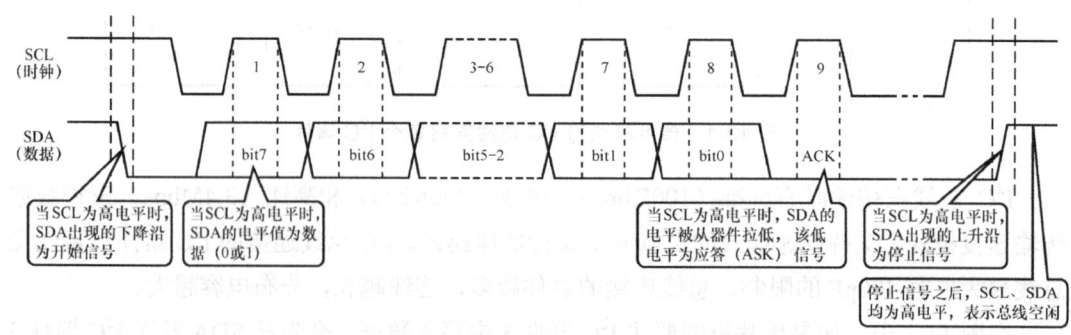

图 13-2　I²C 总线的单字节数据传送格式

2. 多字节数据传送格式

为了提高工作效率，I²C 总线往往需要一次传送多个字节。如图 13-3 所示是典型的 I²C

总线多字节数据传送格式。该格式为"开始信号→第 1 个字节数据（7 位从机地址+1 位读/写设定值）→应答信号→第 2 个字节数据（8 位从机内部单元地址）→应答信号→第 3 个字节数据（8 位数据）→应答信号（或停止应答信号）→停止信号"。

图 13-3 传送了 3 个字节数据：第 1 个字节数据为从机的地址和数据读写设定值，由于 I^2C 总线挂接很多从机，传送从机地址表示与指定的从机进行通信，读写设定值用于确定数据传输方向（是往从机写入数据还是由从机读出数据）；第 2 个字节数据为从机内部单元待读写的单元地址（若传送的数据很多，则为起始单元的地址，数据从起始单元依次读写）；第 3 个字节为 8 位数据，写入第 1、2 个字节指定的从机单元中。在传送多字节数据时，每传送完一个字节数据，接收方就需要往发送方传送一个 ACK 信号（接收方将 SDA 电平拉低）。若在一个字节传送结束后接收方未向发送方返回 ACK 信号，发送方就会认为返回的是 NACK（停止应答）信号，则停止继续传送数据。

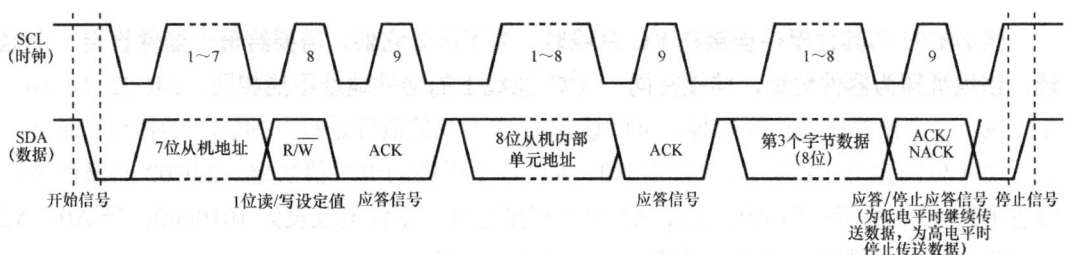

图 13-3 典型的 I^2C 总线多字节数据传送格式

13.2 I^2C 总线存储器 24C02

24Cxx 系列芯片采用了 I^2C 总线标准的常用 E^2PROM（电可擦写只读存储器），其中 24C02 最为常用。24C02 的存储容量为 256×8bit（24C01、24C04、24C08、24C16 的存储容量分别为 128×8bit、512×8bit、1024×8bit、2048×8bit）。24C02 芯片的每个字节可重复擦写 100 万次，数据保存期大于 100 年。

13.2.1 外形与引脚功能

24C02 的外形与引脚功能如图 13-4 所示。对各引脚功能的详细说明如表 13-1 所示。

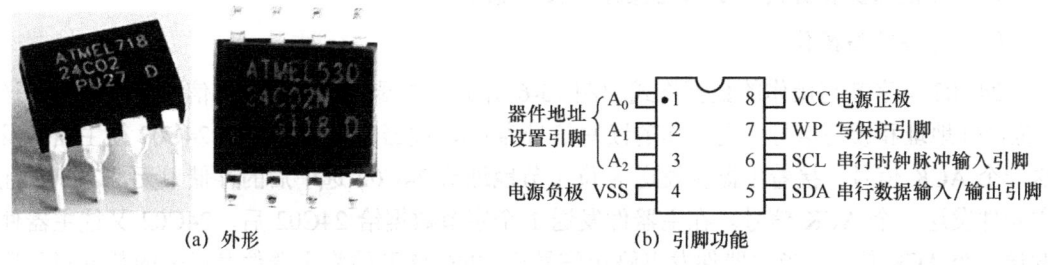

图 13-4 24C02 的外形与引脚功能

表 13-1 24C02 引脚功能的详细说明

引脚名称	功能说明
A0、A1、A2	器件地址设置引脚。I²C 总线最多可同时连接 8 个 24C02 芯片。在外部将 A0、A1、A2 引脚接高、低电平,可给 8 个芯片设置不同的器件地址（000～111）。当这些引脚悬空时,其默认值为 0
SCL	串行时钟脉冲输入引脚
SDA	串行数据输入/输出引脚
WP	写保护引脚。当 WP 接 VCC 时,只能从芯片读取数据,不能往芯片写入数据；当 WP 接 VSS 或悬空时,允许对芯片进行读/写操作
VCC	电源正极
VSS	电源负极

13.2.2 器件地址

当 24C02 和其他器件挂接在 I²C 总线时,为了区分它们,需要给每个器件设定一个地址。该地址即为器件地址,挂接在同一 I²C 总线上的器件地址不能相同。 24C02 有 A0、A1、A2 三个器件地址设置引脚,可以设置 8 个不同的器件地址。24C02 的器件地址为 7 位,高 4 位固定为 1010,低 3 位由 A0、A1、A2 引脚的电平值决定。24C02 的器件地址设置如图 13-5 所示：当 A0、A1、A2 引脚都接地时,器件地址设为 1010000；当 A0、A2 引脚接地,A1 引脚接电源时,器件地址设为 1010010。

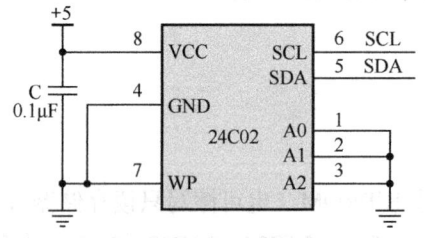
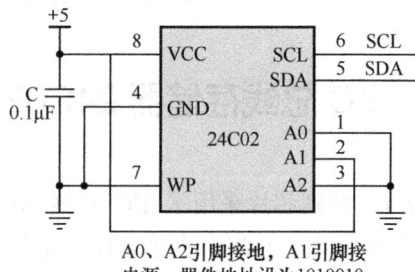

图 13-5 24C02 器件地址的设置

13.2.3 读/写操作

1. 写操作

24C02 的写操作分为单字节写操作和页写操作。

（1）单字节写操作

24C02 单字节写操作的数据格式如图 13-6 所示。主器件在发送开始信号后,会再发送 7 位器件地址和读写信号（写操作的读写信号为 0）,被器件地址选中的 24C02 往主器件发送一个 ACK 信号。接着主器件发送 8 位字节地址给 24C02 选中后的存储单元,24C02 往主器件发送一个 ACK 信号。在主器件发送 1 个字节数据给 24C02 后,24C02 又往主器件发送一个 ACK 信号。当主器件发出停止信号后,24C02 开始将主器件发送来的数据写入选中的存储单元。

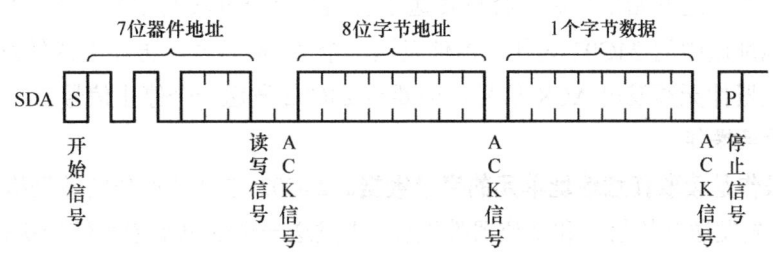

图 13-6 24C02 单字节写操作的数据格式

（2）页写操作

页写操作即多字节写操作。 24C02 可根据需要一次写入 2～16 个字节数据。24C02 页写操作的数据格式（在一次写入 16 个字节数据时）如图 13-7 所示。

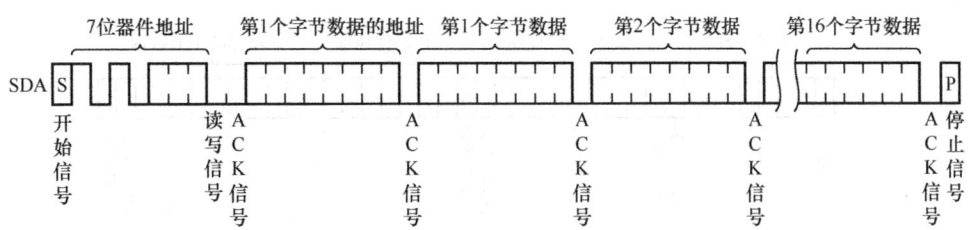

图 13-7 24C02 页写操作的数据格式

主器件在发送开始信号后，会再发送 7 位器件地址和读写信号。被器件地址选中的 24C02 往主器件发送一个 ACK 信号。接着主器件发送第 1 个字节数据的地址给 24C02，24C02 往主器件发送一个 ACK 信号。主器件给 24C02 发送第 1 个字节数据，24C02 往主器件发送一个 ACK 信号；主器件给 24C02 发送第 2 个字节数据，24C02 往主器件发送一个 ACK 信号……当主器件将第 16 个字节数据都发送给 24C02 时，24C02 往主器件发送一个 ACK 信号。待主器件发出停止信号后，24C02 开始将主器件发送来的 16 个字节数据依次写入以第 1 个字节数据地址为起始地址的连续 16 个存储单元中。如果在第 16 个字节数据之后还继续发送第 17 个字节数据，则第 17 个字节数据将覆盖第 1 个字节数据，后续发送的字节数据将依次覆盖先前的字节数据。

2. 读操作

24C02 的读操作分为立即地址读操作、选择读操作和连续读操作。

（1）立即地址读操作

立即地址读操作是在不发送字节地址的情况下直接读取上次操作地址 N 之后的地址 $N+1$ 中的数据。24C02 的 N 值为 0～255（00H～FFH）。如果上次操作地址 $N=255$，则立即地址读操作会跳转读取地址 0 的数据。

24C02 立即地址读操作的数据格式如图 13-8

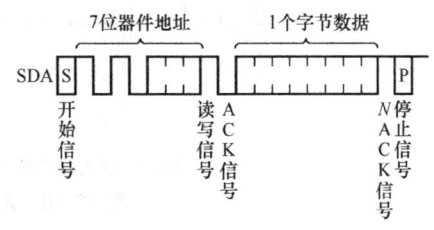

图 13-8 24C02 立即地址读操作的数据格式

所示。主器件在发送开始信号后,会再发送 7 位器件地址和读写信号(读操作时读写位为 1)。被器件地址选中的 24C02 先往主器件发送一个 ACK 信号,再往主器件发送 1 个字节数据。此时主器件无须发出 ACK 信号,但要给 24C02 发送一个停止信号。

(2)选择读操作

选择读操作是读取任意地址单元的字节数据。 24C02 选择读操作的数据格式如图 13-9 所示。主器件先发送开始信号和 7 位器件地址,再发送一个低电平读写信号执行写操作(以便将后续的 n 单元字节地址发送给 24C02)。被器件地址选中的 24C02 往主器件发送一个 ACK 信号,接着主器件发送 n 单元字节地址。主器件在收到 ACK 信号后,又发送开始信号和 7 位器件地址,并发送一个高电平读写信号执行读操作。24C02 回复一个 ACK 信号,并将 n 单元的字节数据发送给主器件。主器件无须发出 ACK 信号,但要给 24C02 发送一个停止信号。

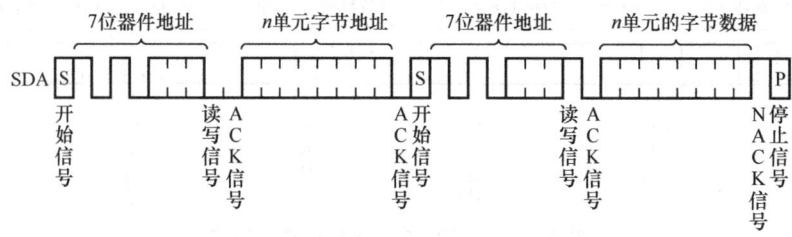

图 13-9 24C02 选择读操作的数据格式

(3)连续读操作

连续读操作是从指定单元开始一次连续读取多个字节数据。 在进行立即地址读操作或选择读操作时,如果 24C02 每发送完一个字节数据,主器件都回复一个 ACK 信号,那么 24C02 就会连续不断地将后续单元的数据发送给主器件,直到主器件不回复 ACK 信号才停止数据的发送。在主器件发出停止信号后结束本次连续读操作。

连续读操作由立即地址读操作或选择读操作启动。图 13-10(a)是由立即地址读操作启动的连续读操作的数据格式。24C02 内部有 256 字节,如果 24C02 将第 256 个字节(地址为 FFH)数据传送给主器件,主器件逐一回复 ACK 信号,那么 24C02 就会从头开始将字节数据传送给主器件。图 13-10(b)为由选择读操作启动的连续读操作的数据格式。

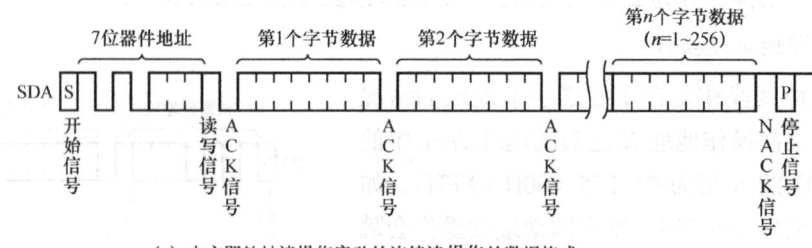

(a)由立即地址读操作启动的连续读操作的数据格式

图 13-10 24C02 连续读操作的数据格式

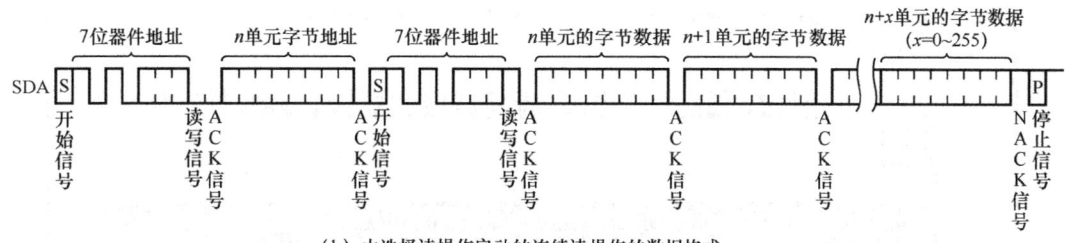

(b) 由选择读操作启动的连续读操作的数据格式

图 13-10　24C02 连续读操作的数据格式（续）

13.3　单片机与 24C02 的 I²C 总线通信电路及编程

13.3.1　模拟 I²C 总线通信的程序详解

在单片机内部有串行通信（UART）模块，没有 I²C 总线通信模块。若要让单片机与其他 I²C 总线器件通信，可以给单片机编写模拟 I²C 总线通信的程序，即以软件方式模拟实现硬件功能。I²C 总线通信遵守 I²C 总线协议，因此在编写模拟 I²C 总线通信程序时要了解 I²C 总线通信协议。

如图 13-11 所示是模拟 I²C 总线通信的程序，由 10 个函数组成。该程序不含 main 函数，不能独立执行，但这些函数可以被 main 函数调用，从而进行 I²C 总线通信。该程序通过 P2.1 端口（当作 SDA）传送数据，通过 P2.0 端口（当作 SCL）传送时钟信号，也可以根据需要使用单片机的其他端口作为 SDA 和 SCL。

```
#include <reg51.h>       //调用 reg51.h 文件对单片机各特殊功能寄存器进行地址定义
#include <intrins.h>     //调用 intrins.h 文件对本程序用到的"_nop_()"函数进行声明
#define Nop() _nop_()    //用 define(宏定义)命令将 Nop()代表_nop_()，程序中 Nop()与_nop_()等同
sbit SDA=P2^1;           //用位定义关键字 sbit 将 SDA(数据)代表 P2.1 端口(也可以使用其他端口)
sbit SCL=P2^0;           //用位定义关键字 sbit 将 SCL(时钟)代表 P2.0 端口(也可以使用其他端口)
bit ack;                 //用关键字 bit 将 ack 定义为位变量
/*以下 Start_I2C 为开始信号发送函数，用于发送开始信号。该函数执行时，先让 SCL、SDA 都为高电平，然后在保持
SCL 为高电平时让 SDA 变为低电平，SDA 由高电平变为低电平形成一个下降沿即为开始信号，接着 SCL 变为低电平，
SDA 可以变化电平准备传送数据*/
void Start_I2C()         //Start_I2C 函数无输入输出参数
{
  SDA=1;                 //让 SDA 为高电平，一种电平变为另一种电平需要一定的时间
  Nop();                 //延时 1μs(单片机晶振为 12MHz 时，频率低延时长)，让 SDA 能顺利变为高电平
  SCL=1;                 //让 SCL 为高电平
  Nop();                 //执行 5 次 Nop 函数延时 5μs，让 SDA、SCL 高电平持续时间大于 4μs
  Nop();
  Nop();
  Nop();
  Nop();
  SDA=0;                 //让 SDA 变为低电平，在 SCL 为高电平时，SDA 由高电平变为低电平形成一个下降沿，该下降沿即为开始信号
  Nop();                 //执行 5 次 Nop 函数延时 5μs，让 SDA 的开始信号形成及低电平维持时间大于 4μs
  Nop();
  Nop();
  Nop();
  Nop();
  SCL=0;                 //让 SCL 为低电平，SCL 为低电平时 SDA 可以变化电平发送数据
  Nop();                 //执行 2 次 Nop 函数延时 2μs，让 SCL 高电平变为低电平能顺利完成
  Nop();
}
/*以下 Stop_I2C 为停止信号发送函数，用于发送停止信号。该函数执行时，先让 SDA 为低电平，然后让 SCL 为高电平，
再让 SDA 变为高电平，在 SCL 为高电平时 SDA 由低电平变为高电平形成一个上升沿即为停止信号*/
void Stop_I2C()          //Start_I2C 函数无输入输出参数
{
  SDA=0;                 //让 SDA 为低电平
  Nop();                 //延时 1μs
  SCL=1;                 //让 SCL 为高电平
```

图 13-11　模拟 I²C 总线通信的程序

```c
     Nop();          //执行5次Nop函数延时5μs,让SCL变为高电平及高电平维持时间大于4μs
     Nop();
     Nop();
     Nop();
     SDA=1;          //让SDA变为高电平,在SCL为高电平时,SDA由低电平变为高电平形成一个上升沿,该上升沿即停止信号
     Nop();          //执行4次Nop函数延时2μs,让SDA的停止信号顺利形成及让高电平持续一定的时间
     Nop();
     Nop();
     Nop();
}
/*以下SendByte为字节数据发送函数,用于发送一个8位数据。该函数执行时,将变量sdat的8位数据(数据或地址)
由高到低逐位赋给SDA,在SCL为高电平时,SDA值被接收器读取,8位数据发送完后,让SDA=1,在SCL为高电平时,
若SDA电平被接收器拉低,表示有ACK信号应答,若SDA仍为高电平,表示无ACK信号应答或数据损坏*/
void SendByte(unsigned char sdat)     //SendByte函数的输入参数为无符号字符型变量sdat,无输出参数
{
  unsigned char BitN;     //声明一个无符号字符型变量BitN
  for(BitN=0;BitN<8;BitN++)    //for为循环语句,先让BitN=0,再判断BitN<8是否成立,成立执行for首尾大括号
                               //()的语句,执行完后执行BitN++将BitN加1,然后又判断BitN<8是否成立,如此反复,
                               //直到BitN<8不成立,才跳出for语句。本for首尾大括号内的语句执行8次,
                               //由高到低逐位将变量sdat的8位数据从SDA线发送出去
  {
    if((sdat<<BitN)&0x80)      //将变量sdat的数据左移BitN位再与10000000(0x80)逐位相与,如果结果的最高位为1,
                               //执行SDA=1,否则执行SDA=0,即将sdat数据逐位赋给SDA
      {SDA=1;}    //将1赋给SDA
    else          //否则
      {SDA=0;}    //将0赋给SDA
    Nop();        //延时1μs
    SCL=1;        //让SCL为高电平,在SCL为高电平时SDA值可以被接收器读取
    Nop();        //执行5次Nop函数,让SCL高电平持续时间不小于4μs
    Nop();
    Nop();
    Nop();
    Nop();
    SCL=0;        //让SCL为低电平,在SCL为低电平时接收器不会从SDA读取数据
  }
  Nop();          //8位数据发送结束后延时2μs
  Nop();
  SDA=1;          //让SDA=1,准备接收应答信号(准备让接收器拉低SDA)
  Nop();          //延时2μs,让SDA顺利变为高电平并持续一定时间
  Nop();
  SCL=1;          //让SCL=1,开始读取应答信号(在SCL为高电平时检查SDA是否变为低电平)
  Nop();          //延时3μs,让SCL高电平持续一定时间,以便顺利读取SDA的电平
  Nop();
  Nop();
  if(SDA==1)      //如果SDA=1,表示SDA线电平未被接收器拉低(即无ACK信号应答),执行ack=0,否则(即SDA=0,
                  //SDA线电平被接收器拉低),表示有ACK信号应答,执行ack=1
    {ack=0;}      //无ACK信号应答时将位变量ack置0
  else            //否则(即SDA=0)
    {ack=1;}      //有ACK信号应答时将位变量ack置1
  SCL=0;          //让SCL为低电平,在SCL为低电平时接收器不会从SDA线读取数据
  Nop();          //延时2μs,让SCL高电平转低电平能顺利完成
  Nop();
}

/*以下ReceiveByte为字节数据接收函数,用于接收一个8位数据。该函数执行时从SDA线由高到低逐位读取8位数据
并存放到变量rdat中,在SCL为高电平时,SDA值被主器件读取,因为只接收8位数据,故8位数据接收完后,
主器件不发送ACK应答信号,如需发送ACK信号可使用应答函数*/
unsigned char ReceiveByte()   //ReceiveByte函数的输出参数类型为无符号字符型变量,无输入参数
{
  unsigned char rdat;    //声明一个无符号字符型变量rdat
  unsigned char BitN;    //声明一个无符号字符型变量BitN
  rdat=0;                //将变量rdat初值设为0
  SDA=1;                 //让SDA为高电平
  for(BitN=0;BitN<8;BitN++)   //for为循环语句,先让BitN=0,再判断BitN<8是否成立,成立执行for首尾
                              //大括号的语句,执行完后执行BitN++将BitN加1,然后又判断BitN<8是否成立,
                              //如此反复,直到BitN<8不成立,才跳出for语句。本for首尾大括号内的语句
                              //执行8次,逐位从SDA读取8位数据,并存放到变量rdat中
  {
    Nop();        //延时1μs
    SCL=0;        //让SCL为低电平,SCL为低电平时,SDA电平值允许变化,此期间从器件可将数据发送到SDA线
    Nop();        //执行5次Nop函数延时5μs,让SCL低电平持续时间大于4μs
    Nop();
    Nop();
    Nop();
    Nop();
    SCL=1;        //让SCL变为高电平,在SCL为高电平时,SDA电平值才能被读取
    Nop();        //延时2μs,让SCL顺利变为高电平并持续一定时间
    Nop();
    rdat=rdat<<1;    //将变量rdat数据左移一位,最低位为0,用于放置SDA值
    if(SDA==1)       //如果SDA=1,执行rdat=rdat+1,如果SDA=0,跳出本if语句
      {rdat=rdat+1;} //将变量rdat数据加1,即将从SDA读的1放到rdat的最低位
    Nop();           //延时2μs,让SCL高电平再维持一定时间
    Nop();
  }
  SCL=0;         //将SCL变为低电平
  Nop();         //延时2μs,让SCL顺利变为低电平并让低电平持续一定时间
  Nop();
  return(rdat);  //将变量rdat的数据返回给ReceiveByte函数的输出参数
}

/*以下Ack_I2C为应答函数,用于发送一个ACK信号,该函数执行时,在SCL为高电平时让SDA为低电平,
SDA的此低电平即为ACK应答信号*/
void Ack_I2C(void)    //Ack_I2C函数无输入输出参数
{
  SDA=0;        //让SDA为低电平
  Nop();        //延时3μs,让SDA低电平维持一段时间
```

图 13-11　模拟 I^2C 总线通信的程序（续）

第 13 章 I²C 总线通信的使用及编程

```
     Nop();
     Nop();
     SCL=1;         //让 SCL 为高电平
     Nop();         //延时 5μs,让 SCL 高电平持续时间大于 4μs,以便 SDA 的低电平作为 ACK 信号被顺利读取
     Nop();
     Nop();
     Nop();
     SCL=0;         //让 SCL 变为低电平
     Nop();         //延时 2μs,让 SCL 顺利变为低电平并维持一定时间
     Nop();
 }
/*以下 NoAck_I2C 为非应答函数,用于发送一个 NACK 信号(非应答信号)。该函数执行时,在 SCL 为高电平时
让 SDA 为高电平,SDA 的此高电平即为 NACK 应答信号*/
void NoAck_I2C(void)   //NoAck_I2C 函数无输入输出参数
{
     SDA=1;         //让 SDA 为高电平
     Nop();         //延时 3μs,让 SDA 高电平维持一段时间
     Nop();
     Nop();
     SCL=1;         //让 SCL 为高电平
     Nop();         //延时 5μs,让 SCL 高电平持续时间大于 4μs,以便 SDA 的高电平作为 NACK 信号被顺利读取
     Nop();
     Nop();
     Nop();
     SCL=0;         //让 SCL 变为低电平
     Nop();         //延时 2μs,让 SCL 顺利变为低电平并维持一定时间
     Nop();
 }
/*以下 ISendByte 为无字节地址发送字节数据函数,用于向从器件当前字节地址单元发送(写入)一个字节数据。
该函数执行时,先执行 Start_I2C 函数发送开始信号,接着执行 SendByte 函数发送 7 位器件地址和 1 位读写位(0-写,
1-读),如果有 ACK 信号应答,表示器件地址发送成功,再执行 SendByte 函数发送 8 位数据,有 ACK 信号应答表示
8 位数据发送成功,然后执行 Stop_I2C 函数发送停止信号,在地址或数据发送成功时均会将 1 返回给 ISendByte 函数
的输出参数,不成功则返回 0 并退出 ISendByte 函数*/
bit ISendByte(unsigned char sladr,unsigned char sdat)  //ISendByte 函数的输入参数为无符号字符型变量
                                                        //sladr 和 sdat,输出参数为位变量
{
    Start_I2C();          //执行 Start_I2C 函数,发送开始信号
    SendByte(sladr);      //执行 SendByte 函数,发送 7 位器件地址和 1 位读写位(0-写,1-读)
    if(ack==0)            //如果位变量 ack=0,表示未接收到 ACK 信号,执行 return(0)并退出函数,ack=1 则执行
                          //本 if 尾大括号之后的语句
      {return(0);}        //将 0 返回给 ISendByte 的输出参数,表示发送数据失败,同时退出函数
    SendByte(sdat);       //执行 SendByte 函数,发送 sdat 的 8 位数据
    if(ack==0)            //如果位变量 ack=0,表示未接收到 ACK 信号,执行 return(0)并退出函数,ack=1 则执行本
                          //if 尾大括号之后的语句
      {return(0);}        //将 0 返回给 ISendByte 的输出参数,表示发送数据失败,同时退出函数
    Stop_I2C();           //执行 Stop_I2C 函数,发送停止信号
    return(1);            //将 1 返回给 ISendByte 的输出参数,表示发送数据成功
 }
/*以下 ISendStr 为有字节地址发送多字节数据函数,用于向从器件指定首地址的连续字节单元发送(写入)多个
字节数据。该函数执行时,先执行 Start_I2C 函数发送开始信号,接着执行 SendByte 函数发送 7 位器件地址和 1 位
读写位(0-写,1-读),若有 ACK 信号应答,再执行 SendByte 函数发送 8 位器件子地址(器件内部字节单元的地址),
有 ACK 信号应答会执行 for 语句,将指针变量 s 所指的 no 个数据依次发送出去*/
bit ISendStr(unsigned char sladr,unsigned char subadr,unsigned char *s,unsigned char no)
//ISendStr 函数有 4 个无符号字符型输入参数,分别是 sladr、subadr、*s(指针变量)、no,输出参数为位变量
{
 unsigned char i;       //声明一个无符号字符型变量 i
 Start_I2C();           //执行 Start_I2C 函数,发送开始信号
 SendByte(sladr);       //执行 SendByte 函数,发送 7 位器件地址和 1 位读写位(0-写,1-读)
 if(ack==0)             //如果位变量 ack=0,表示未接收到 ACK 信号,执行 return(0)并退出函数,ack=1 则执行
                        //本 if 尾大括号之后的语句
   {return(0);}         //将 0 返回给 ISendStr 的输出参数,表示发送数据失败,同时退出函数
 SendByte(subadr);      //执行 SendByte 函数,发送器件子地址(器件内部字节单元的地址)
 if(ack==0)             //如果位变量 ack=0,表示未接收到 ACK 信号,执行 return(0)并退出函数,ack=1 则执行
                        //本 if 尾大括号之后的语句
   {return(0);}         //将 0 返回给 ISendStr 的输出参数,表示发送数据失败,同时退出函数
 for(i=0;i<no;i++)      //for 为循环语句,先让 i =0,再判断 i<no 是否成立,成立执行 for 首尾大括号内的语句,
                        //执行完后执行 i++将 i 加 1,然后又判断 i<no 是否成立,
                        //如此反复,直到 i<no 不成立,才跳出本 for 语句。本 for 首尾大括号内的语句执行 no 次,
                        //依次将指针变量 s 所指地址的数据逐个发送出去
   {
    SendByte(*s);       //执行 SendByte 函数,将指针变量 s 所指地址的数据发送出去
    if(ack==0)          //如果位变量 ack=0,表示未接收到 ACK 信号,执行 return(0)并退出函数,ack=1 则执行
                        //本 if 尾大括号之后的语句
      {return(0);}      //将 0 返回给 ISendStr 的输出参数,表示发送数据失败,同时退出函数
    s++;                //将 s 加 1,让指针变量指向下一个发送数据的地址
   }
 Stop_I2C();            //执行 Stop_I2C()函数,发送停止信号
 return(1);             //将 1 返回给 ISendStr 的输出参数,表示发送数据成功
 }
/*以下 IReceiveByte 为无字节地址接收(读取)字节数据函数,用于从从器件当前地址接收(读取)一个字节数据。
该函数执行时,先执行 Start_I2C 函数发送开始信号,接着执行 SendByte 函数发送 7 位器件地址和 1 位读写位(0-写,
1-读),若有 ACK 信号应答,再执行 ReceiveByte 函数从从器件的当前字节地址(上次操作器件的字节地址的下一个地址)
读取 8 位数据,然后主器件发送 NACK 信号,从器件停止发送数据,最后发送停止信号*/
bit IReceiveByte(unsigned char sladr,unsigned char *c)
     //IReceiveByte 函数有 2 个无符号字符型输入参数,分别是 sladr、*c(指针变量),输出参数为位变量
{
  Start_I2C();          //执行 Start_I2C 函数,发送开始信号
  SendByte(sladr+1);    //执行 SendByte 函数,发送 7 位器件地址和 1 位读写位(0-写,1-读)
  if(ack==0)            //如果位变量 ack=0,表示未接收到 ACK 信号,执行 return(0)并退出函数,ack=1 则执行
                        //本 if 尾大括号之后的语句
    {return(0);}        //将 0 返回给 IReceiveByte 的输出参数,表示发送数据失败,同时退出函数
  *c=ReceiveByte();     //执行 ReceiveByte 函数,将该函数的输出参数值(即接收到的数据)存放到指针变量 c 所指地址中
```

图 13-11 模拟 I²C 总线通信的程序（续）

```
            NoAck_I2C();         //执行 NoAck_I2C 函数,往 SDA 发送 NACK(非应答)信号,不再接收数据
            Stop_I2C();          //执行 Stop_I2C()函数,发送停止信号
            return(1);           //将 1 返回给 IReceiveByte 的输出参数,表示接收数据成功
        }
/*以下 IReceiveStr 为有字节地址接收(读取)多字节数据函数,用于从从器件的指定首地址的连续单元接收多个
字节数据。该函数执行时,先执行 Start_I2C 函数,发送开始信号,接着执行 SendByte 函数发送 7 位器件地址和
1 位读写位(0-写,1-读),若有 ACK 信号应答,再执行 SendByte 函数发送器件子地址,用于选中从器件内部待读
字节单元的地址,然后重新执行 Start_I2C 和 SendByte 函数发送开始信号和从器件的器件地址,接着执行
for 语句(for 内部的 ReceiveByte 函数会执行多次),将先后读取的数据依次存放到指针变量 s 所指的 no 个地址中*/
bit IReceiveStr(unsigned char sladr,unsigned char subadr,unsigned char *s,unsigned char no)
//IReceiveStr 函数有 4 个无符号字符型输入参数,分别是 sladr、subadr、*s(指针变量)、no,输出参数为位变量
{
    unsigned char i;         //声明一个无符号字符型变量 i
    Start_I2C();             //执行 Start_I2C 函数,发送开始信号
    SendByte(sladr);         //执行 SendByte 函数,发送 7 位器件地址和 1 位读写位(0-写,1-读)
    if(ack==0)               //如果位变量 ack=0,表示未接收到 ACK 信号,执行 return(0)并退出函数,ack=1 则执行
                             //本 if 尾大括号之后的语句
    {return(0);}             //将 0 返回给 ISendStr 的输出参数,表示发送数据失败,同时退出函数
    SendByte(subadr);        //执行 SendByte 函数,发送器件子地址,选中从器件内部待读字节单元的地址
    if(ack==0)               //如果位变量 ack=0,表示未接收到 ACK 信号,执行 return(0)并退出函数,ack=1 则
                             //执行本 if 尾大括号之后的语句
    {return(0);}             //将 0 返回给 ISendStr 的输出参数,表示发送数据失败,同时退出函数
    Start_I2C();             //执行 Start_I2C 函数,发送开始信号
    SendByte(sladr+1);       //执行 SendByte 函数,发送 7 位器件地址和 1 位读写位(0-写,1-读)
    if(ack==0)               //如果位变量 ack=0,表示未接收到 ACK 信号,执行 return(0)并退出函数,ack=1 则执行
                             //本 if 尾大括号之后的语句
    {return(0);}             //将 0 返回给 IReceiveByte 的输出参数,表示发送数据失败,同时退出函数
    for(i=0;i<no-1;i++)      //for 为循环语句,先让 i = 0,再判断 i<no-1 是否成立,成立执行 for 首尾大括号内的语句,
                             //执行完后执行 i++将 i 加 1,然后又判断 i<no-1 是否成立,如此反复,直到 i<no-1 不成立,
                             //才跳出本 for 语句。本 for 首尾大括号内的语句执行 no-1 次,依次将 ReceiveByte 函数
                             //读取的数据存放到指针变量 s 所指 no-1 个地址中
    {
        *s=ReceiveByte();    //执行 ReceiveByte 函数,将该函数的输出参数值(即接收到的数据)存放到指针变量 s 所指地址中
        Ack_I2C();           //执行 Ack_I2C 函数,发送 ACK(应答)信号,以继续接收数据(即让从器件继续发送数据)
        s++;                 //将 s 值加 1,让指针变量指向下一个接收数据的地址
    }
    *s=ReceiveByte();        //执行 ReceiveByte 函数,将该函数的输出参数值(即接收到的数据)存放到指针变量 s 所指的
                             //第 no 地址中
    NoAck_I2C();             //执行 NoAck_I2C 函数,发送 NACK(非应答)信号,不再接收数据
    Stop_I2C();              //执行 Stop_I2C()函数,发送停止信号
    return(1);               //将 1 返回给 IReceiveByte 的输出参数,表示接收数据成功
}
```

图 13-11　模拟 I^2C 总线通信的程序（续）

13.3.2　利用 I^2C 总线从 24C02 读写一个数据的电路及程序详解

1. 电路

利用 I^2C 总线从 24C02 读写一个数据的电路如图 13-12 所示。STC89C51 单片机将 P2.0、P2.1 端口分别用作 SCL、SDA 端，并与 24C02 的 SCL、SDA 引脚连接。24C02 的 A2、A1、A0 端均接电源，其器件地址被设为 1010111（24C02 的器件地址为 7 位，高 4 位固定为 1010，低 3 位为 111）；24C02 的 WP 端接地，芯片被允许读写。单片机的 P1.0～P1.7 端口连接了 8 个 LED，当某个端口为低电平时，将点亮该端口连接的 LED。

2. 程序详解

如图 13-13 所示是单片机利用 I^2C 总线从 24C02 读写一个数据的程序。由于单片机无 I^2C 总线通信模块，需要用程序模拟 I^2C 总线通信的有关操作，故应将模拟 I^2C 总线通信的有关操作加到程序中，以便程序调用。程序在运行时，单片机先从 24C02 内部第 5 个存储单元读取数据（上次断电或复位时保存下来的），并将该数据送到 P1 端口，通过外接的 8 个 LED 将数据显示出来。在延时 1s 后，将读取的数据加 1 并把该数据写入 24C02 的第 5 个存储单元。单片机又从 24C02 的第 5 个存储单元读取数据，并不断重复。假设单片机在上电后首次从 24C02 读取的数据为 11110000，那么在 1s 后，该数据加 1 变成 11110001 并写入 24C02。单片机第 2 次从 24C02 读取的数据即为 11110001，P1.0 端口外接的 VD1 由亮变灭。随着程序不断重复执行，24C02 的第 5 个存储单元的数据不断变化。如果此时突然断电，那么 24C02 中的数据会保存下来，在下次上电后单片机首次读取的将是该数据。

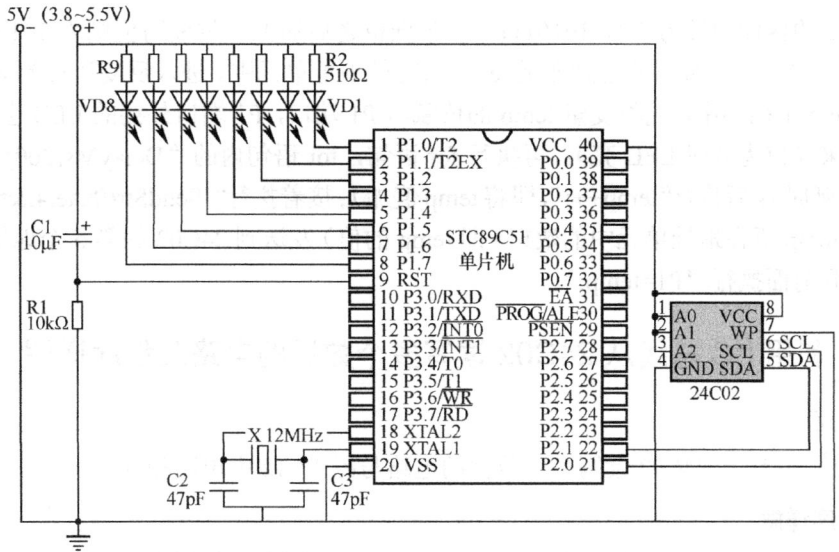

图 13-12 利用 I^{2}C 总线从 24C02 读写一位数据的电路

```
#include <reg51.h>        //调用 reg51.h 文件对单片机各特殊功能寄存器进行地址定义
#include <intrins.h>      //调用 intrins.h 文件对本程序用到的"_nop_()"函数进行声明
#define Nop() _nop_()     //用 define(宏定义)命令将 Nop()代表_nop_(),程序中 Nop()与 nop_()等同
sbit SDA=P2^1;            //用位定义关键字 sbit 将 SDA(数据)代表 P2.1 端口(也可以使用其他端口)
sbit SCL=P2^0;            //用位定义关键字 sbit 将 SCL(时钟)代表 P2.0 端口(也可以使用其他端口)
bit ack;                  //用关键字 bit 将 ack 定义为位变量

//将模拟 IIC 总线通信的 10 个函数加到此处

/*以下 DelayUs 为微秒级延时函数,其输入参数为 unsigned char tu(无符号字符型变量 tu),tu 值为 8 位,取值范围为
0~255,若单片机的晶振频率为 12M,本函数延时时间可用 T=(tu×2+5) us 近似计算,比如 tu=248, T=501 us≈0.5ms */
void DelayUs (unsigned char tu)    //DelayUs 为微秒级延时函数,其输入参数为无符号字符型变量 tu
{
 while(--tu);             //while 为循环语句,每执行一次 while 语句,tu 值就减 1,
                          //直到 tu 值为 0 时才执行 while 尾大括号之后的语句
}

/*以下 DelayMs 为毫秒级延时函数,其输入参数为 unsigned char tm (无符号字符型变量 tm),该函数内部使用了两个
DelayUs (248) 函数,它们共延时 1002us (约 1ms),由于 tm 值最大为 255,故本 DelayMs 函数最大延时时间为 255ms,
若将输入参数定义为 unsigned int tm,则最长可获得 65535ms 的延时时间*/
void DelayMs(unsigned char tm)
{
 while(tm--)
   {
    DelayUs (248);
    DelayUs (248);
   }
}

/*以下为主程序,程序从 main 函数开始运行*/
void main()
{
 unsigned char temp;      //定义一个无符号字符型变量 temp
 unsigned char i;         //定义一个无符号字符型变量 i
 IReceiveStr(0xae,4,&temp,1);  //执行 IReceiveStr 函数,选中器件地址为 1010111(7 位地址,在地址之后加读写位 0
                          //则为 10101110,即 0xae)的从器件的第 5 个地址单元,再从该单元读取数据并送到
                          //变量 temp 所在的地址单元中
 while(1)                 //主循环,while 首尾大括号内的语句会反复执行
   {
    P1=temp;              //将变量 temp 的值赋给 P1 端口
    for(i=0;i<5;i++)      //for 为循环语句,其首尾大括号内的语句"DelayMs(200)"会反复执行 5 次,共延时 1s,
                          //再执行尾大括号之后的语句
    {DelayMs(200);}       //执行 DelayMs 函数,延时 200ms
    temp++;               //将变量 temp 的值加 1
    ISendStr(0xae,4,&temp,1);  //执行 ISendStr 函数,将变量 temp 所在地址单元中的数据(即变量 temp 的值)发送到
                          //器件地址为 1010111(7 位地址,在地址之后加读写位 0 则为 10101110,即 0xae)的
                          //从器件的第 5 个地址单元中
   }
}
```

图 13-13 利用 I^{2}C 总线从 24C02 读写一位数据的程序

程序在执行时,进入主程序的 main 函数。在 main 函数中声明两个变量 temp 和 i 后,执行 "IReceiveStr(0xae,4,&temp,1);",即选中器件地址为 1010111 的从器件的第 5 个地址单

元。24C02 的器件地址为 7 位 1010111，在最低位之后加上 1 位读写位则为 10101110（即 0xae）。从该单元读取数据并送到变量 temp 所在的地址单元中。进入反复执行的 while 主循环。在 while 主循环中，先将变量 temp 的值赋给 P1 端口，P1 端口外接的 LED 会将数据的值显示出来（值为 0 时 LED 亮）；再执行 for 语句，for 语句内的"DelayMs(200);"语句会执行 5 次，延时 1s 后执行"temp++;"，即将 temp 值加 1；接着执行"ISendStr(0xae,4,&temp,1);"，即将变量 temp 所在地址单元中的数据（即 temp 的值）发送到 24C02 的第 5 个地址单元中，并又返回到前面执行"P1=temp;"。

13.3.3 利用 I^{2}C 总线从 24C02 读写多个数据的电路及程序详解

1. 电路

利用 I^{2}C 总线从 24C02 读写多个数据的电路与图 13-12 中电路相同。

2. 程序详解

如图 13-14 所示是单片机利用 I^{2}C 总线从 24C02 读写多个数据的程序。

```
#include <reg51.h>         //调用 reg51.h 文件对单片机各特殊功能寄存器进行地址定义
#include <intrins.h>       //调用 intrins.h 文件对本程序用到的"_nop_()"函数进行声明
#define Nop() _nop_()      //用 define (宏定义) 命令将 Nop() 代表 _nop_()，程序中 Nop() 与 _nop_() 等同
sbit SDA=P2^1;             //用位定义关键字 sbit 将 SDA (数据) 代表 P2.1 端口 (也可以使用其他端口)
sbit SCL=P2^0;             //用位定义关键字 sbit 将 SCL (时钟) 代表 P2.0 端口 (也可以使用其他端口)
bit ack;                   //用关键字 bit 将 ack 定义为位变量
unsigned char dat[]={0xf0,0x0f,0xff,0x00,0xef,0xdf,0xbf,0x7f,};
                           //声明一个无符号字符型表格(数组)dat，存放 8 个数据

                    //将模拟 IIC 总线通信的 10 个函数加到此处

/*以下 DelayUs 为微秒级延时函数，其输入参数为 unsigned char tu(无符号字符型变量 tu)，tu 值为 8 位，取值范围为
0～255，若单片机的晶振频率为 12M，本函数延时时间可用 T=(tu×2+5) us 近似计算，比如 tu=248，T=501 us≈0.5ms */
void DelayUs (unsigned char tu)      //DelayUs 为函数名，其输入参数为无符号字符型变量 tu
{
  while(--tu);             //while 为循环语句，每执行一次 while 语句，tu 值就减 1，
                           //直到 tu 值为 0 时才执行 while 尾大括号之后的语句
}

/*以下 DelayMs 为毫秒级延时函数，其输入参数为 unsigned char tm (无符号字符型变量 tm)，该函数内部使用了两个
DelayUs (248) 函数，它们共延时 1002us (约 1ms)，由于 tm 值最大为 255，故本 DelayMs 函数最大延时时间为 255ms，
若将输入参数定义为 unsigned int tm，则最长可获得 65535ms 的延时时间*/
void DelayMs(unsigned char tm)
{
  while(tm--)
  {
    DelayUs (248);
    DelayUs (248);
  }
}

/*以下为主程序，程序从 main 函数开始运行*/
void main()
{
  unsigned char i;          //声明一个无符号字符型变量 i
  ISendStr(0xae,80,dat,8);  //执行 ISendStr 函数，将 dat 表格的 8 个数据发送到 24C02(其 7 位器件地址为 1010111，在地址
                            //之后加读写位 0 则为 10101110，即 0xae) 的第 80 个字节单元为首地址的 8 个连续单元中
  DelayMs(2);               //执行 DelayMs 函数延时 2ms，让发送到 24C02 的数据能烧录下来
  for(i=0;i<8;i++)          //for 为循环语句，其首尾大括号内的语句"dat[i]=0"会反复执行 8 次，将 dat 表格的
                            //8 个数据依次全部清 0
  {dat[i]=0;}               //将 dat 表格的第 i+1 个数据清 0，i 值增 1，i 变化范围为 0～7
  IReceiveStr(0xae,80,dat,8); //执行 IReceiveStr 函数，选中 24C02(其 7 位器件地址为 1010111，在地址之后加读写位 0
                             //则为 10101110，即 0xae) 的第 80 个地址单元，再从该地址及之后的 8 个连续单元中依次
                             //读取数据并送到变量 dat 表格中
  while(1)                  //主循环，while 首尾大括号内的语句会无限次反复执行
  {
    for(i=0;i<8;i++)        //for 为循环语句，其首尾大括号内的语句会反复执行 8 次，依次将 dat 表格的 8 个数据传送给 P1 端口，
                            //两个数据传送间隔时间为 1s
    {
      DelayMs(250);         //执行 4 次 DelayMs 函数，共延时 1s
      DelayMs(250);
      DelayMs(250);
      DelayMs(250);
      P1=dat[i];            //将 dat 表格的第 i+1 个数据传送给 P1 端口，for 语句执行一次，i 值增 1，i 变化范围为 0～7
    }
  }
}
```

图 13-14 利用 I^{2}C 总线从 24C02 读写多个数据的程序

程序在运行时,先将 dat 表格中的 8 个字节数据写入 24C02,然后将 dat 表格中的 8 个数据清 0,再以 1s 的时间间隔从 24C02 中依次读取先前写入的 8 个数据。每读出一个数据都会被送到 P1 端口。可通过 P1 端口外接的 LED 亮灭状态将数据值显示出来。

13.3.4 利用 24C02 存储按键操作信息的电路及程序详解

1. 电路

利用 24C02 存储按键的操作信息的电路如图 13-15 所示。在单片机接通电源后,先通过 I²C 总线从 24C02 指定单元读取数据(8 位),并将该数据的有关显示信息从 P2.2、P2.3 和 P0 端口输出到段码、位码锁存芯片 74HC573 和 8 位 LED 数码管。

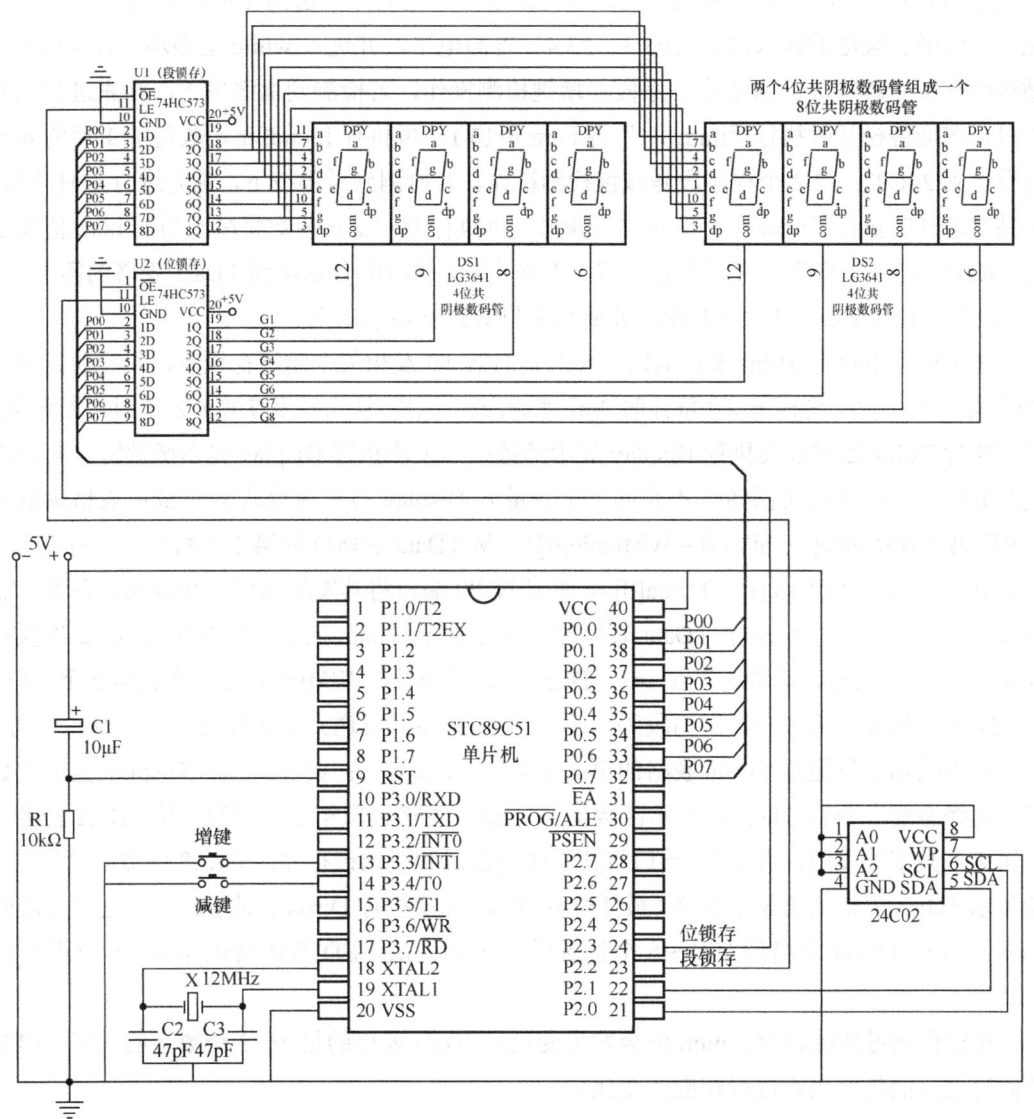

图 13-15 利用 24C02 存储按键操作信息的电路

数码管将该数据以十进制数的形式显示出来（只能显示3位，000～255）。如果操作增键或减键，单片机的数据就会增大或减小，在LED数码管中显示的数字也会发生变化，同时单片机还会将增大或减小后的数据重新写入24C02。如果此时单片机突然断电（或复位）并再上电，会重新读取断电前保存在24C02中的数据并用LED数码管将读取的数据显示出来。

2. 程序详解

如图13-16所示是利用24C02存储按键操作信息的程序。

程序在执行时，进入主程序的main函数，在声明一个变量num后执行T0Int_S函数，即对定时器T0及相关中断进行设置。启动定时器T0开始2ms计时，执行IReceiveStr函数，即选中24C02的第1个地址单元，从该单元读取一个数据并发送到变量num所在的地址单元中。将增、减键的输入端口（P3.3、P3.4）置高电平，并进入while主循环。在while主循环中有3个程序段：第1个程序段是增键检测操作，若检测到增键按下，则先进行延时防抖，在增键松开时执行"num++;"将num值加1，再执行ISendStr函数将加1后的num值发送到24C02；第2个程序段是减键检测操作，若检测到减键按下，则先进行延时防抖，在减键松开时执行"num--;"将num值减1，再执行ISendStr函数将减1后的num值发送到24C02；第3个程序段用于将num值（3位数字）的段码分别送到TData表格的第1、2、3个位置，让Display显示函数读取并驱动8位数码管显示出来。

在主程序中执行T0Int_S函数时，会对定时器T0及相关中断进行设置，即启动定时器T0开始2ms计时，定时器T0每计时2ms就会溢出一次，从而触发T0Int_Z定时中断函数。每次执行T0Int_Z时都会执行Display显示函数：第1次执行Display显示函数时，其静态变量i=0（与主程序中的变量i不是同一个变量），Display显示函数从WMtable表格读取第1个位码（WMtable[i+ShiWei]＝WMtable[0]），从TData表格读取第1个数字（保存在第1个位置）的段码（TData[i]＝TData[0]），并通过P0端口将其发送到位码和段码锁存器，驱动8位数码管的第1位显示TData表格的第1个数字（num的最高位数字）；第2次执行Display显示函数时，其静态变量i=1，Display显示函数从WMtable表格读取第2个位码，从TData表格读取第2个数字的段码，通过P0端口将其发送到位码和段码锁存器，驱动8位数码管的第2位显示TData表格的第2个数字（次高位）；第3次执行Display显示函数时，其静态变量i=2，Display显示函数从WMtable表格读取第3个位码，从TData表格读取第3个数字的段码，通过P0端口将其发送到位码和段码锁存器，驱动8位数码管的第3位显示TData表格的第3个数字（最低位）；第4～8次执行Display显示函数的过程与前面相同，由于TData表格的第4～6个位置没有段码，故LED数码管的第4～6位不会显示数字。

在操作增键或减键时，num值会发生变化，TData表格的第1～3个数字的段码、LED数码管显示的数字也将进行相应的变化。

```c
#include <reg51.h>        //调用reg51.h文件对单片机各特殊功能寄存器进行地址定义
#include <intrins.h>      //调用intrins.h文件对本程序用到的"_nop_()"函数进行声明
#define Nop() _nop_()     //用define（宏定义）命令将Nop()代表_nop_()，程序中Nop()与_nop_()等同
sbit SDA=P2^1;            //用位定义关键字sbit将SDA(数据)代表P2.1端口(也可以使用其他端口)
sbit SCL=P2^0;            //用位定义关键字sbit将SCL(时钟)代表P2.0端口(也可以使用其他端口)
bit ack;                  //用关键字bit将ack定义为位变量

sbit KeyAdd=P3^3;         //用位定义关键字sbit将KeyAdd(增键)代表P3.3端口
sbit KeyDec=P3^4;         //用位定义关键字sbit将KeyDec(减键)代表P3.4端口
sbit DuanSuo=P2^2;        //用位定义关键字sbit将DuanSuo代表P2.2端口
sbit WeiSuo =P2^3;
#define WDM P0             //用define（宏定义）命令将WDM代表P0，程序中WDM与P0等同
unsigned char code DMtable[]={0x3f,0x06,0x5b,0x4f,0x66,0x6d,0x7d,0x07,    //定义一个DMtable表格，依次
                  0x7f,0x6f,0x77,0x7c,0x39,0x5e,0x79,0x71};    //存放字符的段码
unsigned char code WMtable[]={0xfe,0xfd,0xfb,0xf7,0xef,0xdf,0xbf,0x7f};   //定义一个WMtable表格，依次存放
                                                                          //8位数码管低位到高位的位码
unsigned char TData[8];   //定义一个可存放8个元素的一维数组(表格)TData


                //将模拟IIC总线通信的10个函数加到此处


/*以下DelayUs为微秒级延时函数，其输入参数为unsigned char tu(无符号字符型变量tu),tu值为8位,取值范围0~255,
如果单片机的晶振频率为12M,本函数延时时间可用T=(tu×2+5)us近似计算，比如tu=248，T=501 us≈0.5ms */
void DelayUs (unsigned char tu)   //DelayUs为微秒级延时函数，其输入参数为无符号字符型变量tu
{
  while(--tu);            //while为循环语句，每执行一次while语句，tu值就减1，
                          //直到tu值为0时才执行while尾大括号之后的语句
}

/*以下DelayMs为毫秒级延时函数，其输入参数为unsigned char tm（无符号字符型变量tm），该函数内部使用了两个
DelayUs (248)函数，它们共延时1002us（约1ms），由于tm值最大为255，故本DelayMs函数最大延时时间为255ms，
若将输入参数定义为unsigned int tm，则最长可获得65535ms的延时时间*/
void DelayMs(unsigned char tm)
{
 while(tm--)
  {
   DelayUs (248);
   DelayUs (248);
  }
}

/*以下为Display显示函数，用于驱动8位数码管动态扫描显示字符，输入参数 ShiWei 表示显示的开始位，如ShiWei
为0表示从第一个数码管开始显示，WeiShu表示显示的位数，如显示99两位数应让WeiShu为2 */
void Display(unsigned char ShiWei,unsigned char WeiShu)   // Display(显示)函数有两个输入参数，
                                                          //分别为ShiWei(开始位)和WeiShu(位数)
{
 static  unsigned char i;      //声明一个静态(static)无符号字符型变量i(表示显示位，0表示第1位)，
                               //静态变量占用的存储单元在程序退出前不会释放给变量使用
  WDM=WMtable[i+ShiWei];   //将WMtable表格中的第i+ShiWei +1个位码送给P0端口输出
  WeiSuo=1;                //让P2.3端口输出高电平，开通位码锁存器，锁存器输入变化时输出会随之变化
  WeiSuo=0;                //让P2.3端口输出低电平，位码锁存器被封锁，锁存器的输出值被锁定不变

  WDM=TData[i];            //将TData表格中的第i+1个段码送给P0端口输出
  DuanSuo=1;               //让P2.2端口输出高电平，开通段码锁存器，锁存器输入变化时输出会随之变化
  DuanSuo=0;               //让P2.2端口输出低电平，段码锁存器被封锁，锁存器的输出值被锁定不变

  i++;                     //将i值加1，准备显示下一位数字
  if(i==WeiShu)            //如果i=WeiShu表示显示到最后一位，执行i=0
   {
     i=0;                  //将i值清0，以便从数码管的第1位开始再次显示
   }
}

/*以下为定时器及相关中断设置函数*/
void T0Int_S (void)        //函数名为T0Int_S，输入和输出参数均为void（空）
{
  TMOD=0x01;               //让TMOD寄存器的M1M0=01，设T0工作在方式1（16位计数器）
  TH0=0;                   //将TH0寄存器清0
  TL0=0;                   //将TL0寄存器清0
  EA=1;                    //让IE寄存器的EA=1，打开总中断
  ET0=1;                   //让IE寄存器的ET0=1，允许T0的中断请求
  TR0=1;                   //让TCON寄存器的TR0=1，启动T0在TH0、TL0初值基础上开始计数
}
/*以下T0Int_Z为定时器中断函数，用"(返回值) 函数名 (输入参数) interrupt n using m"格式定义一个函数名为
T0Int_Z的中断函数，n为中断源编号，n=0~4，m为用作保护中断断点的寄存器组，可使用4组寄存器（0~3），每组
有7个寄存器（R0~R7），m=0~3，若只有一个中断，可不写"using m"，使用多个中断时，不同中断应使用不同m*/
void T0Int_Z (void)  interrupt 1    // T0Int_Z为中断函数(用interrupt定义)，并且为T0的中断函数
```

图 13-16 利用 24C02 存储按键操作信息的程序

```
                          //(中断源编号 n=1)
{
  TH0=(65536-2000)/256;        //将定时初值的高 8 位放入 TH0,"/"为除法运算符号
  TL0=(65536-2000)%256;        //将定时初值的低 8 位放入 TL0,"%"为相除取余数符号
  Display(0,8);                //执行 Display 显示函数,从第 1 位(0)开始显示,共显示 8 位(8)
}
/*以下为主程序部分*/
void main()
{
  unsigned char num=0;  //声明一个无符号字符型变量 num,且让 num 初值为 0
  T0Int_S();            //执行 T0Int_S 函数,对定时器 T0 及相关中断进行设置,启动 T0 计时
  IReceiveStr(0xae,0,&num,1);  //执行 IReceiveStr 函数,选中器件地址为 1010111(7 位地址,在地址之后加读写位 0
                               //则为 10101110,即 0xae)的从器件的第 1 个地址单元,再从该单元读取一个数据
                               //并送到变量 num 所在的地址单元中
  KeyAdd=1;             //将增键的输入端口置高电平
  KeyDec=1;             //将减键的输入端口置高电平
  while (1)             //主循环,本 while 语句首尾大括号内的语句会反复循环执行
  {
    if(!KeyAdd)         //!KeyAdd 可写成 KeyAdd!=1,if(如果)KeyAdd 的反值为 1,表示增键按下,
                        //则执行 if 大括号内的语句,否则(增键未按下)执行本 if 尾大括号之后的语句
    {                   //第一个 if 语句首大括号
      DelayMs(10);      //执行 DelayMs 延时函数进行按键防抖,输入参数为 10 时可延时约 10ms
      if(!KeyAdd)       //再次检测增键是否按下,未按下执行本 if 尾大括号之后的语句
      {                 //第二个 if 语句首大括号
        while(!KeyAdd); //检测增键的状态,增键处于闭合(!KeyAdd 为 1)反复执行 while 语句,
                        //增键一旦释放断开马上执行 while 之后的语句
        if(num<999)     //加操作
        {
          num++;        //将 num 值加 1
          ISendStr(0xae,0,&num,1);  //执行 ISendStr 函数,将变量 num 所在地址单元中的数据(即 num 的值)发送到
                                    //器件地址为 1010111(7 位地址,在地址之后加读写位 0 则为 10101110,即 0xae)的
                                    //从器件的第 1 个地址单元中
          DelayMs(2);   //执行 DelayMs 函数延时 2ms,让发送到 24C02 的数据能被烧录下来
        }
      }
    }
    if(!KeyDec)         //检测减键是否按下,如果 KeyDec 反值为 1(减键按下),执行本 if 大括号内语句
    {
      DelayMs(10);      //执行 DelayMs 延时函数进行按键防抖,输入参数为 10 时可延时约 10ms
      if(!KeyDec)       //再次检测减键是否按下,按下时则执行本 if 大括号内语句,否则跳出本 if 语句
      {
        while(!KeyDec); //检测增键的状态,减键处于闭合(!KeyAdd 为 1)时反复执行 while 语句,
                        //减键一旦释放断开马上执行 while 之后的语句
        if(num>0)       //减操作
        {
          num--;        //将 num 值减 1
          ISendStr(0xae,0,&num,1);  //执行 ISendStr 函数,将变量 num 所在地址单元中的数据(即 num 的值)发送到
                                    //器件地址为 1010111(7 位地址,在地址之后加读写位 0 则为 10101110,即 0xae)的
                                    //从器件的第 1 个地址单元中
          DelayMs(2);   //执行 DelayMs 函数延时 2ms,让发送到 24C02 的数据能被烧录下来
        }
      }
    }
    TData[0]=DMtable[num/100];       //以 num=236 为例,num/100 意为 num 除 100 取整,num/100=2,即将 DMtable 表格的
                                     //第 3 段码(2 的段码)传送到 TData 数组的第 1 个位置
    TData[1]=DMtable[(num%100)/10];  //num%100 意为 num 除 100 取余,(num%100)/10=36/10=3,即将 DMtable 表格的
                                     //第 4 段码(3 的段码)传送到 TData 数组的第 2 个位置
    TData[2]=DMtable[(num%100)%10];  //(num%100)%10=36%10=6,即将 DMtable 表格第 7 个段码(6 的段码)传送到
                                     //TData 数组的第 3 个位置
    //此处可添加其他需要一直工作的程序
  }
}
```

图 13-16　利用 24C02 存储按键操作信息的程序（续）

第 14 章 A/D（模/数）与 D/A（数/模）转换电路及编程

14.1 A/D 与 D/A 转换

14.1.1 A/D 转换

1. 模拟信号与数字信号

模拟信号是一种大小随时间连续变化的信号（如连续变化的电流或电压）。 如图 14-1（a）所示就是一种模拟信号。从图中可以看出，在 $0\sim t_1$ 期间，电压慢慢上升；在 $t_1\sim t_2$ 期间，电压又慢慢下降，它们的变化都是连续的。

数字信号是一种突变的信号（如突变的电压或电流）。 如图 14-1（b）所示是一种脉冲信号，也是数字信号的一种。从图中可以看出，在 $0\sim t_1$ 期间，电压始终为 0.1V；而在 t_1 时刻，电压瞬间由 0.1V 上升至 3V；在 $t_1\sim t_2$ 期间，电压始终为 3V；在 t_2 时刻，电压又瞬间由 3V 降到 0.1V。

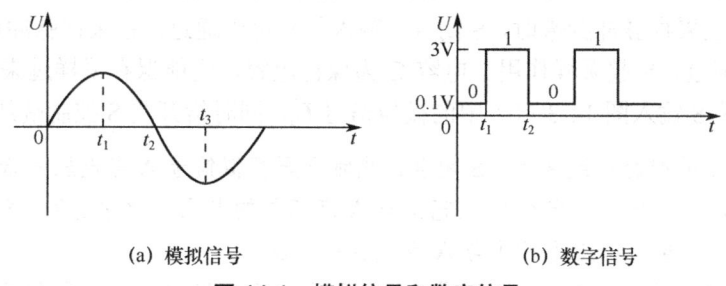

(a) 模拟信号　　　　　　　　(b) 数字信号

图 14-1　模拟信号和数字信号

由此可以看出，模拟信号电压或电流的大小是随时间连续、缓慢变化的，而数字信号的特点是"保持"（在一段时间内维持低电压或高电压）和"突变"（低电压与高电压的转换在瞬间完成）。为了方便分析，在数字电路中常将 $0\sim 1V$ 的电压称为低电平，用 0 表示；而将 $3\sim 5V$ 的电压称为高电平，用 1 表示。

2. A/D 转换过程

A/D 转换也称模/数转换。**其功能是将模拟信号转换成数字信号。** A/D 转换过程如图 14-2 所示，**模拟信号经采样、保持、量化和编码 4 个步骤后就转换成了数字信号。**

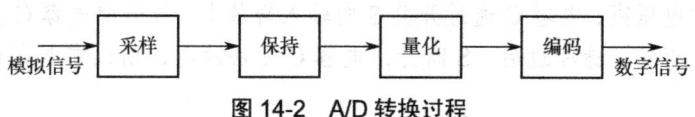

图 14-2　A/D 转换过程

（1）采样与保持

采样就是每隔一定的时间对模拟信号进行取值；保持则是将采样取得的电压保存下来。 采样和保持往往结合在一起应用，如图 14-3 所示为采样保持电路和相关信号波形。

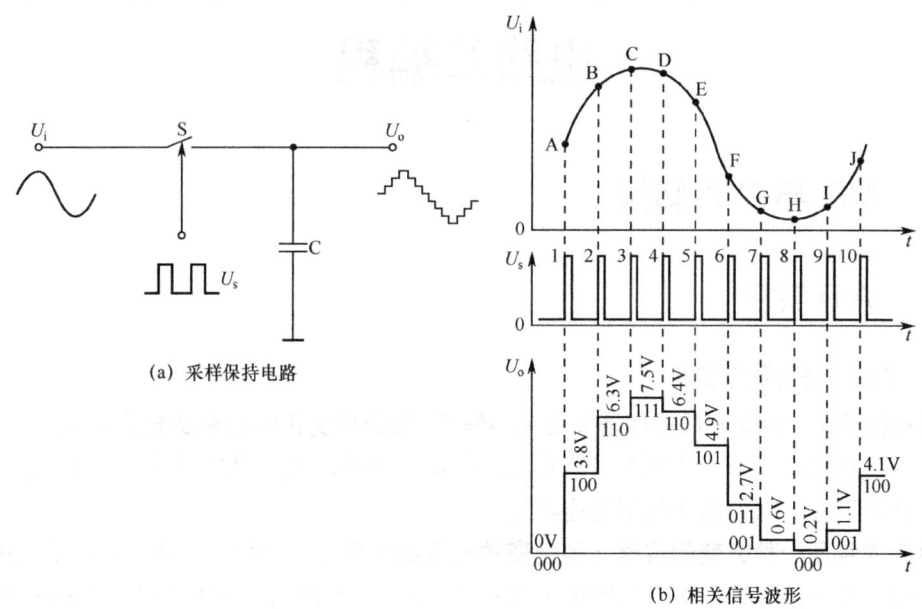

图 14-3　采样保持电路和相关信号波形

图 14-3（a）中的 S 为模拟开关，实际上一般为三极管或场效应管。S 的通断受采样脉冲 U_s 的控制：当采样脉冲到来时，S 闭合，输入信号可以通过；在采样脉冲过后，S 断开，输入信号无法通过，S 起采样作用。电容 C 为保持电容，它能保存采样过来的信号的电压值。给采样开关 S 输入图 14-3（b）中的模拟信号 U_i，同时给开关 S 控制端加采样脉冲 U_s。

❶ 当第 1 个采样脉冲到来时，S 闭合，此时正好模拟信号 A 点电压到来。A 点电压通过开关 S 对电容 C 充电，在电容 C 上充得与 A 点相同的电压；脉冲过后，S 断开，电容 C 无法放电，所以在电容 C 上保持了与 A 点一样的电压。

❷ 当第 2 个采样脉冲到来时，S 闭合，此时正好模拟信号 B 点电压到来。B 点电压通过开关 S 对电容 C 充电，在电容 C 上充得与 B 点相同的电压；脉冲过后，S 断开，电容 C 无法放电，所以在电容 C 上保持了与 B 点一样的电压。

❸ 当第 3 个采样脉冲到来时，在电容 C 上保持了与 C 点一样的电压。

❹ 当第 4 个采样脉冲到来时，S 闭合，此时正好模拟信号 D 点电压到来。由于 D 点电压较电容 C 上的电压略高，电容 C 通过开关 S 向输入端放电，放电使电容 C 上的电压下降到与模拟信号 D 点相同。脉冲过后，S 断开，电容 C 无法放电，所以在电容 C 上保持了与 D 点一样的电压。

❺ 当第 5 个采样脉冲到来时，S 闭合，此时正好模拟信号 E 点电压到来。由于 E 点电压较电容 C 上的电压高，电容 C 通过开关 S 向输入端放电，放电使电容 C 上的电压下降到与模拟信号 E 点相同。脉冲过后，S 断开，电容 C 无法放电，所以在电容 C 上保持了与 E 点一样的电压。

如此工作后，在电容 C 上就得到图 14-3（b）中的采样电压 U_o。

（2）量化与编码

量化是根据编码位数的需要，将采样信号电压分割成整数个电压段的过程；编码是将每个电压段用相应的二进制数表示的过程。

以图 14-3（b）为例，模拟信号 U_i 经采样、保持得到采样电压 U_o。U_o 的电压变化范围是 0～7.5V。现在需要用 3 位二进制数对它进行编码。由于 3 位二进制数只有 2^3=8 个数值，所以将 0～7.5V 分成 8 份：$0 \leqslant U_o < 0.5$ 为第 1 份（又称第一等级），基准值为 0V（即把这一范围的电压都用 0V 表示），编码时用 000 表示；$0.5 \leqslant U_o < 1.5$ 为第 2 份，基准值为 1V，编码时用 001 表示；$1.5 \leqslant U_o < 2.5$ 为第 3 份，基准值为 2V，编码时用 010 表示；以此类推，$5.5 \leqslant U_o < 6.5$ 为第 7 份，基准值为 6V，编码时用 110 表示；$6.5 \leqslant U_o < 7.5$ 为第 8 份，基准值为 7V，编码时用 111 表示。

综上所述，图 14-3（b）中的一个周期的模拟信号 U_i 经采样、保持后得到采样电压 U_o，采样电压 U_o 再经量化、编码后就转换成一串数字信号（100 110 111 110 101 011 001 000 001 100），从而完成了 A/D 转换过程。

14.1.2　D/A 转换

D/A 转换也称数模转换。**其功能是将数字信号转换成模拟信号。** D/A 转换过程如图 14-4 所示：将数字信号输入 D/A 转换电路，当第 1 个数字信号 100 输入时，经 D/A 转换输出 4V 电压，当第 2 个数字信号 110 输入时，经 D/A 转换输出 6V 电压……当第 10 个数字信号 100 输入时，经 D/A 转换输出 4V 电压。由 D/A 转换电路输出的电压变化不是连续的，有一定的跳跃，经平滑电路后可输出较平滑的模拟信号。

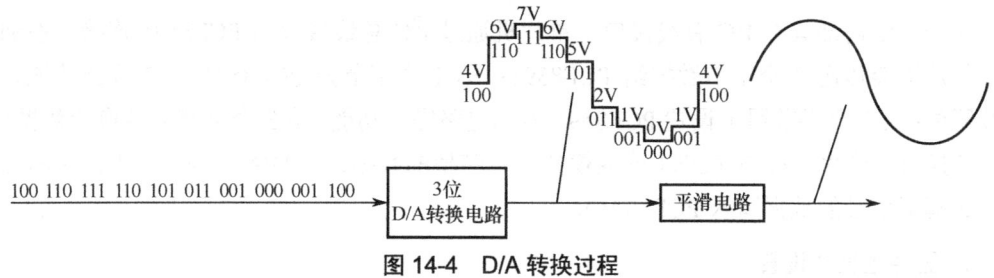

图 14-4　D/A 转换过程

14.2　A/D 与 D/A 转换芯片

PCF8591 是一种带 I^2C 总线通信接口的具有 4 路 A/D 转换和 1 路 D/A 转换的芯片。在 A/D 转换时，先将输入的模拟信号转换成数字信号，再通过 I^2C 总线将数字信号传送给单片机。在 D/A 转换时，先通过 I^2C 总线从单片机读取数字信号，再将数字信号转换成模拟信号输出。

14.2.1 外形与引脚功能说明

PCF8591 的外形与引脚功能说明如图 14-5 所示。

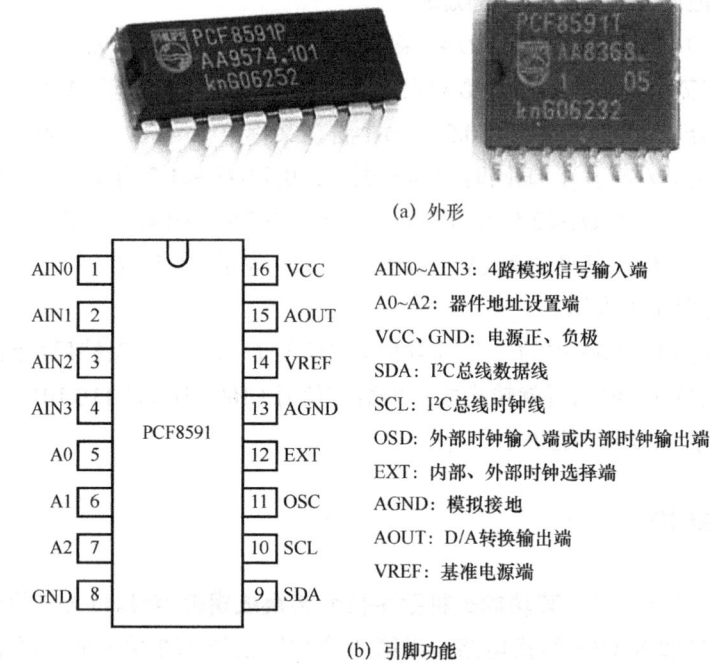

图 14-5 PCF8591 的外形与引脚功能

14.2.2 器件地址和器件功能设置

PCF8591 内部具有 I²C 总线接口，单片机通过 I²C 总线接口与 PCF8591 连接。在通信时，单片机会传送 3 个字节数据给 PCF8591：第 1 个字节为 PCF8591 的 7 位器件地址+1 位读写位；第 2 个字节用于设置 PCF8591 内部电路操作功能；第 3 个字节为转换的数据（在 A/D 转换时，单片机从 PCF8591 读取模拟信号转换的数据；在 D/A 转换时，单片机将需要转换成模拟信号的数据写入 PCF8591）。

1. 器件地址的设置

当 PCF8591 和其他器件挂接在 I²C 总线时，为了区分它们，需要给每个器件设定一个地址，该地址即为器件地址。挂在同一 I²C 总线上的器件地址不能相同。PCF8591 有 A0、A1、A2 共 3 个地址引脚，可以设置 8 个不同的器件地址。PCF8591 的器件地址为 7 位，高 4 位固定为 1001，低 3 位由 A0、A1、A2 的引脚电平值决定。PCF8591 的器件地址如图 14-6 所示，当 PCF8591 的 A0、A1、A2 引脚都接地时，器件地址设

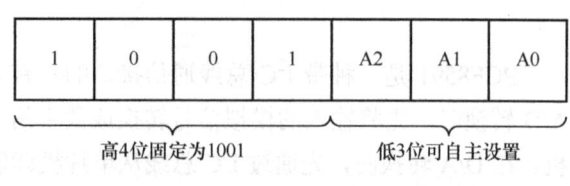

图 14-6 PCF8591 的器件地址

为 1001000；当 A0、A2 引脚接地，A1 引脚接电源时，器件地址设为 1001010。

2. 器件功能设置

在 PCF8591 内部有很多电路，单片机通过发送一个控制字节到 PCF8591 内部的控制寄存器，使之控制相关器件的功能。PCF8591 的控制字节含义如图 14-7 所示。

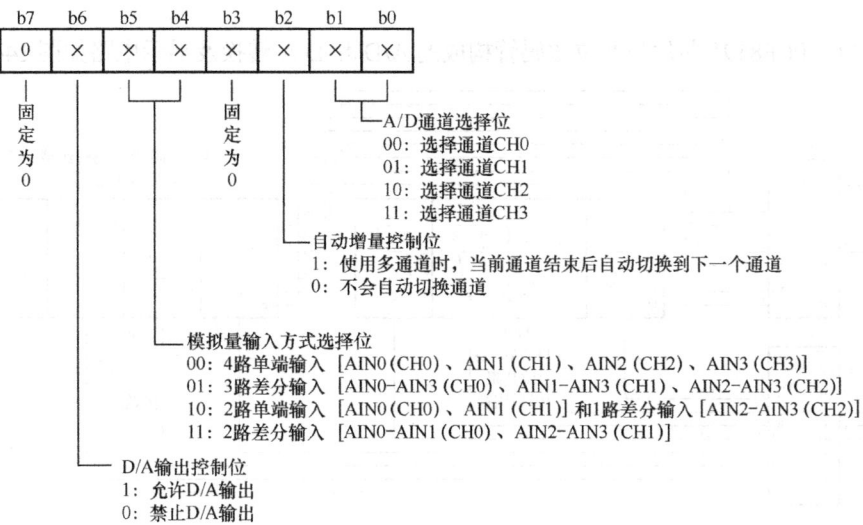

图 14-7 PCF8591 的控制字节含义

14.2.3 单端输入与差分输入

单端输入和差分输入的示意图如图 14-8 所示。单端输入是以接地线 0V（或一个固定电压）为基准，信号从另一端输入，输入信号为输入线与接地线（或一个固定电压）之间的差值；差分输入采用双输入，双线电压都不固定，输入信号为两根输入线间的差值。

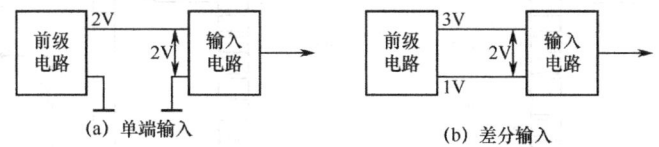

图 14-8 单端输入和差分输入

与单端输入方式相比，差分输入有很好的抗干扰性。以图 14-8 为例，同样是输入 2V 电压，若信号在由前级电路传送到输入电路时混入了 0.2V 的干扰电压，则对于单端输入而言，由于地线电压始终为 0V，故其输入信号电压由 2V 变为 2.2V；对于差分输入而言，如果干扰电压同时混入两根输入线（共模干扰信号），则两根输入线的电压差值不变，即输入电压仍为 2V。

单端输入方式一般适用于输入信号的电压高（高于 1V）、电路的输入导线短、电路之间共用地线的场合。如果遇到输入信号的电压低、电路的输入导线长、电路之间不共用地线的场合，可采用差分输入方式。

14.3 A/D 和 D/A 转换电路及编程

14.3.1 单片机、PCF8591 芯片与 8 位数码管构成的 A/D 和 D/A 转换及显示电路

单片机、PCF8591 芯片与 8 位数码管构成的 A/D 和 D/A 转换及显示电路如图 14-9 所示。

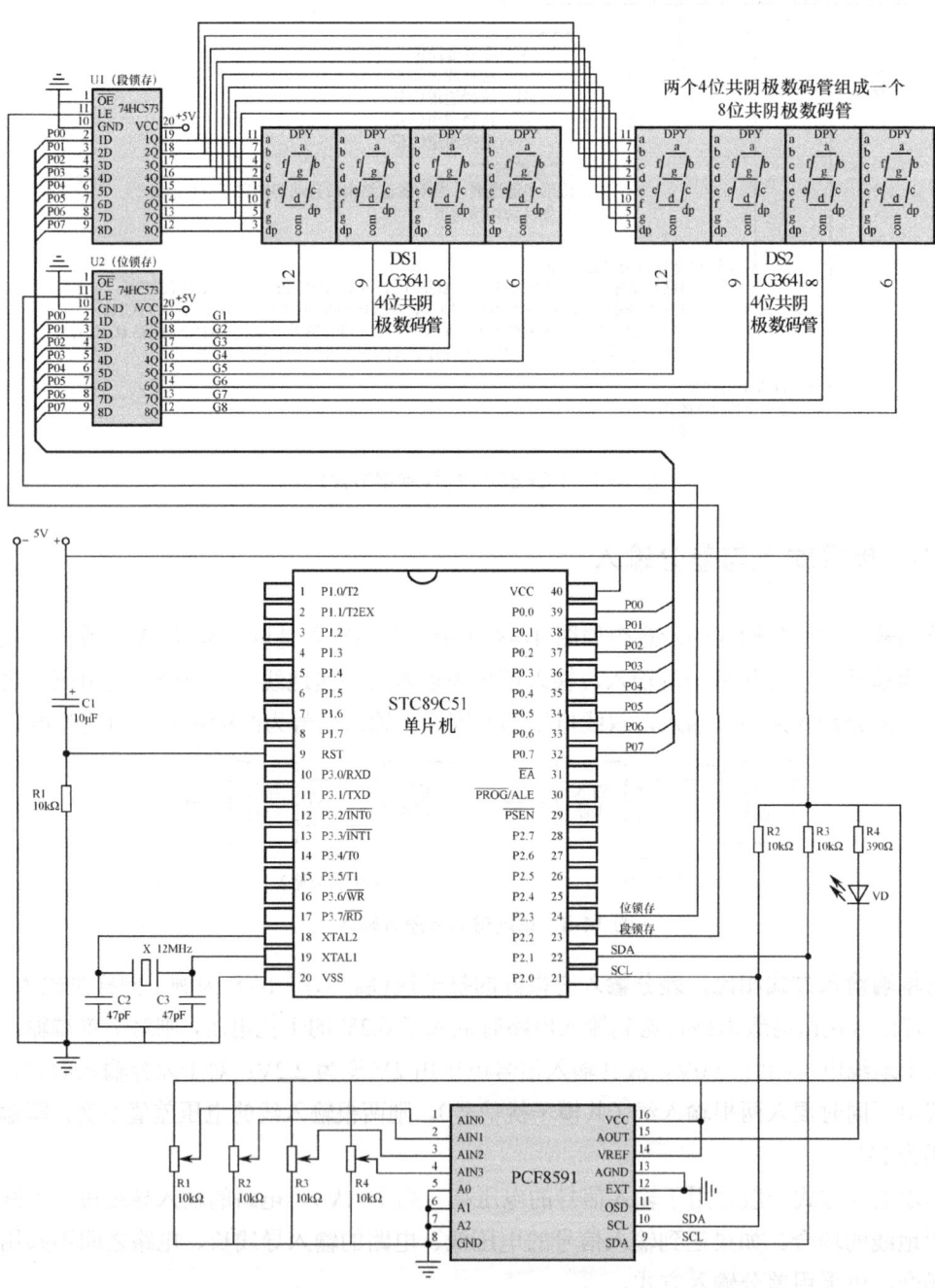

图 14-9 单片机、PCF8591 芯片与 8 位数码管构成的 A/D 和 D/A 转换及显示电路

14.3.2 A/D 转换输出显示的程序详解

如图 14-10 所示是 A/D 转换输出显示的程序，与之对应的电路见图 14-9。

```c
/* A/D 转换输出显示的程序*/
#include <reg51.h>          //调用 reg51.h 文件对单片机各特殊功能寄存器进行地址定义
#include <intrins.h>        //调用 intrins.h 文件对本程序用到的"_nop_()"函数进行声明
#define Nop()  _nop_()      //用 define（宏定义）命令将 Nop()代表_nop_()，程序中 Nop()与_nop_()等同
sbit SDA=P2^1;              //用位定义关键字 sbit 将 SDA(数据)代表 P2.1 端口(也可以使用其他端口)
sbit SCL=P2^0;              //用位定义关键字 sbit 将 SCL(时钟)代表 P2.0 端口(也可以使用其他端口)
bit ack;                    //用关键字 bit 将 ack 定义为位变量

sbit DuanSuo=P2^2;          //用位定义关键字 sbit 将 DuanSuo 代表 P2.2 端口
sbit WeiSuo =P2^3;
#define WDM P0               //用 define（宏定义）命令将 WDM 代表 P0，程序中 WDM 与 P0 同同
unsigned char code DMtable[]={0x3f,0x06,0x5b,0x4f,0x66,0x6d,0x7d,0x07,   //定义一个 DMtable 表格，依次
                              0x7f,0x6f,0x77,0x7c,0x39,0x5e,0x79,0x71}; //存放字符的段码
unsigned char code WMtable[]={0xfe,0xfd,0xfb,0xf7,0xef,0xdf,0xbf,0x7f}; //定义一个 WMtable 表格，依次存放
                                                                       //8 位数码管低位到高位的位码
unsigned char TData[8];     //定义一个可存放 8 个元素的一维数组(表格)TData

                            //将模拟 IIC 总线通信的 10 个函数加到此处

/*以下 DelayUs 为微秒级延时函数，其输入参数为 unsigned char tu(无符号字符型变量 tu),tu 值为 8 位，取值范围 0~255，
如果单片机的晶振频率为 12M,本函数延时时间可用 T=(tu×2+5)us 近似计算，比如 tu=248,T=501 us≈0.5ms */
void DelayUs (unsigned char tu)   //DelayUs 为微秒级延时函数，其输入参数为无符号字符型变量 tu
{
  while(--tu);                    //while 为循环语句，每执行一次 while 语句,tu 值就减 1，
                                  //直到 tu 值为 0 时才执行 while 尾大括号之后的语句
}

/*以下 DelayMs 为毫秒级延时函数，其输入参数为 unsigned char tm（无符号字符型变量 tm），该函数内部使用了两个
DelayUs (248)函数，它们共延时 1002us（约 1ms），由于 tm 值最大为 255，故本 DelayMs 函数最大延时时间为 255ms,
若将输入参数定义为 unsigned int tm，则最长可获得 65535ms 的延时时间*/
void DelayMs(unsigned char tm)
{
 while(tm--)
 {
   DelayUs (248);
   DelayUs (248);
 }
}

/*以下为 Display 显示函数，用于驱动 8 位数码管动态扫描显示字符，输入参数 ShiWei 表示显示的开始位，如 ShiWei
为 0 表示从第一个数码管开始显示，WeiShu 表示显示的位数，如要显示 99 两位数应让 WeiShu 为 2 */
void Display(unsigned char ShiWei,unsigned char WeiShu)   // Display(显示)函数有两个输入参数，
                                                          //分别为 ShiWei(开始位)和 WeiShu(显示位数)
{
 static  unsigned char i;         //声明一个静态(static)无符号字符型变量 i(表示显示位，0 表示第 1 位)，
                                  //静态变量占用的存储单元在程序退出前不会释放给变量使用
WDM=WMtable[i+ShiWei];   //将 WMtable 表格中的第 i+ShiWei +1 个位码送给 P0 端口输出
WeiSuo=1;                //让 P2.3 端口输出高电平，开通位码锁存器，锁存器输入变化时输出会随之变化
WeiSuo=0;                //让 P2.3 端口输出低电平，位码锁存器被封锁，锁存器的输出值被锁定不变

WDM=TData[i];            //将 TData 表格中的第 i+1 个段码送给 P0 端口输出
DuanSuo=1;               //让 P2.2 端口输出高电平，开通段码锁存器，锁存器输入变化时输出会随之变化
DuanSuo=0;               //让 P2.2 端口输出低电平，段码锁存器被封锁，锁存器的输出值被锁定不变

i++;            //将 i 值加 1，准备显示下一位数字
if(i==WeiShu)   //如果 i=WeiShu 表示显示到最后一位，执行 i=0
 {
  i=0;          //将 i 值清 0，以便从数码管的第 1 位开始再次显示
 }
}

/*以下为定时器及相关中断设置函数*/
void T0Int_S (void)    //函数名为 T0Int_S，输入和输出参数均为 void（空）
{
 TMOD=0x01;            //让 TMOD 寄存器的 M1M0=01，设 T0 工作在方式 1（16 位计数器）
 TH0=0;                //将 TH0 寄存器清 0
 TL0=0;                //将 TL0 寄存器清 0
 EA=1;                 //让 IE 寄存器的 EA=1，打开总中断
 ET0=1;                //让 IE 寄存器的 ET0=1，允许 T0 的中断请求
 TR0=1;                //让 TCON 寄存器的 TR0=1，启动 T0 在 TH0、TL0 初值基础上开始计数
}

/*以下 T0Int_Z 为定时器中断函数，用"(返回值) 函数名 (输入参数) interrupt n using m"格式定义一个函数名为
T0Int_Z 的中断函数，n 为中断源编号，n=0~4，m 为用作保护中断断点的寄存器组，可使用 4 组寄存器（0~3），每组
有 7 个寄存器(R0~R7)，m=0~3，若只有一个中断，可不写"using m"，使用多个中断时，不同中断应使用不同 m*/
void T0Int_Z (void)  interrupt 1   // T0Int_Z 为中断函数(用 interrupt 定义)，并且为 T0 的中断函数
                                   //(中断源编号 n=1)
{
 TH0=(65536-2000)/256;     //将定时初值的高 8 位放入 TH0，"/"为除法运算符号
 TL0=(65536-2000)%256;     //将定时初值的低 8 位放入 TL0, "%"为相除取余数符号
 Display(0,8);             //执行 Display 显示函数，从第 1 位(0)开始显示，共显示 8 位(8)
}

/*以下 ReadADC 为读取 A/D 转换值函数，用于从 PCF8591 读取模拟量转换成的数字量，数字量范围为 00H~FFH(16 进制表示)
或 0~256(10 进制表示)*/
unsigned char ReadADC(unsigned char Ch)    // ReadADC 函数的输入参数为无符号字符型变量 Ch，输出参数为
                                           //无符号字符型变量
```

图 14-10 A/D 转换输出显示的程序

```
{
    unsigned char Val;          //声明一个无符号字型变量 Val
    Start_I2C();                //执行 Start_I2C 函数，发送开始信号
    SendByte(0x90);             //执行 SendByte 函数，发送 PCF8591 的 7 位器件地址(1001000)和1位读写位(0-写, 1-读)
    if(ack==0)                  //如果位变量 ack=0，表示未接收到 ACK 信号，执行 return(0)并退出函数，ack=1 则执行
                                //本 if 尾大括号之后的语句
    {return(0);}                //将 0 返回给 ReadADC 的输出参数，表示发送数据失败，同时退出函数
    SendByte(0x00|Ch);          //执行 SendByte 函数，发送 PCF8591 的控制字节 0x01 (0x00 或 Ch=0x01)，让 A/D CH1 通道工作
    if(ack==0)                  //如果位变量 ack=0，表示未接收到 ACK 信号，执行 return(0)并退出函数，ack=1 则执行
                                //本 if 尾大括号之后的语句
    {return(0);}                //将 0 返回给 ReadADC 的输出参数，表示发送数据失败，同时退出函数
    Start_I2C();                //执行 Start_I2C 函数，发送开始信号
    SendByte(0x90+1);           //执行 SendByte 函数，发送 PCF8591 的 7 位器件地址和1位读写位(0-写, 1-读)，执行读操作
    if(ack==0)                  //如果位变量 ack=0，表示未接收到 ACK 信号，执行 return(0)并退出函数，ack=1 则执行
                                //本 if 尾大括号之后的语句
    {return(0);}                //将 0 返回给 ReadADC 的输出参数，表示发送数据失败，同时退出函数
    Val=ReceiveByte();          //执行 ReceiveByte 函数，从 PCF8591 的 A/D CH1 通道读取 A/D 转换的数据，并将该数据赋给变量 Val
    NoAck_I2C();                //执行 NoAck_I2C 函数，发送 NACK (非应答)信号，不再接收数据
    Stop_I2C();                 //执行 Stop_I2C 函数，发送停止信号
    return(Val);                //将变量 Val 的值返回给 ReadADC 函数的输出参数
}
/*以下 WriteDAC 为写 D/A 转换值函数，用于将需要转换成模拟量的数据写入 PCF8591，数字量范围为
00H~FFH(16 进制表示)或 0~256(10 进制表示) */
bit WriteDAC(unsigned char dat)  //WriteDAC 函数的输入参数为无符号字符型变量 dat，输出参数为位变量
{
    Start_I2C();                //执行 Start_I2C 函数，发送开始信号
    SendByte(0x90);             //执行 SendByte 函数，发送 PCF8591 的 7 位器件地址(1001000)和1位读写位(0-写, 1-读)
    if(ack==0)                  //如果位变量 ack=0，表示未接收到 ACK 信号，执行 return(0)并退出函数，ack=1 则执行
                                //本 if 尾大括号之后的语句
    {return(0);}                //将 0 返回给 WriteDAC 的输出参数，表示发送数据失败，同时退出函数
    SendByte(0x40);             //执行 SendByte 函数，发送 PCF8591 的控制字节 0x40 (即 01000000)，允许 D/A 输出
    if(ack==0)                  //如果位变量 ack=0，表示未接收到 ACK 信号，执行 return(0)并退出函数，ack=1 则执行
                                //本 if 尾大括号之后的语句
    {return(0);}                //将 0 返回给 WriteDAC 的输出参数，表示发送数据失败，同时退出函数
    SendByte(dat);              //执行 SendByte 函数，将变量 dat 的值写入 PCF8591 进行 D/A 转换
    if(ack==0)                  //如果位变量 ack=0，表示未接收到 ACK 信号，执行 return(0)并退出函数，ack=1 则执行
                                //本 if 尾大括号之后的语句
    {return(0);}                //将 0 返回给 WriteDAC 的输出参数，表示发送数据失败，同时退出函数
    Stop_I2C();                 //执行 Stop_I2C 函数，发送停止信号
}
/*以下为主程序部分*/
void main()
{
    unsigned char num=0;        //声明一个无符号字符型变量 num，且让 num 初值为 0
    T0Int_S();                  //执行 T0Int_S 函数，对定时器 T0 及相关中断进行设置，启动 T0 计时
    while (1)                   //主循环，while 首尾大括号内的语句会反复执行
    {
        num=ReadADC(1);         //执行 ReadADC 函数，从 PCF8591 的 A/D CH1 通道读取 A/D 转换成的数据，将 ReadADC 函数的
                                //输出参数(即读取的 A/D 转换值)赋给 num
        TData[0]=DMtable[num/100];     //以 num=236 为例，num/100 意为 num 除 100 取整，num/100=2，即将 DMtable 表格的
                                       //第 3 个段码(2 的段码)传送到 TData 数组的第 1 个位置
        TData[1]=DMtable[(num%100)/10];  //num%100 意为除 100 取余，(num%100)/10=36/10=3，即将 DMtable 表格的
                                         //第 4 个段码(3 的段码)传送到 TData 数组的第 2 个位置
        TData[2]=DMtable[(num%100)%10];  //(num%100)%10=36%10=6，即将 DMtable 表格第 7 个段码(6 的段码)传送到
                                         //TData 数组的第 3 个位置
        //此处可添加其他需要一直工作的程序
        DelayMs(100);           //执行 DelayMs 函数延时 100ms，即每隔 100ms 从 PCF8591 读取一次 A/D 转换值
    }
}
```

图 14-10 A/D 转换输出显示的程序（续）

1. 现象

8 位数码管显示 3 位数字（显示在第 1~3 位）；调节电位器 RP2，在使 PCF8591 的 AIN1 端电压在 0~5V 变化时，数码管显示的 3 位数字也会发生变化，变化范围为 000~255。

2. 程序说明

程序在运行时进入 main 函数。在 main 函数中执行并进入 T0Int_S()函数。在 T0Int_S() 函数中对定时器 T0 及有关中断进行设置，并启动 T0 定时器开始 2ms 计时。T0 每隔 2ms 产生一次中断并执行 T0Int_Z 函数（定时器中断函数）。执行 T0Int_Z 函数中的 Display 函数（显示函数），读取 TData 表格中第 1 个位置的段码，并驱动 8 位数码管的第 1 位显示出段码对应的数字。当 T0 定时器产生第 2 次中断时，第 2 次执行 Display 函数，读取 TData 表格中第 2 个位置的段码，并驱动 8 位数码管的第 2 位显示出段码对应的数字。如此连续工作，当数码管显示完 8 位后，再次执行 Display 函数，读取 TData 表格中第 1 个位置的段码，并驱动 8 位数码管的第 1 位再次显示。

第 14 章 A/D（模/数）与 D/A（数/模）转换电路及编程

在 main 函数中执行 T0Int_S()函数后，进入 while 主循环。执行 ReadADC 函数，从 PCF8591 的 A/D CH1 通道读取 A/D 转换成的数据，将 ReadADC 函数的输出参数（即读取的 A/D 转换值）赋给变量 num。将 num 值（000~255）的段码分别存到 TData 表格的第 1~3 个位置（即[0]~[2]）。执行 DelayMs 函数延时 100ms。在这段时间内，Display 函数每隔 2ms 执行一次，按顺序从 TData 表格的第 1~8 个位置读取数字的段码并显示在数码管的相应位上，反复进行。由于 TData 表格的第 4~8 个位置没有数字的段码，故 8 位数码管只有第 1~3 位显示数字。

ReadADC 函数为读取 A/D 转换值函数，用于从 PCF8591 读取由模拟量转换成的数字量。其详细工作过程请参见该函数内部各条语句说明。

14.3.3　4 路电压测量显示的程序详解

如图 14-11 所示为 4 路电压测量显示的程序，与之对应的电路见图 14-9。

```
/*4路电压测量显示的程序*/
#include <reg51.h>           //调用 reg51.h 文件对单片机各特殊功能寄存器进行地址定义
#include <intrins.h>         //调用 intrins.h 文件对本程序用到的"_nop_()"函数进行声明
#define Nop()  _nop_()       //用 define（宏定义）命令将 Nop()代表 _nop_()，程序中 Nop()与 _nop_()等同
sbit SDA=P2^1;               //用位定义关键字 sbit 将 SDA（数据）代表 P2.1 端口（也可以使用其他端口）
sbit SCL=P2^0;               //用位定义关键字 sbit 将 SCL（时钟）代表 P2.0 端口（也可以使用其他端口）
bit ack;                     //用关键字 bit 将 ack 定义为位变量
bit ReadADFlag;

sbit DuanSuo=P2^2;   //用位定义关键字 sbit 将 DuanSuo 代表 P2.2 端口
sbit WeiSuo=P2^3;
#define WDM P0        //用 define（宏定义）命令将 WDM 代表 P0，程序中 WDM 与 P0 等同
unsigned char code DMtable[]={0x3f,0x06,0x5b,0x4f,0x66,0x6d,0x7d,0x07,   //定义一个 DMtable 表格，依次
                              0x7f,0x6f,0x77,0x7c,0x39,0x5e,0x79,0x71}; //存放字符 0~F 的段码
unsigned char code WMtable[]={0xfe,0xfd,0xfb,0xf7,0xef,0xdf,0xbf,0x7f}; //定义一个 WMtable 表格，依次存放
                                                                        //8 位数码管低位到高位的位码
unsigned char TData[8];   //定义一个可存放 8 个元素的一维数组(表格)TData

                    //将模拟 IIC 总线通信的 10 个函数加到此处

/*以下 DelayUs 为微秒级延时函数，其输入参数为 unsigned char tu(无符号字符型变量 tu),tu 值为 8 位,取值范围 0~255,
如果单片机的晶振频率为 12M, 本函数延时时间可用 T=(tu×2+5)us 近似计算，比如 tu=248, T=501 us≈0.5ms */
void DelayUs (unsigned char tu)    //DelayUs 为微秒级延时函数，其输入参数为无符号字符型变量 tu
 {
  while(--tu);            //while 为循环语句，每执行一次 while 语句, tu 值就减 1,
                          //直到 tu 值为 0 时才执行 while 尾大括号之后的语句
 }

/*以下 DelayMs 为毫秒级延时函数，其输入参数为 unsigned char tm（无符号字符型变量 tm），该函数内部使用了两个
DelayUs (248)函数，它们共延时 1002us（约 1ms）, 由于 tm 值最大为 255, 故本 DelayMs 函数最大延时时间为 255ms,
若将输入参数定义为 unsigned int tm，则最长可获得 65535ms 的延时时间*/
void DelayMs(unsigned char tm)
 {
  while(tm--)
   {
    DelayUs (248);
    DelayUs (248);
   }
 }

/*以下为 Display 显示函数，用于驱动 8 位数码管动态扫描显示字符，输入参数 ShiWei 表示显示的开始位，如 ShiWei
为 0 表示从第一个数码管开始显示, WeiShu 表示显示的位数，如显示 99 两位数应让 WeiShu 为 2 */
void Display(unsigned char ShiWei,unsigned char WeiShu)  // Display(显示)函数有两个输入参数，
                                                          //分别为 ShiWei(开始位)和 WeiShu(位数)
 {
  static  unsigned char i;        //声明一个静态(static)无符号字符型变量 i(表示显示位, 0 表示第 1 位),
                                  //静态变量占用的存储单元在程序退出前不会释放给变量使用
  WDM=WMtable[i+ShiWei];   //将 WMtable 表格中的第 i+ShiWei +1 个位码送给 P0 端口输出
  WeiSuo=1;                //让 P2.3 端口输出高电平，开通位码锁存器，锁存器输入变化时输出会随之变化
  WeiSuo=0;                //让 P2.3 端口输出低电平，位码锁存器被封锁，锁存器的输出值被锁定不变

  WDM=TData[i];            //将 TData 表格中的第 i+1 个段码送给 P0 端口输出
  DuanSuo=1;               //让 P2.2 端口输出高电平，开通段码锁存器，锁存器输入变化时输出会随之变化
  DuanSuo=0;               //让 P2.2 端口输出低电平，段码锁存器被封锁，锁存器的输出值被锁定不变

  i++;           //将 i 值加 1，准备显示下一位数字
  if(i==WeiShu)  //如果 i=WeiShu 表示显示到最后一位，执行 i=0
   {
    i=0;         //将 i 值清 0，以便从数码管的第 1 位开始再次显示
```

图 14-11　4 路电压测量显示的程序

```
          }
     }
/*以下为定时器及相关中断设置函数*/
void T0Int_S (void)          //函数名为T0Int_S,输入和输出参数均为void(空)
{
     TMOD=0x01;              //让TMOD寄存器的M1M0=01,设T0工作在方式1(16位计数器)
     TH0=0;                  //将TH0寄存器清0
     TL0=0;                  //将TL0寄存器清0
     EA=1;                   //让IE寄存器的EA=1,打开总中断
     ET0=1;                  //让IE寄存器的ET0=1,允许T0的中断请求
     TR0=1;                  //让TCON寄存器的TR0=1,启动T0在TH0、TL0初值基础上开始计数
}
/*以下T0Int_Z为定时器中断函数,用"(返回值)函数名(输入参数) interrupt n using m"格式定义一个函数名为
T0Int_Z的中断函数,n为中断源编号,n=0~4,m为用作保护中断断点的寄存器组,可使用4组寄存器(0~3),每组
有7个寄存器(R0~R7),m=0~3,若只有一个中断,可不写"using m",使用多个中断时,不同中断应使用不同m*/
void T0Int_Z (void)  interrupt 1   // T0Int_Z为中断函数(用interrupt定义),并且为T0的中断函数
                                   //(中断源编号n=1)
{
     static unsigned int num;      //声明一个静态(static)无符号整数型变量num
     TH0=(65536-2000)/256;         //将定时初值的高8位放入TH0,"/"为除法运算符号
     TL0=(65536-2000)%256;         //将定时初值的低8位放入TL0,"%"为相除取余数符号
     Display(0,8);                 //执行Display显示函数,从第1位(0)开始显示,共显示8位(8)
     num++;            //将num值加1
     if(num==50)       //如果T0Int_Z函数(或Display)执行50次(约需100ms)后,将num值清0,将位变量ReadADFlag置1
     {
          num=0;                   //将num值清0
          ReadADFlag=1;            //将读标志位ReadADFlag置1
     }
}
/*以下ReadADC为读取A/D转换值函数,用于从PCF8591读取模拟量转换成的数字量,数字量范围为00H~FFH(16进制表示)
或0~256(10进制表示) */
unsigned char ReadADC(unsigned char Ch)   // ReadADC函数的输入参数为无符号字符型变量Ch,输出参数为
                                          //无符号字符型变量
{
     unsigned char Val;   //声明一个无符号字型变量Val
     Start_I2C();         //执行Start_I2C函数,发送开始信号
     SendByte(0x90);      //执行SendByte函数,发送PCF8591的7位器件地址(1001000)和1位读写位(0-写,1-读)
     if(ack==0)           //如果位变量ack=0,表示未接收到ACK信号,执行return(0)并退出函数,ack=1则执行
                          //本if尾大括号之后的语句
     {return(0);}         //将0返回给ReadADC的输出参数,表示发送数据失败,同时退出函数
     SendByte(0x00|Ch);   //执行SendByte函数,给PCF8591发送控制字节,"|"意为或运算,让Ch通道工作
     if(ack==0)           //如果位变量ack=0,表示未接收到ACK信号,执行return(0)并退出函数,ack=1则执行
                          //本if尾大括号之后的语句
     {return(0);}         //将0返回给ReadADC的输出参数,表示发送数据失败,同时退出函数
     Start_I2C();         //执行Start_I2C函数,发送开始信号
     SendByte(0x91);      //执行SendByte函数,发送PCF8591的7位器件地址和1位读写位(0-写,1-读),执行读操作
     if(ack==0)           //如果位变量ack=0,表示未接收到ACK信号,执行return(0)并退出函数,ack=1则执行
                          //本if尾大括号之后的语句
     {return(0);}         //将0返回给ReadADC的输出参数,表示发送数据失败,同时退出函数
     Val=ReceiveByte();   //执行ReceiveByte函数,从PCF8591的A/D CH1通道读取A/D转换成的数据,并将该数据赋给变量Val
     NoAck_I2C();         //执行NoAck_I2C函数,发送NACK(非应答)信号),不再接收数据
     Stop_I2C();          //执行Stop_I2C()函数,发送停止信号
     return(Val);         //将变量Val的值返回给ReadADC函数的输出参数
}

/*以下WriteDAC为写D/A转换值函数,用于将需要转换成模拟量的数据写入PCF8591,数字量范围为
00H~FFH(16进制表示)或0~256(10进制表示) */
bit WriteDAC(unsigned char dat)   //WriteDAC函数的输入参数为无符号字符型变量dat,输出参数为位变量
{
     Start_I2C();         //执行Start_I2C函数,发送开始信号
     SendByte(0x90);      //执行SendByte函数,发送PCF8591的7位器件地址(1001000)和1位读写位(0-写,1-读)
     if(ack==0)           //如果位变量ack=0,表示未接收到ACK信号,执行return(0)并退出函数,ack=1则执行
                          //本if尾大括号之后的语句
     {return(0);}         //将0返回给WriteDAC的输出参数,表示发送数据失败,同时退出函数
     SendByte(0x40);      //执行SendByte函数,发送PCF8591的控制字节0x40(即01000000),允许D/A输出
     if(ack==0)           //如果位变量ack=0,表示未接收到ACK信号,执行return(0)并退出函数,ack=1则执行
                          //本if尾大括号之后的语句
     {return(0);}         //将0返回给WriteDAC的输出参数,表示发送数据失败,同时退出函数
     SendByte(dat);       //执行SendByte函数,将变量dat的值写入PCF8591进行D/A转换
     if(ack==0)           //如果位变量ack=0,表示未接收到ACK信号,执行return(0)并退出函数,ack=1则执行
                          //本if尾大括号之后的语句
     {return(0);}         //将0返回给WriteDAC的输出参数,表示发送数据失败,同时退出函数
     Stop_I2C();          //执行Stop_I2C函数,发送停止信号
}

/*以下为主程序部分*/
void main()
{
     unsigned char num=0,i;  //声明两个无符号字符型变量num和i,且让num初值为0
     T0Int_S();              //执行T0Int_S函数,对定时器T0及相关中断进行设置,启动T0计时
     DelayMs(20);            //执行DelayMs函数,延时20ms
     while (1)               //主循环,while首尾大括号内的语句会反复执行
     {
          if(ReadADFlag)     //如果ReadADFlag=1(即Display显示函数执行了50次,读取值持续显示约5s),再次读取各通道值
          {
               ReadADFlag=0;         //将位变量ReadADFlag置0
               for(i=0;i<5;i++)      //执行5次"num=ReadADC(0)",连续从PCF8591的A/D CH0通道读5次数据,num存放最后一次读取值
               {num=ReadADC(0);}     //执行ReadADC函数,从PCF8591的A/D CH0通道读取数据,存入变量num
               num=num*5*10/256;     //将num值扩大50倍再除以256,这样将num值由0~255近似变成0~50,便于直观表示电压大小
               TData[0]=DMtable[num/10]|0x80;   //以num=25为例,num/10意为num除以10取整,num/10=2,即将DMtable表格的
                                                //第3个段码(2的段码)段位与0x80进行位或运算(即让段码最高位为1以显示
                                                //小数点)后,将结果传送到TData数组的第1个位置
               TData[1]=DMtable[num%10];        //num%10意为除10取余,(num%10)/10=25%10=5,即将DMtable表格的
                                                //第6个段码(5的段码)传送到TData数组的第2个位
```

图 14-11 4 路电压测量显示的程序(续)

```
            for(i=0;i<5;i++)       //从 CH1 通道读取模拟量转换成的数据，将数据 0～255 转变成 0～50，
                                   //并在数码管的第 3、4 位显示 0.0～5.0 的数值
            {num=ReadADC(1);}
            num=num*5*10/256;
            TData[2]=DMtable[num/10]|0x80;
            TData[3]=DMtable[num%10];
            for(i=0;i<5;i++)       //从 CH2 通道读取模拟量转换成的数据，将数据 0～255 转变成 0～50，
                                   //并在数码管的第 5、6 位显示 0.0～5.0 的数值
            {num=ReadADC(2);}
            num=num*5*10/256;
            TData[4]=DMtable[num/10]|0x80;
            TData[5]=DMtable[num%10];
            for(i=0;i<5;i++)       //从 CH3 通道读取模拟量转换成的数据，将数据 0～255 转变成 0～50，
                                   //并在数码管的第 7、8 位显示 0.0～5.0 的数值
            {num=ReadADC(3);}
            num=num*5*10/256;
            TData[6]=DMtable[num/10]|0x80;
            TData[7]=DMtable[num%10];
                                   //此处可添加其它需要一直执行的程序
        }
    }
}
```

图 14-11 4 路电压测量显示的程序（续）

1. 现象

8 位数码管显示 4 组数值（每组两位，带小数点）；调节电位器 RP1，在使 PCF8591 的 AIN0 端电压在 0～5V 内变化时，8 位数码管的第 1 组数值在 0.0～5.0 内变化；调节电位器 RP2、RP3、RP4，可分别使 8 位数码管的第 2、3、4 组数值在 0.0～5.0 内变化。

2. 程序说明

程序在运行时进入 main 函数。在 main 函数中执行并进入 T0Int_S()函数。在 T0Int_S()函数中对定时器 T0 及有关中断进行设置，并启动 T0 定时器开始 2ms 计时。T0 每隔 2ms 产生一次中断并执行 T0Int_Z 函数（定时器中断函数）。T0Int_Z 函数中的 Display 函数（显示函数）每隔 2ms 执行一次，即每次按[0]～[7]的顺序从 TData 表格读取一个数字的段码，驱动 8 位数码管将该数字显示在相应位上。在 Display 函数中增加一个静态变量 num（在退出 Display 函数时静态变量 num 不会被占用，num 值仍保持），用于对 Display 函数的执行次数计数，当 Display 函数执行 50 次（用时约为 100ms）时，将读标志位 ReadADFlag 置 1。

在 main 函数中执行 T0Int_S()函数后，进入 while 主循环。检查 ReadADFlag 的值，如果 ReadADFlag=1，则表示 Display 函数已执行了 50 次，数码管显示数值的持续时间达到 100ms。将 ReadADFlag 清 0 后执行第 1 个 for 语句，即先连续从 PCF8591 的 A/D CH0 通道读 5 次数据，num 保存最后一个读取值；然后将 num 值扩大 50 倍并除以 256，将 num 值由 0～255 近似转换成 00～50（便于直观显示电压大小）；再将转换成的数值的两位数字段码分别存放到 TData 表格的第 1、2 个位置，以便让 Display 函数读取该值并显示在数码管的第 1 位（带小数点）和第 2 位。用同样的方法读取 CH1、CH2、CH3 通道的数据，转换后显示在 8 位数码管的第 3～8 位上。

在让 Display 函数执行 50 次后，再次读取 4 个通道的数值，可以避免因前后数值读取时间间隔短造成的数码管在同一位置显示数值重叠不清的情况。

14.3.4 D/A 转换输出显示的程序详解

如图 14-12 所示是 D/A 转换输出显示的程序，与之对应的电路见图 14-9。

```c
/* D/A 转换输出显示的程序*/
#include <reg51.h>          //调用 reg51.h 文件对单片机各特殊功能寄存器进行地址定义
#include <intrins.h>        //调用 intrins.h 文件对本程序用到的"_nop_()"函数进行声明
#define Nop() _nop_()       //用 define(宏定义)命令将 Nop()代表_nop_(), 程序中 Nop()与_nop_()等同
sbit SDA=P2^1;              //用位定义关键字 sbit 将 SDA(数据)代表 P2.1 端口(也可以使用其他端口)
sbit SCL=P2^0;              //用位定义关键字 sbit 将 SCL(时钟)代表 P2.0 端口(也可以使用其他端口)
bit ack;                    //用关键字 bit 将 ack 定义为位变量

sbit DuanSuo=P2^2;  //用位定义关键字 sbit 将 DuanSuo 代表 P2.2 端口
sbit WeiSuo=P2^3;
#define WDM P0       //用 define(宏定义)命令将 WDM 代表 P0, 程序中 WDM 与 P0 等同
unsigned char code DMtable[]={0x3f,0x06,0x5b,0x4f,0x66,0x6d,0x7d,0x07,  //定义一个 DMtable 表格, 依次
                  0x7f,0x6f,0x77,0x7c,0x39,0x5e,0x79,0x71};  //存放字符 0~F 的段码
unsigned char code WMtable[]={0xfe,0xfd,0xfb,0xf7,0xef,0xdf,0xbf,0x7f};  //定义一个 WMtable 表格, 依次存放
                                                            //8 位数码管低位到高位的位码
unsigned char TData[8]; //定义一个可存放 8 个元素的一维组(表格)TData



                    //将模拟 IIC 总线通信的 10 个函数加到此处



/*以下 DelayUs 为微秒级延时函数, 其输入参数为 unsigned char tu(无符号字符型变量 tu), tu 值为 8 位, 取值范围 0~255,
如果单片机的晶振频率为 12M, 本函数延时时间可用 T=(tu×2+5)us 近似计算, 比如 tu=248, T=501 us≈0.5ms */
void DelayUs (unsigned char tu)    //DelayUs 为微秒级延时函数, 其输入参数为无符号字符型变量 tu
{
  while(--tu);                     //while 为循环语句, 每执行一次 while 语句, tu 值就减 1,
                                   //直到 tu 值为 0 时才执行 while 尾大括号之后的语句
}

/*以下 DelayMs 为毫秒级延时函数, 其输入参数为 unsigned char tm(无符号字符型变量 tm), 该函数内部使用了两个
DelayUs (248)函数, 它们共延时 1002us(约 1ms), 由于 tm 值最大为 255, 故本 DelayMs 函数最大延时时间为 255ms,
若将输入参数定义为 unsigned int tm, 则最长可获得 65535ms 的延时时间*/
void DelayMs(unsigned char tm)
{
  while(tm--)
    {
      DelayUs (248);
      DelayUs (248);
    }
}

/*以下为 Display 显示函数, 用于驱动 8 位数码管动态扫描显示字符, 输入参数 ShiWei 表示显示的开始位, 如 ShiWei
为 0 表示从第一个数码管开始显示, WeiShu 表示显示的位数, 如显示 99 两位数应让 WeiShu 为 2 */
void Display(unsigned char ShiWei,unsigned char WeiShu)   // Display(显示)函数有两个输入参数,
                                                          //分别为 ShiWei(开始位)和 WeiShu(位数)
{
  static unsigned char i;      //声明一个静态(static)无符号字符型变量 i(表示显示位, 0 表示第 1 位),
                               //静态变量占用的存储单元在程序退出前不会释放给变量使用
  WDM=WMtable[i+ShiWei];       //将 WMtable 表格中的第 i+ShiWei +1 位位码送给 P0 端口输出
  WeiSuo=1;                    //让 P2.3 端口输出高电平, 开通位码锁存器, 锁存器输入变化时输出会随之变化
  WeiSuo=0;                    //让 P2.3 端口输出低电平, 位码锁存器被封锁, 锁存器的输出值被锁定不变

  WDM=TData[i];                //将 TData 表格中的第 i+1 个段码送给 P0 端口输出
  DuanSuo=1;                   //让 P2.2 端口输出高电平, 开通段码锁存器, 锁存器输入变化时输出会随之变化
  DuanSuo=0;                   //让 P2.2 端口输出低电平, 段码锁存器被封锁, 锁存器的输出值被锁定不变

  i++;                         //将 i 值加 1, 准备显示下一位数字
  if(i==WeiShu)                //如果 i=WeiShu 表示显示到最后一位, 执行 i=0
   {
     i=0;                      //将 i 值清 0, 以便从数码管的第 1 位开始再次显示
   }
}

/*以下为定时器及相关中断设置函数*/
void T0Int_S (void)       //函数名为 T0Int_S, 输入和输出参数均为 void(空)
{
  TMOD=0x01;              //让 TMOD 寄存器的 M1M0=01, 设 T0 工作在方式 1 (16 位计数器)
  TH0=0;                  //将 TH0 寄存器清 0
  TL0=0;                  //将 TL0 寄存器清 0
  EA=1;                   //让 IE 寄存器的 EA=1, 打开总中断
  ET0=1;                  //让 IE 寄存器的 ET0=1, 允许 T0 的中断请求
  TR0=1;                  //让 TCON 寄存器的 TR0=1, 启动 T0 在 TH0、TL0 初值基础上开始计数
}

/*以下 T0Int_Z 为定时器中断函数, 用"(返回值)函数名(输入参数) interrupt n using m"格式定义一个函数名为
T0Int_Z 的中断函数, n 为中断源编号, n=0~4, m 为用作保护中断断点的寄存器组, 可使用 4 组寄存器(0~3), 每组
有 7 个寄存器(R0~R7), m=0~3, 若只有一个中断, 可不写"using m", 使用多个中断时, 不同中断应使用不同 m*/
void T0Int_Z (void) interrupt 1  // T0Int_Z 为中断函数(用 interrupt 定义), 并且为 T0 的中断函数
```

图 14-12 D/A 转换输出显示的程序

```
                              //(中断源编号n=1)
    {
    TH0=(65536-2000)/256;     //将定时初值的高8位放入TH0,"/"为除法运算符号
    TL0=(65536-2000)%256;     //将定时初值的低8位放入TL0,"%"为相除取余数符号
    Display(0,8);             //执行Display显示函数,从第1位(0)开始显示,共显示8位(8)
    }
/*以下ReadADC为读取A/D转换值函数,用于从PCF8591读取模拟量转换成的数字量,数字量范围为00H~FFH(16进制表示)
或0~256(10进制表示) */
unsigned char ReadADC(unsigned char Ch)  //ReadADC函数的输入参数为无符号字符型变量Ch,输出参数为
                                         //无符号字符型
{
    unsigned char Val;   //声明一个无符号字型变量Val
    Start_I2C();         //执行Start_I2C函数,发送开始信号
    SendByte(0x90);      //执行SendByte函数,发送PCF8591的7位器件地址(1001000)和1位读写位(0-写,1-读)
    if(ack==0)           //如果位变量ack=0,表示未接收到ACK信号,执行return(0)并退出函数,ack=1则执行
                         //本if尾大括号之后的语句
       {return(0);}      //将0返回给ReadADC的输出参数,表示发送数据失败,同时退出函数
    SendByte(0x00|Ch);   //执行SendByte函数,给PCF8591发送控制字节,"|"意为位或运算,让Ch通道工作
    if(ack==0)           //如果位变量ack=0,表示未接收到ACK信号,执行return(0)并退出函数,ack=1则执行
                         //本if尾大括号之后的语句
       {return(0);}      //将0返回给ReadADC的输出参数,表示发送数据失败,同时退出函数
    Start_I2C();         //执行Start_I2C函数,发送开始信号
    SendByte(0x91);      //发送PCF8591的7位器件地址和1位读写位(0-写,1-读),执行读操作
    if(ack==0)           //如果位变量ack=0,表示未接收到ACK信号,执行return(0)并退出函数,ack=1则执行
                         //本if尾大括号之后的语句
       {return(0);}      //将0返回给ReadADC的输出参数,表示发送数据失败,同时退出函数
    Val=ReceiveByte();   //执行ReceiveByte函数,从PCF8591的A/D CH1通道读取A/D转换的数据,并将该数据赋给变量Val
    NoAck_I2C();         //执行NoAck_I2C函数,发送NACK(非应答)信号,不再接收数据
    Stop_I2C();          //执行Stop_I2C()函数,发送停止信号
    return(Val);         //将变量Val的值返回给ReadADC函数的输出参数
}

/*以下WriteDAC为写D/A转换值函数,用于将需要转换成模拟量的数据写入PCF8591,数字量范围为
00H~FFH(16进制表示)或0~256(10进制表示) */
bit WriteDAC(unsigned char dat)  //WriteDAC函数的输入参数为无符号字符型变量dat,输出参数为位变量
{
    Start_I2C();         //执行Start_I2C函数,发送开始信号
    SendByte(0x90);      //执行SendByte函数,发送PCF8591的7位器件地址(1001000)和1位读写位(0-写,1-读)
    if(ack==0)           //如果位变量ack=0,表示未接收到ACK信号,执行return(0)并退出函数,ack=1则执行
                         //本if尾大括号之后的语句
       {return(0);}      //将0返回给WriteDAC的输出参数,表示发送数据失败,同时退出函数
    SendByte(0x40);      //执行SendByte函数,发送PCF8591的控制字节0x40(即01000000),允许D/A输出
    if(ack==0)           //如果位变量ack=0,表示未接收到ACK信号,执行return(0)并退出函数,ack=1则执行
                         //本if尾大括号之后的语句
       {return(0);}      //将0返回给WriteDAC的输出参数,表示发送数据失败,同时退出函数
    SendByte(dat);       //执行SendByte函数,将变量dat的值写入PCF8591进行D/A转换
    if(ack==0)           //如果位变量ack=0,表示未接收到ACK信号,执行return(0)并退出函数,ack=1则执行
                         //本if尾大括号之后的语句
       {return(0);}      //将0返回给WriteDAC的输出参数,表示发送数据失败,同时退出函数
    Stop_I2C();          //执行Stop_I2C()函数,发送停止信号
}

/*以下为主程序部分*/
void main()
{
    unsigned char num=0;  //声明一个无符号字符型变量num,且让num初值为0
    T0Int_S();            //执行T0Int_S函数,对定时器T0及相关中断进行设置,启动T0计时
    while (1)             //主循环,while首尾大括号内的语句会反复执行(每隔100ms执行一次),每执行一次num值增1
    {
        WriteDAC(num);    //执行WriteDAC函数,将num值写入PCF8591的D/A转换器,使之将num(数字量)转换成模拟量
        num++;            //将num值加1,num值从0增到255时再加1会变为0,反复循环
        TData[0]=DMtable[num/100];     //以num=236为例,num/100意为num除100取整,num/100=2,即将DMtable表格的
                                       //第3个段码(2的段码)传送到TData数组的第1个位置
        TData[1]=DMtable[(num%100)/10];//num%100意为除100取余,(num%100)/10=36/10=3,即将DMtable表格的
                                       //第4个段码(3的段码)传送到TData数组的第2个位置
        TData[2]=DMtable[(num%100)%10];//((num%100)%10=36%10=6,即将DMtable表格第7个段码(6的段码)传送到
                                       //TData数组的第3个位置
        DelayMs(100);     //执行DelayMs函数延时100ms,即每隔100ms往PCF8591的D/A转换器写一次要转换的数据
                          //此处可添加其他需要一直工作的程序
    }
}
```

图14-12 D/A转换输出显示的程序(续)

1. 现象

8位数码管显示出要转换成模拟量的3位数字,数字每隔100ms递增1,从000一直增到255后再变为000,如此反复进行。在3位数字增大的同时,PCF8591的D/A输出端外接的LED逐渐变暗,也就是说,当单片机写入PCF8591中D/A转换器的数字量逐渐增大时,D/A转换器输出的模拟量电压逐渐升高。

2. 程序说明

程序在运行时进入 main 函数。在 main 函数中执行并进入 T0Int_S()函数。在 T0Int_S()函数中对定时器 T0 及有关中断进行设置，并启动 T0 定时器开始 2ms 计时。T0 每隔 2ms 产生一次中断并执行 T0Int_Z 函数（定时器中断函数）。T0Int_Z 函数中的 Display 函数（显示函数）每隔 2ms 执行一次，即每次按[0]~[7]的顺序从 TData 表格读取一个数字的段码，驱动 8 位数码管将该数字显示在相应位上，如读取 TData[0]的段码并显示在最高位上。

在 main 函数中执行 T0Int_S()函数后，进入 while 主循环。执行 WriteDAC 函数，将 num 值写入 PCF8591 的 D/A 转换器，使之将 num（数字量）转换成模拟量。将 num 值加 1，并将 num 值（000~255）的段码分别存到 TData 表格的第 1~3 个位置（即[0]~[2]）。执行 DelayMs 函数延时 100ms。在这段时间内，Display 函数每隔 2ms 执行一次，即按顺序从 TData 表格的第 1~8 个位置读取数字的段码并显示在数码管的相应位上，反复进行。由于 TData 表格的第 4~8 个位置没有数字的段码，故 8 位数码管只有第 1~3 位显示数字。

WriteDAC 函数为读取 D/A 转换值函数，用于将单片机写入 PCF8591 中 D/A 转换器的数字量转换成模拟量。其详细工作过程请参见该函数内部各条语句说明。

第 15 章　电路绘图设计软件入门

15.1　概述

近二三十年来，电子技术的飞速发展已经渗透到社会的许多领域。根据应用领域的不同，电子技术可分为家庭消费电子技术、汽车电子技术、医疗电子技术、IT 数码电子技术、机械电子技术和通信电子技术等。不管是哪个领域的电子技术，它们需要的人才一般都包括研发设计型人才、生产制造型人才，以及维护型、维修型人才等。在这些人才中，研发设计型人才和生产制造型人才在工作中经常需要绘制电路图。

在电子电路设计软件出现前，人们基本上靠手工绘制电路图。这种方式不仅效率低，而且容易出错，修改也很不方便。20 世纪 80 年代，Protel 电路绘图软件开始传入我国，并逐渐得到广泛应用，电子设计也由传统的手工绘制转为电脑辅助设计。

Protel 电路设计软件由澳大利亚 Protel Technology 公司开发，是众多电子电路设计软件中应用较广泛的一种设计软件，可以设计各个领域的电路应用系统。随着电子技术的发展，Protel 软件的版本不断升级，功能也不断完善。Protel 软件的 Windows 版本很多，主要有 Protel 98、Protel 99、Protel 99 SE、Protel DXP 和 Protel 2004 等。

在众多的 Protel 软件版本中，因 Protel 99 SE 软件容易获得，运行时对电脑的软、硬件要求低，并且功能完全能满足大多数电子电路设计的要求，所以应用十分广泛。因此，本书主要介绍如何应用 Protel 99 SE 软件进行电子电路设计。

15.2　Protel 99 SE 基础知识

15.2.1　Protel 99 SE 的组成

Protel 99 SE 由以下 4 个模块组成，不同的模块具有不同的功能。

1. 电路原理图设计模块（Schematic）

电路原理图设计模块主要包括设计电路原理图的电路原理图编辑器，以及用于创建、修改元件符号的元件库编辑器和各种报表生成器。

2. PCB 图设计模块（PCB）

PCB 图设计模块主要包括设计 PCB 图的 PCB 设计编辑器、进行 PCB 自动布线的 Route 模块，用于创建或修改元件封装的元件封装编辑器，以及各种报表生成器。

3. 可编程逻辑器件设计模块（PLD）

可编程逻辑器件设计模块主要包括具有语法意识的文本编辑器，以及用于编译和仿真设计的 PLD 模块。

4. 电路仿真模块（Simulate）

电路仿真模块主要包括一个功能强大的数/模混合信号的电路仿真器。它能连续进行模拟信号和数字信号的仿真。

15.2.2　Protel 99 SE 的设计电路流程

Protel 99 SE 设计电路的一般流程如图 15-1 所示。

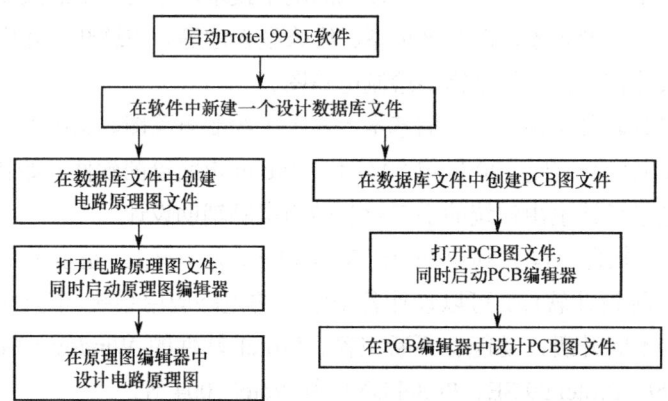

图 15-1　Protel 99 SE 设计电路的一般流程

15.3　Protel 99 SE 使用入门

15.3.1　数据库文件的创建、关闭与打开

1. 数据库文件的创建

在 Protel 99 SE 中进行电路设计时，需要先创建一个设计数据库文件，然后在该数据库文件中创建原理图文件和 PCB 图文件。 数据库文件的创建过程如下。

❶ 启动 Protel 99 SE 软件。在安装好 Protel 99 SE 软件后，双击桌面上的 Protel 99 SE 图标，或者单击桌面左下角的"开始"按钮，在弹出的菜单中执行"程序"→ Protel 99 SE→Protel 99 SE 命令，就可以启动 Protel 99 SE，进入如图 15-2 所示的 Protel 99 SE 设计窗口。

❷ 新建数据库文件。执行 File→New 命令，弹出如图 15-3 所示的 New Design Database（新建数据库文

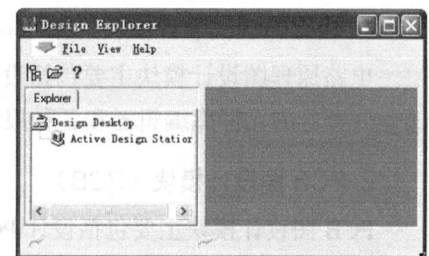

图 15-2　Protel 99 SE 设计窗口

件）对话框，在该对话框中可以进行如下操作：

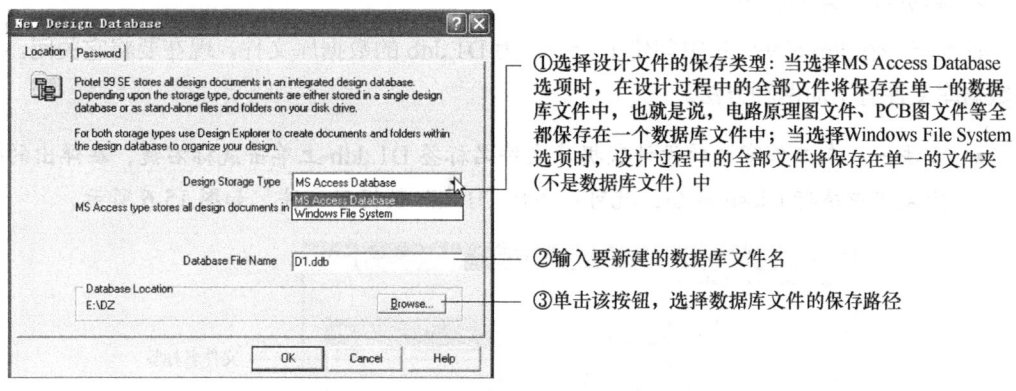

①选择设计文件的保存类型：当选择MS Access Database 选项时，在设计过程中的全部文件将保存在单一的数据库文件中，也就是说，电路原理图文件、PCB图文件等全都保存在一个数据库文件中；当选择Windows File System选项时，设计过程中的全部文件将保存在单一的文件夹（不是数据库文件）中

②输入要新建的数据库文件名

③单击该按钮，选择数据库文件的保存路径

图 15-3　New Design Database 对话框

❸ 设置数据库文件密码。如果想给创建的数据库文件设置密码，可打开 New Design Database 对话框左上角的 Password 选项卡，如图 15-4 所示，可在该对话框中按提示设置密码信息。

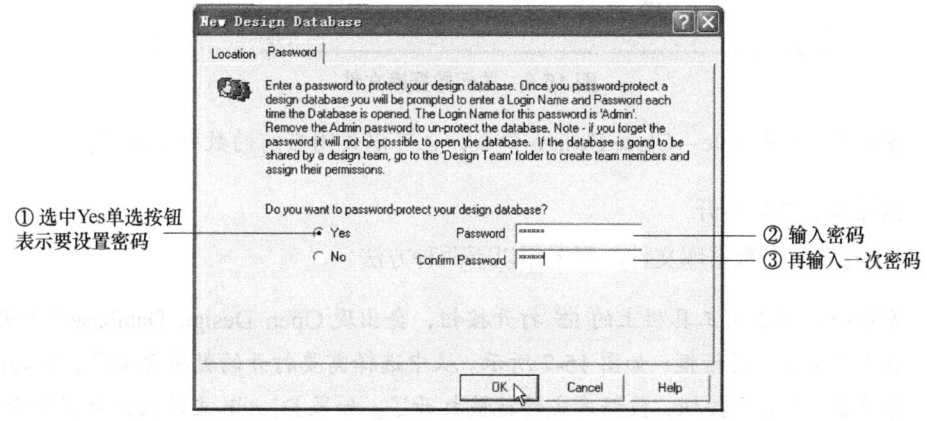

①选中Yes单选按钮表示要设置密码

②输入密码

③再输入一次密码

图 15-4　设置密码信息

在上述操作完成后，单击 OK 按钮，即可在 E:\DZ 目录下创建一个名为 D1.ddb 的数据库文件。而在 Protel 99 SE 的文件管理器中同时也会出现一个 D1.ddb 数据库文件，如图 15-5 所示。

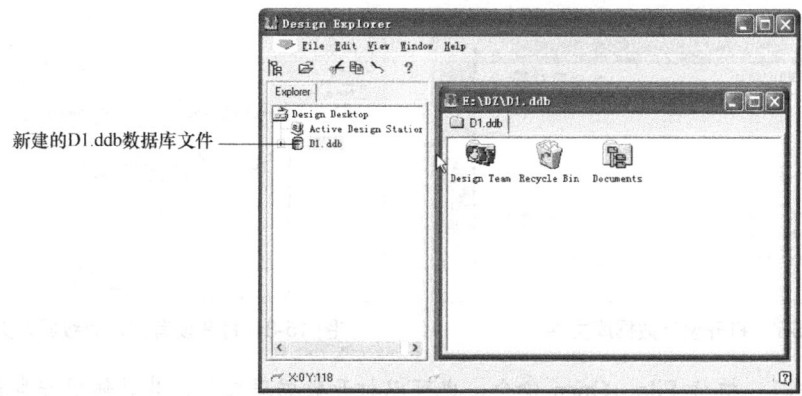

新建的D1.ddb数据库文件

图 15-5　创建一个 D1.ddb 数据库文件

2. 数据库文件的关闭

前面已经在 Protel 99 SE 中创建了一个名为 D1.ddb 的数据库文件，现在要将它关闭。关闭数据库文件有下面两种方法。

- 方法一：在工作窗口的设计数据库文件名标签 D1.ddb 上单击鼠标右键，在弹出的快捷菜单中执行 Close 命令，就可以关闭 D1.ddb 数据库文件，如图 15-6 所示。

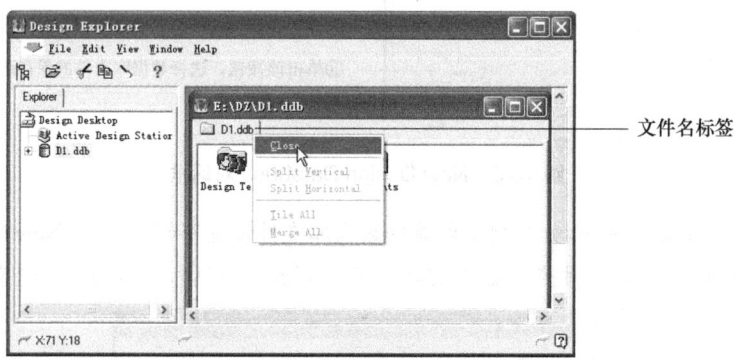

图 15-6 关闭数据库文件

- 方法二：执行 File→Close Design 命令，也可以关闭当前的数据库文件。

3. 数据库文件的打开

如果要打开某个数据库文件，可采用以下两种方法。

- 方法一：单击主工具栏上的 打开按钮，会出现 Open Design Database（打开设计数据库文件）对话框，如图 15-7 所示。从中选择需要打开的数据库文件，如 D1.ddb，再单击"打开"按钮，数据库文件就被打开了。如果 D1.ddb 文件被设置了打开密码，在单击"打开"按钮后会出现如图 15-8 所示的对话框，要求输入文件打开密码，在 Name 文本框中输入 admin（管理员），在 Password 文本框中输入密码，单击 OK 按钮，就可以打开 D1.ddb。

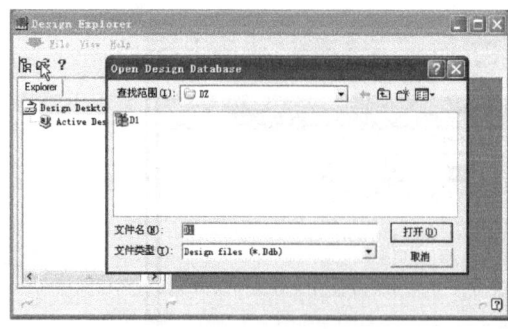

图 15-7 打开设计数据库文件

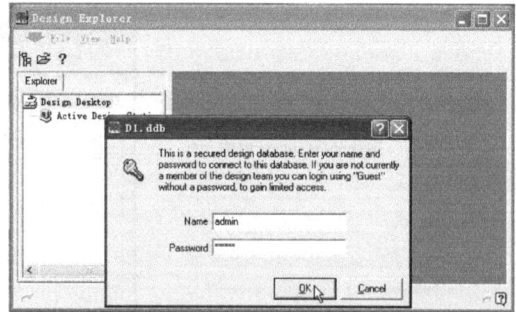

图 15-8 打开设有密码的数据库文件

- 方法二：执行 File→Open 命令，也可以打开数据库文件，其具体操作步骤与第一种方法相同。

15.3.2 Protel 99 SE 的设计界面

Protel 99 SE 的设计界面如图 15-9 所示，主要由标题栏、菜单栏、工具栏、文件管理器、工作窗口、文件标签和状态栏等组成。

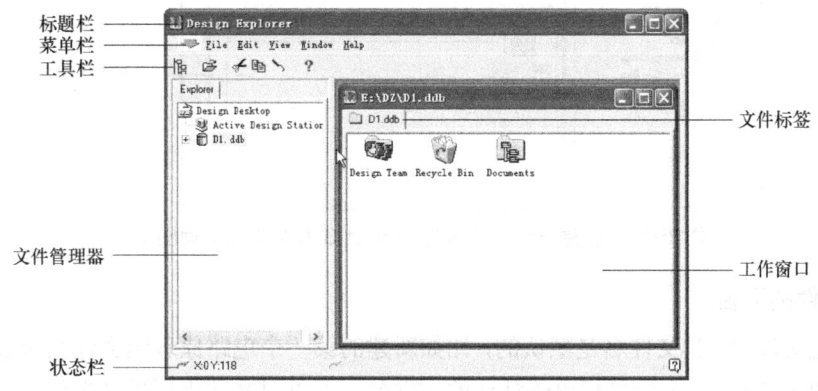

图 15-9 Protel 99 SE 的设计界面

15.3.3 文件的管理

我们前面已经学习了如何创建数据库文件，但这样创建出来的数据库文件是空的，**如果要绘制电路原理图和 PCB 图，必须在该数据库文件中创建电路原理图文件和 PCB 图文件。**另外，在创建好各个文件后，还可能需要对这些文件进行更名、保存和删除等操作，这些都属于文件管理的范畴。

1. 文件的创建

下面以在 D1.ddb 数据库文件中创建一个电路原理图文件为例来说明新建文件的方法。其操作步骤如下。

❶ 单击文件管理器中 D1.ddb 数据库文件下的 Documents 文件夹，在右边工作窗口中就可以看见 Documents 文件夹标签，且里面无任何文件。

❷ 将鼠标移到工作窗口的空白处，单击鼠标右键，弹出的快捷菜单如图 15-10 所示。在菜单中执行 New 命令，马上会出现新建文件对话框，如图 15-11 所示。

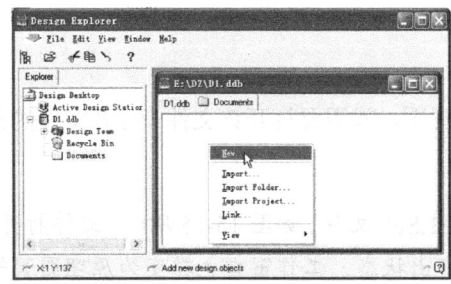

图 15-10 执行新建文件命令

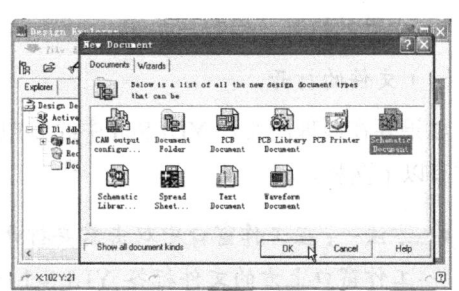

图 15-11 新建文件对话框

❸ 在新建文件对话框中选中 Schematic Document，单击 OK 按钮，即可在 D1.ddb 数据库文件中创建一个默认文件名为 Sheet1.Sch 的电路原理图文件，如图 15-12 所示。

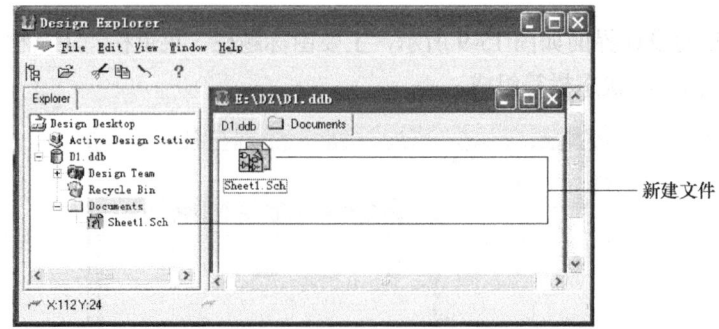

图 15-12　新建一个文件名为 Sheet1.Sch 的电路原理图文件

2. 文件的更名

在新建文件时，其文件名是默认的，比如新建的第一个电路原理图文件名为 Sheet1.Sch，第二个为 Sheet2.Sch……如果想更改默认的文件名，可以对文件进行更名操作。

文件更名的常用方法有以下两种。

- 方法一：在需要更名的文件上单击鼠标右键，弹出的快捷菜单如图 15-13 所示。在菜单中执行 Rename（重命名）命令，该文件名马上变成可编辑状态。将文件名更改为 YL1.Sch，同时文件管理器中的文件名也变为 YL1.Sch，如图 15-14 所示。

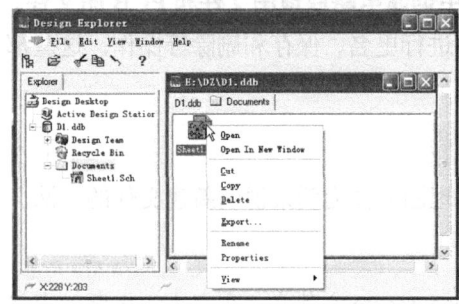

图 15-13　文件更名操作

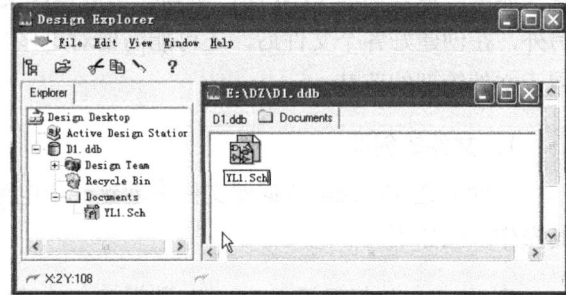

图 15-14　文件更名成功

- 方法二：选中工作窗口中需要更名的文件后按键盘上的 F2 键，被选中的文件名马上会变成可编辑状态，此时即可将文件名更改为 YL1.Sch。

3. 文件的打开、保存与关闭

（1）文件的打开

如果要在原理图文件 YL1.Sch 中绘制电路原理图，就需要打开该文件。打开文件的常用方法有以下两种。

- 方法一：在工作窗口中双击需要打开的 YL1.Sch 文件，如图 15-15 所示。文件打开后，工作窗口上方的文件标签 YL1.Sch 处于突出状态，工作窗口也转变为原理图编辑窗口，如图 15-16 所示。

第 15 章 电路绘图设计软件入门

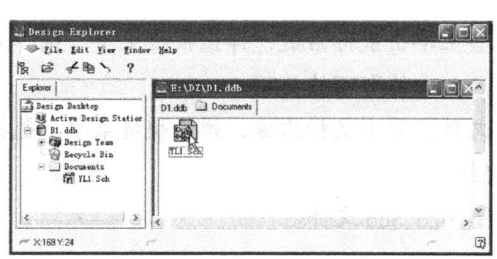

图 15-15 文件打开操作

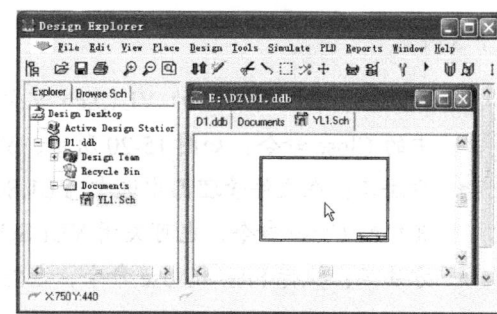

图 15-16 文件被打开

- 方法二：在文件管理器中单击 YL1.Sch 文件，也可以打开该文件，文件打开的结果与图 15-16 一致。

（2）文件的保存

在 YL1.Sch 文件中绘制好电路原理图后，如果想保存下来，应进行文件保存操作。文件保存的常用方法有以下两种。

- 方法一：单击主工具栏上的 🖫 保存按钮，如图 15-17 所示，即可将当前处于编辑状态的 YL1.Sch 文件保存下来。
- 方法二：执行 File→Save 命令，也可以将当前处于编辑状态的 YL1.Sch 文件保存下来。

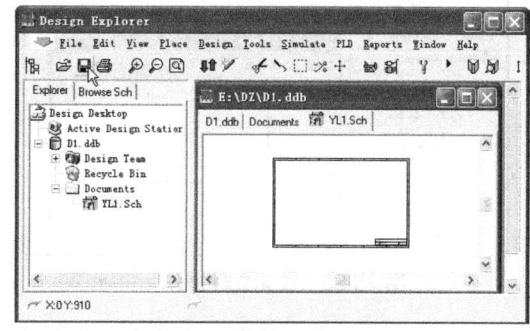

图 15-17 保存文件操作

如果想将 YL1.Sch 文件保存成另一个新文件 aYL1.Sch，可执行 File→Save As（另存为）命令，此时会出现 Save As 对话框，如图 15-18 所示。在 Name 文本框中将默认文件名改成新文件名 aYL1.Sch，再单击 OK 按钮，在文件管理器中就会出现一个名为 aYL1.Sch 的新文件，如图 15-19 所示。

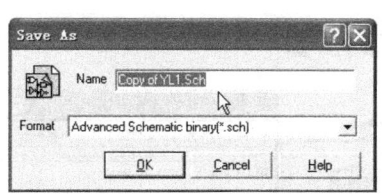

图 15-18 Save As 对话框

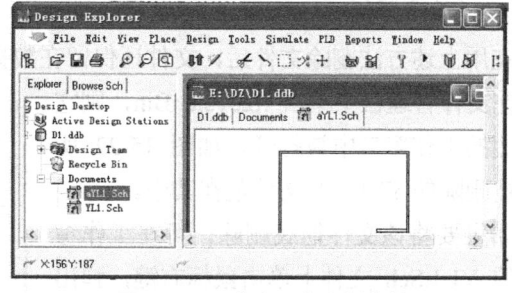

图 15-19 成功另存为新文件

如果想将当前打开的所有文件都保存下来，可执行 File→Save All 命令。

（3）文件的关闭

如果要将当前打开的 YL1.Sch 文件关闭，可执行文件关闭操作。关闭文件的方法有以下 3 种。

- 方法一：在工作窗口的 YL1.Sch 文件标签上单击鼠标右键，弹出快捷菜单，选择其中的 Close 命令，如图 15-20 所示，YL1.Sch 文件即可被关闭。
- 方法二：在文件管理器中选中 YL1.Sch 文件，单击鼠标右键，弹出快捷菜单，选择其中的 Close 命令，也可关闭 YL1.Sch 文件。
- 方法三：执行 File→Close 命令，也能关闭 YL1.Sch 文件。

（4）文件的删除

如果想删除数据库文件中的某个文件，可执行文件删除操作，文件的删除方法有以下 4 种。

- 方法一：在工作窗口中选中要删除的 YL1.Sch 文件，执行 Edit→Delete 命令，如图 15-21 所示，YL1.Sch 文件即可被删除。

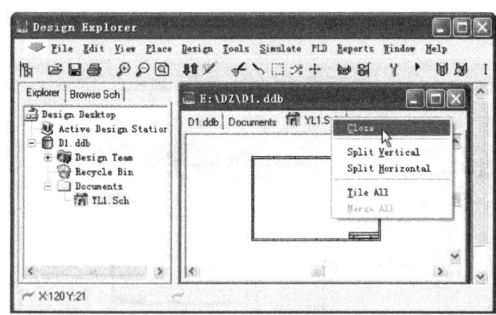

图 15-20　关闭文件操作

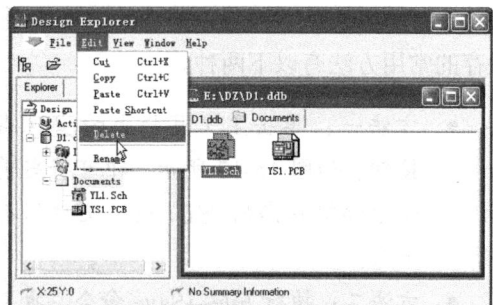

图 15-21　删除文件操作

- 方法二：在工作窗口中选中要删除的 YL1.Sch 文件，单击鼠标右键，弹出快捷菜单，选择其中的 Delete 命令，YL1.Sch 文件就能被删除。
- 方法三：在文件管理器中选中要删除的 YL1.Sch 文件，单击鼠标右键，弹出快捷菜单，选择其中的 Delete 命令，也可删除 YL1.Sch 文件。
- 方法四：在工作窗口中选中要删除的 YL1.Sch 文件，再按键盘上的 Del 键，YL1.Sch 文件也能被删除。

在用上述方法删除文件后，文件还保留在数据库文件 D1.ddb 的 Recycle Bin（回收站）中。在文件管理器中单击 Recycle Bin，则它在右边的工作窗口中被打开，如图 15-22 所示，被删除的 YL1.Sch 文件就在其中。

如果要将该文件彻底删除，可在工作窗口中的 YL1.Sch 文件上单击鼠标右键，弹出快捷菜单，选择其中的 Delete 命令，YL1.Sch 文件就能被彻底删除。如果选择快捷菜单中的 Restore（还原）命令，YL1.Sch 文件可恢复到先前的位置。对于回收站中的文件，也可以执

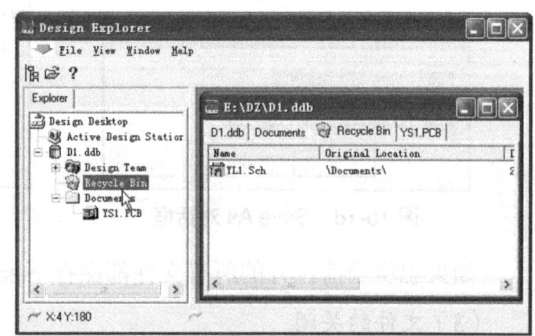

图 15-22　回收站内仍保留着被删除的文件

行 File 菜单中的相关命令，其效果与执行快捷菜单中的命令是一样的。

（5）文件的导出与导入

在 Protel 99 SE 中通常将原理图文件、PCB 图文件等放在一个数据库文件中，比如，原理图文件 YL1.Sch 和 PCB 图文件 YS1.PCB 都保存在数据库文件 D1.ddb 的 Documents 文件夹中。关闭 Protel 99 SE 软件后，只能在电脑中看见一个数据库文件 D1.ddb，而无法看见 YL1.Sch 和 YS1.PCB。

❶ 文件的导出。文件的导出是将数据库中的文件导出，使之成为独立的文件并保存在电脑中。文件的导出方法有以下两种。

- 方法一：在工作窗口中选中要导出的文件 YL1.Sch，单击鼠标右键，弹出的快捷菜单如图 15-23 所示。从中选择 Export（导出）命令，马上出现 Export Document 对话框，如图 15-24 所示，从中可选择导出文件的保存位置。图中选择的保存位置为 E:\DZ2，单击"保存"按钮，YL1.Sch 即可成为一个独立的文件保存在 E:\DZ2 目录下，如图 15-25 所示。

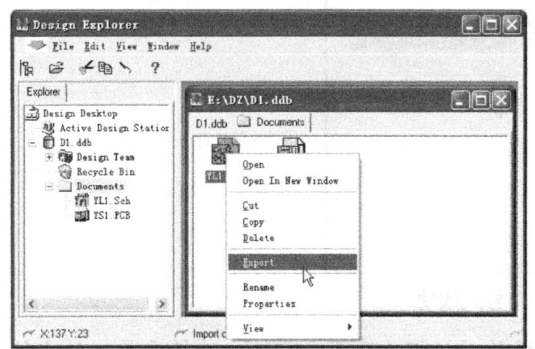

图 15-23　文件的导出操作

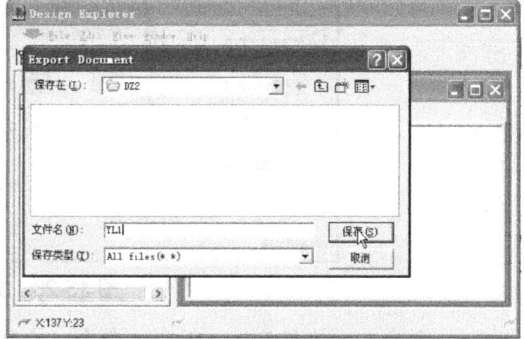

图 15-24　选择导出文件的保存位置

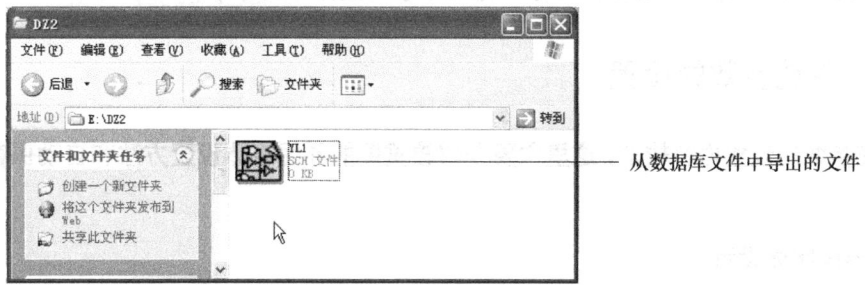

图 15-25　导出的独立文件

- 方法二：在工作窗口中选中要导出的文件 YL1.Sch，然后执行 File→Export（导出）命令，就会出现操作对话框（见图 15-24）。在选择保存位置后单击"保存"按钮，就可以将 YL1.Sch 文件导出到选择的目录下。

❷ 文件的导入。文件的导入是将某个目录中的文件导入数据库文件中，文件导入的常用方法有以下两种。

- 方法一：在工作窗口的空白处单击鼠标右键，弹出的快捷菜单如图 15-26 所示。从中选择 Import（导入）命令，则弹出 Import File 对话框，从中选择要导入的文件，如图 15-27 所示。此处选择导入 E:\DZ2 目录下的 YL3.Sch 文件，单击"打开"按钮，YL3.Sch 即可被导入 D1.ddb 数据库文件中，如图 15-28 所示。

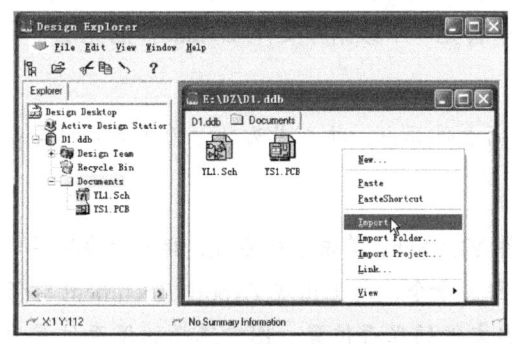
图 15-26　文件的导入操作

图 15-27　选择要导入的文件

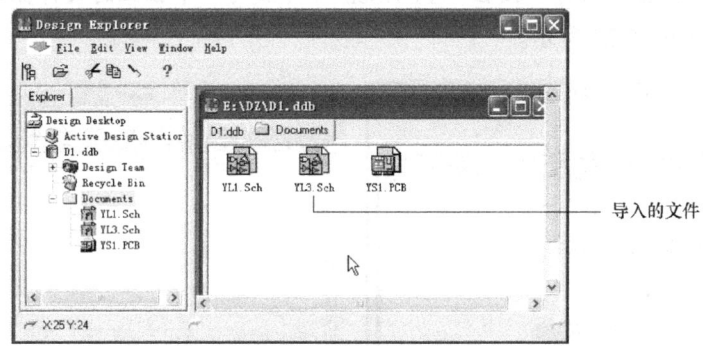
图 15-28　文件导入成功

- 方法二：执行 File→Import 命令，出现操作对话框（见图 15-27），选择要导入的文件后，单击"打开"按钮，就可以将文件导入数据库文件中。

15.3.4　系统参数的设置

系统参数的设置内容较多，这里主要介绍较重要的界面字体设置方法和自动保存文件设置方法。

1. 界面字体设置

在未进行界面字体设置前，Protel 99 SE 界面使用的是默认字体，有些文字无法显示出来，如图 15-29 所示。为了解决这个问题，可进行系统字体设置。

界面字体的设置方法：单击 Protel 99 SE 菜单栏左侧的按钮，会弹出如图 15-30 所示的下拉菜单。选择其中的 Preferences 命令，即可弹出如图 15-31 所示的对话框。取消勾选对话框底部的 Use Client System Font For All Dialogs 选项，也可以单击 Change System Font 按钮进行具体的字体设置，单击 OK 按钮即可。设置完毕后，图 15-29 中对话框的字体就变为如图 15-32 所示的字体。

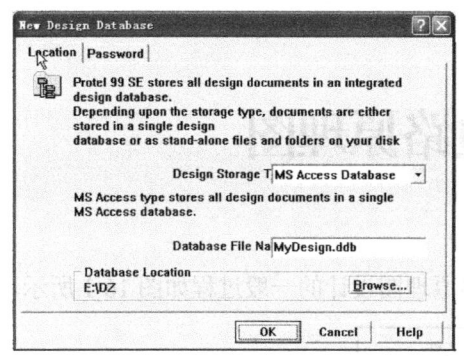
图 15-29 软件默认字体

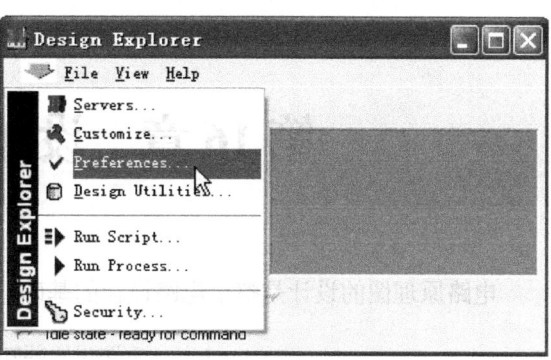
图 15-30 执行设置命令

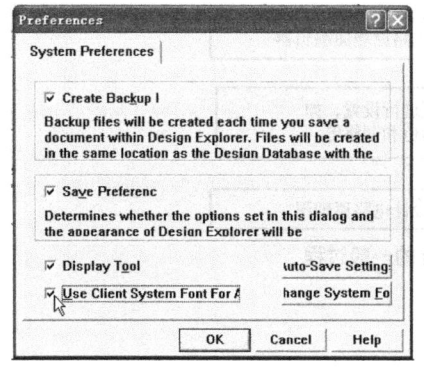
图 15-31 字体设置

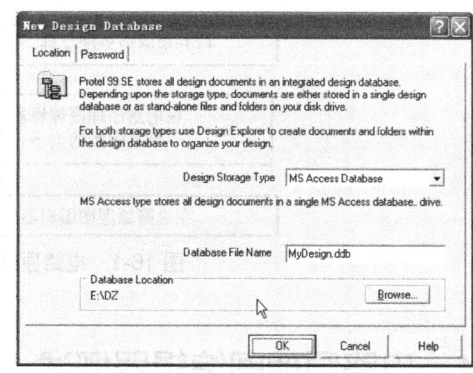
图 15-32 字体设置完成后对话框中的字体

2．自动保存文件设置

在电路设计的过程中，有时会发生断电或电脑死机的情况。为了将损失降到最低，可在 Protel 99 SE 中进行自动保存文件设置。

设置自动保存文件的方法：单击 Protel 99 SE 菜单栏左侧的 按钮，在弹出的下拉菜单中选择 Preferences 命令，出现如图 15-33 所示的对话框。单击 Auto-Save Settings（自动保存设置）按钮，会弹出如图 15-34 所示的对话框。勾选 Enable（允许）选项，在 Number 下拉框中设置备份的文件个数，在 Time Interval 中设置备份文件的间隔时间，勾选 Use backup folder（使用备份文件夹）选项，单击 Browse（浏览）按钮选择备份文件的保存位置，单击 OK 按钮，即可完成自动保存文件的设置。

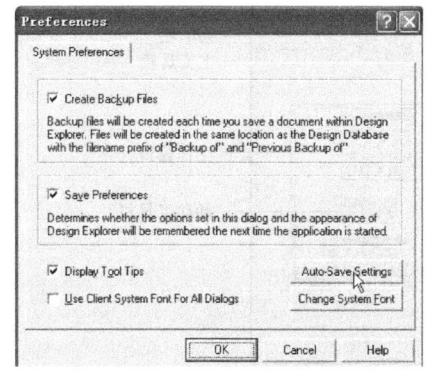
图 15-33 自动保存设置对话框

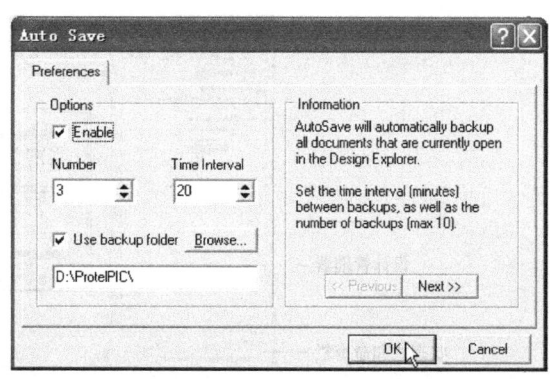
图 15-34 设置自动保存的文件个数、间隔时间和保存位置

第16章　设计电路原理图

电路原理图的设计是整个电路设计的基础。电路原理图设计的一般过程如图 16-1 所示。

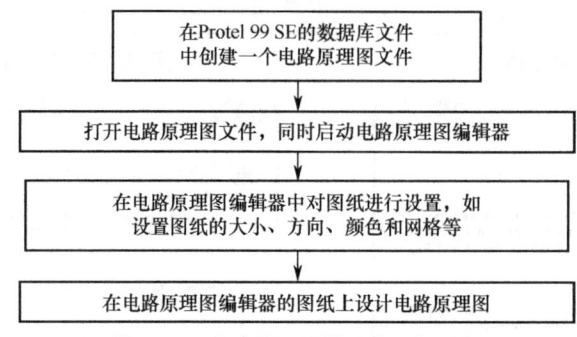

图 16-1　电路原理图设计的一般过程

16.1　电路原理图编辑器概述

在进行电路原理图设计前，首先要启动 Protel 99 SE 软件，并新建一个数据库文件*.ddb，然后在数据库文件中创建一个原理图文件*.Sch。这些内容已在前面讲过，接下来要讲的是打开电路原理图编辑器，并进行设计前的各种设置。

16.1.1　电路原理图编辑器的界面介绍

电路原理图编辑器界面如图 16-2 所示。在设计管理器中单击原理图文件 YL1.Sch，在该文件被打开的同时，电路原理图编辑器也会被启动，即在工作窗口中出现一个矩形框，这就是设计图纸。

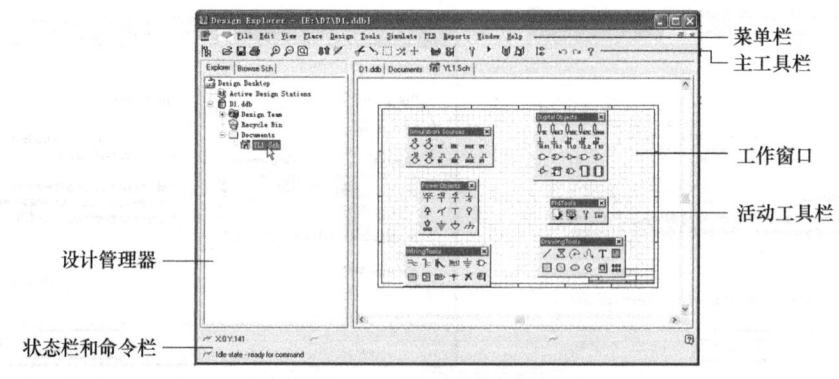

图 16-2　电路原理图编辑器界面

第 16 章　设计电路原理图

从图 16-2 中可以看出，电路原理图编辑器的界面主要包括菜单栏、主工具栏、设计管理器、工作窗口、状态栏和命令栏、悬浮在工作窗口上的活动工具栏。

1. 菜单栏

在菜单栏中有以下菜单。

- File：文件菜单。它的功能是执行文件管理方面的操作，如新建、打开、关闭、保存和打印等。
- Edit：编辑菜单。它的功能是执行编辑方面的操作，如复制、剪切、粘贴、删除和查找等。
- View：视图菜单。它的功能是执行显示方面的操作，如图纸的放大与缩小、主工具栏/设计管理器/状态栏/命令栏的显示与关闭等。
- Place：放置菜单。它的功能是执行对象的放置操作，如放置元件和绘制导线等。
- Design：设计菜单。它的功能是进行电路图的设置、元件库的管理、层次原理图的设计和网络报表的生成等。
- Tools：工具菜单。它的功能是进行电路原理图编辑器的环境设置、元件编号和 ERC 检查等。
- Simulate：仿真菜单。它的功能是进行仿真方面的操作。
- PLD：PLD 菜单。它的功能是进行 PLD 方面的操作。
- Reports：信息菜单。它的功能是针对原理图的各种报表进行操作，如元件清单、网络比较报表和项目层次报表等。
- Window：窗口菜单。它的功能是执行窗口管理方面的操作。
- Help：帮助菜单。

2. 主工具栏

主工具栏可通过执行菜单命令 View→Toolbars→Main Tools 打开或者关闭。主工具栏如图 16-3 所示，各按钮的功能及对应的菜单命令如图 16-4 所示。

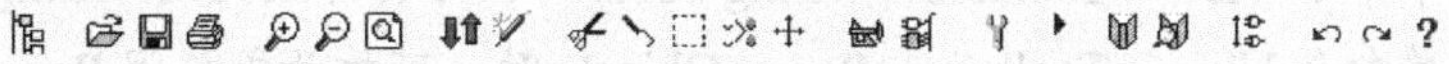

图 16-3　主工具栏

	打开或关闭设计管理器，与菜单命令 View→Design Manager 对应
	打开文件，与菜单命令 File→Open 对应
	保存文件，与菜单命令 File→Save 对应
	打印文件，与菜单命令 File→Print 对应
	放大画面，与菜单命令 View→Zoom In 对应
	缩小画面，与菜单命令 View→Zoom Out 对应
	显示整个文档，与菜单命令 View→Fit Document 对应
	层次原理图的层次切换，与菜单命令 Tools→Up/Down Hierarchy 对应
	放置交叉探测点，与菜单命令 Place→Directive→Probe 对应

图 16-4　主工具栏的按钮功能及对应的菜单命令

✂	剪切，与菜单命令 Edit→Cut 对应
↘	粘贴，与菜单命令 Edit→Paste 对应
▫	选择对象，与菜单命令 Edit→Select→Inside 对应
✗	取消选择，与菜单命令 Edit→DeSelect→All 对应
✢	移动选中对象，与菜单命令 Edit→Move→Move Selection 对应
🖿	打开或关闭绘图工具栏，与菜单命令 View→Toolbars→Drawing Tools 对应
🖿	打开或关闭布线工具栏，与菜单命令 View→Toolbars→Wiring Tools 对应
✦	仿真分析设置
▶	运行仿真器，与菜单命令 Simulate→Run 对应
📖	加载或移除元件库，与菜单命令 Design→Add/Remove 对应
📕	浏览已加载的元件库，与菜单命令 Design→Browse Library 对应
1⬆	增加元件单元号，与菜单命令 Edit→Increment Part 对应
↶	取消上次操作，与菜单命令 Edit→Undo 对应
↷	修复取消的操作，与菜单命令 Edit→Redo 对应
?	查看帮助

图 16-4 主工具栏的按钮功能及对应的菜单命令（续）

3．活动工具栏

在电路原理图编辑器中有 6 个活动工具栏，分别是 Drawing Tools（绘图工具栏）、Wiring Tools（布线工具栏）、Power Objects（电源与接地工具栏）、Digital Objects（常用器件工具栏）、Pld Tools（PLD 工具栏）和 Simulation Sources（信号仿真源工具栏）。**在进行电路原理图设计时，如果直接使用工具栏进行操作，可以使设计变得方便、快捷。**

打开与关闭各工具栏的方法如下。

- 执行菜单命令 View→Toolbars→Drawing Tools 时，可打开或关闭 Drawing Tools，即当执行一次菜单命令时打开工具栏，下一次执行时则会关闭该工具栏。
- 执行菜单命令 View→Toolbars→Wiring Tools 时，可打开或关闭 Wiring Tools。
- 执行菜单命令 View→Toolbars→Power Objects 时，可打开或关闭 Power Objects。
- 执行菜单命令 View→Toolbars→Digital Objects 时，可打开或关闭 Digital Objects。
- 执行菜单命令 View→Toolbars→Pld Tools 时，可打开或关闭 Pld Tools。
- 执行菜单命令 View→Toolbars→Simulation Sources 时，可打开或关闭 Simulation Sources。

当这些工具栏浮在工作窗口上时会影响绘图，可将它们移到工作窗口的四周，即将鼠标移到工具栏上方的标题栏上，再按下左键不放，移动鼠标将工具栏拖到工作窗口的边缘处，如图 16-5 所示。利用同样的方法，也可以将工作窗口四周的工具栏拖回到窗口中。

4．设计管理器

可通过执行菜单命令 View→Design Manager 打开或者关闭设计管理器。**设计管理器包括**

文件管理器和元件库管理器，分别对应 Explorer 和 Browse Sch 两个选项卡，如图 16-6 所示。

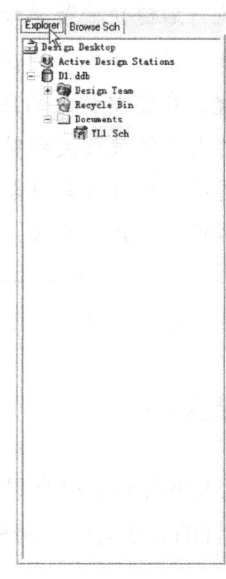
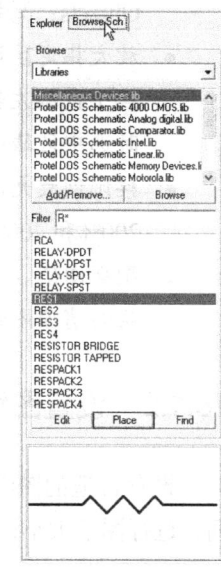

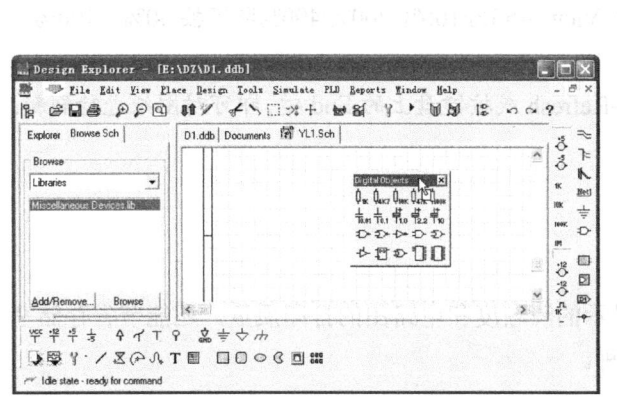

图 16-5 将活动工具栏移到工作窗口的周围

（a）文件管理器　　（b）元件库管理器

图 16-6 设计管理器

5. 状态栏和命令栏

状态栏和命令栏如图 16-7 所示。

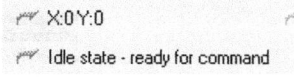

- **状态栏的作用是显示光标在工作窗口中的坐标位置。**
  状态栏可通过执行菜单命令 View→Status Bar 打开或者关闭。

图 16-7 状态栏和命令栏

- **命令栏的作用是显示当前正在执行的命令。** 命令栏可通过执行菜单命令 View→Command Status 打开或者关闭。

6. 工作窗口

工作窗口上方为文件标签。中间网格状的矩形区域为图纸。 原理图就在此图纸上绘制，下面主要介绍图纸的显示管理操作。

- 放大图纸。放大图纸的操作方法很多，常用的有：①按键盘上的 PgUp 键；②单击主工具栏上的 按钮；③执行菜单命令 View→Zoom In；④在图纸上单击鼠标右键，在弹出的快捷菜单中执行命令 View→Zoom In（该操作方式在后文中简称"执行右键快捷菜单命令"）。
- 缩小图纸。其常用的操作方法有：①按键盘上的 PgDn 键；②单击主工具栏上的 按钮；③执行菜单命令 View→Zoom Out；④执行右键快捷菜单命令 View→Zoom Out。
- 显示整个电路图及边框。其常用的操作方法有：①单击主工具栏上的 按钮；②执行菜单命令 View→Fit Document；③执行右键快捷菜单命令 View→Fit Document。

- 显示整个电路图，不含边框。常用的操作方法有：①执行菜单命令 View→Fit All Objects；②执行右键快捷菜单命令 View→Fit All Objects。
- 放大指定区域。其操作方法是在执行菜单命令 View→Area 后，光标将变成十字状。按下鼠标左键，在需要放大的区域拉出一个矩形框，松开左键后再次单击左键，此时选中区域的内容将被放大到整个工作窗口。
- 按比例放大图纸。执行菜单命令 View→50%/100%/200%/400%即可按 50%、100%、200%和 400%的比例放大图纸。
- 刷新图纸。执行菜单命令 View→Refresh 或按键盘上的 End 键，即可对图纸进行刷新，从而消除图纸上显示的残迹。

16.1.2 设置图纸大小

设置合适的图纸大小有利于提高显示的清晰度和电路图的打印质量，还能节省存储空间。进行图纸大小设置的方法有以下两种。

- 方法一：执行菜单命令 Design→Options，弹出 Document Options（文件设置）对话框，如图 16-8 所示。
- 方法二：在工作窗口的图纸上单击鼠标右键，在弹出的快捷菜单中选择 Document Options 命令，也会弹出如图 16-8 所示的对话框。

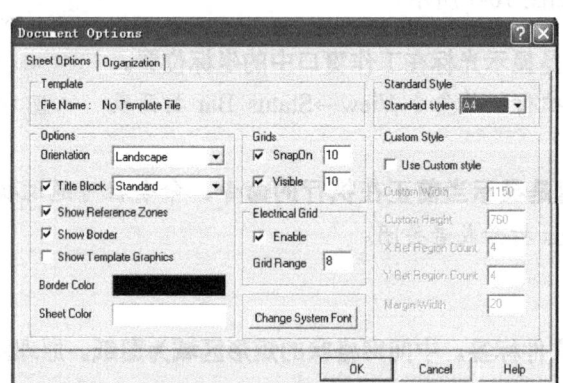

图 16-8　Document Options 对话框

1. 设置标准尺寸的图纸

在文件设置对话框中的 Standard Style 下拉框中提供了十多种广泛使用的公制和英制规格的图纸。各种图纸规格如表 16-1 所示。

表 16-1　各种图纸规格

规格	尺寸/in（宽度×高度）	尺寸/mm（宽度×高度）	规格	尺寸/in（宽度×高度）	尺寸/mm（宽度×高度）
A	9.50×7.50	241.0×190.50	D	32.00×20.00	812.80×508.00
B	15.00×9.50	381.00×241.3	E	42.00×32.00	1066.80×818.80
C	20.00×15.00	508.00×381.00	A4	11.50×7.60	292.10×193.04

(续表)

规格	尺寸/in（宽度×高度）	尺寸/mm（宽度×高度）	规格	尺寸/in（宽度×高度）	尺寸/mm（宽度×高度）
A3	15.50×11.10	393.70×281.94	OrCAD C	20.60×15.60	523.24×396.24
A2	22.30×15.70	566.42×398.78	OrCAD D	32.60×20.60	828.04×523.24
A1	31.50×22.30	800.10×566.42	OrCAD E	42.80×32.80	1087.12×833.12
A0	44.60×31.50	1132.84×800.10	Letter	11.00×8.50	279.4×215.9
OrCAD A	9.90×7.90	251.15×200.66	Legal	14.00×8.50	355.6×215.9
OrCAD B	15.40×9.90	391.16×251.15	TABLOID	17.00×11.00	431.8×279.4

2．自定义图纸尺寸

如果要自己设置图纸的大小，可勾选 Use Custom Style（使用自定义尺寸）复选框，如图 16-9 所示，在下面的各项中输入所需数值，单击 OK 按钮，则图纸大小设置完毕。自定义尺寸的图纸如图 16-10 所示。

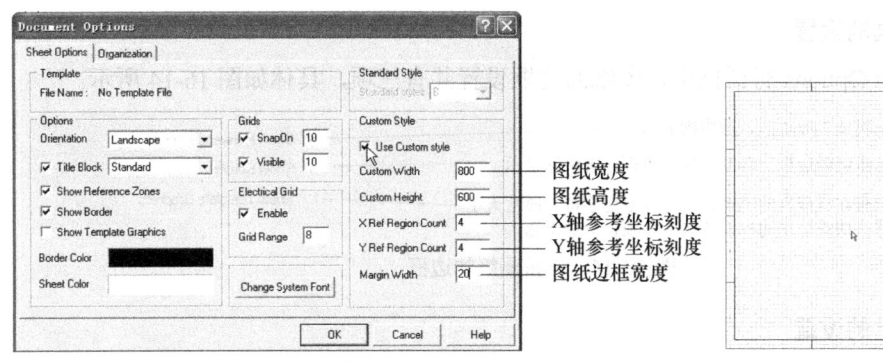

图 16-9　自定义图纸尺寸

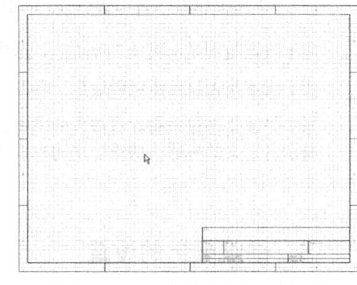

图 16-10　自定义尺寸的图纸

16.1.3　设置图纸方向、标题栏、边框和颜色

1．图纸方向的设置

在 Document Options 对话框中，**Orientation（方位）下拉框用来选择图纸方向**，如图 16-11 所示。它有两个选项：Landscape（横向）和 Portrait（纵向），一般选择将图纸方向设为 Landscape。

2．图纸标题栏的设置

在 Document Options 对话框中，**Title Block（标题块）下拉框用来设置图纸标题栏**，如图 16-12 所示。它有两个选项：Standard（标准型模式）和 ANSI（美国国家标准协会模式）。这两种不同模式的图纸标题栏显示效果如图 16-13 所示。

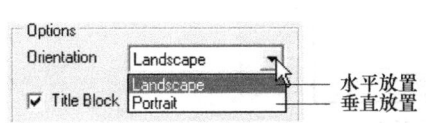

图 16-11　设置图纸方向

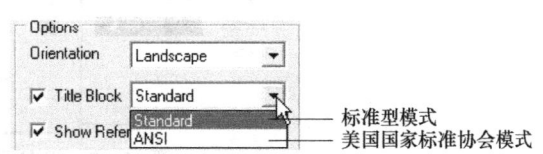

图 16-12　设置图纸的标题栏

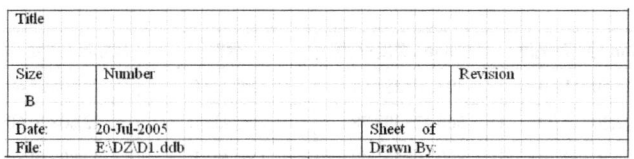

(a) Standard（标准型模式）

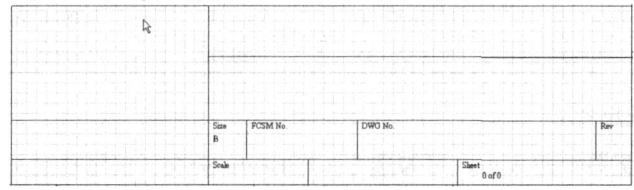

(b) ANSI（美国国家标准协会模式）

图 16-13　图纸标题栏的两种显示效果

3．图纸边框的设置

在 Document Options 对话框中，图纸的边框设置共有三项，具体如图 16-14 所示。

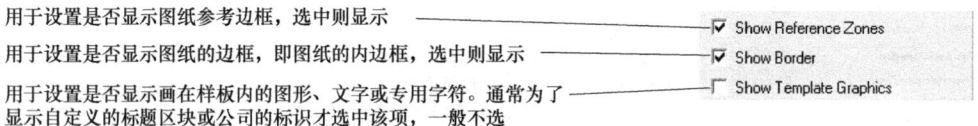

图 16-14　设置图纸的边框

4．图纸颜色的设置

在 Document Options 对话框中，图纸的颜色设置有两项，分别是：

- **Border Color** 项用来设置图纸边框的颜色。当在该项的颜色条上单击时，会弹出 Choose Color（选择颜色）对话框，共有 239 种颜色可供选择，如图 16-15 所示。如果其中没有所需的颜色，可单击 Define Custom Colors 按钮，在弹出的自定义颜色对话框中可自定义颜色。
- **Sheet Color** 项用来设置图纸的颜色。设置方法同 Border Color。

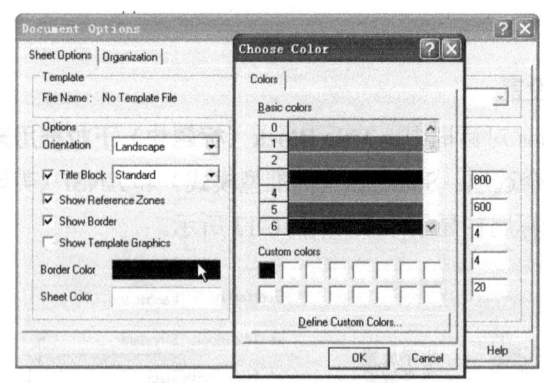

图 16-15　设置图纸的颜色

16.1.4 设置图纸网格

在 Document Options 对话框中,对于图纸网格(图纸上的网格)的设置有多项,如图 16-16 所示。

- SnapOn 项用于设置光标移动的步长。选中后可在右框内输入步长值,单位是像素。比如,这里设为 5,之后光标在图纸上移动的距离为 5 像素(最短)或 5 像素的整数倍。
- Visible 项用于设置是否显示网格(正方形)。若选中,则显示,并可在右框内输入网格边长数值,单位为像素。
- Enable 项用于设置是否自动进行电气连接。如果选中,并在 Grid Range 框内输入数值,则在原理图中设计连接导线时,会以光标为中心、以 Grid Range 框内输入的值为半径,自动向四周搜索电气节点。当找到最近的节点时,就会自动将光标移到该节点上,并在该节点上显示一个圆点。

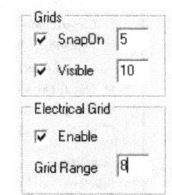

图 16-16 设置图纸的网格

16.1.5 设置图纸文件信息

在 Document Options 对话框中,**Organization 选项卡用来设置图纸的文件信息**,可对信息进行设置,如图 16-17 所示。

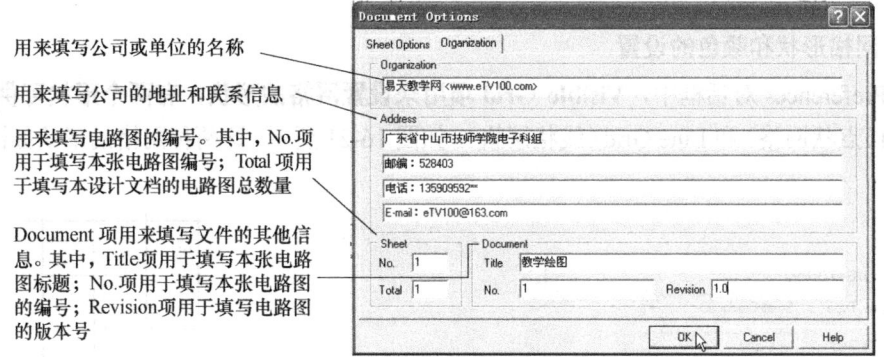

图 16-17 设置图纸的文件信息

16.1.6 设置光标与网格形状

1. 光标的设置

利用光标设置功能可以改变光标的显示形式。进入光标设置的方法:在工作窗口的图纸上单击鼠标右键,在弹出的快捷菜单中选择 Preferences 命令,也可以执行菜单 Tools→Preferences 命令,则弹出 Preferences 对话框,如图 16-18 所示。打开 Graphical Editing 选项卡,会出现各种设置信息。

其中，**Cursor Type** 项用来设置光标的类型，有 3 种光标类型可供选择，如图 16-19 所示。这 3 种类型光标的形状如图 16-20 所示。

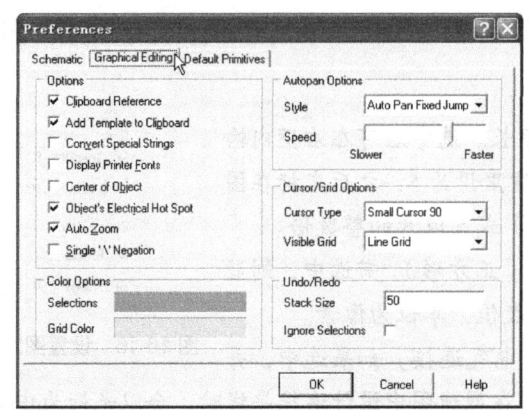

图 16-18　Preferences 对话框

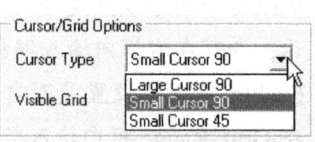

图 16-19　3 种光标类型选项

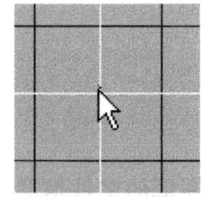

（a）大十字形光标（Large Cursor 90）

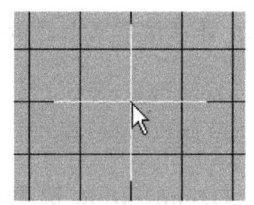

（b）小十字形光标（Small Cursor 90）

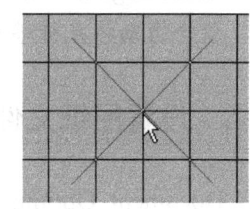

（c）小 45°十字形光标（Small Cursor 45）

图 16-20　3 种光标的形状

2．网格形状和颜色的设置

在 Preferences 对话框中，**Visible Grid** 项用来设置网格的形状，有两个形状可供选择：Dot Grid（点状网格）和 Line Grid（线状网格），如图 16-21 所示。这两种网格的形状如图 16-22 所示。

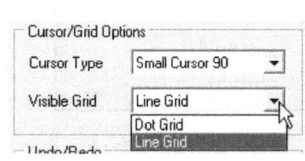

图 16-21　两种网格类型选项

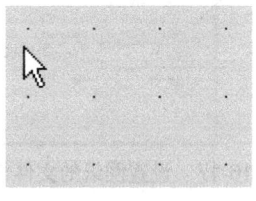

（a）点状网格

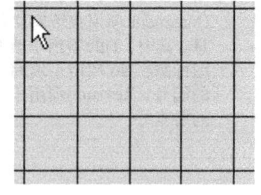

（b）线状网格

图 16-22　两种网格的形状

设置网格线颜色的方法：在 Preferences 对话框中的 Grid Color 项右边的颜色条上单击，即可在弹出的对话框中选择或自定义网格线的颜色。

16.1.7　设置系统字体

在设计时，经常要在图纸上插入文字，如果不对这些文字的字体进行单独设置，则文字将保持为默认字体。

系统字体的设置方法：执行菜单命令 Design→Options，弹出 Document Options 对话框；单击 Change System Font 按钮，将弹出"字体"对话框，从中可以设置字体、字形、大小、效果和颜色等，如图 16-23 所示。

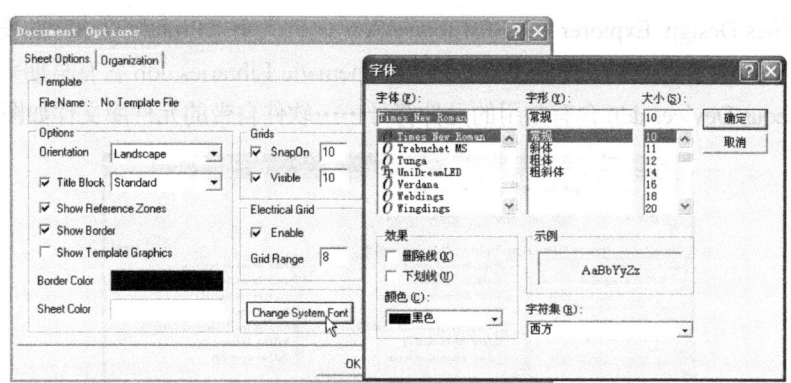

图 16-23　设置系统字体

16.2　电路原理图的设计

电路原理图的设计是 Protel 99 SE 的一个非常重要的功能，也是设计印刷电路板的基础。电路原理图设计的详细流程如图 16-24 所示。

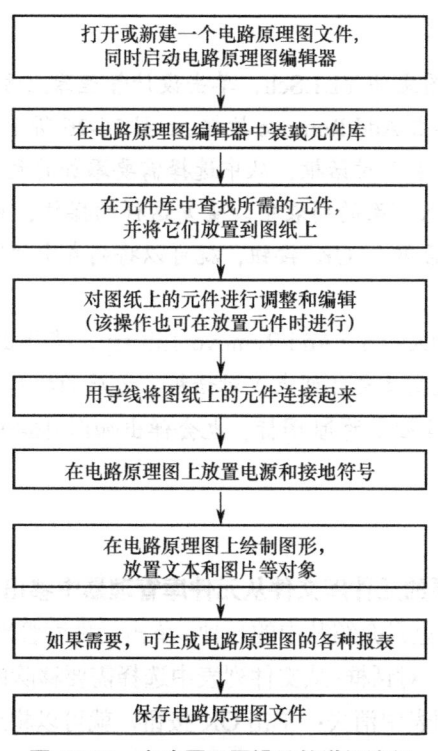

图 16-24　电路原理图设计的详细流程

16.2.1 操作元件库

Protel 99 SE 软件本身自带的元件很少，大量的元件放置在元件库文件中，即放在 C:\Program Files\Design Explorer 99 SE\Library\Sch 文件夹下（Protel 99 SE 的安装目录须为 C:\Program Files\）。在该文件夹中，Protel DOS Schematic Libraries.ddb 含有早期采用的元件符号；Miscellaneous Devices.ddb 含有常用的元件符号……软件自带的元件库文件如图 16-25 所示。

图 16-25　软件自带的元件库文件

另外，读者也可以登录易天电学网（网址：www.xxitee.com）下载国标元件库文件 gb4728.ddb，里面包含各种最新电子、电工类国标元件符号。在下载 gb4728.ddb 文件后，将它复制到 C:\Program Files\Design Explorer 99 SE\Library\Sch 文件夹下即可使用。

1．装载元件库

装载元件库是将需要的元件库文件装载到电路原理图编辑器的元件库管理器中。装载元件库的方法有以下 3 种。

- 方法一：打开原理图文件 YL1.Sch，单击设计管理器上方的 Browse Sch 选项卡，打开元件库管理器，单击 Add/Remove 按钮，如图 16-26 所示，会弹出 Change Library File List（改变库文件列表）对话框，从中选择需要添加的元件库文件，单击 Add 按钮，选中的文件就被加入下面的列表中。重复这样的操作，可以将多个元件库文件加入下面的列表中。最后单击 OK 按钮，就可以将列表中的所有库文件装载到元件库管理器中。

- 方法二：执行命令 Design→Add/Remove Library，将弹出如图 16-26 所示的 Change Library File List（改变库文件列表）对话框，之后的操作过程同方法一。

- 方法三：单击主工具栏上的 图标，也会弹出如图 16-26 所示的对话框，后续操作过程同方法一。

2．移除元件库

移除元件库是将不需要的元件库文件从元件库管理器中移出。与装载元件库相同，移除元件库的方法也有 3 种。这里只介绍其中的一种：单击元件库管理器中的 Add/Remove 按钮，弹出 Change Library File List 对话框；从文件列表中选择需要移除的元件库文件；单击 Remove 按钮，选中的文件就会从列表中消失；单击 OK 按钮，就可以将选中的库文件从元件库管理器中移除，如图 16-27 所示。

第 16 章　设计电路原理图

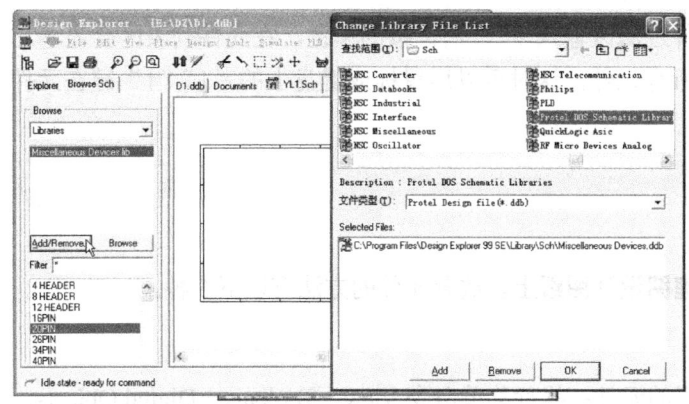
图 16-26　装载元件库

图 16-27　移除元件库

16.2.2　查找元件

在设计电路原理图时，必须先找到需要的元件。查找元件的操作一般在元件库管理器中进行，具体操作过程如下。

❶ 在元件库管理器的元件库文件列表区选择要查找的元件库文件，如图 16-28 所示。

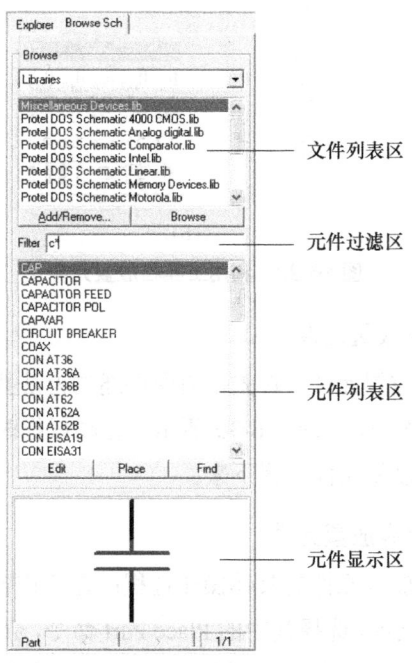
图 16-28　元件库管理器

❷ 在元件过滤区内输入查找条件，比如要查找 C 打头的元件名，可在元件过滤区输入"C*"后，按回车键，则在元件列表区内马上出现名字以 C 打头的所有元件。

❸ 用鼠标或键盘上的"↓""↑"键在元件列表区内选择元件，同时在元件显示区显示选中元件的符号。

如果不知道元件名，可在元件过滤区输入"*"后，按回车键，在元件列表区会显示出文件列表区内选中的库文件中的所有元件，这时可以用鼠标或键盘上的"↓""↑"键在元件列表区内选择需要的元件。

16.2.3　放置元件

放置元件是将元件放置在原理图设计图纸上。 放置元件的方法有以下 5 种。

1．利用工具栏放置元件

利用工具栏可以放置一些常用的元件：执行菜单命令 View→Toolbars→Digital Objects，调出 Digital Objects 工具栏。利用工具栏放置元件的步骤如下。

❶ 单击工具栏上需要放置的元件，如图 16-29（a）所示。
❷ 被单击的元件马上跟随鼠标移动，移动鼠标到合适的位置，如图 16-29（b）所示。
❸ 单击鼠标左键，元件就被放置在单击处不动，如图 16-29（c）所示。此时跟随鼠标的元件并不消失，鼠标移到别处单击又可以放置第二个同样的元件。如果要取消元件放置，单击鼠标右键即可。

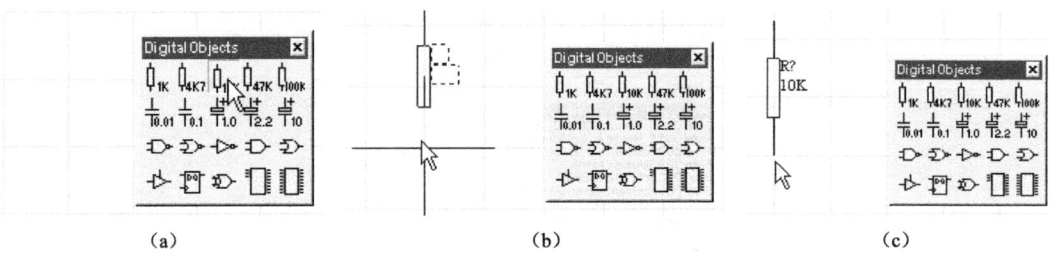

图 16-29　利用工具栏放置元件

2．利用元件库管理器来放置元件

利用元件库管理器可以放置元件。首先按前面讲述的方法找到需要放置的元件，然后单击元件列表区下方的 Place 按钮，如图 16-30 所示。移动鼠标时，该元件也会随之移动，在图纸某处单击鼠标左键就可以将元件放置下来。

3．利用右键快捷菜单命令放置元件

利用右键快捷菜单命令放置元件的具体操作过程：在工作窗口的图纸上单击鼠标右键，弹出如图 16-31 所示的快捷菜单。选择其中的 Place Part 命令，会出现如图 16-32 所示的 Place Part 对话框。可以在 Lib Ref 项中直接输入元件名，单击 OK 按钮即可在图纸上放置元件。如果不知道元件名，可单击 Browse 按钮，会出现如图 16-33 所示的 Browse Libraries（浏览元件库）对话框，从中选择需要放置的元件。单击 Close 按钮，回到 Place Part 对话框，单击 OK 按钮就可以将选择的元件放置在图纸上。

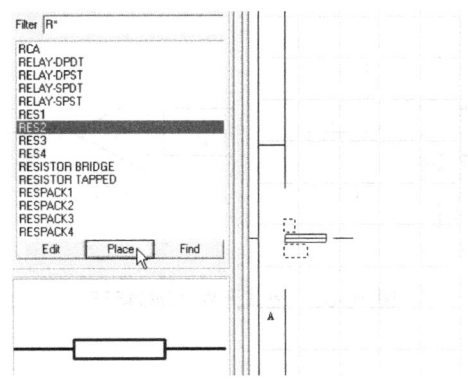
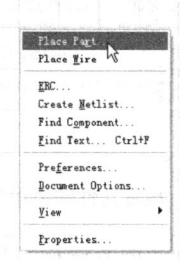

图 16-30　利用元件库管理器放置元件　　　图 16-31　在右键菜单中选择放置元件命令

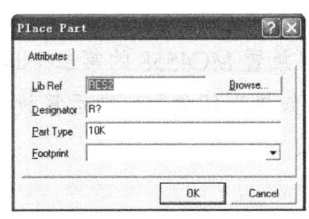
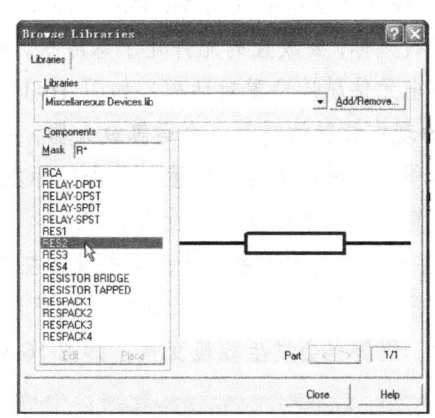

图 16-32　放置元件对话框　　　　　　图 16-33　浏览元件库对话框

4．利用菜单命令放置元件

可以利用菜单命令放置元件：执行菜单命令 Place→Part，如图 16-34 所示，出现 Place Part 对话框，后面的操作同上。

菜单命令 Place→Part 的执行除可以用鼠标操作外，还可以用快捷键操作，方法是连续敲击两次键盘上的 P 键，即第一次敲击 P 键相当于打开 Place 菜单，第二次敲击 P 键相当于执行菜单下的 Part 命令。同理，若先后敲击 P、B 键，其效果与执行菜单命令 Place→Bus 相同。掌握快捷键的操作有利于加快绘制电路的速度，提高工作效率。

5．放置复式元件

在一些集成电路内部有很多相同的单元电路，如运算放大器集成电路 MC4558。它有 8 个引脚，内部有两个相同的运算放大器。这两个运算放大器的引脚不同，如图 16-35 所示，其中，1 脚、2 脚、3 脚、4 脚（接地）、8 脚（电源）为第一个运算放大器；5 脚、6 脚、7 脚为第二个运算放大器。而元件库中的 MC4558 只是一个运算放大器，如果采用普通放置元件的方法，则只能在图纸上放置两个引脚和标号都相同的运算放大器。对于这种情况可采用复式方式放置元件。

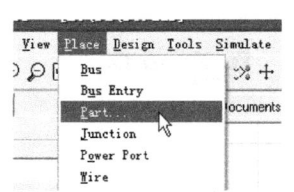

图 16-34 放置元件的菜单命令

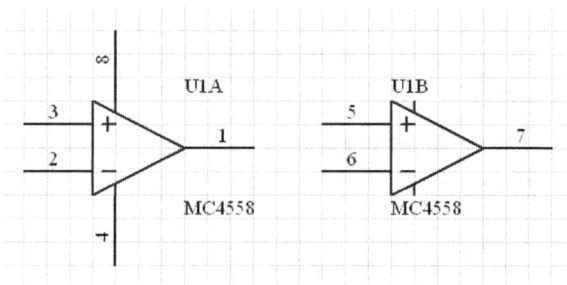

图 16-35 复式元件（MC4558）

复式元件放置的操作过程如下。

❶ 在元件库管理器中找到 MC4558 元件，选中后，单击列表下方的 Place 按钮，鼠标马上变成十字状光标，要放置的元件处于悬浮状，并且跟随着光标移动。这时按下键盘上的 Tab 键，马上弹出元件属性设置对话框，如图 16-36 所示。将其中的 Designator（元件标号）设为 U1，因为现在放置的是第一个运算放大器，故将 Part 项设为 1，单击 OK 按钮。设置完毕后，将光标移到图纸中的合适位置，单击鼠标左键，MC4558 的第一个运算放大器就放置完毕了。该运算放大器的标号自动设为 U1A。

❷ 再将光标移到图纸另一处，单击鼠标左键，即可放置 MC4558 的第二个运算放大器。该运算放大器的引脚会自动变化，而标号也变为 U1B。如果连续放置，则运算放大器的标号会自动增加，引脚也会发生相应变化，如图 16-37 所示。

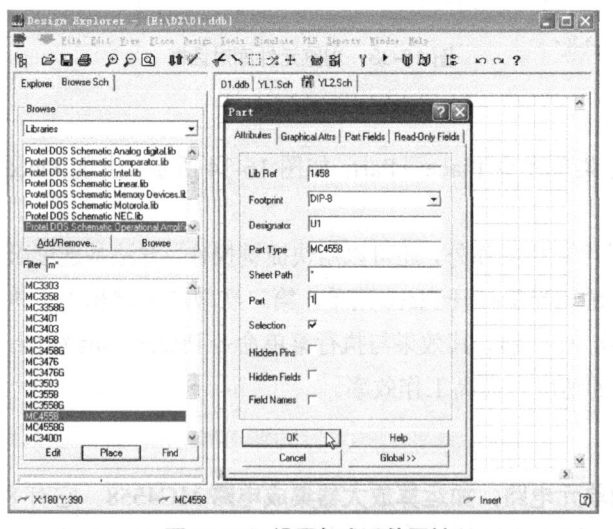

图 16-36 设置复式元件属性

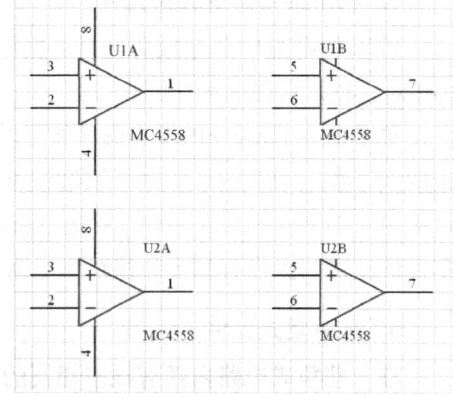

图 16-37 连续放置的复式元件标号会自动变化

16.2.4 编辑元件

1. 元件位置的调整

（1）元件的选取

选取元件的方法很多，常用的方法有以下 3 种。

- 直接选取元件。直接选取元件就是在图纸上按下鼠标左键不放拉出一个矩形选框，将选取对象包含在内部，如图 16-38 所示。松开鼠标，选框内的对象就处于选中状态，此时被选中元件周围的标识被隐藏起来，无法看见。

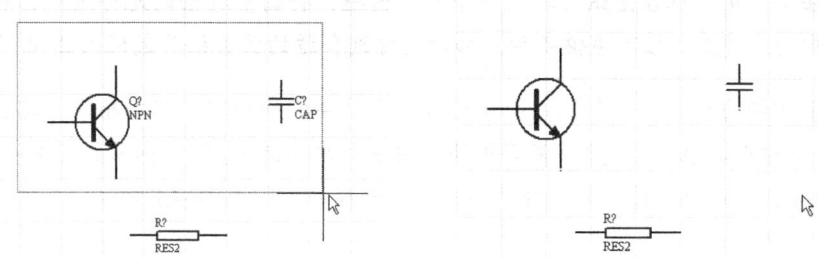

图 16-38　直接选取元件

- 利用主工具栏的选取工具来选取元件。在主工具栏中有两个与元件选取有关的工具：区域选取工具和取消选取工具，如图 16-39 所示。利用区域选取工具选取元件的过程：单击主工具栏中的区域选取工具图标，鼠标马上变为十字状；在图纸的合适位置（矩形框的起点）单击鼠标左键，此时不用按下鼠标左键就可以拉出一个矩形框，如图 16-40 所示；在合适的位置（矩形框的终点）单击鼠标左键，此时矩形框内的元件处于选中状态。当单击主工具栏上的取消选取工具后，图纸上所有被选取的元件选取状态被取消，这些元件周围被隐藏的标识又会显示出来。

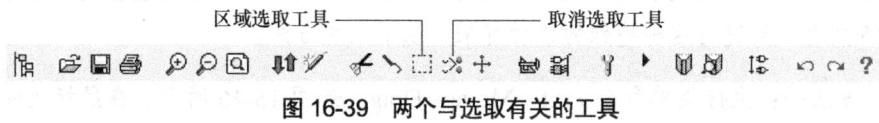

图 16-39　两个与选取有关的工具

- 利用菜单命令选取元件。利用 Edit 菜单下几个与选取有关的命令也可以对元件进行选取。这些命令如图 16-41 所示。

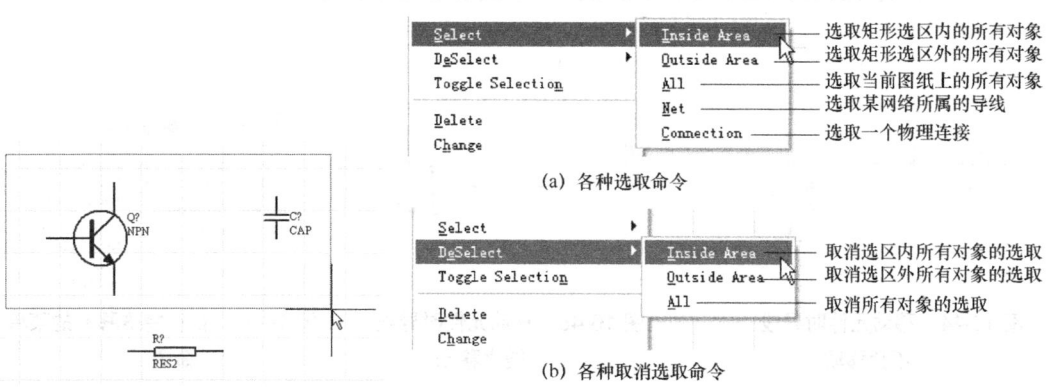

图 16-40　用区域选取工具选取元件　　　图 16-41　选取与取消选取命令

（2）元件的移动

❶ 单个元件的移动。单个元件的移动方法有以下两种。

- 方法一：将鼠标移到元件上，按下左键不放，鼠标变成十字状，同时在元件周围出现虚线框，表示元件已被选中，如图 16-42 所示。此时，移动鼠标到合适的位置松开左键即可。
- 方法二：用鼠标在图纸上拉出一个矩形选框，将需要移动的元件选中，将鼠标移到选中的元件上，按下左键不放，移动元件到合适的位置松开鼠标左键即可。

❷ 多个元件的移动。多个元件的移动与单个元件的移动方法基本相同。其过程为：用鼠标在图纸上拉出一个矩形选框，将需要移动的多个元件选中，将鼠标移到其中一个元件上，按下左键不放，移动该元件，其他的元件也会跟着移动，如图 16-43 所示。

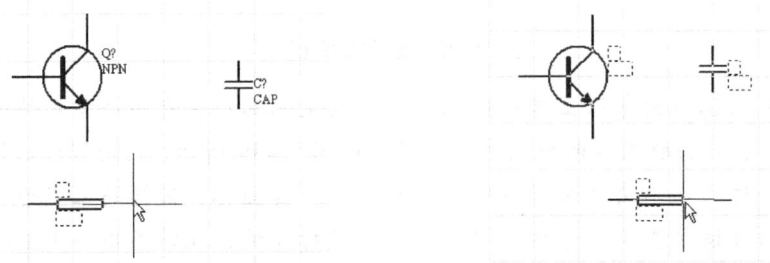

图 16-42　单个元件的移动　　　　图 16-43　多个元件的移动

❸ 特殊的移动。利用前面的方法可以移动单个或多个元件，但如果元件已经连接上了导线，则再用前面的方法进行移动就会造成元件与导线脱开，如图 16-44 所示。为了解决这个问题，可以采用特殊的移动方法。利用特殊方法移动元件时，导线也会随着元件移动，如图 16-45 所示。要进行这种特殊的移动可采用以下几种方法。

- 方法一：执行菜单命令 Edit→Move→Drag，如图 16-46 所示。在鼠标变成十字状光标后，将光标移到要移动的元件上，单击鼠标左键，元件周围出现虚线框。此时，移动光标（不需按左键），元件及与它相连的导线也随之移动。移到合适的位置后，单击鼠标左键，元件就不再移动。单击鼠标右键可取消移动操作。

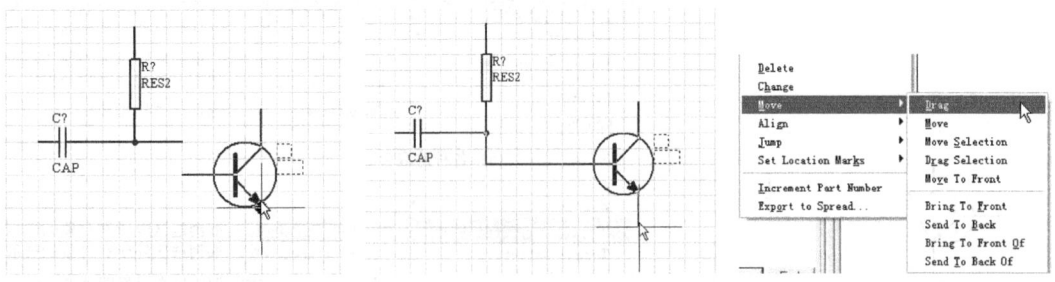

图 16-44　移动元件时导线　　图 16-45　移动元件时导线　　图 16-46　执行特殊移动的菜单
　　　　　不会移动　　　　　　　　　　　随之移动　　　　　　　　　　命令

- 方法二：按住 Ctrl 键不放，将光标放在要移动的元件上，单击鼠标左键，元件周围出现虚线框，松开 Ctrl 键并移动光标，元件及与它相连的导线也随之移动。在移到合适的位置后，单击鼠标左键，元件与导线就会不再移动。

（3）元件的旋转

如果想改变图纸上元件放置的方向，就要对元件进行旋转操作。常用的元件旋转操作方法如下。

- 方法一：将鼠标移到需要旋转的元件上，按下左键不放，马上出现一个十字形、有中心焦点，并能自动移到元件的一个引脚上，同时在元件周围有小虚线框出现，如图 16-47（a）所示。这时按空格键，元件会以十字形中心为轴逆时针旋转 90°，如图 16-47（b）所示。每按一次空格键，元件就会在前面的基础上逆时针旋转 90°。

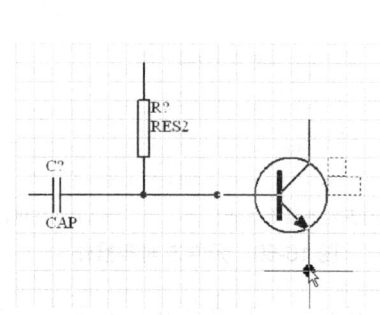

(a) 在元件上按住鼠标左键不放　　　　(b) 按空格键旋转元件

图 16-47　通过左键的空格键旋转元件

- 方法二：用鼠标拉出一个矩形框，将需要旋转的元件选中，在元件上双击鼠标右键，弹出快捷菜单，如图 16-48（a）所示。选择 Properties 命令，马上出现 Part 对话框，如图 16-48(b)所示。打开 Graphical Attrs 选项卡后，在 Orientation 项中选择 90 Degrees，单击 OK 按钮，被选中的元件将以元件中心为轴逆时针旋转 90°。

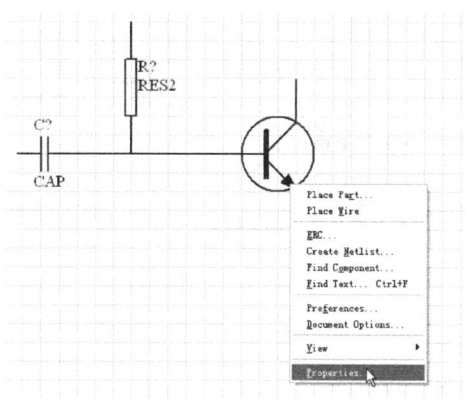 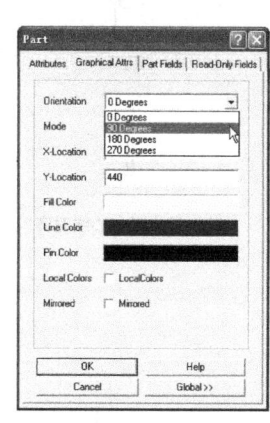

(a) 快捷菜单　　　　　　　　　(b) 在对话框中设置旋转角度

图 16-48　通过设置属性旋转元件

（4）元件的排列

为了让绘制出来的电路图元件排列得整齐美观，掌握元件排列规律是很有必要的。**元件的对齐方式有左对齐、右对齐、按水平中心线对齐、水平平铺对齐、顶部对齐、底部对齐、按垂直中心线对齐和垂直均分对齐。**

❶ 元件按左对齐排列。如图16-49所示的元件是没有进行对齐排列的。如果要对它们进行左对齐排列，则可这样操作：首先用鼠标拉出矩形选框，将需要对齐排列的元件选中，再执行菜单命令 Edit→Align→Align Left，如图16-50所示，选中的元件就会按左对齐排列。

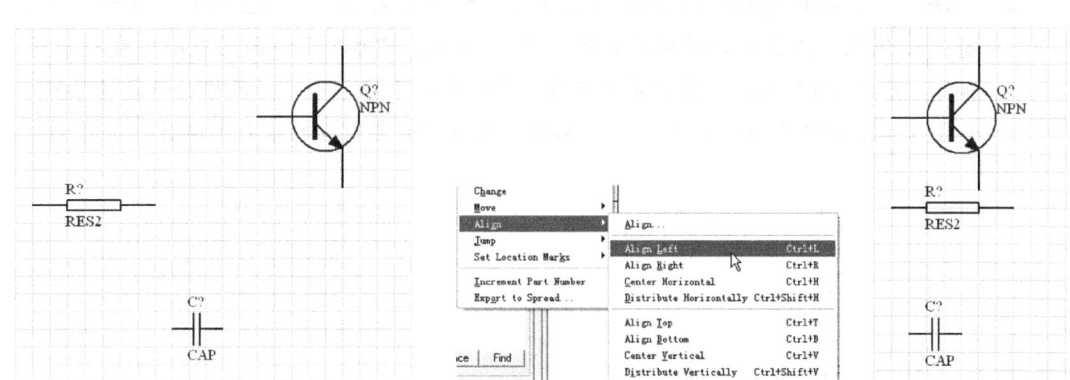

图16-49　未对齐排列的元件　　　　　　　（a）执行左对齐菜单命令　　（b）元件进行左对齐排列

图16-50　元件左对齐操作

❷ 元件按其他方式排列。如果要对元件进行右对齐、按水平中心线对齐、水平平铺对齐、顶部对齐、底部对齐、按垂直中心线对齐和垂直均分对齐排列，则可先选中需要排列的元件，再执行菜单命令 Edit→Align 下的相应命令即可进行各种方式的排列，如图16-51所示。

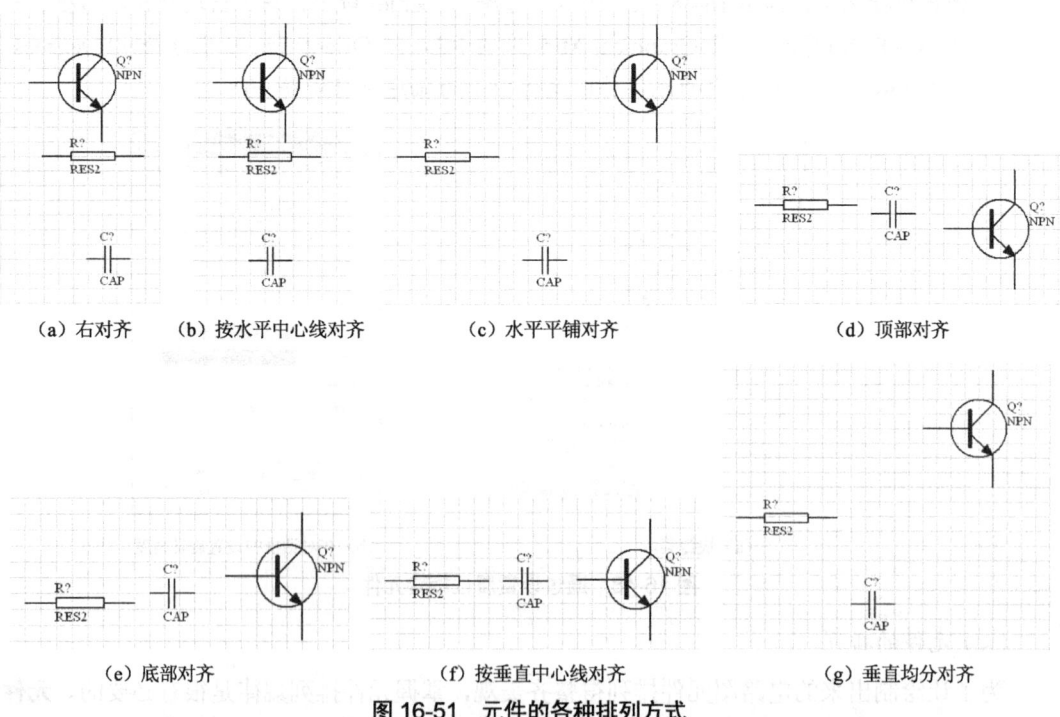

（a）右对齐　　（b）按水平中心线对齐　　（c）水平平铺对齐　　（d）顶部对齐

（e）底部对齐　　（f）按垂直中心线对齐　　（g）垂直均分对齐

图16-51　元件的各种排列方式

❸ 综合方式排列。前面的操作只能逐次进行，**如果要同时进行水平和垂直对齐排列，**

则可使用 Align 命令实现。综合方式排列的操作过程：首先用鼠标拉出矩形选框，将需要对齐排列的元件选中，再执行菜单命令 Edit→Align→Align，马上弹出 Align objects 对话框，如图 16-52 所示。Horizontal Alignment 区域为水平排列项，包含 4 个选项；Vertical Alignment 区域为垂直排列项，也包含 4 个选项。在对话框中将水平和垂直排列都选为 Distribute equally，单击 OK 按钮，被选中的各个元件在水平和垂直方向都会以平均分布的方式在图纸上排列出来，排列后的各元件水平间隔和垂直间隔都相同。

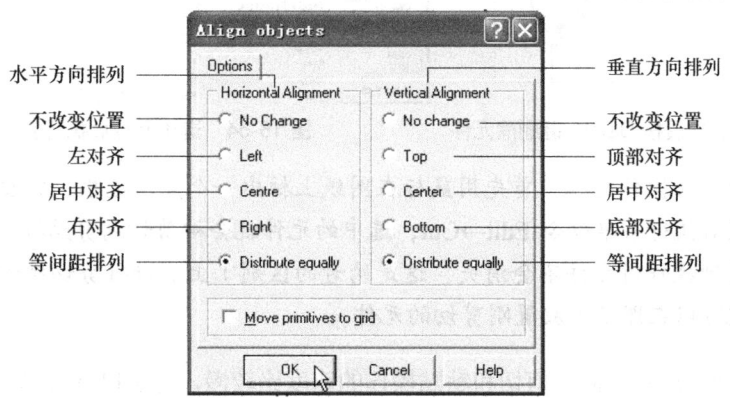

图 16-52　综合方式排列设置

2. 元件的删除、复制、剪切与粘贴

（1）元件的删除

如果想删除图纸上的元件，可进行元件删除操作。元件删除常用的方法有以下 3 种。

- 方法一：用鼠标在要删除的元件上单击，让元件周围出现虚线框，表示此元件被选中，如图 16-53 所示。再按下键盘上的 Delete 键，选中的元件就会被删除。
- 方法二：用鼠标在图纸上拉出一个矩形选框，将要删除的元件选中，然后执行菜单命令 Edit→Clear，选中的元件就会被删除。也可以同时按下键盘上的"Ctrl+Delete"键，选中的元件同样能被删除。
- 方法三：执行菜单命令 Edit→Delete，鼠标变成十字形状，将鼠标移到要删除的元件上，单击左键，元件即可被删除。利用这种方法删除元件、导线和节点等对象都非常方便。

（2）元件的复制、剪切与粘贴

- 元件的复制操作过程：首先用鼠标在图纸上拉出一个矩形选框，选中将要复制的元件，然后执行菜单命令 Edit→Copy，如图 16-54 所示，选中的元件就会被复制到剪贴板中。
- 元件的粘贴操作过程：在进行复制操作后，执行菜单命令 Edit→Paste，在鼠标旁马上出现刚复制的元件，可跟随鼠标移动，将鼠标移到合适的位置后，单击左键，元件就被放置下来。如果不断执行粘贴操作，就可以在图纸上放置很多相同的元件。

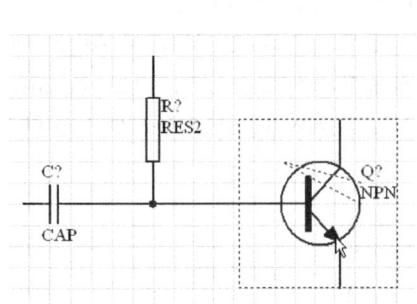

图 16-53　选中元件后按 Delete 键删除元件　　图 16-54　选中元件后执行复制命令

- 元件的剪切操作过程：首先用鼠标在图纸上拉出一个矩形选框，将要剪切的元件选中，然后执行菜单命令 Edit→Cut，选中的元件就会被剪切到剪贴板（此处的元件消失，复制操作时元件不会消失，这是两者的区别）上。进行剪切操作后，进行粘贴操作就可以在图纸上放置刚剪切的元件。

通过菜单命令进行复制、剪切和粘贴操作的速度比较慢，为了提高效率，可使用快捷键操作。

- 复制的快捷键操作方法：选中要复制的元件，同时按下键盘上的 Ctrl+C 键。
- 粘贴的快捷键操作方法：在进行复制操作后，同时按下键盘上的 Ctrl+V 键。
- 剪切的快捷键操作方法：选中要剪切的元件，同时按下键盘上的 Ctrl+X 键。

（3）阵列式粘贴元件

阵列式粘贴是一种特殊的粘贴方式，可以一次性粘贴多个相同的元件，效果对比如图 16-55 所示。

阵列式粘贴元件的操作方法：首先用鼠标在图纸上拉出一个矩形选框，将要复制的元件选中，如复制图 16-55（a）中的电阻 R1，在选中 R1 后执行菜单命令 Edit→Copy，执行菜单命令 Edit→Paste Array，马上弹出一个对话框，如图 16-56 所示。在对话框中进行各项设置后，单击 OK 按钮，元件就按设置的方式粘贴到图纸上，即同时粘贴了三个元件，且元件标识自动增加，如图 16-55（b）所示。

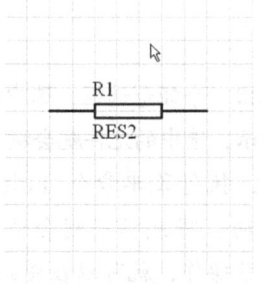 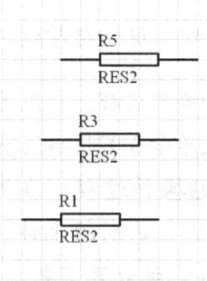

（a）待复制的元件　　　　　　　　（b）阵列式粘贴后的元件

图 16-55　阵列式粘贴元件

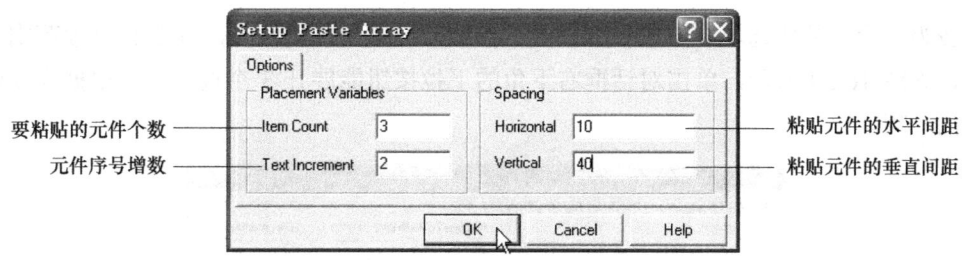

图 16-56 阵列式粘贴设置

3. 元件及标识属性的设置

(1) 元件属性的设置

前面讲的主要是对元件进行操作的方法，而元件本身也有一些属性需要设置。进入元件属性设置的方法有 4 种。

- 方法一：在放置元件时，按下键盘上的 Tab 键，就会弹出元件属性设置对话框，如图 16-57 所示。

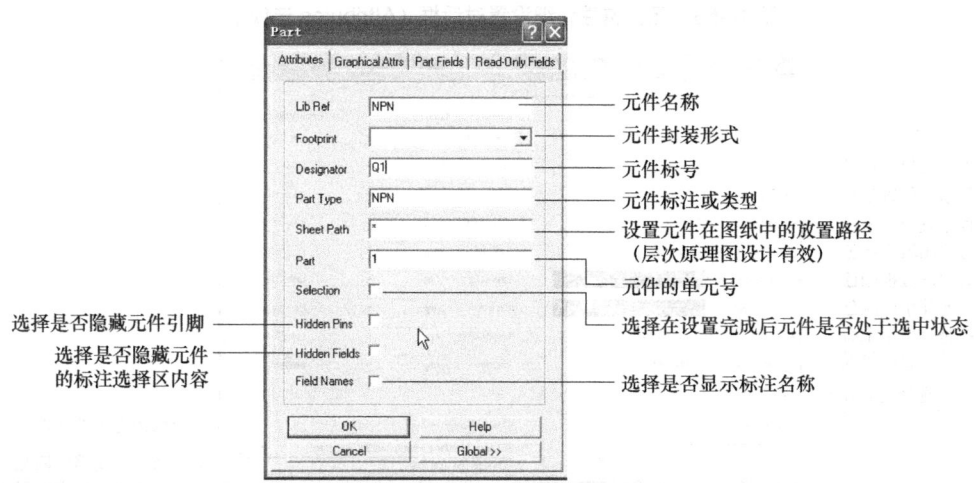

图 16-57 元件属性设置对话框

- 方法二：如果元件已经放置在图纸上，则可在元件上双击，也会弹出操作对话框。
- 方法三：在元件上双击鼠标右键，弹出快捷菜单，选择其中的 Properties 命令，会弹出操作对话框。
- 方法四：执行菜单命令 Edit→Change，鼠标旁出现十字状的光标，将光标移到元件上，单击左键，同样会弹出操作对话框。

在操作对话框中可以对元件的各种属性进行设置，如果想进行更详细的设置，则可单击 Global 按钮，将出现更详细的设置对话框，如图 16-58 所示。

在元件属性设置对话框上有 4 个选项卡：Attributes、Graphical Attrs、Part Fields 和 Read-Only Fields。选择不同的选项卡时，对话框中的设置内容就会发生变化，4 个选项卡的设置内容分别如图 16-58～图 16-61 所示。在这 4 个选项卡中，Attributes 选项卡的内容设置较为常用，其他选项卡一般较少设置。在修改设置元件属性时，有 3 种修改范围可供选择，如图 16-59 所示，单击对话框右下角的下拉按钮能展开 3 个选项，可根据需要选择其中的一项。

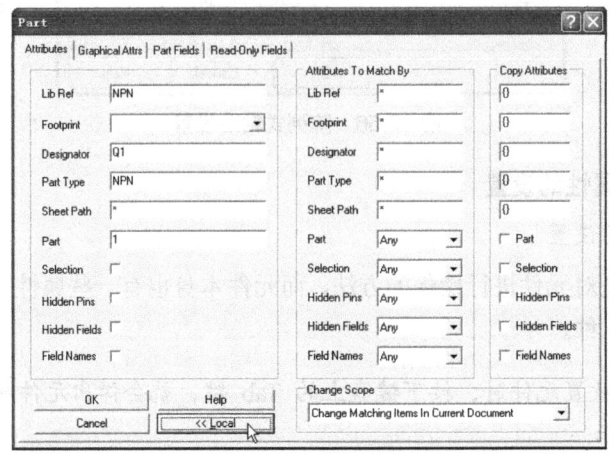

图 16-58　元件属性详细设置对话框（Attributes 选项卡）

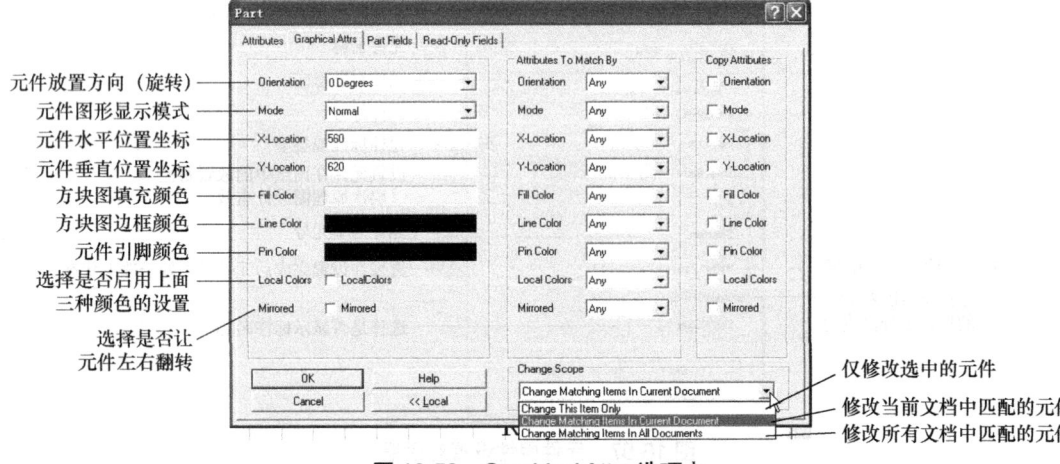

图 16-59　Graphical Attrs 选项卡

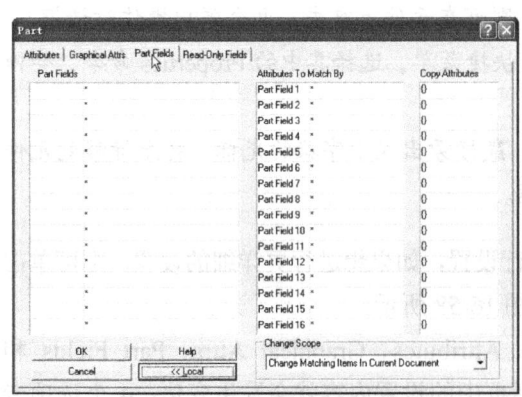

图 16-60　Part Fields 选项卡

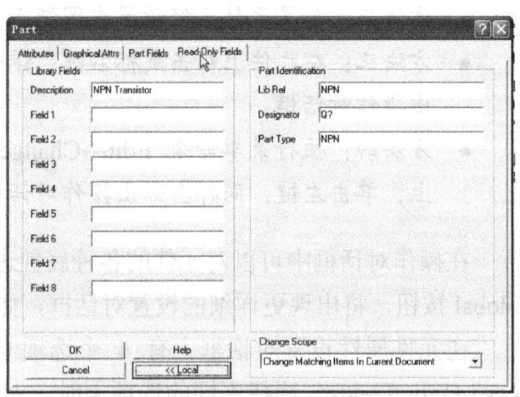

图 16-61　Read-Only Fields 选项卡

（2）标识属性的设置

在元件旁边往往有一些标识，也可以对这些标识进行单独设置。标识的设置方法：在元件标识上双击左键，如双击三极管的 NPN 标识，会出现如图 16-62 所示的标识属性对话框。在对话框中可以对标识进行各种设置。

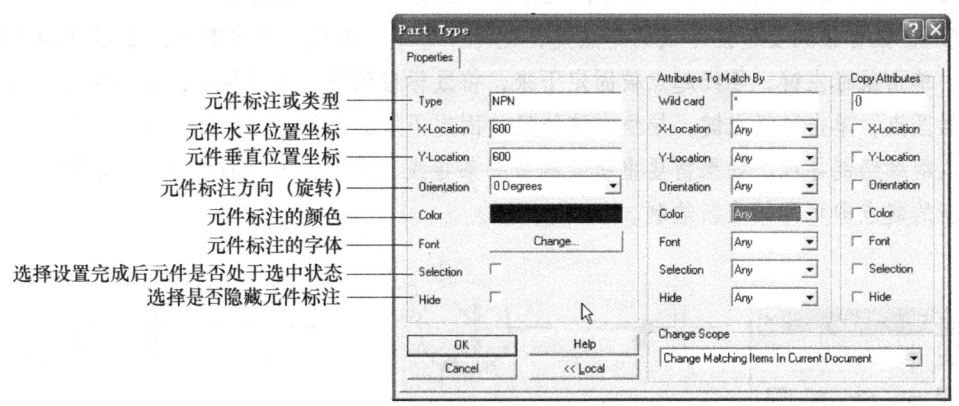

图 16-62　标识属性设置

16.2.5　绘制导线、节点和总线

在调整和编辑完图纸上的元件后，接下来就要用导线将各个元件连接起来。如果两根导线十字交叉并且相通，就需要在交叉处放置节点来表示两者相通。**在 Protel 99 SE 中，连接元件的导线和节点都具有电气性能，不能用普通画图工具栏中的直线和圆点代替。**

1．绘制导线

在图 16-63 中，各个元件之间没有导线连接。现在要在元件之间绘制导线，将元件连接起来。绘制导线的方法有两种：利用布线工具栏中的导线工具绘制；利用菜单命令绘制。

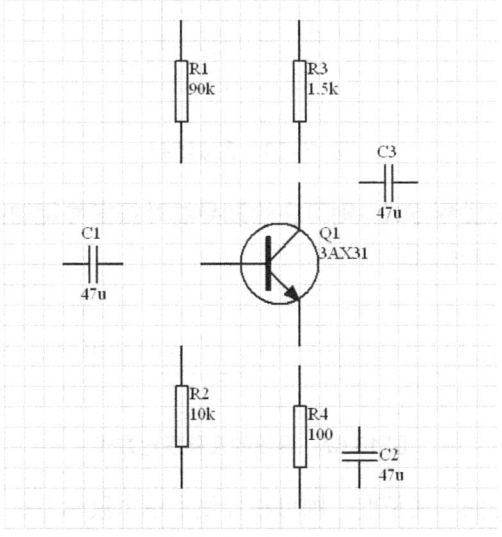

图 16-63　无导线连接的元件

（1）利用布线工具栏中的导线工具绘制导线

利用导线工具绘制导线的具体操作过程如下。

❶ 执行菜单命令 View→Toolbars→Wiring Tools，将如图 16-64 所示的布线工具栏调出。

❷ 单击布线工具栏中的 ≈ 图标，鼠标旁会出现一个十字状的光标。

❸ 将鼠标移到要连接导线的起点处，此时光标中心出现一个黑圆点，如图 16-65（a）所示。单击鼠标左键，导线起点被固定下来，将鼠标移到下一个连接处，光标中心又会出现一个黑圆点，单击鼠标左键，导线在该处又被固定下来，如图 16-65（b）所示。此时移动鼠标可以继续绘制导线。如果需要重新绘制另一条导线，可单击鼠标右键或按 Esc 键，将鼠标移到新的起点即可开始重新绘制。

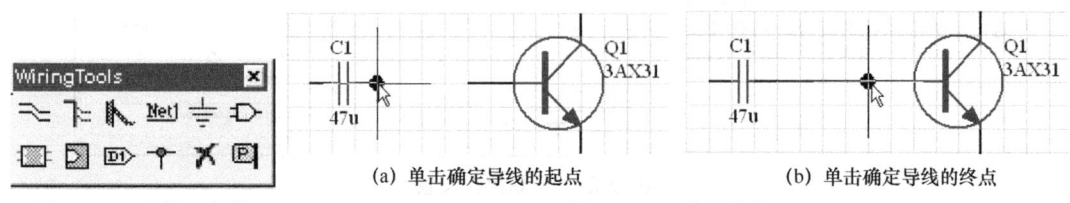

图 16-64　布线工具栏　　　　　　图 16-65　绘制导线

❹ 若要结束绘制导线，只要双击鼠标右键即可，效果如图 16-66 所示。

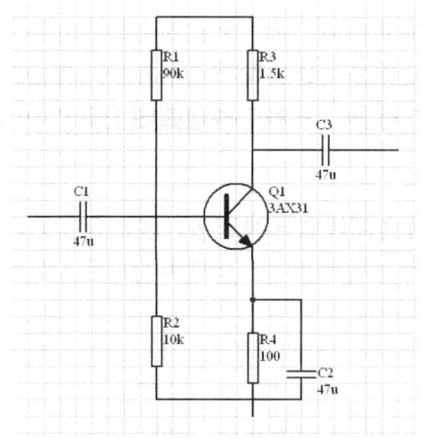

图 16-66　完成绘制

如果需要改变导线的拐弯方式，则可在绘制导线时按空格键切换不同的拐弯方式。导线的几种拐弯方式如图 16-67 所示。

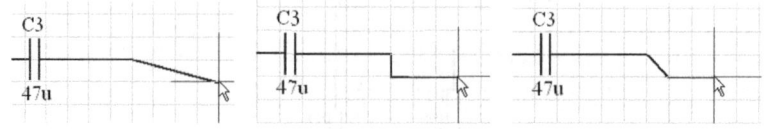

图 16-67　导线的几种拐弯方式

如果要调整已经画好的导线长度，则可在导线上单击鼠标左键，就会出现方形控制点，如图 16-68 所示。将鼠标移到控制点上，按住左键不放并移动鼠标（拖动），就可以调整导线的长度或方向。另外，在导线出现控制点时，按键盘上的 Delete 键可将导线删除。

图 16-68　导线的选取与调整

（2）利用菜单命令绘制导线

利用菜单命令绘制导线与用导线工具绘制导线的操作过程大体相同，不同之处在于：用菜单命令绘制导线时要先执行菜单命令 Place→Wire，以后的操作过程完全相同。

（3）导线属性的设置

如果要设置导线的宽度、颜色等，则可进行导线属性的设置。

进行导线属性设置的方法有两种：一种方法是在绘制导线时，按键盘上的 Tab 键会弹出如图 16-69 所示的导线属性设置对话框；另一种方法是在需要设置属性的导线上双击鼠标左键，也会出现如图 16-69 所示的对话框。在导线属性设置对话框中，Wire Width 项用来设置导线的宽度，包括 Smallest（最细）、Small（细）、Medium（中）和 Large（粗）4 个选项（见图 16-70）；Color 项用来设置导线的颜色，单击右边的颜色条会出现颜色设置对话框；用 Selection 项设置完导线属性后，该导线是否处于被选中状态，若选中此项，则导线就会处于选中状态。设置完成后，单击 OK 按钮，设置就会生效。如果想进行更详细的设置，可单击 Global 按钮，会出现更详细的属性设置对话框，进行相应设置即可。

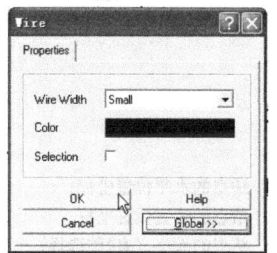

图 16-69　导线属性设置对话框

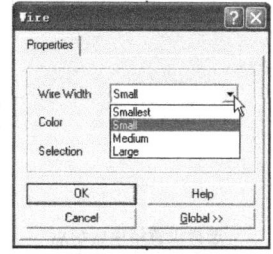

图 16-70　4 种导线宽度选项

2．绘制节点

在图 16-66 中，虽然各元件已用导线连接起来，但无法看出导线的十字交叉处是否相通，**为了表示在交叉处导线相通，可在该处放置节点。**

（1）放置节点

放置节点的操作过程如下。

❶ 单击布线工具栏中的 ✚ 图标，也可以执行菜单命令 Place→Junction，鼠标旁会出现十字状的光标，光标中心有一个节点。

❷ 将光标节点移到导线交叉处，如图 16-71 所示，单击鼠标左键，节点就被放置下来。

节点放置完成后,光标仍处于节点放置状态,可以继续放置节点。单击鼠标右键可退出节点放置状态。

(a)将光标移到导线交叉处　　　　(b)单击放置一个节点

图 16-71　在导线交叉处放置节点

(2)设置节点属性

打开节点属性设置对话框的方法有以下两种。

- 方法一:如果已经放置节点,可在节点上单击鼠标左键,此时会出现一个列表,如图 16-72(a)所示,选择其中的 Junction 项(如果选择其他两个选项,则会分别选中横、竖导线),则节点被选中,周围出现虚线框,如图 16-72(b)所示。与此同时,鼠标自动移到节点上,在节点上双击鼠标左键,会弹出如图 16-73 所示的节点属性设置对话框。

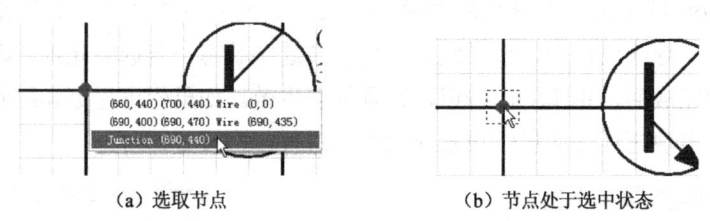

(a)选取节点　　　　(b)节点处于选中状态

图 16-72　选取节点

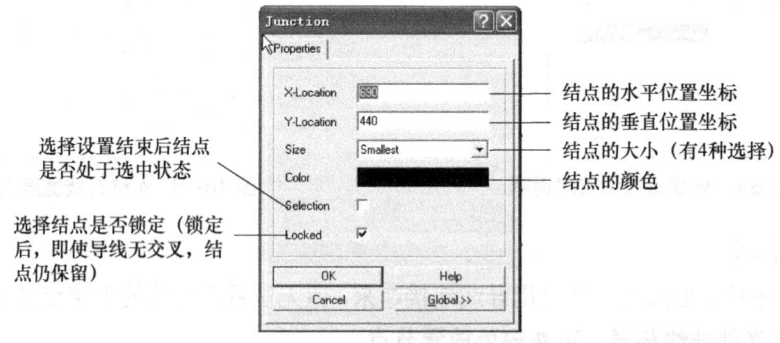

图 16-73　节点属性设置对话框

- 方法二:如果节点还没有放置,那么在放置节点时,按键盘上的 Tab 键,也会出现节点属性设置对话框。

在节点属性设置对话框中,可以设置节点在图纸上的坐标位置、大小、颜色等。如果想进行更详细的设置,可单击 Global 按钮,就会出现更详细的设置对话框,进行相应的设置即可。

3. 绘制总线

在绘制一些数字电路系统时，经常需要在两个 IC（集成电路）之间绘制大量的导线，导线越多，越难表示各电路之间的连接关系。采用总线的形式绘制导线可以解决这个问题。

图 16-74 就是采用总线形式绘制的电路原理图。图中的粗线被称为总线。总线上的许多小分支被称为总线分支线。分支线旁边的标识（A0、A1、A2 等）被称为网络标号。U3 的 10 脚标有网络标号 A0，而 U4 的 10 脚也标有网络标号 A0，表示 U3 的 10 脚和 U4 的 10 脚是相连的。

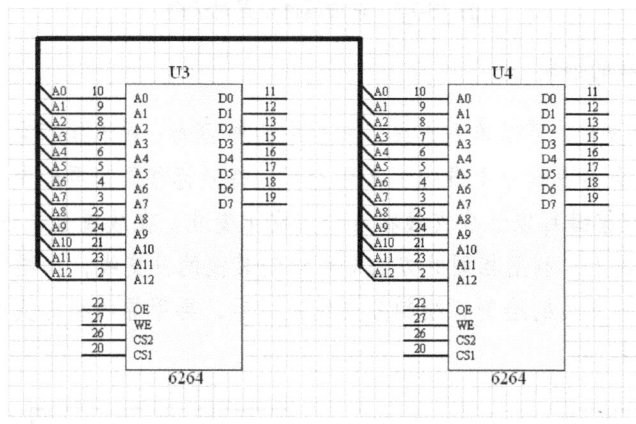

图 16-74　采用总线形式绘制的电路原理图

（1）总线的绘制

❶ 绘制总线。可以单击布线工具栏中的 图标，或者执行菜单命令 Place→Bus，在鼠标旁边会出现十字形的光标，将光标移到总线的起点处，如图 16-75 所示。单击鼠标左键就固定了总线的起点后，可用与绘制导线相同的方法绘制总线。绘制总线时经常要拐弯，在拐弯处单击鼠标左键就能固定总线的拐弯点，按空格键可转换拐弯样式。若要结束本条总线的绘制，可单击鼠标右键或按 Esc 键后，就可以绘制另一条总线。如果双击鼠标右键，则可结束总线的绘制，如图 16-76 所示。

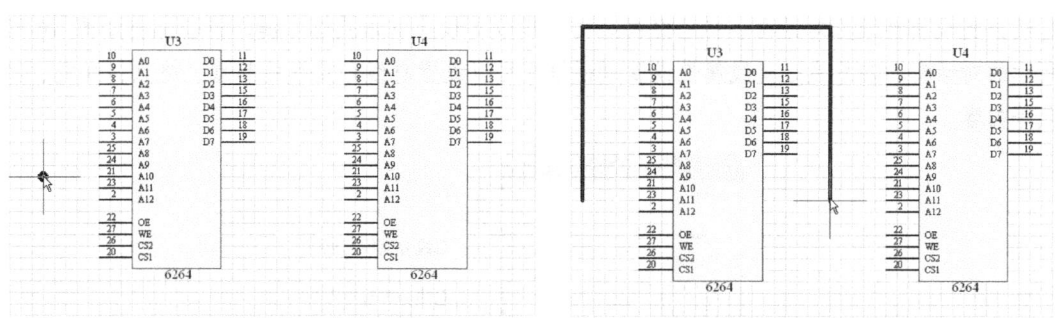

图 16-75　单击确定总线的起点　　　　图 16-76　单击确定总线的终点

❷ 设置总线属性。在绘制总线时，按下 Tab 键，就会弹出如图 16-77 所示的总线属性设置对话框。在已经画好的总线上双击左键，也会弹出如图 16-77 所示的对话框。在总线属性设置对话框中可以设置总线的宽度、颜色等内容。

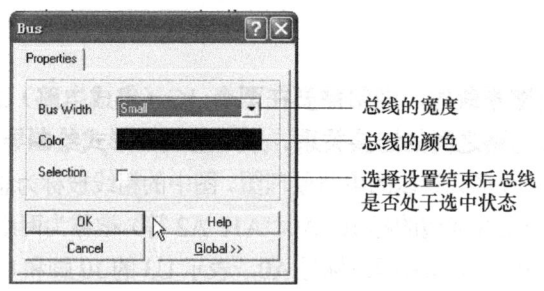

图 16-77 总线属性设置对话框

（2）总线分支线的绘制

❶ 绘制总线分支线。可以单击布线工具栏中的 图标，或者执行菜单命令 Place→Bus Entry，在鼠标旁边会出现带分支线的十字形光标。将光标移到需要绘制分支线的位置，如图 16-78 所示，按空格键可以让分支线在 4 个方向上变化。在放置分支线处单击鼠标左键，分支线就固定在总线上，利用相同的方法即可绘制其他的分支线，如图 16-79 所示。双击鼠标右键即可结束分支线的绘制。绘制分支线完成后，再用导线将分支线与元件（集成电路）的引脚连接起来。

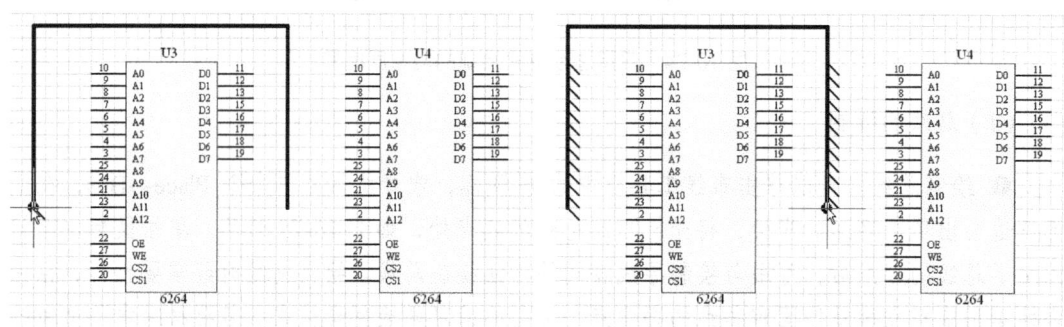

图 16-78 绘制第一条总线的分支线　　　图 16-79 绘制最后一条总线的分支线

❷ 设置总线分支线属性。在绘制总线分支线时，按下 Tab 键，就会弹出如图 16-80 所示的总线分支线属性设置对话框。在已经画好的总线分支线上双击鼠标左键，也会弹出如图 16-80 所示的对话框。在总线分支线属性设置对话框中可以设置总线分支线的起点、终点、线宽、颜色等内容。

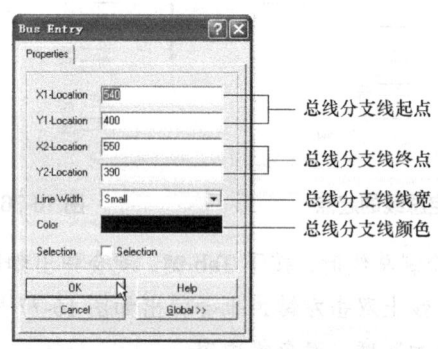

图 16-80 总线分支线属性设置对话框

（3）网络标号的放置

网络标号的作用是标识电路的连接关系，相同网络标号的导线是相连的。在前面讲述的电路（见图16-74）中，与U3的8脚相连的导线的网络标号为A2，与U4的8脚相连的导线的网络标号也为A2，表示两根导线实际上是连通的。

❶ 放置网络标号：单击布线工具栏中的 图标，也可以执行菜单命令 Place→Net Label，此时在鼠标旁边会出现带网络标号的十字状光标。将光标移到需要放置网络标号处，如图16-81所示，单击鼠标左键，网络标号就被放置下来。此时光标仍处于网络标号放置状态，可以继续放置网络标号，单击鼠标右键可退出放置状态。

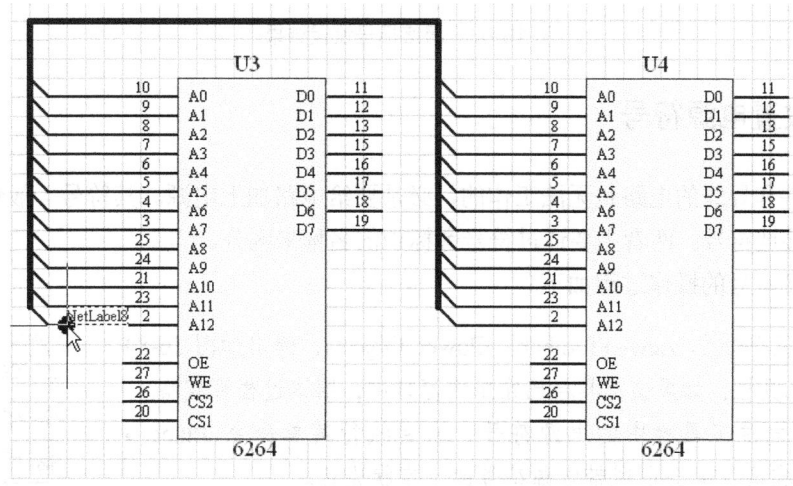

图 16-81　放置网络标号

❷ 设置网络标号属性。在放置网络标号时，按下 Tab 键，会弹出如图 16-82 所示的网络标号属性设置对话框。在已经放置的网络标号上双击鼠标左键，也会弹出如图 16-82 所示的对话框。在网络标号属性设置对话框中可以设置网络标号的名称、位置、颜色、字体等内容，设置完成后，单击 OK 按钮即可，设置结果如图 16-83 所示。

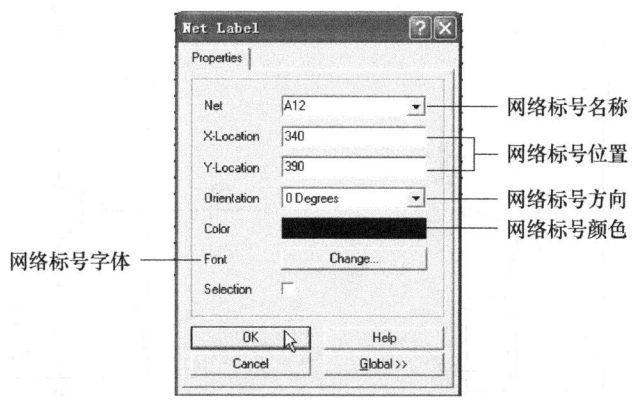

图 16-82　网络标号属性设置对话框

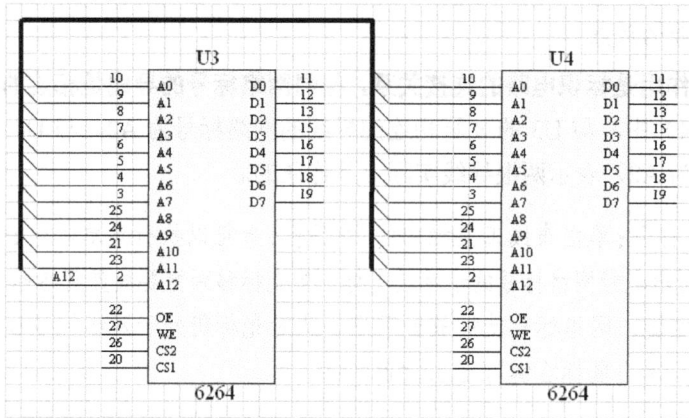

图 16-83 网络标号设置结果

16.2.6 放置电源符号

只有元件和导线的电路是无法工作的，必须要给电路加上电源。其符号一般包括两种：电源符号和接地符号。两者主要通过符号旁标识的名称来区分。

放置电源符号的操作过程如下。

❶ 执行菜单命令 View→Toolbars→Power Objects，弹出如图 16-84 所示的电源工具栏，如果该工具栏已在工作窗口中，则该过程可省略。

❷ 单击电源工具栏中的电源符号，或者执行菜单命令 Place→Power Port，在鼠标旁会出现带电源符号的十字状光标。

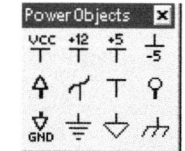

图 16-84 电源工具栏

❸ 将光标移到需要放置电源符号处，此时光标中心出现一个黑圆点，如图 16-85 所示。单击鼠标左键，电源符号就被放置下来。单击鼠标右键或按 Esc 键，可取消电源符号的放置。

利用同样的方法可在电路中放置接地符号，如图 16-86 所示。

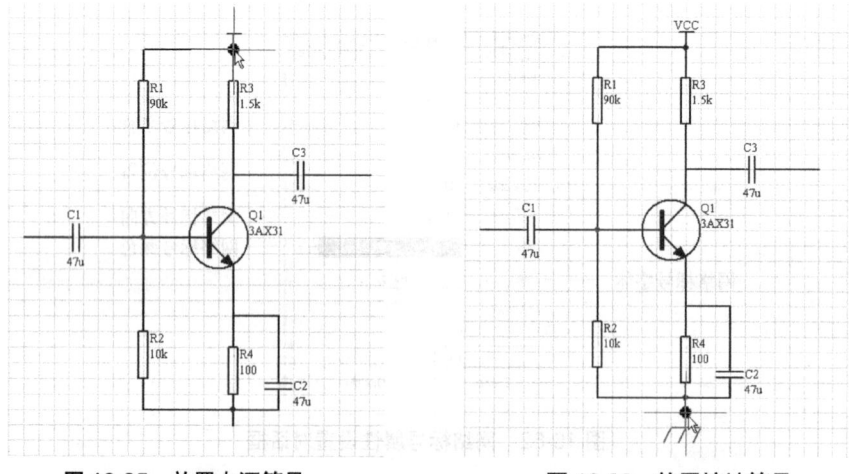

图 16-85 放置电源符号　　　　图 16-86 放置接地符号

第 16 章 设计电路原理图

在放置电源符号时,按下 Tab 键,就会弹出如图 16-87 所示的电源符号属性设置对话框。在已经放置的电源符号上双击鼠标左键,也会弹出如图 16-87 所示的对话框。在电源符号属性设置对话框中可以设置电源符号的名称、样式、位置、颜色、旋转角度等内容,设置好后,单击 OK 按钮即可。在 Style(样式)中有 7 种样式可供选择,它们与电源工具栏中的 7 种样式的电源符号相对应,如图 16-88 所示。

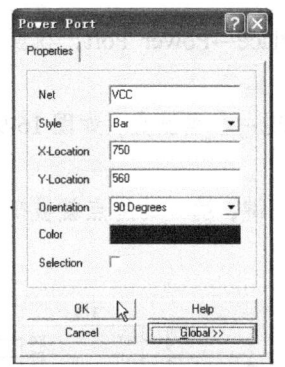

图 16-87 电源符号属性设置对话框

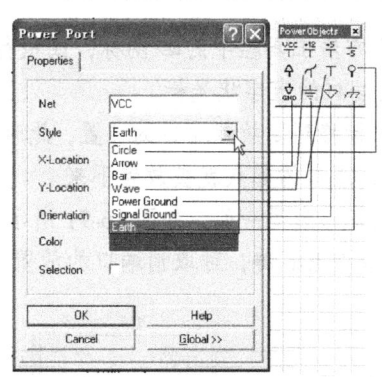

图 16-88 7 种样式的电源符号

16.2.7 放置输入/输出端口

在设计电路时,一个电路与另一个电路的连接,既可以用导线直接连接,也可以以总线的形式连接,还可以用输入/输出端口的形式连接。 在图 16-89 中,3 种连接形式的电气效果是相同的。

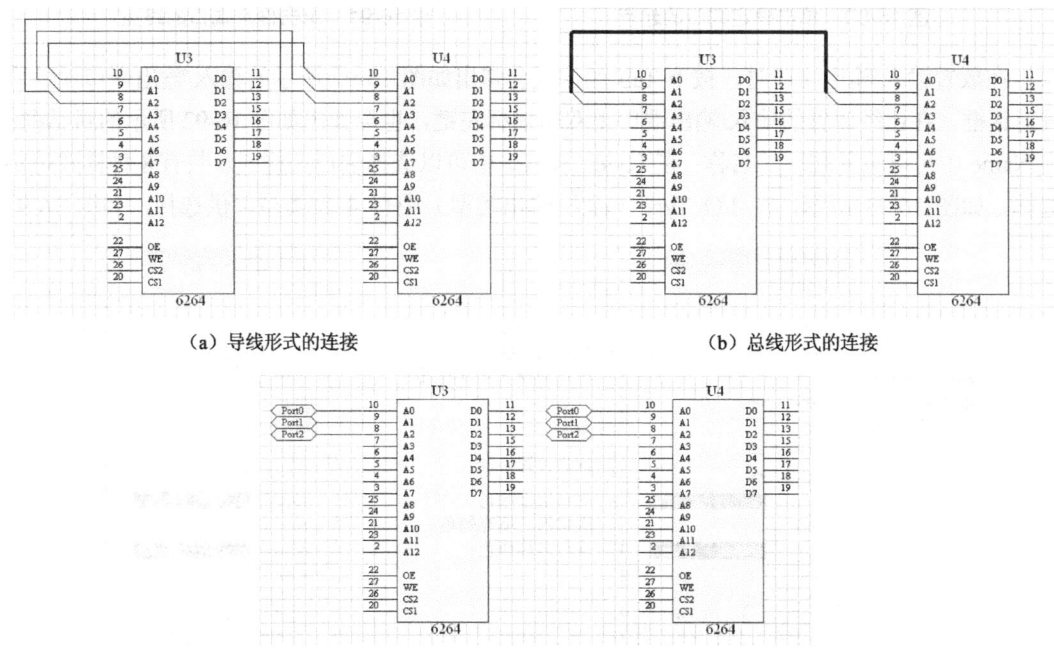

(a)导线形式的连接　　　　　　　　　　(b)总线形式的连接

(c)输入/输出端口形式的连接

图 16-89　3 种形式的电路连接

在电路设计时,灵活使用这3种连接方式,可以使设计出来的电路图整齐、美观。在一般情况下,当电路之间的连接点少并且在一张图纸上时,可采用导线直接连接;当电路之间的连接点很多并且在一张图纸上时,可采用总线连接;当要连接的电路分别处于不同的图纸上时,采用输入/输出端口连接更方便。

放置输入/输出端口的操作过程如下。

❶ 单击布线工具栏中的 ▩ 图标,或执行菜单命令 Place→Power Port,在鼠标旁会出现带输入/输出端口的十字状光标。

❷ 将光标移到要放置端口的位置,此时光标中心出现一个黑圆点,如图 16-90 所示。单击鼠标左键,端口的起点就被放置下来。

❸ 将光标移到另一处,如图 16-91 所示,单击鼠标左键,端口的终点就被确定下来。单击鼠标右键或按 Esc 键,可取消端口的放置。

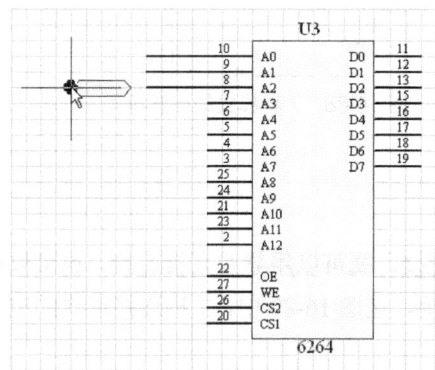

图 16-90 单击确定端口的起点

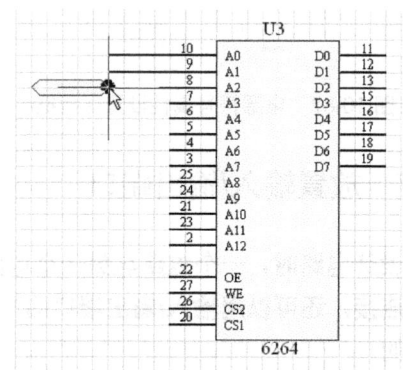

图 16-91 单击确定端口的终点

在放置输入/输出端口时,按下 Tab 键,就会弹出如图 16-92 所示的输入/输出端口属性设置对话框。在已经放置的输入/输出端口上双击鼠标左键,也会弹出如图 16-92 所示的对话框:在 Name 中可以输入端口的名称;在 Style(样式)中可以选择端口的样式,共有 8 种样式可供选择,如图 16-93 所示;在 I/O Type(输入/输出类型)中有 4 种类型可供选择,如图 16-94

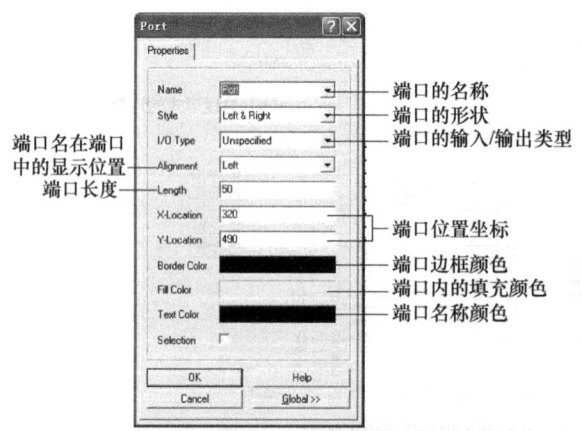

图 16-92 输入/输出端口属性设置对话框

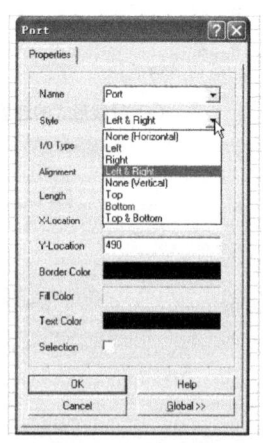

图 16-93 8 种样式的端口

所示；在 Alignment（端口名在端口中显示位置）中有 3 种位置选项，如图 16-95 所示。另外，在对话框中还可以设置端口长度、端口位置和颜色等内容，设置好后，单击 OK 按钮即可。

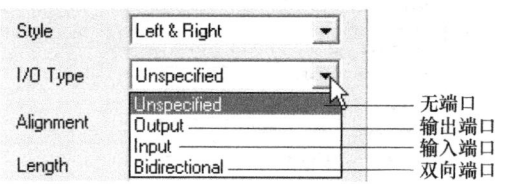

图 16-94 4 种 I/O 端口的类型

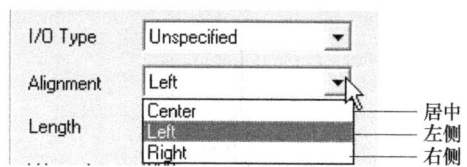

图 16-95 端口名的 3 种显示位置

16.2.8 查找、替换与重排元件标号

1．元件标号的查找

在设计电路时，如果电路中的元件数量少，那么查找某一标号的元件是比较容易的。但如果设计的元件数量很多，则查找元件就会很困难。这时可利用元件编号查找功能来查找元件。

查找元件标号的操作过程如下。

❶ 执行菜单命令 Edit→Find Text，弹出查找元件标号对话框，如图 16-96 所示。

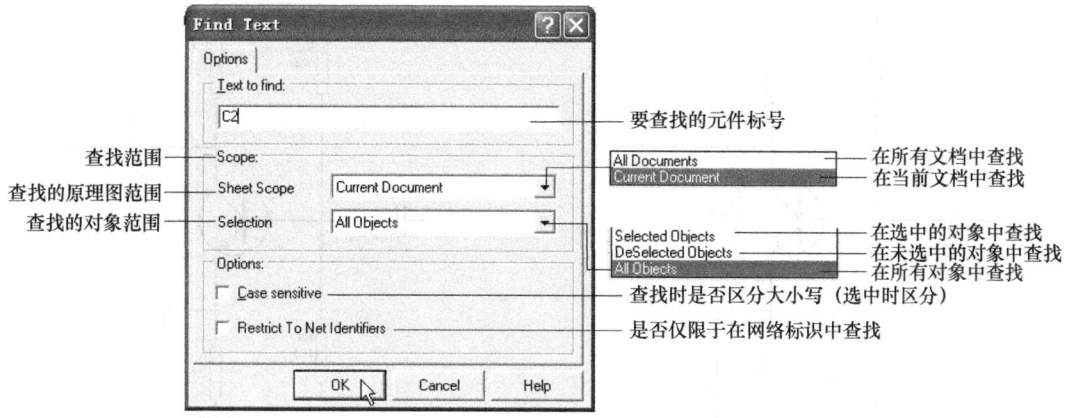

图 16-96 查找元件标号对话框

❷ 在 Text to find 文本框中输入要查找元件的名称，比如输入元件名称 C2，再对其他项进行设置，单击 OK 按钮。此时要查找的元件 C2 马上出现在屏幕中央，并且周围有虚线框，如图 16-97 所示。

2．元件标号的替换

在设计电路时，有时可能需要对电路中某些元件的标号进行更改，虽然可以逐个更改，但比较麻烦，这时可采用元件标号替换的方法来更改大量元件的标号。

元件标号替换的操作过程如下。

❶ 执行菜单命令 Edit→Replace Find Text，弹出查找和替换元件标号对话框，如图 16-98 所示。

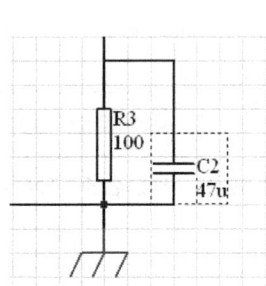

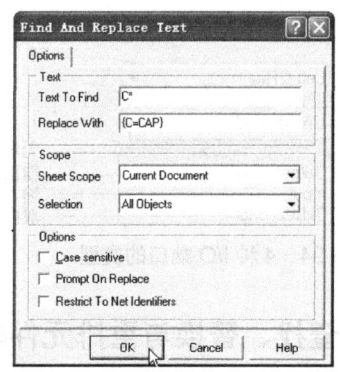

图 16-97　查找到的元件周围出现虚线框　　　　图 16-98　查找和替换元件标号对话框

❷ 在 Text to Find 文本框中输入要查找元件的名称，比如想查找所有以 C 开头的元件，就在该项输入"C*"，在 Replace With 中输入要替换的标号，比如要将所有以 C 开头的标号替换成以 CAP 开头的标号，就输入"{C=CAP}"，单击 OK 按钮，则电路中所有以 C 开头的标号都被替换成以 CAP 开头的标号，如图 16-99 所示。

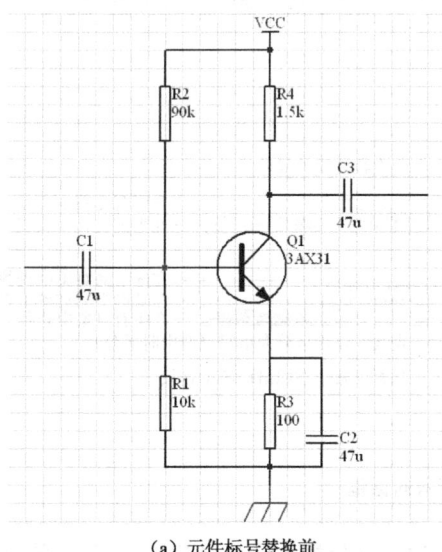

（a）元件标号替换前　　　　　　　　　　（b）元件标号替换后

图 16-99　元件标号替换

3．元件标号的重排

在一个电路图中，元件的标号是不能相同的。为了保证整个电路图的元件标号不产生重复，可对电路中的元件标号进行重新排列。

元件重新排列标号的操作过程如下。

❶ 执行菜单命令 Tools→Annotate，弹出查找和替换元件标号对话框。对话框中有两个选项卡：Options（选项）和 Advanced Options（高级选项），分别如图 16-100 和图 16-101 所示。

第 16 章　设计电路原理图

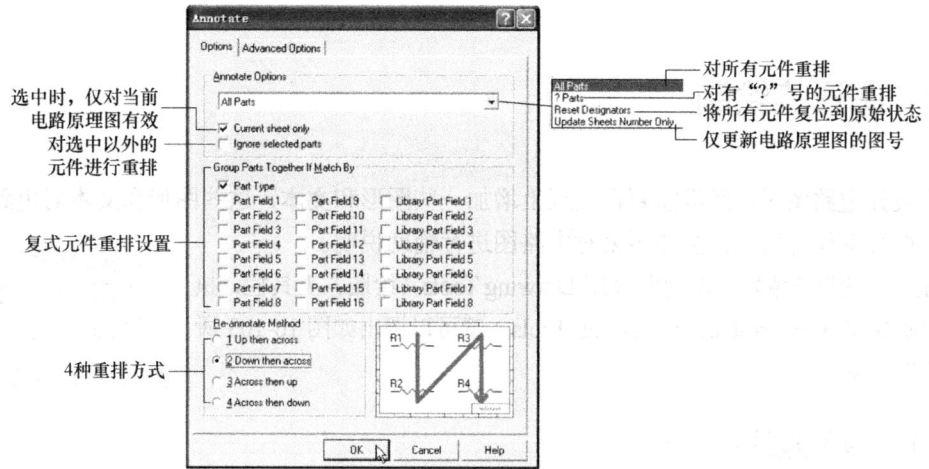

图 16-100　Options 选项卡

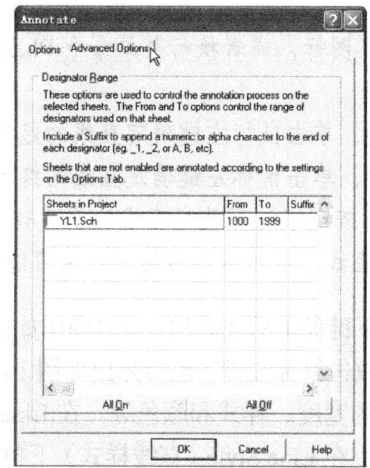

图 16-101　Advanced Options 选项卡

❷ 在 Options 选项卡中进行相关设置后，单击鼠标左键，元件标号重排前后的对比如图 16-102 所示。

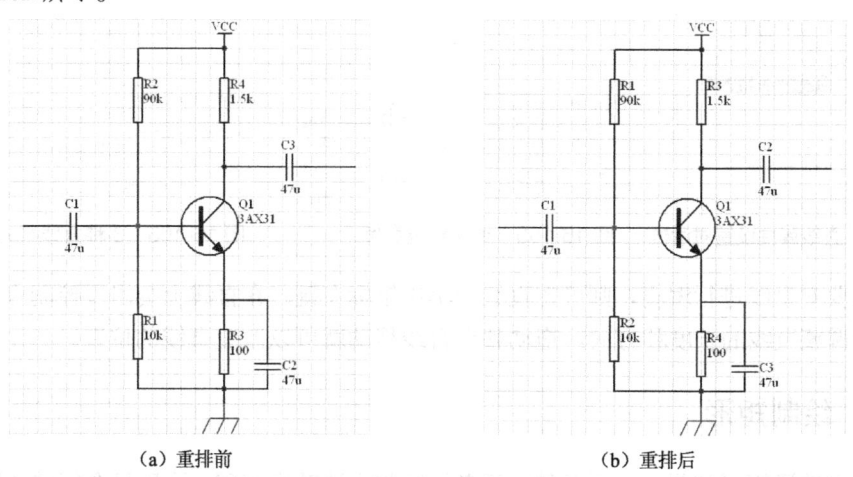

（a）重排前　　　　　　　　　　　（b）重排后

图 16-102　元件标号重排

16.3 图形的绘制

在设计电路图时，经常需要在图纸上增加一些图形和文本，这些图形和文本对电路图的电气特性没有任何影响，主要用来对电路图进行辅助说明。

在绘制图形与编辑文本时常使用 Drawing Tools（绘图）工具栏，执行菜单命令 View→Toolbars→Drawing Tools，就可以调出如图 16-103 所示的绘图工具栏。

图 16-103 绘图工具栏

16.3.1 绘制直线

绘制直线的操作过程如下。

❶ 单击绘图工具栏中的 ╱ 图标，或者执行菜单命令 Place→Drawing Tools→PolyLine，鼠标将变成十字状光标。

❷ 将光标移到图纸上某处，单击鼠标左键确定直线的起点。

❸ 将光标移到适当的位置，单击鼠标左键确定直线的终点。

❹ 在绘制直线的过程中，按空格键可改变直线的拐弯样式；单击鼠标右键可结束当前直线的绘制而开始绘制下一条直线；双击鼠标右键可结束直线的绘制。

在绘制直线的过程中，按下键盘上的 Tab 键，即可弹出如图 16-104 所示的直线属性设置对话框。在已经画好的直线上双击鼠标左键，也会弹出如图 16-104 所示的对话框。在直线属性设置对话框中可以设置直线的宽度、样式和颜色等。在 Line Width（直线宽度）下拉框中有 4 个选项，如图 16-105 所示。在 Line Style（直线样式）下拉框中有 3 个选项，如图 16-106 所示。设置好各项后，单击 OK 按钮即可。

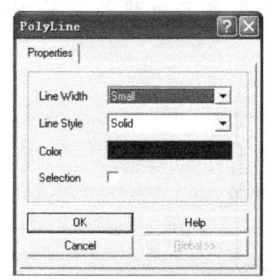
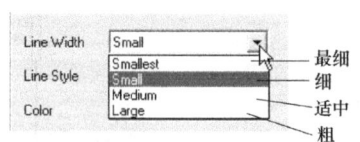
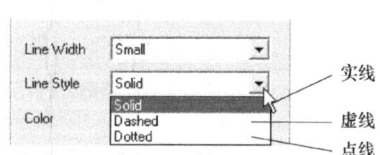

图 16-104 直线属性设置对话框　　图 16-105 4 种直线宽度　　图 16-106 3 种直线样式

如果要对直线进行编辑，则可在直线上单击鼠标左键，在直线上会出现控制点，拖动控制点就能调整直线的长度和方向，拖动整个直线移动就可以改变直线的位置。

16.3.2 绘制矩形

矩形有普通矩形和圆角矩形两种。两者的绘制方法基本相同。这里只介绍普通矩形的绘制方法。圆角矩形的绘制可以以此作为参考。

绘制矩形的操作过程如下。

❶ 单击绘图工具栏中的 图标，或者执行菜单命令 Place→Drawing Tools→Rectangle，鼠标变成十字状光标。

❷ 将光标移到图纸上某处，单击鼠标左键确定矩形一个角的顶点。

❸ 移动光标到适当的位置，单击鼠标左键确定矩形另一个对角顶点。

❹ 单击鼠标右键可以结束当前矩形的绘制，开始绘制下一个矩形；双击鼠标右键可结束矩形绘制。

在绘制矩形的过程中，按下键盘上的 Tab 键，即可弹出如图 16-107 所示的矩形属性设置对话框。在已经画好的矩形上双击鼠标左键，也会弹出如图 16-107 所示的对话框。在矩形属性设置对话框中可以设置矩形两个对角的位置、边框线宽度、边框线颜色和填充颜色等。设置好各项后，单击 OK 按钮即可。

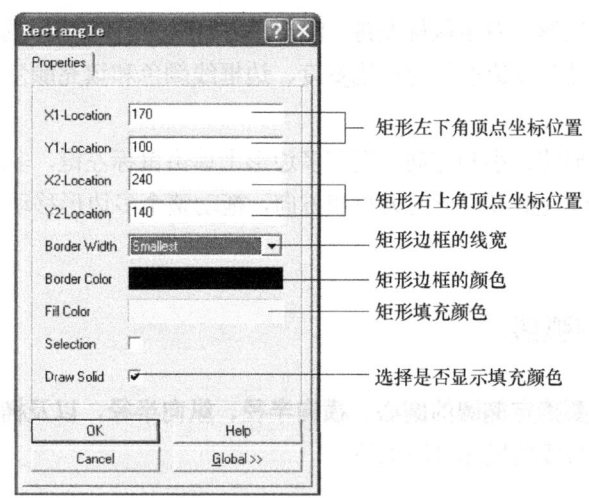

图 16-107 矩形属性设置对话框

如果要对矩形进行编辑，则可在矩形上单击鼠标左键，矩形周围会出现控制点，拖动控制点就可以调整矩形的大小，拖动整个矩形移动就可以改变矩形的位置。

16.3.3 绘制多边形

绘制多边形的操作过程如下。

❶ 单击绘图工具栏中的 图标，或者执行菜单命令 Place→Drawing Tools→Polygon，鼠标变成十字状光标。

❷ 将光标移到图纸上某处，单击鼠标左键确定多边形一个角的顶点。

❸ 移动光标到适当的位置，单击鼠标左键确定多边形另一个对角的顶点。用同样的方法可以确定多边形的其他角的顶点，多边形的绘制如图 16-108 所示。

❹ 单击鼠标右键可以结束当前多边形的绘制，开始绘制下一个多边形；双击鼠标右键则结束多边形的绘制。

在绘制多边形的过程中，按下键盘上的 Tab 键，即可弹出如图 16-109 所示的多边形属性设置对话框。

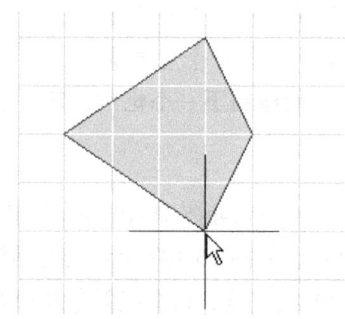

图 16-108　绘制多边形

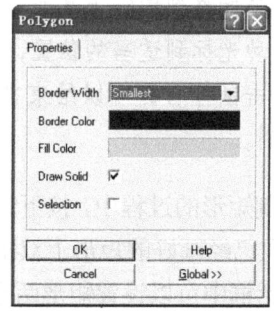

图 16-109　多边形属性设置对话框

在已经画好的多边形上双击鼠标左键，也会弹出如图 16-109 所示的对话框。在多边形属性设置对话框中可以设置多边形的边框线宽度、边框线颜色和填充颜色等。设置好各项后，单击 OK 按钮即可。

如果要改变多边形的大小和方向，则在多边形上单击鼠标左键，多边形周围会出现控制点，拖动控制点就可以调整多边形的大小和方向，拖动整个多边形移动就可以改变多边形的位置。

16.3.4　绘制椭圆弧线

绘制椭圆弧线需要确定椭圆的圆心、横向半径、纵向半径，以及椭圆弧线的起点位置、终点位置。 绘制椭圆弧线的操作过程如下。

❶ 单击绘图工具栏中的 图标，或者执行菜单命令 Place→Drawing Tools→Elliptical Arc，鼠标变成十字状光标，并且光标旁跟随着一个圆弧。

❷ 将光标移到图纸上某处，单击鼠标左键确定椭圆弧线的圆心，如图 16-110（a）所示。

❸ 确定圆心后，光标自动跳到圆弧横向顶点位置，移动光标可改变圆弧的横向半径，单击鼠标左键可确定横向半径，如图 16-110（b）所示。

❹ 确定横向半径后，光标自动跳到圆弧纵向顶点位置，移动光标可改变圆弧的纵向半径，单击鼠标左键可确定纵向半径，如图 16-110（c）所示。

❺ 确定纵向半径后，光标自动跳到圆弧起点位置，移动光标可改变圆弧的起点位置，单击鼠标左键可确定起点位置，如图 16-110（d）所示。

❻ 确定圆弧起点位置后，光标自动跳到圆弧终点位置，移动光标可改变圆弧的终点位置，单击鼠标左键可确定终点位置，如图 16-110（e）所示。

❼ 单击鼠标右键可以结束当前椭圆弧线的绘制，开始绘制下一个椭圆弧线，双击鼠标右键则结束椭圆弧线的绘制。绘制好的椭圆弧线如图 16-110（f）所示。

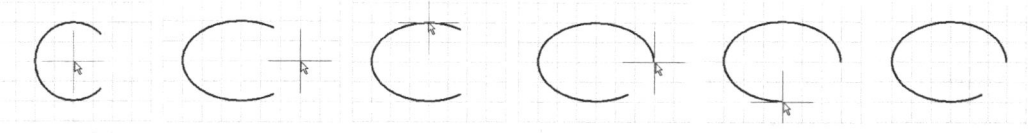

(a) 确定圆心　　(b) 确定横向半径　　(c) 确定纵向半径　　(d) 确定起点位置　　(e) 确定终点位置　　(f) 绘制完成的椭圆弧线

图 16-110　绘制椭圆弧线

在绘制椭圆弧线的过程中，若按下键盘上的 Tab 键，会弹出如图 16-111 所示的椭圆弧线属性设置对话框。在已经画好的椭圆弧线上双击鼠标左键，也会弹出该对话框。在椭圆弧线属性设置对话框中，可以设置椭圆弧线的中心位置、横向半径、纵向半径、线宽、起始角度、终止角度、弧线颜色等。在设置好各项后单击 OK 按钮。

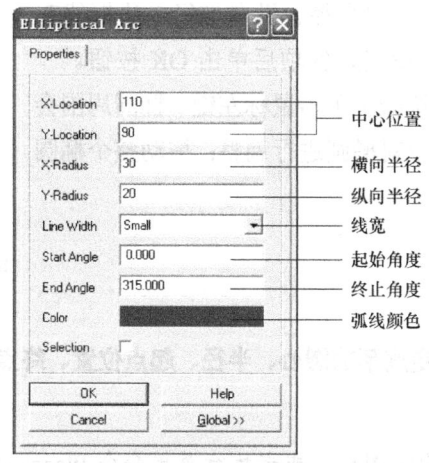

图 16-111　椭圆弧线属性设置对话框

如果要调整椭圆弧线，可在椭圆弧线上单击鼠标左键，椭圆弧线周围会出现控制点：拖动控制点可以对椭圆弧线进行调整；拖动整个椭圆弧线移动，可以改变椭圆弧线的位置。

16.3.5　绘制椭圆

若要绘制椭圆，需要确定椭圆的圆心位置、横向半径、纵向半径。 绘制椭圆的操作过程如下。

❶ 单击绘图工具栏中的 ◯ 图标，或者执行菜单命令 Place→Drawing Tools→Ellipse，此时鼠标变成十字状光标，并且光标旁跟随着一个椭圆。

❷ 将光标移到图纸上某处，单击鼠标左键确定椭圆的圆心，如图 16-112（a）所示。

❸ 在确定圆心后，光标自动跳到椭圆横向顶点位置，移动光标可改变椭圆的横向半径，单击鼠标左键可确定横向半径，如图 16-112（b）所示。

❹ 在确定横向半径后，光标自动跳到椭圆纵向顶点位置，移动光标可改变椭圆的纵向半径，单击鼠标左键可确定纵向半径，如图 16-112（c）所示。

❺ 单击鼠标右键可结束当前椭圆的绘制，开始绘制下一个椭圆；双击鼠标右键则结束椭圆的绘制。绘制好的椭圆如图 16-112（d）所示。

在绘制椭圆时，如果横向半径和纵向半径相等，就可以绘制出圆形，如图 16-112（e）所示。

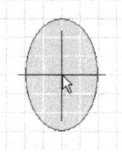 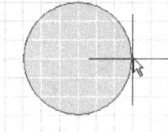 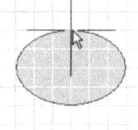 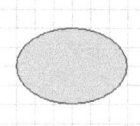 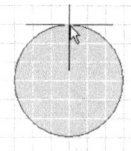

（a）确定圆心　　　（b）确定横向半径　　　（c）确定纵向半径　　　（d）绘制完成的椭圆　　　（e）绘制圆形

图 16-112　绘制椭圆

在绘制椭圆的过程中，若按下键盘上的 Tab 键，会弹出如图 16-113 所示的椭圆属性设置对话框。在已经画好的椭圆上双击鼠标左键，也会弹出该对话框。在椭圆属性设置对话框中可以设置椭圆的中心位置、横向半径、纵向半径、边框线宽度、颜色及填充颜色等。在设置好各项后单击 OK 按钮。

如果要调整椭圆，可在椭圆上单击鼠标左键，椭圆周围会出现控制点：拖动控制点可以对椭圆进行调整；拖动整个椭圆移动可以改变椭圆的位置。

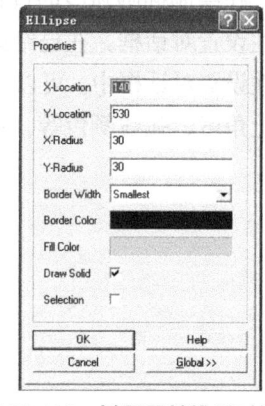

图 16-113　椭圆属性设置对话框

16.3.6　绘制扇形

若要绘制扇形，需要确定扇形的圆心、半径、起点位置、终点位置等。 绘制扇形的操作过程如下。

❶ 单击绘图工具栏中的 图标，或者执行菜单命令 Place→Drawing Tools→Pie Chart，此时鼠标变成十字状光标，并且光标旁跟随着一个扇形。

❷ 将光标移到图纸上某处，单击鼠标左键确定扇形的圆心，如图 16-114（a）所示。

❸ 在确定圆心后，光标自动跳到扇形圆周线上。移动光标可改变扇形的半径，单击鼠标左键可确定半径，如图 16-114（b）所示。

❹ 在确定半径后，光标自动跳到扇形起点位置。移动光标可改变扇形的起点位置，单击鼠标左键可确定起点位置，如图 16-114（c）所示。

❺ 在确定扇形起点位置后，光标自动跳到扇形终点位置。移动光标可改变扇形的终点位置，单击鼠标左键可确定终点位置，如图 16-114（d）所示。

❻ 单击鼠标右键可以结束当前扇形的绘制，开始绘制下一个扇形；双击鼠标右键则可结束扇形的绘制。绘制好的扇形如图 16-114（e）所示。

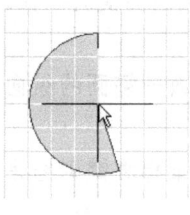 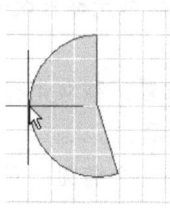 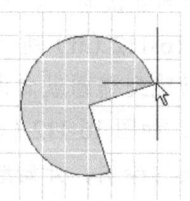 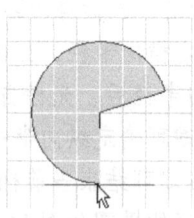 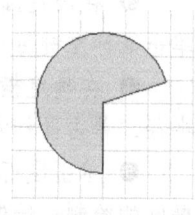

（a）确定圆心　　　（b）确定半径　　　（c）确定起点位置　　　（d）确定终点位置　　　（e）绘制完成的扇形

图 16-114　绘制扇形

在绘制扇形的过程中，若按下键盘上的 Tab 键，会弹出如图 16-115 所示的扇形属性设置对话框。在已经画好的扇形上双击鼠标左键，也会弹出该对话框。在扇形属性设置对话框中，可以设置扇形的中心位置、半径、边框线宽、起始角度、终止角度、边框线颜色及填充颜色等。在设置好各项后单击 OK 按钮。

如果要调整扇形，可在扇形上单击鼠标左键，扇形周围会出现控制点：拖动控制点可以对扇形进行调整；拖动整个扇形移动可以改变扇形的位置。

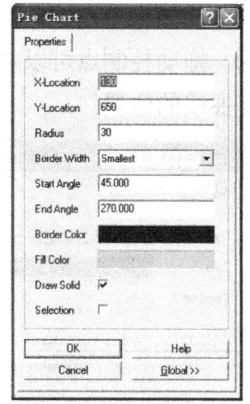

图 16-115　扇形属性设置对话框

16.3.7　绘制曲线

利用 Protel 99 SE 的 Bezier（贝塞尔曲线）工具可以绘制任何形状的曲线图形。 下面以绘制一条正弦波曲线为例说明该工具的使用方法。

绘制曲线的操作过程如下。

❶ 单击绘图工具栏中的 ∫ 图标，或者执行菜单命令 Place→Drawing Tools→Bezier，此时鼠标变成十字状光标。

❷ 将光标移到图纸上某处，单击鼠标左键确定曲线的起点，如图 16-116（a）所示。

❸ 在确定曲线起点后，将光标移到合适的位置，单击鼠标左键确定与曲线相切的两条切线的交点位置，如图 16-116（b）所示。

❹ 在确定切线交点后，再移动光标，此时可看见一条随光标移动而改变形状的曲线。移动光标到合适的位置，双击鼠标左键可将当前绘制的曲线固定下来。该位置同时也是下一条曲线的起点，这样就可绘制完成正弦曲线的一个半周，如图 16-116（c）所示。

❺ 用同样的方法绘制正弦曲线的另一个半周，绘制过程如图 16-116（d）、图 16-116（e）所示。

❻ 单击鼠标右键可以结束当前曲线的绘制，开始绘制下一条曲线；双击鼠标右键则可结束曲线的绘制。绘制好的正弦曲线如图 16-116（f）所示。

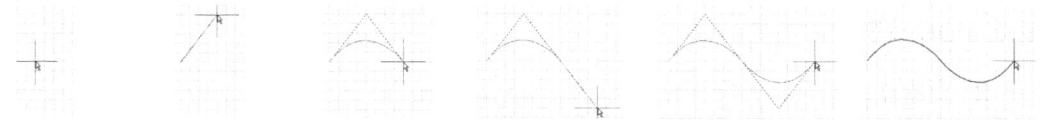

(a) 确定起点　(b) 确定两条切线的交点　(c) 固定一条曲线　(d) 绘制另一条曲线　(e) 固定另一条曲线　(f) 曲线绘制完成

图 16-116　绘制正弦波曲线

在绘制曲线的过程中，若按下键盘上的 Tab 键，会弹出如图 16-117 所示的曲线属性设置对话框。在已经画好的曲线上双击鼠标左键，也会弹出该对话框。在曲线属性设置对话框中可以设置曲线的线宽和颜色等。在设置好各项后单击 OK 按钮。

如果要调整曲线，可在曲线上单击鼠标左键，曲线周围会出现控制点，如图 16-118（a）所示。拖动控制点可以对曲线进行调整，如图 16-118（b）所示。拖动整个曲线移动就可以改变曲线的位置。

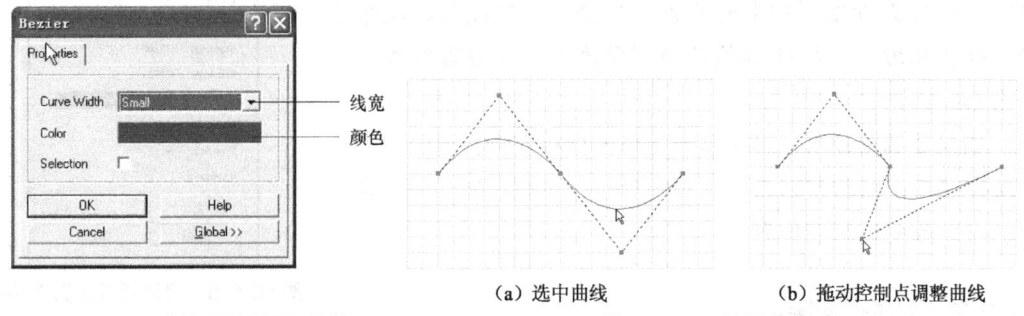

图 16-117　曲线属性设置对话框　　　　图 16-118　编辑曲线

16.4　文本、图片的应用

16.4.1　插入与设置文本

这里的文本类型有两种：注释文本和文本框。**注释文本只能输入一行文字，而文本框可以输入多行文字。**

1. 注释文本

插入注释文本的操作过程如下。

❶ 单击绘图工具栏中的 T 图标，或者执行菜单命令 Place→Annotation，此时鼠标变成十字状光标，并且光标旁跟随着一个小的虚线框。

❷ 将光标移到图纸上某处，单击鼠标左键就可将注释文本放置下来。

在放置注释文本时，若按下键盘上的 Tab 键，会弹出如图 16-119 所示的注释文本属性设置对话框。在已经放置好的注释文本上双击鼠标左键，也会弹出该对话框。在注释文本属性设置对话框中，可以设置注释文本的内容、位置、放置方向、颜色和字体等。在设置好各项后单击 OK 按钮。

2. 文本框

插入文本框的操作过程如下。

❶ 单击绘图工具栏中的 图标，或者执行菜单命令 Place→Text Frame，此时鼠标变成十字状光标，并且光标旁跟随着一个虚线文本框。

❷ 将光标移到图纸上某处，单击鼠标左键可确定文本框的左上角，如图 16-120（a）所示。

❸ 再将光标移到合适的位置，此时文本框大小将随光标的移动发生变化，如图 16-120（b）所示。单击鼠标左键，可确定文本框的右下角。放置完成的文本框如图 16-120（c）所示。

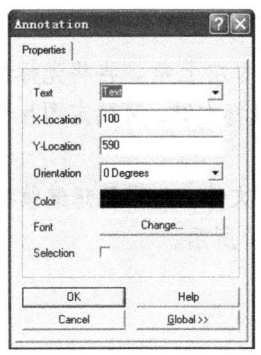
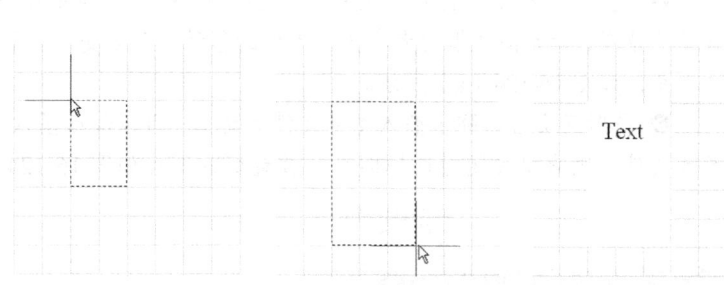

（a）确定文本框的左上角　（b）确定文本框的右下角　（c）放置完成的文本框

图 16-119　注释文本属性设置对话框　　　　图 16-120　放置文本框

在放置文本框时，若按下键盘上的 Tab 键，会弹出如图 16-121（a）所示的文本框属性设置对话框。在已经放置好的文本框上双击鼠标左键，也会弹出该对话框。在文本框属性设置对话框中可以进行有关的设置。若要在文本框中输入文字，可单击 Text 项中的 Change 按钮，马上会出现一个文本输入框，如图 16-121（b）所示。在文本输入框内输入文本后，单击 OK 按钮。

如果要手动调整文本框，可在文本框上单击鼠标左键，此时在文本框四周会出现控制点；拖动控制点可以调节文本框的大小；拖动整个文本框移动可以改变文本框的位置。

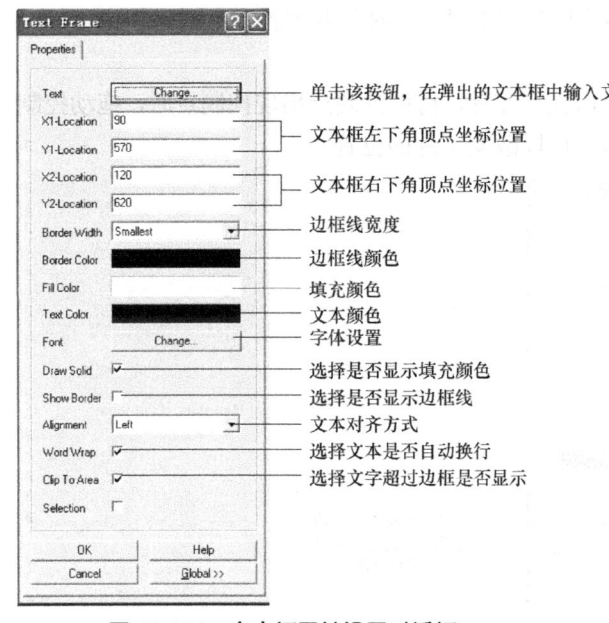

图 16-121　文本框属性设置对话框　　　　图 16-122　文本输入框

16.4.2　插入与设置图片

在电路设计图纸上不但可以插入说明文字，还可以插入图片。插入图片的操作过程如下。

❶ 单击绘图工具栏中的 图标，或者执行菜单命令 Place→Drawing Tools→Graphic，将弹出插入图片文件对话框，如图 16-123 所示。在该对话框中选择要插入的图片文件后，单击

"打开"按钮。

❷ 将光标移到图纸上的某处，单击鼠标左键可确定图片框的左上角。再将光标移到合适的位置，此时图片框的大小将随光标的移动而产生变化。单击鼠标左键，可确定图片框的右下角，如图16-124（a）所示。

❸ 此时又会自动弹出插入图片文件对话框，可以继续插入图片文件。如果不想继续插入图片文件，则直接关闭对话框即可。放置好的图片如图16-124（b）所示。

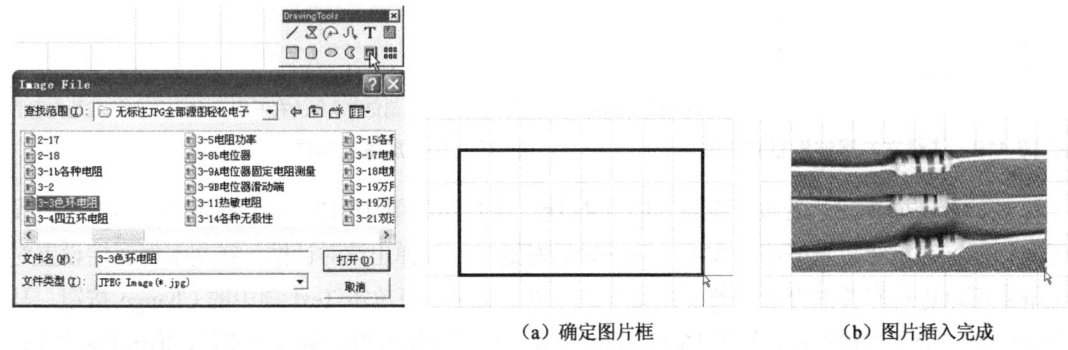

图 16-123　插入图片文件对话框　　　　　图 16-124　插入图片

在放置图片时，若按下键盘上的 Tab 键，会弹出如图 16-125 所示的图片属性设置对话框。在已经放置好的图片上双击鼠标左键，也会弹出该对话框。在图片属性设置对话框中可以进行有关的设置。

如果要手动调整图片，可在图片上单击鼠标左键，待图片四周出现控制点时，拖动控制点可以调节图片的大小。拖动整个图片移动可以改变图片的位置。

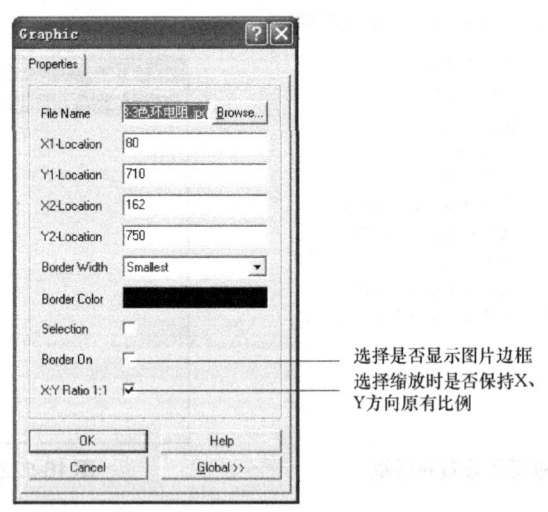

图 16-125　图片属性设置对话框

16.5　层次原理图的设计

在进行电路设计时，简单的电路可以设计在一张图纸上，但对于一些复杂的电路图，一张图纸往往无法完成所有的设计。解决这个问题的方法是将复杂的电路分成多个电路,并分别绘制在不同的图纸上。这种方法称为层次原理图的设计。

16.5.1 层次原理图的设计思路

层次原理图的设计思路:首先把一个复杂的电路切分成几个功能模块电路,然后将这几个功能模块电路分别绘制在不同的图纸上,最后利用方块电路将各功能模块电路的连接关系绘制在一张图纸上。这里的功能模块电路称为子电路;表示各功能模块电路连接关系的方块电路称为主电路。下面以 Protel 99 SE 自带的范例文件 Z80 Microprocessor.Ddb 为例介绍主电路和子电路。该文件的存放地址是 C:\Program Files\Design Explorer 99 SE\Examples。

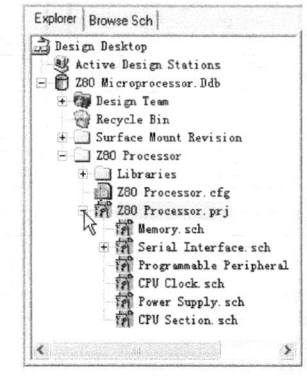

打开 Z80 Microprocessor.Ddb 数据库文件,在设计管理器的文件管理器中可以看到 Z80 Processor.prj 文件,如图 16-126 所示。该文件为主电路文件,又称项目文件,扩展名为 ".prj"。单击该文件前的 "+" 号可展开该文件。它包含 6 个子电路文件,扩展名为 ".sch"。

图 16-126 Z80 Processor.prj 文件

单击文件管理器中的主电路文件 Z80 Processor.prj,可以在右边的工作窗口中看见该电路,如图 16-127 所示。从主电路可以看出,它由 6 个方块电路构成,每个方块电路表示一个子电路。另外,主电路还通过端口和导线将子电路之间的连接关系表示出来。

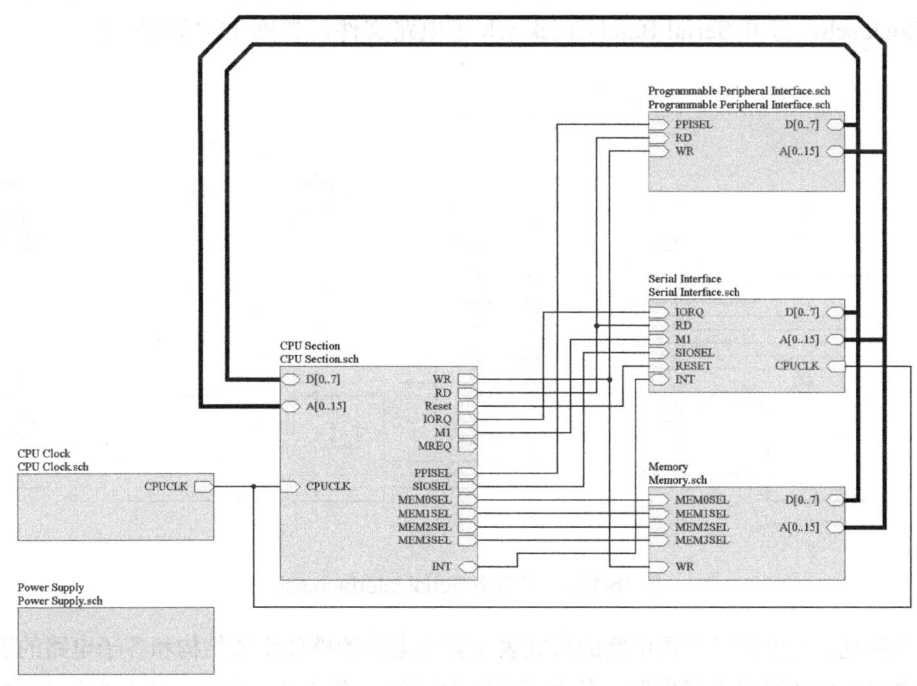

图 16-127 主电路 Z80 Processor.prj

在文件管理器中单击主电路文件 Z80 Processor.prj 下的子电路文件 Memory.sch，即可打开该电路，如图 16-128 所示。从图中可以看出，实际子电路上就是电路原理图，它通过 7 个端口与其他的子电路连接。

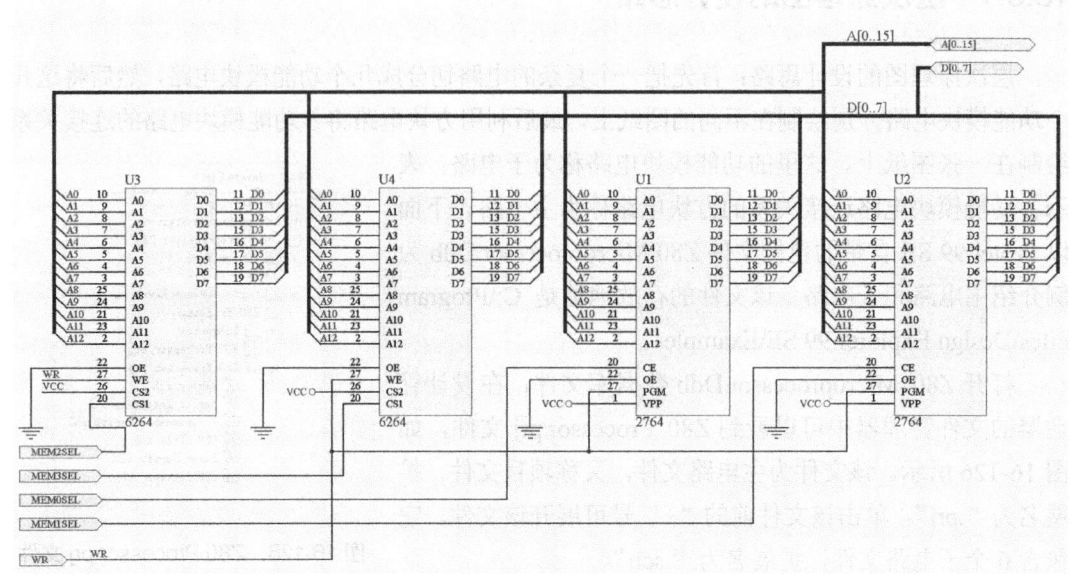

图 16-128　子电路 Memory.sch

打开 Serial Interface.sch 文件，如图 16-129 所示。从图中可以看出，该电路中除有元件外，还有一个方块电路。此方块电路表示该电路下面还有子电路，该子电路是 Serial Baud Clock.sch。打开 Serial Baud Clock.sch 子电路文件，如图 16-130 所示。

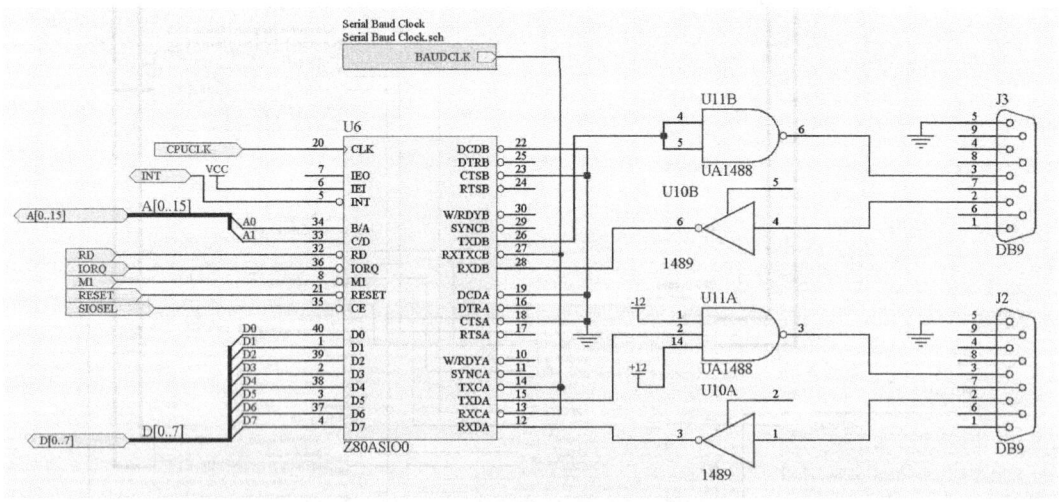

图 16-129　子电路 Serial Interface.sch

综上所述，主电路以方块电路的形式表示复杂电路的整体组成结构和各子电路的连接关系；子电路下面还可以有子电路；各个子电路由下到上连接起来就可以组成整个复杂电路。

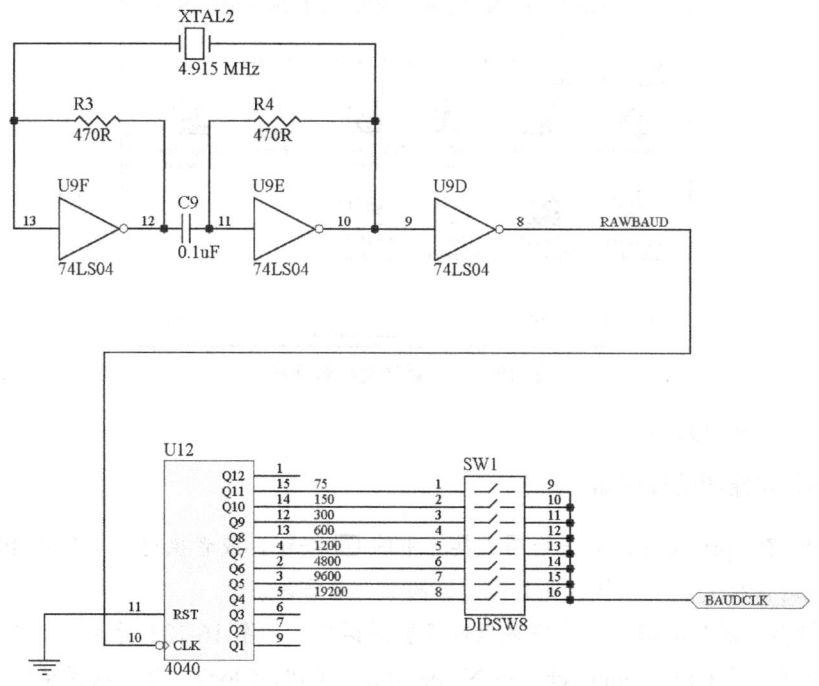

图 16-130　子电路 Serial Baud Clock.sch

16.5.2　由上向下设计层次原理图

由上向下设计层次原理图的思路：先设计主电路，然后根据主电路设计子电路。设计时要求主电路文件和子电路文件都放在一个文件夹中。

1. 设计主电路

设计主电路的步骤主要有以下 5 步。

（1）创建项目文件夹

首先创建一个数据库文件 DZ3.ddb，然后在该数据库文件中创建一个项目文件夹。创建项目文件夹的过程是：打开 DZ3.ddb 数据库文件，执行菜单命令 File→New，弹出 New Document（新建文档）对话框，如图 16-131 所示。选择其中的 Document Folder（文件夹）图标，再单击 OK 按钮，就创建了一个默认名称为 Folder1 的文件夹，将该文件夹名称改为 Z80。

（2）创建主电路文件

创建主电路文件的过程：打开 Z80 文件夹，执行菜单命令 File→New，弹出 New Document 对话框，选择 Document Folder 图标，单击 OK 按钮，就创建了一个默认名称为 Sheet1.sch 的文件，将该文件名称改为 Z80.prj。

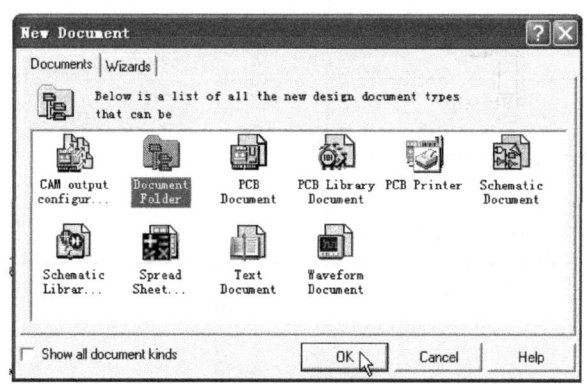

图 16-131　新建文档对话框

（3）绘制方块电路图

绘制方块电路图的过程如下。

❶ 打开 Z80.prj 文件，单击绘图工具栏中的 按钮，或者执行菜单命令 Place→Sheet Symbol，此时鼠标变成十字状，并且旁边跟随着一个方块。

❷ 按键盘上的 Tab 键，弹出方块属性设置对话框，如图 16-132 所示。在该对话框中，将 Filename 项设为 CPU Clock.sch，将 Name 项设为 CPU Clock。其他项保持默认值，单击 OK 按钮。

❸ 先将光标移到图纸上的适当位置，单击鼠标左键确定方块的左上角，然后将光标移到合适位置，单击鼠标左键确定方块的右下角。这时在图纸上就会绘制一个方块，在方块旁边出现刚才设置的文件名 CPU Clock.sch 和方块名 CPU Clock，如图 16-133 所示。

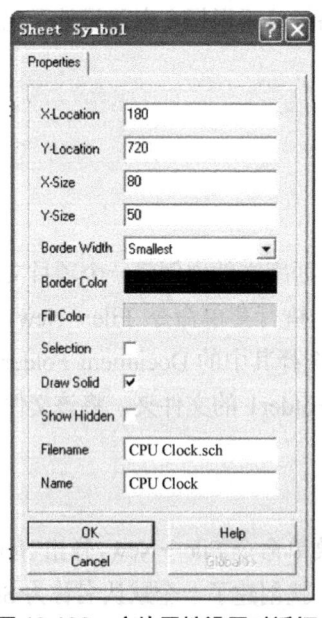

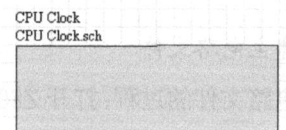

图 16-132　方块属性设置对话框　　　　图 16-133　绘制一个方块

❹ 利用同样的方法绘制其他的方块。各方块绘制完成后如图 16-134 所示。

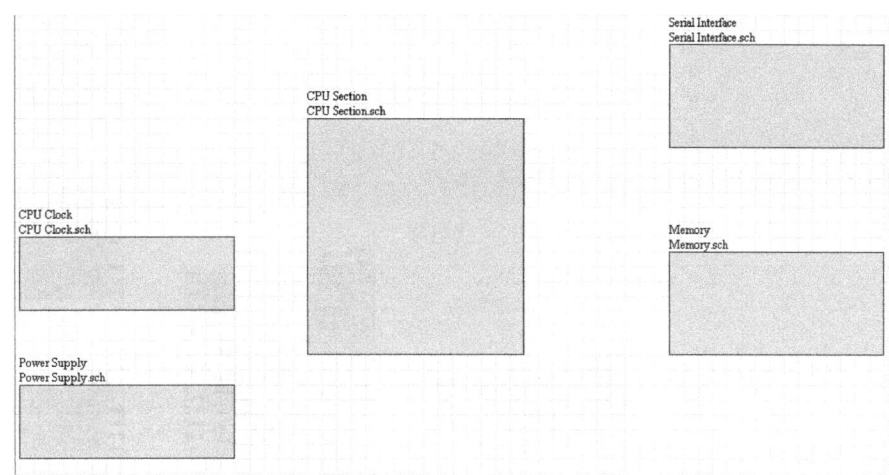

图 16-134　绘制完成的各个方块

（4）放置方块电路端口

放置方块电路端口的过程如下。

❶ 单击绘图工具栏中的按钮，或者执行菜单命令 Place→Add Sheet Entry，此时鼠标变成十字状光标。

❷ 将光标移到方块上，单击鼠标左键，出现一个浮动的方块电路端口并随光标移动，如图 16-135 所示。

❸ 按键盘上的 Tab 键，弹出方块电路端口属性设置对话框，如图 16-136 所示。在该对话框中，将 Name（名称）项设为 CPUCLK，I/O Type（输入/输出类型）项设为 Output，Side（放置位置）项设为 Right，Style（样式）项设为 Right。其他项保持默认值，单击 OK 按钮。

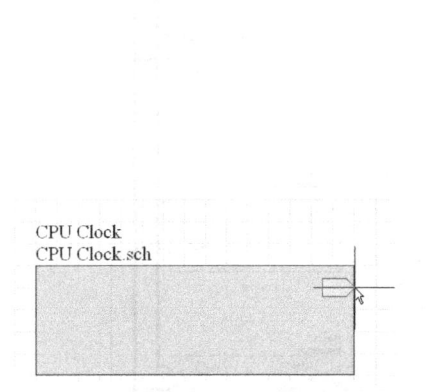

图 16-135　随光标移动的方块电路端口

图 16-136　方块电路端口属性设置对话框

❹ 将光标移到方块上的合适位置，单击鼠标左键就可在方块上放置一个端口，如图 16-137 所示，再用同样的方法放置其他的端口。各方块上的端口放置完成后如图 16-138 所示。

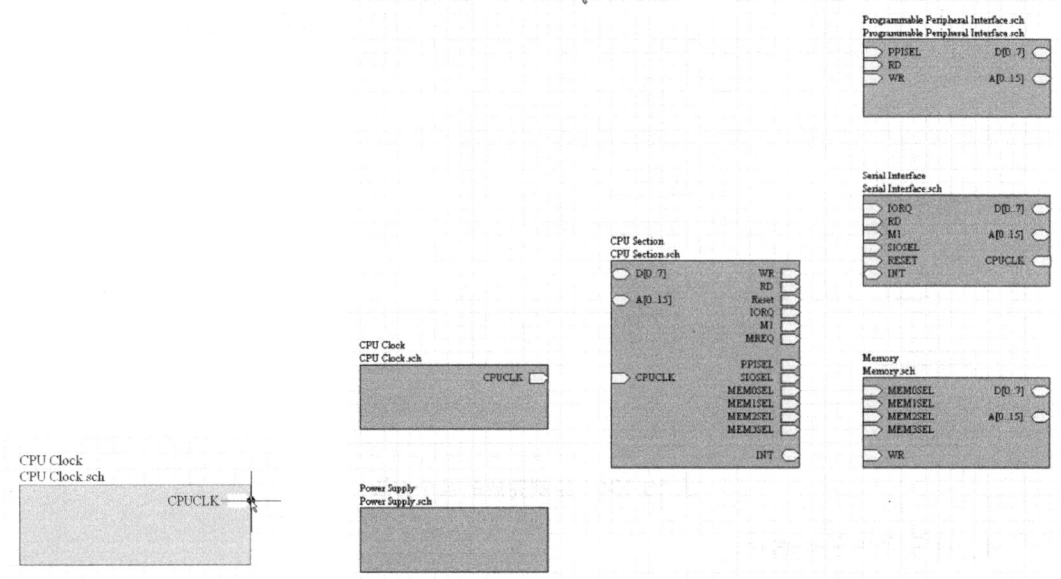

图 16-137　放置一个端口　　　　　图 16-138　放置完成所有端口

（5）连接方块电路

将所有的方块电路和方块端口放置好后，再用导线和总线将各方块电路的端口连接起来，如图 16-139 所示。将主电路中各个端口连接好后，就完成了主电路的设计。设计完成的主电路如图 16-140 所示。

图 16-139　用导线和总线连接方块电路端口

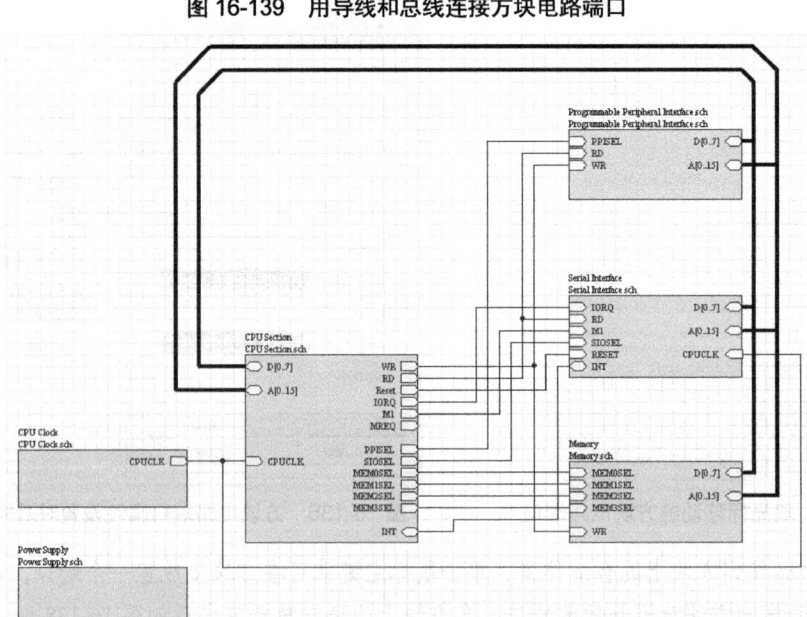

图 16-140　设计完成的主电路

2. 设计子电路

在主电路设计完成后，利用主电路的方块电路可以自动生成相应的子电路文件，不需要重新创建。 子电路的具体设计过程如下。

❶ 在主电路中执行菜单命令 Design→Create Sheet From Symbol，此时鼠标变成光标状。

❷ 将光标移到需要生成子电路的方块电路 CPU Section 上，单击鼠标左键，如图 16-141（a）所示，会弹出如图 16-141（b）所示的对话框。该对话框用于询问是否改变生成子电路中的端口方向。如果单击 Yes 按钮，则生成的子电路中的端口方向与主电路中方块电路的端口方向相反，即主电路中方块电路的端口为输出，子电路的相应端口为输入；如果单击 No 按钮，则两者方向相同。这里单击 No 按钮。

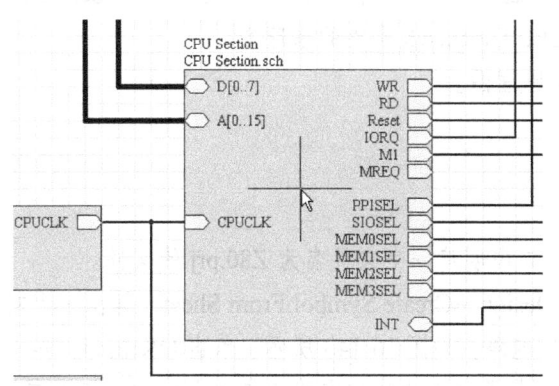
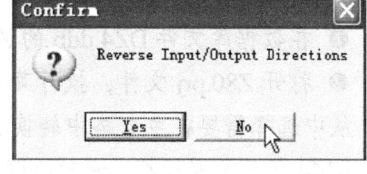

(a) 在方块电路上单击　　　　　　　　　(b) 询问是否改变生成子电路中的端口方向

图 16-141　由主电路生成子电路的操作

❸ 单击对话框中的 No 按钮后，马上会在文件管理器的主电路文件下自动生成 CPU Section.sch 子电路文件，如图 16-142 所示。同时在右边的工作窗口中可以看见图纸上主电路的所有端口。

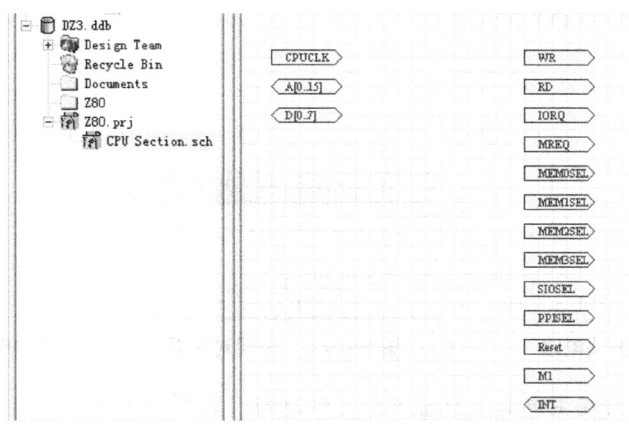

图 16-142　自动生成的子电路文件

❹ 利用绘制电路原理图的方法，在子电路端口的基础上绘制出具体的子电路。

重复上述过程，并设计出其他的子电路，这样就完成了复杂电路的层次原理图设计。

16.5.3 由下向上设计层次原理图

由下向上设计层次原理图的思路：先设计好各个子电路，然后根据子电路生成主电路。设计时同样要求主电路文件和子电路文件都放在一个文件夹中。

1. 设计子电路

设计子电路的步骤如下。

❶ 创建一个数据库文件 DZ4.ddb，并在该数据库文件中创建一个项目文件夹 Z80。在 Z80 文件夹中创建一个默认文件名为 Sheet1.sch 的文件，将该文件名改为 CPU Clock.sch。

❷ 用设计电路原理图的方法绘制出 CPU Clock.sch 文件的原理图。

❸ 再用同样的方法设计出其他子电路原理图。

2. 设计主电路

设计主电路的步骤如下。

❶ 在数据库文件 DZ4.ddb 的 Z80 文件夹中创建一个文件名为 Z80.prj 的文件。

❷ 打开 Z80.prj 文件，执行菜单命令 Design→Create Symbol From Sheet，弹出一个对话框。从中选择需要在主电路中转换成方块的电路，如图 16-143 所示。单击 OK 按钮，弹出如图 16-144 所示的对话框。该对话框用于询问是否改变生成主电路中方块电路的端口方向。这里单击 Yes 按钮。此时鼠标变为十字光标，并且旁边跟随着一个方块。

❸ 在图纸合适的位置单击鼠标左键，即可将方块电路放置在图纸上，方块电路上带有端口，如图 16-145 所示。

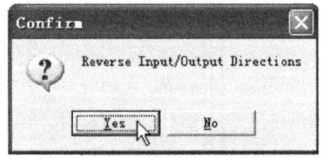

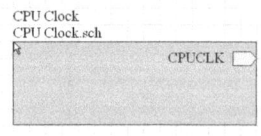

图 16-143　选择方块电路　　　图 16-144　询问对话框　　　图 16-145　方块电路

❹ 用同样的方法在主电路上放置其他方块电路。在所有的方块电路放置好后，再用导线和总线将各方块电路连接起来。这样，一个由下向上的层次原理图就设计完成了。

第 17 章 制作新元件

Protel 99 SE 自带很多元件库。在这些元件库中可以找到很多常用的元件。虽然随着电子技术飞速发展，一些好用的新元件不断出现，但这些新元件无法在 Protel 99 SE 自带的元件库中找到。为了解决这个问题，可利用 Protel 99 SE 的元件库编辑器制作新的元件库。

17.1 元件库编辑器概述

若要制作新的元件，首先需要启动元件库编辑器。启动元件库编辑器的操作过程如下。

❶ 打开一个数据库文件，如打开 D2.ddb。
❷ 在文件管理器中打开 D2.ddb 数据库文件内的 Documents 文件夹。
❸ 执行菜单命令 File→New，弹出 New Document（新建文档）对话框，如图 17-1 所示。选中其中的 Schematic Library Document（原理图元件库文档），单击 OK 按钮，即可在 Documents 文件夹中创建一个默认文件名为 Schlib1.Lib 的元件库文件，并将它的文件名改为 YJ1.Lib。
❹ 在文件管理器中单击 YJ1.Lib 文件，将出现元件库编辑器界面，如图 17-2 所示。这样就可在 D2.ddb 数据库文件的 Documents 文件夹中创建一个名为 YJ1.Lib 的元件库文件，同时启动元件库编辑器。

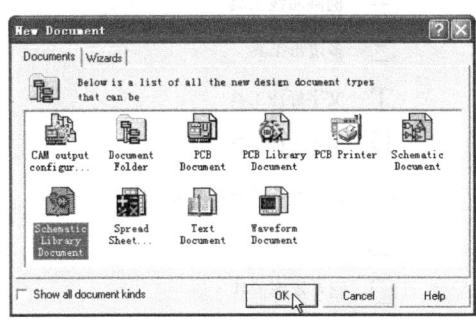

图 17-1 新建文档对话框

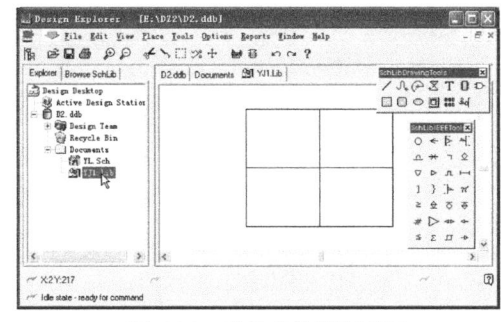

图 17-2 元件库编辑器界面

在如图 17-2 所示的界面中，单击 Browse SchLib 选项卡，即可打开元件库编辑器，如图 17-3 所示。从图中可以看出，**元件库编辑器与电路原理图编辑器的界面相似，主要由菜单栏、主工具栏、常用工具栏、元件库管理器、工作区、命令栏等组成。**下面主要介绍常用工具栏。

元件库编辑器中的常用工具栏主要有两个：元件绘图工具栏（SchLib Drawing Tools）和 IEEE 工具栏（SchLib IEEE Tools）。

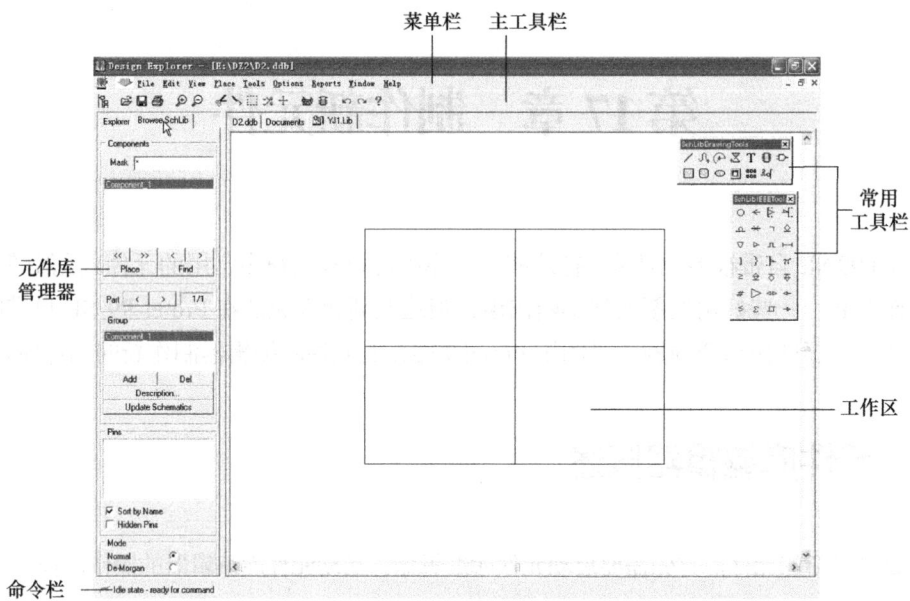

图 17-3　元件库编辑器

1．元件绘图工具栏

元件绘图工具栏默认处于打开状态。如果窗口中没有该工具栏，那么可单击主工具栏中的 图标，或者执行菜单命令 View→Toolbars→Drawing Toolbar，将该工具栏打开。元件绘图工具栏如图 17-4 所示。对该工具栏中各个工具的功能说明如图 17-5 所示。

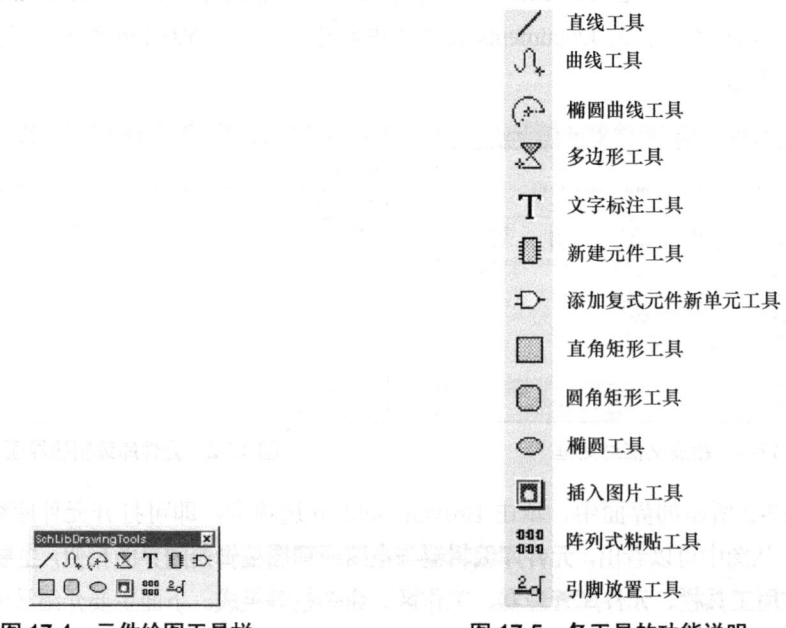

图 17-4　元件绘图工具栏　　　　图 17-5　各工具的功能说明

2．IEEE 工具栏

IEEE 工具栏主要用来放置一些工程符号。欲打开 IEEE 工具栏，可单击主工具栏中的图标，或执行菜单命令 View→Toolbars→IEEE Toolbar。IEEE 工具栏如图 17-6 所示。对该工具栏中各个工具的功能说明如图 17-7 所示。

图 17-6　IEEE 工具栏　　　图 17-7　IEEE 工具栏中各工具的功能说明

17.2　新元件的制作与使用

17.2.1　绘制新元件

如果在元件库中找不到某个元件，可以使用元件库编辑器进行绘制。下面以在元件库文件 YJ1.Lib 中绘制如图 17-8 所示的七段数码管为例说明新元件的绘制方法。

七段数码管的绘制过程如下。

❶ 打开元件库编辑器。打开元件库文件 YJ1.Lib，进入元件库编辑器界面。单击 Browse SchLib 选项卡，切换到元件库管理器。

❷ 新建元件名称。单击元件绘图工具栏中的 ▯ 图标，或者执行菜单命令 Tools→New Component，弹出 New Component Name（新建元件名称）对话框，如图 17-9 所示。将对话框中的默认元件名 COMPONENT_2 改为 LED_8，单击 OK 按钮，即可新建一个名为 LED_8 的新元件。

❸ 设置工作区环境。执行菜单命令 Options→Document Option，弹出 Library Editor Workspace（工作区环境设置）对话框，如图 17-10 所示。在对话框中可以设置工作区的样式、方向和颜色等内容。通常保持默认值，单击 OK 按钮结束设置。

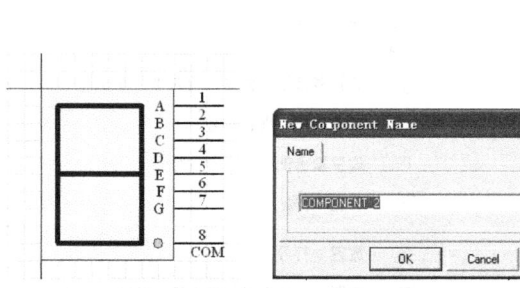
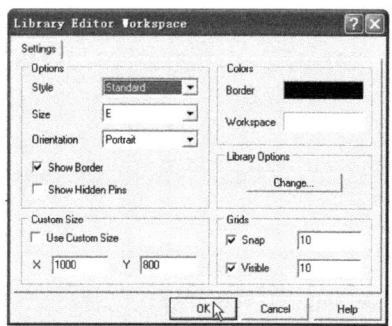

图 17-8　七段数码管　　图 17-9　新建元件名称对话框　　图 17-10　工作区环境设置对话框

❹ 绘制元件形状。单击元件绘图工具栏中的 ▭ 图标，在工作区十字坐标的第四象限绘制一个 8 格×10 格的矩形，如图 17-11（a）所示。单击元件绘图工具栏中的 ╱ 图标，在刚绘制好的矩形上绘制一个"日"字，如图 17-11（b）所示。单击元件绘图工具栏中的 ◯ 图标，在工作区空白处绘制一个圆。在圆上双击鼠标左键，弹出设置对话框。将圆的 X-Radius 和 Y-Radius 都设为 3，并将该圆移到矩形的"日"字右下角，如图 17-11（c）所示。

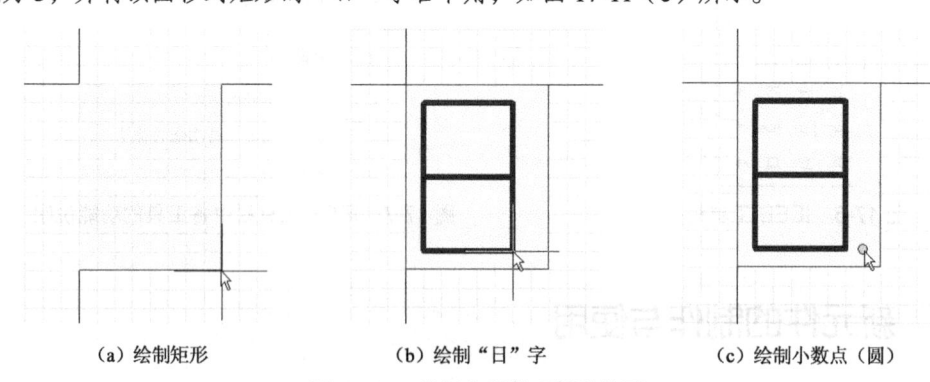

（a）绘制矩形　　（b）绘制"日"字　　（c）绘制小数点（圆）

图 17-11　绘制七段数码管的外形

❺ 放置元件引脚。放置元件引脚主要包括以下 3 项内容。

● 引脚属性设置。单击元件绘图工具栏中的 ⇌ 图标，此时鼠标变成光标状，并且旁边跟随着一个引脚。按键盘上的 Tab 键，弹出引脚属性设置对话框，如图 17-12 所示。将对话框中的 Name 项设为 A，Number 项设为 1，其他保持默认值，单击 OK 按钮。

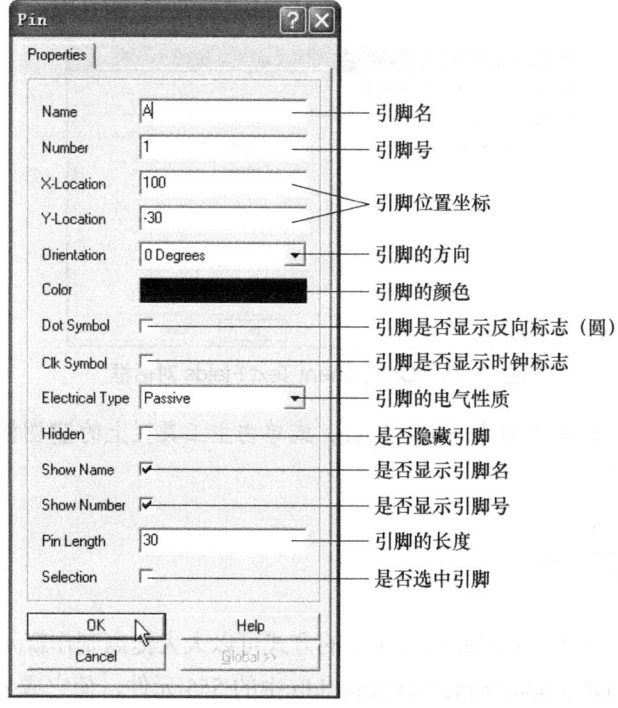

图 17-12　引脚属性设置对话框

- 放置元件引脚。在设置完元件引脚属性后，将光标移到数码管矩形旁，单击鼠标左键，就可放置一个引脚，如图 17-13（a）所示。如果需要改变引脚方向，可在放置引脚的同时按空格键，引脚方向会依次按逆时针旋转 90°。再用同样的方法放置好其他引脚，并对各引脚属性进行相应的设置。放置好引脚的数码管如图 17-13（b）所示。
- 元件引脚的特殊设置。从图 17-13（b）可以看出，数码管的 8 脚名称 COM 与小数点产生重叠。为了解决这个问题，可在 8 脚的引脚属性设置对话框中取消勾选 Show Name 项，即不显示 COM 字符。为了让 8 脚在别处显示 COM 字符，可利用元件绘图工具栏中的 T 图标，在 8 脚下方放置 COM 字符，如图 17-14 所示。

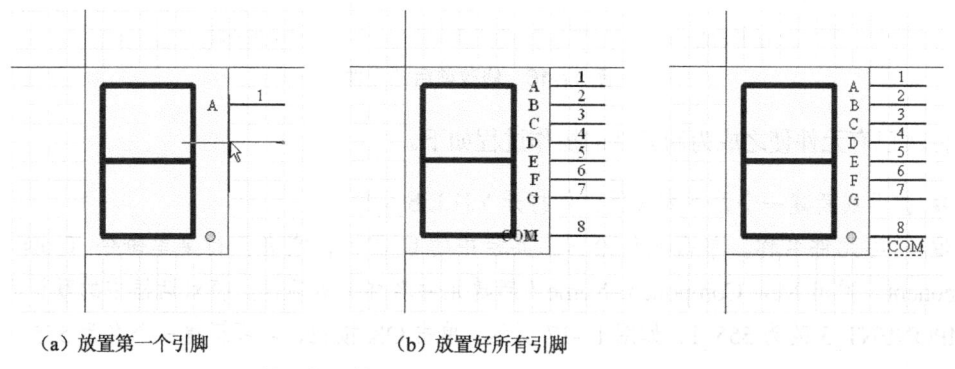

（a）放置第一个引脚　　　　（b）放置好所有引脚

图 17-13　放置数码管的引脚　　　　图 17-14　放置 COM 字符

❻ 设置元件的标号。元件绘制好后，需要设置它的标号。设置标号的方法：执行菜单命令 Tools→Description，弹出如图 17-15 所示的对话框，将 Default Designator 项设为"LED？"，单击 OK 按钮即可。

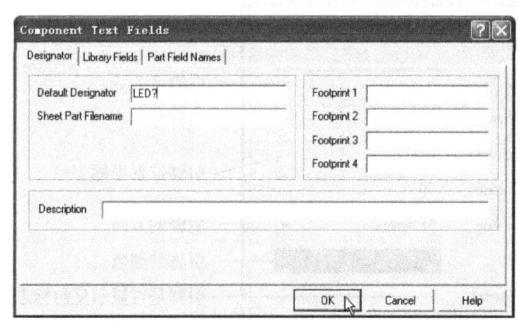

图 17-15　Component Text Fields 对话框

❼ 保存元件。执行菜单命令 File→Save，或单击主工具栏上的 图标，即可将新绘制的元件保存在 YJ1.Lib 中。

17.2.2　修改已有元件

通过修改已有的元件，使它成为新元件的方式可以大大提高制作新元件的效率。下面将介绍如何修改 Protel DOS Schematic Libraries.ddb 中的 555 元件，使它成为新元件 555_1。修改前后的元件分别如图 17-16（a）、图 17-16（b）所示。

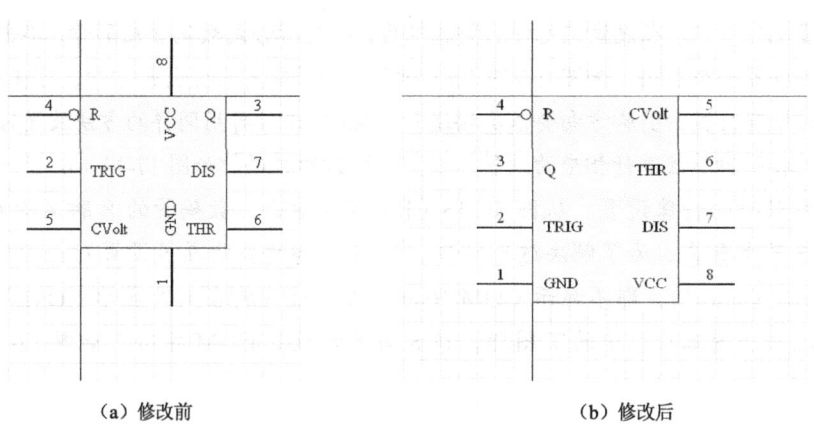

（a）修改前　　　　　　　　　　　　　　（b）修改后

图 17-16　修改前后的元件

修改已有元件使之成为新元件的操作过程如下。

❶ 打开或新建一个元件库文件，如打开 YJ1.Lib 文件。

❷ 新建元件名称。单击元件绘图工具栏中的 图标，或者执行菜单命令 Tools→New Component，弹出 New Component Name（新建元件名称）对话框。将对话框中的默认元件名 COMPONENT_3 改为 555_1，如图 17-17 所示。单击 OK 按钮，即可新建一个名为 555_1 的新元件。

❸ 查找元件。单击 Browse SchLib 选项卡，切换到元件库管理器，单击其中的 Find 按钮，如图 17-18 所示，弹出如图 17-19 所示的 Find Schematic Component（查找原理图元件）对话框。在 By Library Reference 文本框中输入要查找的元件名称 555；在 Scope 下拉列表框中设置查找范围为 Specified Path（按指定路径查找）；在 Path 项中设置元件查找位置为 C:\Program Files\Design Explorer 99 SE\Library\Sch，也可以单击 ... 按钮选择查找位置。单击 Find Now 按钮，系统马上开始在指定的位置查找名称为 555 的元件，查到后会在 Components 区域显示出来。

❹ 复制已有元件到新元件库中。其包括复制元件和粘贴元件两个过程。

- 复制元件。在查找原理图元件对话框中，单击 Edit 按钮，就打开了 555 元件所在的元件库，并且 555 元件也显示在工作区中，如图 17-20 所示。用鼠标拖出一个矩形框将 555 元件全部选中，然后执行菜单命令 Edit→Copy，对 555 元件进行复制。

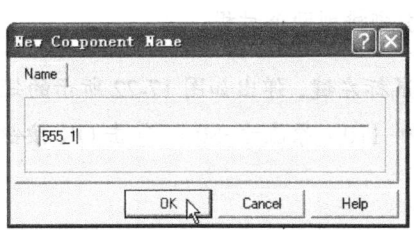

图 17-17　新建元件名称对话框

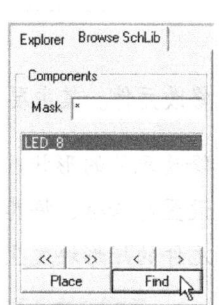

图 17-18　单击 Find 按钮

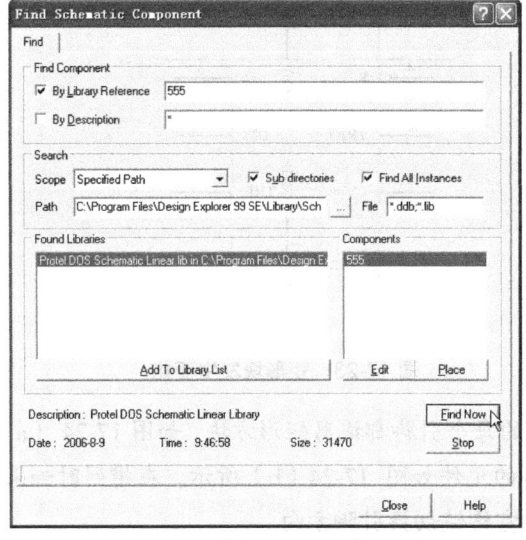

图 17-19　查找原理图元件对话框

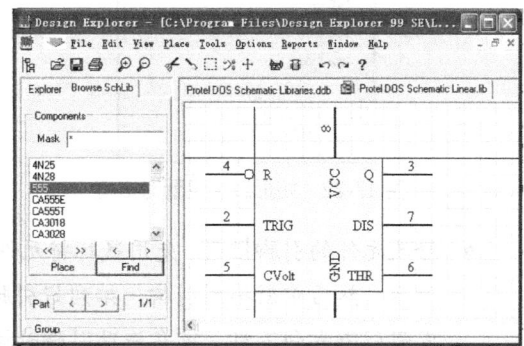

图 17-20　打开的 555 元件

- 粘贴元件。打开 YJ1.Lib 元件库文件，在元件库管理器中打开新建的 555_1 元件，然后执行菜单命令 Edit→Paste，将 555 元件粘贴到新建的元件工作区中，如图 17-21 所示。移动光标将元件放置在工作区的第四象限，单击主工具栏上的 图标，取消元件的选取状态。

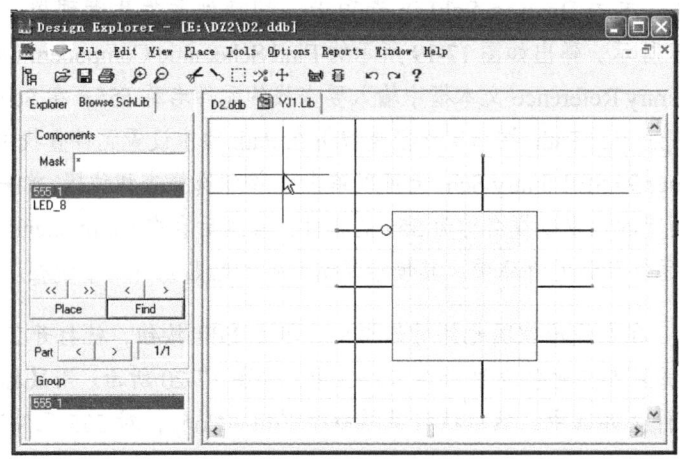

图 17-21　粘贴元件

❺ 修改元件。其主要包括修改元件的形状和引脚排列两个过程。

● 修改元件的形状。在元件的矩形块上双击鼠标左键，弹出如图 17-22 所示的矩形属性设置对话框，将其中的 Y1-Location 项改为–110（原值为–80）。单击 OK 按钮，则该元件的矩形块发生变化，如图 17-23 所示。

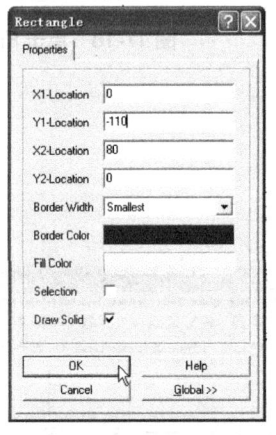

图 17-22　矩形属性设置对话框

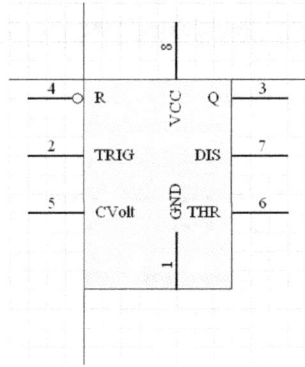

图 17-23　矩形块发生变化

● 修改元件的引脚排列。先用鼠标将元件的每个引脚都拖离矩形方块，如图 17-24（a）所示，然后重新排列引脚。排列好引脚的元件如图 17-24（b）所示。在排列时如果发现引脚方向不对，可在拖动引脚时按空格键切换引脚方向。

❻ 设置元件的标号。元件修改好后需要设置它的标号。执行菜单命令 Tools→ Description，弹出如图 17-25 所示的对话框。将 Default Designator 项设为 "IC?"，单击 OK 按钮。

❼ 保存修改的元件。执行菜单命令 File→Save，或单击主工具栏上的 图标，可将新绘制的元件保存在 YJ1.Lib 中。

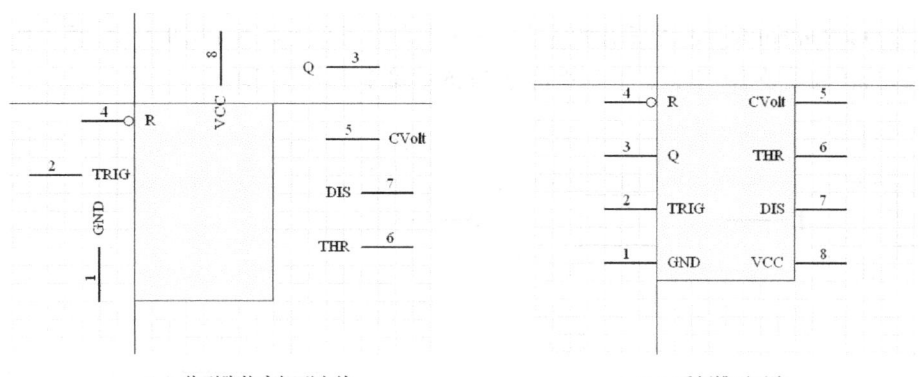

(a) 将引脚拖离矩形方块　　　　　　　(b) 重新排列引脚

图 17-24　修改元件引脚的排列

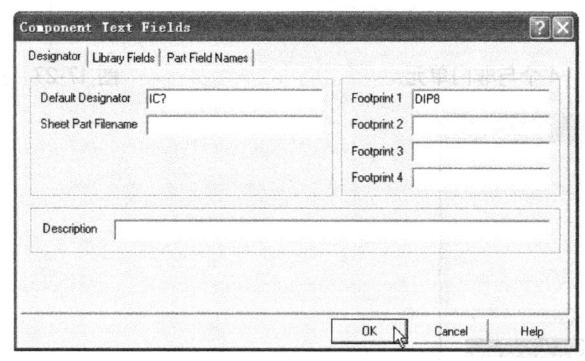

图 17-25　设置元件的标号

17.2.3　绘制复式元件

在复式元件中有两个或两个以上的相同单元。这些单元的图形相同，但引脚不同。通过在标号中附加 A、B、C、D 等不同的字母可表示不同的单元。 集成电路 7426 是一个由 4 个相同的与非门构成的与非门集成电路，它的 4 个与非门单元如图 17-26 所示。这里以绘制 7426 的 4 个与非门单元为例说明复式元件的绘制方法。绘制复式元件的操作过程如下。

❶ 打开或新建一个元件库文件，如打开 YJ1.Lib 文件。

❷ 新建元件名称。单击元件绘图工具栏中的 图标，或者执行菜单命令 Tools→New Component，弹出 New Component Name 对话框。将对话框中的默认元件名改为 7426，单击 OK 按钮就新建了一个名为 7426 的新元件。

❸ 绘制第 1 个与非门单元。在工作区的第四象限绘制一个与非门：用元件绘图工具栏中的 ∕ 工具绘制与非门的半矩形部分；用 工具绘制半圆形部分；用 工具放置三个引脚，如图 17-27 所示。

❹ 设置第 1 个与非门单元的引脚属性。在引脚 1 上双击鼠标左键，弹出引脚属性设置对话框，如图 17-28 所示。将其中的 Name 项设为空、Number 项设为 1、Electrical Type 项选为 Input，单击 OK 按钮，则引脚 1 的属性设置完毕。接着对引脚 2 进行相同的设置（但要将 Number 项设为 2）。在设置引脚 3 时，将 Name 项设为空、Number 项设为 3、Electrical Type 项选为 Output，

并且勾选 Dot Symbol 项。设置好引脚属性的第 1 个与非门单元如图 17-29 所示。同时在元件库管理器的 Part 区域显示"1/1",表示当前为 7426 的第 1 个与非门单元。

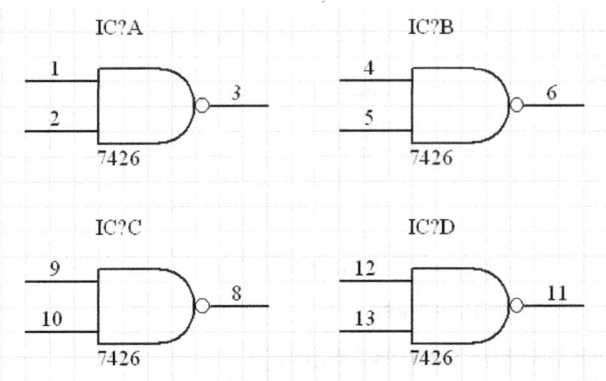

图 17-26 4 个与非门单元

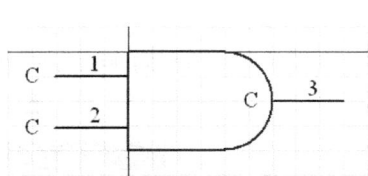

图 17-27 第 1 个与非门单元

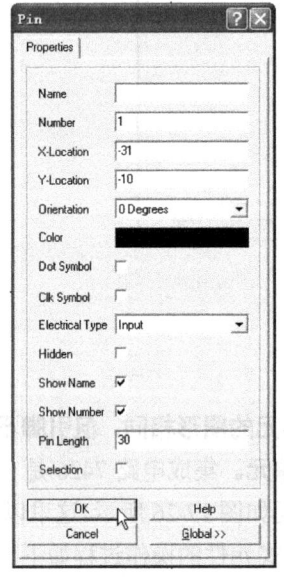

图 17-28 引脚属性设置对话框

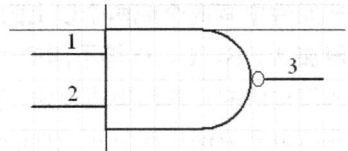

图 17-29 设置完成的第 1 个与非门单元

❺ 绘制第 2、3、4 个与非门单元并设置引脚属性。单击元件绘图工具栏中的 图标,或者执行菜单命令 Tools→New Part,则工作区马上更新为空白,同时在元件库管理器的 Part 区域显示"2/2",表示第 2 个与非门单元处于编辑状态。此时可利用前面的方法继续绘制与非门单元,也可将第 1 个与非门单元复制过来,更改引脚号即可。设置完成的第 2 个与非门单元如图 17-30 所示。第 3、4 个与非门单元的制作方法与此相同,不再赘述。

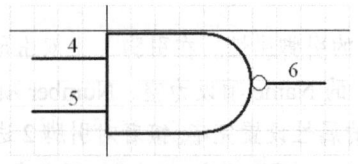

图 17-30 设置完成的第 2 个与非门单元

❻ 给第 1 个与非门单元放置电源和接地引脚。单击元件库管理器 Part 区域的 ‹ 按钮，切换到 7426 的第 1 个与非门单元，并给它放置两个引脚。对其中一个引脚属性进行如下设置：Name 项设为 GND、Number 项设为 7、Electrical Type 项选为 Power，同时勾选 Show Name 和 Show Number；对另一个引脚属性进行如下设置：Name 项设为 VCC、Number 项设为 14、Electrical Type 项选为 Power，同时勾选 Show Name 和 Show Number。放置好电源和接地引脚的第 1 个与非门单元如图 17-31（a）所示。若将两个引脚属性中的 Hidden 选中，即可将 7 脚、14 脚隐藏起来，如图 17-31（b）所示。

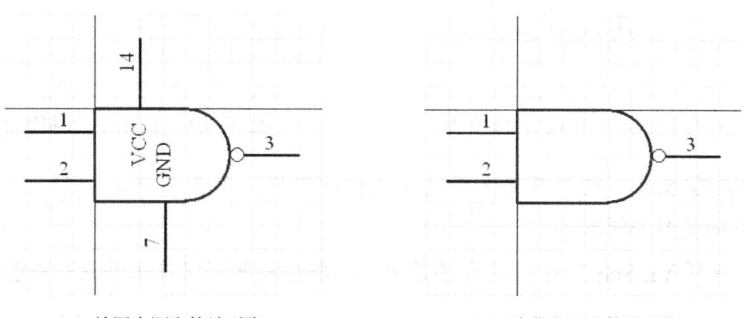

（a）放置电源和接地引脚　　　　　（b）隐藏电源和接地引脚

图 17-31　在第 1 个与非门单元放置电源和接地引脚

❼ 设置元件的标号和封装形式。执行菜单命令 Tools→Description，弹出如图 17-32 所示的对话框。将 Default Designator 项设为"IC？"，将 Footprint1（封装）设为 DIP14，将 Footprint2 设为 SO-14，单击 OK 按钮。

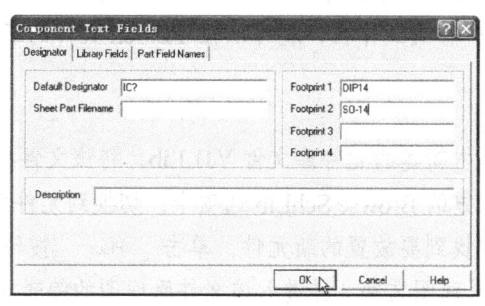

图 17-32　设置元件的标号和封装形式

❽ 保存复式元件。执行菜单命令 File→Save，或单击主工具栏上的 🖫 图标，将绘制的复式元件保存在 YJ1.Lib 中。

17.2.4　使用新元件

在新元件绘制好后就可以直接使用了。使用新元件的方法有以下 3 种。

1. 方法一

❶ 打开原理图文件 YL.Sch 和新建的元件库文件 YJ1.Lib，如图 17-33 所示。

❷ 打开工作区上方的 YJ1.Lib 选项卡，并打开文件管理器上方的 Browse SchLib 选项卡，

321

切换到元件库管理器，如图 17-34 所示。

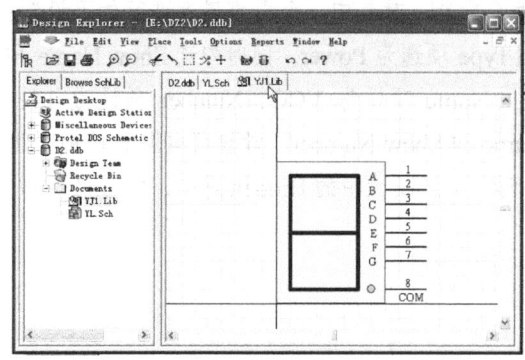

图 17-33　打开 YL.Sch 和 YJ1.Lib 文件

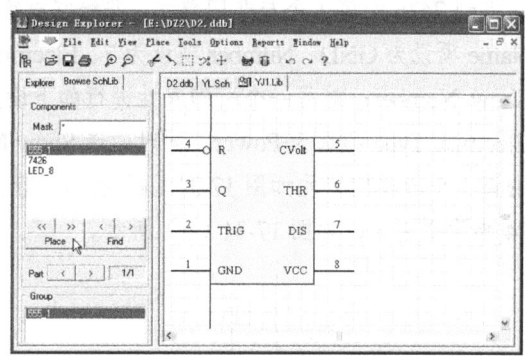

图 17-34　切换到元件库管理器

❸ 在元件库管理器中找到并选择要放置的新建元件，单击 Place 按钮，系统会自动切换到 YL.Sch 的原理图编辑状态。

❹ 将鼠标移到 YL.Sch 工作区的合适位置，单击左键就可以在工作区（图纸）上放置元件。

2. 方法二

❶ 在文件管理器中单击原理图文件 YL.Sch，将该文件打开。

❷ 单击文件管理器上方的 Browse SchLib 选项卡，切换到元件库管理器。

❸ 在元件库管理器中找到新建的元件库 YJ1.Lib。如果没有该文件，可单击 Add/Remove... 按钮，将该元件库文件加载到元件库管理器中。在 YJ1.Lib 元件库中找到要放置的新元件，单击 Place 按钮。此时将鼠标移到工作区，就可以在 YL.Sch 文件的工作区上放置新元件。

3. 方法三

❶ 在文件管理器中单击新建的元件库文件 YJ1.Lib，将该文件打开。

❷ 单击文件管理器上方的 Browse SchLib 选项卡，切换到元件库管理器。

❸ 在元件库管理器中找到要放置的新元件，单击 Place 按钮，系统会自动新建一个默认文件名为 Sheet1.Sch 的原理图文件，并进入该文件原理图的编辑状态。

❹ 将鼠标移到 Sheet1.Sch 文件的图纸上，就可以放置新元件。

17.3　报表的生成与元件库的管理

17.3.1　生成报表

在元件库编辑器中可以产生 3 种报表：Component Report（元件报表）、Library Report（元件库报表）和 Component Rule Check Report（元件规则检查报表）。 利用元件报表可以了解元件各方面的信息，为绘制新元件带来很多方便。

1．元件报表的生成

生成元件报表的操作过程如下。

❶ 打开元件库文件并选择要生成报表的元件，如打开元件库文件 YJ1.Lib，并选择其中的 555_1 元件，如图 17-35 所示。

❷ 执行菜单命令 Report→Component，系统马上生成元件报表文件，如图 17-36 所示。

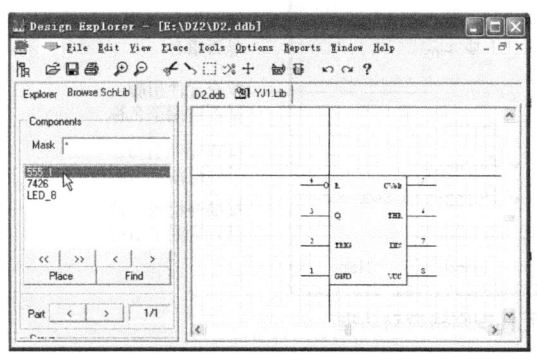

图 17-35　选择要生成报表的元件

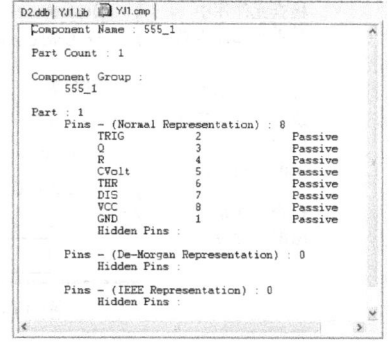

图 17-36　元件报表文件

元件报表文件的扩展名为 ".cmp"。在报表中列出了 555_1 元件的所有相关信息，如引脚数目、标识名称及有关属性等。

2．元件库报表的生成

生成元件库报表的操作过程如下。

❶ 打开元件库文件，如打开元件库文件 YJ1.Lib。

❷ 执行菜单命令 Report→Library，系统马上生成元件库报表文件，如图 17-37 所示。

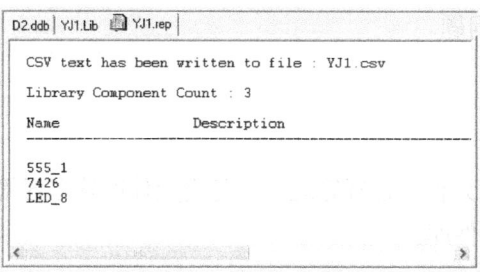

图 17-37　元件库报表文件

元件库报表文件的扩展名为 ".rep"。在报表中列出了 YJ1.Lib 元件库中所有元件的有关信息。

3．元件规则检查报表的生成

元件规则检查报表主要用于帮助设计者进行元件的检查工作，包括检查元件库中的元件有无错误，并能将错误列出来，指明错误原因。

生成元件规则检查报表的操作过程如下。

❶ 打开元件库文件，如打开元件库文件 YJ1.Lib。

❷ 执行菜单命令 Report→Component Rule Check，会弹出 Library Component Rule Check（元件规则检查）对话框，如图 17-38 所示。进行有关设置后，单击 OK 按钮，系统马上生成元件规则检查报表文件，如图 17-39 所示。

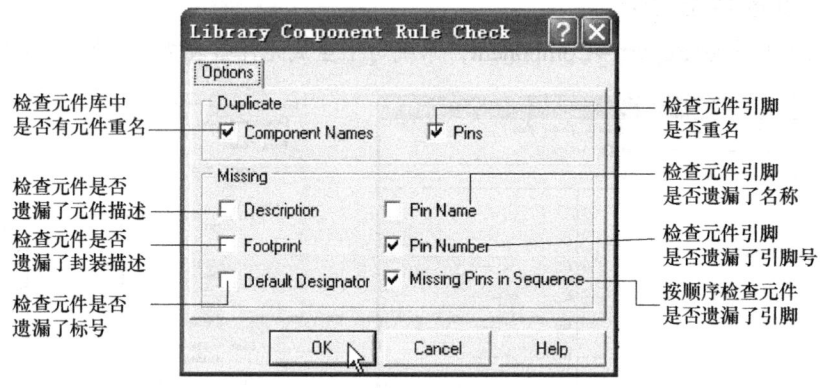

图 17-38　元件规则检查对话框

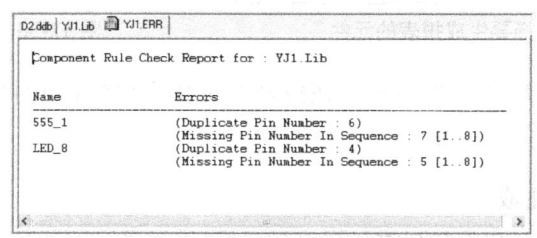

图 17-39　元件规则检查报表文件

元件规则检查报表文件的扩展名为 ".ERR"。在报表中会列出 YJ1.Lib 元件库中的出错元件信息。例如，图 17-39 显示 555_1 的 6、7 脚标号重复（即两引脚标号都为 6），并且 LED_8 的 4、5 脚也出现同样的问题。

17.3.2　管理元件库

可以通过两种方式对元件库进行管理：一是用元件库管理器管理元件库；二是用 Tools 菜单下的各种命令管理元件库。

1．利用元件库管理器管理元件库

单击设计管理器上方的 Browse SchLib 选项卡，将设计管理器切换到如图 17-40 所示的元件库管理器。从图中可以看出，元件库管理器有 4 个区域：Components（元件）区域、Group（组）区域、Pins（引脚）区域和 Mode（模式）区域。

- Components（元件）区域：它的主要功能是查找、显示、选择和放置元件。当设计人员打开一个元件库时，该元件库中的元件名称会在元件列表区显示出来。当在列表区选择某个元件并单击 Place 按钮时，就可以放置选中的元件。其他项的功能说明如图 17-40 所示。当单击 Find 按钮时，会弹出查找元件对话框。可以在该对话框中设置查找条件，并进行元件的查找。

- Group（组）区域：它的主要功能是查找、显示、选择和放置元件集（元件集是共用元件符号的元件，例如，74××的元件集有 74LS××、74F××等）。当单击 Add 按钮时，会出现如图 17-41 所示的添加元件组名称对话框。输入要加入元件组的元件名称，单击 OK 按钮就可以将该元件加入元件组中。当单击 Description 按钮时，会弹出如图 17-42 所示的对话框。在该对话框中有 3 个选项卡：Designator、Library Fields 和 Part Field Names。其中 Designator 选项卡的内容设置较为常用。

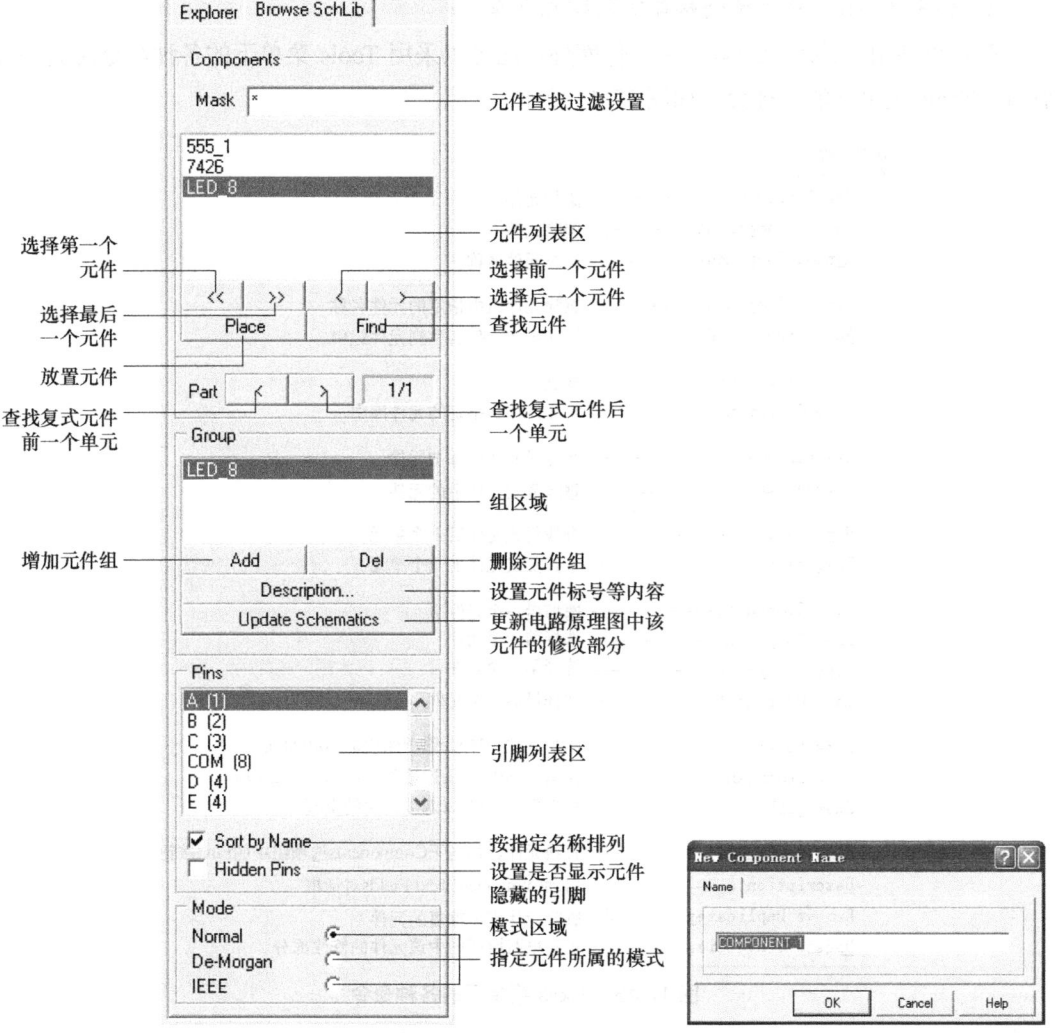

图 17-40　元件库管理器　　　　　　图 17-41　添加元件组名称对话框

- Pins（引脚）区域：它的功能是将当前工作中的元件引脚号和名称显示在引脚列表区中。
- Mode（模式）区域：它的功能是指定元件的模式，有 Normal、De-Morgan 和 IEEE 三种模式。

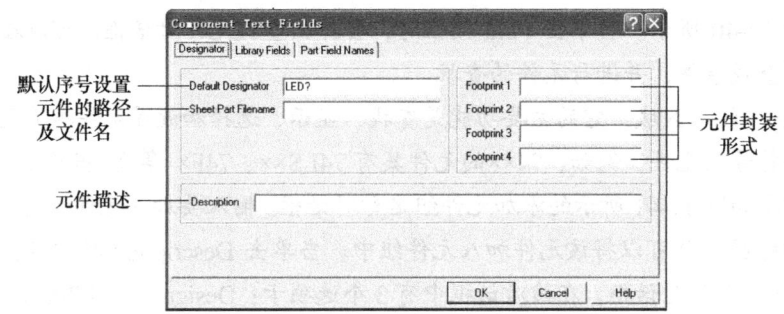

图 17-42 Component Text Fields 对话框

2. 利用 Tools 菜单下的各种命令管理元件库

除可以使用元件库管理器管理元件库外，还可以采用 Tools 菜单下的各种命令对其进行管理。Tools 菜单下的各种命令如图 17-43 所示。

图 17-43 Tools 菜单下的各种命令

第 18 章 手工设计 PCB 图

在设计 PCB 图时有手工设计和自动设计两种方式。手工设计方式比较适合设计简单的 PCB 图，并且在设计 PCB 前无须绘制电路原理图。本章主要介绍如何在 Protel 99 SE 的 PCB 设计编辑器中用手工方式设计 PCB 图。

18.1 PCB 设计基础

18.1.1 PCB 的基础知识

许多元件按一定的规律连接起来就组成了电子设备。大多数电子设备的组成元件很多。若用大量的导线将这些元件连接起来，不仅麻烦，而且出了问题难以检查，PCB 可以有效解决这个问题。**PCB 是在塑料板上印制导电铜箔，并用铜箔取代导线。只要将各种元件安装在 PCB 上，铜箔就可以将它们连接起来并组成一个电路或电子设备。**PCB 的示意图如图 18-1 所示。

1．PCB 的种类

根据层数的不同，PCB 可分为单面板、双面板和多层板。

（1）单面板

单面 PCB 如图 18-2 所示，即一面有导电铜箔，另一面没有。在使用单面板时，通常在没有导电铜箔的一面安装元件，将元件引脚通过插孔穿透到有导电铜箔的一面，利用导电铜箔将元件引脚连接起来就可以构成电路或电子设备。因为单面板只有一面有导电铜箔，所以不适用于复杂的电子设备。

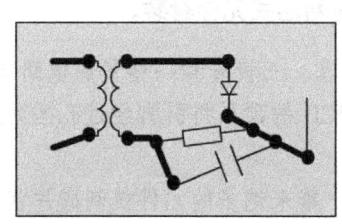

图 18-1 PCB 示意图

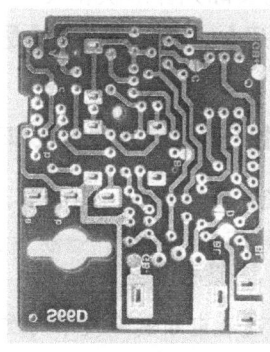
（a）有导电铜箔面

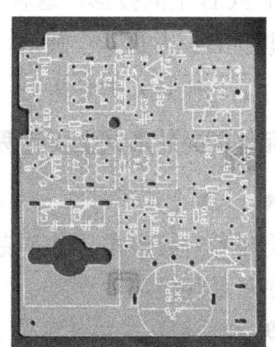
（b）无导电铜箔面

图 18-2 单面板

（2）双面板

双面板包括两层：顶层（Top Layer）和底层（Bottom Layer）。 与单面板不同，双面板的两层都有导电铜箔。双面板的结构示意图如图 18-3 所示。每层都可以直接焊接元件，两层之间可以通过穿过的元件引脚连接，也可以通过过孔连接。过孔是一种穿透 PCB 并将两层铜箔连接起来的金属化导电圆孔。

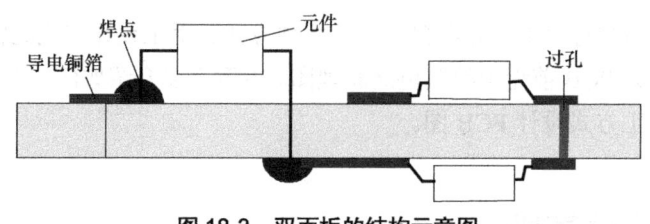

图 18-3　双面板的结构示意图

（3）多层板

多层板是具有多个导电层的电路板。 多层板的结构示意图如图 18-4 所示。它除具有和双面板一样的顶层和底层外，在内部还有导电层：顶层和底层通过过孔与内部的导电层相连。多层板一般通过将多个双面板采用压合工艺制作而成，适用于复杂的电路系统。

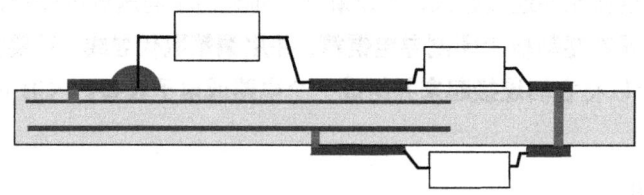

图 18-4　多层板的结构示意图

2．元件的封装

同类型的元件，比如电阻，即使阻值一样，也有体积大小之分。因此在设计 PCB 时，就要求电路板上大体积元件的焊接孔的孔径要大、距离要远。为了让 PCB 生产厂家生产出来的电路板可以安装各种大小和形状均符合要求的元件，要求在设计 PCB 时，用铜箔表示导线，而用与实际元件形状和大小相关的符号表示元件。当然，这里的形状与大小是实际元件在 PCB 上的投影。这种与实际元件形状和大小相同的投影符号称为元件封装。例如，电解电容的投影是一个圆形，那么它的元件封装就是一个圆形符号。

（1）元件封装的分类

元件的封装形式主要有两种：针脚式元件封装和表面粘贴式元件封装。

❶ 针脚式元件封装。一些常见的元件，如电阻、电容、三极管和一些集成电路等采用的就是这种封装形式。在安装针脚式元件时，一般是从 PCB 的顶层将引脚经过孔插到底层，然后在底层焊接。

❷ 表面粘贴式元件封装。随着电子制造技术的发展，越来越多的元件被制成片状元件，如片状电阻、片状电容、片状三极管和片状集成电路等。这些元件通常是通过机器粘贴在 PCB 上，所以称为表面粘贴式元件。

（2）元件封装的编号

元件封装的编号形式：元件类型+焊盘+元件外形尺寸。根据元件封装编号可知道元件封装的规格。例如：AXIAL0.4 表示该元件为轴形封装，两引脚焊盘的距离为 400mil（mil 即毫英寸，1 英寸=1000 毫英寸=25.4mm）；RB.2/.4 表示极性电容类元件封装，引脚距离为 200mil，元件的直径为 400mil；DIP24 表示双排引脚元件封装，两排共有 24 个引脚。

3．铜箔导线

PCB 以铜箔作为导线将安装在上面的元件连接起来，所以铜箔导线又简称为导线（Track）。 与铜箔导线类似的还有一种线，称为飞线，又称预拉线。飞线主要表示各个焊盘的连接关系，用来指引铜箔导线的布置，但不是实际的导线。

4．焊盘

焊盘的作用是在焊接元件时放置焊锡，从而将元件引脚与铜箔导线连接起来。 焊盘的形状有圆形、方形和八角形等，如图 18-5 所示。焊盘有表面粘贴式和针脚式两种：表面粘贴式焊盘不要求钻孔；而针脚式焊盘要求钻孔，它有通孔直径和焊盘直径两个参数，如图 18-6 所示。

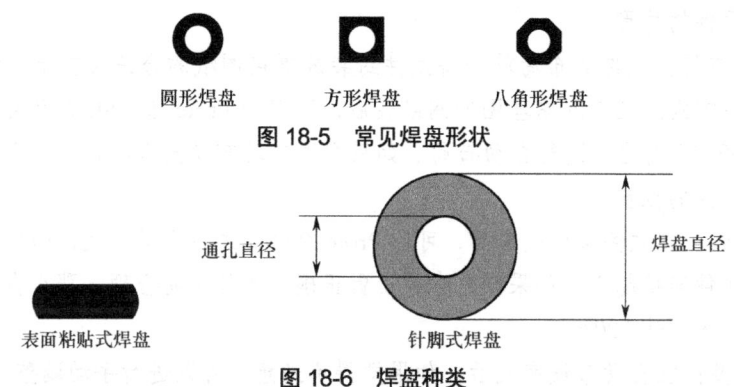

图 18-5　常见焊盘形状

图 18-6　焊盘种类

在设计焊盘时，要求考虑元件的形状、引脚的大小、安装形式、受力情况、振动大小等情况。例如，某个焊盘的通过电流大、受力大并且易发热，则可设计成泪滴状（后面会介绍）。

5．过孔

双面板和多层板有两个以上的导电层，导电层之间是相互绝缘的。如果需要将某一层和另一层进行电气连接，则可通过过孔实现。过孔一般是这样制作的：先在需要连接处钻一个孔，然后在孔的孔壁上沉积导电金属（又称电镀），这样就可以将不同的导电层连接起来。过孔主要有穿透式过孔和盲过孔两种形式，如图 18-7 所示：穿透式过孔从顶层一直通到底层；而盲过孔可以从顶层通到内层，也可以从底层通到内层。过孔有内径和外径两个参数，如图 18-8 所示。过孔的内径和外径一般要比焊盘的内径和外径小。

图 18-7　过孔的两种形式　　　　　　　图 18-8　过孔的参数

18.1.2 PCB 的设计过程

PCB 的设计过程，简单来说，就是先在 PCB 图纸上放置元件封装，再用铜箔导线将放置的元件连接起来。PCB 的设计过程一般分为以下 8 个步骤。

❶ 绘制电路原理图：若要设计出电子产品 PCB，应先设计出该产品的电路原理图，在确保原理图无误后，再由原理图生成网络表。对于简单的电子产品而言，可不用设计电路原理图，直接进行 PCB 的设计即可。

❷ 规划 PCB 电路：规划 PCB 电路主要包括确定 PCB 的大小、电气边界、电路板的层数和各种元件的封装形式等。

❸ 设置设计参数：在 Protel 99 SE 的 PCB 设计编辑器中设置 PCB 的层数、布局和布线等是 PCB 设计过程中的重要步骤。有些参数可采用默认值，而有些参数在设置一次后几乎不用改变。

❹ 装入原理图的网络表和元件封装：原理图的网络表是设计 PCB 时自动布线的依据；元件封装就是元件的外形。

❺ 元件的布局：元件的布局就是将元件封装放置在图纸的合适位置上。它有自动布局和手动布局两种方式。在装入原理图的网络表后，可以让 Protel 99 SE 自动装载元件封装，也可让 Protel 99 SE 对元件进行自动布局。如果觉得自动布局出来的元件不合适，可通过手动布局来调整元件的位置。

❻ 自动布线：在元件布局完成后，可让 Protel 99 SE 进行自动布线，即按网络表的要求自动用导线将元件连接起来。如果相关参数设置正确、元件布局合理，那么自动布线的成功率会非常高，几乎可达 100%。

❼ 手工调整：在自动布线完成后，如果觉得不满意，可以进行手动调整。

❽ 文件保存输出：在布线完成后，PCB 设计就基本完成了。这时可将设计好的 PCB 保存下来，也可以利用打印机等输出设备输出 PCB 的设计图。如果需要的话，还可以生成各种报表。

18.1.3 PCB 设计编辑器的操作

PCB 设计编辑器是 Protel 99 SE 中的一个模块。设计 PCB 的工作需要在 PCB 设计编辑器中进行。

1. PCB 设计编辑器的启动与关闭

打开或新建一个 PCB 文件就可以启动 PCB 设计编辑器。这里以新建 YS1.PCB 文件为例说明如何启动 PCB 设计编辑器。

❶ 打开一个数据库文件，比如 D2.ddb 数据库，再打开其中的 Documents 文件夹。

❷ 执行菜单命令 File→New，弹出 New Document（新建文档）对话框，如图 18-9 所示。

在对话框中选择其中的 PCB Document，单击 OK 按钮，即可在 D2.ddb 数据库文件的 Documents 文件夹中新建一个默认文件名为 PCB1.PCB 的文件，将文件名改为 YS1.PCB。

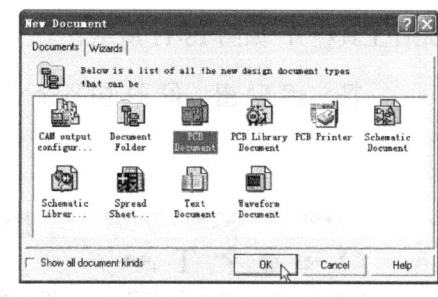

图 18-9　新建文档对话框

❸ 在设计管理器中单击 YS1.PCB 文件，就启动了 PCB 设计编辑器，如图 18-10 所示。此时可以在工作窗口的图纸上设计 PCB。

❹ 如果要关闭 PCB 设计编辑器，可在工作窗口上方的 YS1.PCB 文件标签上单击鼠标右键，在弹出的快捷菜单中选择 Close 命令即可。另外，执行菜单命令 File→Close，同样可以关闭编辑器。

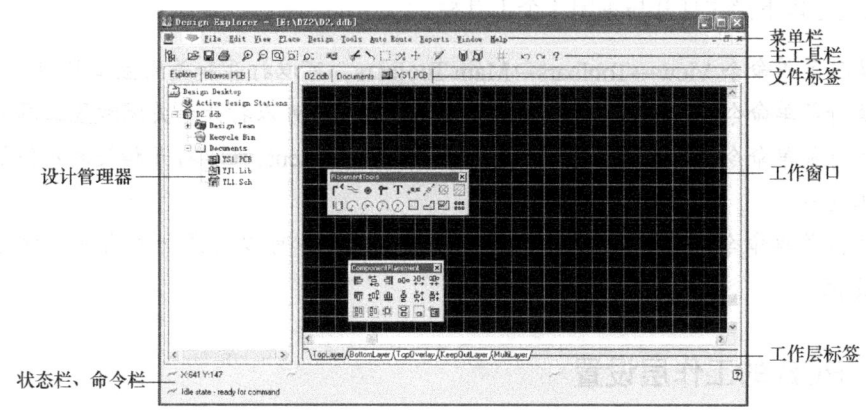

图 18-10　PCB 设计编辑器

2. PCB 设计编辑器的介绍

从图 18-10 可以看出，PCB 设计编辑器主要由菜单栏、主工具栏、设计管理器、工作窗口、状态栏、命令栏等组成。在工作窗口上方是文件标签，下方是工作层标签。

可以通过以下操作了解 PCB 设计编辑器的组成部分。

- 单击主工具栏上的 🖿 工具或执行菜单命令 View→Design Manager，可以打开和关闭设计管理器。
- 单击设计管理器上方的 Browse PCB 标签，可切换到元件封装库管理器；单击设计管理器上方的 Explorer，可切换到文件管理器。
- 单击工作窗口上方的文件标签，可以打开该文件。在文件标签上单击鼠标右键，从弹出的快捷菜单中选择 Close 命令，可以将该文件关闭。
- 单击工作窗口下方的工作层标签，可以打开该工作层。
- 执行菜单命令 View→Status Bar，可打开和关闭状态栏。
- 执行菜单命令 View→Command Status，可打开和关闭命令栏。

PCB 设计编辑器主要包括 4 个工具栏，分别是 Main Toolbar（主工具栏）、Placement Tools（放置工具栏）、Component Placement（元件位置调整工具栏）和 Find Selections（查找被选

元件工具栏），如图 18-11 所示。

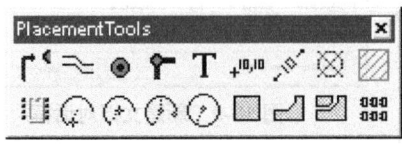

（a）主工具栏

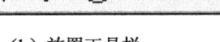 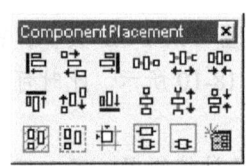 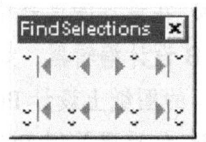

（b）放置工具栏　　　　　（c）元件位置调整工具栏　　　（d）查找被选元件工具栏

图 18-11　4 个工具栏

可以通过以下操作打开与关闭 4 个工具栏。

- 执行菜单命令 View→Toolbars→Main Toolbars，可以打开和关闭主工具栏。
- 执行菜单命令 View→Toolbars→Placement Tools，可以打开和关闭放置工具栏。
- 执行菜单命令 View→Toolbars→Component Placement，可以打开和关闭元件位置调整工具栏。
- 执行菜单命令 View→Toolbars→Find Selections，可以打开和关闭查找被选元件工具栏。

18.1.4　PCB 的工作层设置

在设计 PCB 前，先要对 PCB 的工作层进行设置。

1. 工作层的种类

PCB 具有多层次结构。根据各层的功能不同，工作层的种类可分为信号层、内部电源/接地层、机械层、阻焊层、助焊层、丝印层和其他层（后面还会涉及钻孔层）等。在设计 PCB 时，可以根据需要增减不同的层。如果想知道当前设计环境中这些工作层的情况，可执行菜单命令 Design→Options，马上出现如图 18-12 所示的 Document Options 对话框。在对话框中显示了各层的有关情况。

❶ Signal layers（信号层）。Signal layers 包括 TopLayer（顶层）、MidLayer1（1~30，即中间层）和 BottomLayer（底层）。在对话框中，如果在信号层前打勾，那么在当前 PCB 设计编辑器中，该层处于打开状态，否则处于关闭状态。在 Protel 99 SE 中提供了 32 个信号层，包括 1 个顶层、1 个底层和 30 个中间层：顶层用来放置元件或布线；底层用来布线和焊接元件；中间层夹在两者之间，是无法放置元件的，该

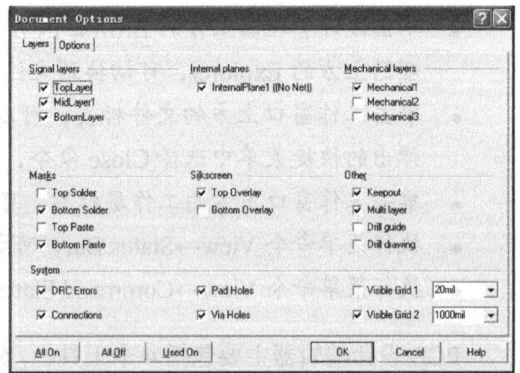

图 18-12　Document Options 对话框

层一般是铜箔导线。中间层的作用与生活中常见的地下通道相似，当在地面上无法横过马路时，可以通过地下通道到达马路的对面。

❷ Internal planes（内部电源/接地层）。在 Protel 99 SE 中提供了 16 个内部电源/接地层。Internal planes 位于 PCB 内部，主要为各信号层提供电源和接地。其主要作用与城市中埋设在地下的电缆相似：由地面上的供电站将电源传送给地下电缆，地下电缆可以在别处接出地面，从而为该处地面上的用户供电。

❸ Mechanical layers（机械层）。Mechanical layers 一般用于设置电路板的外形、大小、数据标记、对齐标记、装配说明等有关信息。在 Protel 99 SE 中提供了 16 个机械层。

❹ Masks（阻焊层和助焊层）。Masks 包括 Top Solder（顶部阻焊层）、Bottom Solder（底部阻焊层）、Top Paste（顶部助焊层）、Bottom Paste（底部助焊层）。阻焊层通常是在焊盘外的地方涂上绝缘漆，主要用于避免铜箔导线上粘上焊锡，还可以防止一些可能发生的短路；助焊层一般是在焊盘上涂助焊材料，使焊锡与焊盘容易粘贴。

❺ Silkscreen（丝印层）。Silkscreen（丝印层）包括顶部丝印层和底部丝印层。丝印层的作用是印刷一些元件符号、标识等信息。

❻ Other（其他层）。Other（其他层）主要包括以下 4 层。

- Keepout（禁止布线层）：该层主要用来规划布线有效区，在有效区外的地方不能自动布线。
- Multi layer（多层）：该层主要用来放置焊盘和穿透孔。若将此层关闭，则绘制的焊盘和过孔将看不见。
- Drill guide（钻孔指示层）：该层主要提供 PCB 生产时的钻孔信息。
- Drill drawing（钻孔图层）。

另外，在图 18-12 中，System 区域还包括以下几项。

- DRC Errors：DRC 错误显示设置，选中时将显示电路板上违反 DRC 规则的标记。
- Connections：飞线显示设置，若选中该选项，则在布线时会显示飞线。在绝大多数情况下都要显示飞线。
- Pad Holes：焊盘通孔显示设置，选中时将显示焊盘通孔。
- Via Holes：过孔显示设置，选中时将显示过孔的通孔。
- Visible Grid 1：设置第一组可视栅格的间距大小及是否显示。
- Visible Grid 2：设置第二组可视栅格的间距大小及是否显示。一般情况下，在工作窗口中看到的栅格为第二组栅格，放大后在画面中出现的栅格为第一组栅格。

2．工作层的设置

在设计 PCB 时，如果需要改变某些层的个数或不需要某些层，可通过设置工作层解决这个问题。

（1）信号层和内部电源/接地层的设置

执行菜单命令 Design→Layer Stack Manager，会弹出如图 18-13 所示的 Layer Stack

Manager（工作层管理器）对话框。在该对话框中可以对工作层进行相关设置。

❶ 层的添加、删除和移动。若要添加层，则需要先选中某层，再单击 Add Layer 按钮，就会在该层下方添加一个层。例如，要在 Ground Plane 1[GND] 的下方添加一个信号层，可先在对话框中选中该层，然后单击 Add Layer 按钮，就可以在该层下方添加一个信号层；如果单击 Add Plane 按钮，就会在该层下方添加一个内部电源/接地层。若要删除层，则需要先选中要删除的层，再单击 Delete 按钮，就可以删除选中的层。若要移动层，则需要先选中要移动的层，再单击 Move Up 按钮，该层就会向上移动，每单击一次可往上移动一层；如果单击 Move Down 按钮，则可以下移该层。

❷ 层的编辑。如果想改变层的名称和铜箔厚度，则可单击 Properties（属性）按钮，将弹出如图 18-14 所示的编辑层对话框。在对话框中的 Name 项中可以输入层的名称，在 Copper thickness（铜箔厚度）项中输入该层的铜箔厚度数值，单击 OK 按钮即可。

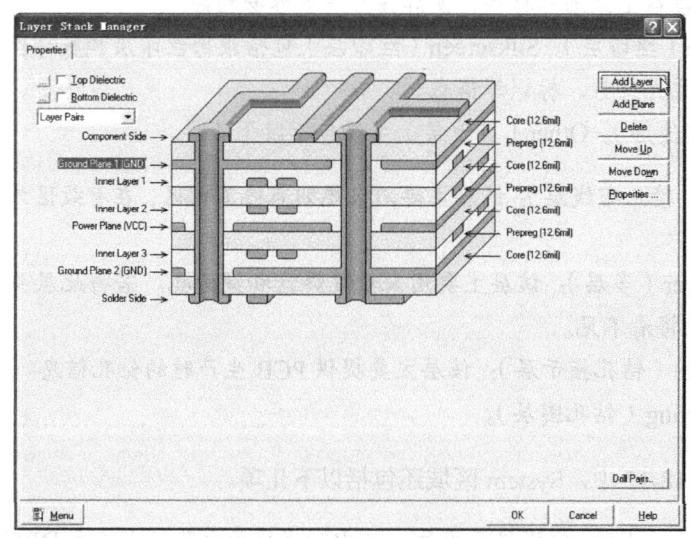

图 18-13　工作层管理器对话框

（2）钻孔层的设置

在设计 PCB 电路时并不都是从底层到顶层钻穿透孔，有的可能是底层与内部某层钻通。**钻孔层的设置就是设置钻孔的起始层和终止层。**单击工作层管理器对话框中的 Drill Pairs 按钮，将弹出如图 18-15 所示的钻孔层设置对话框。其中列出了两种钻孔方式：第一种方式是从元件层（顶层）钻到焊接层（底层）；第二种方式是从焊接层钻到 Ground Plane 1[GND]。从中选择一种方式后单击 OK 按钮即可。如果单击 Add、Delete 或 Edit 按钮，就可以增加、删除和编辑钻孔方式。

（3）机械层的设置

执行菜单命令 Design→Mechanical Layers，会弹出如图 18-16 所示的机械层设置对话框，其中共列出了 16 个机械层。如果勾选某个机械层的复选框，那么该层就会被打开，并可以设置名称、该层是否可见，以及是否在单层显示时与其他层一起显示。

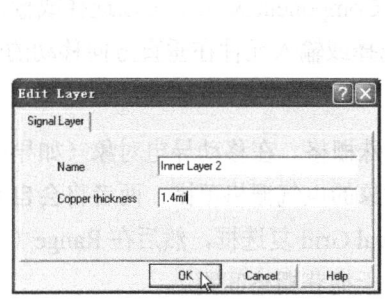
图 18-14 编辑层对话框

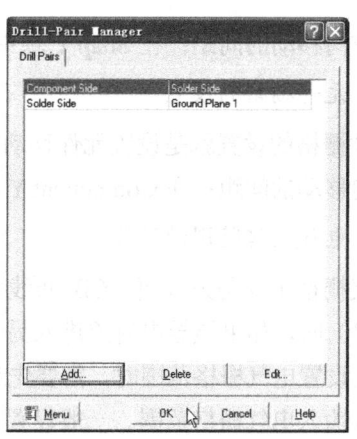
图 18-15 钻孔层设置对话框

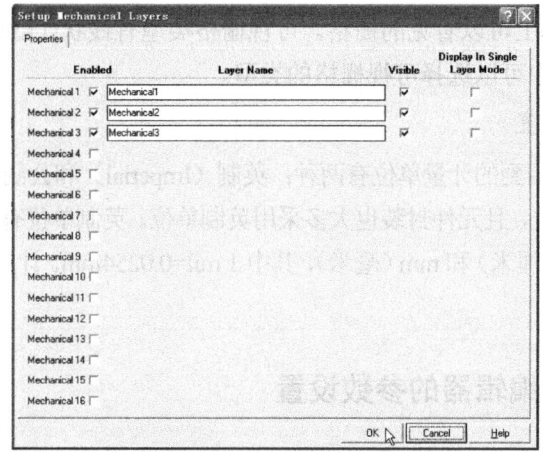
图 18-16 机械层设置对话框

3. 工作层的栅格和计量单位设置

在设计 PCB 时，为了绘图方便、定位准确，可以设置工作层的栅格（网格）和计量单位。执行菜单命令 Design→Options，打开 Document Options 对话框，如图 18-17 所示。

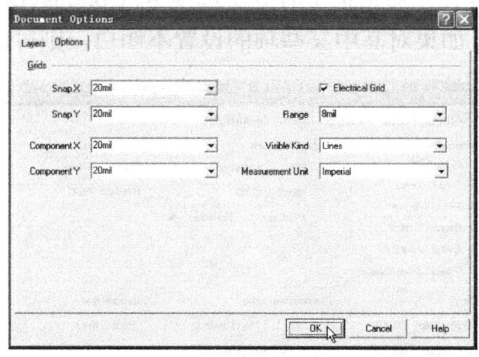
图 18-17 Document Options 对话框

（1）捕获栅格的设置

捕获栅格的设置实际上就是设置光标移动的间距。在 Snap X 项中可以选择或输入光标在水平方向移动的间距；在 Snap Y 项中可以选择或输入光标在垂直方向移动的间距。

（2）元件栅格的设置

元件栅格的设置就是设置元件移动的间距。在 Component X 项中可以选择或输入元件在水平方向移动的间距；在 Component Y 项中可以选择或输入元件在垂直方向移动的间距。

（3）电气栅格范围的设置

电气栅格主要是为方便 PCB 布线而设置的特殊栅格。在移动导电对象（如导线、元件和过孔等）时，如果该导电对象进入另一个导电对象的电气栅格范围，两者将会自动连接在一起。在设置电气栅格范围时，需要先选中 Electrical Grid 复选框，然后在 Range（范围）项中选择或输入电气栅格范围。一般设置的数值应小于捕获栅格间距。

（4）可视栅格类型的设置

可视栅格是在屏幕上可以看见的栅格。可视栅格类型有线状（Lines）和点状（Dots）两种。在 Visible Kind 项中可以选择可视栅格的类型。

（5）计量单位的设置

在 Protel 99 SE 中用到的计量单位有两种：英制（Imperial）和公制（Metric）。在默认情况下，计量单位为英制单位，且元件封装也大多采用英制单位。英制单位有 inch（英寸）和 mil（毫英寸）；公制单位有 cm（厘米）和 mm（毫米），其中 1 mil=0.0254mm。计量单位可在 Measurement Unit 项中设置。

18.1.5　PCB 设计编辑器的参数设置

在进行 PCB 设计时，如果想让 PCB 的设计环境更加个性化，可根据自己的习惯对 PCB 设计编辑器的有关参数进行设置。PCB 设计编辑器的参数主要包括显示状态、工作层颜色、默认参数、信号完整性和一些特殊功能等。这些参数在设置好后一般不用经常更改。

进行 PCB 设计编辑器参数设置的方法是执行菜单命令 Tools→Preferences，弹出如图 18-18 所示的 Preferences 对话框。在该对话框中有 6 个选项卡：Options、Display、Colors、Show/Hide、Defaults、Signal Integrity。如果对其中某些项的设置不明白，则可以保持默认值。

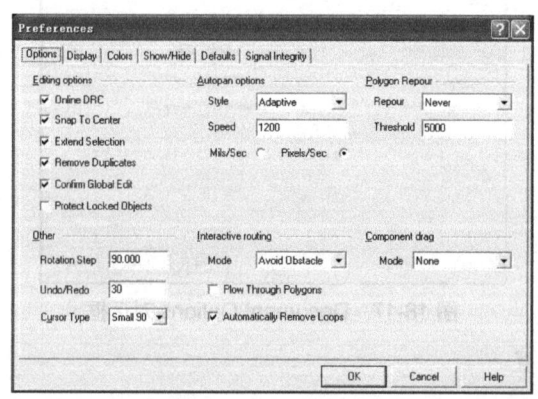

图 18-18　Preferences 对话框（默认打开 Options 选项卡）

1．Options 选项卡的设置

在 Preferences 对话框中，Options 选项卡默认处于打开状态。在该选项卡中有 6 个区域，主要用于设置一些特殊的功能。

（1）Editing options 区域

- Online DRC：选择是否在线进行 DRC 检查。
- Snap To Center：若选中该项，当用光标选取元件时，光标会自动移到元件的第 1 引脚处，当用光标移动字符时，光标会移到字符的左下角；若未选中该项，则会以光标所在的坐标位置选中对象。
- Extend Selection：若选中该项，则在执行选取操作时可以连续选取多个对象，否则选取最后一个对象。
- Remove Duplicates：若选中该项，则可自动删除重复的对象。
- Confirm Global Edit：若选中该项，则在进行整体编辑操作后会出现确认对话框。
- Protect Locked Objects：若选中该项，则可以保护锁定的对象，使它不能执行移动、删除操作。

（2）Autopan options 区域

- Style：用于设置自动移边模式。它有 7 种模式可供选择：Disable（关闭自动移边模式）；Re-Center（以光标处为新的编辑区中心）；Fixed Size Jump（当光标移到编辑区边缘时，系统会以 Step 文本框的设定值移边；当按下 Shift 键后，系统会以 Shift Step 文本框的设定值移边）；Shift Accelerate（按 Shift 键会提高移边速度）；Shift Decelerate（按 Shift 键会减慢移边速度）；Ballistic（光标越往编辑区边缘移动，移动速度越快）；Adaptive（自动适应模式，以 Speed 文本框的设定值控制移边速度，该项为系统默认值）。
- Speed：用于设置移动速度，默认值为 1200。
- Mils/Sec：移动速度单位（毫英寸/秒）
- Pixels /Sec：移动速度单位（像素/秒）。

（3）Polygon Repour 区域

该区域主要进行多边形填充的绕过设置。

- Repour。它有 3 个选项可供选择：Never（在移动多边形填充区域后，一定会出现确认对话框，询问是否重建多边形填充）；Threshold（当移动多边形填充区域的偏离距离比 Threshold 设定值小时，会出现确认对话框，否则不出现确认对话框）；Always（无论如何移动多边形填充区域，都不会出现确认对话框，系统会直接重建多边形填充区域）。
- Threshold。在此设置多边形填充时可绕过的临界值。

（4）Other 区域

该区域主要包括以下 3 项。

- Rotation Step：用来设置元件的旋转角度，默认值为 90.000。
- Undo/Redo：用来设置操作撤销和重复的次数，默认值为 30。
- Cursor Type：用来设置光标的形状。它有 3 种形状可供选择，分别是 Large 90（大十字形光标）、Small 90（小十字形光标）和 Small 45（叉形光标）。

（5）Interactive routing 区域

该区域用于设置交互式布线的参数。

- Mode：设置交互式布线的模式，包括 Ignore Obstacle（忽略障碍，直接覆盖）、Avoid Obstacle（绕开障碍）和 Push Obstacle（推开障碍）三种模式。
- Plow Through Polygons：如果选中该项，则在多边形填充时会绕过导线。
- Automatically Remove Loops：如果选中该项，则会自动删除形成回路的走线。

（6）Component drag 区域

该区域用于设置元件拖动模式。它只有一个 Mode 项：如果选择 None，则在拖动元件时，只会拖动元件本身；如果选择 Connected Track，则在拖动元件时，该元件的连线也会随之移动。

2．Display 选项卡的设置

在 Preferences 对话框中打开 Display 选项卡，如图 18-19 所示。在该选项卡中共有 3 个设置区域和 1 个 Layer Drawing Order 按钮。

（1）Display options 区域

该区域有以下 6 个选项。

- Convert Special Strings：用来确定是否将特殊字符串转化为它所代表的文字。
- Highlight in Full：用来确定是否高亮显示选中的对象。
- Use Net Color For Highlight：用来确定选中的网络是否以设置的颜色显示。设置网络颜色的方法是在 PCB 设计管理器中切换到 Browse PCB 选项卡，先在 Browse 下拉列表中选取 Nets 选项，然后在网络列表框内选取工作网络的名称，单击 Edit 按钮打开 Nets 对话框，在 Color 框内选取相应的颜色即可。
- Redraw Layers：若选中该项，则每次切换工作层，系统都要重绘各工作层的内容，否则不进行重绘操作。
- Single Layer Mode：用来确定是否只显示当前工作层的内容。
- Transparent Layers：用来确定是否透明显示所有层的内容和被覆盖的对象。

（2）Show 区域

当工作窗口处于合适的缩放比例时，在 Show 区域中选中的选项属性值将会显示出来：Pad Nets（连接焊盘的网络名称）；Pad Numbers（焊盘序号）；Via Nets（连接过孔的网络名称）；Test Points（测试点）；Origin Marker（原点）；Status Info（状态信息）。

（3）Draft thresholds 区域

该区域可设置在草图模式下走线宽度和字符串长度的临界值。

- Tracks：在此可输入走线宽度临界值，默认值为 2mil。大于该值的走线将以空心线表示，否则以细直线表示。
- Strings：在此可输入字符串长度临界值，默认值为 11 pixels。大于该值的字符串将以细线表示，否则将以空心方块表示。

（4）Layer Drawing Order 按钮

如果要设置工作层的绘制顺序，可单击 Layer Drawing Order 按钮，会出现如图 18-20 所示的对话框。在该对话框中，先选中某个工作层，然后单击 Promote 或 Demote 按钮，就可以向上或向下移动工作层的绘制顺序。如果单击 Default 按钮，则可将工作层的绘制顺序恢复为默认值。

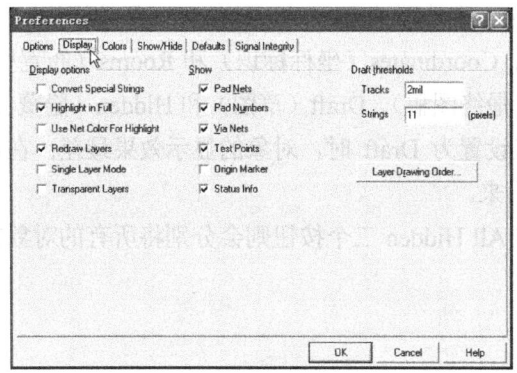

图 18-19　Display 选项卡

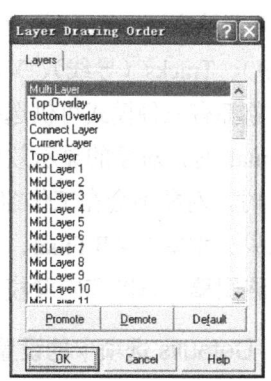

图 18-20　工作层绘制顺序对话框

3．Colors 选项卡的设置

在 Preferences 对话框中，打开 Colors 选项卡，如图 18-21 所示。Colors 选项卡主要用来设置各工作层和系统对象的显示颜色。

若要设置某一工作层的颜色，可单击该层名称右边的颜色块，就会弹出如图 18-22 所示的 Choose Color（选择颜色）对话框。可以在该对话框中选择颜色或自定义颜色。

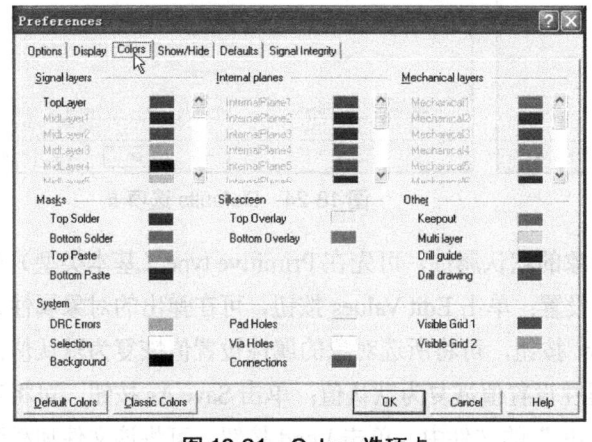

图 18-21　Colors 选项卡

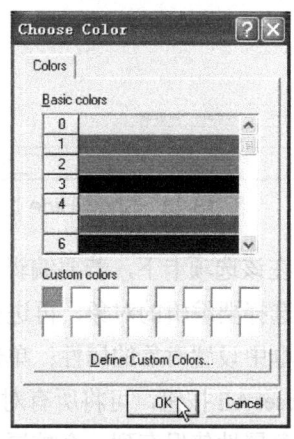

图 18-22　选择颜色对话框

在 Colors 选项卡中，可调整颜色的系统对象有：DRC 标记（DRC Errors）、选取对象

（Selection）、背景（Background）、焊盘通孔（Pad Holes）、过孔通孔（Via Holes）、飞线（Connections）、可视栅格 1（Visible Grid1）和可视栅格 2（Visible Grid 2）。一般情况下，最好不要改动颜色设置，否则容易造成颜色混乱，并带来不必要的麻烦。万一出现这种情况，可单击 Default Colors（系统默认颜色）或 Classic Colors（传统颜色）按钮，所有对象颜色会恢复为系统的默认值。

4．Show/Hide 选项卡的设置

在 Preferences 对话框中，打开 Show/Hide 选项卡，如图 18-23 所示。Show/Hide 选项卡主要用来设置系统对象的显示模式。

在该选项卡中，可以对 10 个对象进行显示模式设置。这 10 个对象分别是 Arcs（弧线）、Fills（矩形填充）、Pads（焊盘）、Polygons（多边形填充）、Dimensions（尺寸标识）、Strings（字符串）、Tracks（导线）、Vias（过孔）、Coordinates（坐标标识）和 Rooms（布置空间）。每个对象都有三种模式可供选择：Final（最终图稿）、Draft（草图）和 Hidden（隐藏）。在设置为 Final 时，对象的显示效果最好；在设置为 Draft 时，对象的显示效果最差；在设置为 Hidden 时，对象不会在工作窗口中显示出来。

如果分别单击 All Final、All Draft 和 All Hidden 三个按钮则会分别将所有的对象同时设定为最终图稿、草图和隐藏模式。

5．Defaults 选项卡的设置

在 Preferences 对话框中，打开 Defaults 选项卡，如图 18-24 所示。Defaults 选项卡主要用于设置电路板对象的默认属性值。

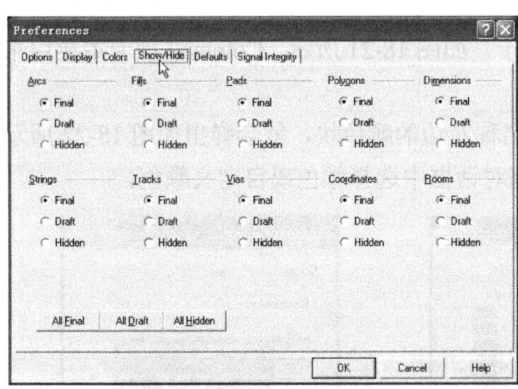
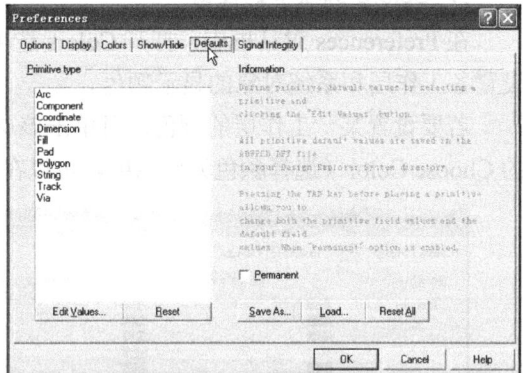

图 18-23　Show/Hide 选项卡　　　　　图 18-24　Defaults 选项卡

在该选项卡下，若要编辑某个对象的默认属性，可先在 Primitive type（基本类型）列表框中选择要编辑的对象，再进行相关设置：单击 Edit Values 按钮，可在弹出的对象属性设置对话框中设置对象的属性；单击 Reset 按钮，可将所选对象的属性设置值恢复为默认值；单击 Reset All 按钮，可将所有对象的属性设置值恢复为默认值；单击 Save As 按钮，可将当前各对象属性值保存到一个扩展名为".dft"的文件中；单击 Load 按钮，可将该文件加载到系统中。需要说明的是，如果未选中 Permanent 复选框，则在放置对象时，按 Tab 键可以打开属性对话框进行属性设置，而且设置后的属性值会应用到后面的相同对象上；如果选中该复

选框，则锁定所选对象属性值，在放置对象时按下 Tab 键，仍可以设置对象属性值，但不会应用到后面的相同对象上。

6. Signal Integrity 选项卡的设置

在 Preferences 对话框中，打开 Signal Integrity 选项卡，如图 18-25 所示。Signal Integrity 选项卡主要用于设置元件的标号和元件类型之间的对应关系，为信号的完整性分析提供依据。

在图 18-25 中，单击 Add 按钮，系统将弹出如图 18-26 所示的元件类型设置对话框，用来定义一个新的元件类型。在 Designator Prefix（序号标头）文本框中，输入元件的序号标头（一般情况下，电阻类元件用 R 表示，电容类元件用 C 表示）。在 Component Type（元件类型）下拉列表中可选取元件的类型：BJT（双结型晶体管）、Capacitor（电容）、Connector（连接器）、Diode（二极管）、IC（集成电路）、Inductor（电感）和 Resistor（电阻）。单击 OK 按钮，则设置好的元件类型就添加到图 18-25 中的 Designator mapping 列表框中。

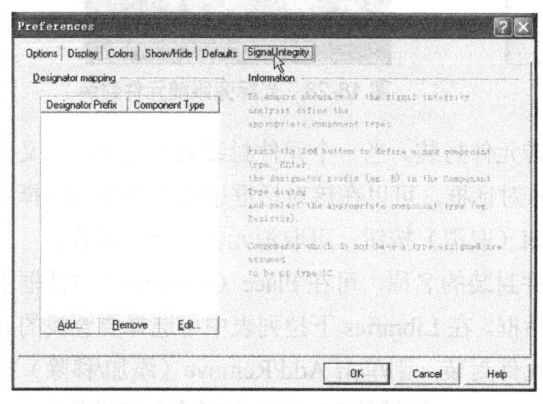

图 18-25 Signal Integrity 选项卡

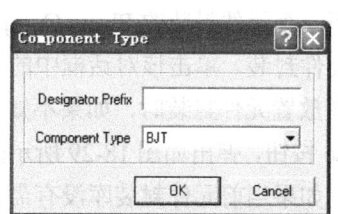

图 18-26 元件类型设置对话框

如果要删除元件的属性，只要在 Designator mapping 列表框中选择元件类型后，单击 Remove 按钮即可。单击 Edit 按钮可以修改所选类型元件的属性值。需要说明的是，没有归类的元件会被视为 IC 类型。

18.2 开始手工设计 PCB 图

简单来说，设计 PCB 图就是先规划 PCB（如设置 PCB 的工作层和大小），再在上面放置各种对象，并将它们的位置调整好，这些称为布局；用连线将各元件连接起来，这些称为布线。在布局和布线完成后，基本上 PCB 图就设计完成了。

18.2.1 放置对象

由于放置对象主要依靠 PCB 绘图工具完成，因此若要设计 PCB，必须先掌握各种对象的放置方法。

1．放置元件封装

单击 Placement Tools 工具栏（放置工具栏）中的 🔳 工具，或者执行菜单命令 Place→Component，会弹出如图 18-27 所示的 Place Component（放置元件）对话框。

在该对话框的 Footprint 文本框中输入要放置的元件封装名称（如 AXIAL0.3），在 Designator 文本框中输入元件封装的标号（如 R1），在 Comment 文本框中输入元件型号或标称值（如 56k），单击 OK 按钮。此时鼠标旁会出现十字光标，光标旁跟随要放置的元件封装，如图 18-28 所示。单击鼠标左键，即可在 PCB 的工作窗口放置一个 AXIAL0.3 元件封装。

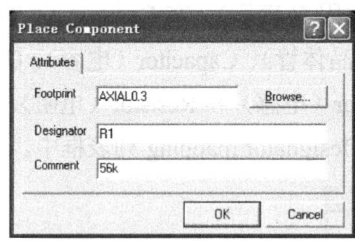
图 18-27　放置元件对话框

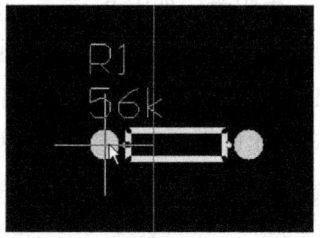
图 18-28　光标旁跟随元件封装

如果在放置时按空格键，则可以旋转元件封装。当一个元件封装放置完毕后，又会自动弹出下一个元件封装的 Place Component 对话框。可以在该对话框中按上述方法选择和设置一个元件封装。单击该对话框中的 Cancel（取消）按钮，可取消元件封装的放置。

在放置元件封装时，如果不知道元件封装的名称，可在 Place Component 对话框中单击 Browse 按钮，弹出如图 18-29 所示的对话框。在 Libraries 下拉列表中可选择要查找的元件封装库。如果当前元件封装库没有需要的元件封装，则单击 Add/Remove（添加/移除）按钮，可将其他的元件封装库加载进来。在 Components 区域的 Mask 项中可输入查找条件，如输入"A*"，按回车键，即可在下面的列表框中出现所有以 A 打头的元件封装。选择其中一种，就会在显示区显示当前选中元件封装的形状。显示区下方的三个按钮可用来缩放显示区图形：Zoom All 意为放大到整个显示区大小；Zoom In 意为放大；Zoom Out 意为缩小。单击 Close 按钮，可在选中元件封装的同时关闭该对话框，并返回到图 18-27。

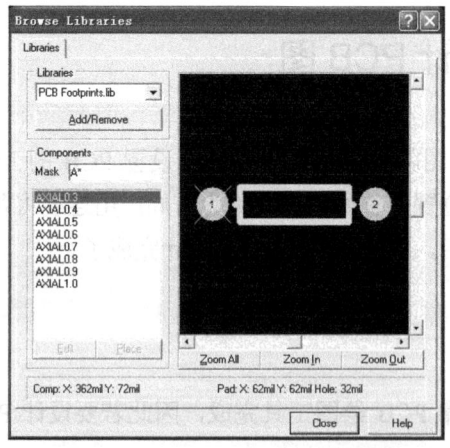
图 18-29　Browse Libraries 对话框

如果元件封装已经放置下来，并要设置元件封装的属性，则在元件封装上双击鼠标左键，就会弹出如图 18-30 所示的对话框，在该对话框中进行相关设置即可。如果正处于元件封装放置状态，则按 Tab 键，同样会弹出该对话框。

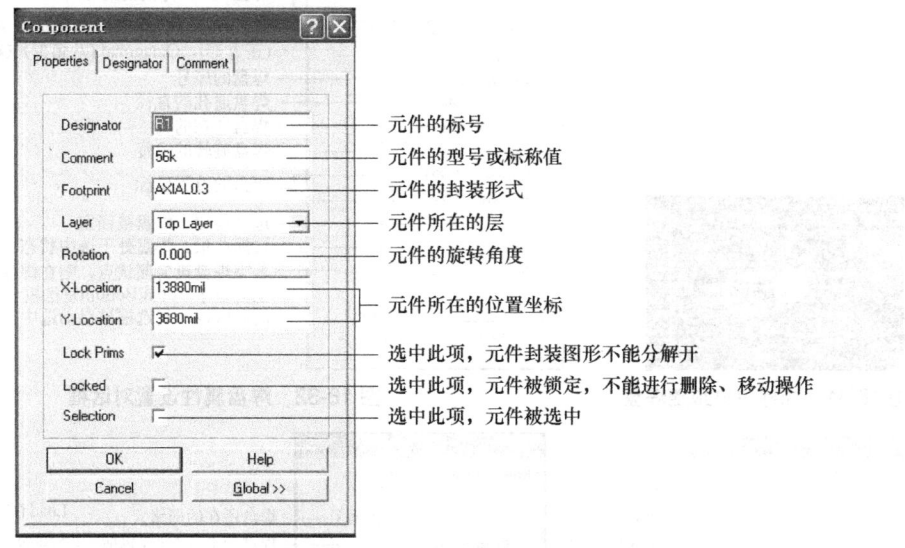

图 18-30　Component 对话框

2. 放置焊盘

虽然在放置元件封装时，元件封装本身带有焊盘，但电路板的有些地方还需要具有独立的焊盘，以便在这些焊盘上焊接导线，并与其他的独立器件（如扬声器）连接。放置焊盘的操作过程如下。

❶ 单击 Placement Tools 工具栏（放置工具栏）中的 ● 工具，或者执行菜单命令 Place→Pad，此时鼠标旁出现十字光标，光标中央会跟随焊盘，如图 18-31 所示。将焊盘移到合适处，单击鼠标左键，即可将焊盘放置下来。

❷ 在焊盘放置完成后，光标仍处于放置焊盘状态，移动光标可继续放置焊盘。单击鼠标右键可取消焊盘的放置。

如果焊盘已经放置下来，并要设置焊盘的属性，则在焊盘上双击鼠标左键，就会弹出如图 18-32 所示的对话框。在该对话框进行相关设置即可。如果正处于焊盘放置状态，则按 Tab 键，同样会弹出该对话框。在该对话框中有 3 个选项卡。

- Properties 选项卡。该选项卡的各项功能说明如图 18-32 所示。
- Pad Stack 选项卡。该选项卡主要用于设置焊盘栈（多层焊盘）。只有 Properties 选项卡中的 Use Pad Stack 复选框被勾选时，该选项卡才有效。Pad Stack 选项卡的功能说明如图 18-33 所示。
- Advanced 选项卡。该选项卡用来设置焊盘的一些高级属性。各设置项的功能说明如图 18-34 所示。

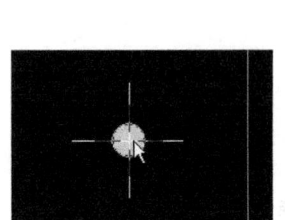

图 18-31　光标中央跟随焊盘

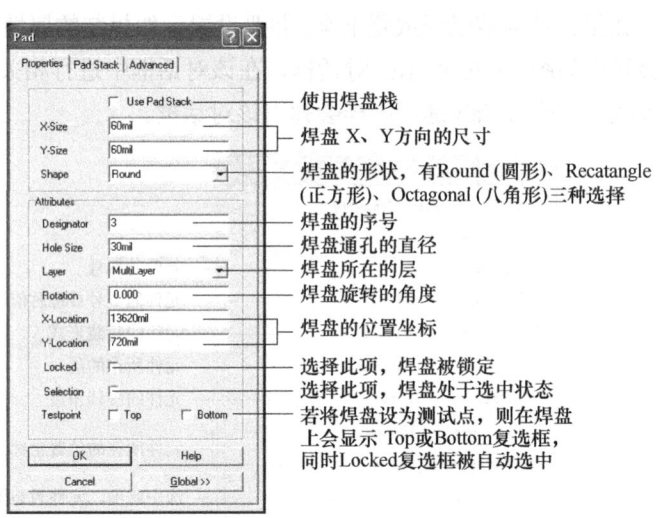

图 18-32　焊盘属性设置对话框

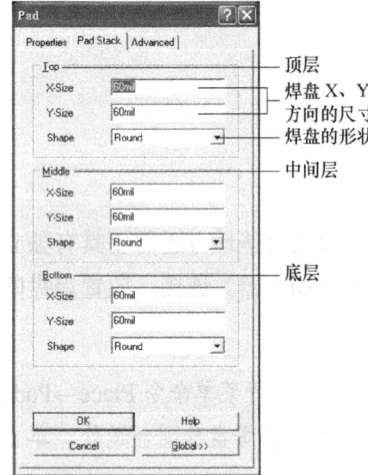

图 18-33　Pad Stack 选项卡

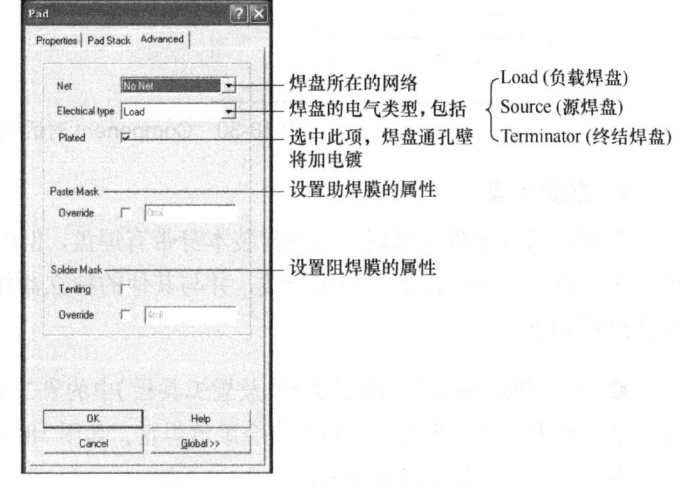

图 18-34　Advanced 选项卡

3. 放置过孔

过孔的作用是连接电路板不在同一层的导电层。 放置过孔的操作过程如下所示。

❶ 单击 Placement Tools 工具栏（放置工具栏）中的 工具，或者执行菜单命令 Place→Via，此时鼠标旁会出现十字光标，光标中央会跟随过孔，如图 18-35 所示。将过孔移到合适处，单击鼠标左键，即可将过孔放置下来。

❷ 在过孔放置完成后，光标仍处于放置状态。此时移动光标可继续放置过孔，单击鼠标右键可取消过孔的放置。

如果过孔已经放置下来，并要设置过孔的属性，则在过孔上双击鼠标左键，就会弹出如图 18-36 所示的对话框。在该对话框中可以设置过孔的属性。如果正处于过孔放置状态，可按 Tab 键，同样会弹出该对话框。

第 18 章 手工设计 PCB 图

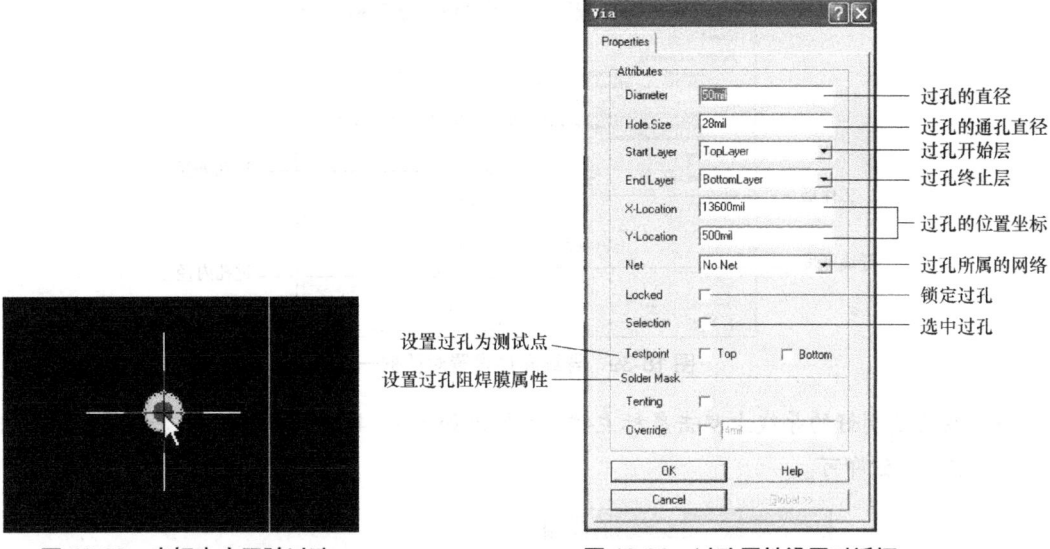

图 18-35 光标中央跟随过孔　　　图 18-36 过孔属性设置对话框

4．放置导线

由于导线的作用是将 PCB 上的元件进行电气连接，因此放置导线的过程也是绘制导线的过程。

❶ 单击 Placement Tools 工具栏（放置工具栏）中的 工具，或者执行菜单命令 Place→Interactive Routing（交叉式布线），此时鼠标旁会跟随十字光标。

❷ 先将光标移到合适的位置，单击鼠标左键，可确定导线的起点，再将光标移到导线的终点，单击鼠标左键，又可确定导线的终点，如图 18-37 所示。单击鼠标右键，可结束一根导线的绘制。

❸ 利用 工具不但可以绘制直线导线，还可以绘制折线导线。在单击鼠标左键确定导线起点后，斜着移动光标，会出现如图 18-38 所示的折线。折线的一段为实线，另一段为虚线。单击鼠标左键可以固定实线部分。如果双击鼠标左键，则虚线部分也会变成实线，从而绘制完成一条折线导线。

图 18-37 绘制直线导线　　　图 18-38 绘制折线导线

在绘制导线时，若单击鼠标右键，则可结束一条导线的绘制，接着绘制另一条导线；若双击鼠标右键，则可取消导线的绘制。

导线属性的设置与前面一些对象不同，需要进行两方面的设置。

- 在绘制导线的过程中（已确定了导线起点，还未确定终点时），按键盘上的 Tab 键，会弹出如图 18-39 所示的对话框。在该对话框中可以设置导线所在的工作层、导线宽度和过孔内/外径等。

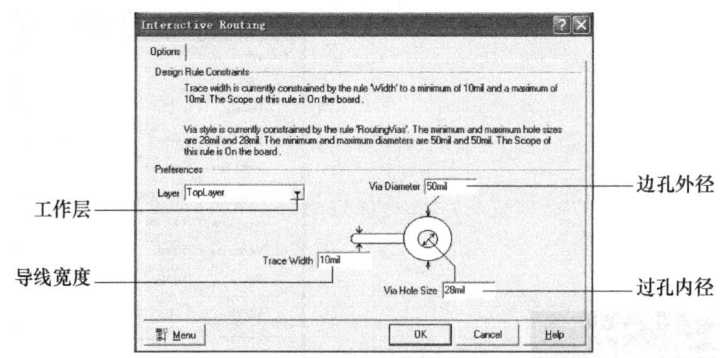

图 18-39　导线属性设置对话框一

- 在已绘制好的导线上双击鼠标左键,可弹出如图 18-40 所示的对话框。设置好后单击 OK 按钮即可。

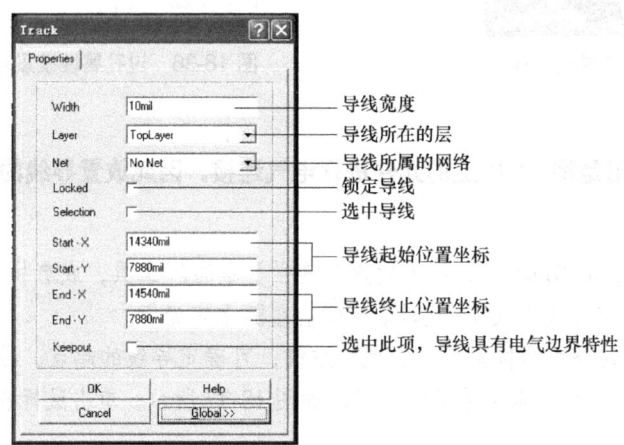

图 18-40　导线属性设置对话框二

在导线放置好后,还可以对它进行编辑,方法是在导线上单击鼠标左键,导线上会出现三个控制块,如图 18-41（a）所示。在左边的一个控制块上单击鼠标左键,鼠标旁出现十字形光标,移动光标可以改变导线的方向,如图 18-41（b）所示;在中间的控制块上单击鼠标左键,鼠标旁出现十字形光标,移动光标可以改变导线的形状,如图 18-41（c）所示;如果是折线,单击其中的一段,该段会出现控制块,在这段导线上按下鼠标左键不放并移动,就可以将它移为另一段导线,从而将其一分为二,如图 18-41（d）所示。

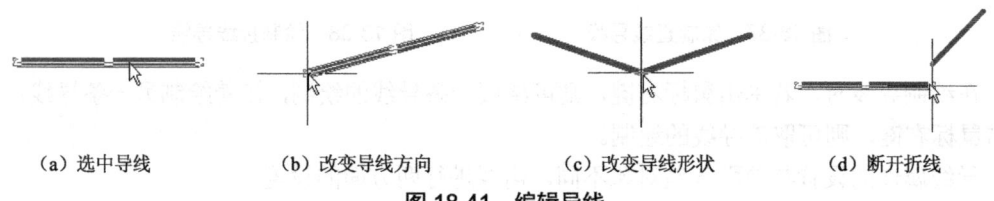

(a) 选中导线　　　(b) 改变导线方向　　　(c) 改变导线形状　　　(d) 断开折线

图 18-41　编辑导线

5. 放置连线

连线与导线不同,它没有电气特性,通常用来绘制电路板的边界、元件的边界和禁止布线边界等。绘制连线的具体方法与导线相同，这里不再说明。

在放置连线的过程中，按下 Tab 键，会弹出如图 18-42 所示的对话框。在该对话框中可设置线宽和所在的层。

如果要对连线属性进行更详细的设置，则可在已绘制好的连线上双击，会弹出 Track 对话框。在该对话框中可以对连线进行进一步设置。

6．放置字符串

在设计 PCB 时，常常需要在一些地方放置一些说明文字，这些文字称为字符串，如电路板中的各种标识文字。这些字符串一般放置在丝印层或机械层中。放置字符串的操作过程如下。

❶ 单击 Placement Tools 工具栏（放置工具栏）中的 T 工具，或者执行菜单命令 Place→String，此时鼠标旁会跟随十字光标，并且光标旁跟随着字符串，如图 18-43 所示。

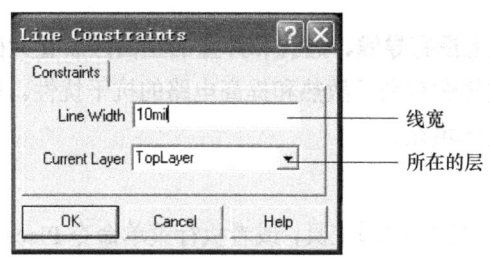

图 18-42　连线属性设置对话框

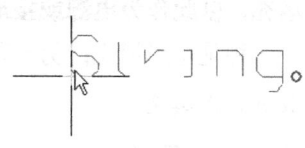

图 18-43　光标旁跟随着字符串

❷ 按下 Tab 键，会弹出如图 18-44 所示的对话框，各项功能见标识说明。设置完成后单击 OK 按钮可关闭对话框。将光标移到合适的位置，单击鼠标左键就放置了一个字符串。

在已经放置好的字符串上双击鼠标左键，也会弹出如图 18-44 所示的对话框。这里着重说明一下 Text 项的设置。在 Text 项中可以直接输入文字，也可以在下拉列表中选择系统提供的特殊字符串。如果输入文字，则在电路板上会显示输入的文字，打印出来的也是输入的文字；如果在下拉列表中选择特殊字符串，如".Print_Data"，则在编辑区中看见的字符串仍是".Print_Data"，但打印出来的是设计 PCB 的时间，如"19-Aug-2006"。在选择特殊字符

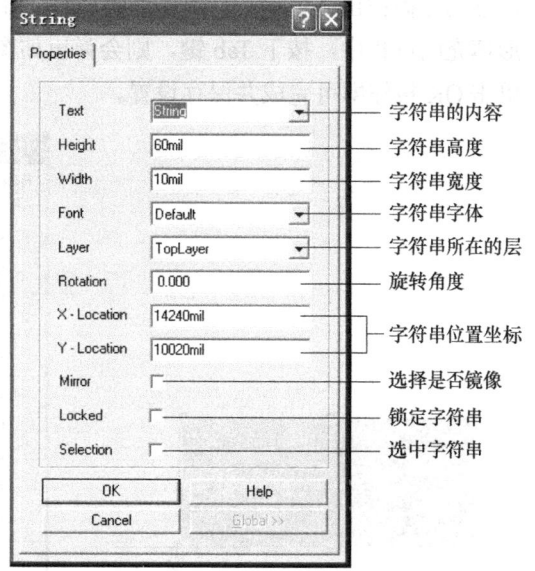

图 18-44　字符串属性设置对话框

串后，如果想知道解释后的字符串内容，可执行菜单命令 Tools→Preferences，打开 Preferences 对话框，将 Display 选项卡中的 Convert Special Strings 复选框选中，那么在屏幕中将会显示解释后的内容。

在字符串上单击鼠标左键，字符串左下角会出现一个小十字形，右下角出现一个小圆，

此时字符串就处于选取状态,如图 18-45(a)所示。将鼠标移到字符串上,按下左键不放进行移动,就可以移动字符串。如果想以 90°旋转字符串,可先选中字符串,然后将鼠标放在字符串上按左键不放,再按空格键,字符串就会以 90°进行旋转;如果想以任意角度旋转字符串,可先选中字符串,然后将鼠标移到字符串右下角的圆上,单击左键,鼠标旁将出现十字光标,如图 18-45(b)所示,此时移动光标就能以字符串左下角的小十字为轴任意旋转字符串。

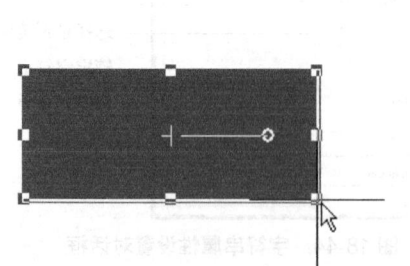

(a)选中字符串　　　　　　　　　　　(b)旋转字符串

图 18-45　字符串的选中和旋转

7．放置填充

在 PCB 布线完成后,一般要在电路板上没有导线、过孔和焊盘的空白区放置大面积的铜箔进行填充,以此作为电源或接地点。这样做有利于散热和提高电路的抗干扰性。填充有两种方式:一种是矩形填充;另一种是多边形填充。

(1)放置矩形填充

单击 Placement Tools 工具栏(放置工具栏)中的 工具,或者执行菜单命令 Place→Fill,此时鼠标旁会跟随十字光标。先在编辑区的合适位置单击鼠标左键,确定矩形的一个顶点,再移动光标拉出一个矩形,单击左键就放置了一个矩形填充,如图 18-46 所示。若在放置矩形填充的过程中,按下 Tab 键,则会弹出如图 18-47 所示的对话框,各项功能见标识说明,单击 OK 按钮即可完成并保存设置。

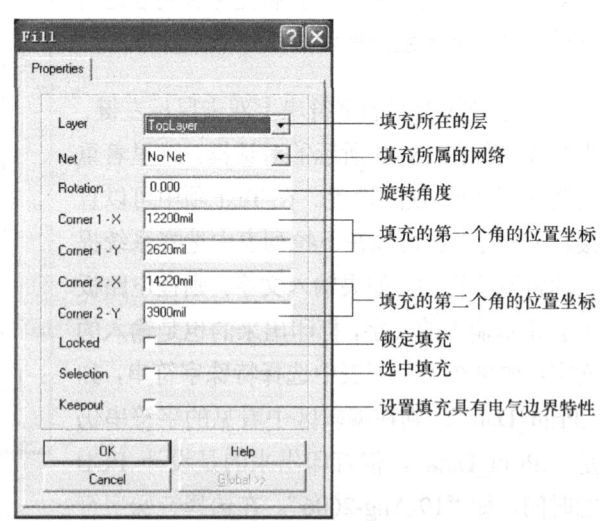

图 18-46　放置矩形填充　　　　图 18-47　矩形填充属性设置对话框

在矩形填充上单击鼠标左键,此时矩形填充周围会出现控制块,表示矩形填充处于选中状态,可对其进行相关操作。按下键盘上的 Del 键可以将它删除;拖动控制块可以对矩形填充进行缩放;将鼠标移到矩形填充的中间小圆上单击左键,此时会出现十字光标,移动光标可以旋转矩形填充。

（2）放置多边形填充

单击 Placement Tools 工具栏（放置工具栏）中的 工具，或者执行菜单命令 Place→Polygon Plane，可弹出如图 18-48 所示的 Polygon Plane（多边形填充设置）对话框。可以在对话框中设置多边形填充的属性，也可以保持默认值，单击 OK 按钮完成设置。这时鼠标旁出现十字光标。单击左键可确定多边形填充的起点。在每个拐弯处单击可确定多边形的其他顶点，如图 18-49（a）所示。在终点处单击鼠标右键。此时起点和终点将自动连接起来，并且多边形填充完成，如图 18-49（b）所示。

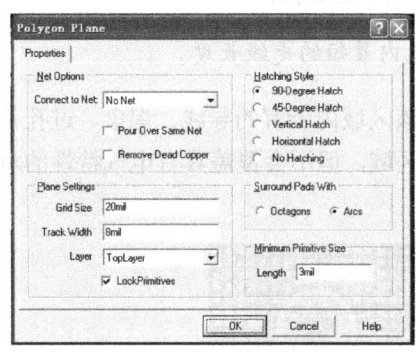

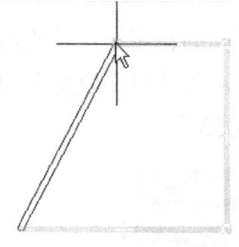

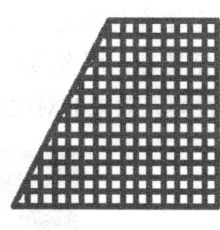

(a) 绘制多边形　　(b) 多边形填充完成

图 18-48　多边形填充设置对话框　　　　**图 18-49　放置多边形填充**

如果对多边形填充的默认属性不满意，可在 Polygon Plane 对话框中对其进行设置。对该对话框中各项功能说明如下。

- Net Options 区域用于设置多边形填充与电路网络间的关系。它包括以下 3 项：Connect to Net（在该下拉列表中可选择所属的网络名称）；Pour Over Same Net（如果选中该项，则在填充时遇到连接网络就直接覆盖）；Remove Dead Copper（如果选中该项，则在遇到死铜时，就会将它删除。死铜是指已经设置与某个网络连接，但实际并没有与该网络连接的多边形填充）。
- Plane Settings 区域主要包括以下 3 项：Grid Size（设置多边形填充的栅格间距）；Track Width（设置多边形填充的线宽）；Layer（设置多边形填充所在的工作层）。
- Hatching Style 区域用于设置多边形填充的样式：90-Degree Hatch（90°格子）、45-Degree Hatch（45°格子）、Vertical Hatch（垂直格子）、Horizontal Hatch（水平格子）和 No Hatching（没有格子）。5 种填充样式的效果分别如图 18-50 所示。

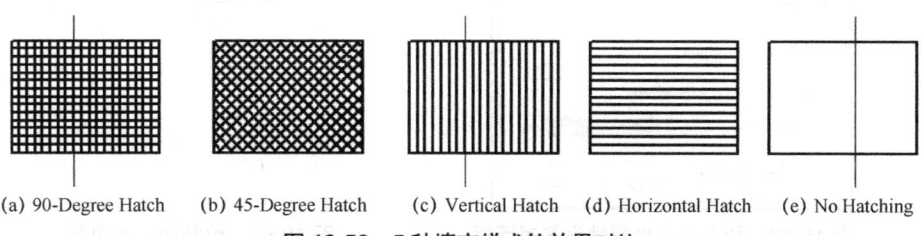

(a) 90-Degree Hatch　(b) 45-Degree Hatch　(c) Vertical Hatch　(d) Horizontal Hatch　(e) No Hatching

图 18-50　5 种填充样式的效果对比

- Surround Pads With 区域用来设置多边形填充环绕焊盘的形式：Octagons（八角形环绕）和 Arcs（圆弧形环绕）。2 种多边形填充环绕焊盘形式的效果对比如图 18-51 所示。

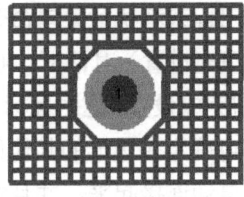
（a）八角形环绕

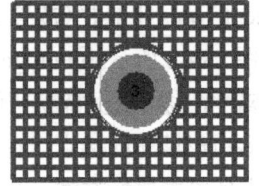
（b）圆弧形环绕

图 18-51 2 种多边形填充环绕焊盘形式的效果对比

- Minimum Primitive Size 区域用来设置多边形填充内最短的走线长度。

矩形填充与多边形填充是不同的：用矩形填充时，该区域内所有的导线、焊盘、过孔都会被铜箔覆盖；用多边形填充时，则以铜箔填充多边形区域，但不会覆盖具有电气特性的对象。2 种填充效果的对比如图 18-52 所示。

（a）矩形填充效果

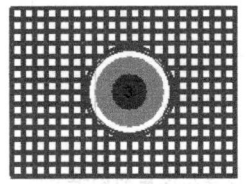
（b）多边形填充效果

图 18-52 矩形与多边形填充效果对比

8．放置切分多边形

切分多边形与多边形类似，不过它是用来切分 PCB 内部电源/接地层的。在放置切分多边形时，一般要求在当前设计的 PCB 中有内部电源/接地层，否则无法放置。放置切分多边形的操作过程：单击 Placement Tools 工具栏（放置工具栏）中的 工具，或者执行菜单命令 Place→Split Plane，弹出如图 18-53 所示的切分多边形属性设置对话框。在对话框中设置多边形的线宽、所在的工作层和所属的网络，单击 OK 按钮完成设置。这时在鼠标旁将出现十字光标。在合适位置单击左键可确定多边形的起点。在每个拐弯处单击可确定多边形的其他顶点。在终点处单击右键，此时起点和终点将自动连接起来，从而绘制好一个切分多边形，如图 18-54 所示。

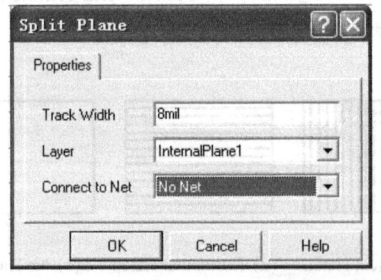
图 18-53 切分多边形属性设置对话框

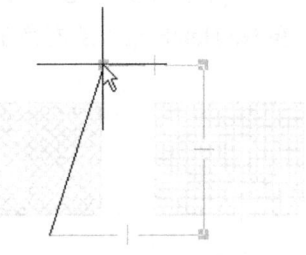
图 18-54 绘制切分多边形

需要说明的是，切分多边形只能在内部电源/接地层上绘制，如果当前层不是这类层，则系统会自动切换到内部电源/接地层上。

9. 放置坐标

放置坐标就是将当前光标所在位置的坐标值放置在工作层上。坐标通常放在非电气层上。

放置坐标的操作过程：单击 Placement Tools 工具栏（放置工具栏）中的 工具，或者执行菜单命令 Place→Coordinate，鼠标会变成光标状，并且光标旁跟随着坐标值，如图 18-55 所示。光标移动，坐标值也会变化。单击鼠标左键，就放置了一个坐标值。

在已放置的坐标上双击鼠标左键，或在放置坐标时按下 Tab 键，会弹出如图 18-56 所示的对话框。设置完成后单击 OK 按钮，即可结束坐标属性的设置。

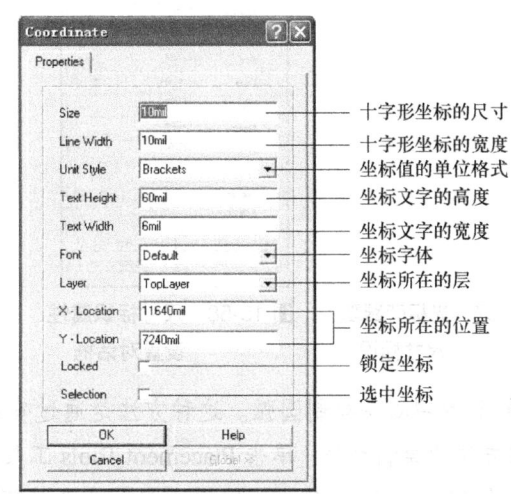

图 18-55 光标旁跟随着坐标　　　　图 18-56 坐标属性设置对话框

10. 放置尺寸标识

放置尺寸标识就是将某些对象的尺寸标识（如电路板尺寸等）放置在电路板上。尺寸标识通常放在机械层上。

放置尺寸标识的操作过程：单击 Placement Tools 工具栏（放置工具栏）中的 工具，或者执行菜单命令 Place→Dimension，此时鼠标旁会跟随十字光标，光标旁跟随尺寸标识。移动光标到尺寸的起点，单击左键确定起点，再向任意方向移动光标，光标旁显示尺寸的数值会不断变化，如图 18-57 所示。移到合适的位置后单击鼠标左键，确定尺寸的终点，这样就放置了一个尺寸标识。

在已放置的尺寸标识上双击鼠标左键，或在放置尺寸标识时按下 Tab 键，会弹出如图 18-58 所示的对话框。设置完成后单击 OK 按钮，即可结束尺寸标识属性设置。

11. 放置圆弧和圆

与放置导线相似，放置圆弧和圆的过程也是绘制圆弧和圆的过程。在 PCB 中提供了三种绘制圆弧的方法和一种绘制圆的方法。

（1）圆弧的绘制

❶ 利用边缘法绘制圆弧。这种方法是利用确定圆弧的起点和终点绘制圆弧。该方法的绘制过程：单击 Placement Tools 工具栏（放置工具栏）中的 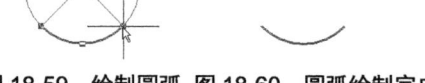 工具，或者执行菜单命令 Place→Arc（Edge），此时鼠标旁会跟随十字光标；在合适的位置单击左键，可确定圆弧的起点；将光标移到终点处单击左键，可确定圆弧的终点，如图 18-59 所示。绘制好（放置好）的粗线条的圆弧如图 18-60 所示。

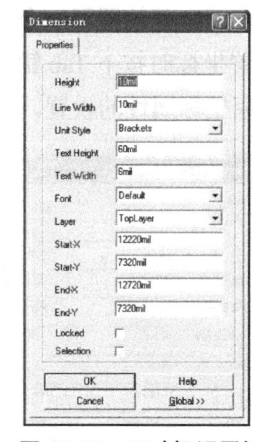

图 18-57　光标旁跟随尺寸标识　　图 18-58　尺寸标识属性设置对话框　　图 18-59　绘制圆弧　图 18-60　圆弧绘制完成

❷ 利用中心法绘制圆弧。这种方法是通过确定圆弧的中心、半径、起点和终点绘制圆弧。该方法的绘制过程：单击 Placement Tools 工具栏（放置工具栏）中的 工具，或者执行菜单命令 Place→Arc（Center），此时鼠标会跟随十字光标；在合适的位置单击左键，可确定圆弧的中心；移动光标拉出一个圆，单击鼠标左键即可确定圆的半径，这时光标会自动跳到圆的右侧水平位置；移动光标到某位置并单击左键，可确定圆弧的起点，移动光标到另一处，单击左键可确定圆弧的终点。这样圆弧就绘制（放置）好了。

❸ 利用角度旋转法绘制圆弧。这种方法是利用确定圆弧的起点、圆心和终点绘制圆弧。该方法的绘制过程：单击 Placement Tools 工具栏（放置工具栏）中的 工具，或者执行菜单命令 Place→Arc（Any Angle），此时鼠标旁会跟随十字光标；在合适的位置单击左键确定圆弧的起点；移动光标拉出一个圆，在某处单击鼠标左键确定圆弧的圆心；在圆心确定好后，光标会自动跳到圆的右侧水平位置，移动光标到某位置并单击左键，可确定圆弧的终点。这样圆弧就绘制（放置）好了。

在已放置的圆弧上双击鼠标左键，或在放置圆弧时按下 Tab 键，会弹出如图 18-61 所示的对话框。设置完成后单击 OK 按钮，即可结束对圆弧属性的设置。

（2）圆的绘制

圆是通过确定圆心和半径绘制的。圆的绘制过程：单击 Placement Tools 工具栏（放置工具栏）中的 工具，或者执行菜单命令 Place→Full Circle，此时鼠标旁会跟随十字光标；在合适的位置单击左键确定圆心；移动光标拉出一个圆，在某处单击鼠标左键确定圆半径。这样一个圆就绘制（放置）好了。

对圆属性的设置与圆弧类似，这里不再赘述。

12．放置房间

这里的房间（Room）是一个矩形区域。这个功能一般很少使用，如果觉得学习到此处有些困难可跳过，并不影响后面内容的学习。

在设计 PCB 时，为了操作方便，可以先在顶层或底层绘制一个房间，然后通过设置将元件、元件类或封装分配给该区域。当移动该区域时，区域内的这些元件也会随之移动。房间可以设定为无效，也可设定为锁定。

放置房间的操作过程：单击 Placement Tools 工具栏（放置工具栏）中的 工具，或者执行菜单命令 Place→ Room，此时鼠标旁会跟随十字光标；在编辑区的合适位置单击鼠标左键，可确定矩形的一个顶点；移动光标拉出一个矩形，单击左键可确定一个对角点，这样就放置了一个房间，如图 18-62 所示。

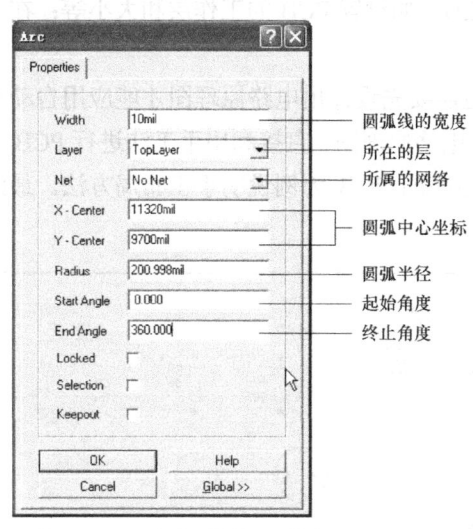
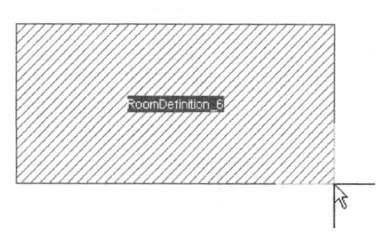

图 18-61　圆弧属性设置对话框　　　　图 18-62　放置房间

在放置房间的过程中按下 Tab 键，或者在已放置好的房间上双击左键，会弹出如图 18-63 所示的房间属性设置对话框。对该对话框中主要功能的说明如下。

- Rule Name：用于设置房间的名称。
- Room Locked：若选中该复选框，则房间被锁定，无法移动。
- x1、y1、x2、y2：用来设置房间的两个对角顶点的坐标。
- 右下角的两个下拉列表：第一个下拉列表用于设置房间所在的层，有顶层和底层两种选择；第二个下拉列表用于设置房间的使用条件，有 Keep Objects Inside （将对象限制在房间内部）和 Keep Objects Outside （将对象限制在房间外部）两个选项。

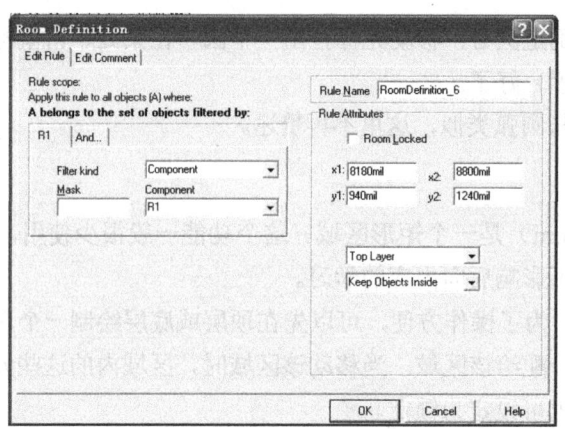

图 18-63 房间属性设置对话框

18.2.2 手工布局

在设计 PCB 时，布局主要包括：规划 PCB，如设置 PCB 的工作层和大小等；在上面放置各种对象；设置属性并将它们的位置调整好。

虽然 Protel 99 SE 具有自动布局功能，但需要先设计出电路原理图才能应用自动布局功能。对于一些简单的电路而言，可以不用设计电路原理图，直接利用手工法进行 PCB 设计即可。这里以设计如图 18-64（a）所示的放大电路的 PCB 为例说明手工布局方法。最终完成布局的放大电路的 PCB 如图 18-64（b）所示。

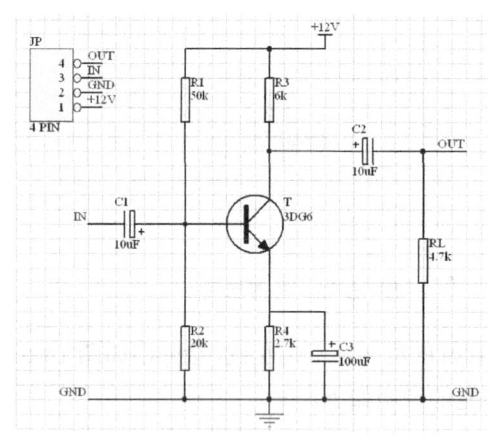

（a）放大电路的 PCB　　　　　　　　　　（b）完成布局的放大电路的 PCB

图 18-64　放大电路的 PCB 与布局

1. 布局 PCB

（1）设置原点

设计 PCB 是在 PCB 设计编辑器的工作窗口中进行的。在工作窗口中可利用坐标精确定位对象的位置。工作窗口的左下角为坐标原点(0,0)。这个坐标原点称为绝对原点（Absolute Origin）。为了更方便地布局电路板，可以根据需要将工作窗口中的某点设为原点。这个原点称为相对原点（Relative Origin，相对原点的坐标为(0,0)）。比如，在工作窗口绘制一个矩形电路板范围，可将该矩形的左下角定为相对原点。

设置相对原点的方法：单击 Placement Tools 工具栏（放置工具栏）中的⊠工具，或者执行菜单命令 Edit→ Origin→Set，此时鼠标旁会跟随十字光标。将光标移到要设为相对原点的位置，单击鼠标左键，工作窗口便以该点作为相对原点(0,0)。

如果要取消相对原点，则执行菜单命令 Edit→Origin→Reset 即可。

（2）设置电路板的工作层

因为想要设计的放大电路很简单，所以这里采用单面板来设计。单面板主要包括以下 5 个工作层。

- 顶层（TopLayer）：用来放置元件。
- 底层（BottomLayer）：用来布线和焊接元件。
- 顶层丝印层（TopOverLayer）：用来放置一些标识字符。
- 禁止布线层（KeepOutLayer）：用来绘制电路板的边框（即物理边界）。
- 多层（MultiLayer）：用来放置焊盘。

当新建一个 PCB 文件时，该文件会自动创建上面 5 个工作层。在工作窗口下方可以看见这些工作层的标签，如图 18-65 所示。如果要设置某些工作层，则具体操作方法可参见前面的内容，这里不再说明。

图 18-65　工作层标签

（3）设置矩形框的边界

设置电路板的形状和大小的操作方法如下。

❶ 打开禁止布线层（KeepOutLayer）：单击工作窗口下方的 KeepOutLayer 标签，切换到禁止布线层。

❷ 设置相对原点：单击 Placement Tools 工具栏中的⊠工具，将工作窗口中的某点设为相对原点。

❸ 绘制矩形边界：单击 Placement Tools 工具栏中的≋工具，此时鼠标旁会跟随十字光标。以相对原点为起点，绘制一条长为 4000mil 的水平直线。用同样的方法以相对原点为起点绘制一条长为 3000mil 的竖线。绘制两条直线与前面两条直线连接，从而构成一个长为 4000mil、高为 3000mil 的矩形框边界，如图 18-66 所示。之后在设计 PCB 电路时就在这个矩形框中进行。

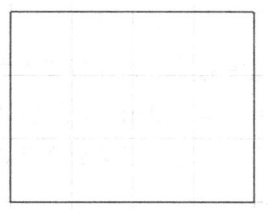

图 18-66　绘制完成的矩形框边界

如果对矩形的绘制不满意，可双击边框线，在弹出的对话框中设置边框线的粗细和长度等属性。

2. 装载元件封装库

在 Protel 99 SE 中默认安装的元件封装库中的元件封装数量并不多。解决方法是将外部的元件封装库装载到 PCB 设计编辑器中。

Protel 99 SE 在外部提供了常见的元件封装库。这些元件封装库的位置是\Design Explorer 99 SE\Library\Pcb。在 Pcb 文件夹中有 3 个文件夹：Connectors 文件夹（内含多个连接元件封装库）；Generic Footprints 文件夹（内含多个普通元件封装库）和 IPC Footprints 文件夹（内含多个 IPC 元件封装库）。

在图 18-64（a）中，各个元件及元件封装所在的元件封装库文件如表 18-1 所示。

表 18-1 放大电路各个元件及元件封装所在的元件库文件

元件名称	元件标号	元件封装	元件封装库
RES2	RB1	AXIAL0.4	Advpcb.ddb
RES2	RB2	AXIAL0.4	Advpcb.ddb
RES2	RE	AXIAL0.4	Advpcb.ddb
RES2	RC	AXIAL0.4	Advpcb.ddb
RES2	RL	AXIAL0.4	Advpcb.ddb
ELECTR01	C1	RB.2/.4	Advpcb.ddb
ELECTR01	C2	RB.2/.4	Advpcb.ddb
ELECTR01	CE	RB.2/.4	Advpcb.ddb
NPN	T	TO-5	Advpcb.ddb
接插件	JP	SIP6	Advpcb.ddb

装载元件封装库的方法与装载元件封装基本相同，具体操作过程如下。

❶ 单击主工具栏上的 工具，也可以执行菜单命令 Design→Add/Remove Library，还可以单击元件封装库管理器中的 Add/Remove 按钮，都会弹出如图 18-67 所示的添加/删除元件封装库对话框。

❷ 在添加/删除元件封装库对话框中，选中要加载的元件封装库文件，单击 Add 按钮，选中的元件封装库文件即可被加入对话框下面的列表框中。如果想删除列表框中的某个元件封装库文件，只要在列表框中选中该文件，单击 Remove 按钮即可。单击 OK 按钮，列表框中的所有元件封装库文件都会被加载到 PCB 设计编辑器中。

图 18-67 添加/删除元件封装库对话框

3. 查找与放置元件封装

查找与放置元件封装有两种方式：一种是利用元件封装库管理器操作；另一种是利用 Browse Libraries 对话框操作。

利用元件封装库管理器查找和放置元件封装的操作过程如下。

❶ 单击设计管理器上方的 Browse PCB，将设计管理器切换到如图 18-68 所示的元件封装库管理器。

❷ 在元件封装库管理器中可以这样查找元件：在 A 处的下拉列表中选择 Libraries，就会在 B 区显示元件封装库文件（如果没有需要的元件封装库文件，可单击 Add/Remove 按钮加载需要的元件封装库文件）；在 B 区选中需要查找的元件封装库文件，就会在 C 区显示出该元件封装库文件中的所有元件封装；在 C 区选中某元件封装，就会在 D 区显示出该元件封装的外形。

❸ 在 C 区查找到需要的元件封装后，选中该元件封装，单击下面的 Place 按钮，就可将该元件封装放置到电路板上。

利用 Browse Libraries 对话框查找和放置元件封装的操作过程如下。

❶ 单击主工具栏上的 图标，或执行菜单命令 Design→Browse Components，会弹出 Browse Libraries 对话框，如图 18-69 所示。

❷ 从 Libraries 下拉列表中选择要查找的元件封装库文件（如果没有需要的元件封装库文件，可单击下面的 Add/Remove 按钮加载需要的元件封装库文件），此时在 Components 区域会显示该文件中的所有元件封装。当选中某个元件封装时，会在对话框右边的区域显示该元件封装的外形。

❸ 若在 Components 区域选中需要的元件封装，单击下面的 Place 按钮，则选中的元件封装将出现在电路板上，如图 18-70 所示。移动元件封装到合适的地方，单击鼠标左键即可将该元件封装放置下来。

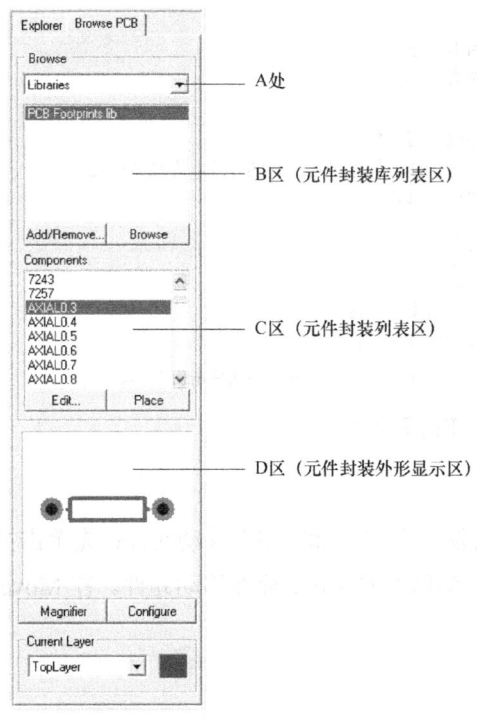

图 18-68　元件封装库管理器

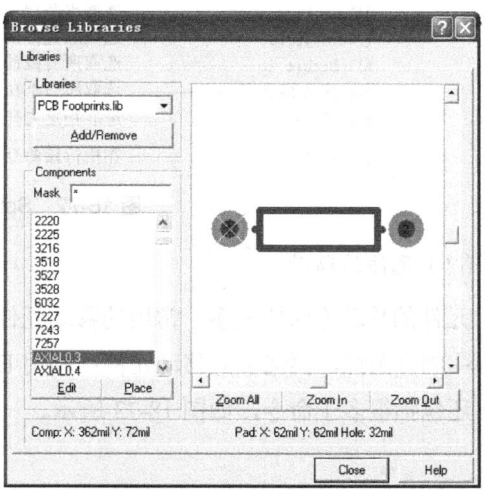

图 18-69　Browse Libraries 对话框

按表 18-1 放置好各种元件封装的 PCB 效果如图 18-71 所示。

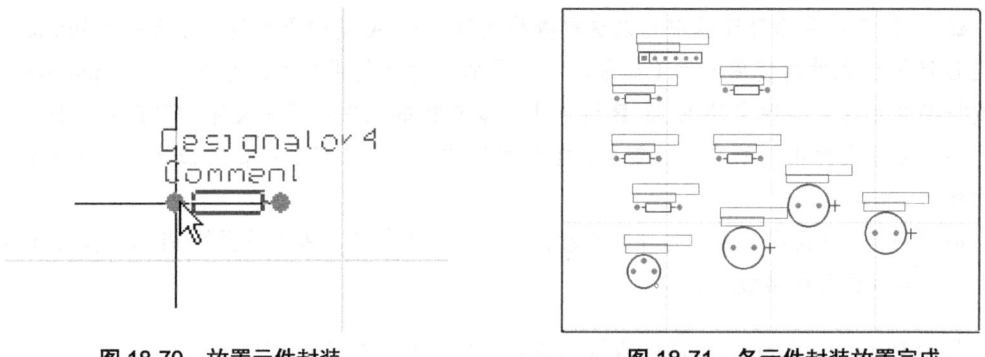

图 18-70　放置元件封装　　　　图 18-71　各元件封装放置完成

4．布局元件

在将元件封装（后面简称元件）放置到电路板后，元件位置可能不合要求。这时就需要重新进行布局。**元件的布局操作主要包括元件的选取、元件的移动、元件的旋转、元件的排列和元件标注的调整等。**

（1）元件的选取

元件的选取方法较多。常用的选取元件方法：按住鼠标左键不放或单击主工具栏上的 ▢ 图标，都可拖出将要选取的元件包含在内部的矩形框。还可利用 Edit 菜单下的 Select 命令选取元件。在 Select 下还有很多子命令，如图 18-72 所示。

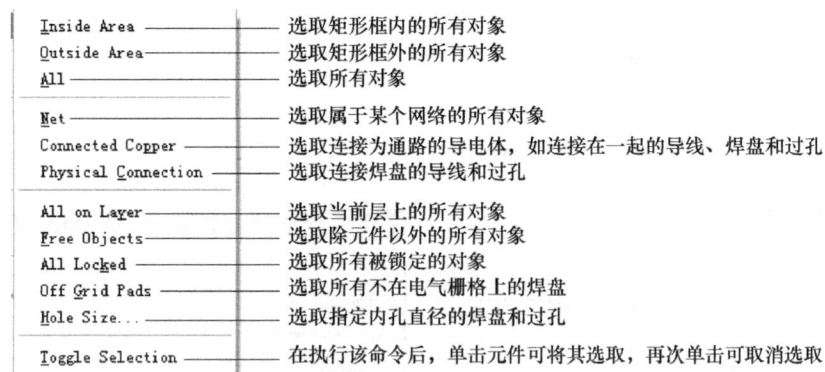

图 18-72　Select 下的子命令

（2）元件的移动

元件的移动方法比较多。常用的移动元件方法：利用鼠标选中并移动元件；先单击主工具栏中的 ✛ 图标，再选中并移动元件；利用 Edit 菜单下的 Move 命令移动元件。在 Move 命令下还包括很多子命令，如图 18-73 所示。

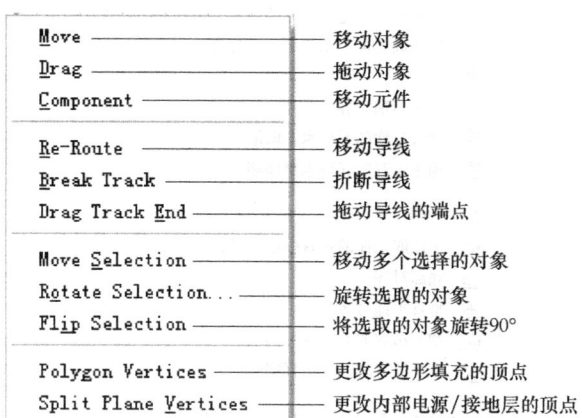

图 18-73 Move 下的各种命令

（3）元件的旋转

旋转元件的常用方法有以下 2 种。

- 将鼠标移到要旋转的元件上，在按住左键不放的同时，每按一次空格键，元件就会顺时针旋转 90°；每按一次 X 键，元件就会在水平方向旋转 180°；每按一次 Y 键，元件就会在垂直方向旋转 180°。
- 选中要旋转的元件，执行菜单命令 Edit→Move→Rotate Selection，弹出如图 18-74（a）所示的对话框。在对话框中输入要旋转的角度，单击 OK 按钮。此时单击要旋转的元件基点，元件就会按照设定的角度旋转。旋转效果如图 18-74（b）所示。

（4）元件的排列

元件的排列可以利用 Component Placement 工具栏（元件位置调整工具栏）实现，也可以通过 Tools→Interactive Placement 下的子命令实现。Component Placement 工具栏如图 18-75 所示，主要工具的功能如图 18-76 所示。

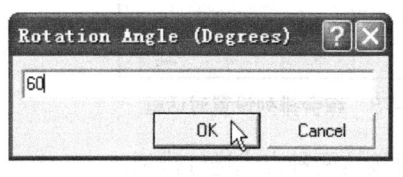

（a）旋转角度设置对话框　　（b）旋转中的元件

图 18-74 旋转元件

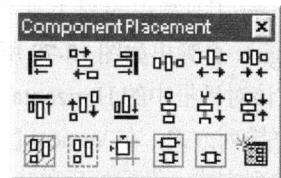

图 18-75 Component Placement 工具栏

元件排列的操作过程如下：

❶ 选中要排列的元件。

❷ 单击 Component Placement 工具栏中的某个工具，或执行 Tools→Interactive Placement 菜单下相应的子命令，如单击工具栏中的 工具（左对齐，对应于命令 Align Left），则选取的元件将左对齐排列，如图 18-77 所示。

左对齐（与选取的元件中最左边的元件对齐）
按选取元件的水平中心线对齐
右对齐
水平平铺对齐
增大选取的元件水平间隔
缩小选取的元件水平间隔
顶部对齐
按选取元件的垂直中心线对齐
底部对齐
垂直平铺对齐
增大选取的元件垂直间隔
缩小选取的元件垂直间隔
将选取的元件定义在一个空间内部排列
将选取的元件定义在一个矩形内部排列
将选取的元件移到栅格上
综合对齐

图 18-76　主要工具的功能

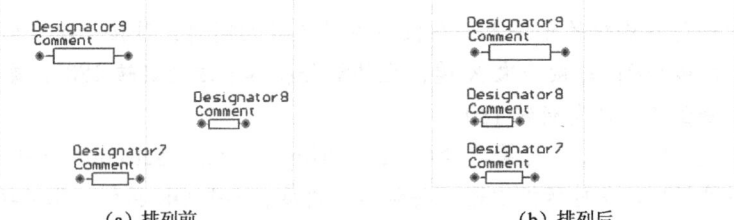

（a）排列前　　　　　　　　（b）排列后

图 18-77　左对齐排列

工具栏中的大多数工具一次只能对元件进行一种方式排列，如果想同时进行两种方式排列，可按下面的方法操作：先选中要排列的元件，再单击 Component Placement 工具栏中的 工具（对应于命令 Align），会弹出如图 18-78 所示的对话框。在该对话框中的 Horizontal 区域可选择水平排列方式，在 Vertical 区域可选择垂直排列方式，设置好后单击 OK 按钮，选取的元件会同时按这两种方式进行排列。

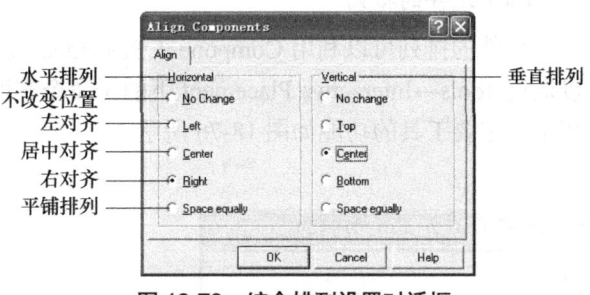

图 18-78　综合排列设置对话框

（5）元件标识的调整

元件标识会在放置元件的同时被放在电路板上，有时可能存在标识的方向和大小不符合要求的情况。虽然这不会影响电路的正确性，但会使设计出来的电路不美观。此时通过对元件标识进行调整可以解决这个问题。**元件标识调整的原则：标识的方向尽量一致；标识要尽量靠近元件，以便指示准确；标识不要放在焊盘和过孔上。**

❶ 元件标识位置和方向的调整：将鼠标移到需要调整的标识上，按住左键不放，就可以移动和旋转标识，操作方法与移动元件相同。

❷ 元件属性的调整：将鼠标移到需要调整的标识上，双击左键，弹出属性设置对话框，在对话框中可以设置标识的内容、大小和字体等，设置好后单击 OK 按钮即可。

18.2.3　手工布线

在布局完成后，接下来就要用导线将布局好的元件连接起来，这个过程称为手工布线。

1．布线的注意事项

布线时通常要注意以下事项：

- 绘制信号线时，在拐弯处不能绘成直角。
- 绘制两条相邻导线时，要有一定的绝缘距离。
- 绘制电源线和地线时，布线要短、粗，这样才能减少干扰和有利于导线的散热。

2．导线模式的选择

在设计 PCB 时，Protel 99 SE 提供了 6 种导线模式：45°转角、45°圆弧转角、90°转角、90°圆弧转角、任意角转角和平滑圆弧。这 6 种模式的导线如图 18-79 所示。在绘制导线时按"Shift+空格键"，可以随意切换这 6 种导线模式。

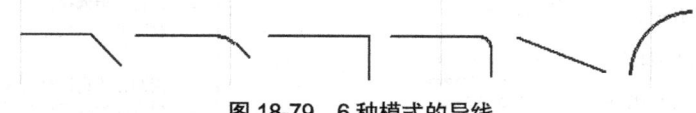

图 18-79　6 种模式的导线

3．电源线和地线的加宽

与其他的导线相比，电源线和地线流过的电流比较大，容易发热。加宽电源线和地线有利于散热，并能提高电路的抗干扰性。加宽电源和地线的操作方法如下。

❶ 在绘制好的电源线或地线上双击，弹出如图 18-80 所示的对话框，在对话框中将 Width 项的 10mil 改成 20mil 甚至更大数值即可。

❷ 如果正在绘制电源线或地线，可按 Tab 键，也会弹出如图 18-80 所示的对话框。在对话框中将线宽设大，就能绘制出更粗的电源线或地线。

4．元件标识的调整

如果在布线后发现元件标识不合适，或者在布局时没有调整元件标识，在布线后仍可对标识进行调整。调整方法与布局时的标识调整一样，主要是调整标识的位置、方向、大小和字体等，这里不再赘述。

5．补泪滴

在导线与焊盘连接时，导线与焊盘之间的连接面不多，这样会导致两者之间的连接不牢固。通过扩大导线与焊盘的连接面，可使它们的连接更牢固，这种操作称为补泪滴。补泪滴操作前后的焊盘与导线连接效果对比如图 18-81 所示。

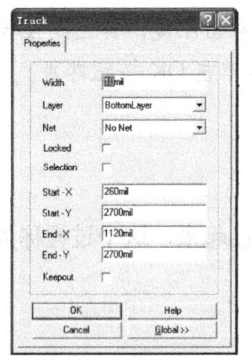
图 18-80 加宽电源线和地线

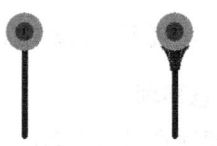
图 18-81 补泪滴操作

补泪滴的操作过程如下。

❶ 用鼠标拉出一个矩形框，选中要补泪滴的焊盘。

❷ 执行菜单命令 Tools→Teardrop，弹出补泪滴对话框，如图 18-82 所示。可按图示说明进行相关设置，然后单击 OK 按钮。

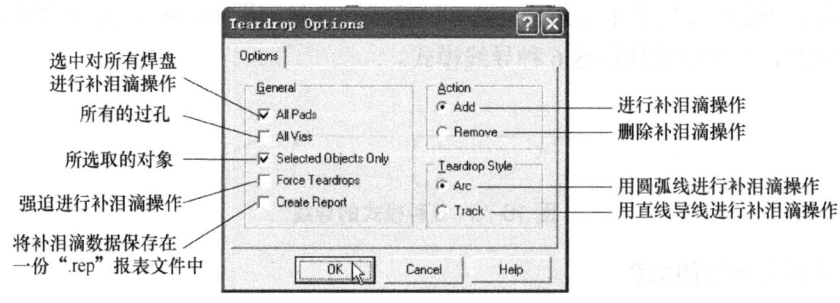
图 18-82 补泪滴设置对话框

手工布线完成后的放大电路的 PCB，如图 18-83 所示。

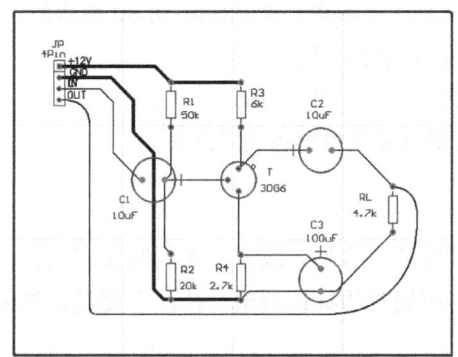
图 18-83 手工布线完成后的放大电路的 PCB

第 19 章 自动设计 PCB 图

与手工设计 PCB 图相比，自动设计的方式更适合复杂的 PCB 图。

19.1 基础知识

19.1.1 PCB 图的自动设计流程

自动设计 PCB 图并不是说一切设计工作都由系统完成，而是系统可以完成设计中的一些重要工作，但有些设计工作还需要人工参与。另外，对于自动设计结果不满意的地方，还可以通过手工方式进行修改。自动设计 PCB 图的设计流程如图 19-1 所示。

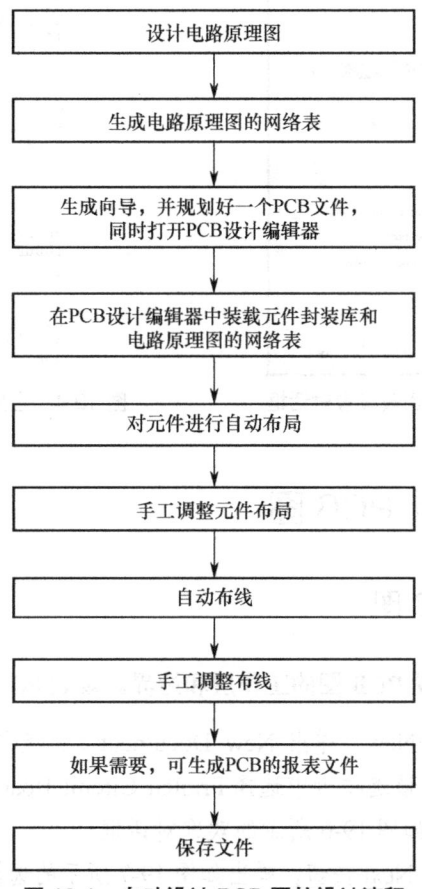

图 19-1 自动设计 PCB 图的设计流程

19.1.2 利用电路原理图生成网络表

本章以如图 19-2 所示的放大电路原理图为例，说明 PCB 图的自动设计方法。

在设计 PCB 图之前，先要生成该电路的网络表。 生成网络表的操作过程如下。

❶ 打开放大电路原理图，见图 19-2。

❷ 执行菜单命令 Design→Create Netlist，弹出如图 19-3 所示的对话框。有关对话框的各项功能说明详见前面章节的相关内容，这里保持默认值。单击 OK 按钮，系统开始自动生成电路原理图的网络表。生成网络表的部分内容如图 19-4 所示。

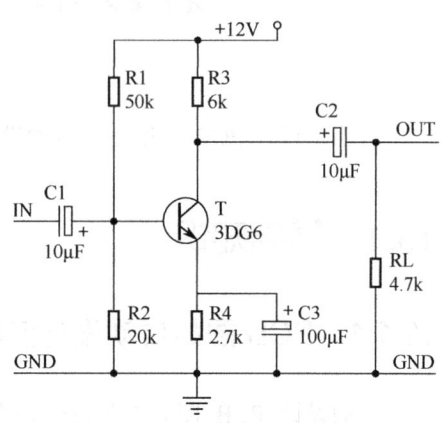

图 19-2　放大电路原理图

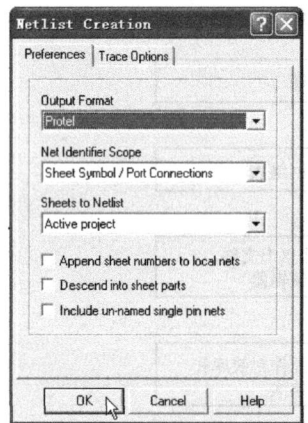

图 19-3　网络表设置对话框

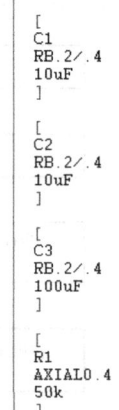

图 19-4　生成的网络表（部分）

19.2　开始自动设计 PCB 图

19.2.1　自动规划 PCB 图

规划 PCB 图主要是设置 PCB 图的工作层和边界。 规划 PCB 图的操作过程如下。

❶ 执行菜单命令 File→New，弹出 New Document（新建文档）对话框。打开 Wizards 选项卡，如图 19-5 所示。在该选项卡中选择 Printed Circuit Board Wizard（PCB 图向导）图标，单击 OK 按钮，会弹出如图 19-6 所示的欢迎对话框。

❷ 在欢迎对话框中单击 Next 按钮，弹出如图 19-7 所示的选择 PCB 图模板对话框。因为要自定义 PCB 图的规格，所以这里选择 Custom Made Board 项（默认选项）。单击 Next 按钮，

弹出如图 19-8 所示的对话框。

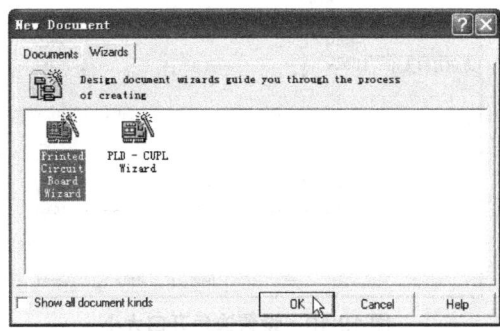
图 19-5 新建文档对话框

图 19-6 欢迎对话框

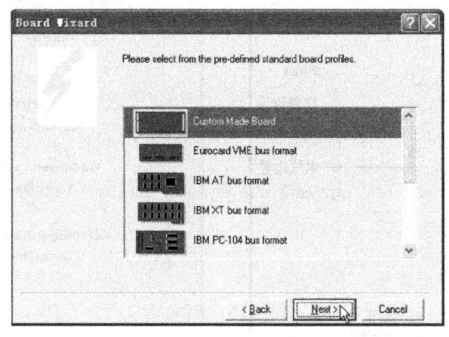
图 19-7 选择 PCB 图模板对话框

❸ 在图 19-8 中，可按要求对 PCB 图进行各项设置，也可保持默认值。设置完成后，单击 Next 按钮，弹出如图 19-9 所示的对话框。

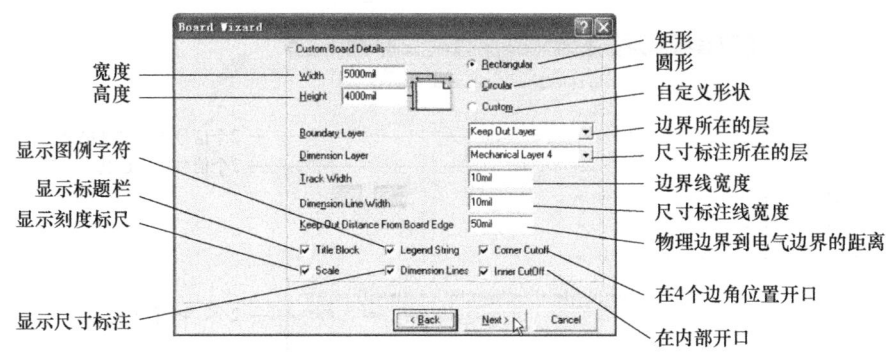
图 19-8 设置 PCB 图的有关参数

❹ 在图 19-9 中，将鼠标移到长度或宽度的数值上，该数值马上变成输入框。可在输入框中改变边框的长度或宽度。设置完成后单击 Next 按钮，弹出如图 19-10 所示的对话框。

❺ 在图 19-10 中，将鼠标移到边角开口大小的数值时，该数值马上变成输入框。可在输入框中设置 4 个边角开口的大小。设置完成后单击 Next 按钮，弹出如图 19-11 所示的对话框。

❻ 在图 19-11 中，可设置 PCB 图的电气边界和物理边界（外边框）。设置完成后单击 Next 按钮，弹出如图 19-12 所示的对话框。

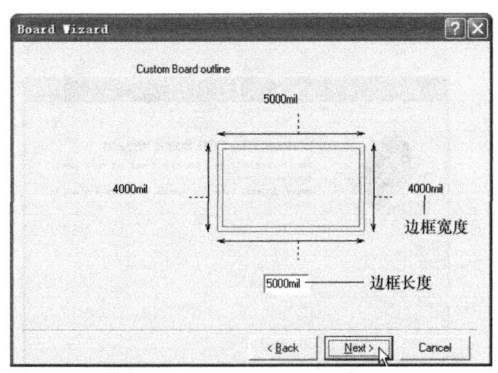

图 19-9 设置 PCB 图的边框参数

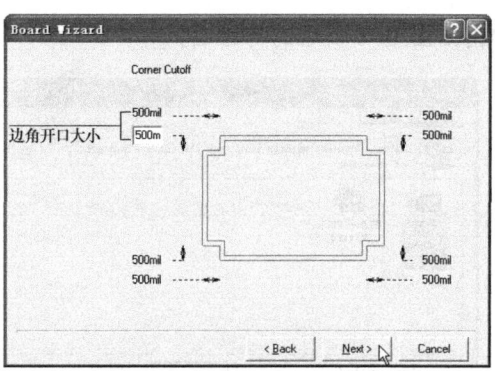

图 19-10 设置边角开口大小

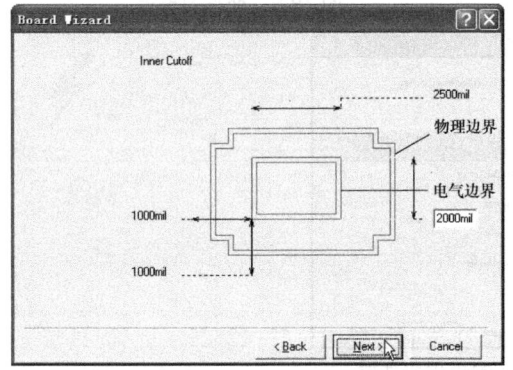

图 19-11 设置电气边界与物理边界

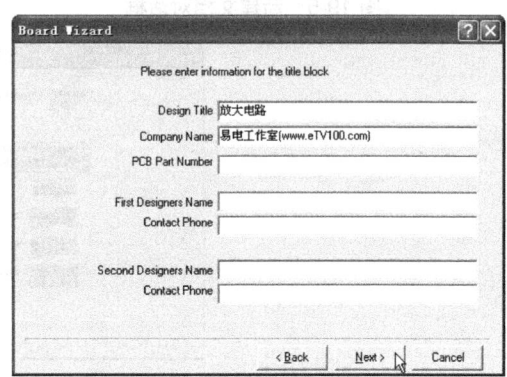

图 19-12 设置标题块信息

❼ 在图 19-12 中，可输入 PCB 图的标题块信息。设置完成后单击 Next 按钮，弹出如图 19-13 所示的对话框。

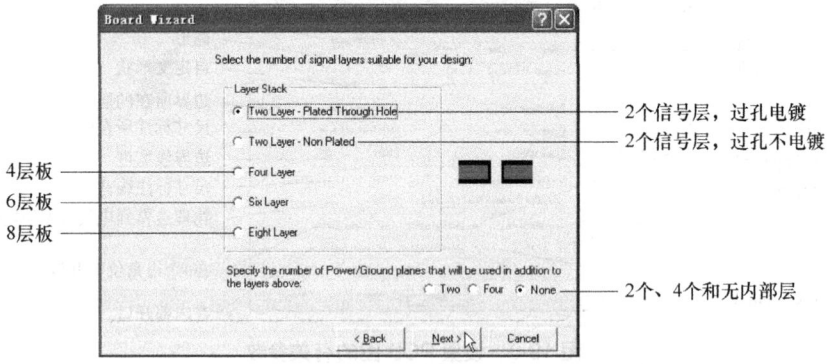

图 19-13 设置信号层数量

❽ 在图 19-13 中，可设置 PCB 图中信号层的数量。该向导不能生成单层板，最少要生成双层板。设置完成后单击 Next 按钮，弹出如图 19-14 所示的对话框。

❾ 在图 19-14 中，可设置 PCB 图的过孔类型（穿透式过孔、隐藏式过孔）。双层板只能使用穿透式过孔。设置完成后单击 Next 按钮，弹出如图 19-15 所示的对话框。

❿ 在图 19-15 中，可设置 PCB 图的布线技术。设置完成后单击 Next 按钮，弹出如图 19-16 所示的对话框。

第 19 章 自动设计 PCB 图

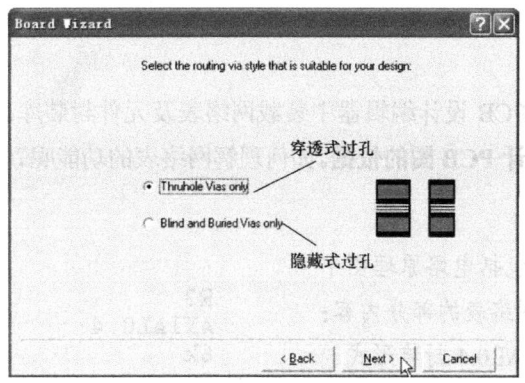

图 19-14 设置过孔类型

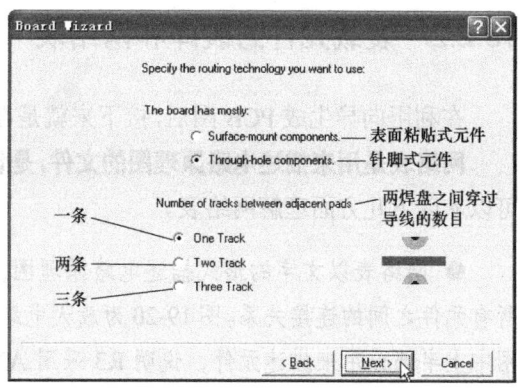

图 19-15 设置布线技术

⓫ 在图 19-16 中，可设置导线的最小尺寸、过孔最小的内/外径直径和导线最小间距。设置完成后单击 Next 按钮，弹出如图 19-17 所示的对话框。

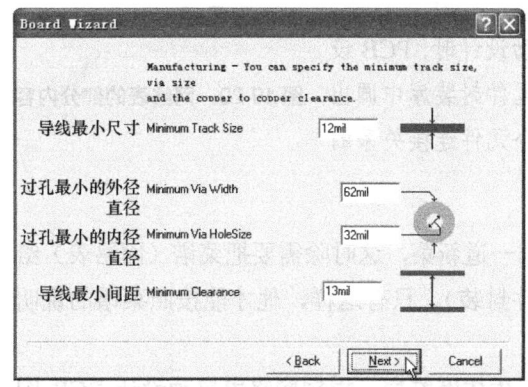

图 19-16 设置尺寸限制

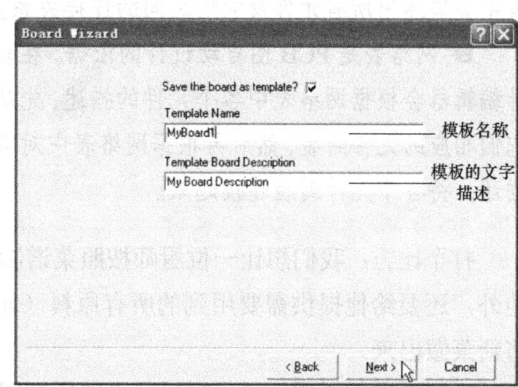

图 19-17 保存为模板文件对话框

⓬ 在图 19-17 中，询问是否保存当前模板。如果要保存当前模板，应选中复选框，对话框中会出现两个输入框。可按照要求输入模板名称及对该模板的文字描述。设置完成后单击 Next 按钮，弹出如图 19-18 所示的对话框。

⓭ 在图 19-18 中，单击 Finish 按钮即可生成 PCB 图，如图 19-19 所示。利用向导生成的 PCB 图的文件名为默认设置的，可将文件名改成 YS8.PCB。

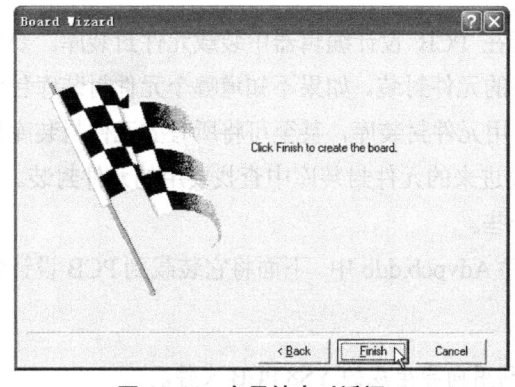

图 19-18 向导结束对话框

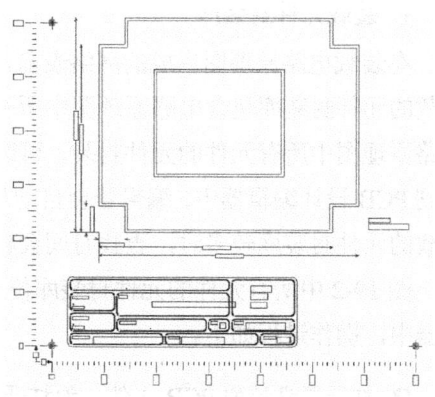

图 19-19 利用向导生成的 PCB 图

367

19.2.2 装载元件封装库和网络表

在利用向导生成 PCB 图后,接下来就是在 PCB 设计编辑器中装载网络表及元件封装库。**网络表是用来描述电路原理图的文件,是设计 PCB 图的依据。**如何理解网络表的功能呢?可以从以下几方面理解网络表。

❶ 网络表以文字的形式描述电路原理图,包括电路原理图中所有元件之间的连接关系。图 19-20 为放大电路网络表的部分内容:图中上半部分用来描述元件,说明 R3 采用 AXIAL0.4 封装形式、标识为 6k;图中下半部分用来描述元件的连接关系,说明 R3 的 3 脚与 C2 的 1 脚、R3 的 1 脚和 T 的 2 脚相连。当然,这里只列出了网络表中描述元件 R3 及它与其他元件的关系内容,在完整网络表中会描述出所有元件及它们之间的连接关系。

```
[
R3
AXIAL0.4
6k
]
(
NetR3_3
C2-1
R3-1
T-2
)
```

图 19-20 网络表的部分内容

❷ 网络表是 PCB 图自动设计的依据。在自动设计时,PCB 设计编辑器会根据网络表中各个元件的描述,先从元件封装库中调出它们相应的元件封装,然后再根据网络表中对各个元件连接关系的描述,将各个元件封装连接起来。

打个比方:我们想让一位厨师按照菜谱制作一道新菜,这时除需要把菜谱(网络表)给他外,还要给他提供需要用到的所有原料(元件封装)。只有这样,他才能按照菜谱的说明将新菜做出来。

这里要着重说明一点:**在设计电路原理图、生成网络表、根据网络表自动设计 PCB 图的过程中,一定要设置每个元件的元件封装形式,否则在网络表中就没有元件封装的描述内容,PCB 设计编辑器也无法知道调用哪个元件封装形式来设计 PCB 图。**

为元件设置元件封装形式的方法很简单。以设置图 19-2 中电阻 R3 的元件封装形式为例:在 R3 上双击鼠标左键,弹出如图 19-21 所示的对话框;在 Footprint 中输入元件封装形式,如输入 AXIAL0.4,单击 OK 按钮,就完成了元件封装形式的设置。

1. 装载元件封装库

在装载电路原理图生成的网络表前,需要在 PCB 设计编辑器中装载元件封装库。要求装载的元件封装库包含电路原理图中所有元件的元件封装。如果不知道哪个元件封装库包含电路原理图中所有元件的元件封装,可装载常用元件封装库,甚至可将所有的元件封装库装载到 PCB 设计编辑器中,编辑器会自动从装载进来的元件封装库中查找要用的元件封装。当装载的元件封装库较多时,查找时间会稍长一些。

图 19-2 中所有元件的元件封装库位于文件 **Advpcb.ddb** 中。下面将它装载到 PCB 设计编辑器中,操作过程如下。

❶ 打开要设计的 PCB 文件,如打开先前利用向导生成的 YS8.PCB 文件。

❷ 单击主工具栏上的⬚工具，也可以执行菜单命令"Design→Add/Remove Library"，还可以单击元件封装库管理器中的 Add/Remove 按钮，都将弹出如图 19-22 所示的添加/删除元件封装库对话框。

❸ 先选中要加载的元件封装库文件 Advpcb.ddb，然后单击 Add 按钮，则 Advpcb.ddb 库文件就被加入下面的列表框中。单击 OK 按钮，Advpcb.ddb 库文件即可被装载到 PCB 设计编辑器中。

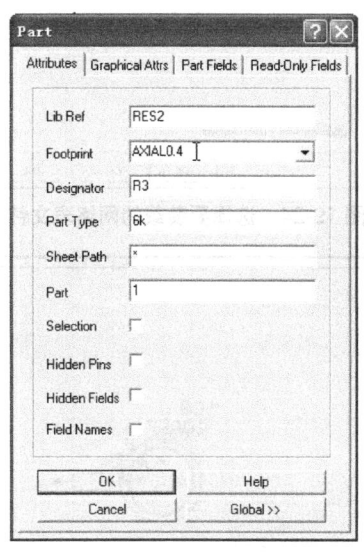

图 19-21　设置电阻 R3 的封装形式

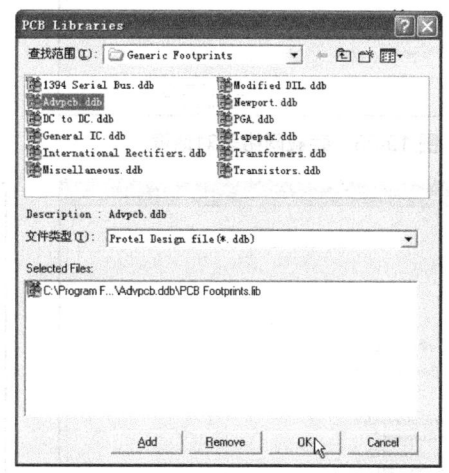

图 19-22　添加/删除元件封装库对话框

2．装载网络表

下面以将网络表 YS8.NET 文件（由电路原理图文件 YS8.Sch 生成）装载到 YS8.PCB 的编辑器中为例，说明装载网络表的方法。装载网络表的操作过程如下。

❶ 打开要设计的 PCB 图文件 YS8.PCB。

❷ 执行菜单命令 Design→Load Nets，弹出如图 19-23 所示的对话框。单击 Netlist File 后的 Browse 按钮，弹出如图 19-24 所示的对话框。在该对话框中可以选择要装载的网络表文件。如果当前数据库中没有要装载的网络表文件，可通过单击 Add 按钮查找其他的数据库文件。单击 OK 按钮，系统开始装载网络表。

❸ 系统在装载选择的网络表文件后，会回到装载网络表对话框。在该对话框的列表框中会显示相关信息，如图 19-25 所示。例如，图中显示出一条出错信息"Add new component R1；Error：Footprint not found in Library"。该信息的含义是在加载新元件 R1 时，元件封装库中找不到该元件封装。解决方法是在电路原理图文件 YS8.Sch 中设置 R1 的元件封装并重新生成网络表。在重新装载新的网络表后，出错信息就不会再出现。

❹ 单击 Execute 按钮，网络表就会被装入当前的 PCB 设计编辑器中。在设计编辑器的 PCB 图上出现了放大电路的各个元件的元件封装，不过全部重叠在了一起，如图 19-26 所示。

图 19-23 装载网络表对话框

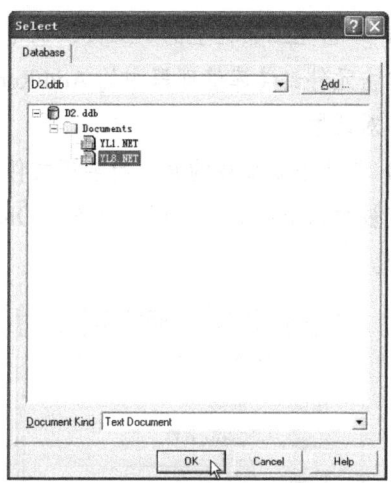

图 19-24 选择要装载的网络表文件

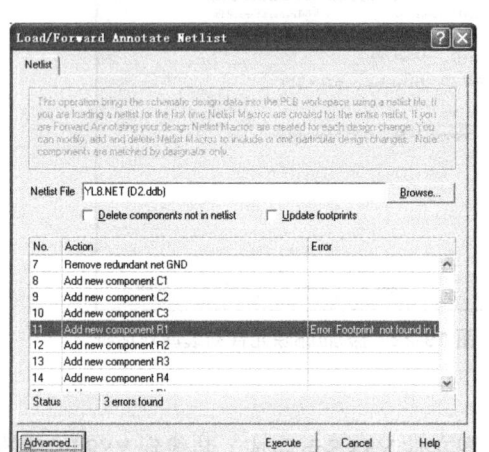

图 19-25 装载网络表对话框

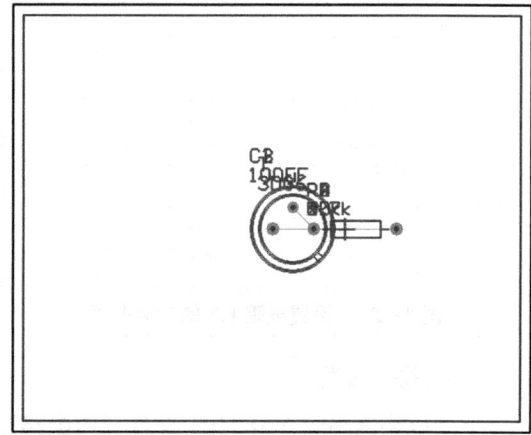

图 19-26 元件封装重叠在一起

需要说明的是，在装载网络表文件时，常见的出错信息有以下 4 种。

- Net not found：找不到对应的网络。
- Component not found：找不到对应的元件。
- New footprint not matching old footprint：新的元件封装与旧的元件封装不一致。
- Footprint not found in Library：在元件封装库中找不到对应的元件封装。

在设计过程中，如果对电路原理图进行了修改，那么相应地也要对 PCB 图进行修改。一般的处理方法是将修改后的电路原理图重新生成网络表，再将其重新导入先前设计的 PCB 设计编辑器中。在图 19-25 下有 Delete components not in netlist 和 Update footprints 两个复选框：如果选中 Delete components not in netlist 复选框，系统在装载网络表文件时，会将网络表中的元件封装与当前 PCB 图中存在的元件封装进行比较，如果 PCB 图中存在某些元件封装而网络表中没有，则 PCB 图中多余的元件将会被删除；如果选中 Update footprints 复选框，在装载网络表时，系统会自动用网络表中存在的元件替换当前 PCB 图中的元件封装。

3. 利用同步法生成 PCB 图

利用同步法操作时可不用生成网络表，也不用装载网络表，就可以方便、快捷地由电路原理图直接生成 PCB 图。另外，当更改电路原理图时，通过同步法可以让 PCB 图也进行相应改动；反之改动了 PCB 图，也可以通过同步法让电路原理图进行相应改动。

利用同步法生成 PCB 图的具体操作过程如下。

❶ 新建一个 PCB 文件 YS8A.PCB 文件，或者打开一个空白的 PCB 文件。

❷ 打开文件 YL8.Sch，执行菜单命令 Design→Update PCB（更新 PCB），弹出如图 19-27 所示的选择目标文件对话框。在该对话框中选中目标文件 YS8A.PCB，单击 Apply 按钮，会弹出如图 19-28 所示的同步参数设置对话框。

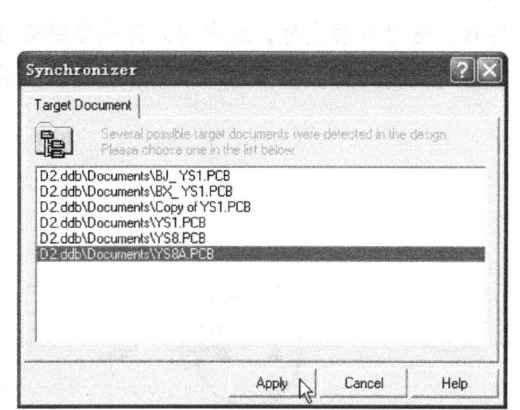

图 19-27　选择目标文件对话框

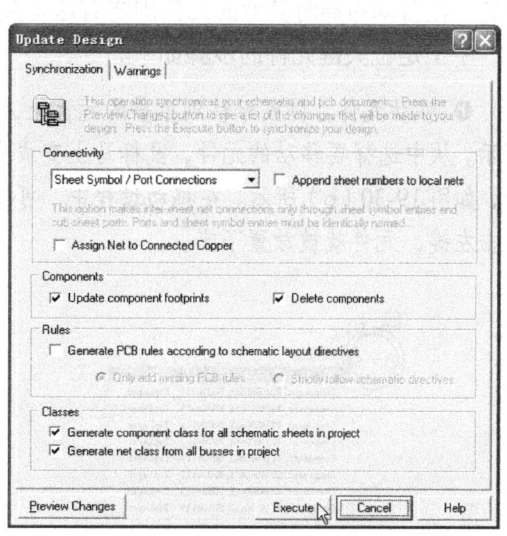

图 19-28　同步参数设置对话框

❸ 该对话框包含两个区域：Connectivity 区域用来设置电路原理图与 PCB 图之间的连接类型；Components 区域用来设置对电路原理图中的元件进行哪些改动。另外，可通过对话框左下角的 Preview Changes 按钮查看电路原理图进行了哪些改动。

❹ 设置完成后，单击 Execute 按钮，系统开始根据电路原理图生成 PCB 图，如图 19-29 所示。图中的矩形方块为 Room，一般不需要它，可以删掉。图中的元件与元件之间有连接线。这种线并不是铜箔导线，用来表示各个元件之间的连接关系，称为飞线。在设计 PCB 图时，可以根据飞线的指示绘制铜箔导线。

若更改了 PCB 图，希望电路原理图也进行相应变化，可在改动的 PCB 图文件中执行菜单命令 Design→Update Schematic，

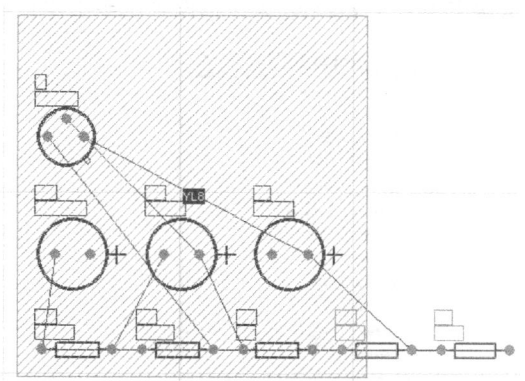

图 19-29　由电路原理图直接生成 PCB 图

会弹出与图 19-27 相似的选择目标文件对话框。从中选择要更新的电路原理图文件，这

样电路原理图就会随 PCB 图发生改变，两者保持一致。

19.2.3 自动布局元件

在 PCB 图上看见所有的元件封装（简称元件）全部重叠在一起时，可用自动布局的方法将元件分开，并自动对元件的位置进行调整。如果仍不满意，可再用手工的方法调整元件布局。

1．手工定位关键元件

自动布局是利用一定的规则对元件的位置进行调整，但布局结果往往与设计者的要求差距很大。解决这个问题的方法：在自动布局前，先用手工方法将一些关键元件固定在合适的位置，在自动布局时其他的元件围绕着这些关键元件进行布局即可。

手工定位关键元件的步骤如下。

❶ 移动元件。将鼠标移到重叠的元件上，单击左键，弹出元件列表菜单，如图 19-30（a）所示。从中选择要移动的元件，鼠标马上变成光标状。这时移动光标，选中的元件也会跟着移动，如图 19-30（b）所示。在移动过程中，可按空格键旋转元件。在将元件移到合适的位置后单击左键，元件就被放置下来。

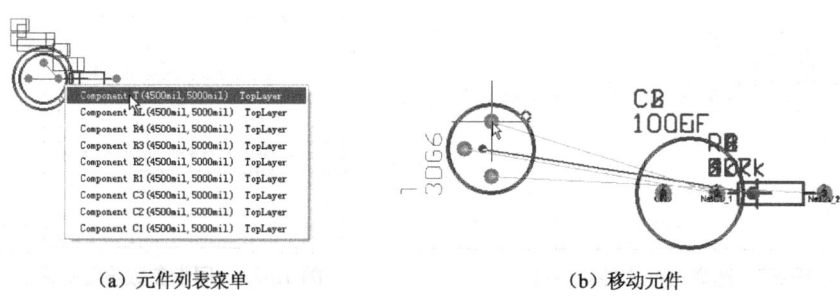

（a）元件列表菜单　　　　　　　　（b）移动元件

图 19-30　选择并移动元件

❷ 定位元件。在要定位的元件上双击鼠标右键，会弹出元件属性设置对话框，如图 19-31 所示。选中 Locked 复选框，该元件就会被锁定，即在自动布局时不会移动。如果想移动它，只要取消勾选 Locked 复选框即可。手工定位的元件布局如图 19-32 所示。

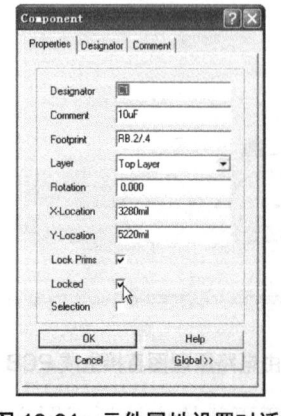 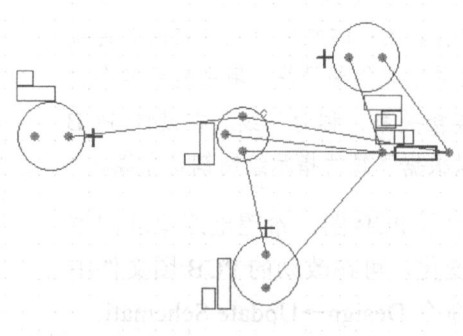

图 19-31　元件属性设置对话框　　　　图 19-32　手工定位的元件布局

2. 自动布局

在用手工的方法将一些关键元件定位后，接下来就要在手工定位的基础上再对元件进行自动布局。

❶ 执行菜单命令 Tools→Auto Placement→Auto Place，将弹出自动布局对话框，如图 19-33 所示。在该对话框中有两种自动布局的方式：Cluster Placement 布局方式（这种集群式布局方式是根据元件的连通性将元件分组，然后让它们按照一定的几何位置进行布局。这种方式为默认布局方式，适合布局比较少的元件）；Statistical Placement 布局方式（如果选择 Statistical Placement 布局方式，则对话框中的内容就会发生变化，如图 19-34 所示。这种方式称为统计式布局方式。它采用统计算法，按照连线最短的原则进行布线，适合元件数量较多的布局）。在图 19-34 中有以下 5 项设置需要说明。

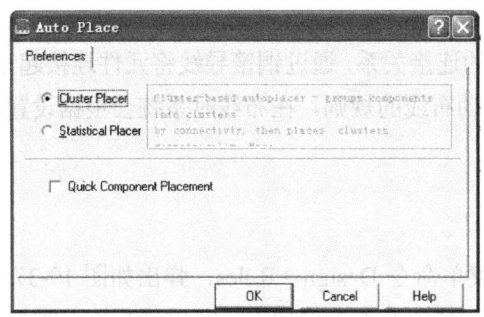
图 19-33　自动布局对话框

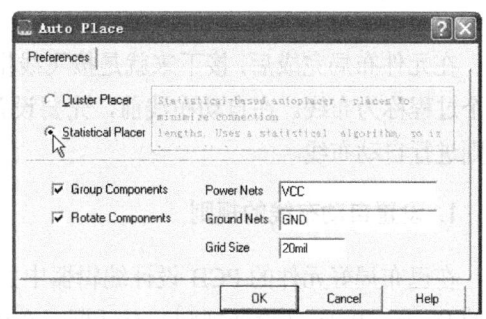
图 19-34　统计式布局方式设置对话框

- Group Components 复选框：若选中该复选框，则在布局时会将当前网络中连接密切的元件合为一组整体考虑。如果 PCB 图的面积小，则一般不选择该复选框。
- Rotate Components 复选框：若选中该复选框，则在布局时会根据需要旋转元件。
- Power Nets 文本框：在该文本框中输入的网络名称不会被布局，从而缩短自动布局的时间。电源网络一般属于这种网络。
- Ground Nets 文本框：该项含义同上，可以在文本框中输入接地网络名称。
- Grid Size 文本框：用来设置布局时的栅格间距，默认为 20mil。

❷ 由于当前布局的元件少，故选择 Cluster Placement（集群式布局方式），单击 OK 按钮，系统就开始对元件进行自动布局。如果想停止正在进行的自动布局，可执行菜单命令 Tools→Auto Placement→Stop Auto Place。自动布局的结果如图 19-35 所示。

19.2.4　手工调整元件布局

在自动布局结束后，若有些地方并不完全符合设计要求，特别是元件的标识排列很乱，这时可以通过手工的方法调整某些元件布局。**手工调整元件布局主要是对元件及其标识进行选取、移动、旋转和排列等操作**，具体方法已在之前介绍，这里不再说明。手工调整后的元件布局如图 19-36 所示。

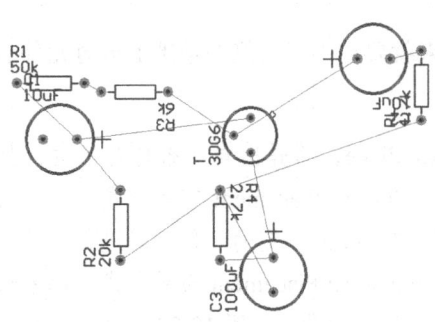

图 19-35　自动布局的结果

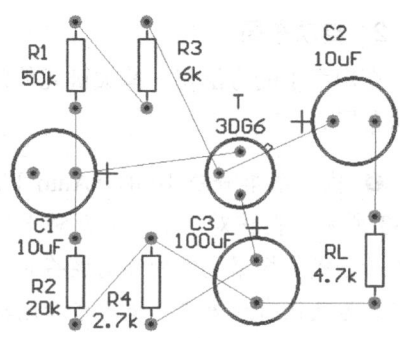

图 19-36　手工调整后的元件布局

19.2.5　自动布线

在元件布局完成后,接下来就是按飞线指示的连接关系,通过铜箔导线将元件连接起来,这个过程称为布线。在自动布线前,先要设置自动布线的规则,在布线时系统会根据设置的规则进行自动布线。

1. 设置自动布线的规则

在已布局好元件的 PCB 设计编辑器中执行菜单命令 Design→Rules,弹出如图 19-37 所示的 Design Rules(设计规则)对话框。在该对话框中有 6 个选项卡,可以进行 6 大类规则设置。布线规则的设置主要在 Routing 选项卡中进行。

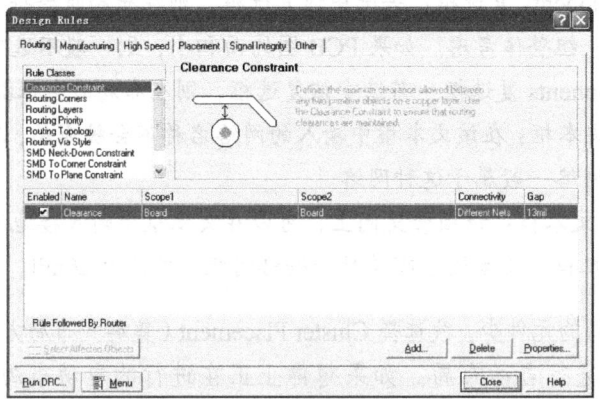

图 19-37　设计规则对话框

在 Rule Classes 区域内可进行以下各项设置。

❶ Clearance Constraint(安全间距)的设置。安全间距是同一个工作层上的导线、焊盘、过孔等之间的最小间距。单击对话框右下角的 Properties 按钮,会弹出安全间距设置对话框,如图 19-38 所示。该对话框中的设置内容主要有以下两项:Rule scope(规则适用范围),一般情况下可设置规则适用于 Whole Board(整个 PCB 图);Rule Attributes(规则属性),用来设置最小间距的数值及所适用的网络(有 Different Nets Only、Same Net Only 和 Any Net 共 3

种），这里输入数值 10mil，并保持默认选择 Different Nets Only。设置完成后单击 OK 按钮，返回到设计规则对话框。

❷ Routing Corners（布线的拐角模式）的设置。Routing Corners 主要用于设置布线时拐角的形状、拐角垂直距离最小值及最大值。在设计规则对话框中选中 Routing Corners，单击 Properties 按钮，会弹出如图 19-39 所示的对话框。该对话框中的设置内容主要有以下两项。

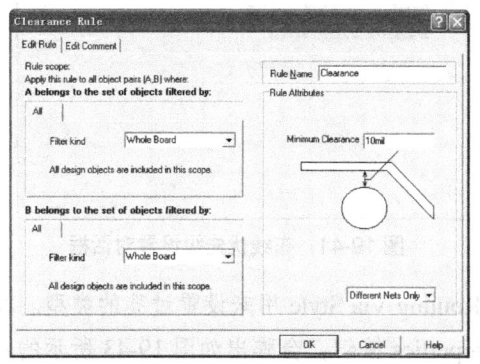

图 19-38　安全间距设置对话框

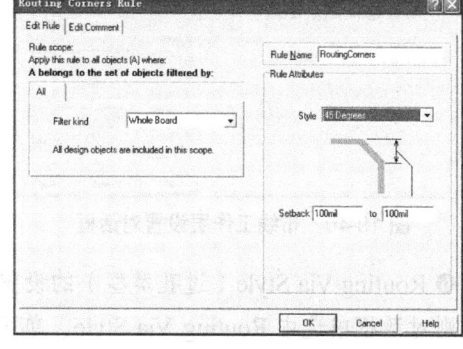

图 19-39　布线的拐角模式设置对话框

- Rule scope（规则适用范围），一般情况下可设置规则适用于 Whole Board。
- Rule Attributes（规则属性），用来设置拐角的类型。在 Style 中有 3 个选项：45 Degrees（45°拐角）、90 Degrees（90°拐角）和圆角。一般情况下默认为 45 Degrees，拐角垂直距离的最小值和最大值均为 100mil。

❸ Routing Layers（布线工作层）的设置。Routing Layers 用来设置布线的工作层和在该层上的布线方向。在设计规则对话框中选中 Routing Layers，然后单击 Properties 按钮，弹出如图 19-40 所示的对话框。该对话框中的设置内容有以下两项。

- Rule scope（规则适用范围），一般情况下可设置规则适用于 Whole Board。
- Rule Attributes（规则属性），用来设置工作层和布线的方向。由于在当前的 PCB 图中只设置顶层和底层为布线层，所以在对话框的 32 个工作层中只有顶层和底层有效。在顶层和底层下拉列表中可以选择布线的方向。布线方向主要有 Horizontal（水平方向）、Vertical（垂直方向）、Any（任何方向）等 10 种。为了尽量减小布线形成的分布电容，一般要求顶层和底层的布线方向相互垂直。另外，如果是单面板，可将顶层布线设为 Not Used，底层布线设为 Any。

❹ Routing Priority（布线优先级）的设置。Routing Priority 用来设置各布线网络的先后顺序。系统提供了 0~100 共 101 个级别，数字越大，其优先级越高。在设计规则对话框中选中 Routing Priority，单击 Properties 按钮，会弹出如图 19-41 所示的对话框。可在 Rule Attributes 区域的 Routing Priority 中设置优先级别。

❺ Routing Topology（布线拓扑结构）的设置。Routing Topology 用来设置布线的拓扑结构。这里的拓扑结构是以焊盘为点，以连接各焊盘的导线为线构成的几何图形。在设计规则对话框中选中 Routing Topology，单击 Properties 按钮，会弹出如图 19-42 所示的对话框。在 Rule Attributes 区域的下拉列表中可以选择布线的拓扑结构。可供选择的拓扑结构有

Shortest（连线最短）、Horizontal（水平连线）、Vertical（垂直连线）等 7 种，默认的拓扑结构为 Shortest。

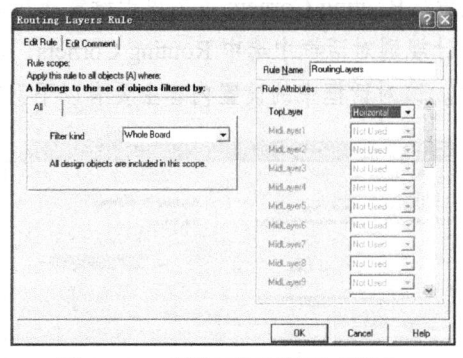
图 19-40　布线工作层设置对话框

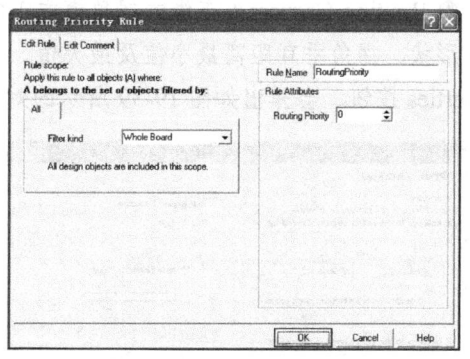
图 19-41　布线优先级设置对话框

❻ Routing Via Style（过孔类型）的设置。Routing Via Style 用来设置过孔的类型。在设计规则对话框中选中 Routing Via Style，单击 Properties 按钮，会弹出如图 19-43 所示的对话框。Via Diameter 用于设置过孔外径的最小值、最大值和首选值；Via Hole Size 用于设置过孔内径的最小值、最大值和首选值。

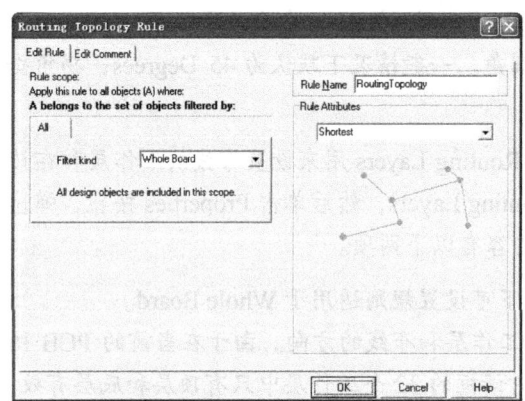
图 19-42　布线拓扑结构设置对话框

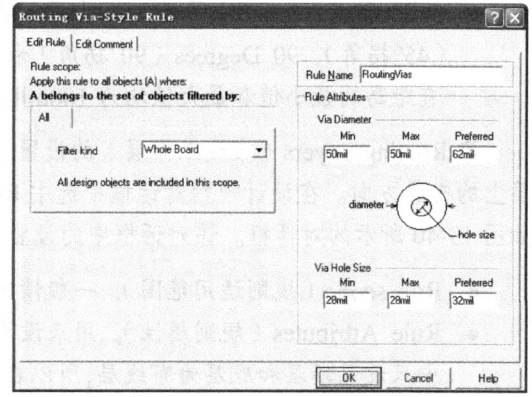
图 19-43　过孔类型设置对话框

❼ Width Constraint（布线宽度）的设置。Width Constraint 用来设置布线的导线宽度。在设计规则对话框中选中 Width Constraint，单击 Properties 按钮，会弹出如图 19-44 所示的对话框。在 Rule Attributes 中可设置导线的最小宽度值（Minimum Width）、最大宽度值（Maximum Width）和首选宽度值（Preferred Width）。

另外，在设计规则对话框中还有以下 3 个选项。

- SMD Neck-Down Constraint：用来设置 SMD 焊盘宽度与引出导线宽度的百分比。
- SMD To Corner Constraint：用来设置 SMD 焊盘走线拐弯处的约束距离。
- SMD To Plane Constraint：用来设置 SMD 到电源/接地层的限制距离。

2. 进行自动布线

在自动布线规则设置完成后，就可以开始自动布线了。自动布线的操作是通过菜单 Auto Route 实现的。在该菜单中列有各种与布线有关的命令，如图 19-45 所示。

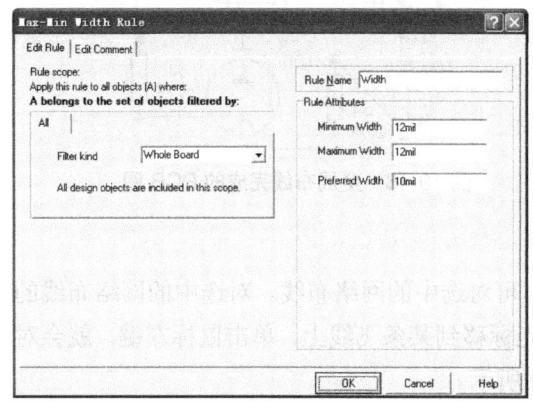

图 19-44 布线宽度设置对话框　　　　图 19-45 Auto Route 菜单

（1）全局布线（All）

全局布线是对整个 PCB 图进行布线。全局布线的操作过程如下。

❶ 执行菜单命令 Auto Route→All，弹出自动布线设置对话框，如图 19-46 所示。

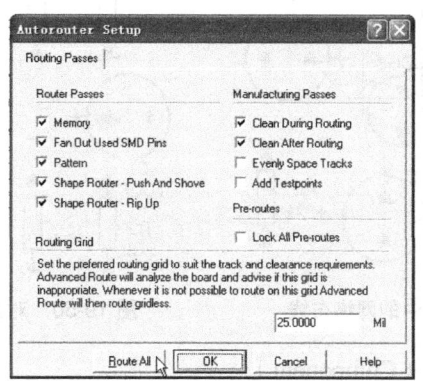

图 19-46 自动布线设置对话框

❷ 在该对话框中，一般保持默认值即可。在默认情况下只有 3 个复选框没被选中：Evenly Space Tracks（如果选中该项，那么当集成电路的焊盘只有一条走线通过时，会让走线从焊盘间距的中间通过）；Add Testpoints（如果选中该项，那么将为 PCB 图的每条网络线加一个测试点）；Lock All Pre-routes（如果选中该项，那么在自动布线时，可以保留所有的预布线）。

❸ 设置完毕后，单击 Route All 按钮，系统将开始对整个 PCB 图进行布线。布线结束后会弹出一个对话框，如图 19-47 所示。在该对话框中会显示布线的有关信息，如布通率、完成布线的条数、没有完成的布线条数和布线所花的时间。

进行全局布线后的 PCB 图效果如图 19-48 所示。

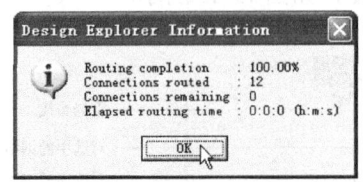

图 19-47　布线信息对话框

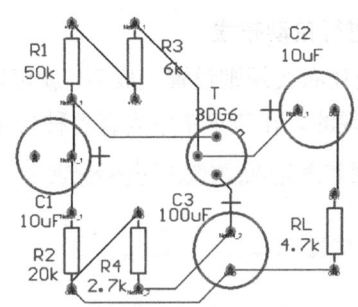

图 19-48　全局布线完成的 PCB 图

（2）对选中的网络布线（Net）

自动布线不但可以对整个 PCB 图布线，也可对选中的网络布线。对选中的网络布线的操作过程：执行菜单命令 Auto Route→Net，将光标移到某条飞线上，单击鼠标左键，就会对飞线所在的网络进行布线，布线结果如图 19-49 所示。

（3）对选中的飞线布线（Connection）

对选中的飞线布线的操作过程：执行菜单命令 Auto Route→Connection，将光标移到某条飞线上，单击鼠标左键，就会对这条飞线布线。布线结果如图 19-50 所示。

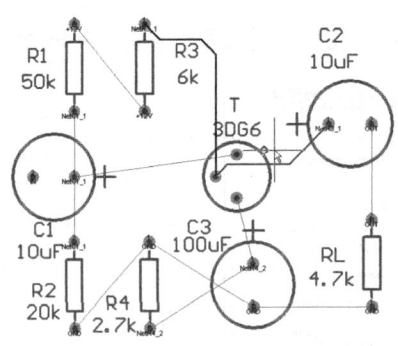

图 19-49　对选中的网络布线

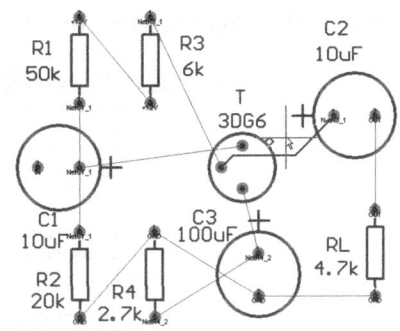

图 19-50　对选中的飞线布线

（4）对选中的元件布线（Component）

对选中的元件布线的操作过程：执行菜单命令 Auto Route→Component，将光标移到某个元件上，如移到三极管 T 上，单击鼠标左键，就会对这个元件布线。布线结果如图 19-51 所示。

（5）对选中的区域布线（Area）

对选中的区域布线的操作过程：执行菜单命令 Auto Route→Area，用光标拉出一个矩形选区，将要布线的部分包含在内部，如将 R1、R3 包含在选区内，单击鼠标左键，系统就会对选中区域布线。布线结果如图 19-52 所示。

如果是比较简单的电路，则自动布线时的布通率一般可以达到 100%。如果没有达到 100%，就要在找出原因后重新布线。如果只有少数几条线没布通，则可采用手工布线的方式进行调整。

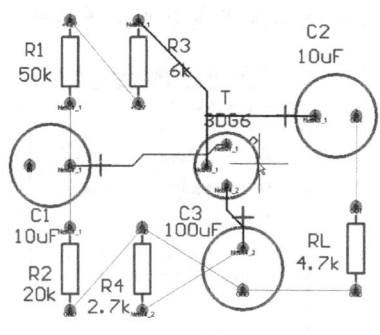
图 19-51 对选中的元件布线

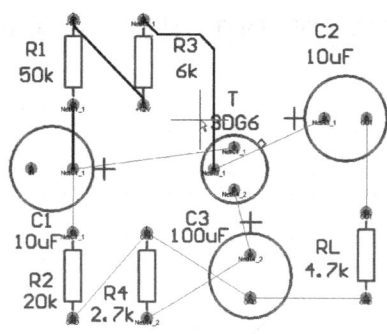
图 19-52 对选中的区域布线

19.2.6 手工调整布线

如果觉得自动布线的某些地方不理想，可先将自动布线拆除，再用手工的方法进行布线。

1. 拆除布线

拆除布线有 4 个命令，都位于菜单 Tools→Un-Route 下。对这 4 个命令的功能说明如下。

- All：用来拆除 PCB 图上的所有布线。当执行该命令时，系统会弹出如图 19-53 所示的对话框，询问是否将被锁定的布线一起拆除。如果单击 Yes 按钮，将会拆除 PCB 图上所有的布线；如果单击 No 按钮，将保留被锁定的布线而拆除其他的布线（注：若要将某条布线设为锁定，只要在该布线上双击，在弹出的属性设置对话框中选中 Locked 即可）。

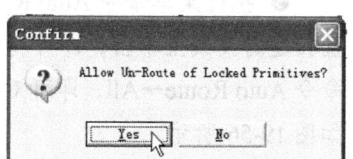
图 19-53 询问对话框

- Net：用来拆除指定网络的布线。
- Connection：用来拆除指定的布线。
- Component：用来拆除与指定元件相连的所有布线。

2. 添加电源/接地端和输入/输出端

通过电源/接地端提供电源、通过输入/输出端接收输入信号和输出信号等工作是无法通过自动布线完成的。通常情况下，这些工作是通过手工方法添加端子的。添加端子的常用方法有两种：添加焊盘端子和添加接插件端子。

（1）添加焊盘端子

添加焊盘端子的操作过程如下。

❶ 在 PCB 图的合适位置放置 4 个焊盘，如图 19-54 所示。

❷ 在某个焊盘上双击，如双击 R1 旁边的焊盘，可弹出焊盘属性设置对话框，如图 19-55 所示。打开 Advanced 选项卡，在 Net 下拉框中选择焊盘所属的网络，这里选择所属网络为 +12V，即焊盘属于电源网络，单击 OK 按钮。利用同样的方法将其他 3 个焊盘所属网络分

别设为 GND、IN、OUT。设置好后,在这 4 个焊盘中都出现飞线与所属网络相连。

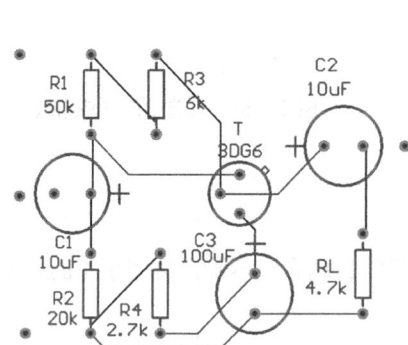

图 19-54　在 PCB 图上放置 4 个焊盘

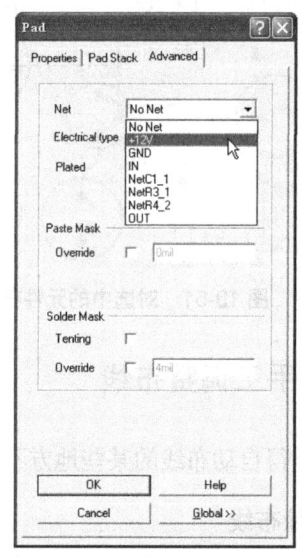

图 19-55　焊盘属性设置对话框

❸ 执行菜单命令 Auto Route→Connection,鼠标变成光标状,将光标分别移到与 4 个焊盘相连的飞线上单击,即可将焊盘和所属网络连接。如果觉得这样比较麻烦,也可执行菜单命令 Auto Route→All,即可对整个 PCB 图进行重新布线,同时 4 个焊盘也被布线连接起来,如图 19-56 所示。

(2) 添加接插件端子

在实际生产中,焊盘端子需要先焊接导线,再与其他 PCB 图或设备相连。如果焊盘端子比较多,这样做就会很不方便。这时给 PCB 图添加接插件端子就可以很好地解决这个问题。下面以给 PCB 图添加 4 个引脚接插件为例说明添加接插件端子的操作过程。

❶ 在 PCB 图的合适位置放置 4 个引脚的接插件,并将其标识设置为 JP、4Pin,如图 19-57 所示。

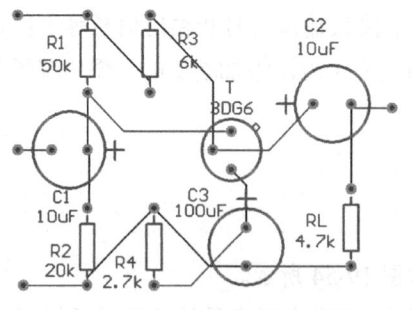

图 19-56　4 个焊盘被布线连接

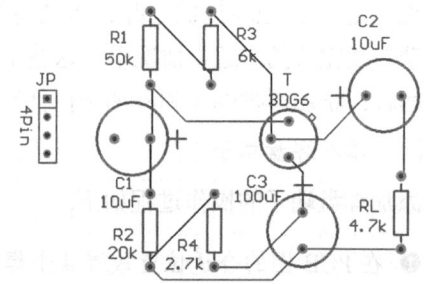

图 19-57　在 PCB 图上放置 4 个引脚的接插件

❷ 在接插件的某个引脚上双击,如双击最上面的一个引脚,将弹出焊盘属性设置对话框。打开 Advanced 选项卡,在 Net 下拉框中选择焊盘所属的网络。这里选择所属网络为+12V,

即设置引脚属于电源网络。单击 OK 按钮。利用同样的方法将其他 3 个引脚所属网络分别设为 GND、IN、OUT。设置好后,这 4 个引脚都出现飞线与所属网络相连。

❸ 执行菜单命令 Auto Route→All,即可对整个 PCB 图进行重新布线,接插件的 4 个引脚同时被布线连接起来,如图 19-58 所示。

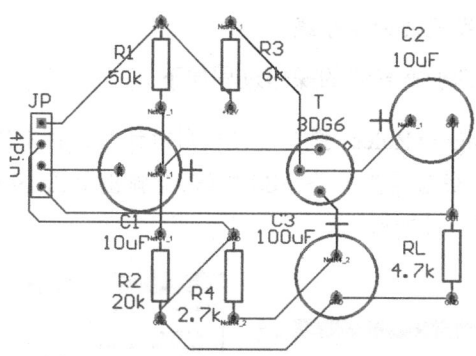

图 19-58　接插件的 4 个引脚被布线连接起来

除可以用上面的方法添加接插件端子外,还可以用网络表管理器来完成。用网络表管理器添加接插件端子的操作过程如下。

❶ 在 PCB 图上放置 4 个引脚的接插件,并修改标识(见图 19-57)。

❷ 执行菜单命令 Design→Netlist Manager,弹出网络表管理器对话框,如图 19-59 所示。图中显示 R1-2、R3-2 属于+12V 网络,也就是说,与+12V 网络相连的有 R1 的 2 脚、R3 的 2 脚。如果要将接插件 JP 的 1 脚与+12V 网络相连,可选中中间列表框中的+12V 网络,单击下面的 Edit 按钮,会弹出如图 19-60 所示的编辑网络对话框。在左边的列表框中选择 4Pin-1(接插件的 1 脚),单击右移按钮,4Pin-1 就会被加到右边的列表框中。单击 OK 按钮即可将 4Pin-1 加到+12V 网络中。利用同样的方法再将 4Pin-2、4Pin-3、4Pin-4 分别加到 GND、IN、OUT 网络中。

❸ 执行菜单命令 Auto Route→All,对整个 PCB 图进行重新布线,接插件的 4 个引脚同时也被导线连接起来。布局结果与图 19-58 一致。

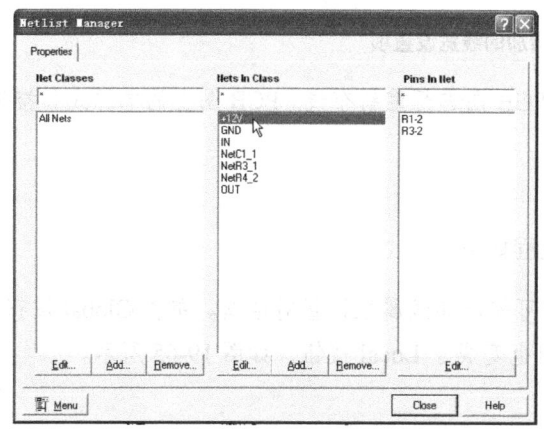

图 19-59　网络表管理器对话框

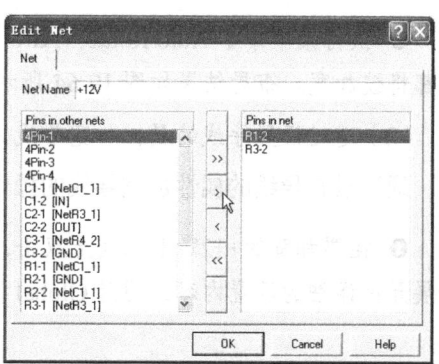

图 19-60　编辑网络对话框

3. 加宽电源/接地线

为了更好地散热和防止大电流烧坏电源线和接地线，通常要对电源线和接地线进行加宽。若想加宽电源线和接地线，可以采用两种方法：一是通过设置自动布线规则加宽导线；二是通过设置导线的属性加宽导线。

（1）通过设置自动布线规则加宽导线

通过设置自动布线规则加宽导线的操作过程如下。

❶ 执行菜单命令 Design→Rules，弹出设计规则对话框，如图 19-61 所示。在 Rule Classes 中选中 Width Constraint（布线宽度），单击 Add 按钮，会弹出如图 19-62 所示的 Max-Min Width Rule（最大-最小宽度规则）对话框。

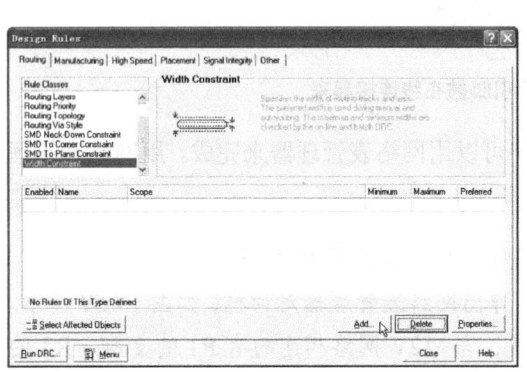

图 19-61　设计规则对话框

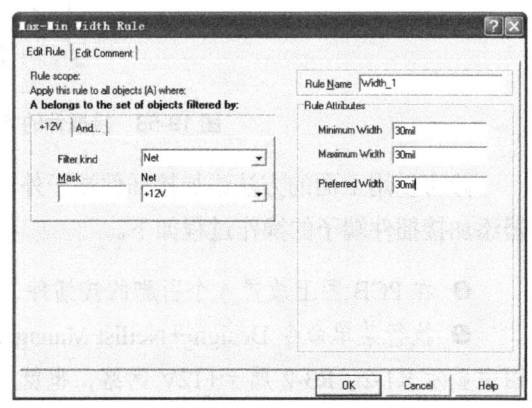

图 19-62　最大-最小宽度规则对话框

❷ 在 Filter kind 下拉框中选择 Net，在 Net 下拉框中选择+12V，将 Minimum Width、Maximum Width、Preferred Width 三项都设为 30mil，单击 OK 按钮关闭当前对话框。返回到设计规则对话框，在对话框下面的列表中增加了如图 19-63 所示的线宽设置项。利用同样的方法设置 GND 的线宽。

图 19-63　增加的线宽设置项

❸ 执行菜单命令 Auto Route→All，对 PCB 图进行重新布线。PCB 图上的电源线和接地线都将被加宽。布局结果如图 19-64 所示。

（2）通过设置导线的属性加宽导线

通过设置导线的属性加宽导线的操作过程如下。

❶ 在要加宽的+12V 电源线上双击，即可弹出导线属性设置对话框。单击 Global 按钮，可展开更详细的设置内容，同时 Global 按钮也变成了 Local 按钮，如图 19-65 所示。

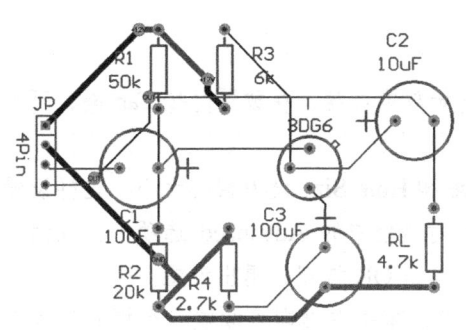

图 19-64 加宽电源线和接地线的 PCB 图

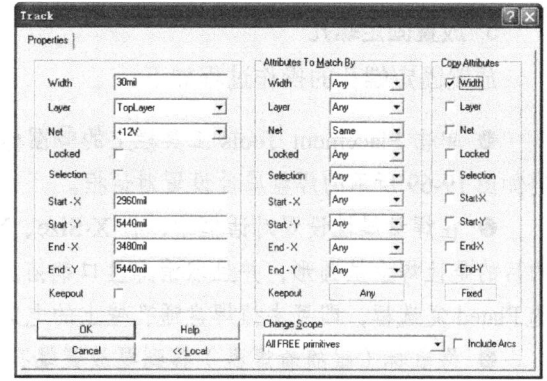

图 19-65 导线属性设置对话框

❷ 在导线属性设置对话框中，将 Width 设置为 30mil，将 Attributes To Match By 内的 Net 设置为 Same，将 Copy Attributes 内的 Width 选中，单击 OK 按钮即可弹出如图 19-66 所示的对话框。如果单击 Yes 按钮，则可加宽所有与+12V 电源相连的导线；如果单击 NO 按钮，则只加宽当前选中的导线。这里单击 Yes 按钮，则 PCB 图上的电源线被加宽，如图 19-67 所示。

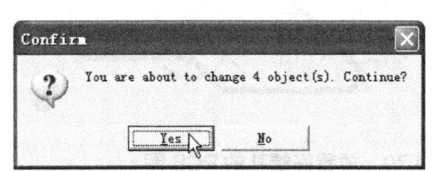

图 19-66 询问对话框

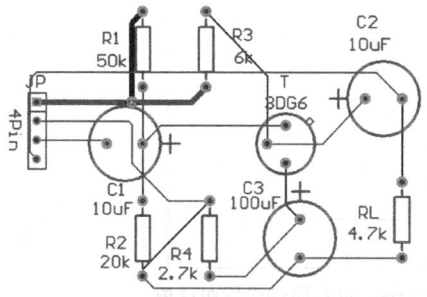

图 19-67 加宽电源线的 PCB 图

❸ 再用同样的方法对接地线进行加粗设置。

4．添加文字标识

下面介绍如何在 PCB 图上添加文字标识。添加文字标识的操作过程如下。

❶ 单击工作窗口下方的 TopOverLayer（顶层丝印层）标签，切换到该层。

❷ 单击 Placement Tools 工具栏上的 T 图标，开始放置文字标识。在放置过程中按 Tab 键，可弹出属性设置对话框。在 Text 项中输入+12V，其他项可保持默认值，也可自行设置。设置好后在接插件的第 1 个引脚旁单击，即可在该引脚旁放置 "+12V" 文字标识。再用同样的方法在接插件的 2、3、4 脚分别放置 GND、IN、OUT 文字标识。放置好的文字标识如图 19-68 所示。

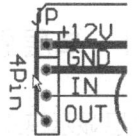

图 19-68 放置好的文字标识

5. 放置固定螺孔

放置固定螺孔的操作过程如下。

❶ 单击 Placement Tools 工具栏上的 图标，开始放置焊盘。在放置时按 Tab 键，可弹出如图 19-69 所示的焊盘属性设置对话框。

❷ 在焊盘属性设置对话框中，将 X-Size、Y-Size 和 Hole Size 设为相同大小。这样设置的目的是让焊盘呈圆形，并且取消焊盘口铜箔。打开对话框中的 Advanced 选项卡，取消勾选 Plated 复选框，即可去掉焊盘通孔壁上的电镀层。单击 OK 按钮，退出设置。

❸ 将鼠标（跟随着焊盘）移到要放置螺孔的位置，单击左键即可放置一个螺孔。利用同样的方法在其他位置放置螺孔。放置好螺孔的 PCB 图如图 19-70 所示。

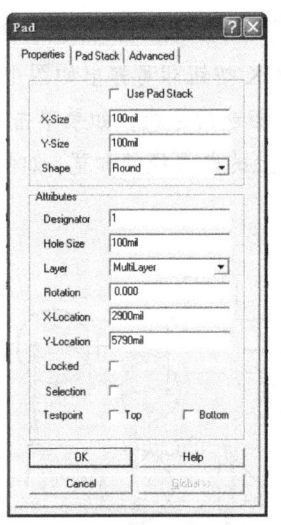
图 19-69 焊盘属性设置对话框

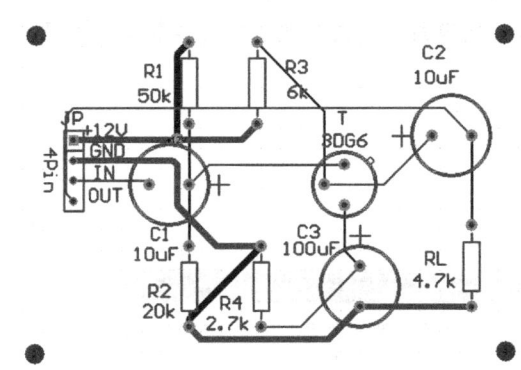
图 19-70 放置好螺孔的 PCB 图

19.3 显示 PCB 图

在设计 PCB 图时，各个工作层会同时显示出来，并以不同的颜色区分不同的层。如果 PCB 图上的元件很多，在各工作层中的对象同时显示出来后，将很不方便执行查看操作。为了解决这个问题，系统提供了一些特殊的显示模式。常用的有单层显示模式和三维显示模式。

19.3.1 单层显示模式

单层显示模式可以单独显示 PCB 图中的各个工作层。让 PCB 图中的工作层单独显示的操作过程如下。

❶ 执行菜单命令 Tools→Preferences，在弹出的对话框中打开 Display 选项卡。选中该选项卡下的 Single Layer Mode（单层显示模式）项，单击 OK 按钮关闭对话框。

❷ 单击 PCB 设计编辑器中工作窗口下方的工作层标签 TopLayer（顶层）、BottomLayer（底层）、TopOverLayer（顶层丝印层）、MultiLayer（多层），可以查看各工作层单独显示的内容，如图 19-71 所示。

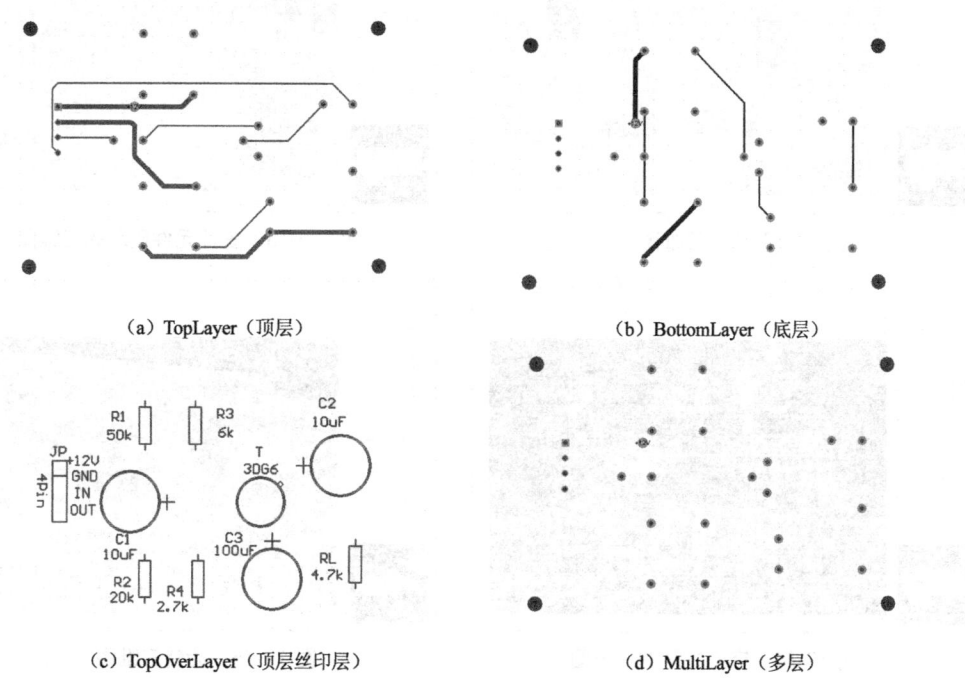

图 19-71　单独显示的内容

19.3.2　三维显示模式

三维显示模式简称 3D 显示模式。它能将设计的 PCB 图以三维的形式显示出来，从而让设计者看到接近实际效果的 PCB 图。让 PCB 图进行三维显示的操作过程如下。

❶ 执行菜单命令 View→Board 3D，或者单击主工具栏上的 图标，即可在工作窗口中生成 PCB 图的三维图，如图 19-72 所示。

❷ 按键盘上的 PgUp 键或主工具栏上的放大工具，即可放大三维图；按 PgDn 键或主工具栏上的缩小按钮，即可缩小三维图；按鼠标右键，即可在移动鼠标时移动三维图；按 End 键即可刷新三维图。

❸ 打开 Browse PCB 3D 选项卡，可以对三维图进行操作：在 Browse Nets 列表框中选中 +12V，单击下方的 HighLight（高亮）按钮，三维图中的 +12V 网络线就会高亮显示，若要去除高亮显示，只要单击 Clear 按钮即可；在 Display 区域取消勾选 Components（元件）复选框，三维图中的元件将不会显示出来，如图 19-73 所示；取消勾选 Wire Frame 复选框，三维图将以空心线显示，如图 19-74 所示；将鼠标移到设计管理器的底部小窗口中，按下左键移动鼠标，工作窗口中的三维图将会旋转，如图 19-75 所示。

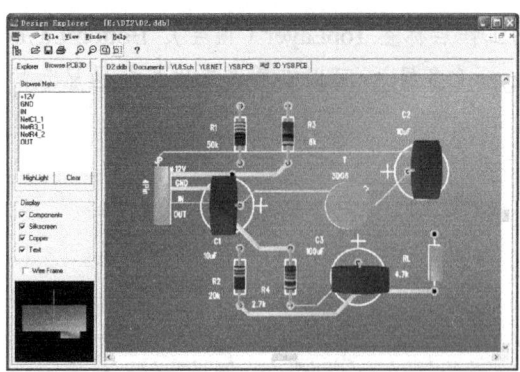
图 19-72 三维图

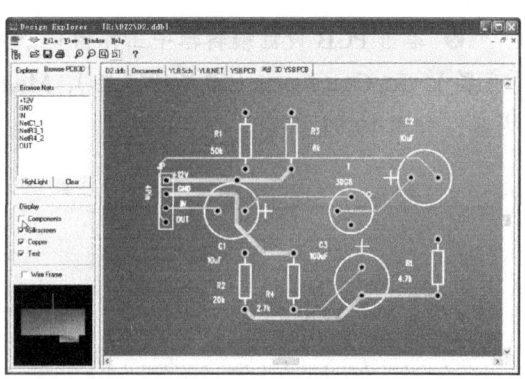
图 19-73 去掉元件显示的三维图

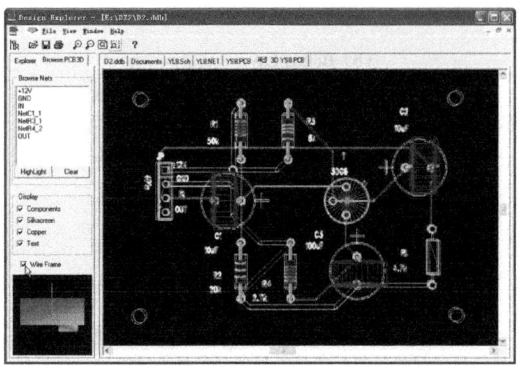
图 19-74 空心显示的三维图

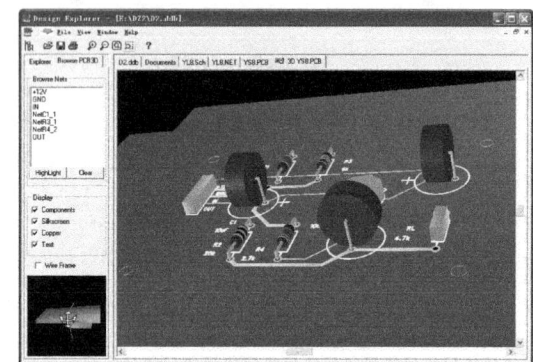
图 19-75 旋转三维图

第 20 章 制作新元件封装

元件封装是与实际元件形状和大小相同的投影符号。可利用 Protel 99 SE 的元件封装库编辑器制作新的元件封装。

20.1 启动元件封装库编辑器

元件封装库编辑器是 Protel 99 SE 的一个重要组成模块。它的作用就是制作和编辑元件封装。启动元件封装库编辑器的常用方法有两种：一是通过新建一个元件封装库文件启动元件封装库编辑器；二是打开一个已有的元件封装库文件，从而启动元件封装库编辑器。下面将通过新建一个元件封装库文件的方式启动元件封装库编辑器。

❶ 打开一个数据库文件，如打开 DZ2.ddb 文件，执行菜单命令 File→New，弹出如图 20-1 所示的对话框。选择 PCB Library Document 图标，单击 OK 按钮，即可在数据库文件 DZ2.ddb 中新建一个元件封装库文件，默认文件名为 PCBLIB1.LIB。

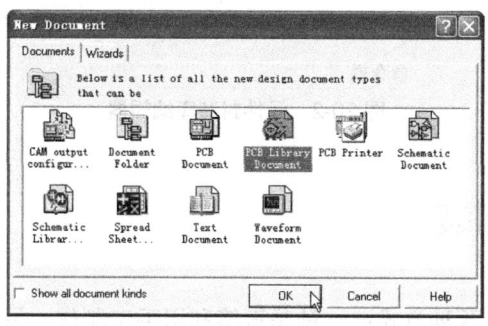

图 20-1 新建元件封装库文件

❷ 将元件封装库文件的默认文件名改为 FZ8.LIB。双击该文件，即可打开该文件，同时启动元件封装库编辑器，如图 20-2 所示。

从图 20-2 可以看出，元件封装库编辑器主要由菜单栏、主工具栏、元件封装库管理器、工作窗口、放置工具栏和命令栏等组成。

- 菜单栏：主要提供制作、编辑和管理元件封装的各种命令。
- 主工具栏：它提供了很多常用工具。这些工具的功能也可以通过执行菜单中的相应命令完成，但操作主工具栏上的工具比执行菜单命令更快捷、方便。
- 元件封装库管理器：主要用来对元件封装进行管理。

- 工作窗口：是制作、编辑元件封装的工作区。
- 放置工具栏：包含了各种制作元件封装的放置工具，如放置连线、焊盘、过孔、圆弧等工具。
- 命令栏：主要用来显示正在执行的命令。

图 20-2　元件封装库编辑器

20.2　制作元件封装

制作元件封装可采用两种方式：一种是直接利用手工制作；另一种是利用向导制作。

20.2.1　利用手工制作元件封装

在制作元件封装前，先要了解实际元件的有关参数，如实际元件的外形轮廓和尺寸等，之后再来制作该元件的元件封装。元件的封装参数可以通过查阅元件资料或者测量实际的元件获得。

下面以制作一个如图 20-3 所示的元件封装为例说明元件封装的制作方法。该元件封装的有关参数：焊盘外径为 50mil，内径为 30mil；焊盘垂直间距为 100mil，水平间距为 300mil；外形轮廓长为 200mil，宽为 200mil；圆弧半径为 25mil；焊盘与轮廓边缘距离为 50mil。

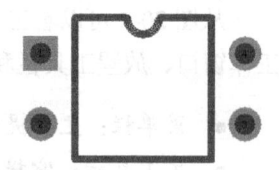

图 20-3　待制作的元件封装

手工制作元件封装的操作过程如下。

❶ 新建或打开一个元件封装库文件，如这里打开 FZ8.LIB 文件。

❷ 设置有关工作环境参数。例如，使用的工作层、计量单位、栅格尺寸和显示颜色等。进行工作环境参数设置的方法是执行菜单命令 Tools→Library Options 和 Tools→Preferences。一般情况下不用设置，保持默认值即可。

❸ 新建元件封装。在新建元件封装库文件时，系统会自动新建一个 PCBCOMPONENT_1 的元件封装。如果想再创建一个元件封装，可单击元件封装库管理器中的 Add 按钮，或执行菜单命令 Tools→New Component，弹出如图 20-4 所示的对话框。在单击 Cancel 按钮后，会创建一个新的元件封装，且在元件封装库管理器中可以看到新建的元件封装名。单击元件封装库管理器中新建的元件封装 PCBCOMPONENT_1，在右边的工作窗口中会出现一个十字形编辑区，如图 20-5 所示。十字形编辑区的中心坐标为(0mil, 0mil)。如果在工作窗口中没有出现十字形编辑区，可以先关闭当前的元件封装库文件 FZ8.LIB，然后再打开即可解决。

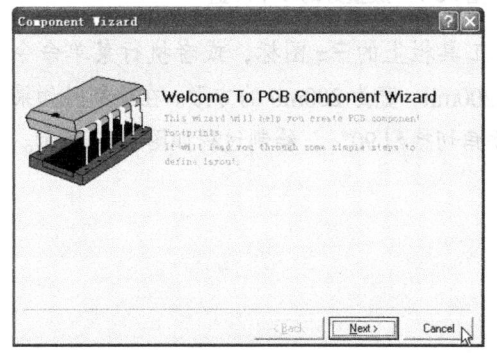

图 20-4　新建元件封装向导对话框

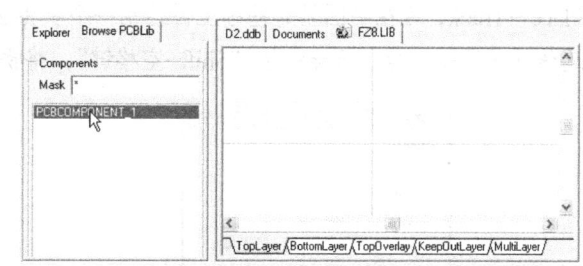

图 20-5　新建的元件封装及十字形编辑区

❹ 放置焊盘。单击放置工具栏中的●图标，或者执行菜单命令 Place→Pad，鼠标变成有焊盘跟随的十字光标，按下 Tab 键，可弹出焊盘属性设置对话框，如图 20-6 所示。将其中的 X-Size、Y-Size 都设为 50mil（外径），Hole Size 设为 30mil（内径），Designator 设为 1，单击 OK 按钮结束设置。将光标移到十字形编辑区中心，单击鼠标左键，即可放置第一个焊盘。再用同样的方法按顺序放置其他 3 个焊盘。在放置时要注意焊盘垂直间距为 100mil，水平间距为 300mil。放置好的 4 个焊盘如图 20-7 所示。在第一个焊盘上双击鼠标右键，可弹出焊盘属性设置对话框。在 Shape 下拉列表中选择 Rectangle（正方形），单击 OK 按钮，即可将该焊盘改为正方形。需要注意的是，4 个焊盘的标号按照逆时针顺序依次为 1、2、3、4。若不是的话，可在焊盘属性设置对话框中修改。

❺ 绘制元件外形轮廓的半圆部分。单击放置工具栏上的图标，或者执行菜单命令 Place→Arc（Center），可在焊盘附近随意绘制一个圆弧。然后在该圆弧上双击鼠标右键，弹出 Arc 对话框。按照如图 20-8（a）所示进行设置，单击 OK 按钮，即可绘制出如图 20-8（b）所示的半圆弧。

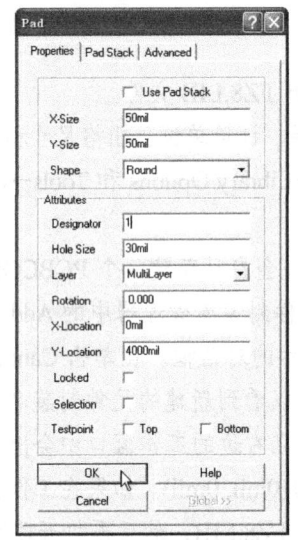

图 20-6 焊盘属性设置对话框　　图 20-7 放置好的 4 个焊盘

❻ 绘制元件外形轮廓的方形部分。单击放置工具栏上的 图标，或者执行菜单命令 Place→Track，可在半圆弧的基础上再绘制一个长为 200mil、宽为 200mil 的方形。在绘制时如果连线拐角不是直角，可连续按"Shift+空格键"，将拐角切换到 90°。绘制过程如图 20-9 所示。

（a）设置圆弧属性　　　　　　　　　　　（b）绘制出的半圆弧

图 20-8 绘制半圆弧

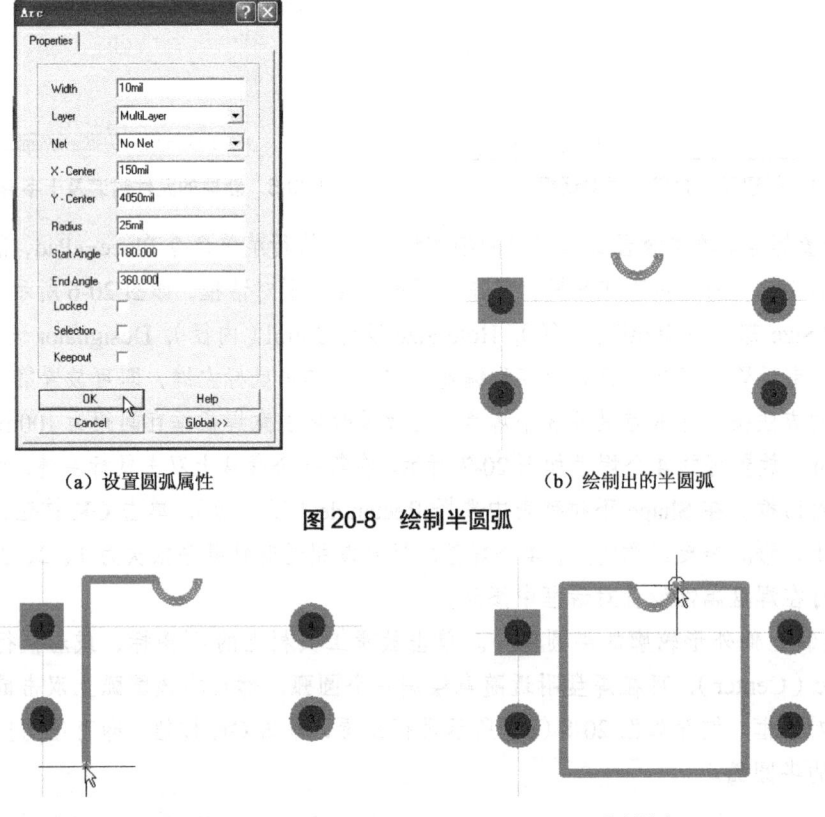

（a）绘制开始　　　　　　　　　　　　　（b）绘制结束

图 20-9 绘制元件外形轮廓的方形部分

❼ 在元件封装绘制完成后需要设置参考坐标。在菜单 Edit→Set Reference 下有 3 个设置参考坐标的命令：Pin1（以元件封装的 1 脚作为参考坐标）、Center（以元件封装中心作为参考坐标）、Location（根据设计者的选择点作为参考坐标）。一般选择元件封装的 1 脚作为参考坐标，执行菜单命令 Edit→Set Reference→Pin1 即可。

❽ 元件封装的重命名与保存。在新建元件封装时，系统会自动为它命名。如果要重命名，可在元件封装库管理器中选中该元件封装，单击下方的 Rename 按钮，弹出如图 20-10 所示的对话框。可在对话框中将默认名改成新的名称。如果要将制作好的元件封装保存

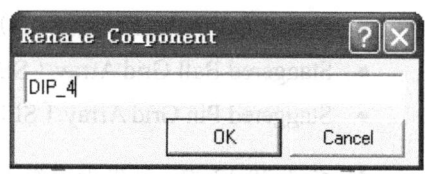

图 20-10　元件封装重命名

下来，可单击主工具栏上的 图标，或执行菜单命令 File→Save。在设计 PCB 板时，只要将该元件封装所在的封装库文件装载到 PCB 设计编辑器中，就可以像其他元件封装一样使用了。

20.2.2　利用向导制作元件封装

除可以利用手工方式制作元件封装外，Protel 99 SE 还提供了元件封装生成向导方式。下面仍以制作图 20-3 中的元件封装为例介绍利用向导制作元件封装的操作过程。

❶ 打开或新建一个元件封装库文件，例如这里打开元件封装库文件 FZ8.LIB。

❷ 单击元件封装库管理器中的 Add 按钮，或执行菜单命令 Tools→New Component，弹出如图 20-11 所示的元件制作向导对话框，单击 Next 按钮，出现如图 20-12 所示的对话框。

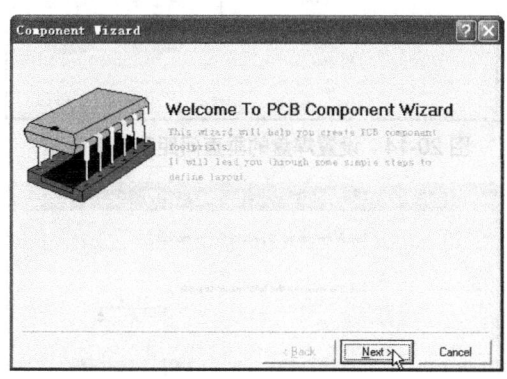

图 20-11　元件制作开始向导

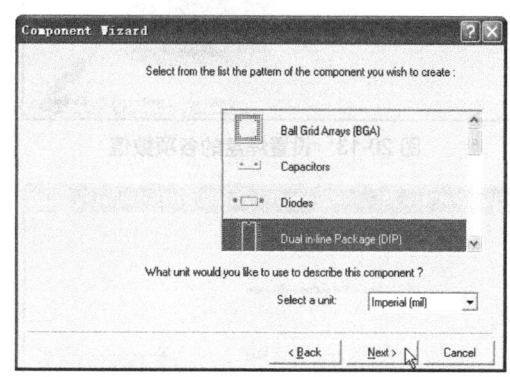

图 20-12　选择元件封装形式

❸ 在图 20-12 中，有如下 12 种元件封装形式可供选择。这里选择 Dual in-line Package（DIP）项，单击 Next 按钮，会弹出如图 20-13 所示的对话框。

- Ball Grid Arrays（BGA）：BGA 球栅阵列封装。
- Capacitors：电容封装。
- Diodes：二极管封装。
- Dual in-line Package（DIP）：DIP 双列直插封装。
- Edge Connectors：边连接器封装。

- Leadless Chip Carrier（LCC）：LCC 无引线芯片载体封装。
- Pin Grid Arrays（PGA）：PGA 引脚网格阵列封装。
- Quad Packs（QUAD）：QUAD 四边形引出扁平封装。
- Resistors：电阻封装。
- Small Outline Package（SOP）：SOP 小尺寸封装。
- Staggered Ball Grid Array（SBGA）：SBGA 交错球栅阵列封装。
- Staggered Pin Grid Array（SPGA）：SPGA 交错引脚网格阵列封装。

❹ 在图 20-13 中，可以设置焊盘的各项数值。设置时只要用鼠标选中相应的数值，再输入新的数值即可。单击 Next 按钮，弹出如图 20-14 所示的对话框。

❺ 在图 20-14 中，可以设置焊盘的垂直间距和水平间距。单击 Next 按钮，弹出如图 20-15 所示的对话框。

❻ 在图 20-15 中，可以设置轮廓线的数值。单击 Next 按钮，弹出如图 20-16 所示的对话框。

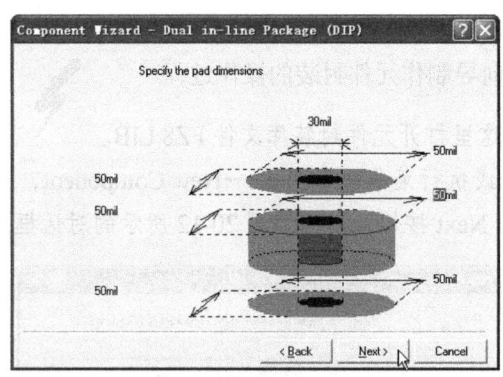

图 20-13　设置焊盘的各项数值

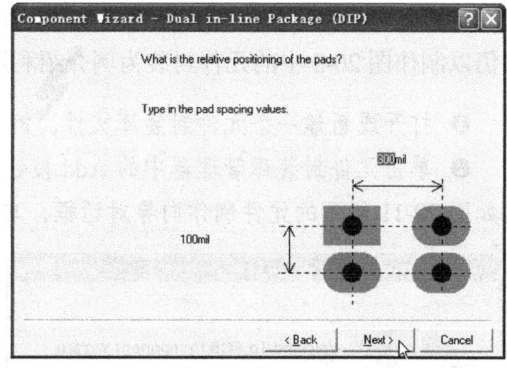

图 20-14　设置焊盘的垂直间距和水平间距

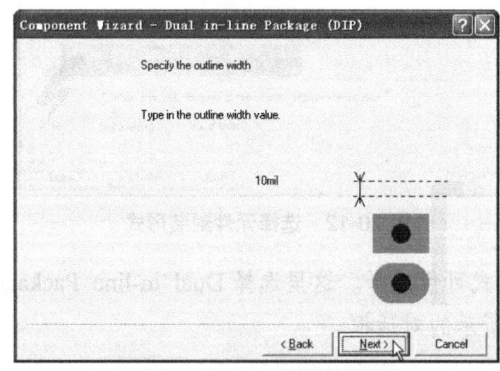

图 20-15　设置轮廓线的数值

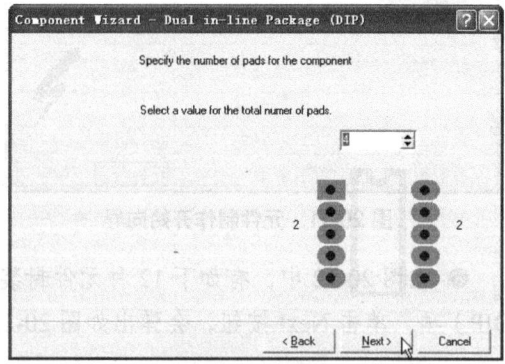

图 20-16　设置元件封装引脚的个数

❼ 在图 20-16 中，可以设置元件封装引脚的个数。单击 Next 按钮，弹出如图 20-17 所示的对话框。

❽ 在图 20-17 中，输入新建元件封装的名称，单击 Next 按钮，弹出如图 20-18 所示的对话框。

第 20 章 制作新元件封装

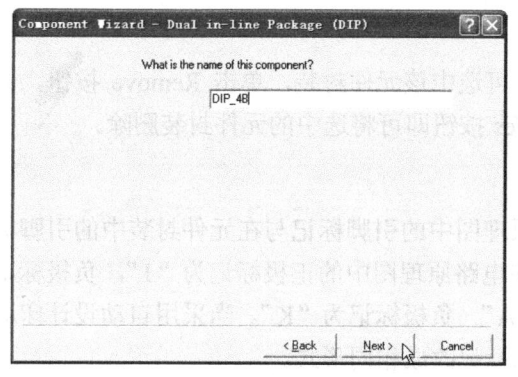

图 20-17 设置新建元件封装的名称

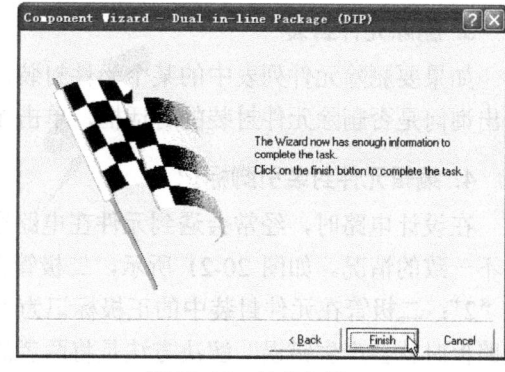

图 20-18 结束向导

❾ 在图 20-18 中，单击 Finish 按钮，结束新建元件封装向导，系统就会在元件封装库中生成一个元件封装，如图 20-19 所示。

图 20-19 利用向导生成的元件封装

20.3 管理元件封装

1. 查找元件封装

元件封装库管理器如图 20-20 所示，在元件封装库管理器中可查找元件封装。例如，在 Mask 内输入元件查找条件，就会在下面的元件列表框中显示所有符合条件的元件封装。

当在元件列表框中选中某元件时，在元件引脚列表框中也会显示该元件的所有引脚。

在元件列表框下方有 4 个按钮：单击"<"按钮可选中上一个元件；单击">"按钮可选中下一个元件；单击"<<"按钮可选中元件列表框的第一个元件；单击">>"按钮可选中最后一个元件。

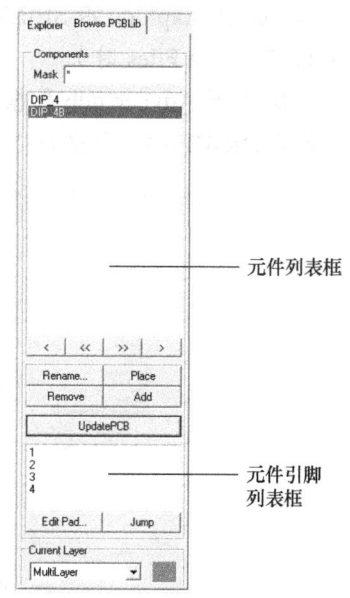

图 20-20 元件封装库管理器

2. 放置元件封装

如果要将元件列表中的某个元件封装放置到某个 PCB 板中，可打开该 PCB 文件，在元件封装库管理器的元件列表框中选中某个元件封装，单击 Place 按钮，系统将自动切换到打开的 PCB 文件。在该 PCB 文件的电路板上放置选中的元件封装即可。如果没有打开任何 PCB 文件，单击 Place 按钮，系统将自动新建一个 PCB 文件，可以在该文件中放置元件封装。

3. 删除元件封装

如果要删除元件列表中的某个元件封装，可选中该元件封装，单击 Remove 按钮，会弹出询问是否删除元件封装的对话框，单击 Yes 按钮即可将选中的元件封装删除。

4. 编辑元件封装引脚标记

在设计电路时，经常会遇到元件在电路原理图中的引脚标记与在元件封装中的引脚标记不一致的情况。如图 20-21 所示，二极管在电路原理图中的正极标记为"1"，负极标记为"2"；二极管在元件封装中的正极标记为"A"，负极标记为"K"。当采用自动设计印刷电路板时就会产生错误。解决方法是将两者的标记改成相同形式。

（a）二极管在电路原理图中的引脚标记　　（b）二极管在元件封装中的引脚标记

图 20-21　二极管在电路原理图和元件封装中的引脚标记

下面将二极管在元件封装中的引脚标记改成与在电路原理图中的一致，具体操作过程如下。

❶ 打开二极管元件封装所在的数据库文件 Advpcb.ddb。该文件位于 C:\Program Files\Design Explorer99 SE\Library\Pcb\Generic Footprints 文件夹中（当 Protel 99 SE 安装在 C:\Program Files 时）。

❷ 打开 Advpcb.ddb 数据库中的 PCB Footprints.lib 元件封装库文件。找到二极管的元件封装 DIODE0.4，单击并打开它，如图 20-22 所示。

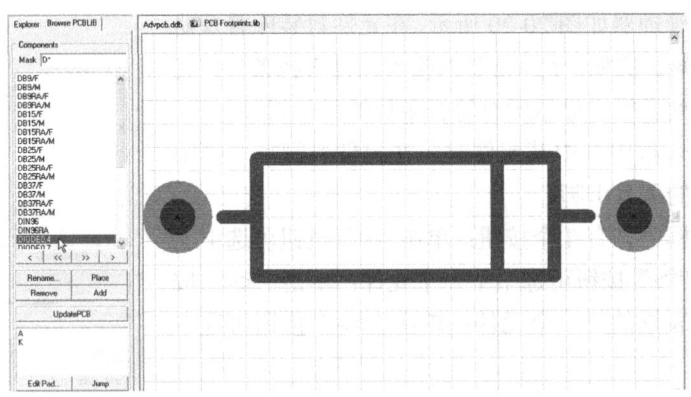

图 20-22　二极管在元件封装中的引脚标记

❸ 在元件引脚列表框中选中引脚 A，单击下方的 Edit Pad 按钮，弹出焊盘属性设置对话框。将 Designator 文本框中的 A 改成 1。再用同样的方法将引脚 K 改成 2。单击主工具栏上的 🗎 图标，或执行菜单命令 File→Save，就可以将改动的元件封装保存在元件封装库中。如果单击 Jump 按钮，则不会弹出属性设置对话框，而是将选中的焊盘放大到整个工作窗口大小。如果单击 UpdatePCB 按钮，则系统会将该元件封装所做的修改反映到 PCB 板中。